STATICS AND MECHANICS OF MATERIALS

정역학과 재료역학

국승규 지음

재료역학편

MECHANICS OF MATERIALS

도서출판 동화기술

머리말

구조물을 설계하기 위해서는 구조물에 작용하는 하중과 지점에 발생하는 반력에 의해 구조부재에서 전달되는 내력을 파악하는 해석과정이 요구되며 이러한 내력을 산정하는 해석방법은 정역학 과정에서 논의되고 이 과정에서는 구조부재가 어떠한 재료와 단면형상으로 구성되었는가를 고려하지 않았다. 재료역학은 정역학을 이수한 학생이 수강하는 후속과정으로 구조부재가 내력을 전달하기에 충분한 강도와 강성을 보유하는 가를 결정하는 해석 및 설계방법을 논의하는 과정이다. 다양한 재료와 단면형상을 가질 수 있는 구조부재의 경우 강도와 강성을 검토하는 방법은 각각의 내력으로부터 산정한 응력과 변형을 설계기준에서 제시하는 허용기준과 비교하는 것이다. 그러므로 재료역학에서 논의하는 과정은 응력과 변형의 개념, 산정방법을 이해하고 각기 다른 내력인 축력, 전단력, 휨모멘트로부터 응력과 변형을 산정하는 방법으로 구성되어 있다.

이 교재의 1장은 응력과 변형에 대한 개념을 소개하고 응력－변형률선도를 이해하여 실무에서 적용되고 있는 설계방식을 파악하고 2장은 구조부재에 사용되는 여러 가지 형상의 단면을 대상으로 도심, 단면2차모멘트 등의 단면특성을 정의하고 산정하는 방법을 제시하도록 구성되어 있다. 3장은 축방향 이동력 및 비틂모멘트가 내력으로 발생하는 구조부재에서 응력과 변형을 산정하는 공식을 제시하고 부정정문제로는 가장 간단한 축방향 부정정문제를 학습하여 부정정구조물의 해석방법을 이해하도록 한다. 재료역학에서 다루고자 하는 가장 중요한 부분은 보 구조물의 응력과 변형 및 부정정보의 해석을 이해하여 보를 설계하는 것으로 이 교재는 보의 응력, 보의 처짐 및 부정정보라는 제목으로 4장, 5장 및 6장이 구성되어 있다. 보에 발생하는 내력인 전단력과 휨모멘트로부터 전단응력과 휨응력을 산정하는 공식 및 보의 처짐과 처짐각을 산정하여 부정정보를 해석할 수 있는 방법을 제시하고 기본적인 예제를 학습하여 보를 설계하는 능력을 배양하도록 한다. 7장은 기둥을 대상으로 기본적인 해석과 설계방법을 소개하였다. 4장, 5장 및 6장에는 충분한 강의시간이 할애되어야 하므로 한 학기 강의시간에 맞춰야 하는 경우 1.4.3 변형률의 변환, 2.4 최대, 최소 단면2차모멘트, 3.3.2 박판부재의 비틂 및 4.4 비대칭 휨은 생략해도 무방하다.

각 장에서 제시한 응력공식 및 변형을 산정하는 방법은 예제를 제시하여 적용방법을 이해하도록 하였으며 말미에는 요약과 연습문제를 배치하였다.

가장 효율적인 학습방법은 단순한 문제를 이해한 후 난해한 문제를 접근하는 문제선택 방법과 문제의 해결방법을 완전히 파악할 수 있도록 동일한 문제를 반복하여 연습하는 방법이므로 재료역학을 공부하는 공학도는 이러한 방식으로 학습을 수행하도록 부탁하며, 아울러 교재가 만들어지기까지 모든 지원을 마다하지 않은 도서출판 동화기술과 임직원 여러분께 감사를 전한다.

차례

01

응력과 변형

1.1 개요

구조부재에 발생하는 응력과 변형을 산정하고 검토하기 위해서는 응력과 변형의 관계인 응력－변형률선도가 우선 파악되어야 한다. 구조부재를 구성하는 대표적인 재료는 강재와 콘크리트이며 강재는 인장부재와 압축부재로 모두 사용되고 콘크리트는 압축부재로만 사용된다. 그러므로 강재와 콘크리트의 응력－변형률선도를 파악하고 이러한 재료특성이 설계에 적용되는 과정을 이해하는 것은 구조부재를 설계하기 위한 기본조건이라고 할 수 있다.

1장의 전반부는 실험결과로 제시된 강재와 콘크리트의 응력－변형률선도를 소개하여 응력과 변형의 개념과 함께 실무에서 적용되고 있는 설계방식을 파악하는 토대를 제공하는 것으로 시작하여 구조부재의 부재축에 수직한 수직단면에서 산정하는 응력과 변형을 논의한다. 각각의 내력에 의해 수직단면에 발생하는 응력은 단면에 수직한 수직응력과 단면에 평행한 전단응력이 있고 각 응력에 상응하는 변형을 수반한다. 구조부재로 사용하는 재료 중에는 작용력의 방향에 따라 다른 특성을 갖는 재료가 있으므로 수직단면과 경사각을 갖는 경사단면에 발생하는 응력과 변형을 산정하는 방법을 1장의 후반부에서 논의한다.

1.2 응력－변형률선도

구조부재를 설계하기 위해서는 사용되는 재료의 탄성거동 및 탄성한계 이후의 거동에 대한 정보가 요구되며 이는 재료시험에 의해 제공된다. 재료시험에는 인장, 압축, 굽힘 및 비틂 등의 시험이 있으나 이 장에서는 대표적인 시험인 인장시험(tension tests)과 압축시험(compression tests) 결과에 대해 논의한다.

연강은 저탄소강으로 구조부재로 가장 많이 사용되며 연성재료의 응력－변형률선도를 대표하므로 그림 1.2.1(1)과 같은 시편을 제작하여 인장시험을 수행한다. 단면적 A, 표시점 간의 계기길이(gage length) L인 시편에 인장하중(tensile load) P를 재하하면 그림 1.2.1(2)와 같이 부재의 수직단면에는 수직응력 σ(그리스 소문자 sigma)가 발생하고 부재의 길이는 (3)에 제시한 바와 같이 δ(그리스 소문자 delta)의 변형(신장량)이 발생한다. 이로부터 수직응력 σ는 단위면적에 대한 힘, 축방향 변형률 ϵ(그리스 소문자 epsilon)은 단위길이에 대한 변형으로 다음 식과 같이 정의한다.

$$\sigma = \frac{P}{A} \tag{1.2.1}$$

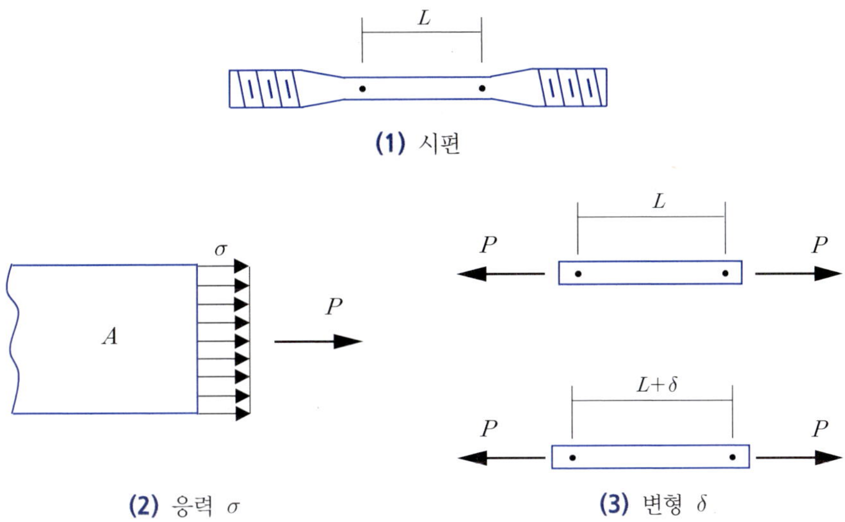

그림 1.2.1 구조용 연강의 인장시험

$$\epsilon = \frac{\delta}{L} \tag{1.2.2}$$

일반적으로 응력을 세로축, 변형률을 가로축으로 설정하여 응력-변형률선도(stress-strain diagram)를 작성하며 그림 1.2.2는 구조용 연강의 응력-변형률선도로 탄성, 항복, 변형경화 및 국부변형 4개의 구간으로 구성되어 있다. 응력-변형률선도는 하중 재하를 시작하는 O점에서 A점까지의 응력과 변형률이 비례하는 직선구간으로 시작하며 A점을 비례한도(proportional limit)라 하고 해당응력을 σ_{pl}로 표기한다. B점까지는 시편에 재하한 하중을 제거하면 시편은 원래의 규격과 형상으로 복원되므로 B점을 탄성한계(elastic limit)라 하고 이 구간에서 발생하는 변형을 탄성변형(elastic deformation)이라 한다. 탄성한계를 결정하기 위해서는 하중의 단계적인 재하 및 제거를 반복하여 시편에 영구변형이 발생하는 점을 찾아야 한다. 대부분의 재료에서 A점과 B점은 인접해 있으므로 탄성한계와 비례한도는 동일한 점으로 간주하고 O점에서 B점까지의 구간을 탄성구간이라 한다. B점에서 C점까지 시편은 하중이 증가하지 않아도 신장을 계속하므로 응력-변형률선도는 수평 또는 매우 완만한 경사가 되며 이러한 현상을 항복이라 하고 B점을 항복점(yield point), 해당응력을 항복응력(yield stress) σ_y라 한다. 이와 같이 하중증가 없이 변형이 발생하는 구간을 항복구간이라 하고 이러한 변형은 복원되지 않는 영구변형(permanent deformation)으로 소성변형(plastic deformation)이라 하며 구조물의 안전성과 연관되므로 σ_y는 중요한 재료특성이다. 항복구간을 경과하면 C점에서 D점까지 변형경화(strain hardening) 현상이 발생하여 다시 변형에 저항할 수 있는 능력을 나타내므로 시편의 추가변형을 유발하기 위해서는 하중의 증가가 요구된다. 이 구간을 변형경화구간이라 하며 응력-변형률선도가 도달하는 최고점 D에 해당하는 응력을 σ_u로 표기하고 재료가 저항할 수 있는 최대 응력인 극한응력(ultimate stress)이라 한다.

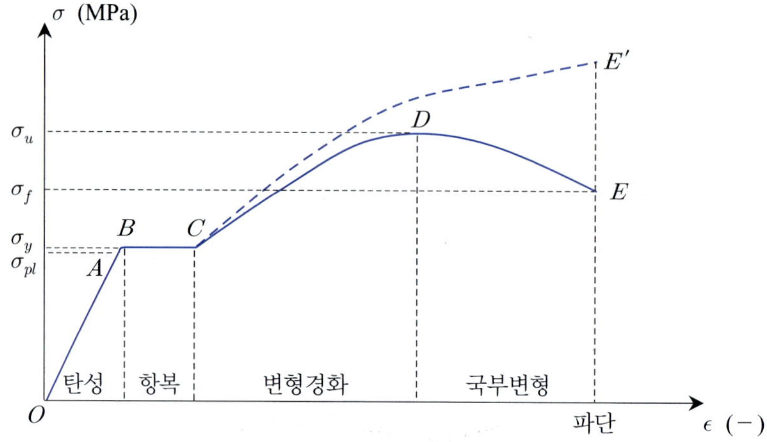

그림 1.2.2 구조용 연강의 응력-변형률선도

낮은 응력상태에서 단면의 수축은 미소하므로 응력의 산정에서 무시할 수 있으나 최고점 D를 경과하면 그림 1.2.3과 같이 국부적으로 횡수축이 뚜렷하게 나타나므로 원단면적으로 산정한 응력과 감소된 단면적으로 산정한 실제응력 간에는 차이가 발생한다. 점선으로 표시한 C~E' 구간의 응력은 실제응력이고 C~D~E 구간의 응력은 원단면적으로 산정한 응력이다.

그림 1.2.3 연성재료의 국부변형

이와 같이 시편에 국부적으로 급격한 단면감소가 발생하는 현상을 넥킹(necking)이라 하며 이는 연성재료만의 특성이다. 횡수축이 뚜렷하게 나타나기 시작한 이후 파단이 발생하기까지의 구간을 국부변형구간이라 하며 이 구간에서 단면의 횡수축은 급격히 진행되고 원단면적으로 계산한 인장응력은 감소하며 시편이 파단되는 E점을 파단점(point of rupture)이라 한다. 극한응력 σ_u는 파단 이전의 최대 응력이므로 항복응력 σ_y와 함께 재료특성의 중요한 지표가 된다.

구조부재로 가장 많이 사용되는 철근콘크리트를 구성하는 재료인 콘크리트는 대표적인 취성재료로 압축시험을 수행하여 응력-변형률선도를 작성한다. 일반적으로 압축시험의 시편은 높이가 직경의 1.5~3배인 원통형을 사용하여 압축하중에 의한 좌굴(buckling)이 발생하지 않도록 한다. 그림 1.2.4에 제시한 콘크리트의 응력-변형률선도에서 최대 압축응력 $\sigma_{c,\max}$는 최대 인장응력 $\sigma_{t,\max}$의 약 12배이며 인장응력($\sigma_t <$ 3MPa)은 설계에 반영할 정도가 되지 않으므로 콘크리트로 구성되는 구조부재는 압축부재로 사용한다. 연강의 응력-변형률선도와 달리 항복응력, 탄성구간, 항복구간 등의 거동이 분명하게 구분되지 않는다는 것을 알 수 있다.

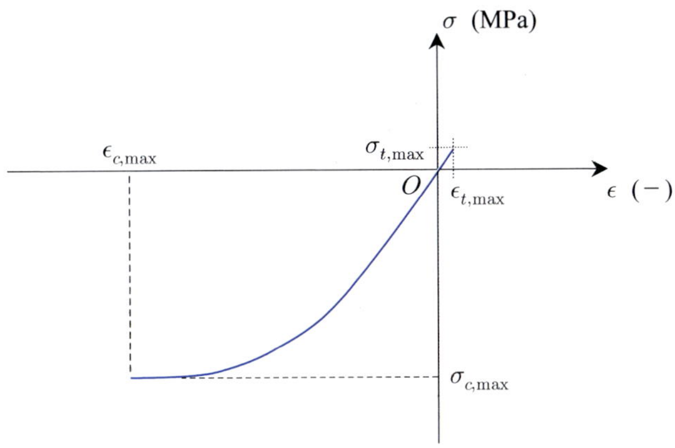

그림 1.2.4 콘크리트의 응력-변형률선도

항복점이 뚜렷하게 나타나지 않고 비례한도를 지나 큰 변형이 발생하는 알루미늄과 같은 재료의 응력-변형률선도에서 항복응력은 그림 1.2.5와 같이 오프셋 방법(offset method)을 적용하여 구한다. 변형률에서 보편적으로 사용되는 오프셋, 즉 변형률 0.002(0.2%)에서 응력-변형률선도의 초기 직선과 평행한 직선을 작도하여 응력-변형률선도와의 교점 A를 항복점으로 정하고 해당응력을 항복응력으로 결정하는 방법을 오프셋 방법이라 한다.

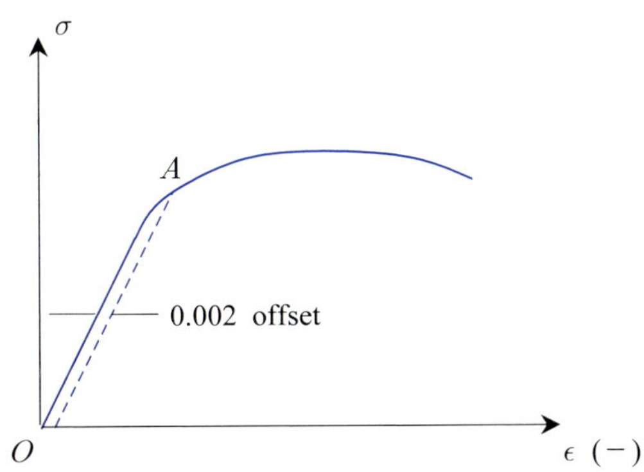

그림 1.2.5 오프셋 방법에 의한 항복점

항복응력 σ_y, 극한응력 σ_u와 같이 중요한 재료특성과 함께 응력-변형률선도로부터 제시되는 재료의 역학적 특성은 다음과 같다.

1) **탄성계수** : 응력-변형률선도의 비례한도 구간인 직선 OA에서 응력과 변형률의 관계식을 후크의 법칙(Hooke's law)이라 한다.

$$\sigma = E\epsilon \tag{1.2.3}$$

여기서 E는 직선 OA의 기울기로 재료의 탄성계수(elastic modulus)라 하며 ϵ이 무차원이므로 응력과 동일한 단위를 갖는다. 일반적인 공학재료에서 인장, 압축 측의 탄성계수는 동일하며 재료가 변형에 저항하는 능력인 강성(stiffness)을 제시하는 특성이다. 강재와 알루미늄의 탄성계수는 각각 210GPa, 70GPa이므로 동일한 응력인 경우 알루미늄봉에 발생하는 변형률은 강봉에 발생하는 변형률의 3배가 된다.

2) **탄성 및 소성거동** : 항복응력 σ_y에 해당하는 탄성한계 이내에서 재료는 탄성거동을 한다. 즉, 하중에 의한 변형은 하중이 제거되면 원상으로 복원되므로 그림 1.2.6에서 하중의 증감에 따라 O점에서 A점까지의 직선구간을 왕복한다. 이 구간을 탄성영역(elastic range)이라 하고 이를 초과하여 소성영역(plastic range)까지 재하한 후 단계적으로 하중을 제거하면 변형의 일부분만 복원되며 나머지 변형은 영구적이 되는 소성거동을 한다. 그림 1.2.6과 같이 A'점까지 재하하고 하중을 제거하면 응력-변형률선도는 탄성계수의 기울기를 갖는 직선 $A'O'$의 경로를 나타낸다. 하중이 완전히 제거되어 응력이 0인 O'점에

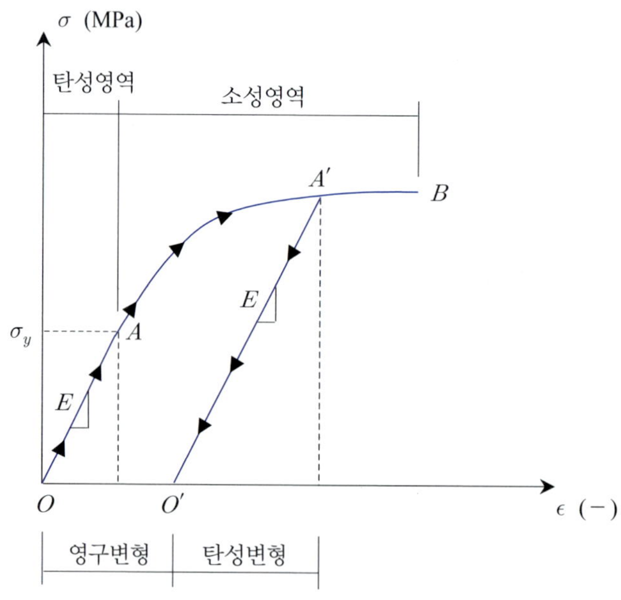

그림 1.2.6 탄성 및 소성거동

서 시편에 복원되는 변형은 탄성변형, 복원되지 않는 변형은 소성변형이다. 그러므로 지진과 같은 극한하중이 아닌 일반하중의 작용 하에서 구조물은 탄성거동을 하도록 설계하는 것을 원칙으로 한다.

3) **연성과 취성** : 연성(ductility)은 재료가 파단 이전에 발휘하는 소성변형 능력을 의미하며 연신율(percent elongation)과 단면감소율(percent reduction in area)을 지표로 사용한다. 단면적 A, 계기길이 L의 시편이 인장시험에 의해 파단된 후 단면적이 A'이고 다시 결합하여 표시점 간의 거리를 측정한 길이가 L'이면 연신율과 단면감소율은 다음 식과 같이 결정한다.

$$\text{연신율}(\%) = \frac{L' - L}{L} \times 100 \tag{1.2.4}$$

$$\text{단면감소율}(\%) = \frac{A' - A}{A} \times 100 \tag{1.2.5}$$

연강의 연신율은 20%~30%이며 강, 구리, 알루미늄 등과 같이 연신율이 5% 이상인 재료는 연성재료로 구분한다. 콘크리트, 주철 등과 같이 파단 이전에 매우 미소한 소성변형을 나타내는 재료를 취성(brittleness)재료라 하고 인장부재로 사용하지 않으며 압축력이 작용하는 경우 최대 압축응력(극한응력)에 도달하면 급격히 파괴된다.

4) **에너지 흡수능력** : 그림 1.2.7에 사선으로 표시한 부분과 같이 응력–변형률선도에서 비례한도의 응력과 변형으로 구성되는 삼각형 면적에 해당하는 에너지 흡수능력을 리절리언스(resilience)라 한다. 리절리언스가 큰 재료는 소성변형 없이 큰 충격에너지를 흡수할 수 있으므로 충격하중을 받는 구조부재의 경우는 리절리언스를 고려해야 한다. 인성(toughness)은 그림 1.2.7에 음영으로 표시한 부분과 같이 파단점까지의 응력–변형률선

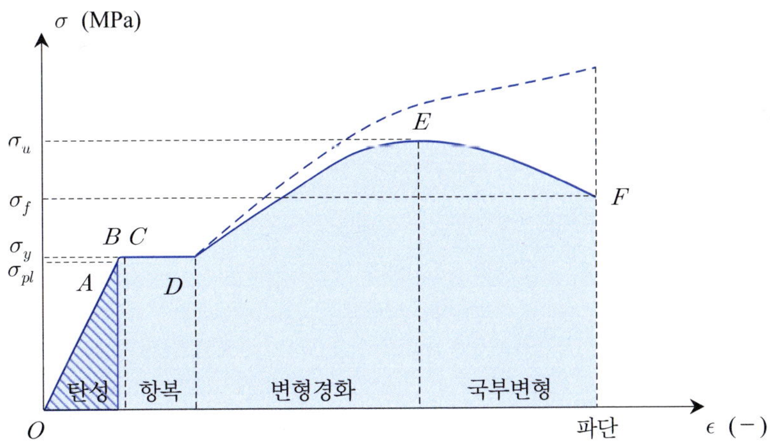

그림 1.2.7 리절리언스와 인성

도 아래에 해당하는 전체 면적으로 측정하며 재료가 파단되지 않고 에너지를 흡수하는 능력을 의미한다. 예상치 못한 과다하중이 작용하는 경우 인성이 작은 부재는 예고 없이 파단이 발생하나 인성이 큰 부재를 사용하면 파단되기 이전에 큰 소성변형이 발생하므로 파단에 대처할 수 있는 안전여유(safety margin)를 확보할 수 있다.

허용응력설계(Allowable Stress Design)를 적용하는 설계기준은 허용응력(allowable stress)이라 하는 제한된 응력수준을 규정하고 모든 하중조합에서 발생하는 응력 중 최대 응력은 허용응력 이하가 되어야 안전하다고 결정한다. 구조용 강과 같은 연성재료는 재료가 항복응력에 도달하면 과도한 변형이 발생하여 부재를 사용하지 못하게 되므로 항복응력을 파괴응력으로 간주하고 항복이 발생하지 않도록 안전계수(F.S. ; Factor of Safety)를 적용한다. 반면 콘크리트와 같은 취성재료는 과도한 변형 없이 극한응력에서 급격히 파괴되므로 극한응력을 파괴응력으로 간주하고 안전계수를 적용한다. 그러므로 허용응력은 재료에 따라 극한응력 또는 항복응력을 안전계수로 나누어 결정하고 안전계수는 다음과 같은 사항을 포함하는 모든 설계조건을 고려한 공학적 판단에 의해 결정한다.

1) **재료특성의 불균질성** : 구조부재의 재료는 완전한 균질이 될 수 없으므로 재료특성은 오차를 갖는다.
2) **해석방법의 불확실성** : 해석 및 설계의 가정은 경우에 따라 상당한 오차를 내포한다.
3) **제작 문제** : 압연형강의 제작과정에서 발생하는 부분적인 불균등냉각은 구조부재에 잔류응력(residual stress)을 유발한다.
4) **외부환경** : 구조재료는 녹, 부식 또는 화학물질에 의해 손상될 수 있다.
5) **하중조건의 불확실성** : 구조물에 작용하는 하중을 정확히 산정하는 것은 어려우며 예상치 않은 하중이 작용할 수 있다. 동하중은 충격을 유발하고 장기적인 지속하중은 철근콘크리트 부재의 경우 재하시간의 경과에 의해 발생하는 변형인 크리프(creep)를 유발할 수 있다. 반복적으로 작용하는 주기하중은 재료를 약하게 하여 피로파괴(fatigue failure)를 초래하며 피로파괴는 허용응력보다 낮은 응력에서 발생할 수 있다.
6) **위험도와 손해** : 구조물의 붕괴로 이어지는 구조부재의 파괴는 인명과 재산의 손실을 초래한다.

1.3 응력과 변형

응력은 부재 단면에 작용하는 내력으로부터 단위면적 당 힘을 구한 값으로 단면의 해당 위치에 응력을 표시하면 응력이 단면에 분포하는 양상을 파악할 수 있다. 응력은 단면에 수직한 수직응력(normal stress)과 단면에 평행한 전단응력(shear stress)이 있다. 응력의 SI단위는 파스칼(Pa)이라 정의한 제곱미터 당 뉴톤(N/m^2)이며 재료역학에서 사용되는 응력의 단위는 다음과 같다.

$$1\,\mathrm{kPa} = 10^3\,\mathrm{Pa} \quad ; \quad 1\,\mathrm{MPa} = 10^6\,\mathrm{Pa} \quad ; \quad 1\,\mathrm{GPa} = 10^9\,\mathrm{Pa}$$

구조물에 작용하는 외력(하중과 반력)에 의해 구조부재는 내력을 전달하고 내력에 의해 변형이 수반되며 설계기준은 사용성 측면에서 이러한 변형이 허용기준을 만족하도록 규정하고 있다. 축방향력선도 또는 휨모멘트선도에서 알 수 있듯이 각 부재축의 위치에서 내력은 다르게 산정되며 또한 임의의 부재단면에 작용하는 내력에 의해 산정되는 응력도 단면상의 위치에 따라 다르다. 그러므로 부재축 상의 위치와 단면상의 위치에 따라 달라지는 변형(신장, 수축, 처짐각, 처짐 등)을 산정하기 위해서는 기본적인 응력과 변형의 관계를 파악하는 것이 우선이다. 수직응력에 상응하는 변형은 신장(elongation), 수축(contraction)이라 하는 길이변형이고 전단응력에 상응하는 변형은 단면의 형상을 구성하는 각이 변화하는 각변형(angular distortion)이다.

1.3.1 수직응력과 축방향 변형

그림 1.3.1.1(1)은 단면이 일정한 각형봉(prismatic bar) AB의 부재축에 크기가 같고 방향이 반대인 잡아당기는 힘 P가 작용하는 경우다. 부재의 축방향으로 작용하는 하중을 축방향 하중(axial loads)이라 하고 축방향 하중을 받는 부재를 축방향 부재(axially loaded member)라 하며 트러스부재가 대표적인 구조부재다.

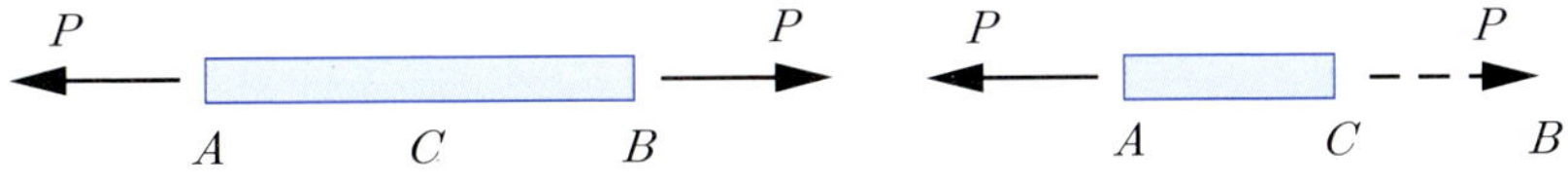

(1) 축방향 부재 **(2)** 부분 자유물체도

그림 1.3.1.1

그림 1.3.1.1(2)는 봉의 C점에서 부재축에 수직(perpendicular)한 단면으로 분리하여 작성한 좌측 부분 자유물체도이다. 봉 AB가 평형상태이므로 부분 자유물체도 또한 평형상태이며 단면에 발생하는 내력은 인장력이고 크기는 P와 같다. 단면에 수직방향(normal direction)으로 작용하는 내력에 의해 발생하는 응력은 수직응력이며 그림 1.2.1(2)와 같이 단면의 도심에 작용하는 축방향 하중에 의해 발생하는 수직응력은 식 (1.2.1)에 의해 전체 단면(봉의 단면적 A)에 균등하게 분포하는 것으로 산정한다. 그림 1.3.1.1(1)과 같은 방향으로 작용하는 하중은 축방향 인장하중(axial tensile load)이고 내력으로 인장력이 발생하므로 인장(tension)상태가 되며 봉은 신장된다. 반면 반대 방향으로 작용하는 하중은 축방향 압축하중(axial compressive load)이고 내력으로 압축력이 발생하므로 압축(compression)상태가 되며 봉은 수축된다. 인장력, 압축력에 의한 응력은 인장응력(tensile stresses)과 압축응력(compressive stresses)이고 변형부호규약(deformation sign convention)에 의해 인장응력은 양, 압축응력은 음으로 표기한다.

그림 1.3.1.2는 단면적 A, 길이 L, 탄성계수 E의 봉이 축방향 인장하중 P에 의해 신장되어 길이변형 δ가 발생한 상태로 축방향 변형률(axial strain) $\epsilon_a(=\delta/L)$ 및 후크의 법칙($\sigma = E\epsilon_a$)을 적용하면 신장량 δ는 다음 식 (1.3.1.1)로 결정된다.

$$\delta = \frac{PL}{AE} \tag{1.3.1.1}$$

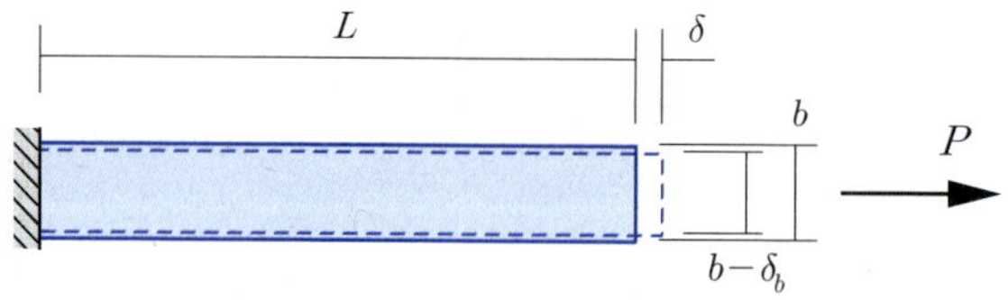

그림 1.3.1.2 축방향 변형

식 (1.3.1.1)은 응력이 비례한도 이내일 경우에만 유효하며 변형부호규약에 의해 인장력에 의해 발생하는 신장을 양, 압축력에 의해 발생하는 수축을 음으로 표기한다. 재료가 균질(homogeneous)하고 단면적이 일정한 부재에 일정한 내력이 작용하면 축방향 변형률은 부재의 전장에 걸쳐 동일하므로 부재를 한 구간으로 하여 변형을 산정할 수 있으나 재료, 단면 및 내력이 구간별로 다른 경우는 각 구간의 변형을 산정하고 전체 부재의 축방향 변형은 부호를 고려한 각 구간의 축방향 변형을 대수적으로 합하여 구한다.

예제 1.3.1.1 연직방향으로 설치된 길이 L의 균일단면 봉에 발생하는 자중에 의한 신장량 δ를 구하시오. 균질한 분포질량은 ρ, 단면적은 A이고 탄성계수는 E다.

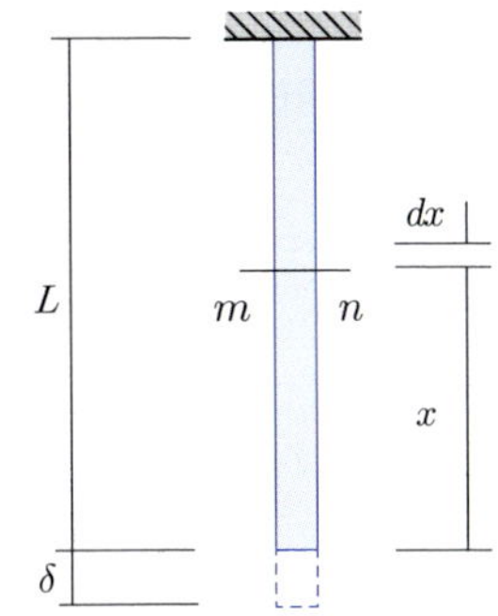

그림 예1.3.1.1

설명 중력가속도를 g라 하면 m-n 단면에 작용하는 인장력 P_{mn}은 ρgAx가 되므로 길이 dx의 미소요소에 발생하는 신장량 및 길이 L에 발생하는 신장량은 다음과 같다.

$$d\delta = \frac{P_{mn}dx}{AE}$$

$$\delta = \int_0^L \frac{P_{mn}dx}{AE} = \int_0^L \frac{\rho gAx}{AE}dx = \frac{\rho g}{E}\int_0^L xdx = \frac{\rho gL^2}{2E}$$

봉의 중량을 $W(=\rho gAL)$라 하면 $\delta = WL/2AE$이므로 이 결과는 봉의 모든 단면에 작용하는 인장력이 W인 경우에 발생하는 신장량의 1/2이라는 것을 알 수 있다.

부재의 체적은 일정하므로 비례한도 이내의 인장/압축응력이 발생하는 부재에서 축방향 길이변형 δ는 횡방향 길이변형 δ_b를 수반하며 횡방향 변형률(transverse strain) ϵ_t는 축방향 변형률(axial strain) ϵ_a와 동일한 방식으로 정의된다.

$$\epsilon_a = \frac{\delta}{L} \quad ; \quad \epsilon_t = -\frac{\delta_b}{b}$$

재료가 균질하고 방향에 무관하게 특성이 동일한 등방성(isotropic)인 경우 ϵ_a와 ϵ_t의 관계식은 포아슨비(Poisson's ratio) ν(그리스 소문자 nu)를 사용하여 식 (1.3.1.2)와 같이 설정된다. 포아슨비는 실험결과에 의한 재료특성이고 절대값을 사용하며 대부분 구조재료의 포아슨비는 0.25~0.35다.

$$\epsilon_t = -\nu\epsilon_a \tag{1.3.1.2}$$

예제 1.3.1.2

길이 400mm, 직경 20mm인 균질하고 등방성인 봉에 20kN의 인장력이 작용하여 길이는 200μm가 신장되고 직경은 3μm가 수축된 경우 탄성계수와 포아슨비를 구하시오.

설명 봉의 단면적 A와 인장응력 σ 및 축방향/횡방향 변형률 ϵ_a와 ϵ_t를 구한다.

$$A = \frac{\pi d^2}{4} = \frac{\pi \times 0.02^2}{4} = 3.142 \times 10^{-4}(\text{m}^2)$$

$$\sigma = \frac{P}{A} = \frac{20 \times 10^3}{3.142 \times 10^{-4}} \times 10^{-6} = 63.66(\text{MPa})$$

$$\epsilon_a = \frac{\delta}{L} = \frac{200 \times 10^{-6}}{400 \times 10^{-3}} = 0.5 \times 10^{-3}$$

$$\epsilon_t = -\frac{\delta_d}{d} = -\frac{3 \times 10^{-6}}{20 \times 10^{-3}} = -0.15 \times 10^{-3}$$

이로부터 탄성계수 E 및 포아슨비 ν는 다음과 같이 산정된다.

$$E = \frac{\sigma}{\epsilon_a} = \frac{63.66}{0.5 \times 10^{-3}} = 127.3(\text{GPa})$$

$$\nu = -\frac{\epsilon_t}{\epsilon_a} = \frac{0.15 \times 10^{-3}}{0.5 \times 10^{-3}} = 0.3$$

1.3.2 전단응력과 각변형

그림 1.3.2.1과 같이 접합되어 있는 2개의 블록에 작용하는 수평하중 V는 위/아래 블록을 분리하고자 하며 이 경우 연결단면 $abcd$(단면적 A_s)에는 단면에 평행(parallel)한 접선방향(tangential direction) 내력인 전단력 V가 발생하고 전단응력은 전단면적(shear area) A_s에 균등하게 분포하지는 않으나 일반적으로 정확하게 산정한 최대 전단응력 $\tau_{\max}$와 평균전단응력 τ_{avg}와의 차이가 설계에 영향을 주지 않으므로 다음과 같이 평균전단응력을 산정하여 검토한다.

$$\tau_{\text{avg}} = \frac{V}{A_s} \tag{1.3.2.1}$$

전단력에 의해 발생하는 부재의 변형은 각변형으로 그림 1.3.2.2와 같이 직사각형인 $abfe$, $dcgh$는 전단력 V에 의해 평행사변형으로 변하며 길이 L에 발생한 상대적 변형은 δ이므로 단위길이 당 변형은 δ/L이고 $\tan\gamma$와 같다. 각 γ(그리스 소문자 gamma)를 전단변형률이라 하고 탄성거동을 하는 구조부재의 각변형은 미소하므로 다음 식이 성립하며 단위는 라디안이다.

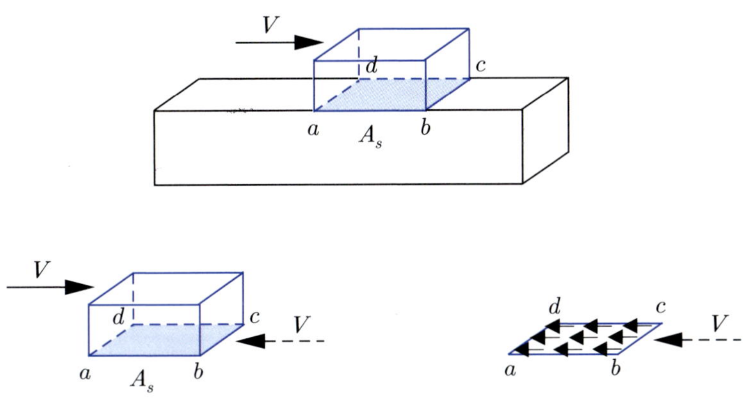

그림 1.3.2.1 전단면적과 평균전단응력

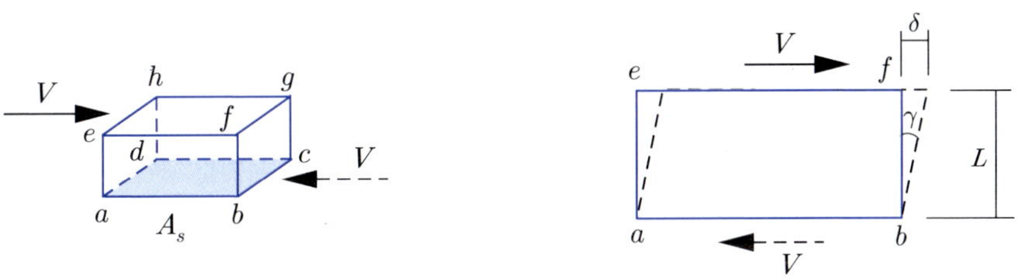

그림 1.3.2.2 전단변형

$$\tan\gamma = \gamma = \frac{\delta}{L} \tag{1.3.2.2}$$

비례한도 이내에서 수직응력과 축방향 변형률 간에 적용되는 후크의 법칙은 식 (1.3.2.3)과 같이 전단응력과 전단변형률 간에도 동일하게 적용되고 G는 전단탄성계수(shear modulus of elasticity) 또는 강성계수(modulus of rigidity)라 하며 γ가 무차원이므로 응력과 동일한 단위를 갖는다.

$$\tau = G\gamma \tag{1.3.2.3}$$

1.4 응력의 변환

1.4.1 경사단면의 응력

부재축에 수직이 아닌 경사단면에서 산정한 수직응력과 전단응력은 부재축에 수직한 수직단면에서 산정한 수직, 전단응력과 방향은 물론 크기도 동일하지 않다. 그림 1.4.1.1에 제시한 바와 같이 단면적 A의 부재에 축방향력 P가 작용하면 부재축에 수직한 수직단면에는 수직응력 σ만 발생하나 수직단면과 경사각 θ를 갖는 경사단면에는 평형조건에 의해 경사단면에 수직한 법선성분(normal component) R_n과 평행한 접선성분(tangential component) R_t가 내력으로 작용하므로 수직응력과 전단응력이 발생한다. 2개 성분의 크기는 각각 $R_n = P\cos\theta$, $R_t = P\sin\theta$이고 경사단면의 단면적은 $A/\cos\theta$이므로 경사단면의 응력은 다음과 같이 산정된다.

$$\sigma_\theta = \frac{R_n}{A/\cos\theta} = \frac{P\cos\theta}{A/\cos\theta} = \frac{P}{A}\cos^2\theta = \sigma\cos^2\theta$$

$$\tau_\theta = \frac{R_t}{A/\cos\theta} = \frac{P\sin\theta}{A/\cos\theta} = \frac{P}{A}\sin\theta\cos\theta = \frac{P}{2A}\sin2\theta = \frac{\sigma}{2}\sin2\theta$$

그림 1.4.1.1 수직단면과 경사단면

이로부터 최대 수직응력은 $\theta = 0$인 수직단면에 발생하는 σ이고 최대 전단응력은 $\theta = 45°$인 경사단면에 발생하며 크기는 $\sigma/2$임을 알 수 있다. 또한 θ의 경사단면과 직각을 이루는 $\theta + 90°$의 경사단면에 발생하는 수직, 전단응력은 다음과 같이 산정되므로 그림 1.4.1.1과 같이 부재축 방향의 축력만 작용(1축응력)하는 경우 서로 직각을 이루는 두 경사단면 응력의 합은 수직단면의 응력과 동일하다는 것을 확인할 수 있다.

$$\sigma_{\theta+90°} = \sigma\cos^2\left(\theta + \frac{\pi}{2}\right) = \sigma\sin^2\theta$$

$$\tau_{\theta+90^\circ} = \frac{\sigma}{2}\sin(2\theta+\pi) = -\frac{\sigma}{2}\sin2\theta$$

$$\sigma_\theta + \sigma_{\theta+90^\circ} = \sigma\cos^2\theta + \sigma\sin^2\theta = \sigma$$

$$\tau_\theta + \tau_{\theta+90^\circ} = \frac{\sigma}{2}\sin2\theta + \left(-\frac{\sigma}{2}\sin2\theta\right) = 0$$

예제 1.4.1.1 그림 예1.4.1.1과 같이 사각형($5\,\text{cm}\times5\,\text{cm}$) 단면 부재에 275kN의 인장하중 P가 작용하는 경우 $n'-n'$ 및 $n-n$축에 수직한 경사단면의 수직, 전단응력을 구하시오.

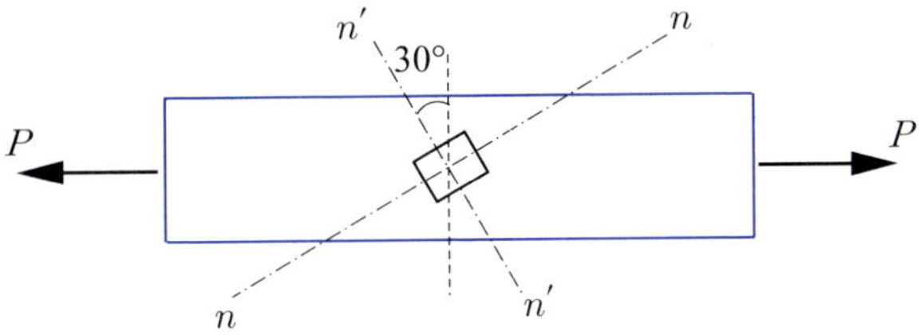

그림 예1.4.1.1

설명 수직단면의 수직, 전단응력 및 $\theta=30°$, $\theta=120°$ 경사단면의 수직, 전단응력은 다음과 같이 산정된다.

$$\sigma = \frac{P}{A} = \frac{275\times10^{-3}}{5\times5\times10^{-4}} = 110\,(\text{MPa}) \quad ; \quad \tau = 0$$

$$\sigma_n = \sigma_{\theta=30^\circ} = \frac{P}{A}\cos^2\theta = \sigma\cos^2 30^\circ = \sigma\times\frac{3}{4} = 82.5\,(\text{MPa})$$

$$\tau_n = \tau_{\theta=30^\circ} = \frac{P}{2A}\sin2\theta = \frac{\sigma}{2}\sin60^\circ = \frac{\sigma}{2}\times\frac{\sqrt3}{2} = 47.6\,(\text{MPa})$$

$$\sigma_n{}' = \sigma_{\theta+90^\circ} = \frac{P}{A}\cos^2\theta = \sigma\cos^2 120^\circ = 110\times\left(-\frac{1}{2}\right)^2 = 27.5\,(\text{MPa})$$

$$\tau_n{}' = \tau_{\theta+90^\circ} = \frac{P}{2A}\sin2\theta = \frac{\sigma}{2}\sin240^\circ = 55\times\left(-\frac{\sqrt3}{2}\right) = -47.6\,(\text{MPa})$$

축방향력만 작용하는 경우 두 경사단면의 수직, 전단응력의 합은 수직단면의 수직, 전단응력과 동일하다는 것을 확인할 수 있다.

$$\sigma_n + \sigma_n{}' = 82.5 + 27.5 = 110\,(\text{MPa}) = \sigma$$
$$\tau_n + \tau_n{}' = 47.6 - 47.6 = 0 = \tau$$

경사단면의 응력을 산정하기 위해 그림 1.4.1.2(1)과 같이 x축이 부재축인 부재의 평면응력요소에 작용하는 σ_x, σ_y, τ_{xy}를 정의한다. xy평면의 평면응력요소는 z축 방향 두께가 미소하고 z축 방향의 수직응력 σ_z과 전단응력 τ_{xz}, τ_{yz}는 발생하지 않는다. σ_x, σ_y의 첨자는 수직응력의 작용선 방향을 표시하고 τ_{xy}의 첨자 xy는 x축에 수직한 단면에서 y축 방향으로 작용하는 전단응력을 표시한다. 그러므로 τ_{yx}는 y축에 수직한 단면에서 x축 방향으로 작용하는 전단응력이고 이러한 평면응력요소에서 $\tau_{xy} = \tau_{yx}$의 관계가 성립하는 것은 평면응력요소 또한 자유물체도이므로 평형조건을 적용하면 확인할 수 있다. 수직응력은 평형조건을 만족하므로 전단응력의 평형조건만 검토한다.

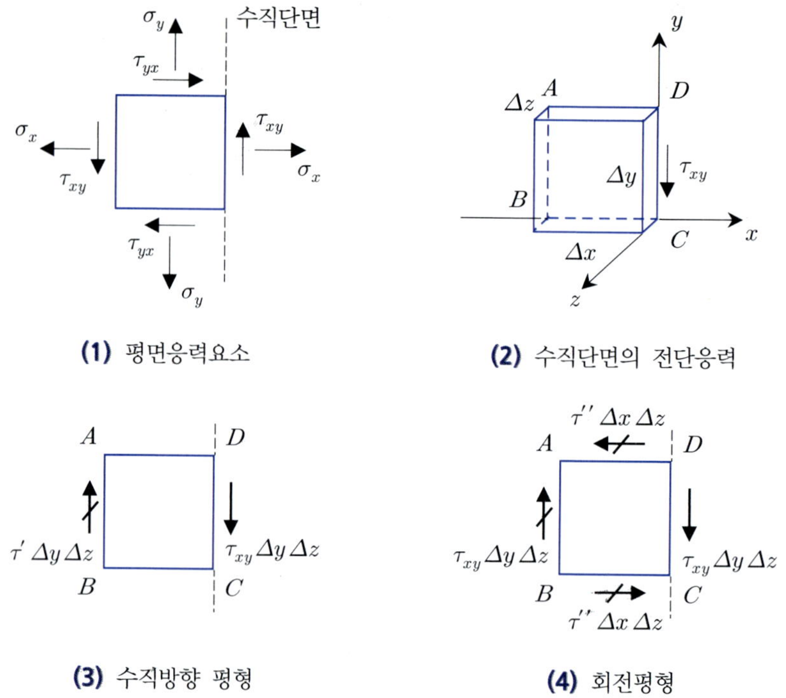

그림 1.4.1.2

그림 1.4.1.2(2)와 같이 두께 Δz인 평면응력요소의 CD면(단면적 $\Delta y \Delta z$)에 전단응력 τ_{xy}가 발생한 경우 평면응력요소에 작용하는 수직력은 $\tau_{xy} \Delta y \Delta z$ 하향이므로 수직방향 평형조건에 의해 (3)과 같이 AB면에 크기가 같고 반대방향의 수직력 $\tau_{xy} \Delta y \Delta z$가 발생해야 한다. AB면의 전단응력을 τ'라 하면 수직력은 $\tau' \Delta y \Delta z$가 되므로 AB면의 전단응력 τ'는 τ_{xy}와 동일해야 한다. 면 AB, CD에 작용하는 수직력은 짝힘으로 시계방향 회전력 $\tau_{xy} \Delta y \Delta z \times \Delta x$를 발생시키므로 (4)에 제시한 회전 평형조건을 만족하기 위해서는 면 AD, BC에 작용하는 수평력에 의해 반시계방향 짝힘 $\tau_{xy} \Delta y \Delta z \times \Delta x$가 발생해야 한다. 면 AD, BC의 단면적이 $\Delta x \Delta z$이므로 수평방향 평형조건에 의해 동일한 전단응력 τ''를

가정하면 모멘트의 팔이 Δy인 상, 하 수평력에 의한 짝힘은 $\tau''\Delta x \Delta z \times \Delta y$이고 이는 τ'' 또한 τ_{xy}와 동일하다는 것을 제시한다. 이와 같이 평면응력요소의 4개 면에 작용하는 전단응력은 모두 동일한 크기라는 것, 작용방향에 의해 직사각형은 평행사변형 형상으로 변하는 각변형이 발생한다는 것을 알 수 있다.

1.4.2 모어원

수직단면에 발생하는 수직, 전단응력으로부터 경사단면에 발생하는 응력을 산정할 수 있는 일반적인 방법을 구하기 위해 그림 1.4.2.1(1)과 같이 수직단면과 반시계방향 회전각인 경사각 θ를 갖는 경사단면(단면적 ΔA)을 설정하고 그림 1.4.2.1(2)와 같이 수직, 수평단면의 σ_x, σ_y, τ_{xy} 및 경사단면의 $\sigma_{x'}$, $\tau_{x'y'}$에 의해 각 단면에 수직한 방향과 접선방향으로 이동력이 작용하는 자유물체도를 구성한다.

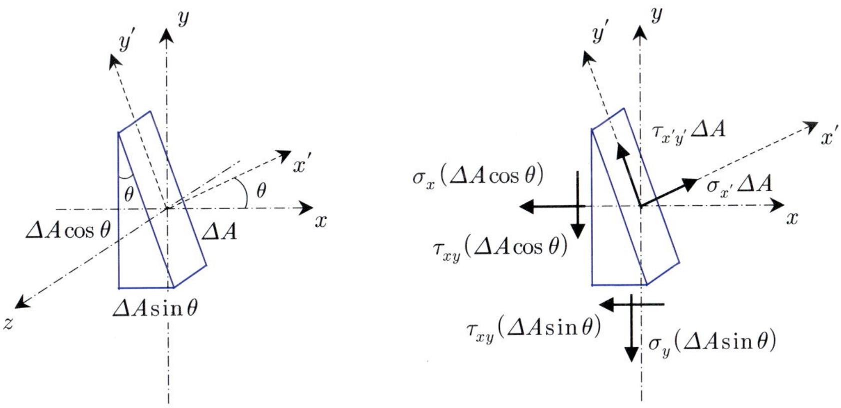

그림 1.4.2.1 응력요소

6개 이동력의 x'축, y'축에 대한 평형조건을 적용하고 정리하면 σ_x, σ_y, τ_{xy}로부터 $\sigma_{x'}$와 $\tau_{x'y'}$를 산정할 수 있으며 삼각함수를 이용하여 식 (1.4.2.1), (1.4.2.2)와 같이 정리할 수 있다.

$$\begin{aligned}\sum F_{x'} = 0 = \sigma_{x'}\Delta A - \sigma_x(\Delta A\cos\theta)\cos\theta - \tau_{xy}(\Delta A\cos\theta)\sin\theta \\ - \sigma_y(\Delta A\sin\theta)\sin\theta - \tau_{xy}(\Delta A\sin\theta)\cos\theta\end{aligned}$$

$$\sum F_{y'} = 0 = \tau_{x'y'}\Delta A + \sigma_x(\Delta A\cos\theta)\sin\theta - \tau_{xy}(\Delta A\cos\theta)\cos\theta$$
$$- \sigma_y(\Delta A\sin\theta)\cos\theta + \tau_{xy}(\Delta A\sin\theta)\sin\theta$$

$$\sigma_{x'} = \sigma_x\cos^2\theta + \sigma_y\sin^2\theta + 2\tau_{xy}\sin\theta\cos\theta$$

$$\tau_{x'y'} = -(\sigma_x - \sigma_y)\sin\theta\cos\theta + \tau_{xy}(\cos^2\theta - \sin^2\theta)$$

$$\sigma_{x'} = \frac{\sigma_x + \sigma_y}{2} + \frac{\sigma_x - \sigma_y}{2}\cos 2\theta + \tau_{xy}\sin 2\theta \tag{1.4.2.1}$$

$$\tau_{x'y'} = -\frac{\sigma_x - \sigma_y}{2}\sin 2\theta + \tau_{xy}\cos 2\theta \tag{1.4.2.2}$$

경사각 θ가 0이면 $\sigma_{x'} = \sigma_x$, $\tau_{x'y'} = \tau_{xy}$이므로 수직단면에 작용하는 응력이고 $\theta = 90°$이면 $\sigma_{x'} = \sigma_y$, $\tau_{x'y'} = -\tau_{xy}$이므로 수직단면과 직각인 단면(자유물체도의 밑면)에 작용하는 응력임을 확인할 수 있다. 이 식을 평면응력의 변환식(transformation equations for plane stress)이라고 하며 다음과 같이 양변을 제곱하고 2개 식을 합하면 $\sigma_{x'}$, $\tau_{x'y'}$를 좌표축으로 하는 원의 식이 된다.

$$\left(\sigma_{x'} - \frac{\sigma_x + \sigma_y}{2}\right)^2 = \left(\frac{\sigma_x - \sigma_y}{2}\right)^2\cos^2 2\theta$$
$$+ 2\left(\frac{\sigma_x - \sigma_y}{2}\right)\tau_{xy}\cos 2\theta\sin 2\theta + \tau_{xy}^2\sin^2 2\theta$$
$$\tau_{x'y'}^2 = \left(\frac{\sigma_x - \sigma_y}{2}\right)^2\sin^2 2\theta$$
$$- 2\left(\frac{\sigma_x - \sigma_y}{2}\right)\tau_{xy}\sin 2\theta\cos 2\theta + \tau_{xy}^2\cos^2 2\theta$$

$$\left(\sigma_{x'} - \frac{\sigma_x + \sigma_y}{2}\right)^2 + \tau_{x'y'}^2 = \left(\frac{\sigma_x - \sigma_y}{2}\right)^2 + \tau_{xy}^2$$

원 중심의 좌표를 (σ_{avg}, 0), 반경을 R로 표기하고 식 (1.4.2.3)과 같이 제시한 원을 모어원(Mohr's circle)이라 한다.

$$\sigma_{\text{avg}} = \frac{\sigma_x + \sigma_y}{2} \quad ; \quad R = \sqrt{\left(\frac{\sigma_x - \sigma_y}{2}\right)^2 + \tau_{xy}^2}$$

$$(\sigma_{x'} - \sigma_{\text{avg}})^2 + \tau_{x'y'}^2 = R^2 \tag{1.4.2.3}$$

그림 1.4.2.2(1)과 같이 응력 σ_x, σ_y, τ_{xy}가 발생한 평면응력요소로부터 그림 1.4.2.2(2)의 모어원을 작도하는 방법은 다음과 같다. 모어원을 작도하는 평면은 우측을 양으로 하여 $\sigma_{x'}$를 가로축에 표기하고 하향을 양으로 하여 $\tau_{x'y'}$를 세로축에 표기한다. 수직응력의 부호는

인장응력을 양, 전단응력의 부호는 반시계방향 회전력을 발생하는 τ_{xy}를 양으로 한다. 모어원의 중심 (σ_{avg}, 0)을 C점, (σ_x, τ_{xy})를 X점으로 하고 선분 $\overline{CX}$의 길이를 산정하여 이를 반경으로 하는 모어원을 작도하면 모어원 상의 각 점에 해당하는 경사단면은 다음과 같다.

A점 : 최대 수직응력이 발생하고 전단응력은 0이 되는 경사단면
B점 : 최소 수직응력이 발생하고 전단응력은 0이 되는 경사단면
D점 : 수직응력은 σ_{avg}이고 전단응력이 최대가 되는 경사단면
E점 : 수직응력은 σ_{avg}이고 전단응력이 최소가 되는 경사단면

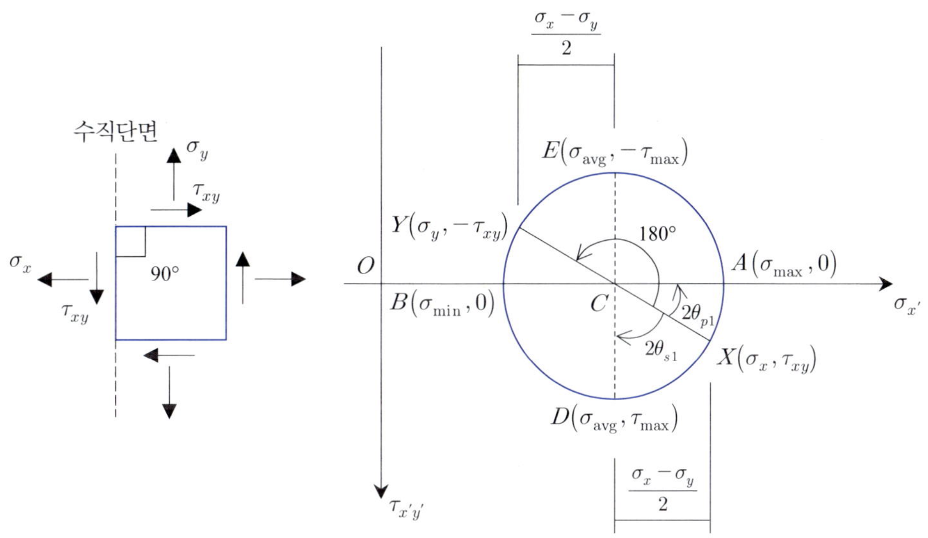

(1) 평면응력요소　　**(2)** 모어원

그림 1.4.2.2

최대, 최소 수직응력을 주응력(principal stress), 주응력이 발생하는 경사단면을 주평면(principal plane)이라 하며 주평면의 경사각 θ_p는 식 (1.4.2.2)에서 $\tau_{x'y'}$를 0으로 하여 결정할 수 있다.

$$\tan 2\theta_p = \frac{2\tau_{xy}}{\sigma_x - \sigma_y} \tag{1.4.2.4}$$

이로부터 2개의 θ_p를 산정할 수 있으며 A, B점에 해당하는 θ_{p1}, θ_{p2}는 모어원에서 확인할 수 있다. 식 (1.4.2.4)로부터 모어원에서의 회전각이 평면응력요소 회전각의 2배가 된다는 것을 알 수 있으므로 X점에서 반시계방향으로 180° 회전한 Y점은 평면응력요소에서 (σ_y,

τ_{xy})가 산정된 단면으로부터 반시계방향으로 90° 회전한 단면에 작용하는 응력 (σ_y, $-\tau_{xy}$)를 제시한다. 최대, 최소 전단응력이 발생하는 경사단면의 경사각 θ_s는 식 (1.4.2.1)에서 $\sigma_{x'}$를 σ_{avg}로 하여 결정할 수 있다. 이로부터 2개의 θ_s를 산정할 수 있으며 D, E점에 해당하는 θ_{s1}, θ_{s2}는 모어원에서 확인할 수 있다.

$$\tan 2\theta_s = -\frac{\sigma_x - \sigma_y}{2\tau_{xy}} \tag{1.4.2.5}$$

그림 1.4.2.2에서 주응력과 최대 전단응력이 발생하는 평면응력요소는 그림 1.4.2.3과 같이 작도한다. 모어원 상 X점에서 최대 수직응력이 발생하는 A점으로의 회전각은 반시계방향 $2\theta_{p1}$이므로 평면응력요소의 x'축은 x축에서 반시계방향으로 θ_{p1} 회전한 축이다. 최대 전단응력이 발생하는 D점으로의 회전각은 시계방향 $2\theta_{s1}$이므로 평면응력요소의 x'축은 x축에서 시계방향으로 θ_{s1} 회전한 축이다. A점과 B점의 모어원 상 회전각 차이가 180°이므로 주응력을 제시하는 평면응력요소에서 직각을 이루는 두 변에는 각각 최대, 최소 수직응력이 표기되며 D점과 E점의 최대, 최소 전단응력 또한 동일한 평면응력요소에 표기된다.

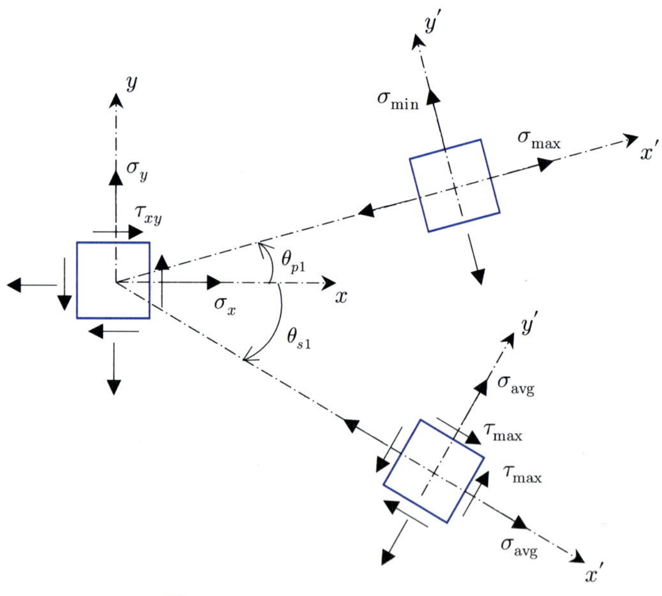

그림 1.4.2.3 주응력과 최대 전단응력

예제 1.4.2.1

그림 예1.4.2.1(1)의 평면응력요소에서 주응력과 주평면 및 최대전단응력과 작용평면을 모어원으로 구하시오.

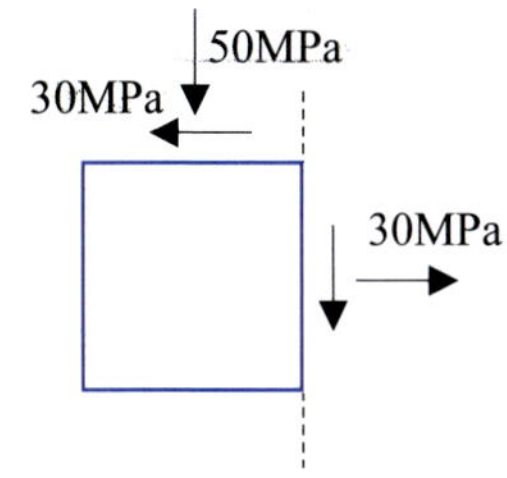

그림 예1.4.2.1(1)

설명 수직단면의 응력과 X점의 좌표로부터 모어원의 중심 C점과 반경 R을 구하고 모어원을 작도하면 그림 예1.4.2.1(2)와 같다.

$$\sigma_x = 30\,\text{MPa},\ \sigma_y = -50\,\text{MPa},\ \tau_{xy} = -30\,\text{MPa} \quad ; \quad X(30\,,-30)$$

$$\frac{\sigma_x+\sigma_y}{2} = -10\,(\text{MPa}),\ \frac{\sigma_x-\sigma_y}{2} = 40\,(\text{MPa}) \quad ; \quad C(-10\,,0)$$

$$R = \sqrt{\left(\frac{\sigma_x-\sigma_y}{2}\right)^2+\tau_{xy}^2} = \sqrt{(40)^2+(-30)^2} = 50\,(\text{MPa}) = \tau_{\max}$$

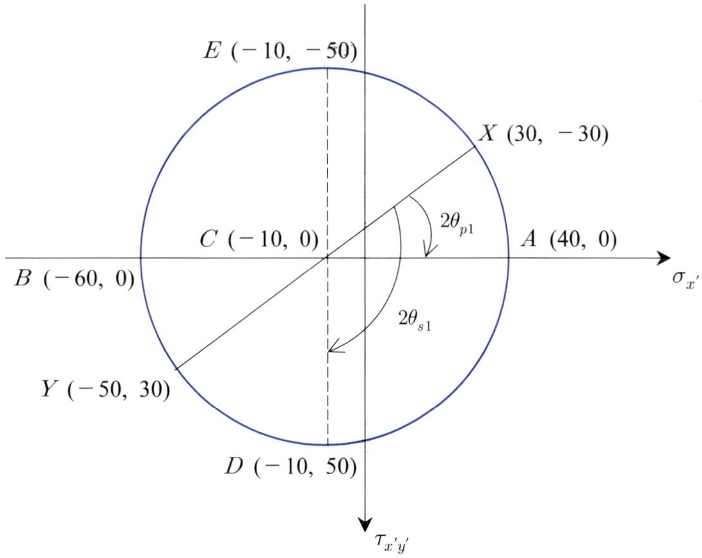

그림 예1.4.2.1(2)

주응력과 주평면의 경사각 및 최대전단응력과 작용평면의 경사각은 다음과 같이 산정되고 각 평면응력요소는 그림 예1.4.2.1(3)과 같다.

$$\sigma_1 = \frac{\sigma_x+\sigma_y}{2} + R = -10+50 = 40\,(\text{MPa})$$

$$\sigma_2 = \frac{\sigma_x+\sigma_y}{2} - R = -10-50 = -60\,(\text{MPa})$$

$$2\theta_{p1} = \tan^{-1}\left\{\frac{30}{30-(-10)}\right\} = 36.87° \quad ; \quad \theta_{p1} = 18.4°$$

$$\tau_{\max} = R = 50\,\text{MPa} \quad ; \quad \sigma_{avg} = -10\,\text{MPa}$$

$$2\theta_{S1} = 90° + \tan^{-1}\left\{\frac{30}{30-(-10)}\right\} = 126.87° \quad ; \quad \theta_{S1} = 63.4°$$

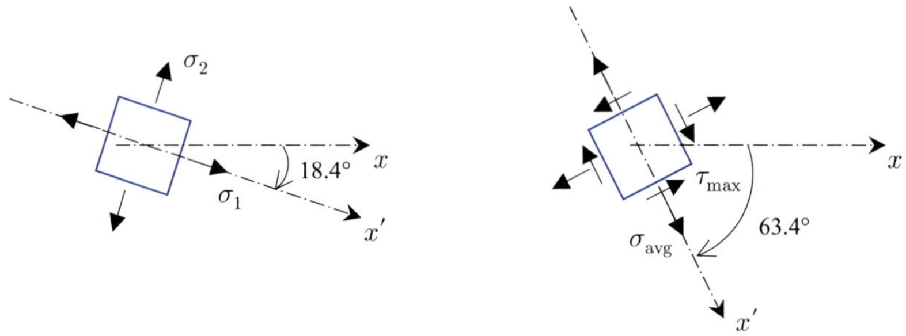

그림 예1.4.2.1(3)

수직단면으로부터 반시계방향으로 임의의 경사각 θ를 갖는 단면에 발생하는 수직, 전단응력은 그림 1.4.2.4와 같이 모어원의 X점에서 반시계방향 회전각 2θ에 해당하는 원주상의 점 X'를 구하면 좌표 $(\sigma_\theta,\ \tau_\theta)$가 경사단면의 수직, 전단응력이다.

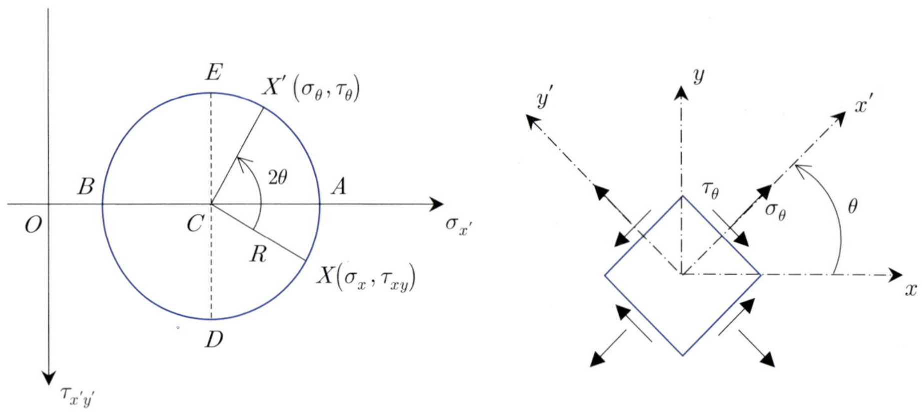

(1) 모어원 **(2)** 평면응력요소

그림 1.4.2.4

예제 1.4.2.2 그림 예1.4.2.2(1)의 평면응력요소에서 주응력과 주평면 및 최대전단응력과 작용평면을 모어원으로 구하고 시계방향 45° 경사단면의 수직, 전단응력을 구하시오.

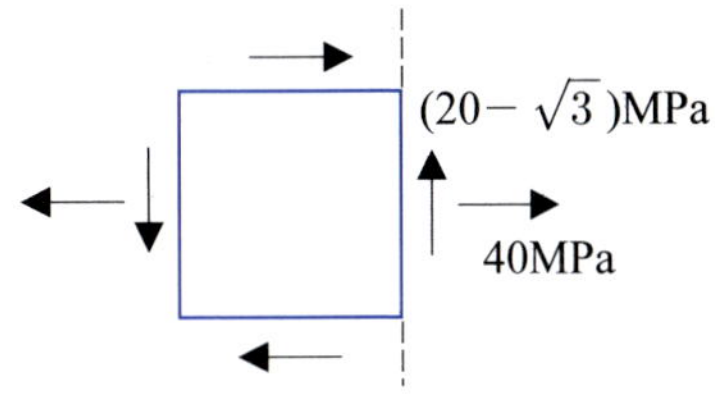

그림 예1.4.2.2(1)

설명 수직단면의 응력과 X점의 좌표로부터 모어원의 중심 C점과 반경 R을 구하고 모어원을 작도하면 그림 예1.4.2.2(2)와 같다.

$$\sigma_x = 40\,\text{MPa},\ \sigma_y = 0,\ \tau_{xy} = (20-\sqrt{3})\,\text{MPa} \quad ; \quad X(40\,,\,20-\sqrt{3})$$

$$\frac{\sigma_x+\sigma_y}{2} = 20\,(\text{MPa}),\ \frac{\sigma_x-\sigma_y}{2} = 20\,(\text{MPa}) \quad ; \quad C(20\,,\,0)$$

$$R = \sqrt{\left(\frac{\sigma_x-\sigma_y}{2}\right)^2+\tau_{xy}^2} = \sqrt{20^2+(20-\sqrt{3})^2} = 27.2\,(\text{MPa}) = \tau_{\max}$$

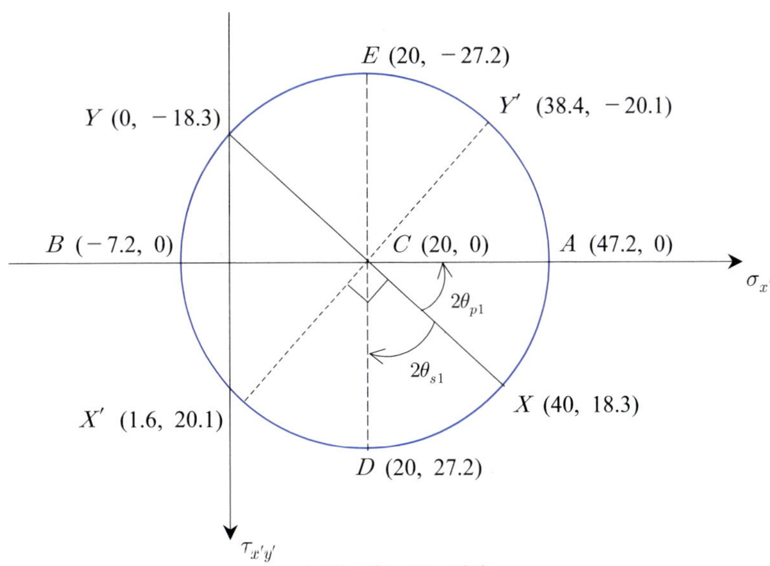

그림 예1.4.2.2(2)

주응력과 주평면의 경사각 및 최대전단응력과 작용평면의 경사각은 다음과 같이 산정되고 각 평면응력요소는 그림 예1.4.2.2(3)과 같다.

$$\sigma_1 = \frac{\sigma_x+\sigma_y}{2}+R = 20+27.2 = 47.2\,(\text{MPa})$$

$$\sigma_2 = \frac{\sigma_x+\sigma_y}{2}-R = 20-27.2 = -7.2\,(\text{MPa})$$

$$2\theta_{p1} = \tan^{-1}\left(\frac{18.3}{40-20}\right) = 42.5° \quad ; \quad \theta_{p1} = 21.2°$$

$$\tau_{max} = R = 27.2\,\text{MPa} \quad ; \quad \sigma_{avg} = 20\,\text{MPa}$$

$$2\theta_{s1} = \tan^{-1}\left(\frac{40-20}{18.3}\right) = 47.54° \quad ; \quad \theta_{s1} = 23.8°$$

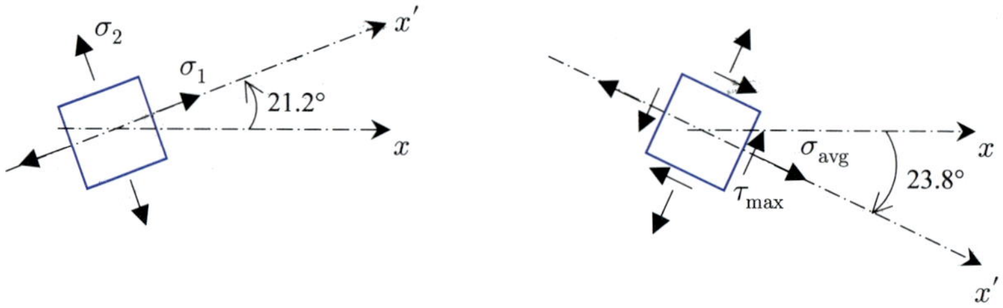

그림 예1.4.2.2(3)

모어원의 X점에서 시계방향으로 90° 회전한 X'점 및 Y'점의 좌표를 다음과 같이 구하면 시계방향 45° 경사단면의 수직, 전단응력은 그림 예1.4.2.2(4)에 제시한 바와 같다.

$$\sigma_{x'} = 20 - R\sin(90° - 2\theta_{s1}) = 20 - 27.2 \times \sin 42.46° = 1.64\,(\text{MPa})$$
$$\sigma_{y'} = 20 + R\sin(90° - 2\theta_{s1}) = 20 + 27.2 \times \sin 42.46° = 38.36\,(\text{MPa})$$
$$\tau_{x'y'} = R\cos(90° - 2\theta_{s1}) = 27.2 \times \cos 42.46° = 20.1\,(\text{MPa})$$

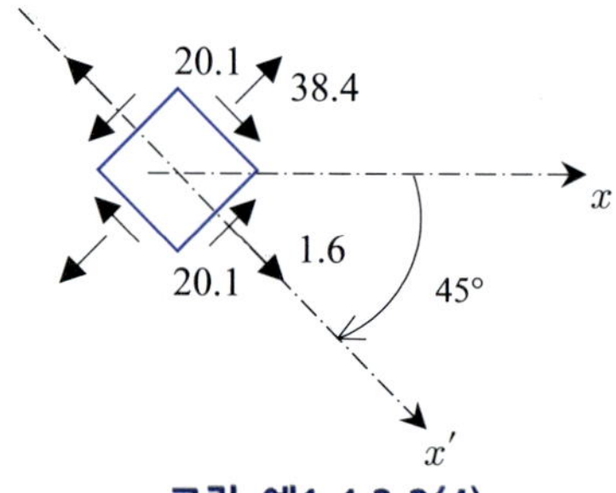

그림 예1.4.2.2(4)

그림 1.4.2.5(1)과 같이 수직응력만 평면응력요소에 발생하는 경우를 2축응력(biaxial stress) 상태라 하며 그림 1.4.2.5(2)는 인장응력($\sigma_x > \sigma_y$)만 작용하는 경우의 모어원이다. 전단응력이 없으므로 반경 R은 σ_x, σ_y에 의해 결정된다.

$$R = \frac{\sigma_x - \sigma_y}{2}$$

그림 1.4.2.6(1)에 제시한 바와 같이 2축응력이 작용하고 $\sigma_y = -\sigma_x$인 경우 모어원은 그림

1.4.2.6(2)와 같고 최대 전단응력이 발생하는 경사단면은 모어원의 E점에 해당하므로 x축으로부터 시계방향으로 45° 회전한 평면응력요소 $abcd$의 단면이다. 이 평면응력요소에는 수직응력은 작용하지 않고 전단응력만 작용하므로 이를 순수전단(pure shear) 상태라 한다.

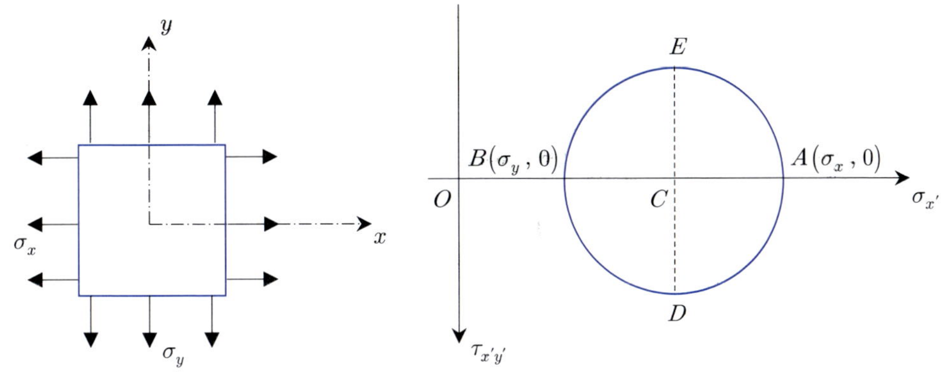

(1) 2축응력 **(2)** 모어원

그림 1.4.2.5

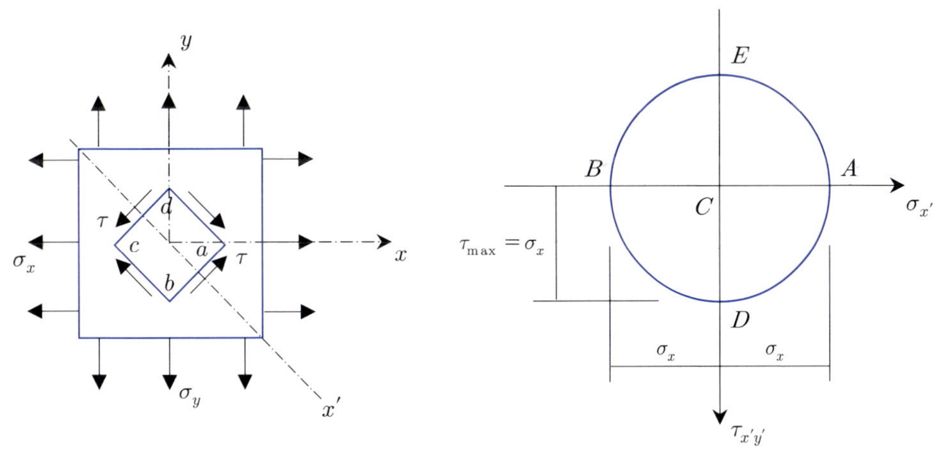

(1) 2축응력 **(2)** 모어원

그림 1.4.2.6

그림 1.4.2.6(1)에 제시한 순수전단 상태의 평면응력요소 $abcd$의 각변형을 γ라 하면 그림 1.4.2.7(1)과 같이 $\angle a$와 $\angle c$는 $\pi/2-\gamma$, $\angle b$와 $\angle d$는 $\pi/2+\gamma$가 되는 마름모꼴이 되고 그림 1.4.2.7(2)와 같이 좌측면 bc에 대한 a점과 d점의 상대적 이동변위로 도시하면 식 (1.3.2.2)와 같이 미소한 전단변형률 γ는 a점의 상대적 이동변위 δ를 요소의 길이 L로 나눈 것과 같다.

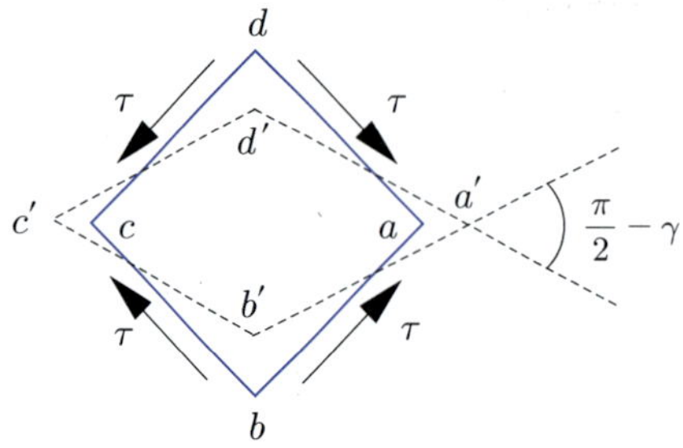

(1) 평면응력요소의 전단변형

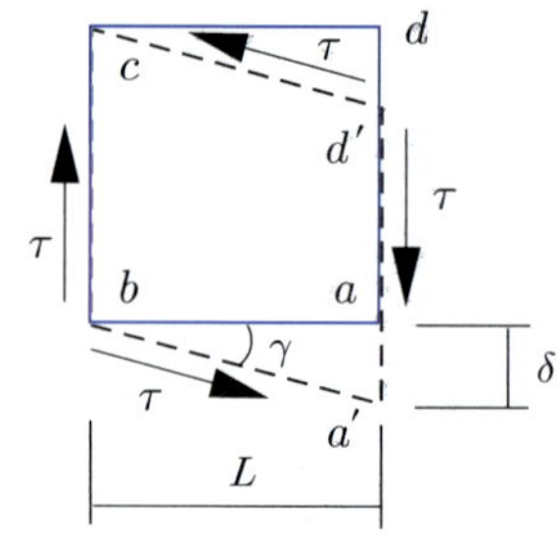

(2) 좌측면 bc에 대한 전단변형

그림 1.4.2.7

$$\tan\gamma = \gamma = \frac{\overline{aa'}}{\overline{ab}} = \frac{\delta}{L}$$

그림 1.4.2.6(1)의 평면응력요소에서 x축, y축 방향 변형률은 포아슨비 μ에 의해 다음 식 (1.4.2.6)과 같이 정의된다.

$$\begin{aligned} \epsilon_x &= \frac{\sigma_x}{E} - \frac{\mu\sigma_y}{E} \\ \epsilon_y &= \frac{\sigma_y}{E} - \frac{\mu\sigma_x}{E} \\ \epsilon_z &= -\frac{\mu}{E}(\sigma_x + \sigma_y) \end{aligned} \qquad (1.4.2.6)$$

각변형에 의해 평면응력요소의 체적은 변하지 않으므로 식 (1.4.2.6)에 $\sigma_y = -\sigma_x = -\tau$를 적용하면 순수전단 상태 평면응력요소의 체적변화가 0임을 확인할 수 있다.

$$\begin{aligned} \epsilon_x &= \frac{\sigma_x}{E} - \frac{\mu\sigma_y}{E} = \frac{\tau}{E}(1+\mu) \\ \epsilon_y &= \frac{\sigma_y}{E} - \frac{\mu\sigma_x}{E} = -\frac{\tau}{E}(1+\mu) \\ \epsilon_z &= -\frac{\mu}{E}(\sigma_x + \sigma_y) = 0 \\ \frac{\Delta V}{V_0} &= \epsilon_x + \epsilon_y + \epsilon_z = 0 \end{aligned}$$

그림 1.4.2.7(1) 평면응력요소의 대각선 $\overline{ac}$, $\overline{bd}$의 길이는 변형 전에는 동일하고 순수전단에 의해 변형된 길이는 축방향 변형률 ϵ_x, ϵ_y를 적용하여 다음과 같이 산정되므로 $\overline{a'c'}$, $\overline{b'd'}$와 각변형으로부터 다음 식이 성립한다.

$$\overline{a'c'} = \overline{ac}(1+\epsilon_x) = \overline{ac}\left\{1+\frac{\tau}{E}(1+\mu)\right\}$$

$$\overline{b'd'} = \overline{bd}(1+\epsilon_y) = \overline{bd}\left\{1-\frac{\tau}{E}(1+\mu)\right\}$$

$$\frac{b'd'/2}{a'c'/2} = \tan\left(\frac{\pi}{4}-\frac{\gamma}{2}\right) = \frac{b'd'}{a'c'} = \frac{1-\frac{\tau}{E}(1+\mu)}{1+\frac{\tau}{E}(1+\mu)}$$

삼각함수의 전개식을 적용하고 위 관계식을 비교하면 다음과 같은 식이 구성되므로 비례한도 이내에서 전단응력과 전단변형률 간에 적용되는 후크의 법칙($\tau = G\gamma$)을 적용하면 재료 특성을 표기하는 재료상수 E, μ, G 간의 관계는 다음 식 (1.4.2.7)과 같다.

$$\tan\left(\frac{\pi}{4}-\frac{\gamma}{2}\right) = \frac{\tan\frac{\pi}{4}-\tan\frac{\gamma}{2}}{1+\tan\frac{\pi}{4}\tan\frac{\gamma}{2}} \approx \frac{1-\frac{\gamma}{2}}{1+\frac{\gamma}{2}} \quad \Rightarrow \quad \frac{\gamma}{2} = \frac{\tau}{E}(1+\mu)$$

$$G = \frac{E}{2(1+\mu)} \tag{1.4.2.7}$$

예제 1.4.2.3

$\sigma_y = -2\sigma_x$인 2축응력이 작용하는 평면응력요소의 모어원을 작도하고 n축 방향 경사단면의 수직, 전단응력을 구하시오.

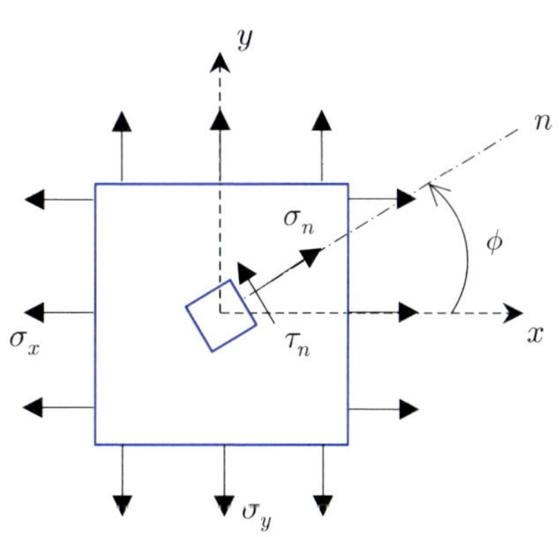

그림 예1.4.2.3(1)

설명 수직단면의 응력과 X점의 좌표로부터 모어원의 중심 C점과 반경 R을 구하고 그림 예1.4.2.3(2)와 같이 모어원을 작도하면 τ_{xy}가 0이므로 X점은 주응력인 A점이 된다.

$$\sigma_x, \quad \sigma_y = -2\sigma_x, \quad \tau_{xy} = 0 \quad ; \quad X(\sigma_x, 0)$$

$$\frac{\sigma_x+\sigma_y}{2} = \frac{\sigma_x+(-2\sigma_x)}{2} = -\frac{\sigma_x}{2} \quad ; \quad C\left(-\frac{\sigma_x}{2}, 0\right)$$

$$\frac{\sigma_x-\sigma_y}{2}=\frac{\sigma_x+2\sigma_x}{2}=\frac{3\sigma_x}{2}$$

$$R=\sqrt{\left(\frac{\sigma_x-\sigma_y}{2}\right)^2+\tau_{xy}^2}=\sqrt{\left(\frac{3\sigma_x}{2}\right)^2+(0)^2}=\frac{3\sigma_x}{2}=\tau_{\max}$$

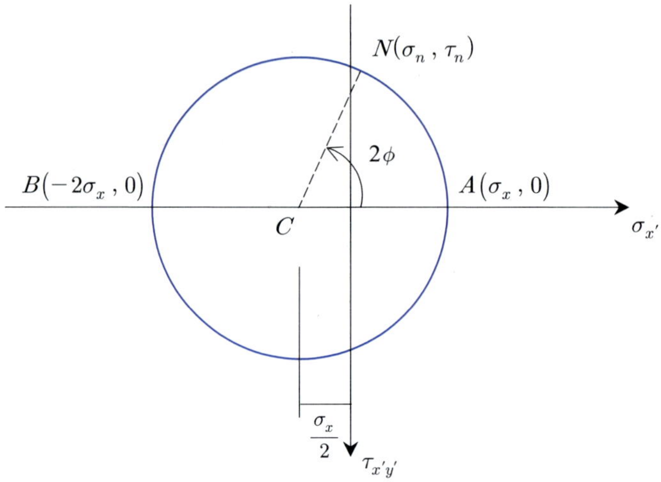

그림 예1.4.2.3(2)

x축에서 반시계방향으로 ϕ만큼 회전한 n축 방향 경사단면의 수직, 전단응력은 그림 예1.4.2.3(2)의 모어원에서 A점으로부터 반시계방향으로 2ϕ만큼 회전한 N점의 좌표 σ_n, τ_n으로 구한다.

$$\sigma_n=-\frac{\sigma_x}{2}+R\cos 2\phi=-\frac{\sigma_x}{2}(1-3\cos 2\phi)$$

$$\tau_n=-R\sin 2\phi=-\frac{3\sigma_x}{2}\sin 2\phi$$

예제 1.4.2.4

1축응력이 작용하는 평면응력요소의 모어원을 작도하고 반시계방향 ϕ 및 $\phi+90°$ 경사단면의 수직, 전단응력을 구하시오.

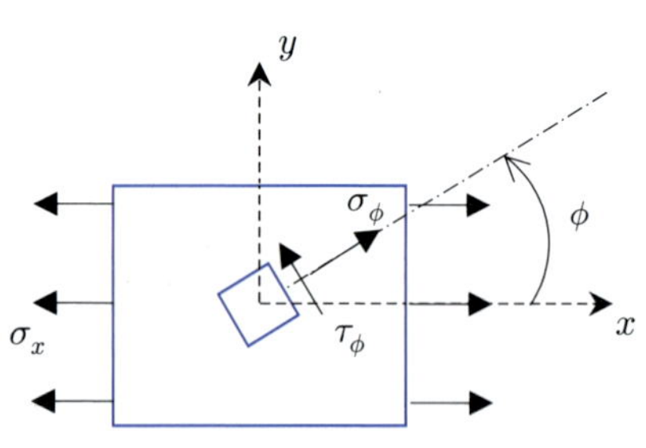

그림 예1.4.2.4(1)

설명 수직단면의 응력과 X점의 좌표로부터 모어원의 중심 C점과 반경 R을 구하고 모어원을 작도하면 그림 예1.4.2.4(2)와 같다.

$$\sigma_x, \quad \sigma_y = 0, \quad \tau_{xy} = 0 \quad ; \quad X(\sigma_x, 0)$$

$$\frac{\sigma_x + \sigma_y}{2} = \frac{\sigma_x + 0}{2} = \frac{\sigma_x}{2} \quad ; \quad C(\frac{\sigma_x}{2}, 0)$$

$$\frac{\sigma_x - \sigma_y}{2} = \frac{\sigma_x - 0}{2} = \frac{\sigma_x}{2}$$

$$R = \sqrt{\left(\frac{\sigma_x - \sigma_y}{2}\right)^2 + \tau_{xy}^2} = \sqrt{\left(\frac{\sigma_x}{2}\right)^2 + (0)^2} = \frac{\sigma_x}{2} = \tau_{\max}$$

x축에서 반시계방향 ϕ 및 $\phi+90°$ 경사단면의 수직, 전단응력은 그림 예1.4.2.4(2)의 모어원에서 A점으로부터 반시계방향으로 2ϕ 및 $2\phi+180°$ 회전한 N점 및 M점의 좌표 (σ_ϕ, τ_ϕ)와 ($\sigma_{\phi+90°}$, $\tau_{\phi+90°}$)가 된다.

$$\sigma_\phi = \frac{\sigma_x}{2} + R\cos 2\phi = \frac{\sigma_x}{2}(1 + \cos 2\phi)$$

$$\tau_\phi = -R\sin 2\phi = -\frac{\sigma_x}{2}\sin 2\phi$$

$$\sigma_{\phi+90°} = \frac{\sigma_x}{2} - R\cos 2\phi = \frac{\sigma_x}{2}(1 - \cos 2\phi)$$

$$\tau_{\phi+90°} = R\sin 2\phi = \frac{\sigma_x}{2}\sin 2\phi$$

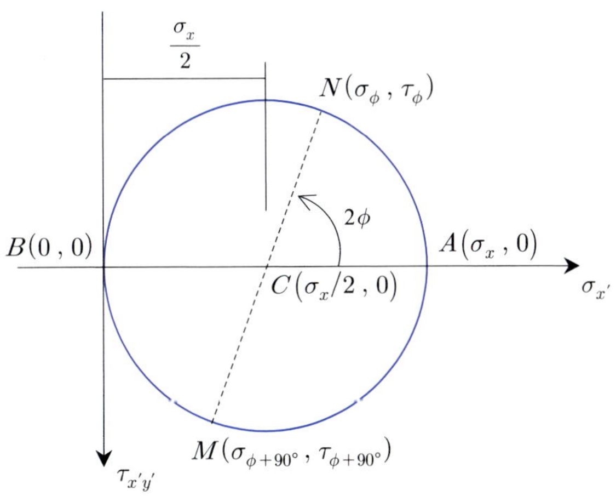

그림 예1.4.2.4(2)

예제 1.4.1.1에서와 같이 1축응력이 작용하는 평면응력요소에서 서로 직각을 이루는 두 경사단면의 수직, 전단응력의 합은 수직단면의 수직, 전단응력과 동일하다는 것을 모어원으로 확인할 수 있다.

예제 1.4.2.5 반경 r, 두께 t의 원형 박판에 그림 예 1.4.2.5와 같이 반경 방향의 응력 σ가 작용하는 경우 임의의 평면응력요소에 작용하는 응력 및 원판의 체적 변화율을 구하시오. 탄성계수는 E를 사용한다.

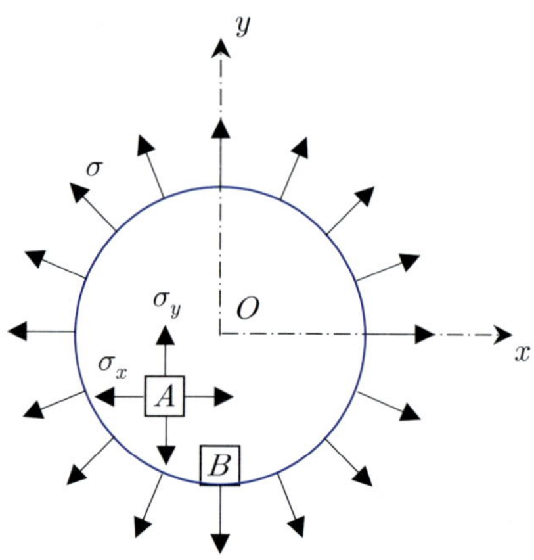

그림 예1.4.2.5

설명 동일한 크기의 응력이 반경 방향으로 작용하면 원판의 형상은 변하지 않으므로 전단응력은 0이고 임의의 평면응력요소에서 모든 방향의 변형률은 동일하다. x축, y축 방향의 변형률이 동일하므로 수직응력도 동일하다.

$$\epsilon_x = \epsilon_y \quad ; \quad \frac{\sigma_x}{E} - \frac{\mu\sigma_y}{E} = \frac{\sigma_y}{E} - \frac{\mu\sigma_x}{E} \quad \Rightarrow \quad \sigma_x = \sigma_y = \sigma$$

그러므로 경계의 평면응력요소 B를 포함한 모든 평면응력요소는 A와 같이 2축응력 상태가 된다. 이 경우 모어원의 X점과 중심 C점의 좌표는 $(\sigma_x, 0)$으로 동일하고 모어원은 점이 된다. 변형 전 원판의 체적은 $V_0 = \pi r^2 t$ 이고 변형 후 원판의 체적 및 체적 변화율은 축방향 변형률 ϵ_x와 ϵ_z를 사용하여 다음과 같이 산정된다.

$$V = \pi\{r(1+\epsilon_x)\}^2\{t(1+\epsilon_z)\} = \pi r^2 t(1+\epsilon_x)^2(1+\epsilon_z) = V_0(1+2\epsilon_x+\epsilon_z)$$

$$\frac{\Delta V}{V_0} = \frac{V_0(2\epsilon_x+\epsilon_z)}{V_0} = 2\epsilon_x + \epsilon_z$$

$\sigma_x = \sigma_y = \sigma$인 경우 체적 변화율은 다음과 같다.

$$\epsilon_x = \epsilon_y = \frac{\sigma}{E}(1-\mu) \quad ; \quad \epsilon_z = -2\mu\frac{\sigma}{E}$$

$$\frac{\Delta V}{V_0} = 2\epsilon_x + \epsilon_z = 2\frac{\sigma}{E}(1-\mu) - 2\mu\frac{\sigma}{E} = \frac{2\sigma}{E}(1-2\mu)$$

1.5 응력집중

일정 단면의 부재에 축방향 집중하중 P가 도심에 작용하는 경우 부재단면에 발생하는 수직응력의 분포는 그림 1.5.1에 제시한 바와 같이 하중 작용위치와의 거리에 따라 다르다. 단면 $a-a$, $b-b$와 같이 작용위치에 인접한 단면의 응력분포는 균등하지 않으나 작용위치에서 충분히 떨어진 $c-c$ 단면의 응력은 균등하게 분포한다. 이와 같이 국부적으로 불균등한 응력분포가 발생하는 것을 방지하기 위해 실무에서는 집중하중이 작용하는 위치에 하중도입부를 두어 부재의 모든 단면에서 균등한 응력이 발생하도록 하고 설계공식 (1.2.1)을 적용하여 수직응력을 산정한다. 반면 그림 1.5.2와 같이 필요에 의해 부재단면에 형상변화가 요구되는 경우는 국부적으로 불균등한 응력분포가 발생하며 이러한 부분을 응력상승부(stress-raiser)라고 한다. 축방향 하중을 받는 판재의 응력상승부 및 응력분포의 예로 그림 1.5.2(1)은 부재 중앙에 원형(반경 r) 홀이 있는 경우이고 (2)는 반원형(반경 r) 절단부분이 대칭으로 있는 경우이며 (3)은 폭이 다른 두 부재가 2개의 사분원형(반경 r) 절단부분으로 연결된 경우다. 각각의 경우에 응력상승부에서 응력집중(stress concentration)이 발생하고 최대 응력 $\sigma_{\max}$는 응력상승부 $m-m$의 순 단면적 A_n으로 산출한 평균응력 σ_{avg}의 몇 배가 될 수 있는 반면 응력상승부로부터 충분히 떨어진 단면 $n-n$ 및 $q-q$의 응력분포는 균등하다. 응력상승부 단면 $m-m$의 순폭 b, 판 두께 t인 경우 최대 응력 $\sigma_{\max}$는 다음과 같이 산정하며 $\sigma_{\max}$와 σ_{avg}와의 비 K를 응력집중계수(stress concentration factor)라 한다.

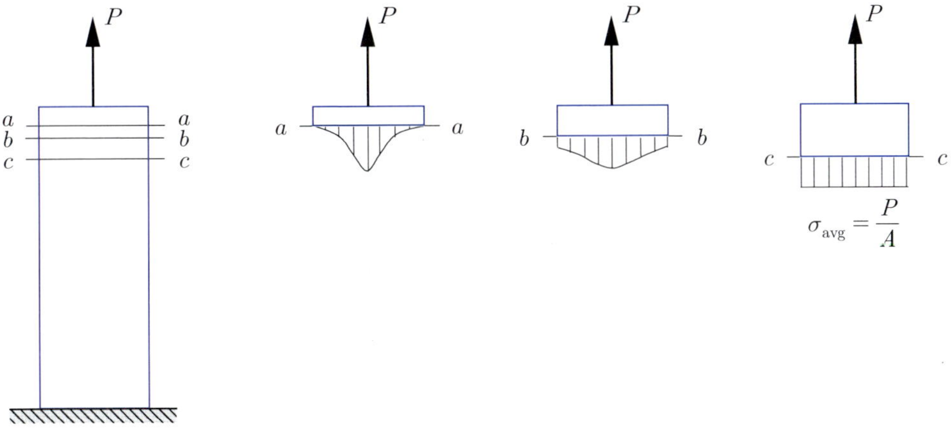

그림 1.5.1

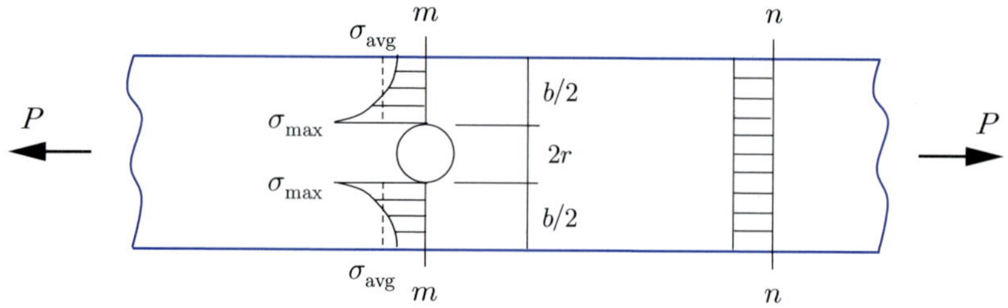

(1) 원형(반경 r) 홀

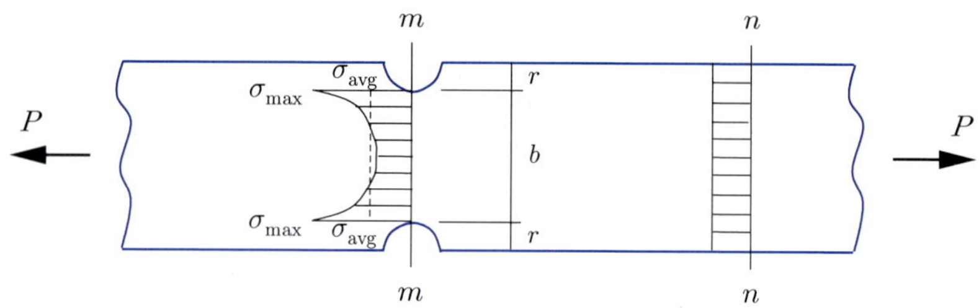

(2) 반원형(반경 r) 절단부분

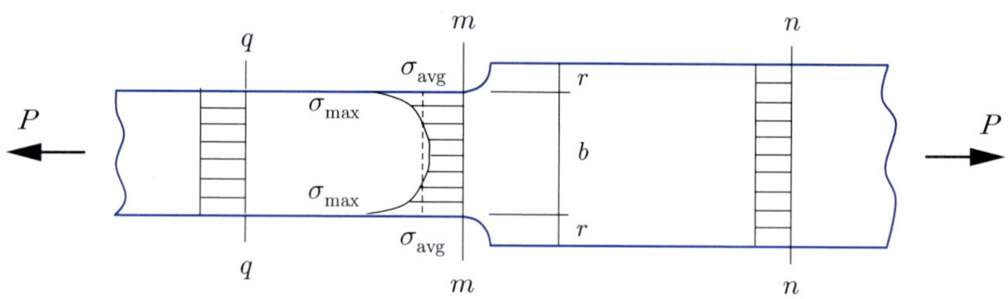

(3) 사분원형(반경 r) 절단부분

그림 1.5.2 응력상승부의 응력집중

$$\sigma_{max} = K\sigma_{avg} = K\frac{P}{A_n} = K\frac{P}{bt}$$

$$K = \frac{\sigma_{max}}{\sigma_{avg}} \tag{1.5.1}$$

실험결과 및 이론적 해석에 의하면 그림 1.5.2의 경우 K값은 모두 r/b 비의 함수이고 그림 1.5.3에 제시한 각 경우의 r/b 비에 대한 K값으로부터 r/b 비가 감소하면 K값이 증가하고 높은 응력집중이 발생한다는 것을 알 수 있다.

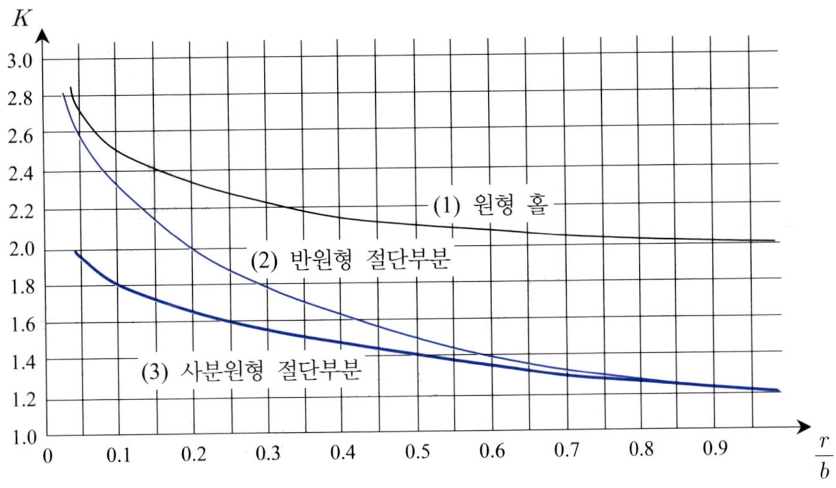

그림 1.5.3 응력집중계수 K

예제 1.5.1

두께 10mm의 판재에 40kN의 인장력이 작용하는 경우 응력상승부 $m-m$ 단면에 발생하는 A점의 응력을 구하시오.

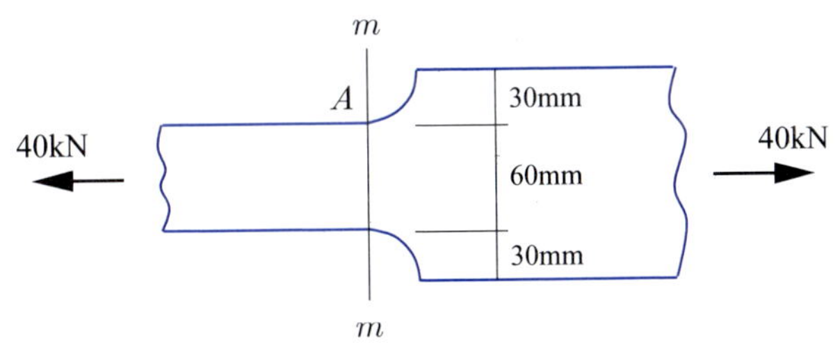

그림 예1.5.1

설명 응력상승부 $m-m$ 단면의 경우 그림 1.5.3의 (3)에서 응력집중계수를 구하면 A점의 응력(최대응력)은 다음과 같이 산정된다.

$$\frac{r}{b} = \frac{30}{60} = 0.5 \quad \Rightarrow \quad K = 1.4$$

$$\sigma_{\max} = K\frac{P}{bt} = 1.4 \times \frac{40 \times 10^3}{(60 \times 10^{-3}) \times (10 \times 10^{-3})} \times 10^{-6} = 93.3\,(\text{MPa})$$

연강과 같은 연성재료에 인장력이 작용하는 경우 최대 응력이 항복응력 σ_y에 도달하면 최대 응력이 발생한 부분은 항복한다. 그림 1.5.4와 같이 응력상승부의 하중이 증가하면 항복한 부분은 항복응력 σ_y를 유지하며 인접한 부분이 순차적으로 항복하므로 전 단면이 σ_y

에 도달하도록 단면 전체가 하중을 분담한다. 그러므로 연성재료의 경우 초기항복에서 파단까지 육안으로 보이는 변형이 전조현상으로 발생하여 구조물의 파괴에 대비할 수 있는 여건이 마련된다.

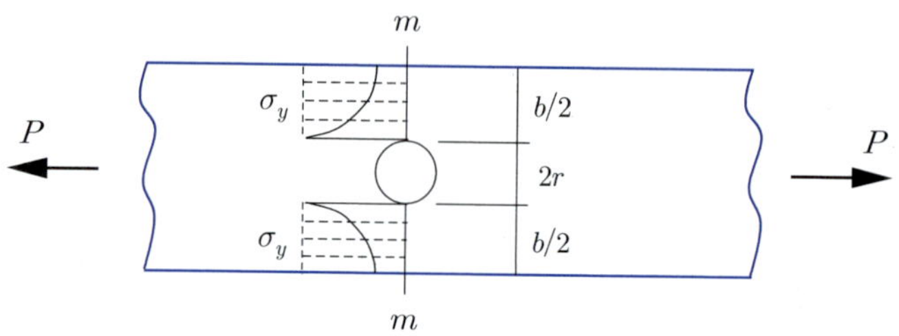

그림 1.5.4 연성재료의 항복거동

그러나 뚜렷한 항복점이 없는 취성재료에서 응력은 최대 응력 σ_u에 도달할 때까지 증가하고 σ_u가 발생한 부분은 소성변형 없이 균열이 발생하는 시발점이 된다. 균열이 발생한 부분은 하중을 분담하지 못하므로 급격한 파단으로 이어지고 이는 예고 없는 구조물의 파괴를 초래한다는 것을 유의해야 한다. 주기적인 응력변화 또는 반복적인 응력(교번응력)이 발생하는 구조부재의 경우는 연성과 취성재료 모두 응력상승부 위치에서 발생한 균열이 진전하여 결과적으로 피로파괴(fatigue failure)를 야기한다. 그러므로 부재의 응력집중을 방지할 수 없는 경우에는 보다 낮은 허용응력을 적용하도록 설계기준은 규정하고 있다.

요점

인장시험. 대표적인 인장부재인 구조용 연강의 응력－변형률선도(stress-strain diagram)로부터 비례한도(proportional limit) σ_{pl}, 항복응력(yield stress) σ_y, 변형경화구간, 극한응력(ultimate stress) σ_u 등 재료의 탄성거동 및 탄성한계 이후의 거동에 대한 정보가 결정된다. 단면적 A, 길이 L인 부재에 인장력 P가 작용하여 길이의 증가 δ가 발생하면 수직응력 σ는 단위면적에 대한 힘, 축방향 변형률 ϵ은 단위길이에 대한 변형으로 다음 식과 같이 정의한다.

$$\sigma = \frac{P}{A} \tag{1.2.1}$$

$$\epsilon = \frac{\delta}{L} \tag{1.2.2}$$

압축시험. 구조부재로 가장 많이 사용되는 철근콘크리트를 구성하는 재료인 콘크리트는 대표적인 취성재료로 압축시험(compression test)을 수행하여 응력－변형률선도를 작성한다. 콘크리트의 응력－변형률선도에서 최대 압축응력 $\sigma_{c,\max}$는 최대 인장응력 $\sigma_{t,\max}$의 약 12배이며 인장응력($\sigma_t < 3\,\text{MPa}$)은 설계에 반영할 정도가 되지 않으므로 콘크리트로 구성되는 구조부재는 압축부재로 사용한다. 항복점이 뚜렷하게 나타나지 않고 비례한도를 지나 큰 변형이 발생하는 알루미늄과 같은 재료의 항복응력은 오프셋 방법(offset method)을 적용하여 변형률 0.2%에서 응력－변형률선도의 초기 직선과 평행한 직선을 작도하고 응력－변형률선도와의 교점을 항복점, 해당응력을 항복응력으로 결정한다.

재료의 역학적 특성. 응력－변형률선도로부터 제시되는 재료의 역학적 특성은 1) 후크의 법칙(Hooke's law) 2) 탄성 및 소성거동 3) 연성과 취성 및 4) 에너지 흡수능력 등이며 후크의 법칙(Hooke's law)은 응력－변형률선도의 비례한도 구간에서 기울기 E를 탄성계수(elastic modulus)로 하는 응력－변형률의 관계식 (1.2.3)이다.

$$\sigma = E\epsilon \tag{1.2.3}$$

단면적 A, 계기길이 L의 시편이 인장시험에 의해 파단된 후 단면적이 A'이고 다시 결합하여 표시점 간의 거리를 측정한 길이가 L'이면 연신율과 단면감소율은 다음 식과 같이 결정한다.

$$\text{연신율}(\%) = \frac{L' - L}{L} \times 100 \tag{1.2.4}$$

$$\text{단면감소율}(\%) = \frac{A' - A}{A} \times 100 \tag{1.2.5}$$

안전계수. 설계기준에 제시되어 있는 구조부재에 대한 안전계수는 1) 재료특성의 불균질성 2) 해석방법의 불확실성 3) 제작 문제 4) 외부환경 5) 하중조건의 불확실성 및 6) 위험도와 손해 등을 포함하는 모든 설계조건을 고려한 공학적 판단에 의해 결정한다.

응력과 변형. 응력은 단위면적 당 힘을 구한 값으로 단면의 해당 위치에 응력을 표시하면 내력이 단면에 분포하는 양상을 파악할 수 있다. 응력은 단면에 수직(perpendicular)한 수직응력(normal stress)과 단면에 평행(parallel)한 전단응력(shear stress)이 있다. 응력의 SI단위는 파스칼(Pa)이라 정의한 제곱미터 당 뉴톤(N/m^2)이며 재료역학에서 사용되는 응력의 단위는 다음과 같다.

$$1\,kPa = 10^3\,Pa \quad ; \quad 1\,MPa = 10^6\,Pa \quad ; \quad 1\,GPa = 10^9\,Pa$$

수직응력에 상응하는 변형은 신장(elongation), 수축(contraction)이라 하는 길이변형이고 전단응력에 상응하는 변형은 단면의 형상을 구성하는 각이 변화하는 각변형(angular distortion)이다.

수직응력과 축방향 변형. 인장력, 압축력에 의한 응력은 인장응력(tensile stresses)과 압축응력(compressive stresses)이고 변형부호규약(deformation sign convention)에 의해 인장응력은 양, 압축응력은 음으로 표기한다. 단면적 A, 길이 L, 탄성계수 E의 봉이 축방향 하중 P에 의해 길이변형 δ가 발생한 상태의 신장량 δ는 다음 식 (1.3.1.1)로 산정한다. 식 (1.3.1.1)은 응력이 비례한도 이내일 경우에만 유효하며 변형부호규약에 의해 인장력에 의해 발생하는 신장을 양, 압축력에 의해 발생하는 수축을 음으로 표기한다.

$$\delta = \frac{PL}{AE} \tag{1.3.1.1}$$

포아슨비. 부재의 체적은 일정하므로 비례한도 이내의 인장, 압축응력이 발생하는 부재에서 축방향 길이변형 δ는 횡방향 길이변형 δ_b를 수반하며 횡방향 변형률(transverse strain) ϵ_t는 축방향 변형률(axial strain) ϵ_a와 동일한 방식으로 정의되고 재료가 균질하고 방향에 무관하게 특성이 동일한 등방성(isotropic)인 경우 ϵ_a와 ϵ_t의 관계식은 포아슨비(Poisson's ratio) ν(그리스 소문자 nu)를 사용하여 다음과 같이 설정된다. 포아슨비는 실험결과에 의한 재료특성이고 절대값을 사용하며 대부분 구조재료의 포아슨비는 0.25~0.35다.

$$\epsilon_t = -\nu \epsilon_a \tag{1.3.1.2}$$

전단응력과 각변형. 전단력 V에 의한 전단응력은 전단면적(shear area) A_s에 균등하게 분포하지는 않으나 일반적으로 정확하게 산정한 최대 전단응력 $\tau_{\max}$와 평균전단응력과 τ_{avg}와의 차이가 설계에 영향을 주지 않으므로 평균전단응력을 다음과 같이 산정하여 검토한다.

$$\tau_{\text{avg}} = \frac{V}{A_s} \tag{1.3.2.1}$$

전단력에 의해 길이 L인 부재의 좌, 우측 단면에 전단력의 작용방향으로 상대적인 처짐 δ가 발생하면 전단변형률은 식(1.3.2.2)와 같이 각변형 γ로 제시하며 단위는 라디안이다.

$$\tan\gamma = \gamma = \frac{\delta}{L} \tag{1.3.2.2}$$

전단응력과 전단변형률 간 후크의 법칙은 식 (1.3.2.3)과 같고 G는 전단탄성계수(shear modulus of elasticity) 또는 강성계수(modulus of rigidity)라 하며 γ가 무차원이므로 응력과 동일한 단위를 갖는다.

$$\tau = G\gamma \tag{1.3.2.3}$$

평면응력요소. x축이 부재축인 부재의 평면응력요소에 작용하는 응력은 σ_x, σ_y, τ_{xy}다. xy평면의 평면응력요소는 z축 방향 두께가 미소하고 z축 방향의 수직응력 σ_z과 전단응력 τ_{xz}, τ_{yz}는 발생하지 않는다. σ_x, σ_y의 첨자는 수직응력의 작용선 방향을 표시하고 τ_{xy}의 첨자 xy는 x축에 수직한 단면에서 y축 방향으로 작용하는 전단응력을 표시한다. 평면응력요소에서 $\tau_{xy}=\tau_{yx}$의 관계가 성립하는 것은 평면응력요소 또한 자유물체도이므로 평형조건을 적용하면 확인할 수 있다.

응력의 변환. 평면응력요소에 수직, 전단응력 σ_x, σ_y, τ_{xy}가 발생한 경우 수직단면과 반시계방향 회전각인 경사각 θ를 갖는 경사단면의 수직, 전단응력 $\sigma_{x'}$, $\tau_{x'y'}$는 다음과 같이 산정할 수 있다.

$$\sigma_{x'}=\frac{\sigma_x+\sigma_y}{2}+\frac{\sigma_x-\sigma_y}{2}\cos 2\theta+\tau_{xy}\sin 2\theta \tag{1.4.2.1}$$

$$\tau_{x'y'}=-\frac{\sigma_x-\sigma_y}{2}\sin 2\theta+\tau_{xy}\cos 2\theta \tag{1.4.2.2}$$

이 식을 평면응력의 변환식(transformation equations for plane stress)이라고 하며 원 중심의 좌표를 $(\sigma_{\text{avg}},\ 0)$, 반경을 R로 표기한 평면응력에 대한 모어원(Mohr's circle)은 식 (1.4.2.3)과 같다.

$$(\sigma_{x'}-\sigma_{\text{avg}})^2+\tau_{x'y'}^2=R^2 \tag{1.4.2.3}$$

응력에 대한 모어원. 그림 1.4.2.2에 제시한 바와 같이 모어원을 작도하는 평면은 $\sigma_{x'}$를 가로축에 표기하고 $\tau_{x'y'}$를 세로축에 표기한다. 평면응력요소에서 수직응력의 부호는 인장응력을 양, 전단응력의 부호는 반시계방향 회전력을 발생하는 τ_{xy}를 양으로 한다. 모어원의 중심 $(\sigma_{\text{avg}},\ 0)$을 C점, $(\sigma_x,\ \tau_{xy})$를 X점으로 하고 선분 $\overline{CX}$의 길이를 산정하여 이를 반경으로 하는 모어원을 작도하면 모어원 상의 A점(최대 수직응력), B점(최소 수직응력), D점(최대 전단응력), E점(최소 전단응력) 등을 결정할 수 있다.

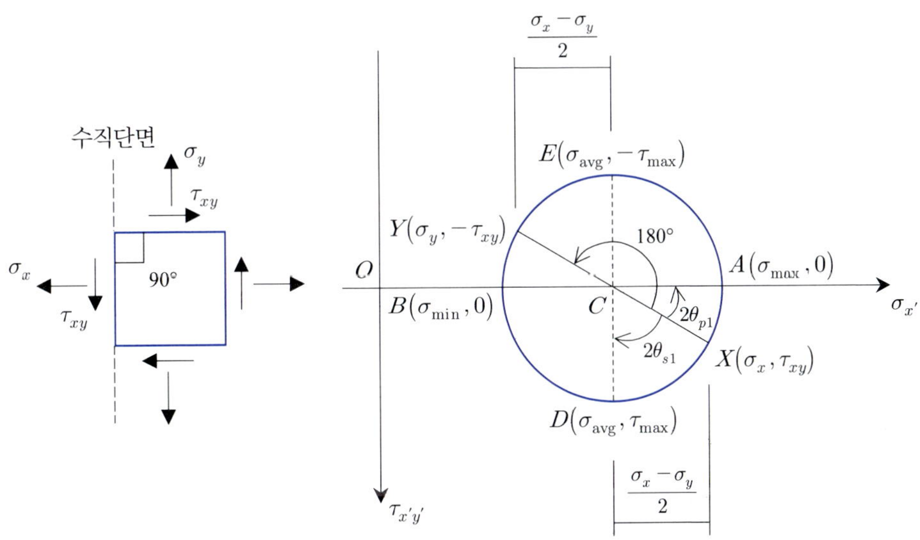

(1) 평면응력요소 **(2)** 모어원

그림 1.4.2.2

주응력과 주평면. 최대, 최소 수직응력을 주응력(principal stress), 주응력이 발생하는 경사단면을 주평면(principal plane)이라 하며 주평면의 경사각 2개의 θ_p는 식 (1.4.2.2)에서 $\tau_{x'y'}$를 0으로 하여 결정할 수 있다.

$$\tan 2\theta_p = \frac{2\tau_{xy}}{\sigma_x - \sigma_y} \qquad (1.4.2.4)$$

이로부터 2개의 θ_p를 산정할 수 있으며 A, B점에 해당하는 θ_{p1}, θ_{p2}는 모어원에서 확인할 수 있다. 모어원 상 X점에서 최대 수직응력이 발생하는 A점으로의 회전각은 반시계방향 $2\theta_{p1}$이므로 최대 수직응력이 발생하는 평면응력요소의 x'축은 x축에서 반시계방향으로 θ_{p1} 회전한 축이다.

최대, 최소 전단응력. 최대, 최소 전단응력이 발생하는 경사단면의 경사각 θ_s는 식 (1.4.2.1)에서 $\sigma_{x'}$를 σ_{avg}로 하여 결정할 수 있으며 이로부터 2개의 θ_s를 산정할 수 있으며 D, E점에 해당하는 θ_{s1}, θ_{s2}는 모어원에서 확인할 수 있다.

$$\tan 2\theta_s = -\frac{\sigma_x - \sigma_y}{2\tau_{xy}} \qquad (1.4.2.5)$$

E, μ, G의 관계식. 2축응력($\sigma_y = -\sigma_x$) 요소의 x축, y축 방향 변형률은 포아슨비 μ에 의해 다음 식 (1.4.2.6)과 같이 정의되고 재료특성을 표기하는 재료상수 E, μ, G 간에는 관계식 (1.4.2.7)이 성립한다.

$$\epsilon_x = \frac{\sigma_x}{E} - \frac{\mu\sigma_y}{E} \quad ; \quad \epsilon_y = \frac{\sigma_y}{E} - \frac{\mu\sigma_x}{E} \quad ; \quad \epsilon_z = -\frac{\mu}{E}(\sigma_x + \sigma_y) \qquad (1.4.2.6)$$

$$G = \frac{E}{2(1+\mu)} \qquad (1.4.2.7)$$

응력집중. 응력상승부(stress-raiser)에 발생하는 최대 응력 $\sigma_{\max}$와 응력상승부의 순 단면적 A_n으로 산출한 평균응력 σ_{avg}와의 비 K를 응력집중계수(stress concentration factor)라 한다.

$$K = \frac{\sigma_{\max}}{\sigma_{\text{avg}}} \qquad (1.5.1)$$

연습문제 1.4.1절 경사단면의 응력

1-1 축방향 인장력에 의해 수직응력 84 MPa, 전단응력 28 MPa이 발생하는 경사단면의 경사각 ϕ 및 수직단면에 발생하는 수직응력 σ_x를 구하시오.

[답] $\phi = 18.3°$ 반시계방향, $\sigma_x = 93.3\,\text{MPa}$

1-2 축방향 인장력이 작용하는 균일단면 봉에서 동일한 크기의 수직, 전단응력이 발생하는 경사단면의 경사각 ϕ를 구하시오.

[답] $\phi = 45°$

1-3 사각형 단면($1\,\text{cm} \times 1\,\text{cm}$) 부재에 압축하중 $F(= 15\,\text{kN})$가 작용하는 경우 30° 경사면의 수직, 전단응력을 구하시오.

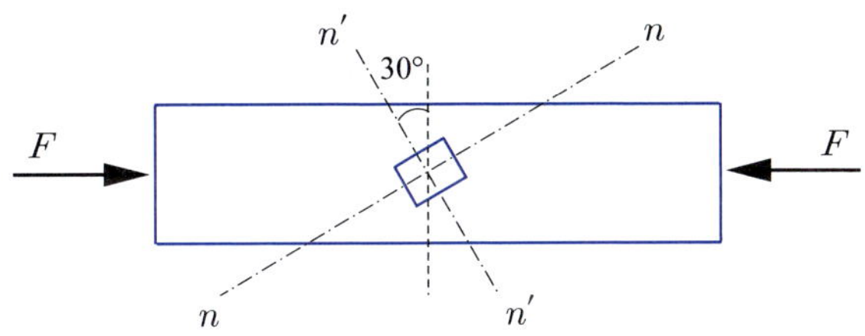

[답] $\sigma_n = -112.5\,\text{MPa}$, $\tau_n = -65.0\,\text{MPa}$

1-4 축방향 압축력에 의해 경사각 ϕ의 경사단면에 $-100\,\text{MPa}$, 경사각 $\phi+90°$의 경사단면에 $-60\,\text{MPa}$의 수직응력이 발생하는 경사각 ϕ 및 수직단면의 수직응력 σ_x를 구하시오.

[답] $\phi = 37.8°$ 시계방향 및 반시계방향, $\sigma_x = -160\,\text{MPa}$

1-5 축방향 인장력 150 kN이 작용하는 원형단면 봉의 허용 전단응력이 $\tau_a = 60\,\text{MPa}$인 경우 전단에 근거한 소요 직경 d를 구하시오.

[답] $d \geq 3.99\,\text{cm}$

1-6 사각형 단면($5\,\text{cm} \times 5\,\text{cm}$) 부재에 인장하중 P가 작용하는 경우, 허용 인장하중을 구하시오(허용 인장/전단응력; $120/55\,\text{MPa}$).

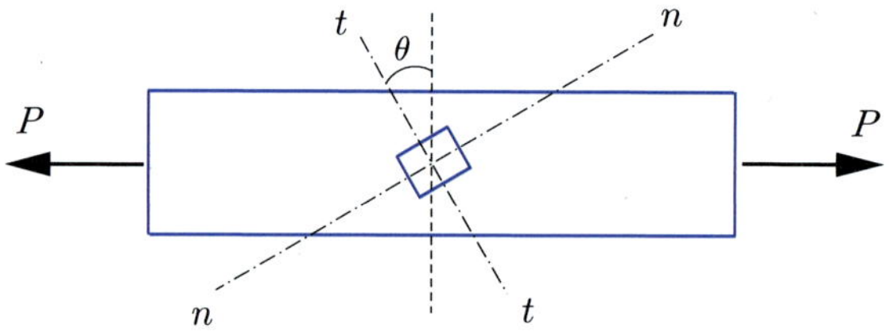

[답] $P_a = 275\,\text{kN}$

연습문제 1.4.2절 응력의 변환

1-7 모어원을 작성하고 주응력과 주평면 및 최대전단응력과 작용평면을 도해법으로 구하시오.

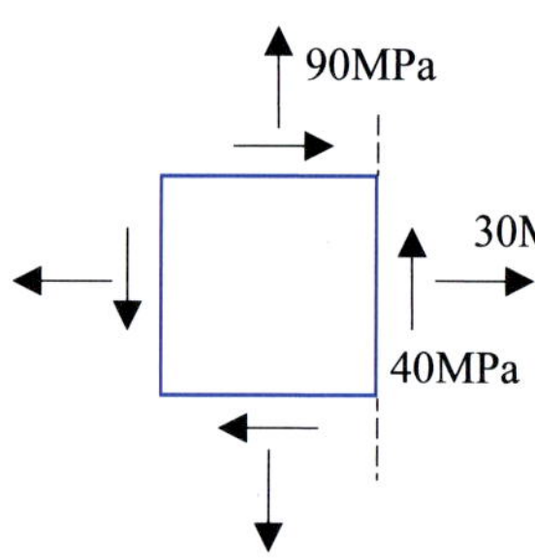

[답] $C(60\,,0)$, $R = 50\,\text{MPa} = \tau_{\max}$, $\sigma_1 = 110\,\text{MPa}$, $\sigma_2 = 10\,\text{MPa}$
$\theta_{p1} = 63.4°$ 반시계방향, $\theta_{s1} = 18.4°$ 반시계방향

1-8 모어원을 작성하고 주응력과 주평면 및 최대전단응력과 작용평면을 도해법으로 구하시오.

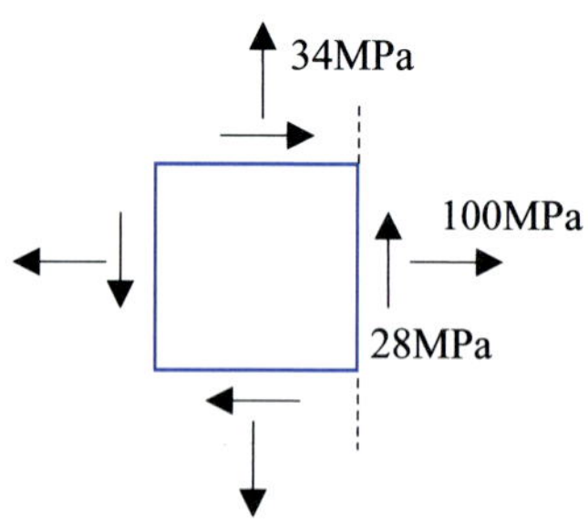

[답] $C(67\,,0)$, $R = 43.3\,\text{MPa} = \tau_{\max}$, $\sigma_1 = 110.3\,\text{MPa}$, $\sigma_2 = 23.7\,\text{MPa}$
$\theta_{p1} = 20.2°$ 반시계방향, $\theta_{s1} = 24.8°$ 시계방향

1-9 모어원을 작성하고 주응력과 주평면 및 최대전단응력과 작용평면을 도해법으로 구하시오.

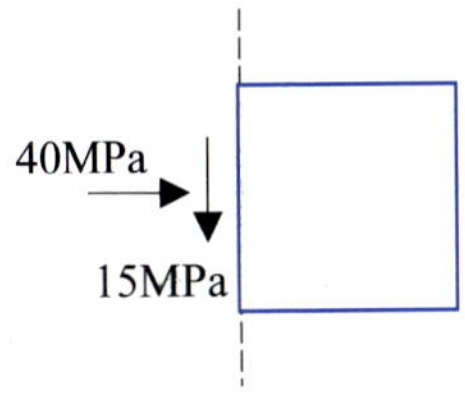

[답] $C(-20, 0)$, $R = 25\,\text{MPa} = \tau_{max}$, $\sigma_1 = 5\,\text{MPa}$, $\sigma_2 = -45\,\text{MPa}$
$\theta_{p1} = 71.6°$ 반시계방향, $\theta_{s1} = 26.6°$ 반시계방향

1-10 모어원을 작성하고 주응력과 주평면 및 최대전단응력과 작용평면을 도해법으로 구하시오.

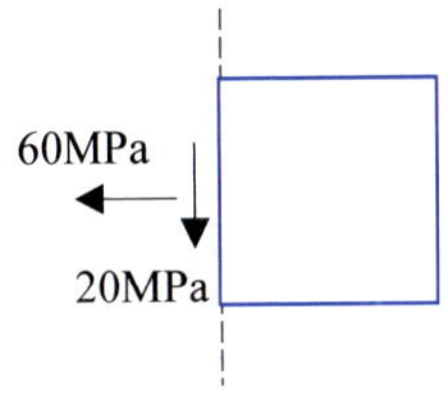

[답] $C(30, 0)$, $R = 36.1\,\text{MPa} = \tau_{max}$, $\sigma_1 = 66.1\,\text{MPa}$, $\sigma_2 = -6.1\,\text{MPa}$
$\theta_{p1} = 16.8°$ 반시계방향, $\theta_{s1} = 28.2°$ 시계방향

1-11 모어원을 작성하고 주응력과 주평면 및 최대전단응력과 작용평면을 도해법으로 구하시오.

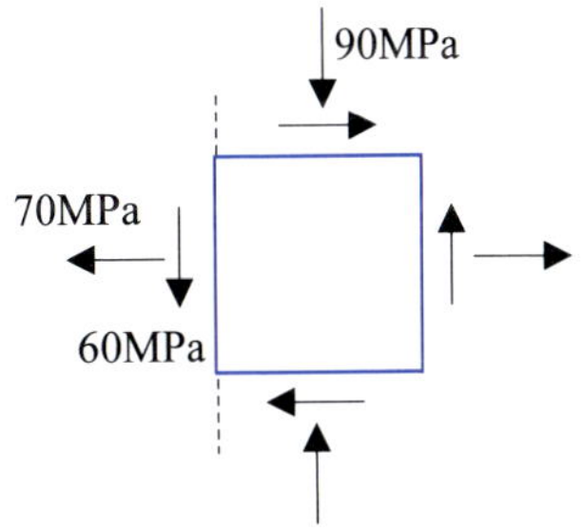

[답] $C(-10, 0)$, $R = 100\,\text{MPa} = \tau_{max}$, $\sigma_1 = 90\,\text{MPa}$, $\sigma_2 = -110\,\text{MPa}$
$\theta_{p1} = 18.4°$ 반시계방향, $\theta_{s1} = 26.6°$ 시계방향

1-12 모어원을 작성하고 주응력과 주평면 및 최대전단응력과 작용평면을 도해법으로 구하시오.

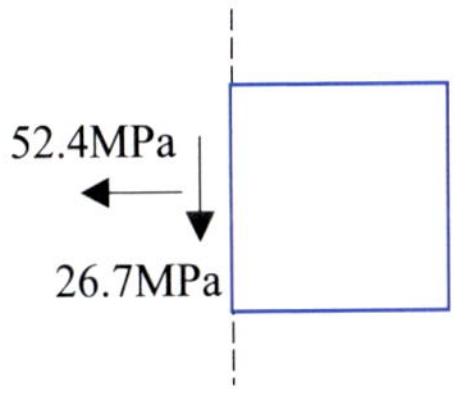

[답] $C(26.2, 0)$, $R = 37.4\,\text{MPa} = \tau_{max}$, $\sigma_1 = 63.6\,\text{MPa}$, $\sigma_2 = -11.2\,\text{MPa}$
$\theta_{p1} = 22.8°$ 반시계방향, $\theta_{s1} = 22.2°$ 시계방향

1-13 모어원을 작성하고 주응력과 주평면, 최대전단응력과 작용평면 및 반시계방향 37.5° 경사면의 응력을 도해법으로 구하시오.

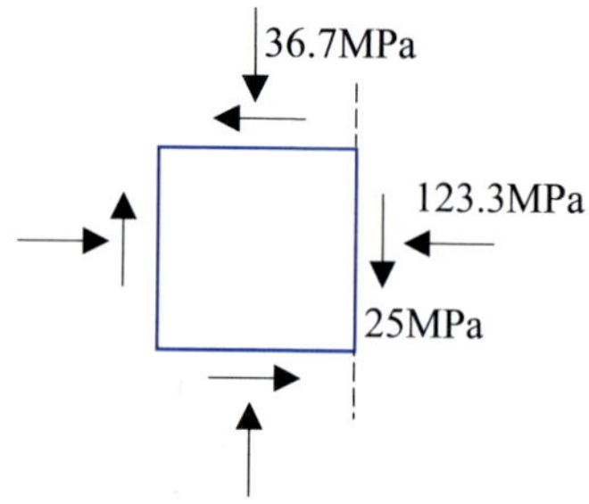

[답] $C(-80, 0)$, $R = 50\,\text{MPa} = \tau_{\max}$, $\sigma_1 = -30\,\text{MPa}$, $\sigma_2 = -130\,\text{MPa}$
$\theta_{p1} = 75°$ 시계방향, $\theta_{s1} = 60°$ 반시계방향
$\sigma_{37.5°} = -115.4\,\text{MPa}$, $\tau_{37.5°} = 35.4\,\text{MPa}$

1-14 그림과 같이 2축응력($\sigma_y = -\sigma_x$)이 작용하는 요소의 모어원을 작도하고 n축 방향의 수직, 전단응력을 구하시오.

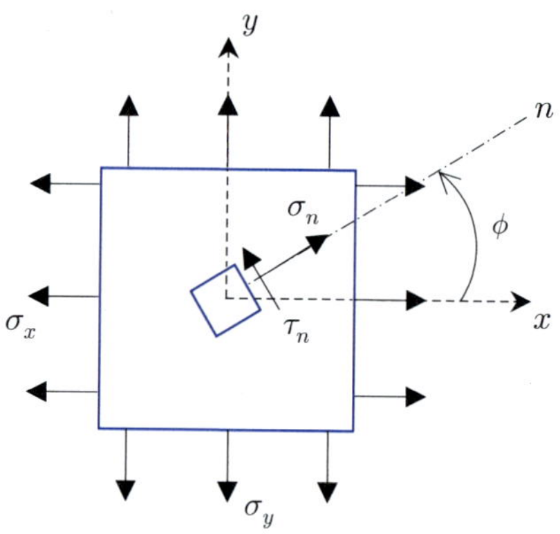

[답] $C(0, 0)$, $R = \sigma_x = \tau_{\max}$, $\sigma_1 = \sigma_x$, $\sigma_2 = \sigma_y$, $\sigma_n = \sigma_x \cos 2\phi$, $\tau_n = -\sigma_x \sin 2\phi$

1-15 모어원을 작성하고 주응력과 주평면, 최대전단응력과 작용평면 및 반시계방향 60° 경사면의 응력을 도해법으로 구하시오.

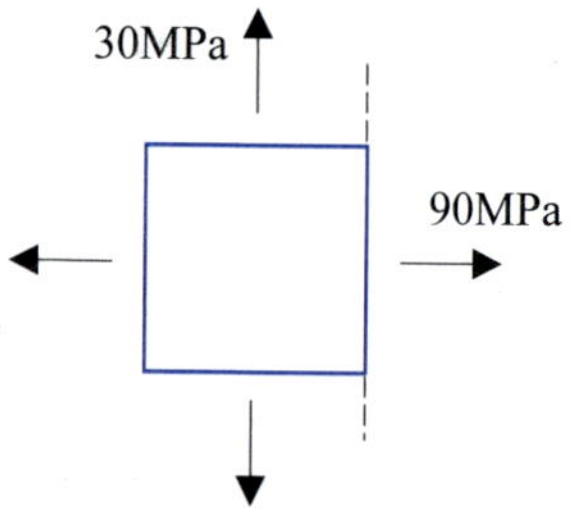

[답] $C(60, 0)$, $R = 30\,\text{MPa} = \tau_{\max}$, $\sigma_1 = 90\,\text{MPa}$, $\sigma_2 = 30\,\text{MPa}$
$\theta_{p1} = 0°$, $\theta_{s1} = 45°$ 시계방향, $\sigma_{60°} = 45\,\text{MPa}$, $\tau_{60°} = -26\,\text{MPa}$

02

단면의 특성

2.1 개요

구조부재 임의의 단면에서 산정되는 내력은 부재를 구성하는 재료특성과 단면의 형상과는 무관하다. 그러므로 구조부재가 적절한 강도와 강성을 보유하는가는 재료특성과 단면의 형상으로부터 강도와 강성을 산정하여 검토하는 방법이 요구되며 내력으로부터 단위면적당 힘인 응력을 산정하는 것은 강도를 검토하는 방법이다. 재료특성과 응력에 관한 기본적인 사항은 1장에서 논의하였으며 2장은 단면형상에 관한 문제를 논의하여 단면특성을 파악하고자 한다. 응력공식을 적용하여 응력을 산정하기 위해 요구되는 단면형상과 관련된 특성으로는 단면적, 도심, 단면2차모멘트 등이 있다.

2장의 전반부는 물체의 중심과 도심, 도심에 설정되는 좌표축에 대한 단면2차모멘트를 산정하는 방법을 대칭단면과 비대칭단면을 대상으로 논의하는 과정이고 후반부는 이러한 단면특성으로부터 주단면2차모멘트가 산정되는 주축을 결정하는 방법을 제시하는 과정으로 구성되어 있다.

2.2 중심과 도심

물체는 질점(질량을 가진 점)들의 집합체로 간주할 수 있으며 각 질점은 만유인력인 지구의 중력(gravitational force)에 의해 무게를 갖는다. 모든 질점이 갖는 무게의 합이 그 물체의 무게이고 이를 하나의 집중하중으로 표기하면 이 집중하중은 물체의 특정한 점에 작용하며 이 점을 물체의 중심(center of gravity)이라고 한다. 물체의 중심은 해석적 또는 실험적으로 결정할 수 있으며 체적 또는 면적의 도심(centroid)도 동일한 해석적 방법으로 결정한다. 일반적 형태의 분포선하중 또는 유연케이블과 같이 분포된 하중의 경우 도심은 합력의 작용점이 되고 또한 구조부재의 경우 단면특성을 결정하는 축이 도심에 위치하므로 도심을 구하는 것은 가장 기본적인 문제다.

만유인력은 지구의 중심을 향하는 연직방향으로 물체의 각 질점에 작용하므로 물체의 전체 무게는 모든 질점이 갖는 무게를 합하여 산정할 수 있다. 그림 2.2.1에 제시한 바와 같이 물체가 무게 ΔW의 무수한 질점으로 구성된 것으로 간주하면 물체의 무게 W는 합력 $\sum \Delta W$가 된다. ΔW로 구성된 분포하중의 역계를 집중하중 W의 역계로 치환하는 경우 두 역계는 등가이어야 한다. 이동효과(연직방향)의 등가는 합력에 의해 만족되므로 회전효과의 등가를 만족하여야 하며 이는 두 역계에서 각각 산정한 임의의 축에 대한 회전효과가 동일하다는 것이다.

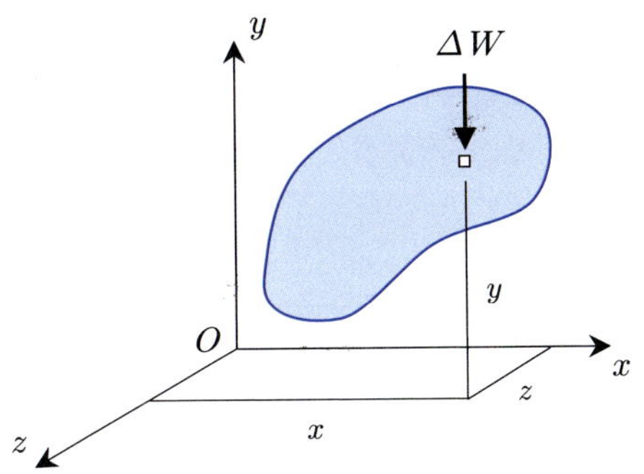

(1) 질점의 무게 ΔW

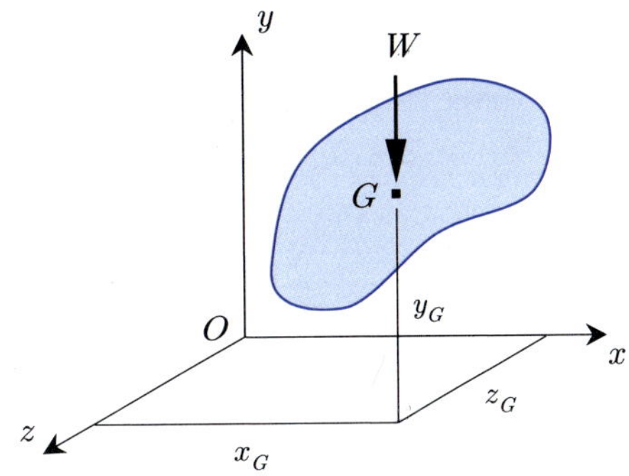

(2) 물체의 무게 W

그림 2.2.1

그러므로 두 역계에서 각 좌표축에 대한 모멘트가 동일해야 한다는 조건으로부터 중심 G의 좌표를 구할 수 있다. G의 좌표를 $(x_G,\ y_G,\ z_G)$라 하면 그림 2.2.1(1)에서 각 질점의 무게 ΔW의 z축, x축에 대한 1차모멘트의 합은 그림 2.2.1(2)에서 무게 W의 z축, x축에 대한 1차모멘트와 동일해야 하므로 다음 관계식이 성립한다.

$$\sum x\,\Delta W = x_G W \quad ; \quad \sum z\,\Delta W = z_G W$$

그림 2.2.1의 경우 W 및 ΔW의 작용선은 y축과 평행하므로 y축에 대한 모멘트는 두 역계 모두 0이나 연직방향 축을 z축 또는 x축으로 설정하면 y축에 대해서도 동일한 관계식 $\sum y\,\Delta W = y_G W$가 성립하므로 G의 좌표는 다음과 같이 결정할 수 있다.

$$x_G = \frac{\sum x\,\Delta W}{\sum \Delta W} \quad ; \quad y_G = \frac{\sum y\,\Delta W}{\sum \Delta W} \quad ; \quad z_G = \frac{\sum z\,\Delta W}{\sum \Delta W}$$

물체가 균질한 경우 단위체적 당 무게 γ는 일정하므로 질점의 무게는 $\Delta W = \gamma \Delta V$이며 전체 물체의 무게는 $W = \gamma V$이므로 이를 위 관계식에 적용하고 γ를 소거하면 체적의 도심 C의 좌표를 결정하는 식은 다음과 같다.

$$x_C = \frac{\sum x\,\Delta V}{\sum \Delta V} \quad ; \quad y_C = \frac{\sum y\,\Delta V}{\sum \Delta V} \quad ; \quad z_C = \frac{\sum z\,\Delta V}{\sum \Delta V}$$

그러므로 균질한 물체의 도심은 중심과 일치하는 반면 다른 재료로 구성된 합성물체와 같이 균질하지 않은 물체의 경우는 중심과 도심이 다르다. 물체가 직육면체, 원통, 구 등의 기본적인 형상의 조합으로 구성된 체적의 도심 C의 좌표 $(x_C,\ y_C,\ z_C)$는 기본적인 형상들을 질점과 같은 요소로 간주하여 다음 식으로 구할 수 있다.

$$x_C = \frac{\sum x \Delta V}{\sum \Delta V} = \frac{V_1 x_1 + V_2 x_2 + V_3 x_3 + \cdots}{V_1 + V_2 + V_3 + \cdots}$$
$$y_C = \frac{\sum y \Delta V}{\sum \Delta V} = \frac{V_1 y_1 + V_2 y_2 + V_3 y_3 + \cdots}{V_1 + V_2 + V_3 + \cdots}$$
$$z_C = \frac{\sum z \Delta V}{\sum \Delta V} = \frac{V_1 z_1 + V_2 z_2 + V_3 z_3 + \cdots}{V_1 + V_2 + V_3 + \cdots}$$

여기서 V_1, V_2, V_3 및 (x_1, y_1, z_1), (x_2, y_2, z_2), (x_3, y_3, z_3) 등은 각 요소의 체적과 도심 좌표다. 구조부재가 부재축 방향으로 그림 2.2.2에 제시한 바와 같이 두께 t, 단면 A의 판이 연결되어 구성된 것으로 간주하면 판의 체적은 $V = tA$이고 미소요소 ΔA의 체적은 $\Delta V = t \Delta A$이므로 상수 t를 소거하면 판의 도심 좌표는 면적을 사용하여 다음과 같이 구할 수 있다.

$$x_C = \frac{\sum x t \Delta A}{\sum t \Delta A} = \frac{\sum x \Delta A}{\sum \Delta A} = \frac{\sum x \Delta A}{A}$$
$$y_C = \frac{\sum y t \Delta A}{\sum t \Delta A} = \frac{\sum y \Delta A}{\sum \Delta A} = \frac{\sum y \Delta A}{A}$$

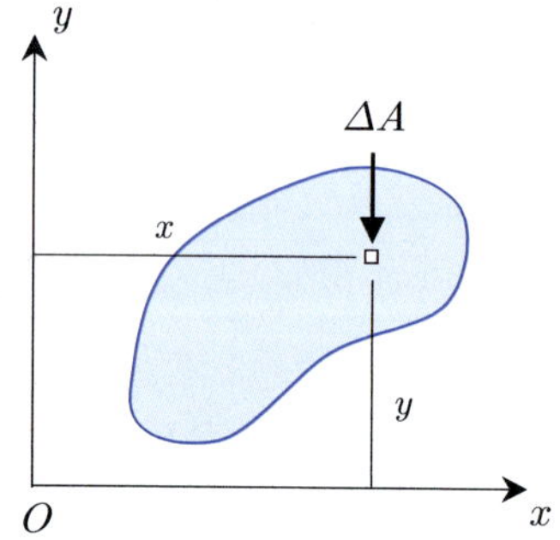

(1) 미소요소 ΔA

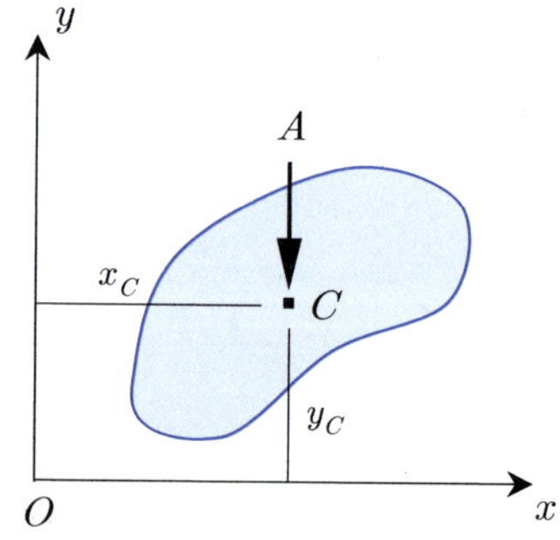

(2) 단면 A

그림 2.2.2

판의 도심은 단면의 도심이므로 도심 좌표를 결정하는 식은 다음과 같다.

$$\sum x \Delta A = x_C A \quad ; \quad \sum y \Delta A = y_C A \tag{2.2.1}$$

$\sum x \Delta A$, $\sum y \Delta A$ 및 $x_C A$, $y_C A$를 단면1차모멘트(first moment of area)라 하고 임의의 기준축에 대한 미소요소 ΔA의 단면1차모멘트 총합과 단면 A의 단면1차모멘트가 동일해

야 한다는 조건으로부터 단면 A의 도심 좌표 $(x_C,\ y_C)$가 결정된다는 것을 알 수 있다. 단면1차모멘트의 단위는 m^3과 같이 길이의 세제곱이다.

물체에 대칭면(plane of symmetry)이 존재하는 경우 도심은 대칭면 상에 있다. 물체에 2개의 대칭면이 존재하면 도심은 대칭면이 교차하는 직선 상에 있으므로 대칭면을 파악하면 도심을 용이하게 구할 수 있다. 그림 2.2.3(1)의 단면은 좌측의 모든 미소요소 ΔA와 우측의 상응하는 ΔA가 대칭으로 구성되어 있으므로 $a-a$는 단면의 대칭축(axis of symmetry)이다. $a-a$가 y축이라면 $+x$ 위치의 모든 미소요소 ΔA의 대칭요소가 $-x$에 위치하므로 y축에 대한 단면1차모멘트의 합 $\sum x\,\Delta A$가 0이고 x_C도 0이며 도심이 y축 상에 위치한다는 것이다. 그러므로 그림 2.2.3(2)와 같이 2개의 대칭축이 존재하는 단면의 도심은 2개 대칭축의 교점이라는 것을 알 수 있다. 단면의 도심을 포함하는 축 $a-a$, $b-b$를 도심축(centroidal axis)이라 한다.

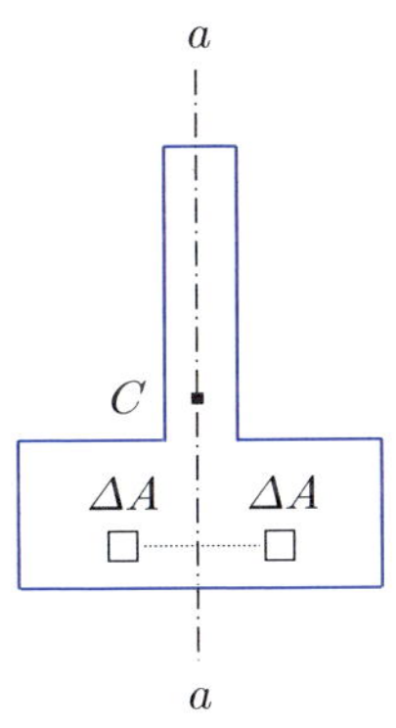

(1) 1축대칭 단면

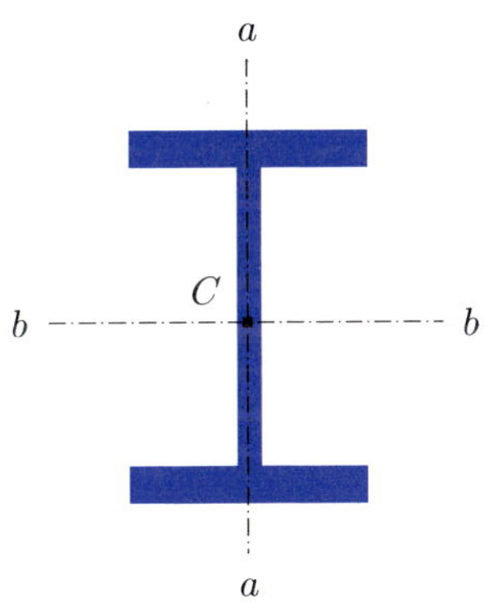

(2) 2축대칭 단면

그림 2.2.3

두께가 일정하고 균질한 판이 그림 2.2.4와 같이 대칭면이 없는 형상인 경우 실험으로 중심을 구하는 방법은 다음과 같다. 물체에 작용하는 이동력은 작용선이 물체의 중심과 일치하는 경우 이동만을 유발하나 그렇지 않은 경우는 작용선이 물체의 중심과 일치하도록 물체를 먼저 회전한다. 그러므로 임의의 점 A에 케이블을 연결하고 판을 매달아 정지하도록 하면 이러한 평형상태는 판에 작용하는 두 수직력인 케이블의 축방향 인장력과 물체의 중심에 작용하는 무게 W가 수직방향 및 회전방향 평형조건을 만족하여야 이루어진다. 그러므로 판은 두 수직력의 작용선이 일치하도록 회전하여 정지하고 중심은 A점을 통과하는 연직선 상에 위치한다는 것을 알 수 있다. 이와 같이 물체의 중심을 통과하는 직선을 A점과 다른 B점에서도 구할 수 있으므로 중심은 두 직선의 교차점이 된다.

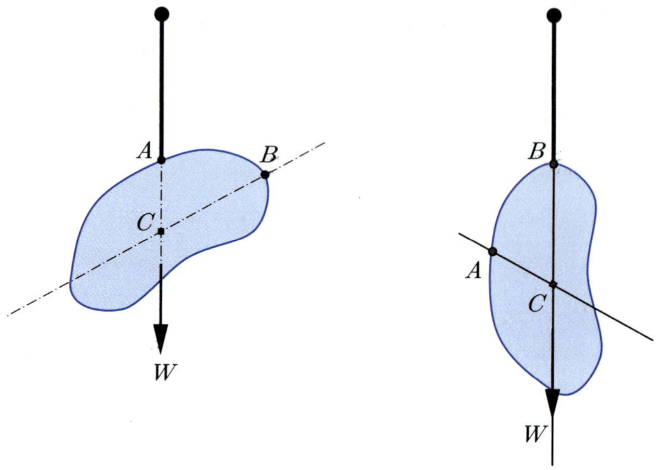

그림 2.2.4 실험에 의한 중심의 결정

예제 2.2.1 밑변 b, 높이 h인 삼각형의 수평 도심축 위치를 구하시오.

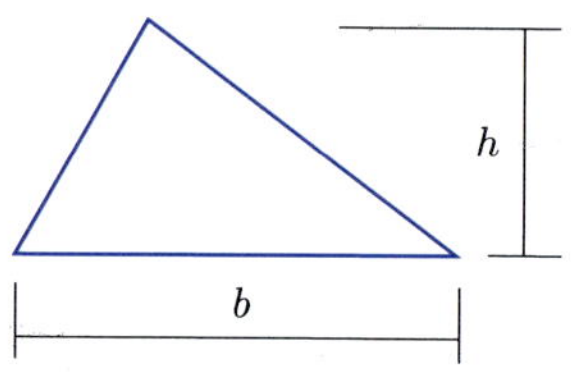

그림 예2.2.1(1)

설명 그림 예2.2.1(2)와 같이 삼각형의 밑변을 기준축으로 하고 기준축과 평행한 미소 직사각형을 설정하면 미소 직사각형의 단면적 dA는 다음과 같다.

$$dA = x\,dy = \frac{b}{h}(h-y)\,dy$$

$$\left\{x : (h-y) = b : h \;\;\Rightarrow\;\; x = \frac{b(h-y)}{h}\right\}$$

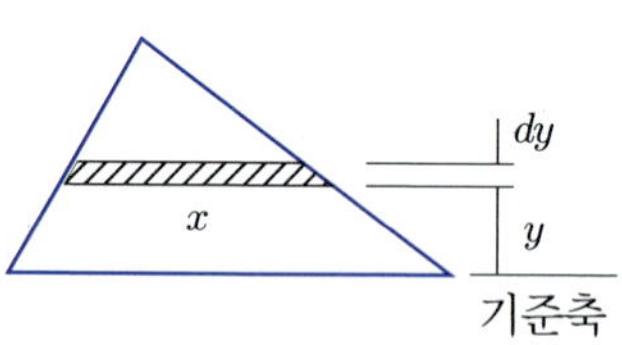

그림 예2.2.1(2)

dA의 기준축에 대한 모멘트의 팔은 y이므로 1차모멘트는 $y\,dA$이고 전체 삼각형의 기준축에 대한 단면1차모멘트를 구하면 삼각형의 단면적은 $A = bh/2$이므로 수평 도심축과 기준축 간의 거리 $\bar{y}$는 다음과 같이 결정된다.

$$\int_0^h y\,dA = \int_0^h y\frac{b}{h}(h-y)\,dy$$
$$= \frac{b}{h}\int_0^h (hy-y^2)\,dy = \frac{b}{h}\left[\frac{h}{2}y^2 - \frac{1}{3}y^3\right]_0^h = \frac{bh^2}{6}$$
$$\bar{y} = \left(\int_0^h y\,dA\right)/A = \frac{bh^2/6}{bh/2} = \frac{h}{3}$$

예제 2.2.2

반경 r인 반원의 수평 도심축 $\bar{x}$의 위치를 구하시오.

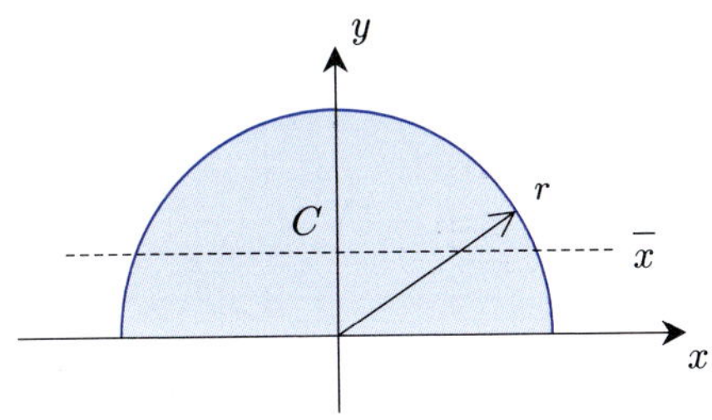

그림 예2.2.2(1)

설명 그림 예2.2.2(2)와 같이 반원의 밑변을 기준축으로 하고 기준축과 평행한 미소 직사각형을 설정하면 반원의 단면적 A와 미소 직사각형의 단면적 dA는 다음과 같다.

$$A = \frac{\pi r^2}{2} \quad ; \quad dA = 2x\,dy = 2\sqrt{r^2-y^2}\,dy \quad \left(x = \sqrt{r^2-y^2}\right)$$

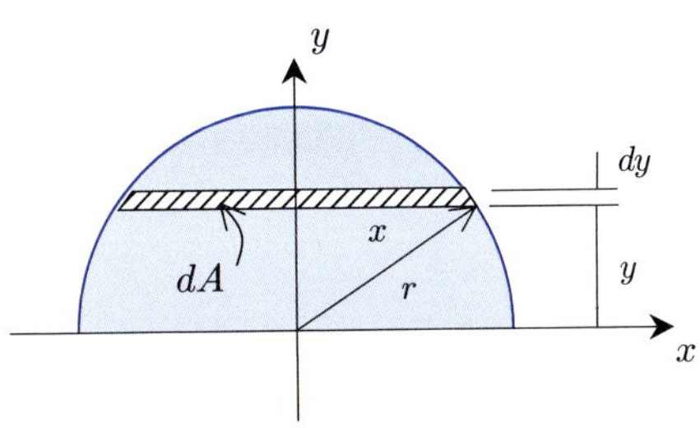

그림 예2.2.2(2)

dA의 기준축에 대한 모멘트의 팔은 y이므로 1차모멘트는 $y\,dA$이고 반원의 기준축에 대한 단면1차모멘트는 다음 식으로 구할 수 있다.

$$\int_0^r y\,dA = \int_0^r y\times\left(2\sqrt{r^2-y^2}\right)dy$$

적분 변수와 구간을 치환하여 적분값을 산정하면 기준축 x와 수평 도심축 $\bar{x}$간 거리 $\bar{y}$는 다음과 같이 결정된다.

$$\begin{cases} r^2 - y^2 = u & \Rightarrow \quad -2y\,dy = du \\ y = 0 & \Rightarrow \quad u = r^2 \\ y = r & \Rightarrow \quad u = 0 \end{cases}$$

$$\int_0^r y\,dA = \int_{r^2}^0 \sqrt{u}\,(-du) = \left[-\frac{2}{3}u^{3/2}\right]_{r^2}^0 = \frac{2}{3}r^3$$

$$\bar{y} = \left(\int_0^r y\,dA\right)/A = \frac{2r^3/3}{\pi r^2/2} = \frac{4r}{3\pi}$$

기본단면인 사각형, 삼각형, 원 등의 조합으로 구성된 합성단면(composite section)에서 도심 C의 좌표 (x_C, y_C, z_C)는 기본단면들을 요소로 간주하여 다음 식으로 구할 수 있다.

$$x_C = \frac{\sum A\,x}{\sum A} = \frac{A_1 x_1 + A_2 x_2 + A_3 x_3 + \cdots}{A_1 + A_2 + A_3 + \cdots}$$

$$y_C = \frac{\sum A\,y}{\sum A} = \frac{A_1 y_1 + A_2 y_2 + A_3 y_3 + \cdots}{A_1 + A_2 + A_3 + \cdots}$$

여기서 A_1, A_2, A_3 및 (x_1, y_1), (x_2, y_2), (x_3, y_3)는 각 기본단면의 면적과 도심 좌표이며 이와 같은 계산은 아래에 제시한 예제와 같이 표를 작성하여 수행하는 것이 효과적이다. 그림 2.2.5와 같이 꼭지점 O를 포함하는 n차 곡선을 경계로 구성되는 단면의 면적과 도심 위치는 공식을 적용하여 구한다.

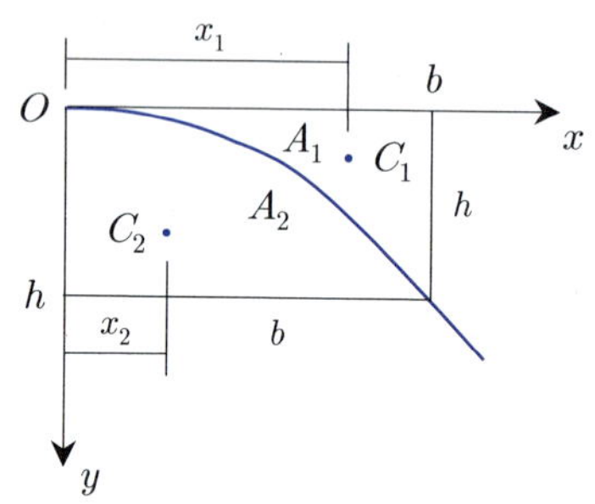

n차 곡선 : $y = \dfrac{h}{b^n}x^n$

면적과 도심 :

$$A_1 = \frac{1}{n+1} \times bh \quad ; \quad x_1 = b \times \left(\frac{n+1}{n+2}\right)$$

$$A_2 = \frac{n}{n+1} \times bh \quad ; \quad x_2 = \frac{b}{2} \times \left(\frac{n+1}{n+2}\right)$$

그림 2.2.5 n차 곡선(꼭지점 O 포함)으로 구성되는 단면의 면적과 도심

예제 2.2.3

그림 예2.2.3(1)과 같은 단면의 수평, 수직 도심축의 위치를 구하시오. 단위는 cm다.

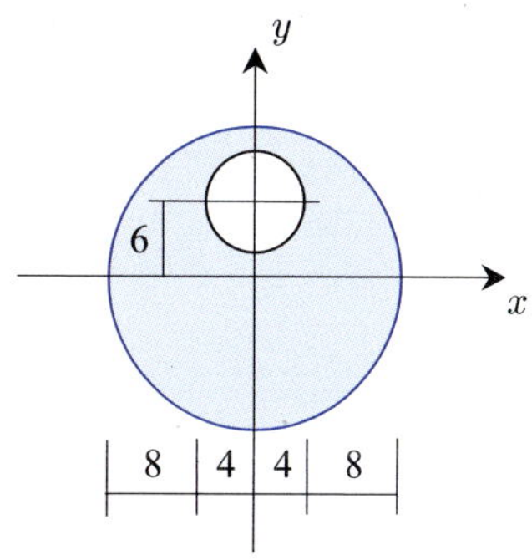

그림 예2.2.3(1)

설명 단면에는 수직 대칭축이 존재하므로 수직 도심축은 y축이다. 수평 도심축의 위치를 구하기 위해 단면을 그림 예2.2.3(2)와 같이 2개 원의 조합으로 간주하고 x축을 기준축으로 설정한다. 원 2는 원 1에서 제거되는 부분이므로 음의 부호를 갖는다.

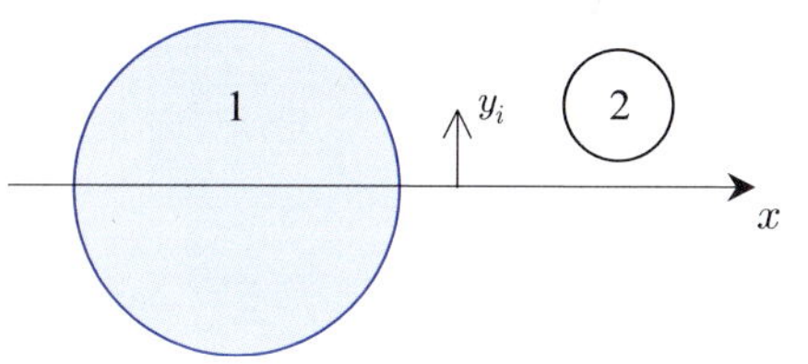

그림 예2.2.3(2)

원 1과 2의 단면적과 기준축으로부터 각 도심 간 거리를 구하고 각 단면적의 기준축 x에 대한 단면1차모멘트를 표 예2.2.3(1)과 같이 작성하면 기준축 x와 수평 도심축 간 거리 $\bar{y}$는 다음과 같이 산정되므로 수평 도심축은 기준축 아래에 위치한다.

$$A_1 = \pi r_1^2 = \pi \times 12^2 = 452.4\,(\text{cm}^2) \quad ; \quad y_1 = 0$$
$$A_2 = \pi r_2^2 = \pi \times 4^2 = 50.3\,(\text{cm}^2) \quad ; \quad y_2 = 6\,\text{cm}$$
$$\bar{y} = \frac{\sum A_i y_i}{\sum A_i} = \frac{-301.8}{402.1} = -0.75\,(\text{cm})$$

표 예2.2.3(1)

구분	A_i	y_i	$A_i\,y_i$
1	452.4	0	0
2	−50.3	6	−301.8
Σ	402.1		−301.8

예제 2.2.4 그림 예2.2.4(1)과 같은 단면의 수평, 수직 도심축을 구하시오.

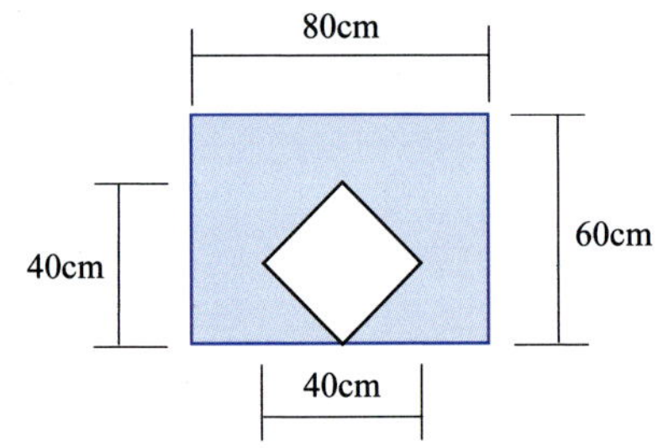

그림 예2.2.4(1)

설명 단면에는 수직 대칭축이 존재하므로 수직 도심축은 중앙에 위치한다. 수평 도심축의 위치를 구하기 위해 단면을 그림 예2.2.4(2)와 같이 직사각형과 마름모의 조합으로 간주하고 x축을 기준축으로 설정한다. 마름모 2는 직사각형 1에서 제거되는 부분이므로 음의 부호를 갖는다.

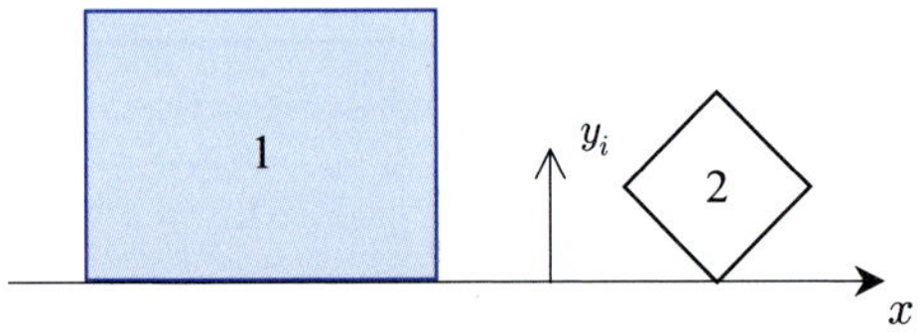

그림 예2.2.4(2)

직사각형과 마름모의 단면적과 기준축으로부터 각 도심 간 거리를 구하고 각 단면적의 기준축 x에 대한 단면1차모멘트를 표 예2.2.4(1)과 같이 작성하면 기준축 x와 수평 도심축 간 거리 $\bar{y}$는 다음과 같이 산정된다.

$$A_1 = 80 \times 60 = 4800\,(\text{cm}^2) \quad ; \quad y_1 = 30\,\text{cm}$$
$$A_2 = 40 \times 40 \times 0.5 = 800\,(\text{cm}^2) \quad ; \quad y_2 = 20\,\text{cm}$$
$$\bar{y} = \frac{\sum A_i y_i}{\sum A_i} = \frac{128000}{4000} = 32\,(\text{cm})$$

표 예2.2.4(1)

구분	A_i	y_i	$A_i\,y_i$
1	4800	30	144000
2	−800	20	−16000
Σ	4000		128000

예제 2.2.5

그림 예2.2.5(1)과 같은 단면의 수평, 수직 도심축의 위치를 구하시오.

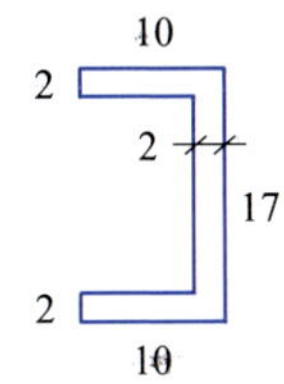

그림 예2.2.5(1)

설명 단면에는 수평 대칭축이 존재하므로 수평 도심축 $\bar{y}$는 중앙(상, 하연에서 $8.5 = 17/2$)에 위치한다. 수직 도심축의 위치를 구하기 위해 단면을 그림 예2.2.5(2)와 같이 3개 직사각형 기본단면의 조합으로 간주하고 기준축 y를 설정한다. 3개 기본단면의 기준축에 대한 단면1차모멘트를 표 예2.2.5(1)과 같이 작성하면 기준축 y와 수직 도심축 간 거리 $\bar{x}$는 다음과 같이 산정된다.

$$\bar{x} = \frac{\sum A_i x_i}{\sum A_i} = \frac{434}{66} = 6.58$$

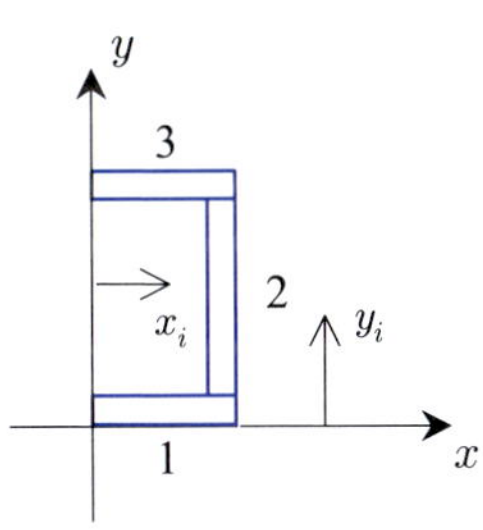

그림 예2.2.5(2)

표 예2.2.5(1)

구분	A_i	x_i	$A_i\,x_i$
1 & 3	2×20	5	200
2	26	9	234
Σ	66		434

다른 방법은 단면을 그림 예2.2.5(3)과 같이 직사각형 1과 제거되는 직사각형 2의 조합으로 간주하는 것이며 표 예2.2.5(2)의 결과는 표 예2.2.5(1)과 동일하다.

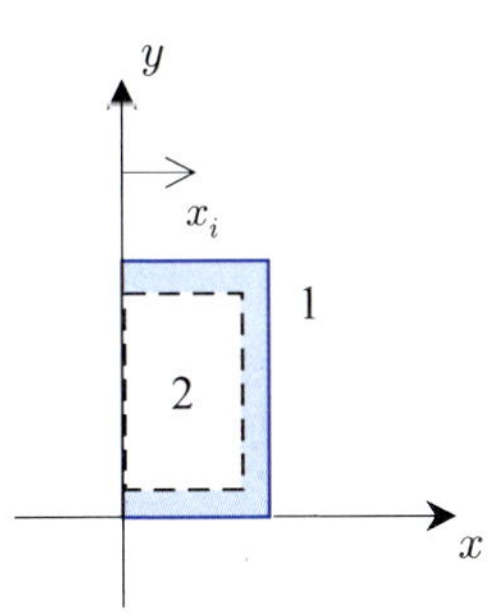

그림 예2.2.5(3)

표 예2.2.5(2)

구분	A_i	x_i	$A_i\,x_i$
1	10×17	5	850
2	− 8×13	4	− 416
Σ	66		434

예제 2.2.6

그림 예2.2.6(1)과 같은 단면의 수평, 수직 도심축의 위치를 구하시오.

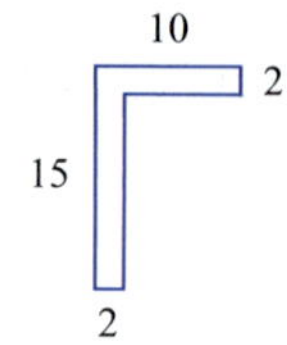

그림 예2.2.6(1)

설명 단면을 그림 예2.2.6(2)와 같이 2개 직사각형의 조합으로 간주하고 기준축 x, y를 설정한다. 각 단면적의 기준축에 대한 단면1차모멘트를 표 예2.2.6(1)과 같이 작성하면 기준축 x, y와 수평, 수직 도심축 간 거리 $\bar{y}$, $\bar{x}$는 다음과 같이 산정된다.

$$\bar{y} = \frac{\sum A_i y_i}{\sum A_i} = \frac{449}{46} = 9.76 \quad ; \quad \bar{x} = \frac{\sum A_i x_i}{\sum A_i} = \frac{126}{46} = 2.74$$

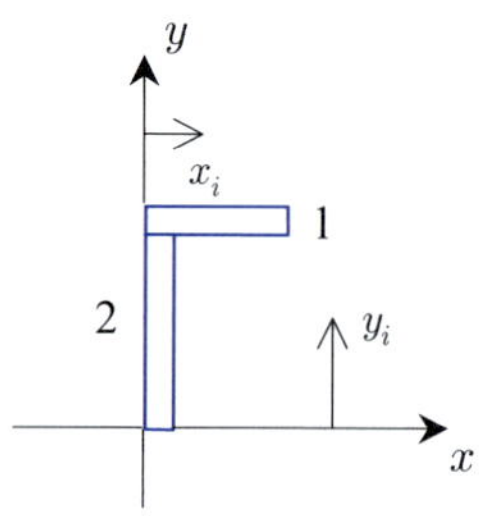

그림 예2.2.6(2)

표 예2.2.6(1)

구분	A_i	y_i	$A_i\,y_i$	x_i	$A_i\,x_i$
1	20	14.0	280	5	100
2	26	6.5	169	1	26
Σ	46		449		126

등분포하중 또는 삼각형분포하중과 같은 분포하중(distributed load)은 구조부재의 일정 구간에 분포하여 작용하는 하중으로 재하구간과 단위길이당 하중세기로 규정된다. 일반적인 경우는 그림 2.2.6(1)과 같이 하중의 세기가 재하구간의 축방향 좌표 x의 함수로 표현되는 분포하중 w_x다. 평형방정식에 포함하는 경우 분포하중은 집중하중으로 치환하여야 한다. 미소길이 Δx에 작용하는 하중은 $w_x \Delta x$이고 재하구간 $I \sim J$에 작용하는 분포하중의 합은 모든 미소길이에 작용하는 하중의 합이므로 $\sum w_x \Delta x$이다. $w_x \Delta x$의 면적을 ΔA라 하면 분포하중의 합은 (2)에 사선으로 표시한 바와 같이 함수 w_x로 구성되는 면적 A와 같고 이 면적이 집중하중 P의 크기가 된다.

$$\sum w_x \Delta x = \sum \Delta A = A = P$$

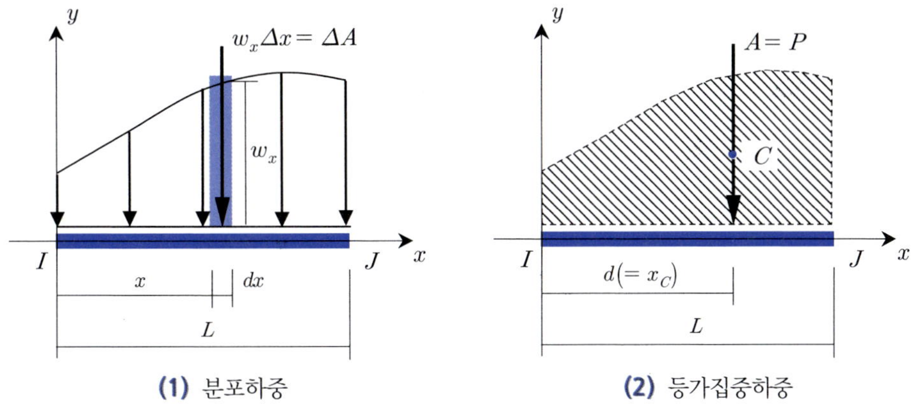

그림 2.2.6

분포하중의 면적으로 집중하중의 크기를 결정한 것은 이동효과의 등가를 만족한 것이므로 회전효과의 등가를 만족하는 집중하중의 작용점을 결정하여야 한다. 임의의 I점과 집중하중 P의 작용점 간 거리인 모멘트의 팔을 d라 하면 I점에 대한 집중하중의 모멘트는 분포하중에 의해 발생하는 모멘트와 동일해야 하므로 다음 관계식이 성립하고 이로부터 P의 부재축 상 작용점은 분포하중 면적의 도심 위치라는 것을 확인할 수 있다.

$$Pd(= Ad) = \sum x(w_x \Delta x) = \sum x \Delta A \quad \Rightarrow \quad d = \frac{\sum x \Delta A}{A} = x_C$$

그러므로 분포하중을 그 면적과 크기가 같고 면적의 도심 위치가 부재축 상 작용점인 집중하중으로 치환하면 이를 등가집중하중(equivalent concentrated load)이라 한다.

예제 2.2.7

그림 예2.2.7(1)과 같이 하중세기의 최대값이 w_0이고 재하구간이 L인 삼각형분포하중의 등가집중하중과 x축 상의 작용점을 구하시오.

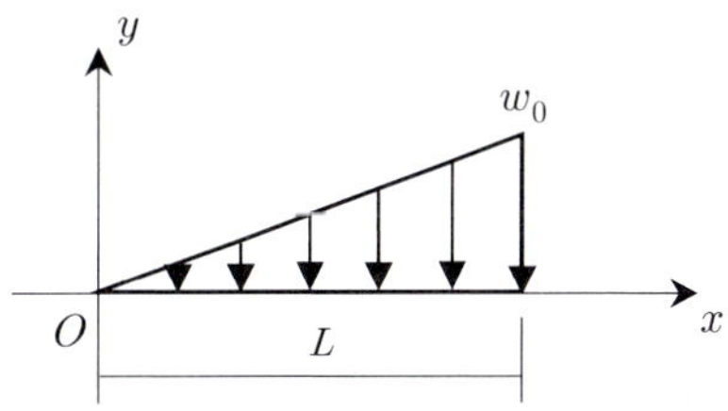

그림 예2.2.7(1)

설명 그림 예2.2.7(2)에서 미소길이 dx의 하중세기 q는 $w_0 x/L$, dx에 작용하는 하중은 qdx이고 재하구간 L에 작용하는 등가집중하중을 F라 하면 크기는 모든 미소구간에 작용하는 하중의 합이다.

$$F=\int_0^L q dx=\int_0^L \frac{x}{L}w_0\,dx=\frac{w_0}{L}\int_0^L x\,dx=\frac{w_0 L}{2}$$

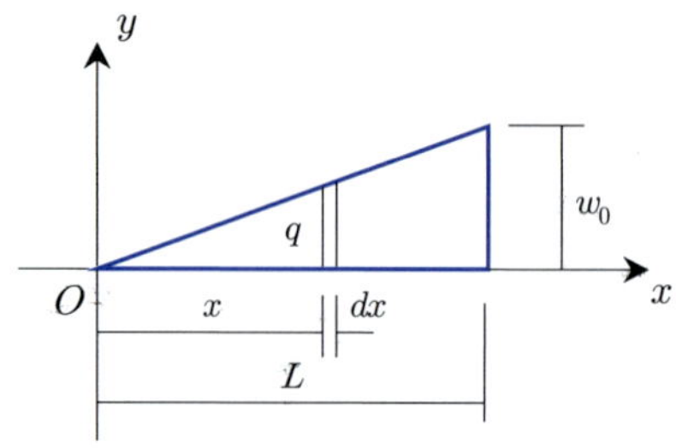

그림 예2.2.7(2)

하중 qdx에 의해 O점에 발생하는 모멘트는 $\Delta M= qdx\times x$ 시계방향이므로 분포하중에 의한 시계방향 모멘트의 크기는 다음과 같다.

$$M=\int_0^L x\,q dx=\int_0^L \frac{x^2}{L}w_0\,dx=\frac{w_0}{L}\int_0^L x^2\,dx=\frac{w_0 L^2}{3}$$

F의 작용점 위치를 $\bar{x}$라 하면 F에 의해 O점에 발생하는 모멘트는 $F\bar{x}$ 시계방향이므로 회전효과가 등가가 되기 위한 $\bar{x}$는 다음과 같이 결정되며 이로부터 등가집중하중의 크기는 삼각형의 면적과 같고 x축 상 작용점 위치는 삼각형의 도심 위치라는 것을 알 수 있다.

$$\bar{x}=\frac{M}{F}=\frac{w_0 L^2/3}{w_0 L/2}=\frac{2L}{3}$$

2.3 단면2차모멘트

2.3.1 단면2차모멘트 및 극관성모멘트

단면2차모멘트(second moment of area) 또는 관성모멘트(moment of inertia)는 도심과 같이 중요한 단면의 특성으로 재료역학에서 논의되는 보의 응력과 처짐, 축의 비틀림 및 기둥좌굴 등의 해석에 적용되므로 단면2차모멘트의 수학적 정의 및 결정방법을 숙지하는 것은 매우 중요하다.

xy평면에서 물리량 $\sum x\Delta A$를 단면 A의 y축에 대한 단면1차모멘트로 정의한 것과 같이 물리량 $\sum x^2\Delta A$를 단면 A의 y축에 대한 단면2차모멘트로 정의한다. 그림 2.3.1.1에서

xy평면의 미소요소 ΔA의 x축과 y축에 대한 단면2차모멘트는 각각 $\Delta I_x = y^2 \Delta A$, $\Delta I_y = x^2 \Delta A$이므로 단면 A의 x축과 y축에 대한 단면2차모멘트는 다음 식 (2.3.1.1)로 정의된다.

$$I_x = \sum y^2 \Delta A \quad ; \quad I_y = \sum x^2 \Delta A \qquad (2.3.1.1)$$

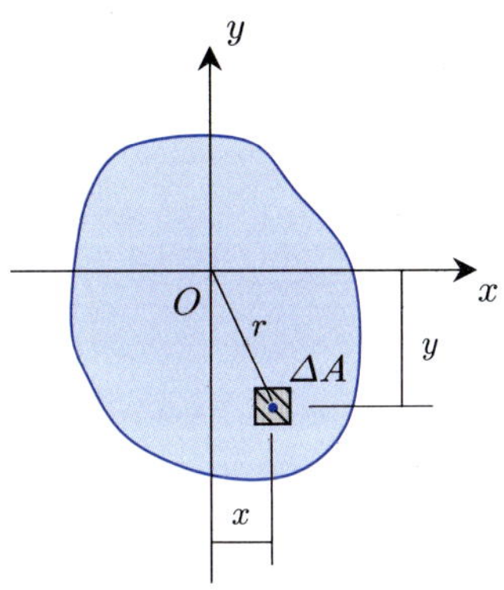

그림 2.3.1.1

그림 2.3.1.1에서 단면이 정의된 평면에 수직인 z축(pole)에 대한 단면2차모멘트는 z축이 x축, y축과 같이 단면에 놓여 있지 않으므로 극관성모멘트(polar moment of inertia)라 한다. 미소요소 ΔA의 z축에 대한 극관성모멘트는 z축과 xy평면의 교점인 O점을 사용하여 표기하고 $\Delta J_O = r^2 \Delta A$이므로 면적 A의 z축에 대한 극관성모멘트는 다음 식 (2.3.1.2)와 같이 정의되며 $r^2 = x^2 + y^2$이므로 z축에 대한 극관성모멘트는 x축, y축에 대한 단면2차모멘트의 합과 같다.

$$J_O = \sum r^2 \Delta A \qquad (2.3.1.2)$$

$$J_O = \sum r^2 \Delta A = \sum \left(x^2 + y^2\right) \Delta A = \sum x^2 \Delta A + \sum y^2 \Delta A = I_y + I_x$$

단면2차모멘트의 단위는 m^4과 같이 길이의 네제곱이다. 단면1차모멘트는 모멘트의 팔에 부호가 반영되므로 임의의 축에 대한 회전 평형상태를 제시하는 반면 단면2차모멘트는 모멘트의 팔을 제곱한 절대값이 반영되므로 임의의 축에 대한 면적의 분포상태를 제시한다. 그러므로 단면2차모멘트는 항상 양이고 단면적이 동일한 경우 중실단면보다 중공단면의 단면2차모멘트가 크다. 이러한 분포상태는 회전반경(radius of gyration)으로 표기하며 모든 미소요소가 축으로부터 일정한 거리 r에 위치한다고 가정하여 구한다. 단면 A의 i축에 대한 단면2차모멘트를 I_i, 회전반경을 r_i라 하면 $I_i = A r_i^2$의 관계식이 성립하므로 x축, y축, z축에 대한 회전반경은 각각 다음과 같이 정의된다.

$$r_x = \sqrt{\frac{I_x}{A}} \quad ; \quad r_y = \sqrt{\frac{I_y}{A}} \quad ; \quad r_O = \sqrt{\frac{J_O}{A}} \tag{2.3.1.3}$$

일반적 형상 단면의 단면2차모멘트는 적분으로 구할 수 있으며 x축, y축에 대한 단면2차모멘트 및 z축(O점)에 대한 극관성모멘트는 다음과 같다.

$$I_x = \int y^2\, dA \quad ; \quad I_y = \int x^2\, dA \quad ; \quad J_O = \int r^2\, dA = I_y + I_x$$

그림 2.3.1.2와 같이 밑변 b, 높이 h인 직사각형 단면에서 도심 C점을 통과하는 x축에 대한 단면2차모멘트는 동일한 모멘트의 팔 y가 적용되는 미소요소 dA를 설정하여 다음과 같이 산정한다.

$$I_x = \int y^2\, dA = \int_{-h/2}^{h/2} y^2\,(b\,dy) = b\left[\frac{y^3}{3}\right]_{-h/2}^{h/2} = \frac{bh^3}{12}$$

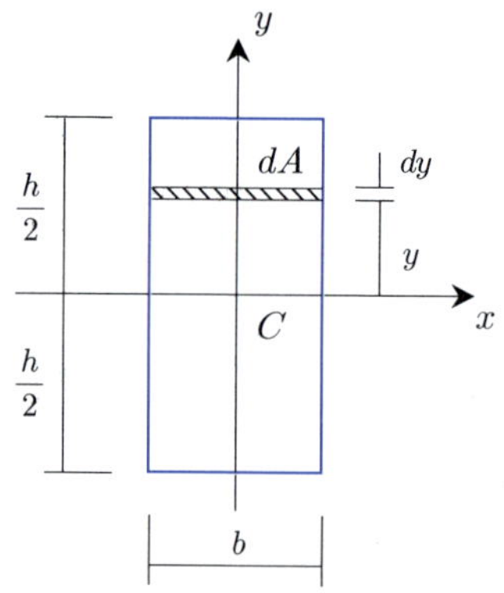

그림 2.3.1.2

예제 2.3.1.1

그림 예2.3.1.1(1)과 같이 밑변 b, 높이 h인 삼각형의 밑변에 대한 단면2차모멘트를 구하시오.

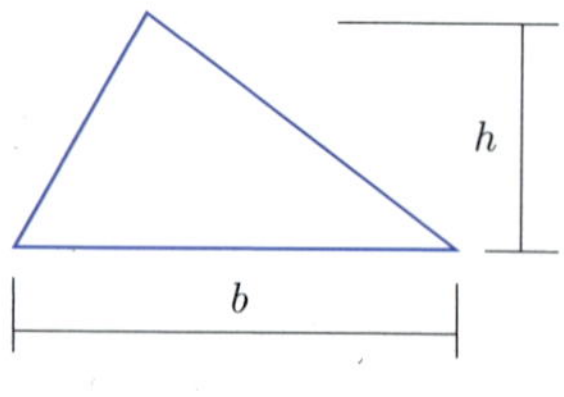

그림 예2.3.1.1(1)

설명 삼각형의 밑변을 기준축으로 하고 기준축과 평행한 미소 직사각형을 그림 예2.3.1.1(2)와 같이 설정하면 면적 dA는 다음과 같다.

$$x : (h-y) = b : h \quad \Rightarrow \quad x = \frac{b(h-y)}{h}$$

$$dA = x\,dy = \frac{b}{h}(h-y)\,dy$$

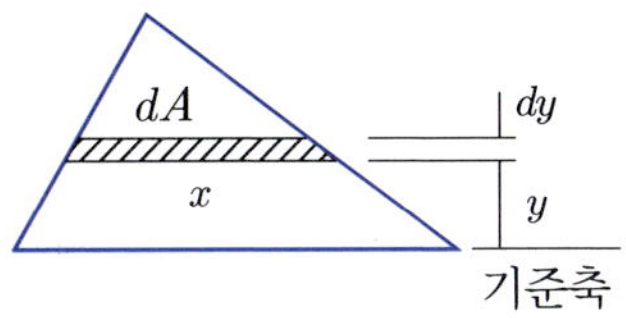

그림 예2.3.1.1(2)

dA의 기준축에 대한 모멘트의 팔은 y이므로 2차모멘트는 $y^2\,dA$이고 전체 삼각형의 단면2차모멘트는 다음 적분으로 산정된다.

$$I = \int_0^h y^2\,dA = \int_0^h y^2 \frac{b}{h}(h-y)\,dy$$

$$= \frac{b}{h}\int_0^h (hy^2 - y^3)\,dy = \frac{b}{h}\left[\frac{h}{3}y^3 - \frac{1}{4}y^4\right]_0^h = \frac{bh^3}{12}$$

예제 2.3.1.2 단면2차모멘트를 이용하여 그림 예2.3.1.2에 제시한 직사각형 단면의 C점에 대한 극관성모멘트 및 회전반경을 구하시오.

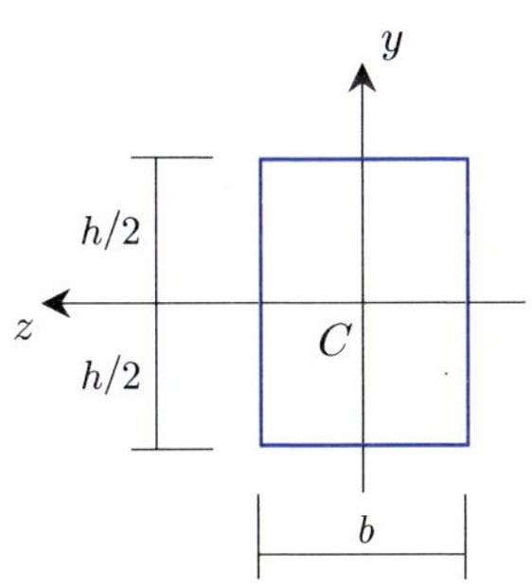

그림 예2.3.1.2

설명 직사각형 단면의 z축, y축에 대한 단면2차모멘트는 각각 $I_z = bh^3/12$, $I_y = hb^3/12$이므로 C점(x축)에 대한 극관성모멘트 J_C 및 회전반경 r_C는 다음과 같이 산정된다.

$$J_C = I_z + I_y = \frac{bh^3}{12} + \frac{hb^3}{12} = \frac{bh}{12}(h^2 + b^2)$$

$$r_C = \sqrt{\frac{J_C}{A}} = \sqrt{\frac{h^2 + b^2}{12}}$$

예제 2.3.1.3

그림 예2.3.1.3(1)에 제시한 반경 r인 반원의 x축에 대한 단면2차모멘트를 구하시오.

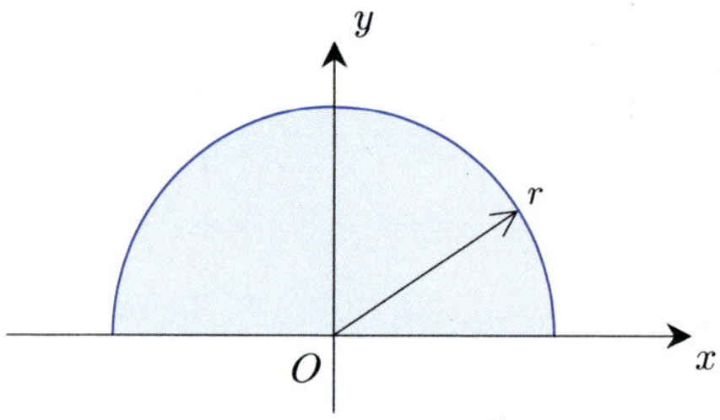

그림 예2.3.1.3(1)

설명 그림 예2.3.1.3(2)와 같이 모멘트의 팔이 y이고 x축과 평행한 직사각형 미소요소를 설정하면 반원과 직사각형 미소요소의 면적 및 반원의 x축에 대한 단면2차모멘트 I_x는 다음과 같이 산정된다.

$$A = \frac{\pi r^2}{2} \quad ; \quad x = \sqrt{r^2 - y^2} \quad ; \quad dA = 2x\,dy = 2\sqrt{r^2 - y^2}\,dy$$

$$I_x = \int_0^r y^2\,dA = \int_0^r y^2 \times \left(2\sqrt{r^2 - y^2}\right) dy = \frac{\pi r^4}{8}$$

$$\left(\int_0^r y^2\sqrt{r^2 - y^2}\,dy = -\frac{y(r^2 - y^2)^{3/2}}{4} + \frac{r^2 y\sqrt{r^2 - y^2}}{8} + \frac{r^4}{8}\sin^{-1}\frac{y}{|r|} + C\right)$$

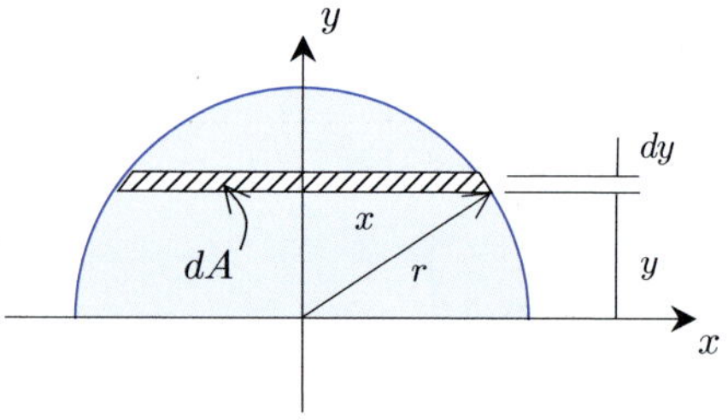

그림 예2.3.1.3(2)

다른 방법으로 그림 예2.3.1.3(3)과 같이 모멘트의 팔이 ρ인 두께 $d\rho$의 반원환 미소요소를 설정하면 반원환 미소요소의 면적은 $dA = \pi\rho\,d\rho$이고 반원의 O점에 대한 극관성모멘트는 다음과 같다.

$$J_O = \int_0^r \rho^2\,dA = \int_0^r \rho^2\,\pi\rho\,d\rho = \pi\int_0^r \rho^3\,d\rho = \pi\left[\frac{1}{4}\rho^4\right]_0^h = \frac{\pi r^4}{4}$$

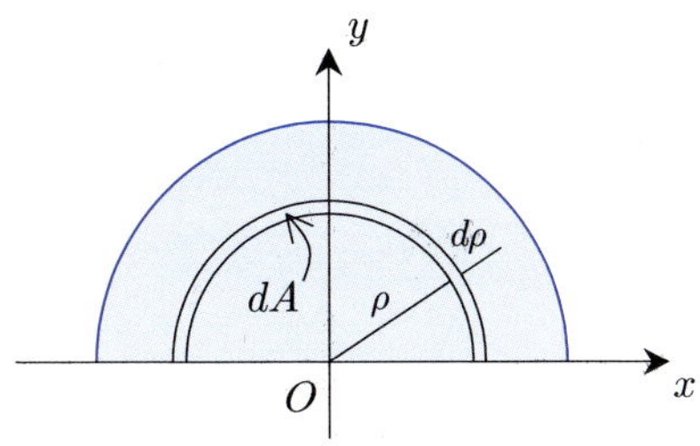

그림 예2.3.1.3(3)

x축, y축에 대한 단면2차모멘트는 동일하므로 O점에 대한 극관성모멘트와 x축, y축에 대한 단면2차모멘트 간의 관계식으로부터 I_x는 다음과 같이 구할 수 있다.

$$J_O = \frac{\pi r^4}{4} = I_x + I_y = 2I_x \quad (I_x = I_y) \quad ; \quad I_x = \frac{\pi r^4}{8}$$

2.3.2 평행축정리

도심축과 평행한 임의의 축에 대한 단면2차모멘트는 도심축에 대한 단면2차모멘트로부터 평행축정리(parallel axis theorem)를 적용하여 구할 수 있다. 그림 2.3.2.1에서 $\bar{x}$는 도심 C를 지나는 도심축이고 x'는 도심축과 거리 d에 있는 평행축이며 미소요소 ΔA의 도심축 $\bar{x}$와의 거리는 y다. ΔA의 x'축에 대한 모멘트의 팔은 $y+d$이므로 단면 A의 x'축에 대한 단면2차모멘트는 다음과 같이 산정된다.

$$\begin{aligned} I_{x'} = \sum(y+d)^2 \Delta A &= \sum(y^2 + 2dy + d^2)\Delta A \\ &= \sum y^2 \Delta A + 2d\sum y\Delta A + d^2\sum \Delta A \end{aligned}$$

여기서 1항은 도심축 $\bar{x}$에 대한 단면2차모멘트이므로 $I_{\bar{x}}$이고 2항인 $\sum y\Delta A$는 도심축 $\bar{x}$에 대한 단면1차모멘트이므로 0이다. 3항의 $\sum \Delta A$는 단면적 A이므로 식 (2.3.2.1)의 평행축정리가 성립한다.

$$I_{x'} = I_{\bar{x}} + A d^2 \tag{2.3.2.1}$$

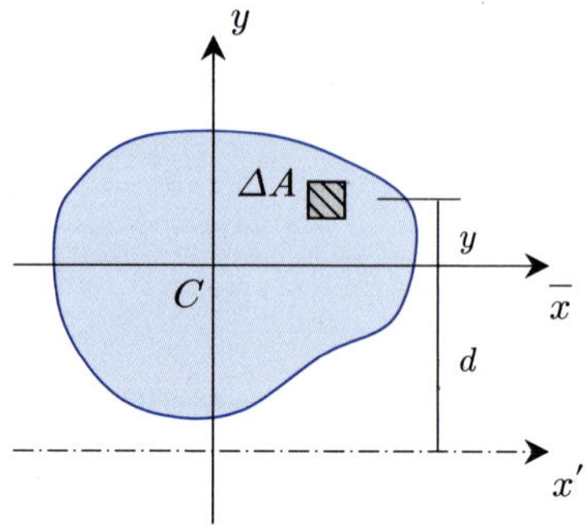

그림 2.3.2.1

평행축정리를 적용하는 2개의 축 중 하나는 반드시 도심축이어야 하고 도심축에 대한 단면2차모멘트는 도심축과 평행한 임의의 축에 대한 단면2차모멘트보다 작다. 그림 2.3.2.2에서 도심 C점을 통과하는 수평 도심축 $\overline{x}$에 대한 단면2차모멘트가 $I_{\overline{x}} = bh^3/12$이므로 평행축정리에 의해 x'축에 대한 단면2차모멘트는 다음과 같이 산정된다.

$$I_{x'} = I_{\overline{x}} + A\,d^2 = \frac{bh^3}{12} + bh \times \left(\frac{h}{2}\right)^2 = \frac{bh^3}{3}$$

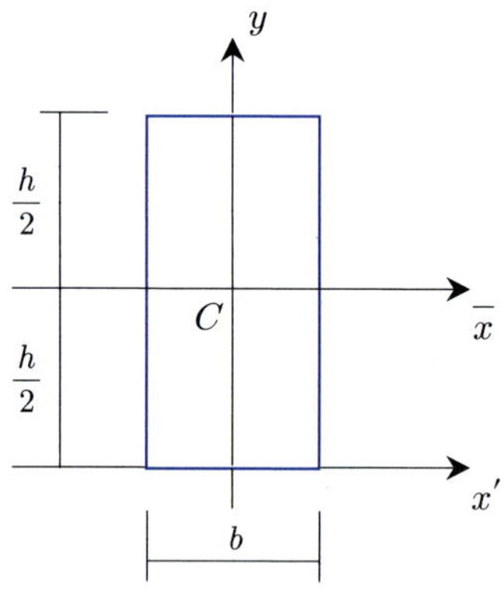

그림 2.3.2.2

예제 2.3.2.1 예제 2.3.1.1에서 구한 삼각형의 밑변에 대한 단면2차모멘트에 평행축정리를 적용하여 수평 도심축에 대한 단면2차모멘트를 구하시오.

설명 도심 C는 밑변으로부터 $h/3$에 위치(예제 2.2.1)하므로 밑변의 수평축 x'와 수평 도심축 $\bar{x}$는 그림 예2.3.2.1과 같이 설정된다. 예제 2.3.1.1에서 구한 x'축(기준축)에 대한 단면2차모멘트 $I_{x'} = bh^3/12$ 를 평행축정리에 적용하면 수평 도심축 $\bar{x}$에 대한 단면2차모멘트 $I_{\bar{x}}$는 다음과 같이 산정된다.

$$I_{x'} = \frac{bh^3}{12} = I_{\bar{x}} + \frac{bh}{2} \times \left(\frac{h}{3}\right)^2 \quad ; \quad I_{\bar{x}} = \frac{bh^3}{12} - \frac{bh}{2} \times \left(\frac{h}{3}\right)^2 = \frac{bh^3}{36}$$

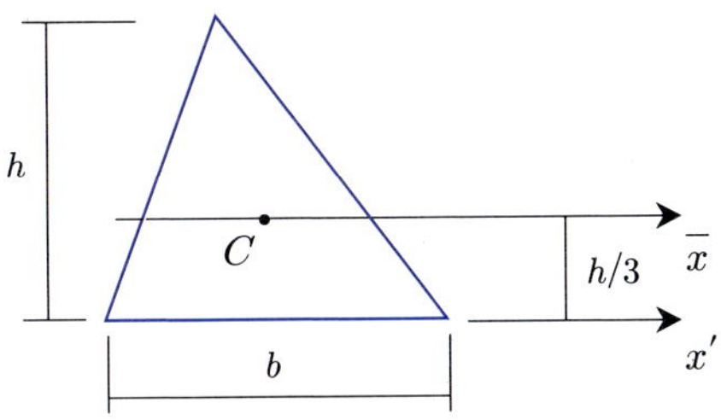

그림 예2.3.2.1

예제 2.3.2.2 평행축정리를 적용하여 반경 r인 반원의 수평 도심축 $\bar{x}$에 대한 단면2차모멘트를 구하시오.

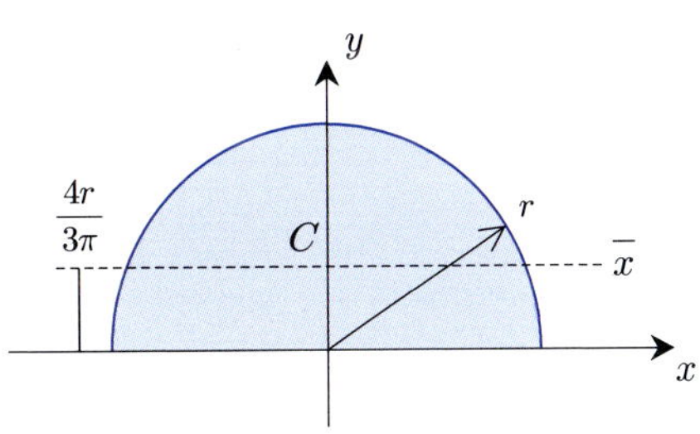

그림 예2.3.2.2

설명 $I_x = \pi r^4/8$(예제 2.3.1.3)과 수평 도심축 $\bar{x}$에 대한 단면2차모멘트 $I_{\bar{x}}$를 평행축정리에 적용하면 $I_{\bar{x}}$는 다음과 같이 산정된다.

$$I_x = I_{\bar{x}} + \frac{\pi r^2}{2} \times \left(\frac{4r}{3\pi}\right)^2$$

$$I_{\bar{x}} = I_x - \frac{\pi r^2}{2} \times \left(\frac{4r}{3\pi}\right)^2 = \frac{\pi r^4}{8} - \frac{8r^4}{9\pi} = 0.1098\, r^4$$

예제 2.3.2.3 그림 예2.3.2.3(1)에 제시한 사각형 단면의 x축, y축에 대한 단면2차모멘트 및 O점에 대한 극관성모멘트를 구하시오.

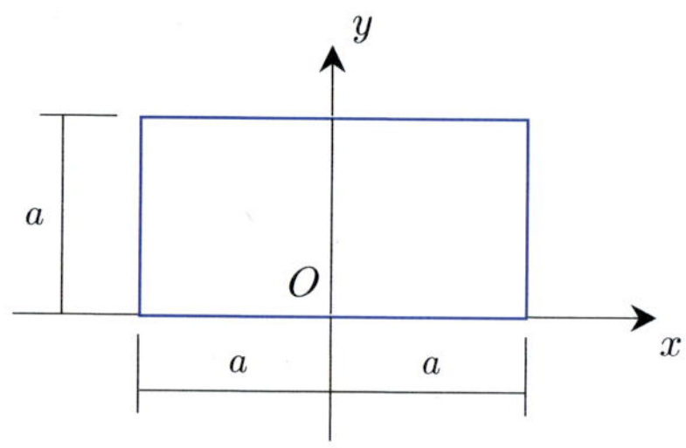

그림 예2.3.2.3(1)

설명 그림 예2.3.2.3(2)와 같이 직사각형 미소요소($a\times dx$)를 설정하면 미소요소의 자체 도심축에 대한 단면2차모멘트 중 수직 도심축에 대한 단면2차모멘트 dI_y는 dx의 세제곱 항을 포함$(a\times dx^3/12)$하므로 무시할 수 있고 수평 도심축에 대한 단면2차모멘트 dI_x는 밑변 dx, 높이 a이므로 $dx\times a^3/12$이다.

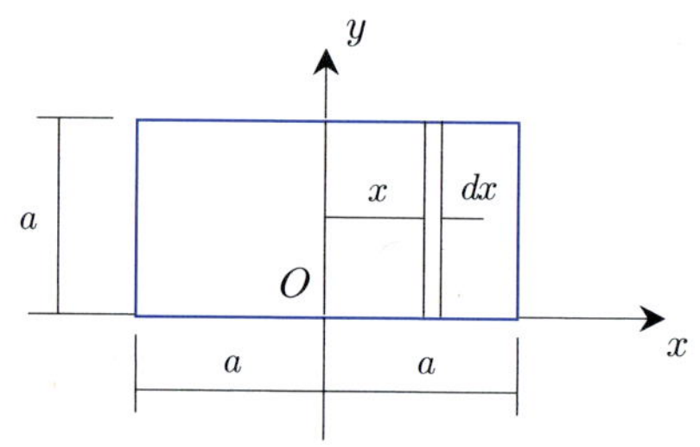

그림 예2.3.2.3(2)

평행축정리를 적용하여 미소요소의 x축에 대한 단면2차모멘트를 구하면 사각형 단면의 x축에 대한 단면2차모멘트 I_x는 다음과 같이 산정된다.

$$dI_x=\frac{dx\times a^3}{12}+a\times dx\times\left(\frac{a}{2}\right)^2=\left(\frac{a^3}{12}+\frac{a^3}{4}\right)dx=\frac{a^3}{3}dx$$

$$I_x=\int_{-a}^{a}\frac{a^3}{3}dx=\left[\frac{a^3}{3}x\right]_{-a}^{a}=\frac{a^3}{3}\times 2a=\frac{2}{3}a^4$$

미소요소의 y축에 대한 단면2차모멘트는 평행축정리에 의한 항 $dI_y=(a\times dx)\times x^2$이므로 사각형 단면의 y축에 대한 단면2차모멘트 I_y는 다음과 같고 극관성모멘트 J_O는 I_x, I_y의 합으로 구해진다.

$$I_y=\int_{-a}^{a}ax^2dx=\left[\frac{a}{3}x^3\right]_{-a}^{a}=\frac{a^4}{3}+\frac{a^4}{3}=\frac{2}{3}a^4$$

$$J_O=I_x+I_y=\frac{2}{3}a^4\times 2=\frac{4}{3}a^4$$

구조부재의 단면이 직사각형, 삼각형, 반원 등 몇 개의 기본단면으로 구성되어 있는 합성 단면의 경우는 기본단면의 단면2차모멘트와 평행축정리를 적용하여 단면2차모멘트를 구한다. 그림 2.3.2.3(1)과 같은 단면의 도심축 $\bar{x}$에 대한 단면2차모멘트를 구하고자 하는 경우 (2)와 같이 단면을 2개 직사각형 1, 2의 합성단면으로 간주하고 계산이 용이한 임의의 위치에 기준축 x를 설정하여 도심 위치와 도심축 $\bar{x}$에 대한 단면2차모멘트를 산정한다.

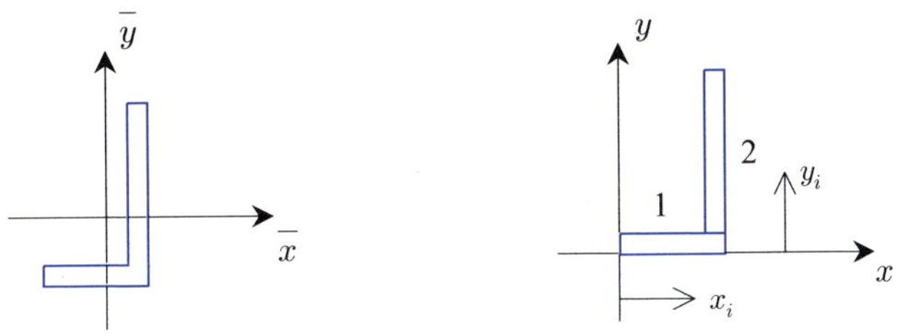

(1) 합성단면 **(2)** 기본단면 1, 2

그림 2.3.2.3

직사각형 1, 2의 면적을 A_1, A_2라 하면 x축(기준축)으로부터 각 직사각형 도심까지의 거리 y_1, y_2는 모멘트의 팔이므로 합성단면의 수평 도심축 $\bar{x}$의 위치는 단면1차모멘트를 사용하여 결정하고 단면2차모멘트를 I_{x1}, I_{x2}라 하면 수평 도심축 $\bar{x}$에 대한 합성단면의 단면2차모멘트는 평행축정리를 적용하여 산정한다.

$$\bar{y} = \frac{\sum A\,y}{\sum A} = \frac{A_1 y_1 + A_2 y_2}{A_1 + A_2}$$

$$I_{\bar{x}} = \sum I_{x,i} + \sum A_i\left(\bar{y} - y_i\right)^2 = \left(I_{x1} + I_{x2}\right) + \left\{A_1\left(\bar{y} - y_1\right)^2 + A_2\left(\bar{y} - y_2\right)^2\right\}$$

합성단면의 수직 도심축 $\bar{y}$에 대한 단면2차모멘트도 동일한 방식으로 구하며 이러한 계산 과정은 표를 이용하면 용이하게 수행할 수 있다. 구조용 강재(structural steel)는 여러 가지 형상 및 규격으로 압연되며 강재의 규격, 단면특성 등을 제조사에서 표로 제시하여 설계의 편의성을 제공하고 있다. 구조물의 규모가 크면 여러 개의 강재를 용접 또는 볼트를 사용하여 구조부재의 단면으로 구성하는 경우가 있으며 이를 조립단면(built-up section)이라 하고 조립단면의 단면2차모멘트는 합성단면의 경우와 동일한 방식으로 구한다.

예제 2.3.2.4

그림 예2.3.2.4(1)에 제시한 단면의 수평, 수직 도심축에 대한 단면2차모멘트를 구하시오. 단위는 cm 다.

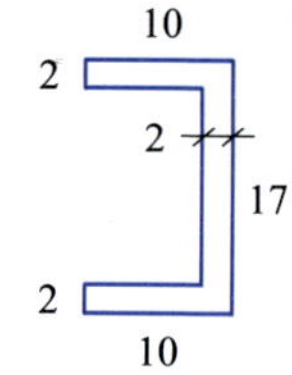

그림 예2.3.2.4(1)

설명 단면을 그림 예2.3.2.4(2)와 같이 3개 직사각형의 합성단면으로 간주하고 하연 및 좌측단에 기준축 x, y를 설정한다. 단면에는 수평 대칭축이 존재하므로 수평 도심축 $\bar{x}$는 중앙에 위치하고 기준축 x로부터의 거리 $\bar{y}$는 8.5 cm (= 17/2)다. 각 직사각형의 자체 수평 도심축에 대한 단면2차모멘트를 구하고 표 예2.3.2.4(1)과 같이 평행축정리를 적용하여 수평 도심축 $\bar{x}$에 대한 단면2차모멘트를 산정한다.

$$I_{x,1} = \frac{bh^3}{12} = \frac{10 \times 2^3}{12} = 6.7\,(\text{cm}^4) = I_{x,3}$$

$$I_{x,2} = \frac{bh^3}{12} = \frac{2 \times 13^3}{12} = 366.2\,(\text{cm}^4)$$

$$I_{\bar{x}} = \sum I_{x,i} + \sum A_i \left(\bar{y} - y_i\right)^2 = 379.6 + 2250 = 2.63 \times 10^3\,(\text{cm}^4)$$

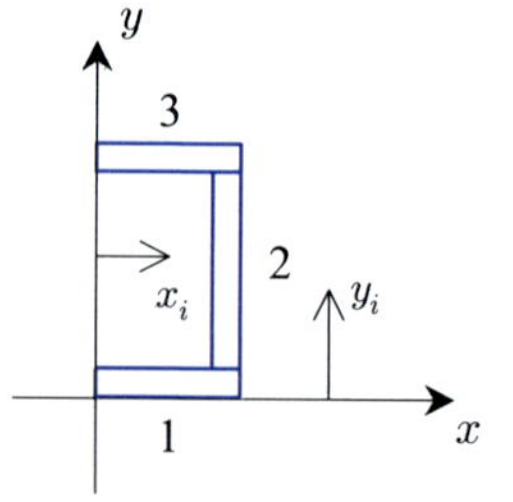

그림 예2.3.2.4(2)

표 예2.3.2.4(1)

구분	A_i	$\bar{y}-y_i$	$A_i\left(\bar{y}-y_i\right)^2$	$I_{x,i}$
1	20	7.5	1125	6.7
2	26	0	0	366.2
3	20	−7.5	1125	6.7
Σ			2250	379.6

수직 도심축 $\bar{y}$의 위치와 수직 도심축에 대한 단면2차모멘트를 산정하기 위해 표 예2.3.2.4(2)를 작성한다. 수직 도심축 $\bar{y}$와 기준축 y 간의 거리 $\bar{x}$를 단면1차모멘트로부터 구하면 평행축정리에 의한 항을 산정할 수 있다.

$$\bar{x} = \frac{\sum A_i x_i}{\sum A_i} = \frac{434}{66} = 6.58\,(\text{cm})$$

각 직사각형의 자체 수직 도심축에 대한 단면2차모멘트를 구하고 평행축정리를 적용하여 수직 도심축 $\bar{y}$에 대한 단면2차모멘트를 산정한다.

$$I_{y,1} = \frac{bh^3}{12} = \frac{2\times 10^3}{12} = 166.7\,(\text{cm}^4) = I_{y,3}$$
$$I_{y,2} = \frac{bh^3}{12} = \frac{13\times 2^3}{12} = 8.7\,(\text{cm}^4)$$
$$I_{\bar{y}} = \sum I_{y,i} + \sum A_i\left(\bar{x}-x_i\right)^2 = 342.1+252.2 = 594.3\,(\text{cm}^4)$$

표 예2.3.2.4(2)

구분	A_i	x_i	$A_i\,x_i$	$\bar{x}-x_i$	$A_i\left(\bar{x}-x_i\right)^2$	$I_{y,i}$
1 & 3	2×20	5	200	1.58	99.9	2×166.7
2	26	9	234	−2.42	152.3	8.7
Σ	66		434		252.2	342.1

다른 방법으로 단면을 그림과 같이 직사각형 1(10×17)에서 직사각형 2(8×13)를 제거한 합성단면으로 간주하고 제거되는 부분은 음의 값으로 처리한다. 합성단면의 수평 도심축 $\bar{x}$와 직사각형 1, 2의 자체 수평 도심축은 모두 일치하므로 $\bar{x}$에 대한 단면2차모멘트는 공식을 사용하여 산정하는 것이 간단하다.

$$I_{\bar{x}} = I_{x,1} - I_{x,2} = \frac{10\times 17^3}{12} - \frac{8\times 13^3}{12} = 2.63\times 10^3\,(\text{cm}^4)$$

수직 도심축 $\bar{y}$의 위치와 수직 도심축에 대한 단면2차모멘트를 산정하기 위해 표 예2.3.2.4(3)을 작성하면 수직 도심축의 위치가 동일하다는 것을 알 수 있다. 직사각형 1, 2의 자체 수직 도심축에 대한 단면2차모멘트를 구하고 평행축정리를 적용하면 $I_{\bar{y}}$ 또한 동일하게 산정된다는 것을 확인할 수 있다.

$$I_{y,1} = \frac{bh^3}{12} = \frac{17\times 10^3}{12} = 1417\,(\text{cm}^4)$$
$$I_{y,2} = \frac{bh^3}{12} = \frac{13\times 8^3}{12} = 555\,(\text{cm}^4)$$
$$I_{\bar{y}} = \sum I_{y,i} + \sum A_i\left(\bar{x}-x_i\right)^2 = 862-267.9 = 594.1\,(\text{cm}^4)$$

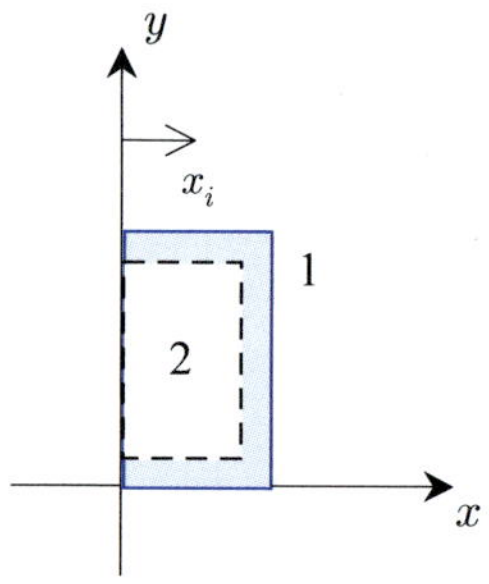

그림 예2.3.2.4(3)

표 예2.3.2.4(3)

구분	A_i	x_i	$A_i\,x_i$	$\bar{x}-x_i$	$A_i\left(\bar{x}-x_i\right)^2$	$I_{y,i}$
1	10×17	5	850	1.58	424.4	1416.7
2	−8×13	4	−416	2.58	−692.3	−554.7
Σ	66		434		−267.9	862.0

예제 2.3.2.5 그림 예2.3.2.5(1)과 같은 단면의 수평, 수직 도심축에 대한 단면2차모멘트를 구하시오.

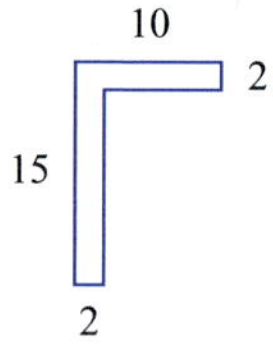

그림 예2.3.2.5(1)

설명 단면을 그림 예2.3.2.5(2)와 같이 2개 직사각형의 합성단면으로 간주하고 하연 및 좌측단에 기준축 x, y를 설정한다. 수평 도심축 $\bar{x}$의 위치와 수평 도심축에 대한 단면2차모멘트를 산정하기 위해 표 예2.3.2.5(1)을 작성한다. 수평 도심축 $\bar{x}$와 기준축 x 간의 거리 $\bar{y}$를 단면1차모멘트로부터 구하면 평행축정리에 의한 항을 산정할 수 있다.

$$\bar{y} = \frac{\sum A_i y_i}{\sum A_i} = \frac{449}{46} = 9.76$$

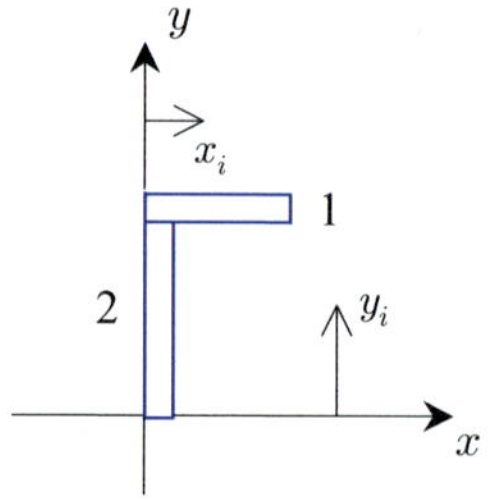

그림 예2.3.2.5(2)

직사각형 1, 2의 자체 수평 도심축에 대한 단면2차모멘트를 구하고 평행축정리를 적용하면 수평 도심축 $\bar{x}$에 대한 단면2차모멘트는 다음과 같이 산정된다.

$$I_{x,1} = \frac{bh^3}{12} = \frac{10\times 2^3}{12} = 6.7 \quad ; \quad I_{x,2} = \frac{bh^3}{12} = \frac{2\times 13^3}{12} = 366.2$$

$$I_{\bar{x}} = \sum I_{x,i} + \sum A_i\left(\bar{y}-y_i\right)^2 = 372.0 + 635.9 = 1008.8$$

표 예2.3.2.5(1)

구분	A_i	y_i	$A_i\,y_i$	$\bar{y}-y_i$	$A_i\left(\bar{y}-y_i\right)^2$	$I_{x,i}$
1	20	14.0	280	−4.24	359.6	6.7
2	26	6.5	169	3.26	276.3	366.2
Σ	46		449		635.9	372.9

수직 도심축 $\bar{y}$의 위치와 수직 도심축에 대한 단면2차모멘트를 산정하기 위해 표 예2.3.2.5(2)를 작성한다. 수직 도심축 $\bar{y}$와 기준축 y 간의 거리 $\bar{x}$를 단면1차모멘트로부터 구하면 평행축정리에 의한 항을 산정할 수 있다.

$$\bar{x} = \frac{\sum A_i x_i}{\sum A_i} = \frac{126}{46} = 2.74$$

직사각형 1, 2의 자체 수직 도심축에 대한 단면2차모멘트를 구하고 평행축정리를 적용하면 수직 도심축 $\bar{y}$에 대한 단면2차모멘트는 다음과 같이 산정된다.

$$I_{y,1} = \frac{bh^3}{12} = \frac{2\times 10^3}{12} = 166.7 \quad ; \quad I_{y,2} = \frac{bh^3}{12} = \frac{13\times 2^3}{12} = 8.7$$

$$I_{\bar{y}} = \sum I_{y,i} + \sum A_i\left(\bar{x}-x_i\right)^2 = 175.4 + 180.9 = 356.3$$

표 예2.3.2.5(2)

구분	A_i	x_i	$A_i\,x_i$	$\bar{x}-x_i$	$A_i\left(\bar{x}-x_i\right)^2$	$I_{y,i}$
1	20	5	100	−2.26	102.2	166.7
2	26	1	26	1.74	78.7	8.7
Σ	44		126		180.9	175.4

예제 2.3.2.6 그림 예2.3.2.6(1)과 같은 단면의 수평, 수직 도심축에 대한 단면2차모멘트를 구하시오. 단위는 cm 다.

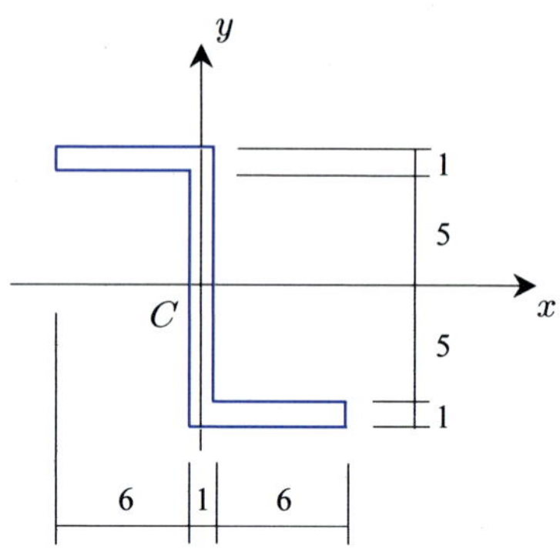

그림 예2.3.2.6(1)

설명 단면이 회전대칭이므로 x축, y축이 각각 수평, 수직 도심축이다. 단면을 그림 예2.3.2.6(2)와 같이 3개 직사각형의 합성단면으로 간주하면 각 직사각형의 자체 수평, 수직 도심축에 대한 단면2차모멘트는 다음과 같다.

$$I_{x,1} = \frac{bh^3}{12} = \frac{6\times 1^3}{12} = 0.5\,(\text{cm}^4) = I_{x,3}$$

$$I_{x,2} = \frac{bh^3}{12} = \frac{1\times 12^3}{12} = 144\,(\text{cm}^4)$$

$$I_{y,1} = \frac{bh^3}{12} = \frac{1\times 6^3}{12} = 18\,(\text{cm}^4) = I_{y,3}$$

$$I_{y,2} = \frac{bh^3}{12} = \frac{12\times 1^3}{12} = 1\,(\text{cm}^4)$$

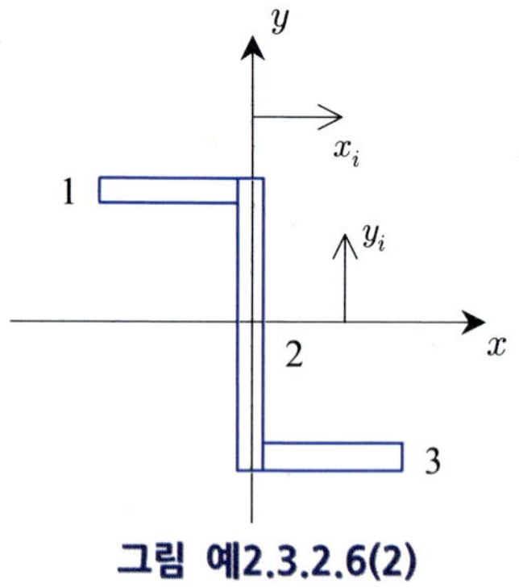

그림 예2.3.2.6(2)

표 예2.3.2.6과 같이 평행축정리를 적용하면 수평, 수직 도심축에 대한 단면2차모멘트는 다음과 같이 산정된다.

$$I_x = \sum I_{x,i} + \sum A_i\left(\bar{y} - y_i\right)^2 = 145 + 363 = 508\,(\text{cm}^4)$$

$$I_y = \sum I_{y,i} + \sum A_i \left(\overline{x} - x_i\right)^2 = 37 + 147 = 184\,(\mathrm{cm}^4)$$

표 예2.3.2.6

구분	A_i	y_i	$A_i\,y_i^2$	$I_{x,i}$	x_i	$A_i\,x_i^2$	$I_{y,i}$
1	6	5.5	181.5	0.5	−3.5	73.5	18
2	12	0	0	144.0	0	0	1
3	6	−5.5	181.5	0.5	3.5	73.5	18
Σ			363.0	145.0		147.0	37

예제 2.3.2.7

그림 예2.3.2.7(1)과 같은 조립단면의 수평, 수직 도심축에 대한 단면2차모멘트를 구하시오. 단위는 mm다.

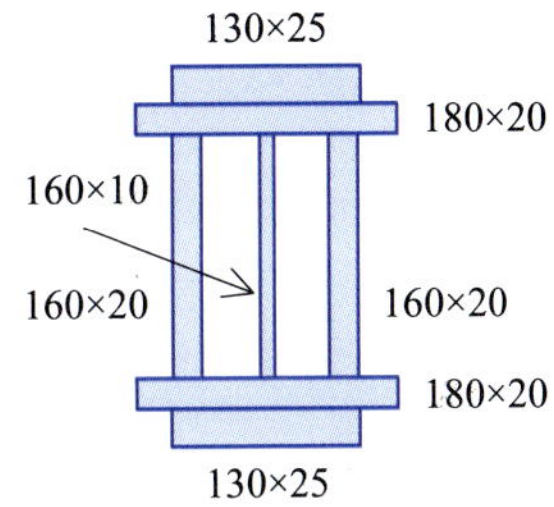

그림 예2.3.2.7(1)

설명 단면이 대칭으로 구성되어 있으므로 중앙점이 도심이고 그림 예2.3.2.6(2)와 같이 x축, y축이 각각 수평, 수직 도심축이다. 수평 도심축 x에 대한 단면2차모멘트는 각 직사각형의 자체 수평 도심축에 대한 단면2차모멘트를 구하고 표 예2.3.2.7(1)과 같이 평행축 정리를 적용하여 산정한다.

$$I_{x,1} = \frac{bh^3}{12} = \frac{2\times 16^3}{12} = 683\,(\mathrm{cm}^4)$$

$$I_{x,2} = \frac{bh^3}{12} = \frac{1\times 16^3}{12} = 341\,(\mathrm{cm}^4)$$

$$I_{x,3} = \frac{bh^3}{12} = \frac{18\times 2^3}{12} = 12\,(\mathrm{cm}^4)$$

$$I_{x,4} = \frac{bh^3}{12} = \frac{13\times 2.5^3}{12} = 17\,(\mathrm{cm}^4)$$

$$I_x = \sum I_{x,i} + \sum A_i\,|\,y_i|^2 = 1765 + 14059 = 15824\,(\mathrm{cm}^4)$$

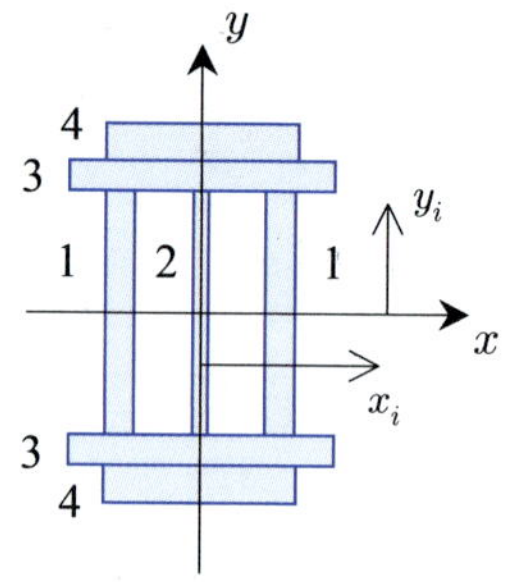

그림 예2.3.2.7(2)

표 예2.3.2.7(1)

구분	A_i	$\|y_i\|$	$A_i\|y_i\|^2$	$I_{x,i}$
1	2×32.0	0	0	2×683
2	16.0	0	0	341
3	2×36.0	9	5832	2×12
4	2×32.5	11.25	8227	2×17
Σ			14059	1765

수직 도심축 y에 대한 단면2차모멘트는 각 직사각형의 자체 수직 도심축에 대한 단면2차모멘트를 구하고 표 예2.3.2.7(2)와 같이 평행축정리를 적용하여 산정한다.

$$I_{y,1} = \frac{bh^3}{12} = \frac{16 \times 2^3}{12} = 10.7(\text{cm}^4)$$

$$I_{y,2} = \frac{bh^3}{12} = \frac{16 \times 1^3}{12} = 1.3(\text{cm}^4)$$

$$I_{y,3} = \frac{bh^3}{12} = \frac{2 \times 18^3}{12} = 972(\text{cm}^4)$$

$$I_{y,4} = \frac{bh^3}{12} = \frac{2.5 \times 13^3}{12} = 457.7(\text{cm}^4)$$

$$I_y = \sum I_{y,i} + \sum A_i|x_i|^2 = 2882.1 + 1936 = 4818(\text{cm}^4)$$

표 예2.3.2.7(2)

구분	A_i	$\|x_i\|$	$A_i\|x_i\|^2$	$I_{y,i}$
1	2×32.0	5.5	1936	2×10.7
2	16.0	0	0	1.3
3	2×36.0	0	0	2×972
4	2×32.5	0	0	2×457.7
Σ			1936	2882.1

요점

중심과 도심. 그림 2.2.1에 제시한 바와 같이 물체는 무게 ΔW의 무수한 질점으로 구성되어 있으므로 물체의 무게 W는 합력 $\sum \Delta W$가 된다. ΔW로 구성된 분포하중을 집중하중 W로 치환하는 경우 두 역계는 등가이어야 하고 이동효과(연직방향)의 등가는 합력에 의해 만족되므로 회전효과의 등가를 만족하여야 하며 이는 두 역계에서 각각 산정한 임의의 축에 대한 회전효과가 동일하다는 것이다. 그러므로 두 역계에서 각 좌표축에 대한 모멘트가 동일해야 한다는 조건으로부터 중심(center of gravity) G의 좌표를 결정할 수 있다.

$$x_G = \frac{\sum x \Delta W}{\sum \Delta W} \quad ; \quad y_G = \frac{\sum y \Delta W}{\sum \Delta W} \quad ; \quad z_G = \frac{\sum z \Delta W}{\sum \Delta W}$$

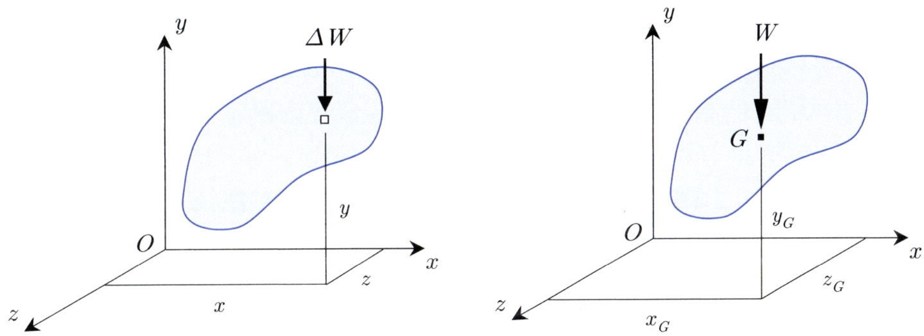

(1) 질점의 무게 ΔW (2) 물체의 무게 W

그림 2.2.1

물체가 균질한 경우 단위체적 당 무게 γ는 일정하므로 질점의 무게는 $\Delta W = \gamma \Delta V$이며 전체 물체의 무게는 $W = \gamma V$이므로 이를 위 관계식에 적용하고 γ를 소거하면 체적의 도심(centroid) C의 좌표를 결정하는 식은 다음과 같다.

$$x_C = \frac{\sum x \Delta V}{\sum \Delta V} \quad ; \quad y_C = \frac{\sum y \Delta V}{\sum \Delta V} \quad ; \quad z_C = \frac{\sum z \Delta V}{\sum \Delta V}$$

그러므로 균질한 물체의 도심은 중심과 일치하는 반면 다른 재료로 구성된 합성물체와 같이 균질하지 않은 물체의 경우는 중심과 도심이 다르다. 물체가 직육면체, 원통, 구 등의 기본적인 형상의 조합으로 구성된 체적의 도심 C의 좌표 $(x_C,\ y_C,\ z_C)$는 기본적인 형상들을 질점과 같은 요소로 간주하여 구할 수 있다. 구조부재가 부재축 방향으로 두께 t, 단면 A의 판이 연결되어 구성된 것으로 간주하면 판의 체적은 미소요소 ΔA의 체적 $\Delta V = t\Delta A$의 합이고 상수 t는 소거할 수 있으므로 단면의 도심을 결정하는 식은 다음과 같이 성립한다.

$$\sum x \Delta A = x_C A \quad ; \quad \sum y \Delta A = y_C A \qquad (2.2.1)$$

$\sum x\Delta A$, $\sum y\Delta A$ 및 x_CA, y_CA를 단면1차모멘트(first moment of area)라 하고 단위는 m^3과 같이 길이의 세제곱이다. 물체에 대칭면(plane of symmetry)이 존재하는 경우 도심은 대칭면 상에 있다. 물체에 2개의 대칭면이 존재하면 도심은 대칭면이 교차하는 직선 상에 있으므로 대칭면을 파악하면 도심을 용이하게 구할 수 있다. 1축대칭 단면의 도심은 대칭축(axis of symmetry) 상에 위치하고 2축대칭 단면의 도심은 2개 대칭축의 교점이며 단면의 도심을 포함하는 축을 도심축(centroidal axis)이라 한다. 기본적 단면인 사각형, 삼각형, 원 등의 조합으로 구성된 합성단면(composite section)에서 도심 C의 좌표 (x_C, y_C, z_C)는 기본적인 단면들을 요소로 간주하여 구할 수 있다. 그림 2.2.5와 같이 꼭지점 O를 포함하는 n차 곡선을 경계로 구성되는 단면의 면적과 도심의 위치는 공식을 적용하여 구한다.

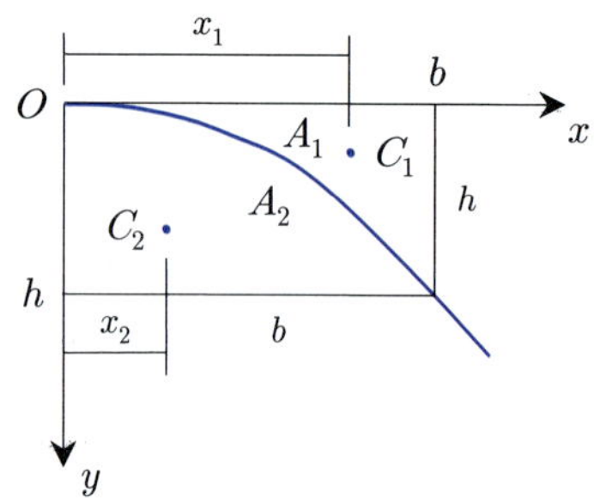

n차 곡선 : $y = \dfrac{h}{b^n}x^n$

면적과 도심 :

$$A_1 = \frac{1}{n+1} \times bh \quad ; \quad x_1 = b \times \left(\frac{n+1}{n+2}\right)$$

$$A_2 = \frac{n}{n+1} \times bh \quad ; \quad x_2 = \frac{b}{2} \times \left(\frac{n+1}{n+2}\right)$$

그림 2.2.5 n차 곡선(꼭지점 O 포함)으로 구성되는 단면의 면적과 도심

구조부재에 재하되는 일반적인 분포하중(distributed load)은 그림 2.2.6과 같이 하중의 세기가 재하구간의 축방향 좌표 x의 함수로 표현되는 분포하중 w_x다. 평형방정식에 포함하는 경우 분포하중은 집중하중으로 치환하여야 한다. 그림 2.2.6의 분포하중과 이동 및 회전효과의 등가를 만족하는 등가집중하중(equivalent concentrated load)의 크기는 분포하중의 합인 면적과 같고 부재축 상 작용점은 분포하중 면적의 도심 위치다.

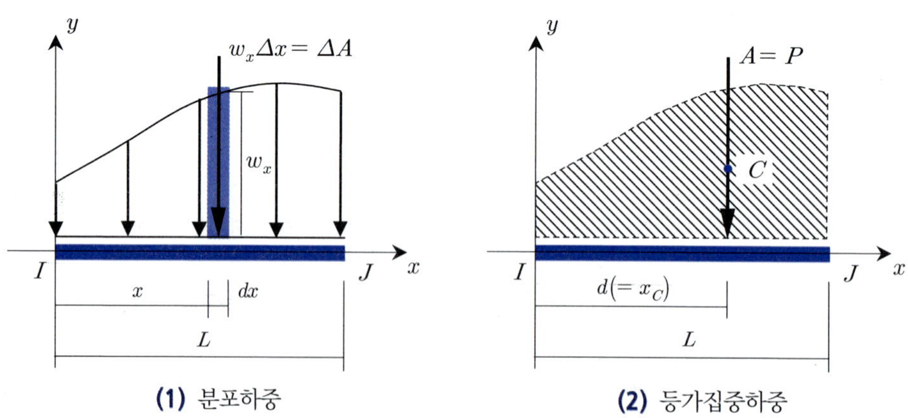

그림 2.2.6

단면2차모멘트 및 극관성모멘트. xy평면에서 물리량 $\sum x^2 \Delta A$를 단면 A의 y축에 대한 단면2차모멘트(second moment of area)로 정의한다. 그림 2.3.1.1에서 xy평면의 미소요소 ΔA의 x축과 y축에 대한 단면2차모멘트는 각각 $\Delta I_x = y^2 \Delta A$, $\Delta I_y = x^2 \Delta A$이므로 단면 A의 x축과 y축에 대한 단면2차모멘트는 다음 식 (2.3.1.1)로 정의된다.

$$I_x = \sum y^2 \Delta A \quad ; \quad I_y = \sum x^2 \Delta A \tag{2.3.1.1}$$

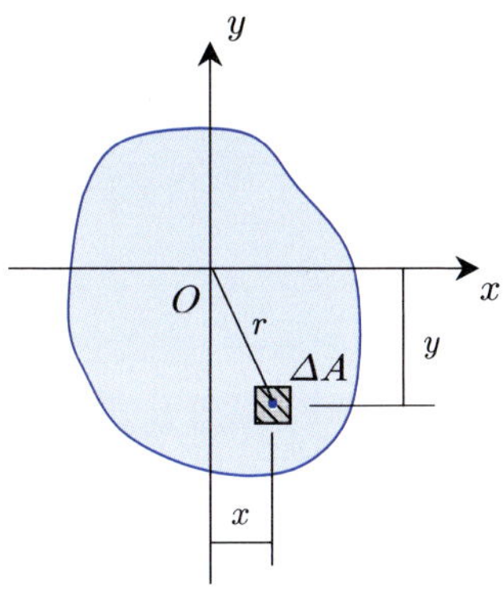

그림 2.3.1.1

xy평면에 수직인 z축(pole)에 대한 단면의 단면2차모멘트는 극관성모멘트(polar moment of inertia)라 하고 다음과 같이 정의되며 $r^2 = x^2 + y^2$이므로 J_O는 I_x, I_y의 합과 같다.

$$J_O = \sum r^2 \Delta A \tag{2.3.1.2}$$

단면2차모멘트의 단위는 m^4과 같이 길이의 네제곱이고 임의의 축에 대한 단면의 분포상태를 제시한다. 이러한 분포상태는 모든 미소요소가 축으로부터 일정한 거리 r에 위치한다고 가정하여 구한 단면특성인 회전반경(radius of gyration)으로 표기할 수 있다. x축, y축, z축에 대한 회전반경은 각각 다음과 같이 정의된다.

$$r_x = \sqrt{\frac{I_x}{A}} \quad ; \quad r_y = \sqrt{\frac{I_y}{A}} \quad ; \quad r_O = \sqrt{\frac{J_O}{A}} \tag{2.3.1.3}$$

일반적 형상 단면의 단면2차모멘트는 적분으로 구할 수 있으며 x축, y축에 대한 단면2차모멘트 및 z축(O점)에 대한 극관성모멘트는 다음과 같다.

$$I_x = \int y^2 \, dA \quad ; \quad I_y = \int x^2 \, dA \quad ; \quad J_O = \int r^2 \, dA = I_y + I_x$$

평행축정리. 도심축 $\bar{x}$와 거리 d에 있는 평행한 임의의 축 x'에 대한 단면 A의 단면2차모멘트 $I_{x'}$는 도심축에 대한 단면2차모멘트 $I_{\bar{x}}$로부터 평행축정리(parallel axis theorem)를 적용하여 구할 수 있다.

$$I_{x'} = I_{\bar{x}} + A d^2 \tag{2.3.2.1}$$

도심축에 대한 단면2차모멘트는 도심축과 평행한 임의의 축에 대한 단면2차모멘트보다 작다. 구조부재의 단면이 직사각형, 삼각형, 반원 등 몇 개의 기본단면으로 구성되어 있는 합성단면의 경우는 기본단면의 단면2차모멘트와 평행축정리를 적용하여 단면2차모멘트를 구한다. 구조용 강재(structural steel)는 여러 가지 형상 및 규격으로 압연되며 강재의 규격, 단면특성 등을 제조사에서 표로 제시하여 설계의 편의성을 제공하고 있다. 구조물의 규모가 크면 여러 개의 강재를 용접 또는 볼트를 사용하여 구조부재의 단면으로 구성하는 경우가 있으며 이를 조립단면(built-up section)이라 하고 조립단면의 단면2차모멘트는 합성단면의 경우와 동일한 방식으로 구한다.

연습문제

연습문제 2.2절 중심과 도심

2-1 등변 사다리꼴의 하변과 수평 도심축 간 거리를 구하시오. 단위는 cm다.

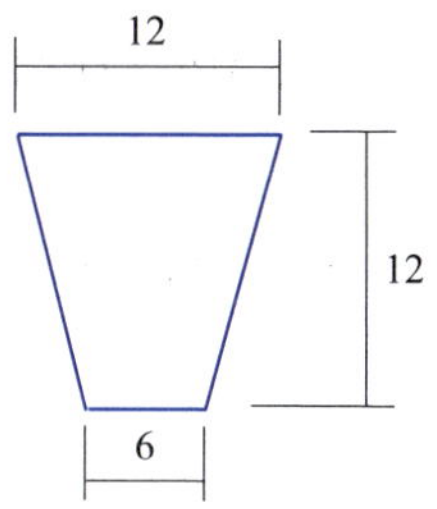

[답] 6.67 cm

2-2 하면과 수평 도심축 간 거리를 구하시오. 단위는 cm다.

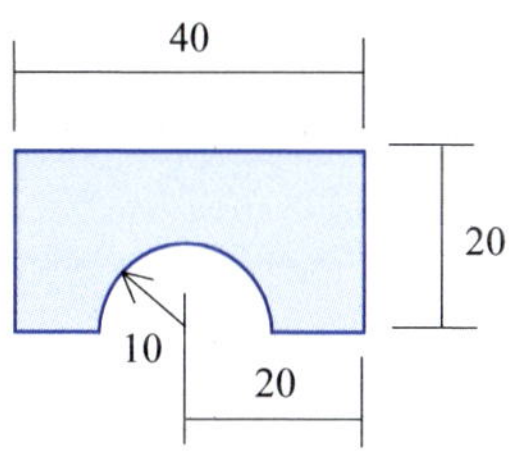

[답] 11.41 cm

2-3 하면과 수평 도심축 간 거리를 구하시오. 단위는 cm다.

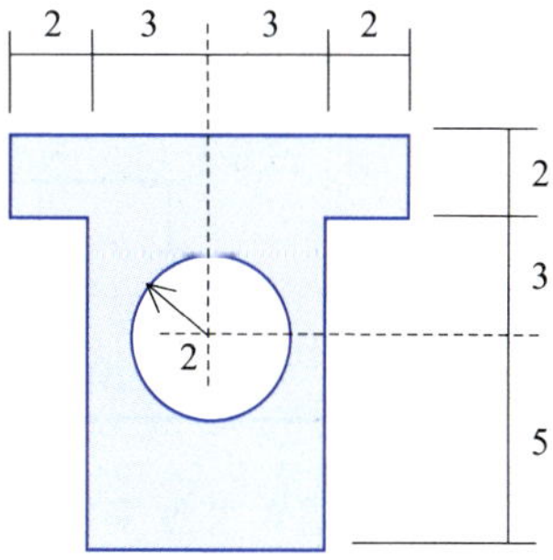

[답] 5.58 cm

2-4 x축과 수평 도심축 간 거리를 구하시오. 단위는 cm다.

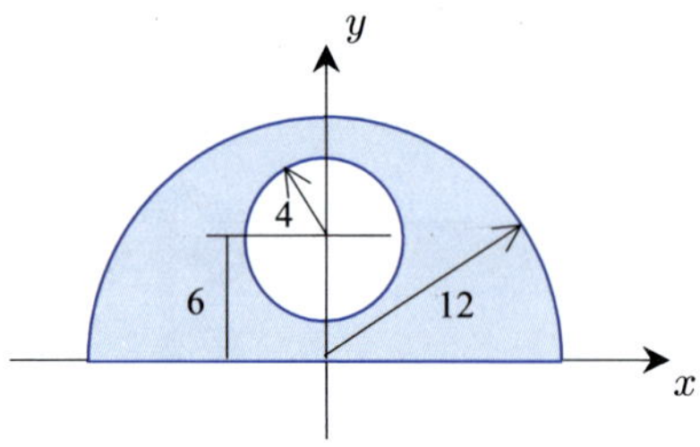

[답] 4.83 cm

2-5 수평, 수직 도심축의 위치를 구하시오. 단위는 cm다.

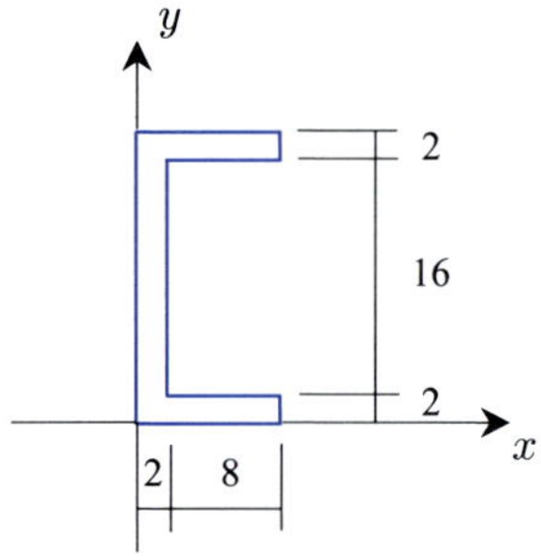

[답] 수평 도심축 위치 : $\bar{y} = 10\,\text{cm}$, 수직 도심축 위치 : $\bar{x} = 3.22\,\text{cm}$

2-6 수평, 수직 도심축의 위치를 구하시오. 단위는 cm다.

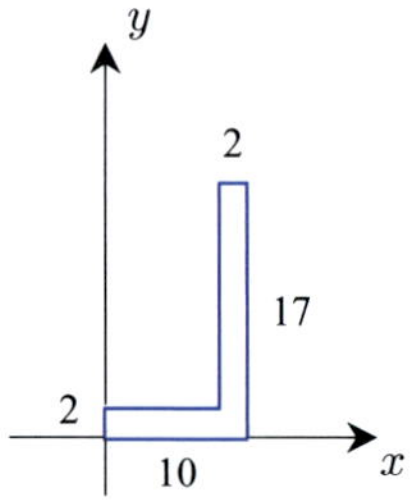

[답] 수평 도심축 위치 : $\bar{y} = 6.1\,\text{cm}$, 수직 도심축 위치 : $\bar{x} = 7.4\,\text{cm}$

2-7 포물선으로 구성된 분포하중이 x축에 작용하는 경우 등가집중하중의 크기와 x축 상 작용점 위치를 구하시오.

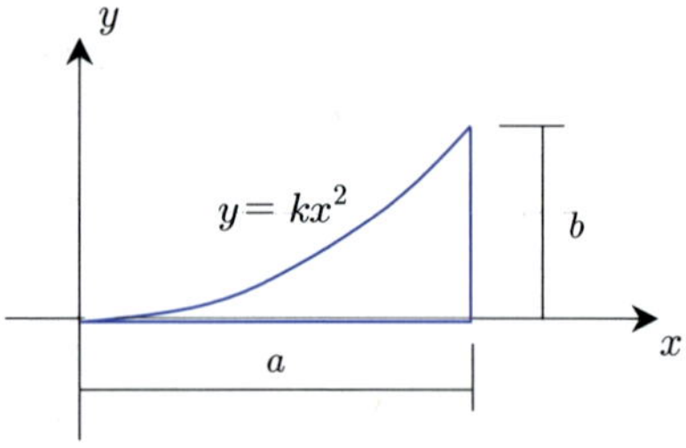

[답] 등가집중하중의 크기 : $ka^3/3$, 작용점 위치 : $\bar{x} = 3a/4$

연습문제 2.3.1절 단면2차모멘트 및 극관성모멘트

2-8 밑변 b, 높이 h인 평행사변형의 수평 도심축에 대한 단면2차모멘트를 구하시오.

[답] $bh^3/12$

2-9 원(직경 d)의 도심에 대한 극관성모멘트 J_O 및 수평, 수직 도심축에 대한 단면2차모멘트 I_x $(=I_y)$를 구하시오.

[답] $J_O=\pi d^4/32$, $I_x=I_y=\pi d^4/64$

2-10 폭 $2a$, 높이 $2b$인 타원의 x축, y축에 대한 단면2차모멘트 I_x, I_y 및 도심에 대한 극관성모멘트 J_O를 구하시오.

[답] $I_x=\pi ab^3/4$, $I_y=\pi a^3b/4$, $J_O=\pi ab(a^2+b^2)/4$

연습문제 2.3.2절 평행축정리

2-11 삼각형의 수평 도심축에 대한 단면2차모멘트를 구하시오.

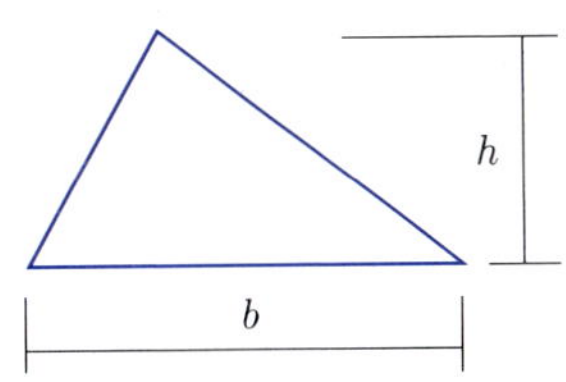

[답] $bh^3/36$

2-12 등변 사다리꼴의 수평 도심축 $\bar{x}$에 대한 단면2차모멘트를 구하시오. 단위는 cm다.

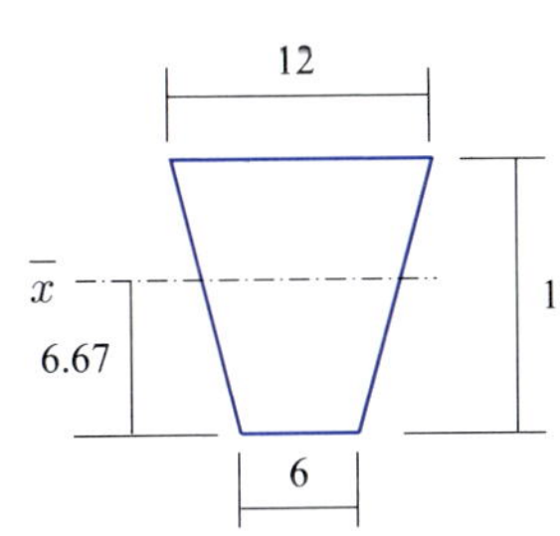

[답] $I_{\bar{x}}=1248\,\text{cm}^4$

2-13 $\bar{x}$는 사분원의 수평 도심축이다. 사분원의 x축에 대한 단면2차모멘트를 구하시오.

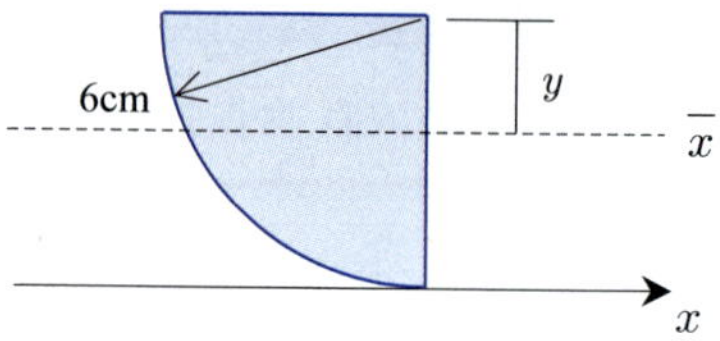

[답] $407.7\,cm^4$

2-14 수평 도심축 $\bar{x}$에 대한 단면2차모멘트를 구하시오.

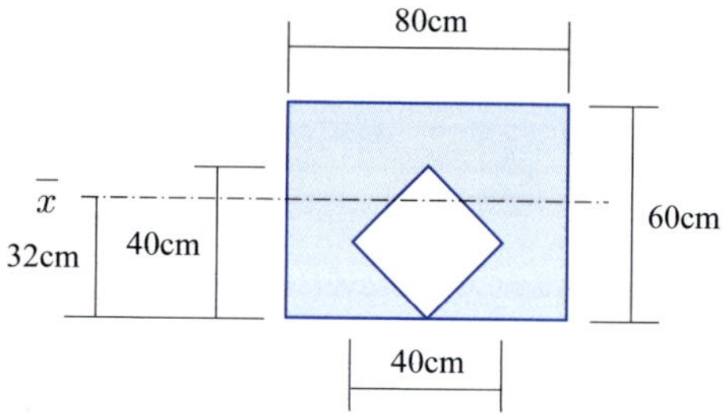

[답] $129.1 \times 10^4\,cm^4 = 0.01291\,m^4$

2-15 수평 도심축 $\bar{x}$에 대한 단면2차모멘트를 구하시오. 단위는 cm다.

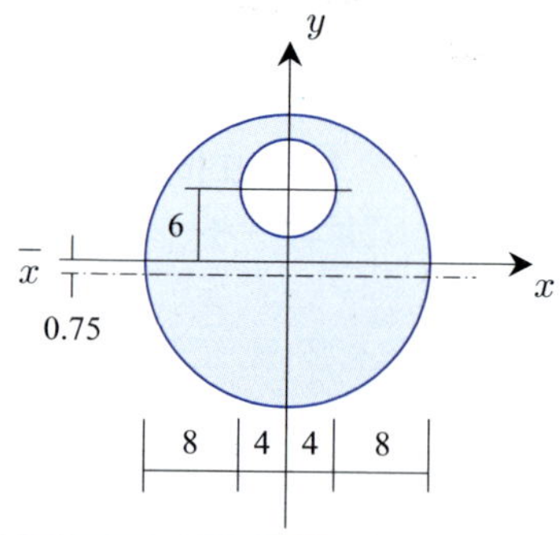

[답] $14047\,cm^4$

2-16 수평 도심축 $\bar{x}$에 대한 단면2차모멘트를 구하시오. 단위는 cm다.

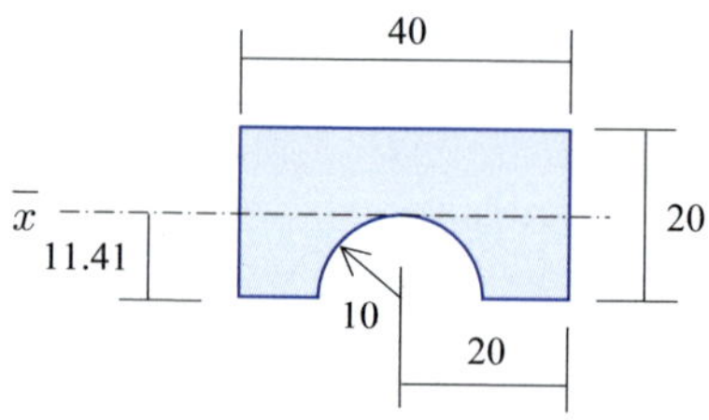

[답] $19088\,cm^4$

2-17 수평 도심축 $\bar{x}$에 대한 단면2차모멘트를 구하시오. 단위는 cm다.

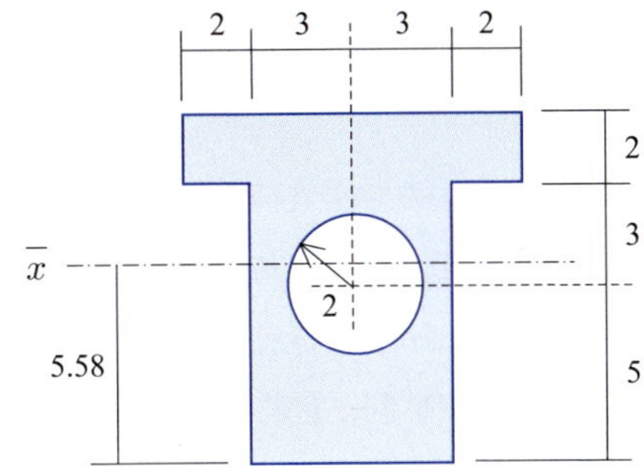

[답] $599.6\,cm^4$

2-18 수평 도심축 $\bar{x}$ 및 수직 도심축에 대한 단면2차모멘트를 구하시오. 단위는 cm다.

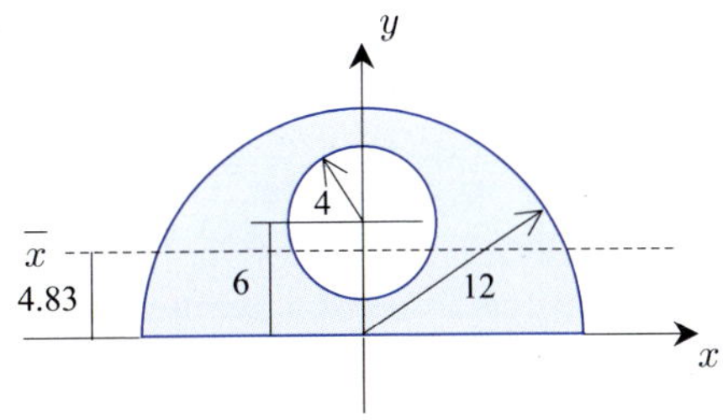

[답] $I_x = 2022.1\,cm^4$, $I_y = 7941.9\,cm^4$

2-19 수평 도심축에 대한 단면2차모멘트를 구하시오. 단위는 cm다.

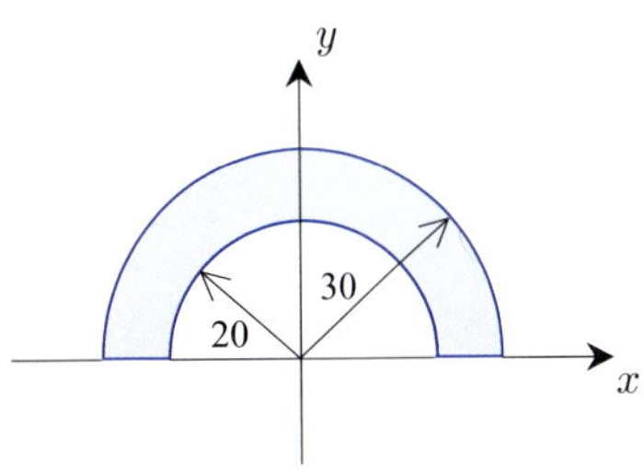

[답] $51421\,cm^4$

2-20 수평 도심축에 대한 단면2차모멘트를 구하시오. 단위는 cm다.

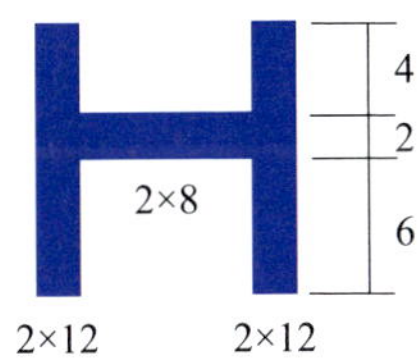

[답] $593.3\,cm^4$

2-21 수평, 수직 도심축에 대한 단면2차모멘트를 구하시오.

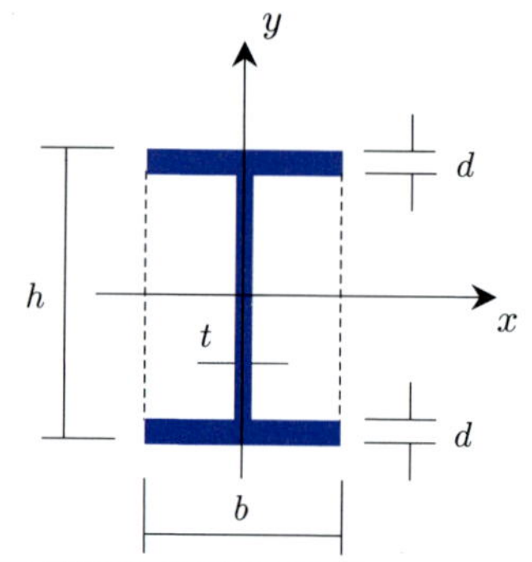

[답] $I_x = \dfrac{bh^3}{12} - \dfrac{(b-t)(h-2d)^3}{12}$ $\left(= 2\times\left\{\dfrac{bd^3}{12} + bd\left(\dfrac{h-d}{2}\right)^2\right\} + \dfrac{t(h-2d)^3}{12}\right)$

$I_y = 2\times\dfrac{db^3}{12} + \dfrac{(h-2d)t^3}{12}$

2-22 수직 도심축에 대한 단면2차모멘트를 구하시오. 단위는 cm 다.

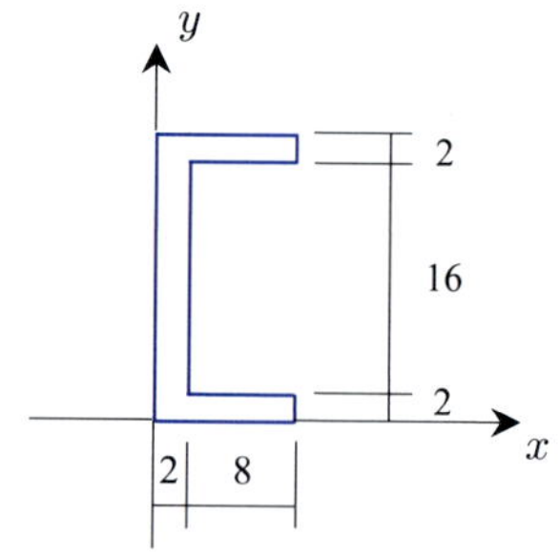

[답] 628.6 cm^4

2-23 수평, 수직 도심축에 대한 단면2차모멘트를 구하시오.

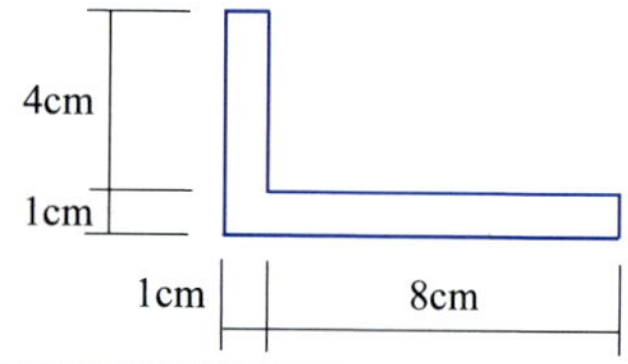

[답] 23.39 cm^4 (수평 도심축), 105.4 cm^4 (수직 도심축)

2-24 수평, 수직 도심축에 대한 단면2차모멘트를 구하시오. 단위는 cm 다.

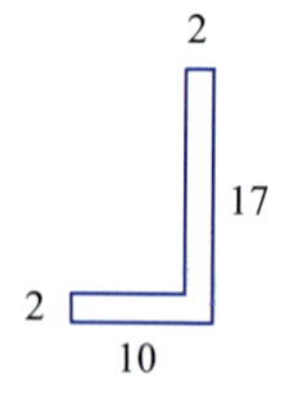

[답] 1436.2 cm^4 (수평 도심축), 368.7 cm^4 (수직 도심축)

2-25 수평, 수직 도심축에 대한 단면2차모멘트를 구하시오. 단위는 cm 다.

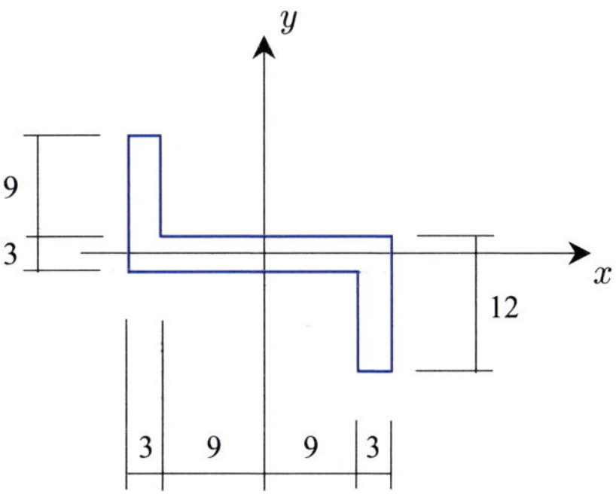

[답] $I_z = 2363\,\text{cm}^4$, $I_y = 9450\,\text{cm}^4$

2-26 전단연결재를 사용하여 조립한 목재단면의 수평 도심축에 대한 단면2차모멘트를 구하시오. 단위는 cm 다.

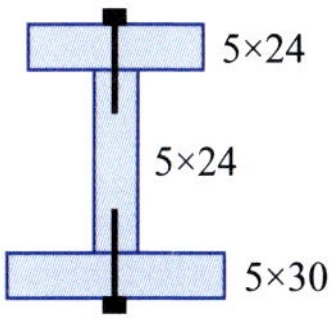

[답] $62667\,\text{cm}^4$

03

축방향력 문제

3.1 개요

구조부재의 재질과 단면형상을 결정하는 설계과정은 내력으로부터 응력과 변형을 산정하는 과정이며 축방향력 문제는 이러한 과정 중 가장 기본적이고 단순한 과정이라고 할 수 있다. $x-y-z$ 좌표축으로 정의되는 공간역계에서 거동하는 구조물의 구조부재 단면에 산정되는 내력은 각 축방향 이동과 회전에 상응하는 6개의 힘이다. 부재축이 x축이면 축방향 내력은 x축 방향 이동력과 회전력이고 축방향 이동력은 부재의 길이방향 신장, 수축을 유발하며 축방향 회전력은 부재가 비틀어지는 변형인 비틂각을 유발한다.

3장의 전반부는 축방향 이동력이 작용하는 인장/압축 부재를 대상으로 응력과 변형을 산정하는 공식을 유도하고 적용하는 방법에 대해 논의하며 구조물의 변형은 에너지 보존의 원리를 적용한 변형에너지법으로 산정할 수 있으므로 변형에너지법의 기본개념과 적용방법을 소개한다. 3장의 후반부는 축방향 회전력이 작용하는 원형축 및 박판부재를 대상으로 응력, 변형의 산정공식과 변형에너지법을 논의한다. 대부분의 구조물은 평형방정식으로 모든 반력을 결정할 수 없는 부정정구조물로 설계하며 이로 인해 구조물의 안전성은 제고되는 반면 기본적인 정정구조물에 지점이 추가되므로 지점에 의해 구속되는 변형에 대한 해석과정이 요구된다. 그러므로 부정정구조물 중 가장 간단한 축방향 부재가 부정정구조로 구성된 경우를 대상으로 부정정구조물을 해석하는 방법을 소개한다.

3.2 축방향 이동력

3.2.1 인장/압축 부재

축방향 이동력이 내력으로 작용하는 부재는 인장력이 작용하는 인장부재와 압축력이 작용하는 압축부재로 구분해야 한다. 압축부재는 기둥이라고 하며 기둥의 거동은 세장비(slenderness ratio)라고 하는 기둥의 길이와 단면 회전반경의 비에 좌우된다. 작은 세장비를 갖는 기둥에서 극한응력을 유발하는 압축하중에 의해 압축파괴가 발생하는 것과 달리 큰 세장비를 갖는 기둥은 항복응력에 도달하기 이전에 좌굴(buckling)이라는 파괴현상이 발생하며 상세한 논의는 7장에서 수행한다. 3장에서는 압축부재의 좌굴현상은 발생하지 않는 것으로 가정한다.

인장/압축 부재의 경우 평형조건은 축방향 이동력의 합이 0이라는 것이므로 그림 3.2.1.1과 같이 평형조건($\sum F_x = 0$)을 만족하는 부재에서 축방향 내력(internal axial force)을 산정하는 방법은 그림 3.2.1.2와 같이 일정한 내력이 산정되는 구간 별로 단면법을 적용하여 부분 자유물체도를 작성하고 평형방정식을 적용하는 것이다.

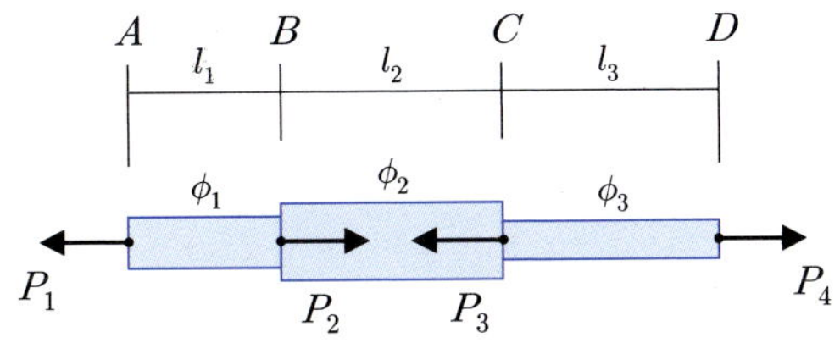

그림 3.2.1.1 축방향 이동력

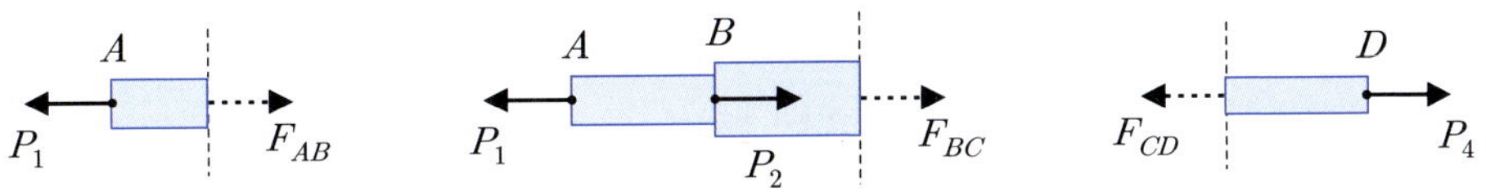

그림 3.2.1.2 부분 자유물체도

부분 자유물체도를 작성하는 경우 내력을 모두 단면에서 나가는 방향인 인장력으로 가정한 경우 해석결과가 양이면 내력이 인장력, 음이면 내력이 압축력이므로 변형부호규약에 맞는 결과가 된다. 그림 3.2.1.2에서 각 구간의 내력은 다음과 같이 산정한다.

$$\sum F_x = 0 = P_1 - F_{AB} \quad ; \quad F_{AB} = P_1$$
$$\sum F_x = 0 = P_1 - P_2 - F_{BC} \quad ; \quad F_{BC} = P_1 - P_2$$
$$\sum F_x = 0 = F_{CD} - P_4 \quad ; \quad F_{CD} = P_4$$

그림 3.2.1.3과 같이 부재의 길이방향을 가로축, 축방향 내력의 크기를 세로축에 제시하여 모든 단면에서의 축방향 내력을 도시한 것을 축방향력선도(axial force diagram)라 한다. 축방향 내력에 의한 신장, 수축량은 1장에서 논의한 식 (1.3.1.1)로 결정한다.

$$\delta = \frac{PL}{AE} \tag{1.3.1.1}$$

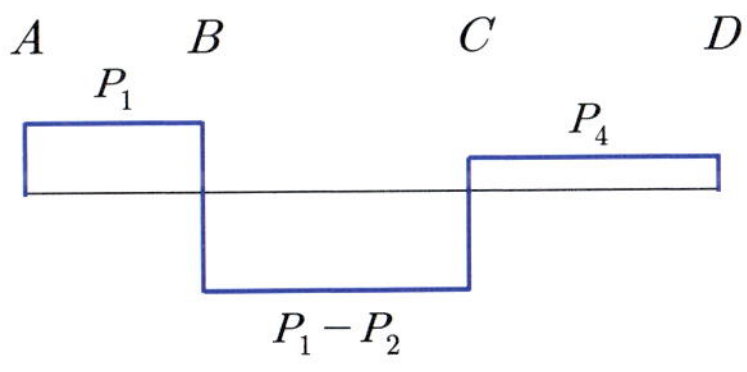

그림 3.2.1.3 축방향력선도

δ의 부호는 내력의 부호와 동일하게 인장력에 의한 값이 양, 압축력에 의한 값이 음이다. 내력이 동일하더라도 재질 또는 단면형상이 다르면 응력과 변형의 크기는 달라지므로 부재의 길이방향으로 발생하는 전체 신장, 수축량은 축방향력선도에서의 일정한 내력은 물론 재질과 단면형상이 일정한 구간별로 산정하고 부호를 고려하여 합산한다. 그림 3.2.1.1에서 탄성계수 E가 일정한 원형축의 경우 δ는 다음과 같이 산정된다.

$$\delta = \delta_{AB} + \delta_{BC} + \delta_{CD} = \frac{F_{AB}\, l_{AB}}{A_{AB} E} + \frac{F_{BC}\, l_{BC}}{A_{BC} E} + \frac{F_{CD}\, l_{CD}}{A_{CD} E}$$
$$= \frac{4}{\pi E}\left\{ \frac{P_1\, l_1}{\phi_1^2} + \frac{(P_1 - P_2)\, l_2}{\phi_2^2} + \frac{P_4\, l_3}{\phi_3^2} \right\}$$

예제 3.2.1.1

그림 예3.2.1.1(1)에 제시한 구조물에서 부재 AB는 탄성계수 $E = 210\,\text{GPa}$인 강선($\phi 3\,\text{mm}$)이다. 강선에 발생하는 응력과 신장량을 구하시오.

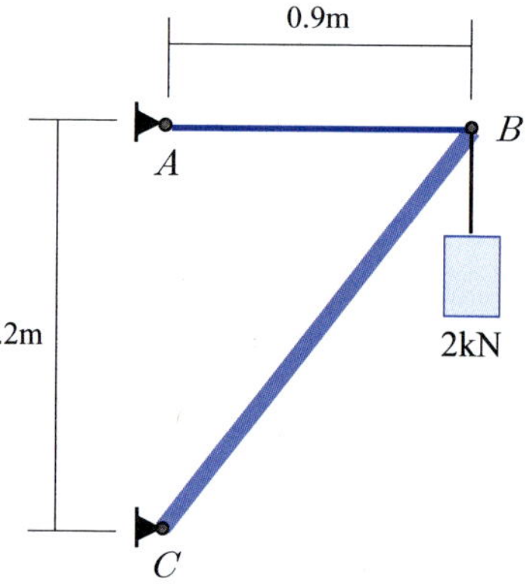

그림 예3.2.1.1(1)

설명 부재 AB와 BC는 이력부재이므로 그림 예3.2.1.1(2)와 같이 절점법으로 절점 B의 자유물체도를 작성하고 평형방정식을 적용하여 인장력 T_{BA}를 구한다.

$$\sum F_y = 0 = F_{CB,y} - 2 \quad ; \quad F_{CB,y} = 2\,\text{kN}$$
$$F_{CB} = F_{CB,y} \times \frac{5}{4} = 2.5\,\text{kN}$$
$$\sum F_x = 0 = T_{BA} - F_{CB,x} = T_{BA} - F_{CB} \times \frac{3}{5} \quad ; \quad T_{BA} = 1.5\,\text{kN}$$

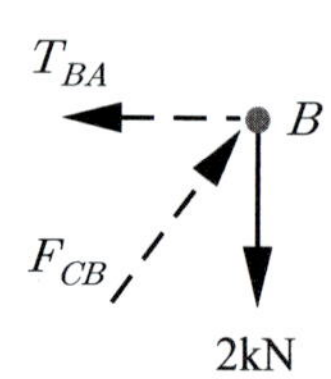

그림 예3.2.1.1(2)

T_{BA}에 의해 부재 AB에 발생하는 응력과 신장량은 다음과 같이 산정된다.

$$\sigma_{AB} = \frac{T_{AB}}{A_{AB}} = \frac{1.5 \times 10^3}{\pi \times 0.003^2/4} \times 10^{-6} = 212.2\,(\text{MPa})$$

$$\delta_{AB} = \frac{T_{AB}\, l_{AB}}{A_{AB}\, E_{AB}} = \frac{1.5 \times 10^3 \times 0.9}{(\pi \times 0.003^2/4) \times 210 \times 10^9} = 0.910 \times 10^{-3}\,(\text{m})$$

예제 3.2.1.2

일정단면(단면적 $3\,\text{cm}^2$)으로 구성된 축방향 부재의 축방향력선도와 축방향 신장량을 구하시오. 탄성계수 E는 $200\,\text{GPa}$이다.

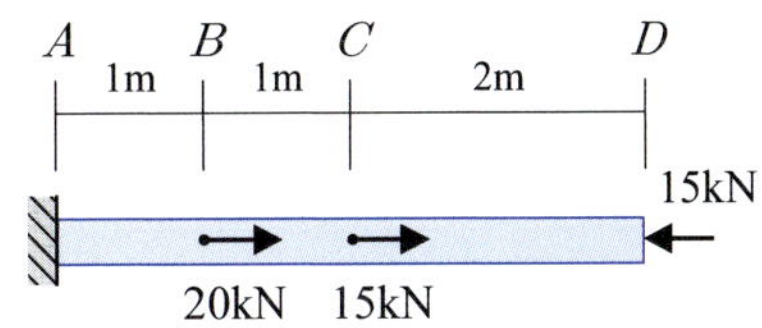

그림 예3.2.1.2(1)

설명 그림 예3.2.1.2(2)와 같이 자유물체도를 작성하고 평형방정식을 적용하여 반력을 구한다.

$$\sum F_x = 0 = P_A + 20 + 15 - 15 \quad ; \quad P_A = -20\,\text{kN}$$

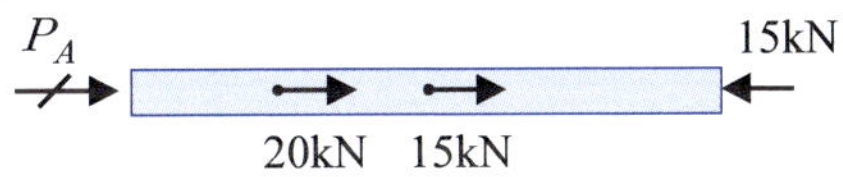

그림 예3.2.1.2(2)

동일한 내력이 산정되는 구간 별로 단면법을 적용하여 그림 예3.2.1.2(3)과 같이 부분 자유물체도를 작성하고 평형방정식을 적용하면 각 구간의 내력은 다음과 같다.

$$P_{AB} = -P_A = 20\,\text{kN} \quad ; \quad P_{BC} = -P_A - 20 = 0 \quad ; \quad P_{CD} = -15\,\text{kN}$$

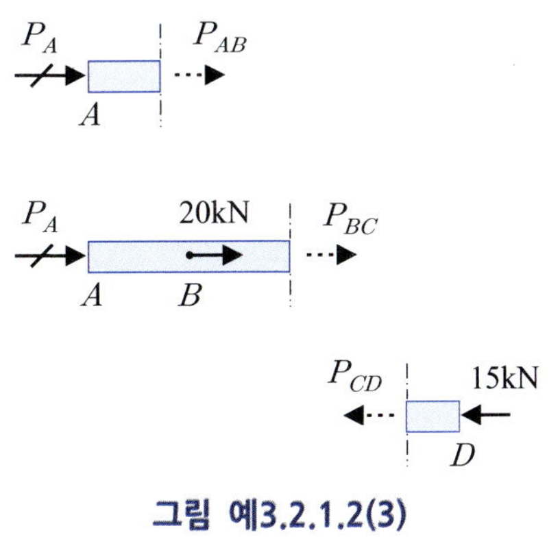

그림 예3.2.1.2(3)

축방향력선도는 그림 예3.2.1.2(4)와 같고 축방향 신장량은 다음과 같이 산정되므로 부재의 길이는 줄어든다.

$$\delta = \delta_{AB}+\delta_{BC}+\delta_{CD} = \frac{P_{AB}l_{AB}}{AE}+\frac{P_{BC}l_{BC}}{AE}+\frac{P_{CD}l_{CD}}{AE}$$
$$= \frac{20\times1+0\times1+(-15)\times2}{3\times10^{-4}\times200\times10^{6}} = -1.67\times10^{-4}(\mathrm{m})$$

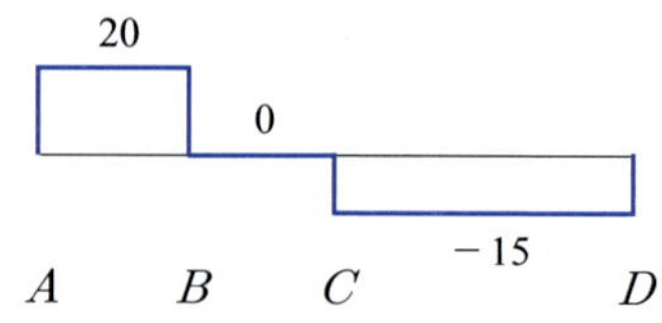

그림 예3.2.1.2(4)

허용응력 설계법을 적용하는 경우 구조부재에서 발생하는 최대 응력은 설계기준에서 규정한 허용응력 σ_a, τ_a를 초과할 수 없다. 그러므로 단면적 A인 구조부재가 허용응력 σ_a를 초과하지 않고 지지할 수 있는 허용 축방향 하중(allowable axial load) P_a는 식 (3.2.1.1)과 같이 결정하고 허용응력 σ_a를 초과하지 않고 축방향 하중 P를 지지할 수 있는 최소 소요단면적 $A_{\min}$은 식 (3.2.1.2)로 결정한다.

$$P_a = \sigma_a A \tag{3.2.1.1}$$

$$A_{\min} = \frac{P}{\sigma_a} \tag{3.2.1.2}$$

예제 3.2.1.3

단면법을 사용하여 부재 BD, BE, CE의 내력과 소요단면적을 cm^2 단위로 구하시오. 허용 인장응력과 허용 압축응력은 각각 140MPa, 70MPa이다.

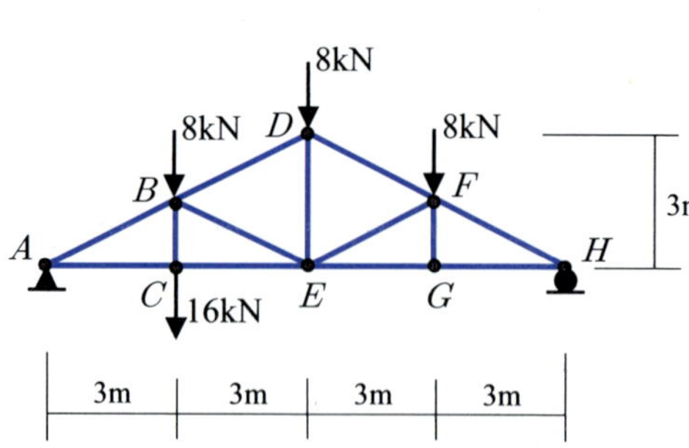

그림 예3.2.1.3(1)

설명 그림 예3.2.1.3(2)와 같이 자유물체도를 작성하고 평형방정식을 적용하여 반력을 구한다.

$$\sum^{H} M = 0 = R_{A,y} \times 12 - (8+16) \times 9 - 8 \times 6 - 8 \times 3 \quad ; \quad R_{A,y} = 24\,\text{kN}$$
$$\sum F_y = 0 = R_{A,y} - 24 - 8 - 8 + R_{H,y} \quad ; \quad R_{H,y} = 16\,\text{kN}$$

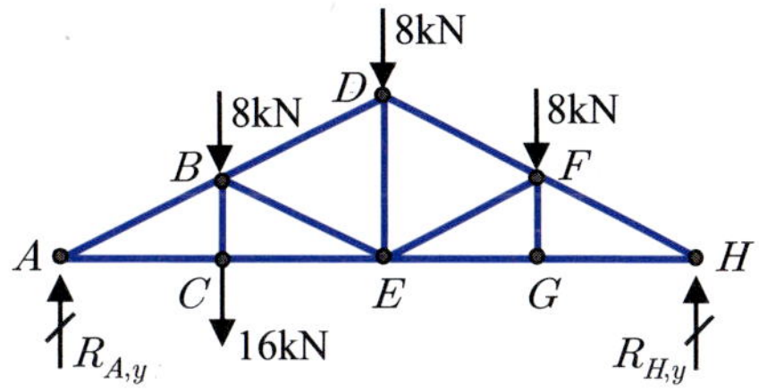

그림 예3.2.1.3(2)

단면법을 적용하여 그림 예3.2.1.3(3)과 같이 부분 자유물체도를 작성하고 내력을 인장력으로 가정하여 산정하면 부재 BD, BE는 압축부재이고 CE는 인장부재다.

$$\sum^{B} M = 0 = 24 \times 3 - F_{CE} \times 1.5 \quad ; \quad F_{CE} = 48\,\text{kN}$$
$$\sum^{E} M = 0 = 24 \times 6 - 24 \times 3 + F_{BD,x} \times 3 \quad ; \quad F_{BD,x} = -24\,\text{kN}$$
$$F_{BD} = -24 \times \frac{\sqrt{5}}{2} = -26.8\,(\text{kN})$$
$$\sum^{A} M = 0 = 24 \times 3 + F_{BE,y} \times 6 \quad ; \quad F_{BE,y} = -12\,\text{kN}$$
$$F_{BE} = -12 \times \sqrt{5} = -26.8\,(\text{kN})$$

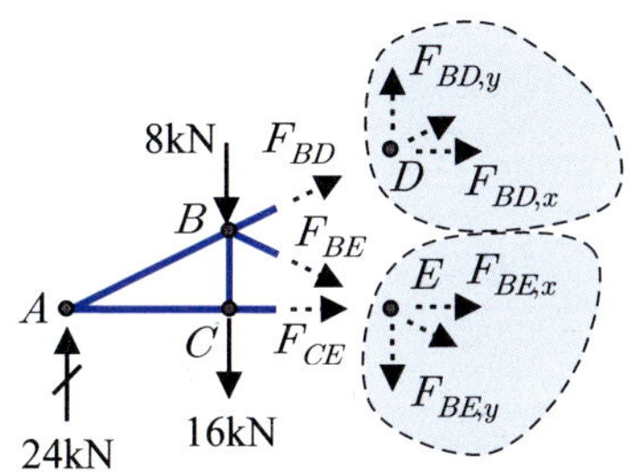

그림 예3.2.1.3(3)

각 부재의 소요단면적은 다음과 같다.

$$A_{BD} = \frac{26.8 \times 10^3}{70 \times 10^6} \times 10^4 = 3.83\,(\text{cm}^2) = A_{BE}$$
$$A_{CE} = \frac{48 \times 10^3}{140 \times 10^6} \times 10^4 = 3.43\,(\text{cm}^2)$$

구조물의 변형은 에너지 보존의 원리(principle of energy conservation)를 적용한 에너지법(energy method)으로 산정할 수 있다. 그림 3.2.1.4(1)에 제시한 탄성계수 E, 단면적 A,

길이 L의 봉에 축방향 하중 P가 작용하여 (2)와 같은 선형거동으로 축방향 하중이 0에서 P_1으로 증가하는 동안 신장량 δ_1이 발생하면 축방향 하중에 의한 일(work) W_1은 다음과 같다.

$$W_1 = \int_0^{\delta_1} P\,d\delta = \int_0^{\delta_1} k\delta\,d\delta = \frac{k\delta_1^2}{2} = \frac{P_1\delta_1}{2}$$

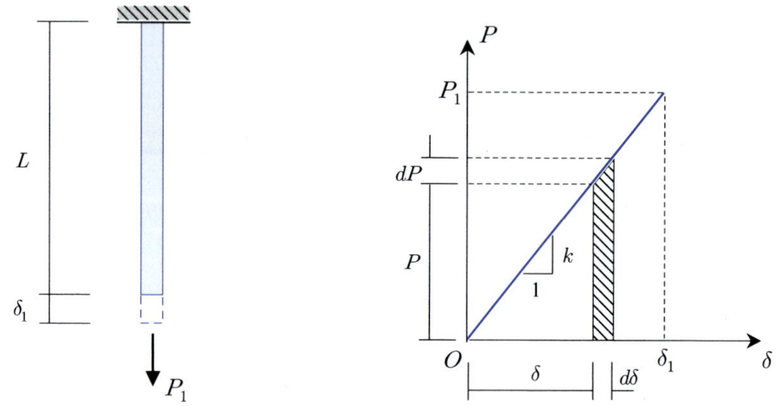

(1) 축방향 하중 P_1에 의한 신장량 δ_1 **(2)** 선형거동 P-δ

그림 3.2.1.4

축방향 하중이 0에서 P로 증가하는 동안 에너지 보존의 원리에 의해 외력이 한 일 W는 봉에 저장되는 변형에너지 U와 동일하고 신장량 δ를 식 (1.3.1.1)로 대체하면 U는 식 (3.2.1.3)으로 결정할 수 있고 U를 봉의 체적 AL로 나누면 식 (3.2.1.4)와 같이 단위체적 당 변형에너지 u로 제시할 수 있다.

$$U = W = \frac{P\delta}{2} \quad ; \quad \delta = \frac{PL}{AE}$$

$$U = \frac{P^2 L}{2AE} = \frac{AE\delta^2}{2L} \tag{3.2.1.3}$$

$$u = \frac{\sigma^2}{2E} = \frac{E\epsilon^2}{2} = \frac{\sigma\epsilon}{2} \tag{3.2.1.4}$$

변단면 봉에 축방향 하중 P가 작용하여 임의 위치 x에 발생한 수직응력을 σ_x라 하면 봉에 저장된 변형에너지 U는 단위체적 당 변형에너지 u를 사용하여 구할 수 있으며 일정단면의 경우 $dV = Adx$이므로 식 (3.2.1.3)과 동일한 결과라는 것을 확인할 수 있다.

$$U = \int_V \frac{\sigma_x^2}{2E} dV = \int_V \frac{P^2}{2EA_x^2} dV$$

예제 3.2.1.4 길이 L, 단면적 A의 봉이 연직방향으로 설치되는 경우 자중에 의해 봉에 저장되는 변형 에너지를 구하시오. 단위체적 당 질량은 γ다.

설명 그림 예3.2.1.4(1)의 봉에서 단면 $m-m$의 하중은 $P_x = Ax\gamma g$이므로 미소요소 Adx에 저장된 에너지 및 봉에 저장되는 변형에너지 U는 다음과 같다.

$$dU_x = \frac{P_x^2 dx}{2AE} = \frac{A\gamma^2 g^2 x^2}{2E} dx$$

$$U = \int_0^L dU_x = \frac{A\gamma^2 g^2}{2E}\int_0^L x^2 dx = \frac{A\gamma^2 g^2 L^3}{6E}$$

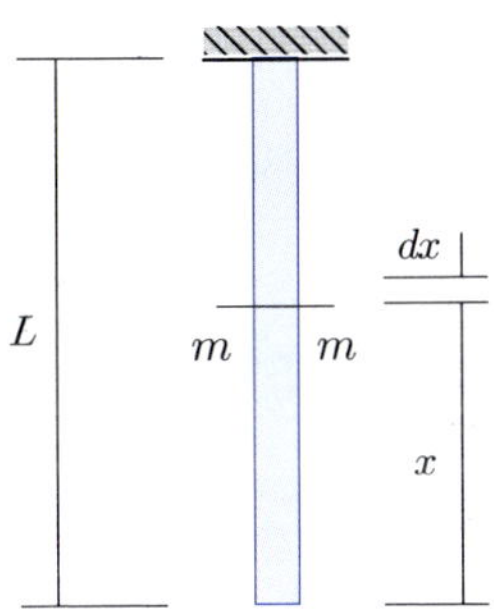

그림 예3.2.1.4(1)

예제 3.2.1.5 그림 예3.2.1.5(1)에 제시한 트러스 구조물에서 수평하중 P가 작용하는 D점의 수평변위 δ를 구하시오. EA는 일정하다.

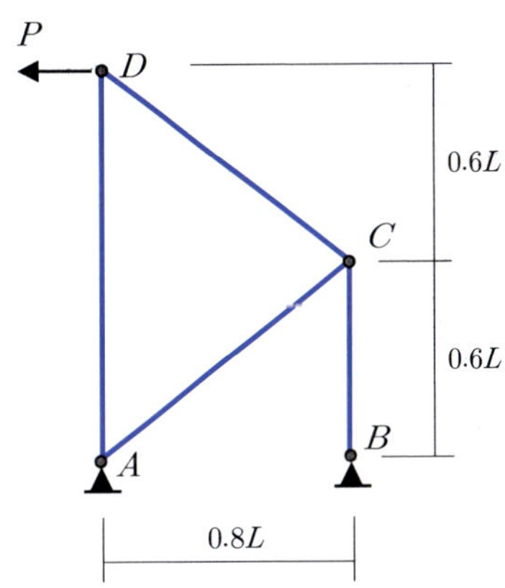

그림 예3.2.1.5(1)

설명 부재 BC는 이력부재이므로 그림 예3.2.1.5(2)의 자유물체도와 같이 회전지점 B에는 수직반력만 발생한다. 평형방정식을 적용하여 지점반력을 구하고 그림 예3.2.1.5(3)과 같이 절점법을 적용하여 각 부재의 내력을 산정한다.

$$\sum F_x = 0 = R_{A,x} - P \quad ; \quad R_{A,x} = P$$

$$\sum^{A} M = 0 = P \times 1.2L + R_{B,y} \times 0.8L \quad ; \quad R_{B,y} = -1.5P$$

$$\sum F_y = 0 = R_{A,y} + R_{B,y} \quad ; \quad R_{A,y} = 1.5P$$

절점 B : $\sum F_y = 0 = F_{CB} + (-1.5P) \quad ; \quad F_{CB} = 1.5P$

절점 D : $\sum F_x = 0 = P - F_{CD} \times 0.8 \quad ; \quad F_{CD} = 1.25P$

$\sum F_y = 0 = F_{AD} + F_{CD} \times 0.6 \quad ; \quad F_{AD} = -0.75P$

절점 A : $\sum F_x = 0 = P + F_{CA} \times 0.8 \quad ; \quad F_{CA} = -1.25P$

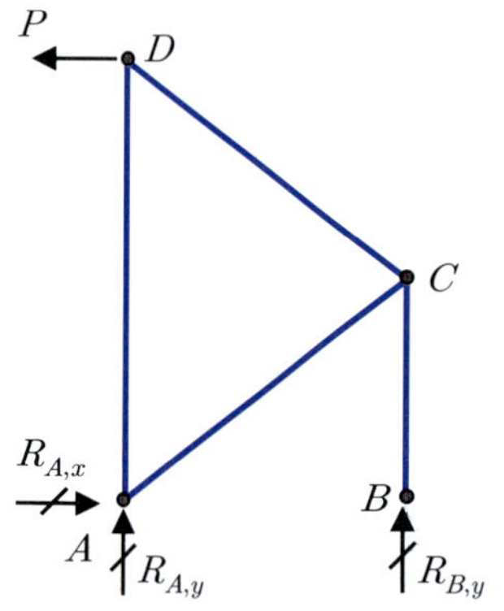

그림 예3.2.1.5(2)

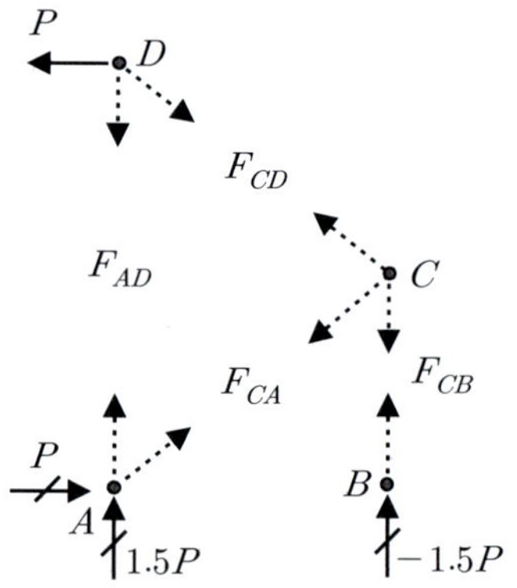

그림 예3.2.1.5(3)

트러스 구조물에 저장되는 변형에너지 U는 수평하중 P가 한 일 $W(= P\delta/2)$와 동일하므로 수평변위 δ는 다음과 같이 결정된다.

$$U = \sum \frac{N^2 L}{2EA} = \frac{1}{2EA}\left\{\left(F_{AC}^2 + F_{CD}^2\right) \times L + F_{CB}^2 \times 0.6L + F_{AD}^2 \times 1.2L\right\}$$

$$= \frac{1}{2EA}\left\{3.125P^2 L + 1.35P^2 L + 0.675P^2 L\right\} = \frac{5.15P^2 L}{EA}$$

$$W = \frac{1}{2}P\delta = \frac{5.15P^2 L}{EA} \quad ; \quad \delta = \frac{10.3PL}{EA}$$

3.2.2 박판압력용기

보일러, 방화수조 및 압축공기탱크 등 압력용기는 압축공기 또는 유체를 저장하는 구조물로 일반적으로 원통형 또는 구형이며 저장물의 내압에 의해 이와 같은 박판압력용기(thin-walled pressure vessel)의 부재 단면에는 인장력만 내력으로 발생한다. 박판압력용기는 두께 t가 용기 내부반경 r_i의 1/10 이하인 압력용기로 이 경우 내압에 의한 응력은 벽체의 접선 방향으로 단면에 균등하게 분포하는 인장응력이 발생하고 이러한 응력을 막응력(membrane stress)이라고도 한다.

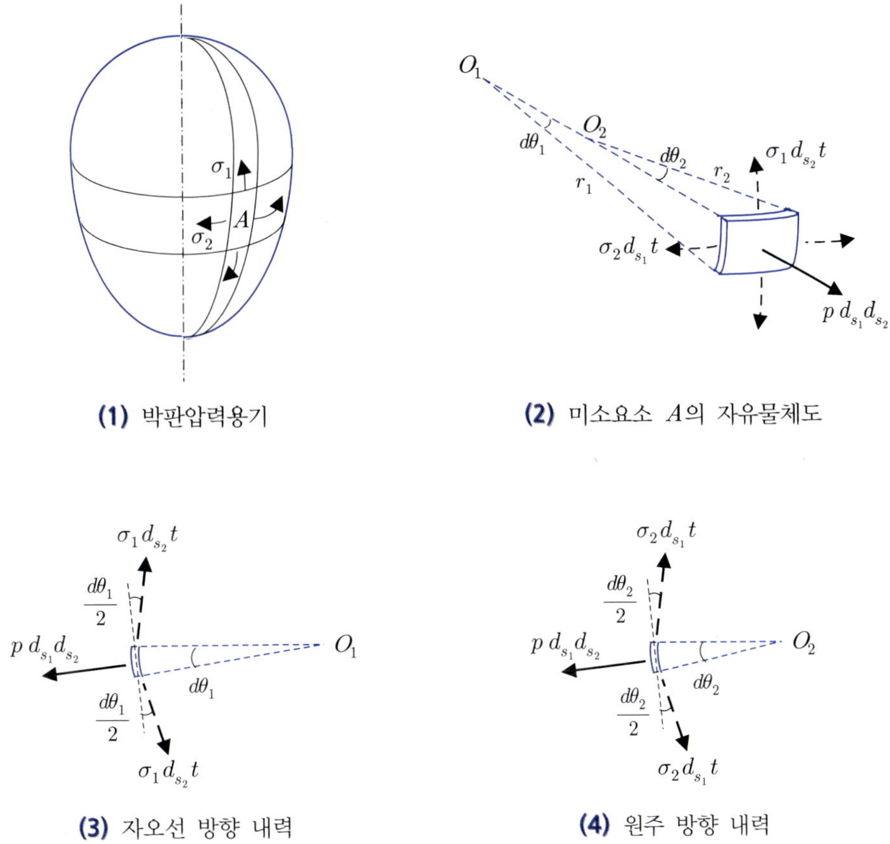

그림 3.2.2.1

그림 3.2.2.1(1)은 회전면으로 구성된 두께 t의 박판압력용기로 원통형(cylindrical)과 구형(spherical)을 모두 포함하는 형상이다. 내압 p가 작용하면 2개의 평행한 원과 2개의 자오선으로 구성되는 가로 d_{s_2}, 세로 d_{s_1}의 미소요소 A에는 자오선 방향의 인장응력 σ_1(자오선응력; meridional stress)과 원주 방향의 인장응력 σ_2(원주응력; hoop stress or circumferential stress)가 발생하는 2축응력 상태가 된다. (2)는 미소요소 A의 자유물체도로 O_1과 r_1은 자오선의 곡률중심(center of curvature)과 곡률반경(radius of curvature)이고 O_2와 r_2는 자오

선에 수직한 원의 중심과 반경이다. $\sigma_1 d_{s_2} t$와 $\sigma_2 d_{s_1} t$는 미소요소 A의 수평, 수직 단면에 작용하는 내력이고 $p\, d_{s_1} d_{s_2}$는 내압 p에 의해 미소요소의 표면에 수직 방향으로 작용하는 합력이다. (3)은 자오선 방향으로 작용하는 내력 $\sigma_1 d_{s_2} t$이고 (4)는 원주 방향으로 작용하는 내력 $\sigma_2 d_{s_1} t$를 표시한 것이다. 이들 4개 내력에 의해 $p\, d_{s_1} d_{s_2}$와 반대방향으로 발생하는 분력의 합에 $d\theta_1 = d_{s_1}/r_1$, $d\theta_2 = d_{s_2}/r_2$를 대입하여 정리하고 미소요소 A의 표면에 수직한 방향에 대한 평형조건을 적용하면 σ_1과 σ_2의 관계식 (3.2.2.1)이 성립한다.

$$\sigma_1 d_{s_2} t \times \frac{d\theta_1}{2} \times 2 + \sigma_2 d_{s_1} t \times \frac{d\theta_2}{2} \times 2 = \sigma_1 d_{s_2} t \times \frac{d_{s_1}}{r_1} + \sigma_2 d_{s_1} t \times \frac{d_{s_2}}{r_2}$$

$$= \frac{\sigma_1 d_{s_1} d_{s_2} t}{r_1} + \frac{\sigma_2 d_{s_2} d_{s_1} t}{r_2} = p\, d_{s_1} d_{s_2}$$

$$\frac{\sigma_1}{r_1} + \frac{\sigma_2}{r_2} = \frac{p}{t} \tag{3.2.2.1}$$

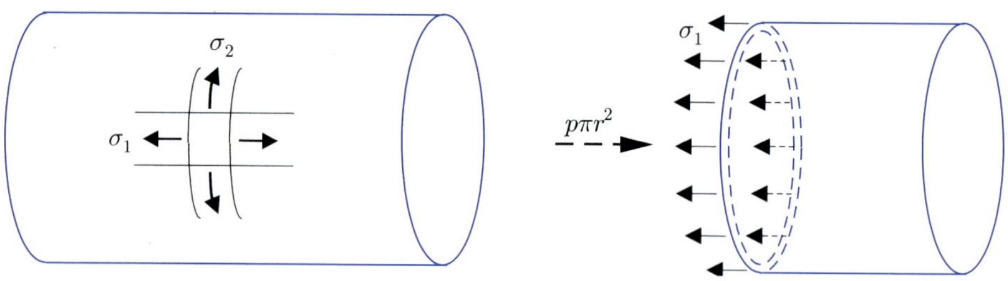

(1) 수직응력 **(2)** 자유물체도(종방향 수직단면)

그림 3.2.2.2 원통형 박판압력용기

그림 3.2.2.2(1)과 같은 원통형 박판압력용기의 경우 위 관계식에 $r_1 = \infty$, $r_2 = r$을 대입하면 원주응력 σ_2를 결정하는 식 (3.2.2.2)가 구성된다.

$$\frac{\sigma_1}{r_1} + \frac{\sigma_2}{r_2} = 0 + \frac{\sigma_2}{r_2} = \frac{p}{t}$$

$$\sigma_2 = \frac{pr}{t} \tag{3.2.2.2}$$

자오선 방향은 원통의 종방향이므로 그림 3.2.2.2(2)와 같이 원통의 종방향에 수직한 단면으로 단면법을 적용하고 부분 자유물체도를 구성하면 평균반경 r의 원환 단면에 발생하는 종방향응력(longitudinal stress)의 합과 내압을 유지하기 위해 원 단면에 작용하는 압력은 종방향 평형조건을 만족해야 하고 이로부터 종방향응력 σ_1을 결정하는 식 (3.2.2.3)이 구성된다.

$$\sum F_x = 0 = \sigma_1 \times (2\pi r t) - p\pi r^2$$

$$\sigma_1 = \frac{pr}{2t} \tag{3.2.2.3}$$

구형 박판압력용기의 벽체에 발생하는 수직응력은 모든 방향으로 동일하므로 이러한 응력상태를 전방위인장(all-around tension)이라 하고 식 (3.2.2.1)에 $r_1 = r_2 = r$, $\sigma_1 = \sigma_2 = \sigma$를 적용하면 수직응력을 결정하는 식 (3.2.2.4)가 구성된다.

$$\frac{\sigma_1}{r_1} + \frac{\sigma_2}{r_2} = \frac{2\sigma}{r} = \frac{p}{t}$$

$$\sigma = \frac{pr}{2t} \tag{3.2.2.4}$$

예제 3.2.2.1 높이 30 m로 동일하고 직경 비가 $d_A/d_B = 2$인 2개의 강재 원통형 물탱크 A, B에 물을 가득 채우는 경우 동일한 최대 원주응력 $\sigma_{2,\max}$가 발생하도록 두께 비 t_A/t_B를 구하시오.

설명 물탱크 A, B의 최대 원주응력 $\sigma_{2,\max}$는 물탱크의 바닥면에서 벽체에 작용하는 수압 $p_A = p_B = 30\gamma = p$에 의해 발생하고 동일해야 한다는 조건으로부터 두께 비는 다음과 같이 산정된다.

$$\sigma_{2,\max} = \frac{p(d_A/2)}{t_A} = \frac{p(d_B/2)}{t_B} \quad \Rightarrow \quad \frac{t_A}{t_B} = \frac{d_A}{d_B} = 2$$

예제 3.2.2.2 반경 $r = 50$ cm, 두께 $t = 4$ mm의 박판 원통형 압력용기에 내부압 $p = 0.8$ MPa이 작용하는 경우 원주응력 발생 단면과 45° 경사를 갖는 경사단면의 전단응력을 구하시오.

설명 압력용기에 발생하는 종방향응력과 원주응력은 다음과 같다.

$$\sigma_1 = \frac{pr}{2t} = \frac{0.8 \times 50 \times 10^{-2}}{2 \times 4 \times 10^{-3}} = 50\,(\text{MPa})$$

$$\sigma_2 = \frac{pr}{t} = 2\sigma_1 = 100\,(\text{MPa})$$

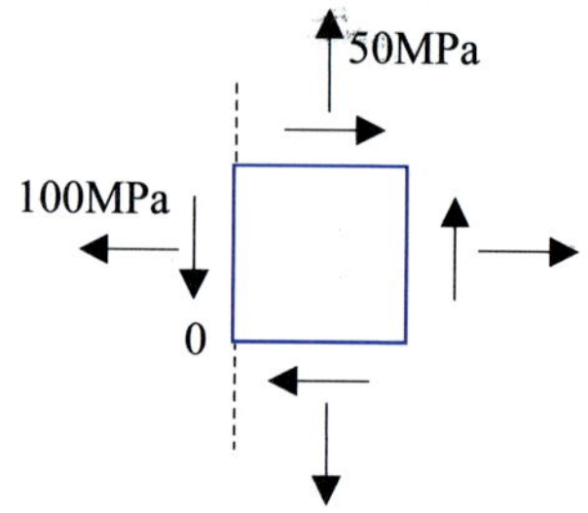

그림 예3.2.2.2(1)

원주응력 발생 단면을 기준으로 하면 그림 예3.2.2.2(1)과 같이 σ_x, σ_y, τ_{xy}가 각각 100MPa, 50MPa, 0인 2축응력 상태의 평면응력요소가 되고 모어원의 중심 C점과 반경 R을 구하고 모어원을 작도하면 그림 예3.2.2.2(2)와 같다. 원주응력 발생 단면(A점)과 45° 경사단면은 모어원의 D점 또는 E점에 해당하므로 전단응력의 크기는 반경에 해당하는 25MPa(최대 전단응력)이다.

$$\frac{\sigma_x+\sigma_y}{2}=75(\mathrm{MPa}) \quad ; \quad C(75\,,\,0)$$

$$R=\sqrt{\left(\frac{\sigma_x-\sigma_y}{2}\right)^2+\tau_{xy}^2}=\sqrt{\left(\frac{50}{2}\right)^2+0^2}=25(\mathrm{MPa})=\tau_{\max}$$

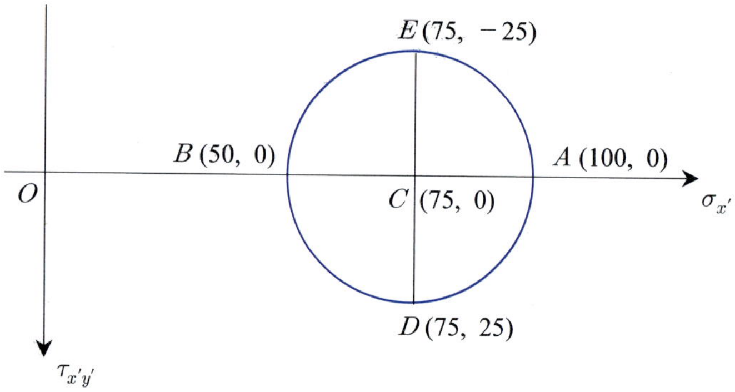

그림 예3.2.2.2(2)

원통형 박판압력용기의 설계는 식 (3.2.2.2)로 구한 인장응력이 허용인장응력 σ_a를 초과하지 않도록 주어진 내압을 지지할 수 있는 소요두께 t_{req}를 식 (3.2.2.5)로 결정하며 r_i는 압력용기의 내부반경이다. 구형 박판압력용기의 경우 소요두께 t_{req}는 식 (3.2.2.6)으로 결정한다.

$$t_{req}=\frac{pr_i}{\sigma_a} \tag{3.2.2.5}$$

$$t_{req}=\frac{pr_i}{2\sigma_a} \tag{3.2.2.6}$$

3.3 축방향 회전력

3.3.1 원형축의 비틂

비틂하중(torsional load)은 부재의 축방향 모멘트하중으로 이러한 하중이 작용하는 구조부재를 축(shaft)이라고 한다. 오른손법칙(right-hand rule)에 의해 방향이 결정되는 회전력은 평면역계에서는 돌아가는 화살, 공간역계에서는 작용선에 2개의 화살촉을 표시하여 방향을 제시하고 이동력과 구분한다. 원형축은 중실원형축(solid circular shaft)과 중공원형축(hollow circular shaft)으로 구분하며 비틂하중이 작용하는 원형축을 해석하고 설계하기 위해서는 응력과 변형인 비틂응력과 비틂각을 산정해야 한다.

그림 3.3.1.1(1)의 예와 같이 비틂하중이 작용하는 원형축의 경우 고정지점의 반력 또한 비틂하중이므로 전체 자유물체도는 (2)와 같고 축방향 평형방정식을 적용하면 반력을 산정할 수 있다.

$$\sum T = 0 = T_A - 12 + 4 + 3 \quad ; \quad T_A = 5\,\text{kN} \cdot \text{m}$$

하중과 반력으로 작용하는 비틂하중을 외적토크(external torque)라 하고 외적토크에 의해 단면에 내력으로 전달되는 비틂모멘트를 내적토크(internal torque)라 한다. 내적토크를 산정하기 위해 전체 자유물체도에 단면법을 적용하고 (3)과 같이 구간 $A \sim B$, $B \sim C$는 좌측 부분 자유물체도, 구간 $C \sim D$는 우측 부분 자유물체도를 선택한다. 동일한 단면에서 산정되는 내적토크는 부분 자유물체도의 선택과 무관하게 동일해야 하므로 내적토크가 단면에서 나가는 방향을 양의 내적토크로 부호규약을 적용하며 부분 자유물체도에서 내적토크를 모두 양의 방향으로 가정하면 부호규약에 부합하는 결과가 구해진다. 각각의 부분 자유물체도에 평형방정식을 적용하면 내적토크 T_{AB}, T_{BC}, T_{CD}는 다음과 같이 산정되고 (4)와 같이 부재축을 따라 내적토크를 도시한 것을 내적토크선도(internal torque diagram)라 한다.

$$A \sim B \quad : \sum T = 0 = 5 + T_{AB} \quad ; \quad T_{AB} = -5\,\text{kN} \cdot \text{m}$$

$$B \sim C \quad : \sum T = 0 = 5 - 12 + T_{BC} \quad ; \quad T_{BC} = 7\,\text{kN} \cdot \text{m}$$

$$C \sim D \quad : \sum T = 0 = T_{CD} - 3 \quad ; \quad T_{CD} = 3\,\text{kN} \cdot \text{m}$$

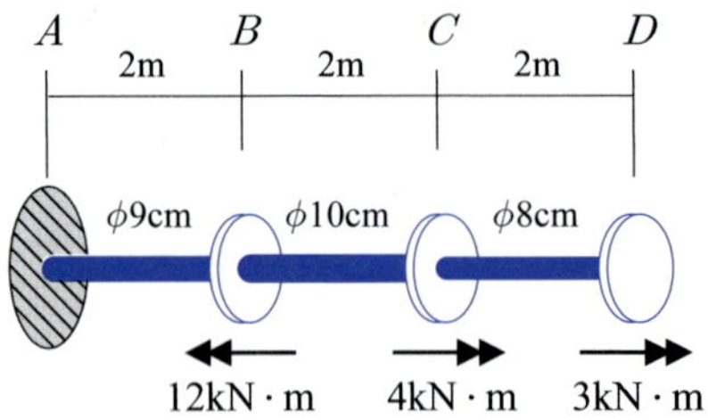

(1) 원형축의 비틂문제

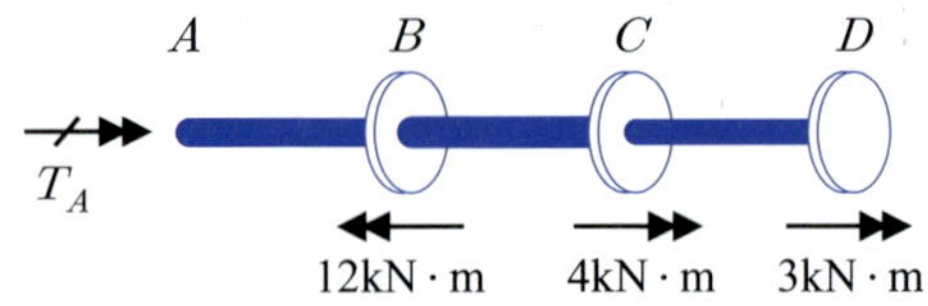

(2) 전체 자유물체도

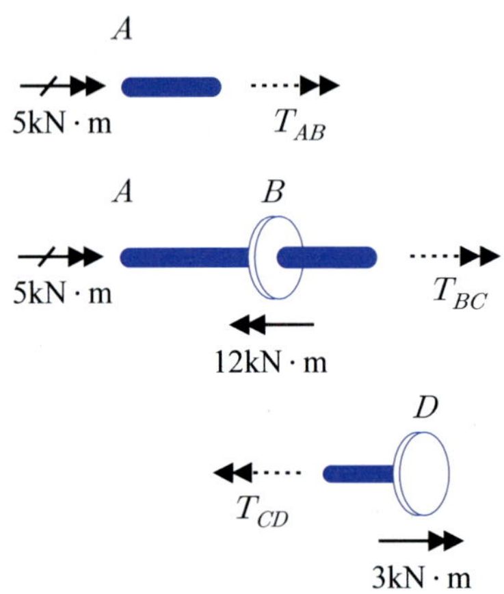

(3) 부분 자유물체도

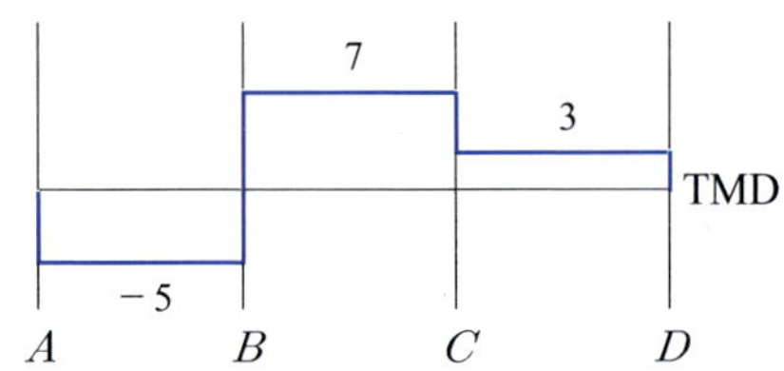

(4) 내적토크선도

그림 3.3.1.1

비틂모멘트에 의해 원형축에 발생하는 응력을 산정하기 위해 그림 3.3.1.2(1)과 같이 단면적 A, 길이 L인 원형부재의 좌측단은 고정지지되어 있고 자유단에 비틂하중 T가 작용하는 경우를 고려하면 고정지점의 반력은 T와 크기는 같고 방향은 반대가 되며 부재 전구간의 내적토크는 T가 되고 원형축의 경우 이러한 비틂에 의해 단면의 크기, 형상 및 단면 간 거리는 변하지 않는다. 내적토크 T에 의해 부재 표면의 축방향 선분 $\overline{MN}$은 $\overline{MN'}$로 비틀려지며 자유단 단면에 발생한 비틂각(angle of twist)을 ϕ라 하면 (2)와 같이 임의의 위치 P와 Q 단면으로 구성되는 길이 ΔL인 원형축의 일부분은 P 단면에 상대적으로 Q 단면은 $\Delta\phi(=\angle QOQ')$만큼 회전하므로 $\overline{OQ}$는 $\overline{OQ'}$로 회전하고 원형축 표면의 $\overline{PQ}$는 $\overline{PQ'}$로 비틀려진다. 이러한 변형은 단면 중심인 O점에서 0, 반경 c의 원주에 해당하는 표면에서 최대가 되고 표면에서 구성되는 길이 ΔL인 사각형 미소요소를 고려하면 $\Delta\phi$에 의해 각변형 $\gamma_{\max}(=\angle QPQ')$가 발생한다. 탄성영역에서 이러한 각변형은 미소하여 미소요소의 길이 변화는 무시할 수 있으므로 사각형 형상이 평행사변형으로 변하는 각변형(전단변형)만 발생하고 전단응력만 작용하는 것으로 간주할 수 있으며 이러한 응력상태를 순수전단이라 한다. (3)에 제시한 바와 같이 임의의 단면에서 전단변형 분포에 상응하는 전단응력은 O점에서 0, 반경 ρ에서 τ, 반경 c에서 $\tau_{\max}$인 비례식으로 구할 수 있다.

$$\tau = \frac{\rho}{c}\tau_{\max}$$

반경 ρ의 미소면적 ΔA에 작용하는 전단응력의 합 $\tau\Delta A$를 ΔF라 하고 ΔF에 의해 O점에 발생하는 모멘트 ΔT를 구하면 단면적 A를 구성하는 모든 미소요소 ΔA에 작용하는 전단력에 의해 O점에 발생하는 모멘트는 그 단면의 내력인 내적토크 T와 동일해야 한다. 단면의 O점에 대한 극관성모멘트 $\sum\rho^2\Delta A$를 J라 하면 원형축의 표면에 발생하는 최대 전단응력을 산정할 수 있는 관계식이 구성되므로 임의의 반경 ρ에 발생하는 전단응력을 결정할 수 있는 식 (3.3.1.1)이 성립하며 이를 비틂공식(torsion formular)이라 한다.

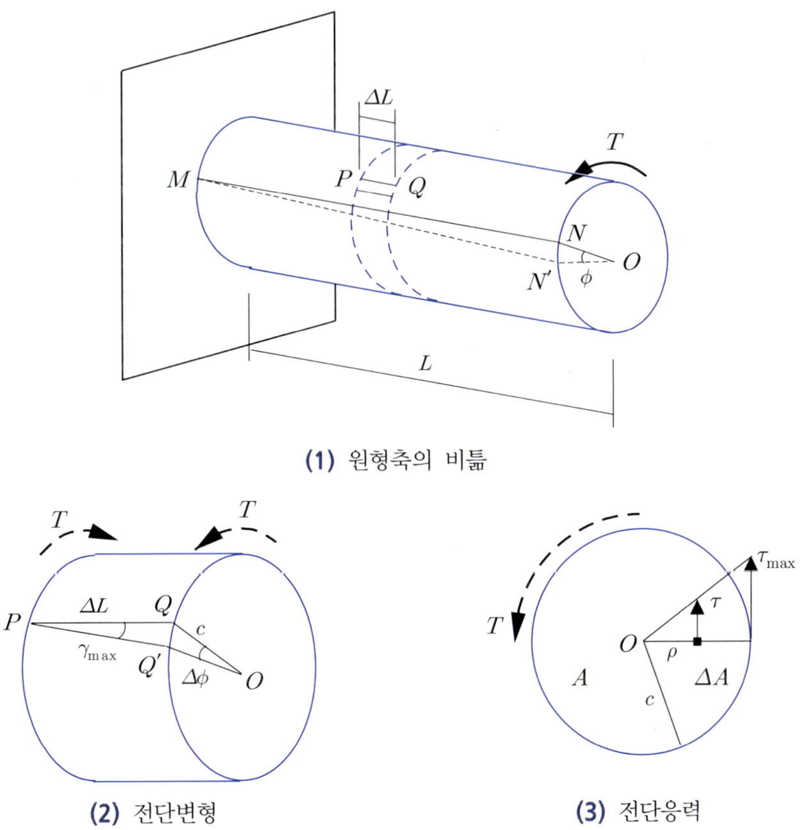

그림 3.3.1.2

$$\Delta F = \tau \Delta A = \frac{\rho}{c}\tau_{\max}\Delta A = \frac{\tau_{\max}}{c}\rho\Delta A$$

$$\Delta T = \rho\Delta F = \frac{\tau_{\max}}{c}\rho^2\Delta A$$

$$T = \sum\Delta T = \frac{\tau_{\max}}{c}\sum\rho^2\Delta A \quad ; \quad \tau_{\max} = \frac{Tc}{J}$$

$$\tau = \frac{T\rho}{J} \tag{3.3.1.1}$$

그림 3.3.1.1(1)의 예와 같이 비틂하중이 작용하는 원형축에서 전단응력은 일정한 재질, 단면 및 내적토크가 작용하는 구간 $A \sim B$, $B \sim C$, $C \sim D$ 별로 전단응력을 산정하며 구간 $B \sim C$에서 최대 전단응력이 산정된다. 원형축의 비틂에서 전단효과의 방향은 중요하지 않으므로 전단응력에 부호를 제시하는 것은 의미가 없다.

$$\tau_{AB} = \frac{T_{AB}\,c_{AB}}{J_{AB}} = \frac{5\times10^3\times0.045}{\pi\times0.09^4/32}\times10^{-6} = 34.9\,(\mathrm{MPa})$$

$$\tau_{BC} = \frac{T_{BC}\,c_{BC}}{J_{BC}} = \frac{7\times10^3\times0.05}{\pi\times0.1^4/32}\times10^{-6} = 35.6\,(\mathrm{MPa}) = \tau_{\max}$$

$$\tau_{CD} = \frac{T_{CD}\,c_{CD}}{J_{CD}} = \frac{3\times10^3\times0.04}{\pi\times0.08^4/32}\times10^{-6} = 29.9\,(\mathrm{MPa})$$

그림 3.3.1.2(2)에 제시한 탄성구간에서의 미소변형 $\Delta\phi$와 $\gamma_{\max}$ 간의 관계식을 구성하고 후크의 법칙과 비틂공식을 적용하면 길이 ΔL의 원형축에 발생하는 비틂각 $\Delta\phi$을 산정할 수 있는 식이 구해지므로 비틂강성(torsional rigidity) GJ가 일정한 길이 L의 원형축에 일정한 내적토크 T가 작용하여 발생하는 비틂각 ϕ는 식 (3.3.1.2)로 결정할 수 있다.

$$\overline{QQ'} = \gamma_{\max}\times\Delta L = \Delta\phi\times c \quad \Rightarrow \quad \Delta\phi = \frac{\gamma_{\max}\Delta L}{c}$$

$$\Delta\phi = \frac{\gamma_{\max}\Delta L}{c} = \frac{\tau_{\max}}{G}\frac{\Delta L}{c} = \frac{Tc}{J}\frac{1}{G}\frac{\Delta L}{c} = \frac{T}{GJ}\Delta L$$

$$\phi = \sum\Delta\phi = \sum\frac{T}{GJ}\Delta L = \frac{T}{GJ}\sum\Delta L$$

$$\phi = \frac{TL}{GJ} \tag{3.3.1.2}$$

내적토크의 부호규약에 의해 양의 비틂각은 양의 내적토크에 의해 발생하는 것으로 정의한다. 그림 3.3.1.1(1)의 예와 같이 비틂하중이 작용하는 원형축에서 고정지점 A에 대해 상대적으로 발생하는 D 단면의 비틂각은 재질, 단면 및 내적토크를 고려하여 구간 $A\sim B$, $B\sim C$, $C\sim D$ 별로 산정하는 것은 물론 내적토크의 부호(회전방향)를 고려하여 합산한다. 비틂각이 양으로 산정되었다는 것은 임의의 단면을 기준으로 상대단면이 반시계방향으로 회전했다는 것을 제시하므로 고정지점 A의 단면을 기준으로 D 단면에는 반시계방향 비틂각이 발생한다.

$$\begin{aligned}\phi &= \sum \frac{T_i L_i}{G J_i} = \phi_{AB} + \phi_{BC} + \phi_{CD} \\ &= \frac{10^3 \times 2}{84\times 10^9} \times \left\{ \frac{-5}{\pi\times 0.09^4/32} + \frac{7}{\pi \times 0.1^4/32} + \frac{3}{\pi\times 0.08^4/32} \right\} \\ &= \frac{1}{42\times 10^6} \times \{(-776.2 + 713.0 + 746.0)\times 10^3\} \\ &= 16.3\times 10^{-3}(\text{rad})\end{aligned}$$

허용전단응력 τ_a가 주어지면 축이 지지할 수 있는 토크 T_a는 식 (3.3.1.1)로부터 다음과 같이 결정하며 허용전단응력 τ_a는 전단항복응력 τ_y를 안전계수로 나눈 값을 사용하고 τ_y가 주어지지 않은 경우 인장항복응력 σ_y의 57%를 τ_y로 사용한다.

$$T_a = \frac{\tau_a J}{c} \tag{3.3.1.3}$$

직경 d인 중실원형축을 설계하는 경우 극관성모멘트는 $\pi d^4/32$이므로 토크 T 및 허용전단응력 τ_a가 주어지면 식 (3.3.1.3)으로부터 소요직경 d_{req}를 구할 수 있으며 외경 d_o, 내경 d_i인 중공원형축을 설계하는 경우 극관성모멘트는 내경/외경의 비 $k = d_i/d_o$를 사용하면 $\pi d_o^4(1-k^4)/32$이므로 소요외경 $d_{o,req}$를 구할 수 있다.

$$T = \frac{\tau_a J}{c} = \frac{\tau_a}{d/2}\frac{\pi d^4}{32} \quad \Rightarrow \quad d_{req} = \left(\frac{16T}{\pi \tau_a}\right)^{1/3}$$

$$T = \frac{\tau_a J}{c} = \frac{\tau_a}{d/2}\frac{\pi d_o^4(1-k^4)}{32} \quad \Rightarrow \quad d_{o,req} = \left\{\frac{16T}{\pi\tau_a(1-k^4)}\right\}^{1/3}$$

예제 3.3.1.1 그림 예3.3.1.1(1)과 같이 비틂하중이 작용하는 강재 원형축에 발생하는 최대 전단응력, 내적토크선도 및 양단의 상대적 비틂각을 구하시오. 전단탄성계수는 $G = 84\,\text{GPa}$이다.

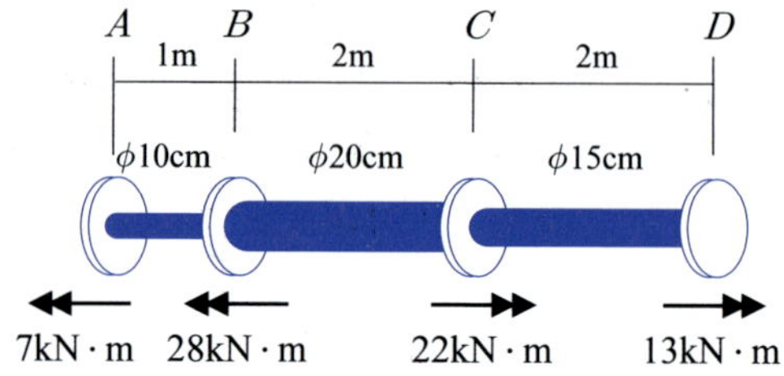

그림 예3.3.1.1(1)

설명 단면적과 내력이 다른 $A \sim B$, $B \sim C$, $C \sim D$ 구간의 내적토크를 구하기 위해 그림 예3.3.1.1(2)와 같이 부분 자유물체도를 작성하고 평형방정식을 적용하면 $T_{AB} = 7\,\text{kN}\cdot\text{m}$, $T_{BC} = 35\,\text{kN}\cdot\text{m}$, $T_{CD} = 13\,\text{kN}\cdot\text{m}$가 산정되므로 각 구간의 전단응력은 다음과 같고 최대 전단응력은 $A \sim B$ 구간에서 발생한다.

$$\tau_{AB} = \frac{T_{AB}\,c_{AB}}{J_{AB}} = \frac{7 \times 10^3 \times 0.05}{\pi \times 0.1^4/32} \times 10^{-6} = 35.7\,(\text{MPa}) = \tau_{\max}$$

$$\tau_{BC} = \frac{T_{BC}\,c_{BC}}{J_{BC}} = \frac{35 \times 10^3 \times 0.1}{\pi \times 0.2^4/32} \times 10^{-6} = 22.3\,(\text{MPa})$$

$$\tau_{CD} = \frac{T_{CD}\,c_{CD}}{J_{CD}} = \frac{13 \times 10^3 \times 0.075}{\pi \times 0.15^4/32} \times 10^{-6} = 19.6\,(\text{MPa})$$

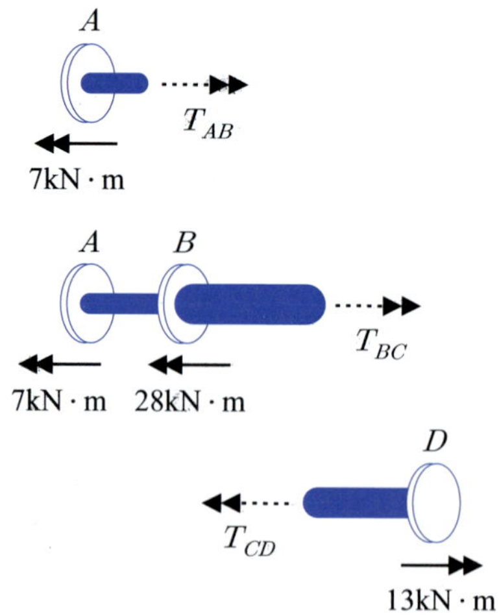

그림 예3.3.1.1(2)

내적토크선도는 그림 예3.3.1.1(3)과 같고 A 단면을 기준으로 D 단면의 상대적 비틂각은 다음과 같이 반시계방향이다.

$$\phi = \sum \frac{T_i L_i}{GJ_i} = \phi_{AB} + \phi_{BC} + \phi_{CD}$$
$$= \frac{10^3}{84 \times 10^9} \times \left\{ \frac{7 \times 1}{\pi \times 0.1^4/32} + \frac{35 \times 2}{\pi \times 0.2^4/32} + \frac{13 \times 2}{\pi \times 0.15^4/32} \right\}$$
$$= \frac{1}{84 \times 10^6} \times \{(713.0 + 445.6 + 523.1) \times 10^3\} = 20.0 \times 10^{-3}(\text{rad})$$

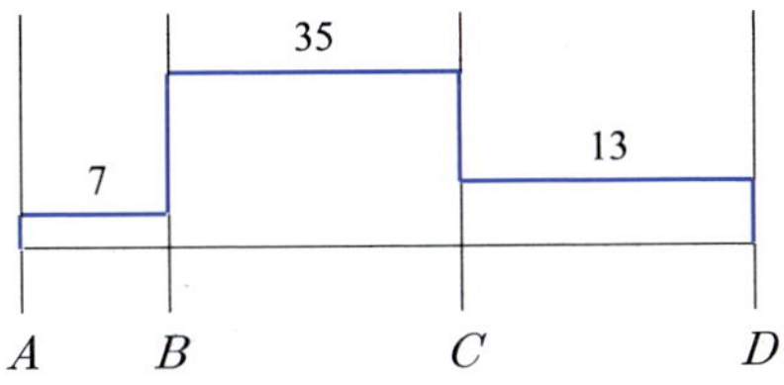

그림 예3.3.1.1(3)

예제 3.3.1.2 길이가 L이고 좌, 우측 단면 직경이 $d_0/2$, d_0인 변단면 중실원형축에 비틂하중 T가 작용하는 경우 상대적 비틂각을 구하시오. 전단탄성계수는 G를 사용한다.

설명 그림 예3.3.1.2(1)에서 우측 단면 B의 극관성모멘트를 J_0라 하면 비례관계로부터 위치 x의 극관성모멘트는 다음과 같이 구해진다.

$$2L : d_0 = x : d_x \quad \Rightarrow \quad d_x = \frac{d_0}{2L}x \quad , \quad J_0 = \frac{\pi d_0^4}{32} \quad , \quad J_x = \frac{\pi d_x^4}{32}$$

$$J_x = \frac{\pi d_x^4}{32} = \frac{\pi}{32}\left(\frac{d_0}{2L}\right)^4 x^4 = \frac{J_0}{16L^4}x^4$$

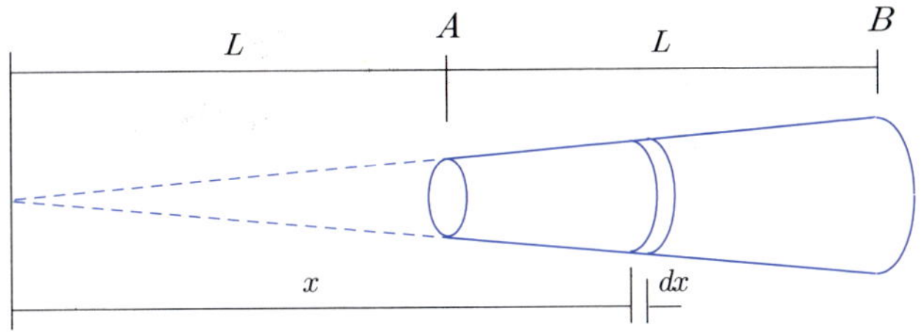

그림 예3.3.1.2(1)

내적토크는 일정하므로 길이 dx의 변단면 중실원형축에 발생하는 상대적 비틂각은 식 (3.3.1.2)에 의해 $d\phi = Tdx/GJ_x$이므로 A 단면을 기준으로 B 단면의 상대적 비틂각은 다음과 같이 산정된다.

$$\phi = \int_L^{2L} \frac{T}{GJ_x} dx = \frac{16\,TL^4}{GJ_0} \int_L^{2L} \frac{1}{x^4} dx$$
$$= \frac{16\,TL^4}{GJ_0} \times \left[\frac{x^{-3}}{-3}\right]_L^{2L} = \frac{14\,TL}{3GJ_0} = \frac{448\,TL}{3\pi G d_0^4}$$

3.3.2 원형축의 변형에너지

원형축의 수직단면에 전단응력이 발생하면 그림 3.3.2.1(1)과 같이 부재 축방향 단면(longitudinal section)에도 동일한 크기의 전단응력이 발생하며 이를 평면응력요소로 표시하면 (2)와 같이 순수전단 상태가 된다. 1장에서 논의한 모어원에서 임의의 단면에 발생하는 전단응력과 임의의 단면과 90° 회전각을 갖는 단면의 전단응력은 180° 회전한 위치의 원주 상 두 점이 되므로 크기가 같고 부호가 다르다는 것을 확인할 수 있다. 재료특성이 모든 방향으로 동일한 경우 등방성(isotropic)이라 하며 대부분의 구조재료는 등방성이다. 그러나 목재와 같이 섬유와 평행한 단면에서의 전단강도가 직교방향 단면의 전단강도보다 매우 작은 경우 목재축에 과도한 비틂하중이 작용하면 섬유와 평행한 단면 방향으로 파괴가 발생한다. 그러므로 목재를 부재로 사용하면 섬유와 평행한 단면의 전단응력을 검토해야 하는 것은 자명하다.

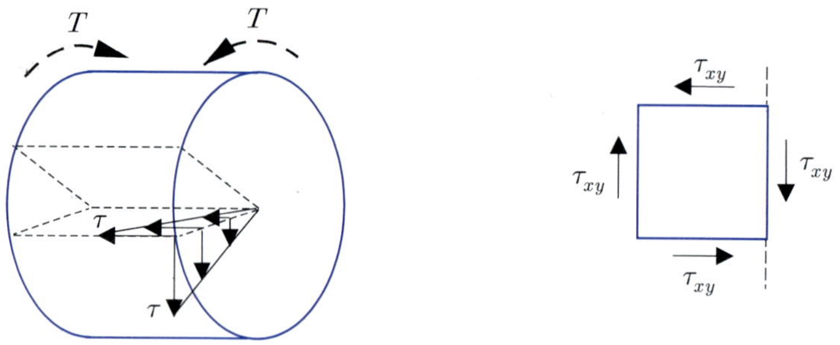

(1) 전단응력 **(2)** 순수전단

그림 3.3.2.1

그림 3.3.2.2와 같이 순수전단 상태인 평면응력요소의 선형거동에 의해 발생하는 변형에너지 U는 변 ad에 작용하는 전단력 $\tau dx\,dz(P)$와 해당변위 $\gamma dy(\delta)$에 의한 일 W와 같고 U를 평면응력요소의 체적 $dx\,dy\,dz$로 나누고 후크의 법칙($\tau = G\gamma$)을 적용하면 단위체적당 변형에너지 u로 제시할 수 있다.

$$U = W = \frac{P\delta}{2} = \frac{(\tau dx\,dz)(\gamma dy)}{2} = \frac{\gamma\tau}{2}dx\,dy\,dz$$

$$u = \frac{\gamma\tau}{2} = \frac{\tau^2}{2G} = \frac{G\gamma^2}{2} \qquad (3.3.2.1)$$

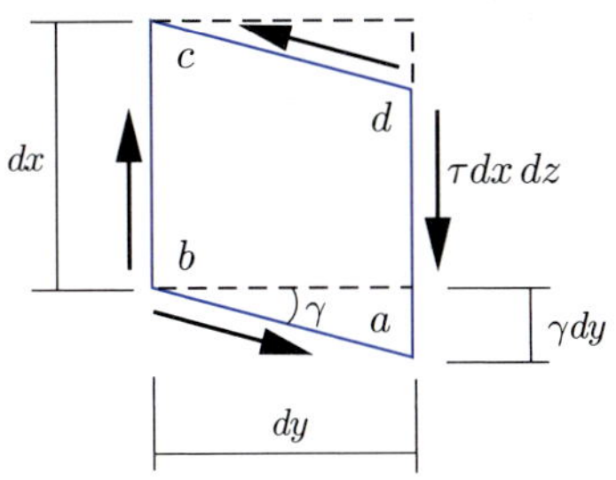

(1) 순수전단 상태

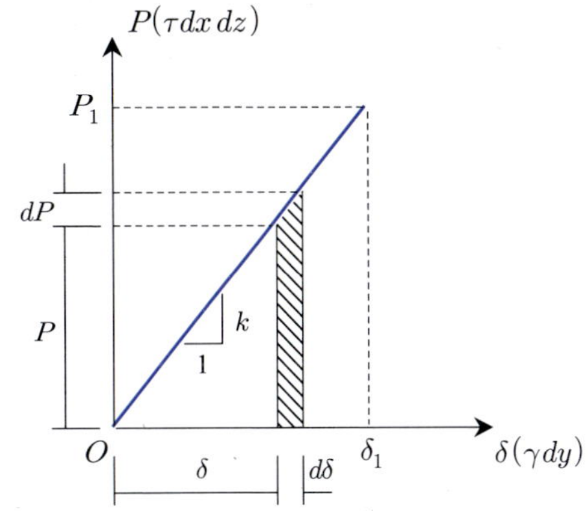

(2) 선형거동

그림 3.3.2.2

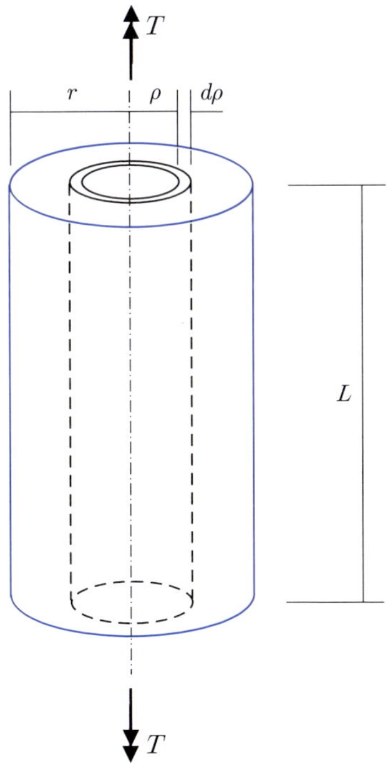

(1) 원형축의 비틂

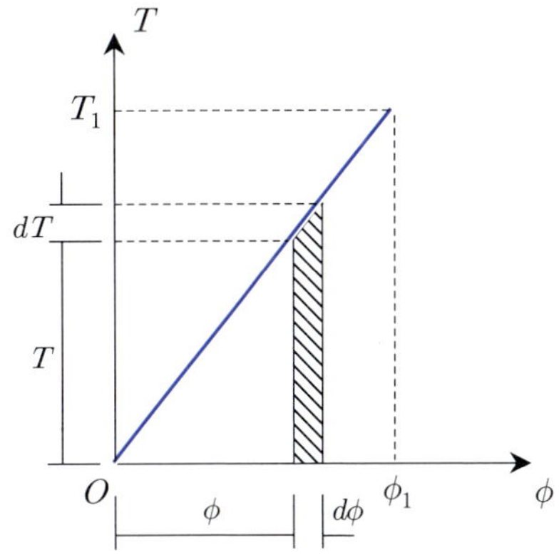

(2) 선형거동

그림 3.3.2.3

그림 3.3.2.3과 같이 길이 L, 반경 r의 중실원형축에 비틀하중 T가 작용하여 저장되는 선형거동에 의한 변형에너지는 중실원형축의 중심을 공유하는 충분한 개수의 박판 중공원형축이 합성된 것으로 간주하여 구할 수 있다. 부재축 표면의 최대 전단응력은 τ_{max}이고 반경 ρ의 전단응력은 $\tau_{max}(\rho/r)$이므로 반경 ρ에서의 평면응력요소에 저장되는 단위체적 당 변형에너지 u는 식 (3.3.2.1)의 전단응력에 $\tau_{max}(\rho/r)$를 대입하여 구성한다.

$$u = \frac{\tau_{max}^2 \rho^2}{2Gr^2}$$

길이 L, 반경 ρ, 두께 $d\rho$의 박판 중공원형축에 저장되는 변형에너지 dU는 u와 체적 dV의 곱이므로 이로부터 길이 L, 반경 r의 중실원형축에 저장되는 변형에너지 U는 다음과 같이 결정할 수 있다.

$$dU = u\,dV = \frac{\tau_{max}^2 \rho^2}{2Gr^2} \times (2\pi\rho \times d\rho \times L)$$

$$U = \int_0^r \frac{\tau_{max}^2 \rho^2}{2Gr^2} \times (2\pi\rho \times d\rho \times L) = \frac{1}{2}\left(\pi r^2 L\right)\frac{\tau_{max}^2}{2G} = \frac{V}{2}\frac{\tau_{max}^2}{2G}$$

이 결과는 모든 체적요소가 최대 전단응력에 의한 변형에너지를 저장하는 양의 반이 중실원형축에 저장된다는 것을 제시한다. 중실원형축의 체적 $V = \pi r^2 L$, 최대 전단응력 $\tau_{max} = Tr/J$ 및 극관성모멘트 $J = \pi r^4/2$를 대입하고 정리하면 다음 식 (3.3.2.2)가 성립한다.

$$U = \frac{V}{2}\frac{\tau_{max}^2}{2G} = \left(\frac{\pi r^2 L}{2}\right)\left(\frac{T^2 r^2}{J^2}\right)\frac{1}{2G} = \left(\frac{\pi r^4}{2} \times \frac{L}{r^2}\right)\left(\frac{T^2 r^2}{J^2}\right)\frac{1}{2G}$$

$$U = \frac{T^2 L}{2GJ} \qquad (3.3.2.2)$$

원형축에 비틀하중 T가 작용하여 양단에 상대적 비틀각 ϕ가 발생하면 선형거동의 경우 T가 한 일 W는 $T\phi/2$이므로 원형축의 비틀각 공식을 적용하면 비틀하중에 의한 일 W와 변형에너지 U가 동일하다는 것을 확인할 수 있다.

$$W = \frac{T\phi}{2} = \frac{T}{2}\frac{TL}{GJ} = \frac{T^2 L}{2GJ}$$

예제 3.3.2.1

그림 예3.3.2.1(1)과 같이 비틂하중이 작용하는 중공원형축에 저장되는 변형에너지를 구하시오. 전단탄성계수는 $G = 75\,\text{GPa}$이다.

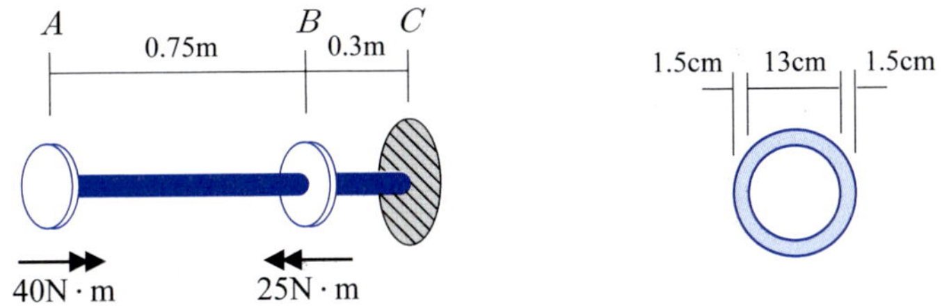

그림 예3.3.2.1(1)

설명 그림 예3.3.2.1(2)와 같이 자유물체도를 작성하고 평형방정식을 적용하여 고정지점의 반력을 구한다.

$$\sum T = 0 = 40 - 25 - T_C \quad ; \quad T_C = 15\,\text{N} \cdot \text{m}$$

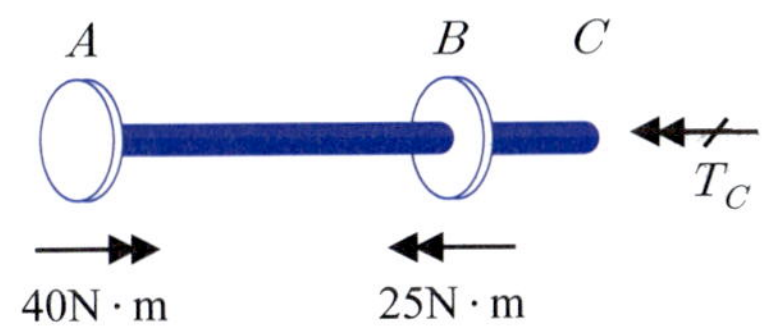

그림 예3.3.2.1(2)

내적토크 T_{AB}, T_{BC}는 각각 $-40\,\text{N} \cdot \text{m}$, $-15\,\text{N} \cdot \text{m}$이고 중공원형축의 극관성모멘트 J 및 변형에너지 U는 다음과 같이 산정된다.

$$J = \frac{\pi}{2} \times \left(0.08^4 - 0.065^4\right) = 3.63 \times 10^{-5}\,(\text{m}^4)$$

$$U = \sum \frac{T_i^2 L_i}{2GJ} = \frac{1}{2GJ}\left(T_{AB}^2 L_{AB} + T_{BC}^2 L_{BC}\right)$$

$$= \frac{(-40)^2 \times 0.75 + (-15)^2 \times 0.3}{2 \times \left(75 \times 10^9\right) \times \left(3.63 \times 10^{-5}\right)} = 2.33 \times 10^{-4}\,(\text{N} \cdot \text{m})$$

예제 3.3.2.2

단위체적 당 질량 γ의 재료로 길이 L, 무게 W가 동일하도록 제작한 중실원형봉과 중공원형봉에 동일한 최대전단응력 $\tau_{\max}$가 발생하도록 비틂하중이 작용하는 경우 두 봉에 저장되는 변형에너지의 비를 구하시오.

설명 반경 r인 중실원형봉의 무게 $W = \pi r^2 L \gamma$와 두께 t, 내/외측 반경 r_i/r_o인 중공원형봉의 무게 $W = \pi\left(r_o^2 - r_i^2\right) L \gamma$가 동일하므로 다음 관계식이 성립한다.

$$r^2 = r_o^2 - r_i^2 = (r_o - r_i)(r_o + r_i) = t(2r_o - t)$$

반경 r인 중실원형봉의 내부에 반경 ρ, 두께 $d\rho$의 중공원형봉을 가정하면 반경 ρ의 전단응력은 $\tau_{\max}(\rho/r)$이고 반경 ρ의 평면응력요소에 저장되는 단위체적 당 변형에너지는 $u = \tau_{\max}^2 \rho^2 / 2Gr^2$이므로 길이 L, 반경 ρ, 두께 $d\rho$의 중공원형봉에 저장되는 변형에너지는 다음과 같이 구할 수 있다.

$$dU = u\,dV = \frac{\tau_{\max}^2 \rho^2}{2Gr^2} \times (2\pi\rho \times d\rho \times L)$$

이 식을 사용하여 중실원형봉과 중공원형봉에 저장되는 변형에너지를 구하면 변형에너지의 비가 산정되고 $t \ll r_o$인 박판 중공원형봉의 경우 변형에너지 비 U_s/U_h는 $1/2$ $(= r_o^2/2r_o^2)$이다.

$$U_s = \int_0^r \frac{\tau_{\max}^2 \rho^2}{2Gr^2} \times (2\pi\rho \times d\rho \times L) = \frac{\tau_{\max}^2}{2G}(2\pi L)\frac{r^2}{4}$$

$$U_h = \int_{r_i}^{r_o} \frac{\tau_{\max}^2 \rho^2}{2Gr^2} \times (2\pi\rho \times d\rho \times L) = \frac{\tau_{\max}^2}{2G}(2\pi L)\frac{r_o^4 - r_i^4}{4r_o^2}$$

$$\frac{U_s}{U_h} = \frac{r^2/4}{(r_o^4 - r_i^4)/4r_o^2} = \frac{r^2 r_o^2}{r_o^4 - r_i^4} = \frac{r_o^2}{r_o^2 + r_i^2} = \frac{r_o^2}{2r_o^2 - 2r_o t + t^2}$$

3.4 축방향 부정정문제

정정구조물(statically determinate structure)은 구조물의 자유물체도에 포함되는 미지력(반력)의 개수가 평형방정식의 개수와 동일한 구조물인 반면 부정정구조물(statically indeterminate structure)은 정정구조물에 필요, 충분한 지점 이외에 추가로 지점이 설치되는 구조물로 반력의 개수가 적용할 수 있는 평형방정식 개수보다 많아 평형방정식만으로 반력을 결정할 수 없는 구조물이다. 이로 인해 구조물의 안전성은 제고되는 반면 추가되는 지점에 의해 구조물의 변형이 구속되므로 부정정구조물을 설계하기 위해서는 구속되는 변형에 대한 해석과정이 요구된다.

축방향 부재의 부정정문제는 축방향 변형조건을 적용하여 해결한다. 그림 3.4.1(1)과 같이 양단이 고정지점(A, D)으로 지지되어 있는 봉에 축방향 하중이 작용하는 경우 전체 자유물체도에 제시한 바와 같이 고정지점에 발생하는 반력은 P_A, P_D 2개이고 평형방정식은 수평력에 대한 평형조건 1개($\sum F_x = 0$)이므로 1차 부정정구조물이다. 평형방정식을 적용하면

2개 반력을 포함하는 1개의 식이 구성되므로 반력은 결정할 수 없다.

$$\sum F_x = 0 = P_A + 50 - 10 + P_D$$

그림 3.4.1(1)의 부정정구조물을 (3)과 같이 고정지점 D를 제거하고 P_D를 하중으로 간주하면 정정구조물에 미지하중이 포함된 상태가 된다. (1)의 부정정구조물과 (3)의 정정구조물이 등가역계가 되기 위한 조건은 양단이 고정되어 있는 봉의 길이는 변할 수 없다는 것이다. 그러므로 (3)의 정정구조물에서 B점, C점, D점에 작용하는 하중에 의해 봉의 구간 별로 발생한 신장, 수축량의 합이 0이 되어야 한다는 조건으로 식을 구성하면 P_D만 미지수로 포함되는 식이 구해지고 이를 적합조건식(compatibility equation)이라 하며 P_D가 산정되면 P_A는 평형방정식에서 구할 수 있다. 이와 같은 해석과정에서 고정지점 D를 여분구속, 고정지점 D를 제거한 (3)의 정정구조물을 기본 정정구조물, 하중으로 간주한 P_D를 여분구속력이라 한다.

$$\sum \delta_i = 0 = \delta_{AB} + \delta_{BC} + \delta_{CD}$$

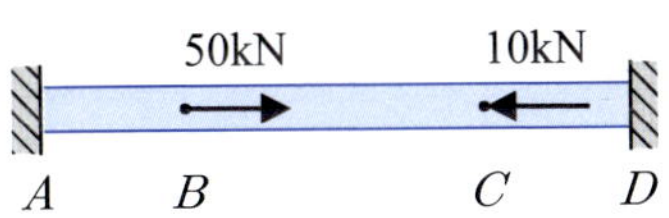

(1) 축방향 부정정문제

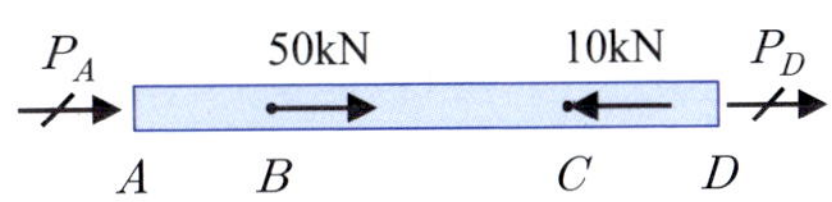

(2) 전체 자유물체도

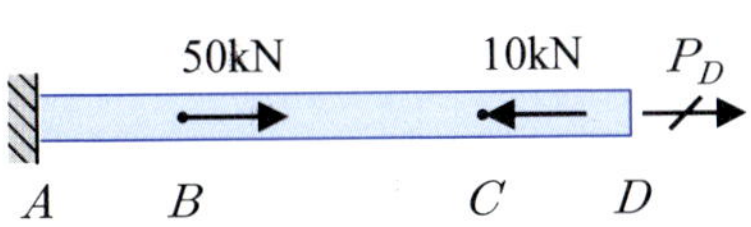

(3) 기본 정정구조물과 여분구속력

그림 3.4.1

축방향 부재를 포함한 부정정구조물의 경우 여분구속에서 발생하는 여분구속력은 상응하는 자유도에 대한 구속력이고 각 여분구속력에 상응하는 변형은 구속되어야 하므로 미지의 여분구속력 개수만큼 변형에 대한 적합조건식이 구성된다. 그러므로 부정정구조물의 미지력(반력)과 식(평형방정식 + 적합조건식)의 개수는 항상 일치하고 모든 미지력을 구할 수 있다.

예제 3.4.1

그림 예3.4.1(1)과 같이 단면적이 다른 부재 AC, BC로 구성된 연결부재의 양단이 고정지점으로 지지되어 있다. 부재 AC, BC의 응력을 구하시오.

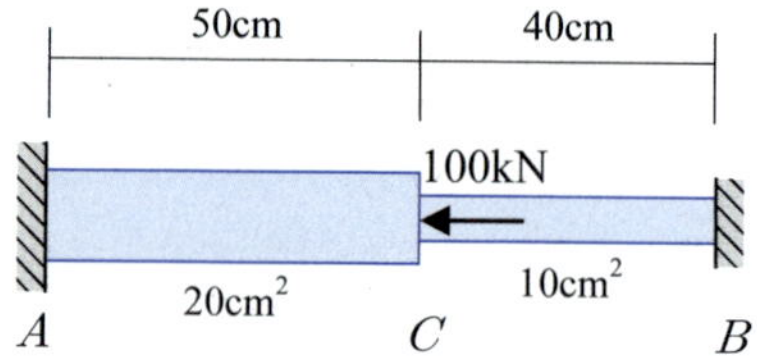

그림 예3.4.1(1)

설명 그림 예3.4.1(2)의 전체 자유물체도에 평형방정식을 적용하면 2개의 미지반력을 포함한 식이 구성된다.

$$\sum F_x = 0 = P_A - 100 + P_B$$

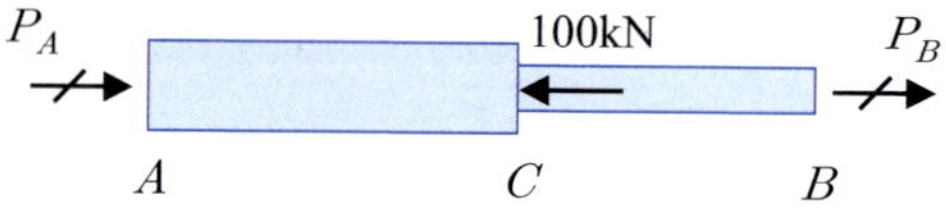

그림 예3.4.1(2)

그림 예3.4.1(3)과 같이 단면법을 적용하면 내력은 $P_{AC} = -P_A$, $P_{BC} = P_B$다. 식 (1)에서 $P_B = 100 - P_A$이므로 각 구간에 작용하는 내력에 의한 변형의 총합은 0이어야 한다는 적합조건식은 다음과 같다.

$$\sum \delta_i = 0 = \delta_{AC} + \delta_{BC}$$
$$= \frac{P_{AC} l_{AC}}{A_{AC} E} + \frac{P_{BC} l_{BC}}{A_{BC} E} = \frac{(-P_A) \times 50}{20E} + \frac{(100 - P_A) \times 40}{10E}$$

(1) 구간 $A \sim C$ (2) 구간 $B \sim C$

그림 예3.4.1(3)

이로부터 지점반력 각각 $P_A = 61.5\,\text{kN}$, $P_B = 38.5\,\text{kN}$이 산정되므로 $A \sim C$ 구간은 압축응력, $B \sim C$ 구간은 인장응력이다.

$$\sigma_{AC} = \frac{-61.5 \times 10^3}{20 \times 10^{-4}} \times 10^{-6} = -30.8\,(\text{MPa})$$

$$\sigma_{BC} = \frac{38.5 \times 10^3}{10 \times 10^{-4}} \times 10^{-6} = 38.5\,(\text{MPa})$$

예제 3.4.2

무한강성의 보가 3개의 케이블로 지지되어 있다. 좌, 우측 케이블은 구리, 중앙 케이블은 강이며 단면적은 동일하고 재하하기 전 케이블은 무응력상태인 경우 각 케이블이 분담하는 하중을 구하시오. 강과 구리의 탄성계수는 각각 $E_{st}=210\,\text{GPa}$, $E_{cu}=117\,\text{GPa}$이다.

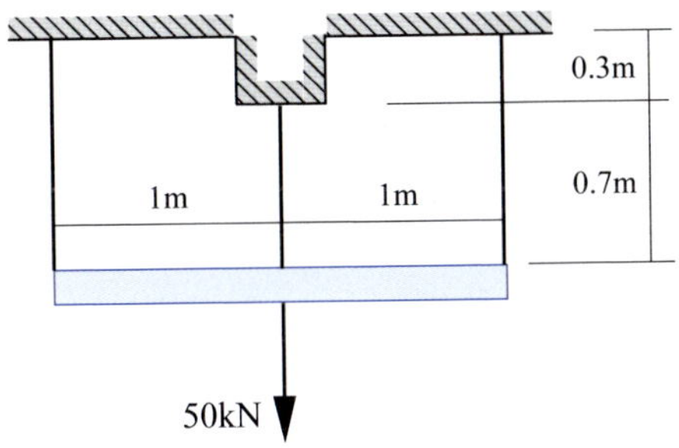

그림 예3.4.2(1)

설명 구조물과 하중이 대칭이므로 3개 케이블의 신장량은 동일해야 하고 반력은 대칭이어야 한다. 그림 예3.4.2(2)에 제시한 보의 자유물체도에서 수직력에 대한 평형방정식을 구성한다.

$$\sum F_y = 0 = 2P_{cu} + P_{st} - 50 \quad \cdots \ (1)$$

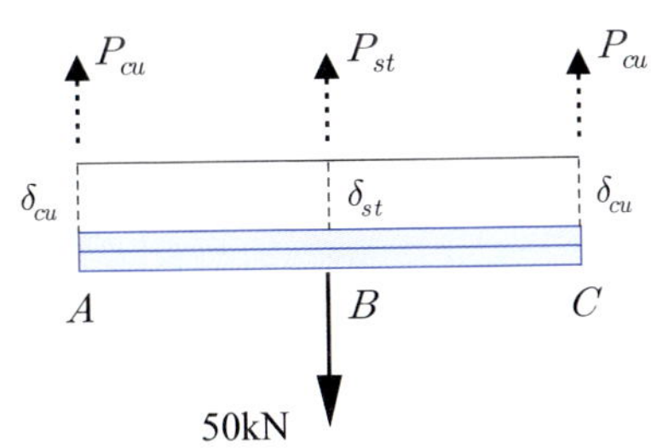

그림 예3.4.2(2)

강과 구리 케이블의 신장량 및 $\delta_{cu}=\delta_{st}$를 적용하면 적합조건식 (2)가 구성된다.

$$\delta_{cu} = \frac{P_{cu}\times l_{cu}}{A\times E_{cu}} = \frac{P_{cu}\times 1.0}{A\times 117} \quad ; \quad \delta_{st} = \frac{P_{st}\times l_{st}}{A\times E_{st}} = \frac{P_{st}\times 0.7}{A\times 210}$$

$$P_{cu} = \frac{0.7\times 117}{210}\times P_{st} \quad \cdots \ (2)$$

식 (1), (2)로부터 각 케이블의 분담하중은 다음과 같이 산정된다.

$$P_{st} = 28.09\,\text{kN} \quad ; \quad P_{cu} = 10.96\,\text{kN}$$

예제 3.4.3

그림 예3.4.3(1)과 같이 단면적 A, 탄성계수 E인 3개의 강봉이 하중 P를 지지하고 있다. 각 봉의 인장력과 A 점의 연직변위를 구하시오.

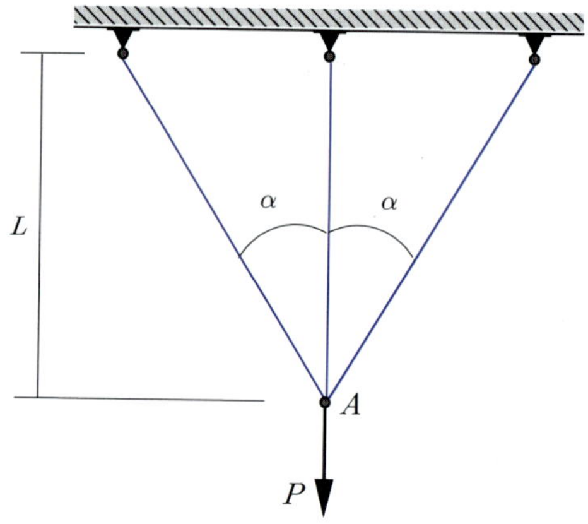

그림 예3.4.3(1)

설명 절점역계를 구성하고 있는 A 절점의 자유물체도는 그림 예3.4.3(2)와 같고 수직력에 대한 평형방정식은 (1)과 같다.

$$\sum F_y = 0 = T_1 \cos\alpha \times 2 + T_2 - P = 0 \quad \cdots \ (1)$$

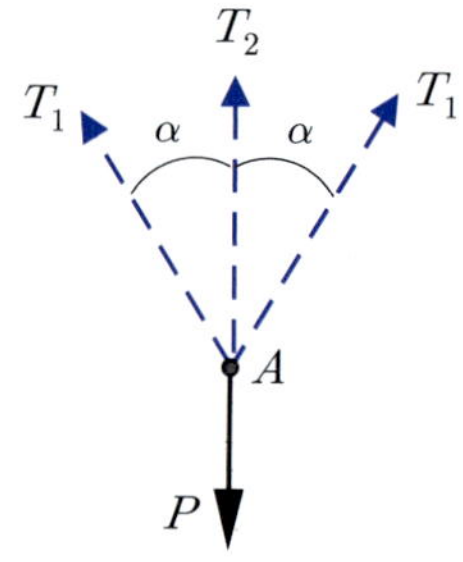

그림 예3.4.3(2)

좌, 우측 강봉의 신장량을 δ_1, 중앙 강봉의 신장량(A점의 연직변위)을 δ_2라 하면 각 신장량은 다음과 같고 그림 예3.4.3(3)과 같이 δ_1, δ_2는 직각삼각형에서 각 α를 사잇각으로 하는 두 변이므로 $\delta_1 = \delta_2 \cos\alpha$의 적합조건식 (2)가 성립한다.

$$\delta_1 = \frac{T_1}{AE} \times \frac{L}{\cos\alpha} \quad ; \quad \delta_2 = \frac{T_2 L}{AE}$$

$$\frac{T_1}{AE}\frac{L}{\cos\alpha} = \frac{T_2 L}{AE}\cos\alpha \quad \Rightarrow \quad T_1 = T_2 \cos^2\alpha \quad \cdots \ (2)$$

식 (1), (2)로부터 각 봉의 인장력과 A점의 연직변위는 다음과 같이 산정된다.

$$T_1 = \frac{P\cos^2\alpha}{1 + 2\cos^3\alpha} \quad ; \quad T_2 = \frac{P}{1 + 2\cos^3\alpha}$$

$$\delta_2 = \frac{PL}{AE}\left(\frac{1}{1+2\cos^3\alpha}\right)$$

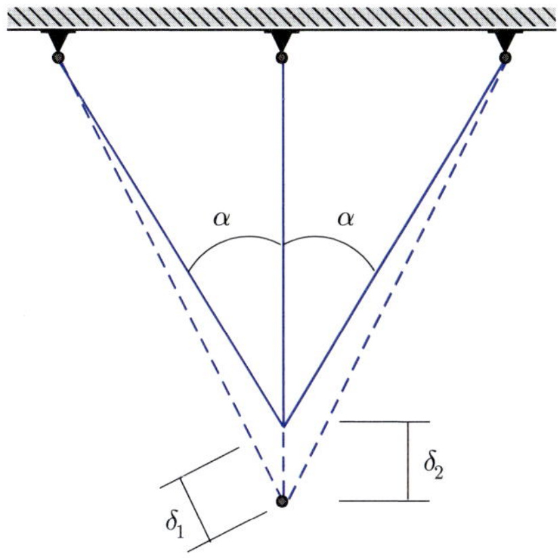

그림 예3.4.3(3)

다른 풀이로 δ_1, δ_2 및 적합조건식 $\delta_1 = \delta_2 \cos\alpha$를 사용하여 3개 봉에 저장되는 변형에너지를 구하고 하중에 의한 외적 일 $W = P\delta_2/2$와 변형에너지가 동일해야 한다는 조건을 적용하여 A점의 연직변위를 산정한다.

$$U = \sum \frac{AE\delta_i^2}{2L_i} = \frac{AE\delta_1^2}{2L_1} \times 2 + \frac{AE\delta_2^2}{2L} = \frac{AE\delta_2^2}{2L}(2\cos^3\alpha + 1)$$

$$\frac{P\delta_2}{2} = \frac{AE\delta_2^2}{2L}(2\cos^3\alpha + 1) \quad \Rightarrow \quad \delta_2 = \frac{PL}{AE}\left(\frac{1}{1+2\cos^3\alpha}\right)$$

예제 3.4.4

양단이 고정지지된 일정단면 원형축에 그림 예3.4.4(1)과 같이 비틂하중이 작용하는 경우 내적토크선도를 작성하시오.

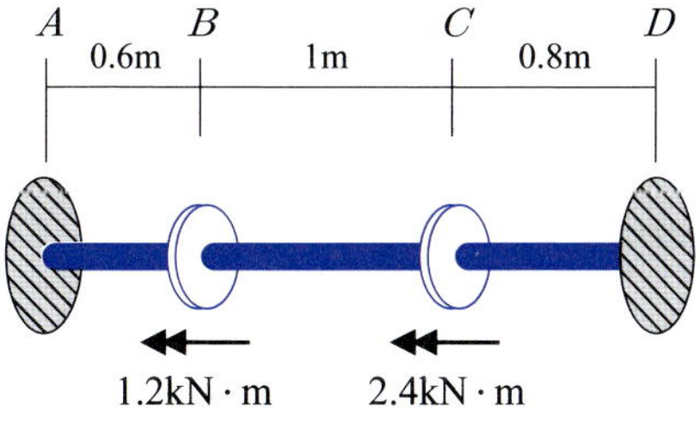

그림 예3.4.4(1)

설명 그림 예3.4.4(2)의 자유물체도에 적용한 평형방정식은 (1)과 같다.

$$\sum T_x = 0 = T_A - 1.2 - 2.4 + T_D \quad \cdots \ (1)$$

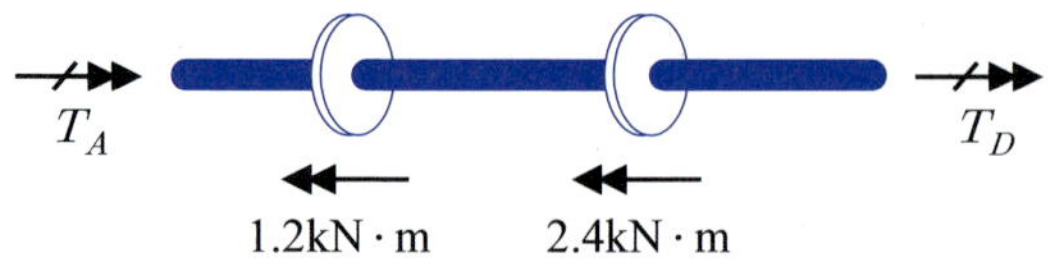

그림 예3.4.4(2)

단면법에 의해 산정되는 각 구간의 내적토크는 $T_{AB} = -T_A$, $T_{BC} = 1.2 - T_A$, $T_{CD} = T_D$이므로 내적토크에 의해 A 단면과 D 단면 간에 발생하는 상대적 비틂각은 0이어야 한다는 조건으로부터 적합조건식 (2)가 성립한다.

$$\begin{aligned}\sum\phi_i = 0 &= \phi_{AB} + \phi_{BC} + \phi_{CD} \\ &= \frac{T_{AB}L_{AB} + T_{BC}L_{BC} + T_{CD}L_{CD}}{GJ} \\ &= \frac{(-T_A)\times 0.6 + (1.2 - T_A)\times 1 + T_D \times 0.8}{GJ} \\ 0 &= -1.6T_A + 1.2 + 0.8T_D \quad \cdots (2)\end{aligned}$$

식 (1), (2)로부터 반력과 각 구간의 내적토크를 구하고 작성한 내적토크선도는 그림 예3.4.4(3)과 같다.

$$T_A = 1.7\,\text{kN}\cdot\text{m} \quad ; \quad T_D = 1.9\,\text{kN}\cdot\text{m} \quad ; \quad T_{AB} = -1.7\,\text{kN}\cdot\text{m}$$
$$T_{BC} = -0.5\,\text{kN}\cdot\text{m} \quad ; \quad T_{CD} = 1.9\,\text{kN}\cdot\text{m}$$

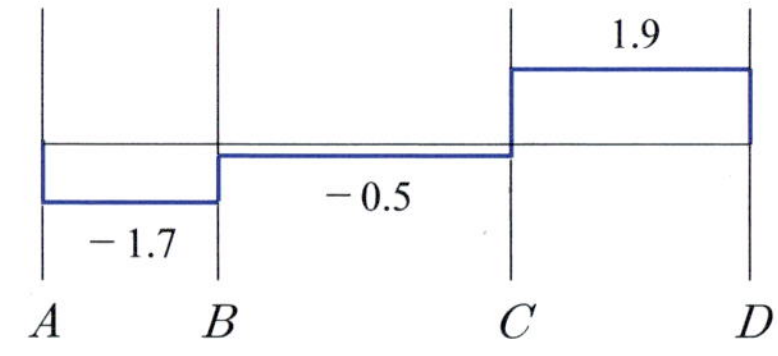

그림 예3.4.4(3)

일반적 재료는 온도가 증가하면 팽창하고 감소하면 수축한다. 균질한 재료로 구성된 구조 부재의 온도변화에 의한 신장 또는 수축 δ_T는 온도의 변화량 ΔT와 길이 L에 비례하며 다음 식으로 결정하고 여기서 α는 열팽창계수(coefficient of thermal expansion)로 $-/(°\text{F})$ 또는 $-/(℃)$의 단위를 갖는다.

$$\delta_T = \alpha L \Delta T \tag{3.4.1}$$

부재의 축방향 신축이 구속되어 있지 않은 경우는 식 (3.4.1)을 적용하여 온도변화에 의한 신축량을 산정할 수 있고 이로 인한 응력은 발생하지 않으나 부정정구조물의 경우 온도변화에 의한 변형이 구속되면 이로 인한 응력이 발생하고 이를 열응력(thermal stresses)이라 한다.

온도변화를 포함하는 부정정문제 또한 일반적인 부정정문제와 동일한 방식으로 해석한다.

예제 3.4.5

그림 예3.4.5(1)과 같이 축방향 이동은 가능한 고정지점에 의해 각각 무응력상태로 지지되어 있는 2개의 봉(길이 L)에 63℃의 온도상승이 발생하는 경우 각각의 봉에 발생하는 응력을 구하시오. 외부의 중공원형봉은 탄성계수 $E_{cu} = 100\,\text{GPa}$, 열팽창계수 $\alpha_{cu} = 18.5\times10^{-6}/℃$의 구리이고 단면적은 $A_{cu} = 4.273\,\text{cm}^2$이다. 내부의 중실원형봉은 탄성계수 $E_{st} = 200\,\text{GPa}$, 열팽창계수 $\alpha_{st} = 11.5\times10^{-6}/℃$의 강이고 단면적은 $A_{st} = 4.523\,\text{cm}^2$이다.

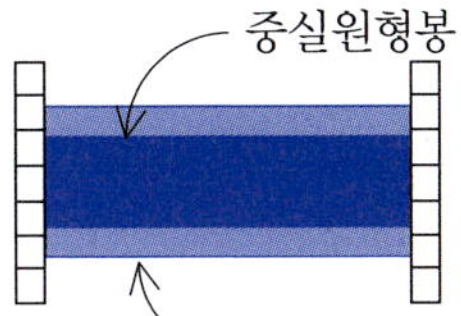

그림 예3.4.5(1)

설명 우측의 고정지점이 없다면 온도상승에 의해 각 봉에 발생하는 신장량 $\delta_{st,T}$, $\delta_{cu,T}$는 다음과 같다.

$$\delta_{cu,T} = \alpha_{cu}\,L\,\Delta T = (18.5\times10^{-6})\times L\times63 = 1165.5L\times10^{-6}$$
$$\delta_{st,T} = \alpha_{st}\,L\,\Delta T = (11.5\times10^{-6})\times L\times63 = 724.5L\times10^{-6}$$

고정지점에 의해 2개 봉에 발생하는 변형이 동일하게 되므로 그림 예3.4.5(2)와 같이 중공원형봉에는 압축력, 중실원형봉에는 인장력이 작용하며 압축력과 인장력은 평형조건에 의해 동일한 크기(P)이어야 한다. 각 봉에 발생하는 응력을 σ_{cu}, σ_{st} 각 단면적을 A_{cu}, A_{st}라 하면 평형방정식 (1)이 구성된다.

$$\sigma_{st}A_{st} - \sigma_{cu}A_{cu} = 0 \quad \cdots \ (1)$$

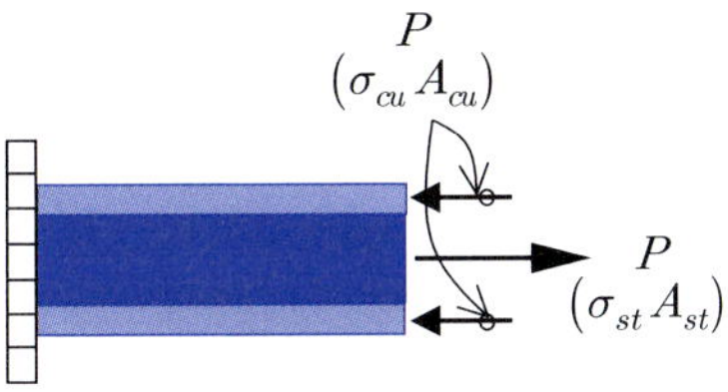

그림 예3.4.5(2)

그림 예3.4.5(3)과 같이 압축력과 인장력에 의해 각각의 봉에 발생하는 신축량 $\delta_{st,P}$, $\delta_{cu,P}$는 다음과 같다.

$$\delta_{cu,P} = \frac{\sigma_{cu}A_{cu}L}{A_{cu}E_{cu}} = \frac{\sigma_{cu}L}{E_{cu}} \quad ; \quad \delta_{st,P} = \frac{\sigma_{st}A_{st}L}{A_{st}E_{st}} = \frac{\sigma_{st}L}{E_{st}}$$

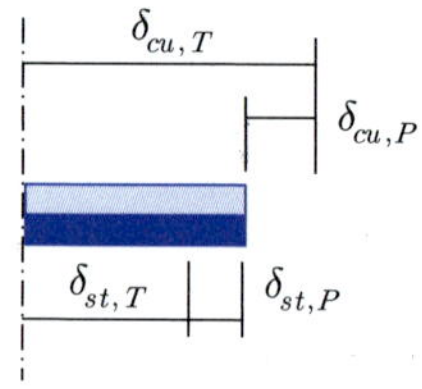

그림 예3.4.5(3)

두 봉에 발생하는 신장량은 동일해야 하므로 적합조건식 (2)가 성립하며 식 (1), (2)로부터 중공원형봉에 발생하는 압축응력은 $\sigma_{cu} = 30.0\,\mathrm{MPa}$, 중실원형봉에 발생하는 인장응력은 $\sigma_{st} = 28.3\,\mathrm{MPa}$가 산정된다.

$$1165.5L \times 10^{-6} - \frac{\sigma_{cu} L}{E_{cu}} = 724.5L \times 10^{-6} + \frac{\sigma_{st} L}{E_{st}}$$

$$\Rightarrow \quad 441 \times 10^{-6} = \frac{\sigma_{cu}}{E_{cu}} + \frac{\sigma_{st}}{E_{st}} \qquad \cdots \ (2)$$

요점

인장/압축 부재. 인장/압축 부재의 경우 평형조건은 축방향 이동력의 합이 0이라는 것이고 축방향 내력(internal axial force)을 산정하는 방법은 일정한 내력이 산정되는 구간 별로 단면법을 적용하는 것이다. 부분 자유물체도를 작성하는 경우 내력을 모두 단면에서 나가는 방향인 인장력으로 가정한 해석결과가 양이면 내력이 인장력, 음이면 압축력이므로 변형부호규약에 맞는 결과가 된다. 부재의 길이방향을 가로축, 축방향 내력의 크기를 세로축에 제시하여 모든 단면에서의 축방향 내력을 도시한 것을 축방향력선도(axial force diagram)라 한다. 축방향 내력에 의한 신장, 수축량은 1장에서 논의한 식 (1.3.1.1)로 결정한다.

$$\delta = \frac{PL}{AE} \tag{1.3.1.1}$$

δ의 부호는 내력의 부호와 동일하게 인장력에 의한 값이 양, 압축력에 의한 값이 음이다. 내력이 동일하더라도 재질 또는 단면형상이 다르면 응력과 변형의 크기는 달라지므로 부재의 길이방향으로 발생하는 전체 신장, 수축량은 축방향력선도에서의 일정한 내력은 물론 재질과 단면형상이 일정한 구간별로 산정하고 부호를 고려하여 합산한다. 허용응력 설계법을 적용하는 경우 구조부재에서 발생하는 최대 응력은 설계기준에서 규정한 허용응력 σ_a, τ_a를 초과할 수 없으므로 단면적 A인 구조부재가 허용응력 σ_a를 초과하지 않고 지지할 수 있는 허용 축방향 하중(allowable axial load) P_a는 식 (3.2.1.1)과 같이 결정하고 허용응력 σ_a를 초과하지 않고 축방향 하중 P를 지지할 수 있는 최소 소요단면적 $A_{\min}$은 식 (3.2.1.2)로 결정한다.

$$P_a = \sigma_a A \tag{3.2.1.1}$$

$$A_{\min} = \frac{P}{\sigma_a} \tag{3.2.1.2}$$

축방향 하중에 의한 변형에너지. 탄성계수 E, 단면적 A, 길이 L의 봉에 축방향 하중 P가 작용하여 선형거동으로 축방향 하중이 0에서 P_1으로 증가하는 동안 신장량 δ_1이 발생하면 축방향 하중에 의한 일(work) W_1은 $P_1\delta_1/2$이다. 축방향 하중이 0에서 P로 증가하는 동안 외력이 한 일 W는 봉에 저장되는 변형에너지 U와 동일하므로 U는 식 (3.2.1.3)으로 결정할 수 있고 U를 봉의 체적 AL로 나누면 식 (3.2.1.4)와 같이 단위체적 당 변형에너지 u로 제시할 수 있다.

$$U = \frac{P^2L}{2AE} = \frac{AE\delta^2}{2L} \tag{3.2.1.3}$$

$$u = \frac{\sigma^2}{2E} = \frac{E\epsilon^2}{2} = \frac{\sigma\epsilon}{2} \tag{3.2.1.4}$$

박판압력용기. 박판압력용기는 두께 t가 용기 내부반경 r_i의 1/10 이하인 압력용기로 이 경우 내압에 의한 응력은 벽체의 접선방향으로 단면에 균등하게 분포하는 인장응력이 발생하고 이러한 응력을 막응력(membrane stress)이라고도 한다. 그림 3.2.2.1(1)은 회전면으로 구성된 두께 t의 박판압력용기로 원통형(cylindrical) 또는 구형(spherical)을 모두 포함하는 형상이다. 내압 p가 작용하면 2개의 평행한 원과 2개의 자오선으로 구성되는 가로 d_{s_2}, 세로 d_{s_1}의 미소요소 A에는 자오선응력 σ_1과 원주응력 σ_2가 발생하는 2축응력 상태가 된다. 그림 3.2.2.1(2)는 미소요소 A의 자유물체도로 O_1과 r_1은 자오선의 곡률중심(center of curvature)과 곡률반경(radius of curvature)이고 O_2와 r_2는 자오선에 수직한 원의 중심과 반경이다. 미소요소 A의 자유물체도에 평형조건을 적용하면 σ_1과 σ_2의 다음 관계식 (3.2.2.1)이 성립한다.

$$\frac{\sigma_1}{r_1} + \frac{\sigma_2}{r_2} = \frac{p}{t} \tag{3.2.2.1}$$

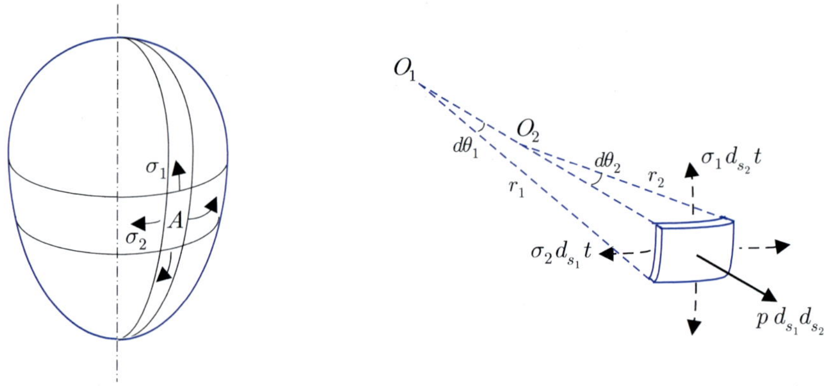

(1) 박판압력용기 **(2)** 미소요소 A의 자유물체도

그림 3.2.2.1

원통형 박판압력용기. 원통형 박판압력용기의 경우 위 관계식에서 $r_1 = \infty$, $r_2 = r$이므로 원주응력 σ_2는 식 (3.2.2.2)로 결정한다. 자오선 방향은 원통의 종방향이므로 원통의 종방향에 수직한 단면으로 단면법을 적용하고 부분 자유물체도를 구성하면 종방향 평형조건에 의해 σ_1을 결정할 수 있는 식 (3.2.2.3)이 구성된다.

$$\sigma_2 = \frac{pr}{t} \tag{3.2.2.2}$$

$$\sigma_1 = \frac{pr}{2t} \tag{3.2.2.3}$$

구형 박판압력용기. 구형 박판압력용기의 벽체에 발생하는 수직응력은 모든 방향으로 동일하므로 이러한 응력상태를 전방위인장(all-around tension)이라 하고 식 (3.2.2.1)에 $r_1 = r_2 = r$, $\sigma_1 = \sigma_2 = \sigma$를 적용하면 수직응력을 결정하는 식 (3.2.2.4)가 구성된다.

$$\sigma = \frac{pr}{2t} \tag{3.2.2.4}$$

박판압력용기의 설계. 원통형 박판압력용기의 설계는 식 (3.2.2.2)로 구한 인장응력이 허용인장응력 σ_a

를 초과하지 않도록 주어진 내압을 지지할 수 있는 소요두께 t_{req}를 식 (3.2.2.5)로 결정하며 r_i는 압력용기의 내부반경이다. 구형 박판압력용기의 경우 소요두께 t_{req}는 식 (3.2.2.6)으로 결정한다.

$$t_{req} = \frac{pr_i}{\sigma_a} \tag{3.2.2.5}$$

$$t_{req} = \frac{pr_i}{2\sigma_a} \tag{3.2.2.6}$$

원형축의 비틂. 비틂하중(torsional load)은 부재의 축방향 모멘트하중으로 이러한 하중이 작용하는 구조부재를 축(shaft)이라고 한다. 원형축은 중실원형축(solid circular shaft)과 중공원형축(hollow circular shaft)으로 구분하며 비틂하중이 작용하는 원형축을 해석하고 설계하기 위해서는 응력과 변형인 비틂응력과 비틂각을 산정해야 한다. 하중과 반력으로 작용하는 비틂하중을 외적토크(external torque)라 하고 외적토크에 의해 단면에 내력으로 전달되는 비틂모멘트를 내적토크(internal torque)라 한다. 동일한 단면에서 산정되는 내적토크는 부분 자유물체도의 선택과 무관하게 동일해야 하므로 내적토크가 단면에서 나가는 방향을 양의 내적토크로 부호규약을 적용하며 부분 자유물체도에서 내적토크를 모두 양의 방향으로 가정하면 부호규약에 부합하는 결과가 구해진다. 부재축을 따라 내적토크를 도시한 것을 내적토크선도(internal torque diagram)라 한다. 내적토크 T에 의해 원형축에 발생하는 순수전단(pure shear) 응력상태로부터 전단응력과 전단력을 설정하고 이에 의한 원형축 중심의 비틂모멘트가 내적토크와 같다는 조건을 적용하면 중심으로부터 임의의 반경 ρ에 발생하는 전단응력을 결정할 수 있는 식 (3.3.1.1)을 구할 수 있으며 이를 비틂공식(torsion formular)이라 하고 J는 극관성모멘트다. 전단효과의 방향은 중요하지 않으므로 전단응력에 부호를 제시하는 것은 의미가 없다.

$$\tau = \frac{T\rho}{J} \tag{3.3.1.1}$$

순수전단 변형의 관계식에 후크의 법칙과 비틂공식을 적용하면 비틂강성(torsional rigidity) GJ가 일정한 길이 L의 원형축에 일정한 내적토크 T가 작용하여 발생하는 비틂각 ϕ는 다음 식으로 결정할 수 있다.

$$\phi = \frac{TL}{GJ} \tag{3.3.1.2}$$

내적토크의 부호규약에 의해 양의 비틂각은 양의 내적토크에 의해 발생하는 것으로 정의한다. 허용전단응력 τ_a가 주어지면 축이 지지할 수 있는 토크 T_a는 식 (3.3.1.1)로부터 다음과 같이 결정하고 허용전단응력 τ_a는 전단항복응력 τ_y를 안전계수로 나눈 값을 사용하며 τ_y가 주어지지 않은 경우 인장항복응력 σ_y의 57%를 τ_y로 사용한다.

$$T_a = \frac{\tau_a J}{c} \tag{3.3.1.3}$$

재료특성의 방향성. 원형축의 부재 단면에 전단응력이 발생하면 부재 축방향 단면(longitudinal section)에도 동일한 크기의 전단응력이 발생하며 이를 평면응력요소의 응력상태로 표시하면 순수전단 상태가 된다. 재료특성이 모든 방향으로 동일한 경우 등방성(isotropic)이라 하며 대부분의 구조재료는 등방성이다. 그러나 목재와 같이 섬유와 평행한 단면에서의 전단강도가 직교방향 단면의 전단강도보다 매우 작은 경우 목재축에 과도한 비틂하중이 작용하면 섬유와 평행한 단면 방향으로 파괴가 발생한다. 그러므로 목재를 부재로 사용하면 섬유와 평행한 단면의 전단응력을 검토해야 하는 것은 자명하다.

순수전단 상태의 변형에너지. 그림 3.3.1.4와 같이 순수전단 상태인 평면응력요소의 선형거동에 의해 발생하는 변형에너지 U는 변 ad에 작용하는 전단력 $\tau dx\,dz(P)$와 해당변위 $\gamma dy(\delta)$에 의한 일 W와 같고 U를 평면응력요소의 체적 $dx\,dy\,dz$로 나누고 후크의 법칙($\tau = G\gamma$)을 적용하면 단위체적 당 변형에너지 u로 제시할 수 있다.

$$U = W = \frac{P\delta}{2} = \frac{(\tau dx\,dz)(\gamma dy)}{2} = \frac{\gamma\tau}{2}dx\,dy\,dz$$

$$u = \frac{\gamma\tau}{2} = \frac{\tau^2}{2G} = \frac{G\gamma^2}{2} \tag{3.3.1.4}$$

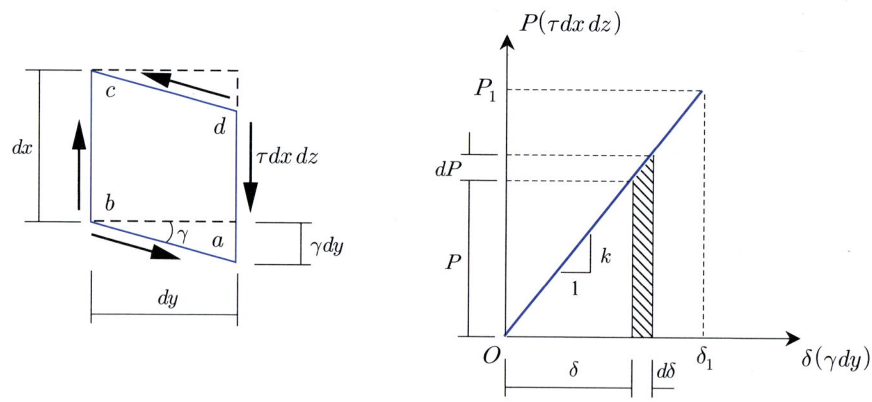

(1) 순수전단 상태　　(2) 선형거동

그림 3.3.1.4

원형축의 변형에너지. 중실원형축에 비틂하중 T가 작용하여 저장되는 선형거동에 의한 변형에너지는 다음 식 (3.3.2.2)로 결정한다.

$$U = \frac{T^2L}{2GJ} \tag{3.3.2.2}$$

축방향 부정정문제. 부정정구조물(statically indeterminate structure)은 정정구조물에 필요, 충분한 지점 이외에 추가로 지점이 설치되는 구조물로 반력의 개수가 적용할 수 있는 평형방정식 개수보다 많아 평형방정식만으로 반력을 결정할 수 없는 구조물이다. 축방향 부정정문제는 축방향 변형조건을 적용하여 해결할 수 있다. 축방향 부재를 포함한 부정정구조물의 경우 여분구속에서 발생하는 여분구속력은 상응하는 자유도에 대한 구속력이고 각 여분구속력에 상응하는 변형은 구속되어야 하므로 미지의 여분구속력 개수만큼 변형에 대한 적합조건식(compatibility equation)이 구성된다. 그러므로 부정정구조물의 미지력(반력)과 식(평형방정식 + 적합조건식)의 개수는 항상 일치하고 모든 미지력을 구할 수 있다.

열팽창계수. 일반적 재료는 온도가 증가하면 팽창하고 감소하면 수축한다. 균질한 재료로 구성된 구조 부재의 온도변화에 의한 신장 또는 수축 δ_T는 온도의 변화량 ΔT와 길이 L에 비례하며 다음 식으로 결정하고 여기서 α는 열팽창계수(coefficient of thermal expansion)로 $-/(°F)$ 또는 $-/(℃)$의 단위를 갖는다.

$$\delta_T = \alpha L \Delta T \tag{3.4.1}$$

열응력. 부재의 축방향 신축이 구속되어 있지 않은 경우는 식 (3.4.1)을 적용하여 온도변화에 의한 신축량을 산정할 수 있고 이로 인한 응력은 발생하지 않으나 부정정구조물의 경우 온도변화에 의한 변형이 구속되면 이로 인한 응력이 발생하고 이를 열응력(thermal stresses)이라 한다. 온도변화를 포함하는 부정정문제 또한 일반적인 부정정문제와 동일한 방식으로 해석한다.

연습문제

연습문제 3.2.1절 인장/압축 부재

3-1 지점반력을 구하고 트러스 부재의 소요단면적을 구하시오. 허용 인장/압축 응력은 각각 150/75 MPa이다.

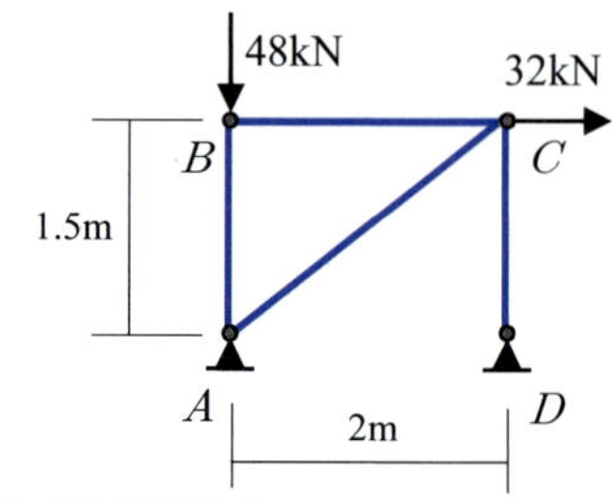

[답] $R_{A,x} = 32\,\text{kN} \leftarrow$, $R_{A,y} = 24\,\text{kN} \uparrow$, $R_{D,y} = 24\,\text{kN} \uparrow$

$A_{BA} = 6.40 \times 10^{-4}\,\text{m}^2$, $A_{CD} = 3.20 \times 10^{-4}\,\text{m}^2$, $A_{AC} = 2.67 \times 10^{-4}\,\text{m}^2$

3-2 단면법을 사용하여 부재 *AB*, *AE*, *ED*의 부재력과 소요단면적을 구하시오. 허용 인장/압축 응력은 각각 140/70 MPa이다.

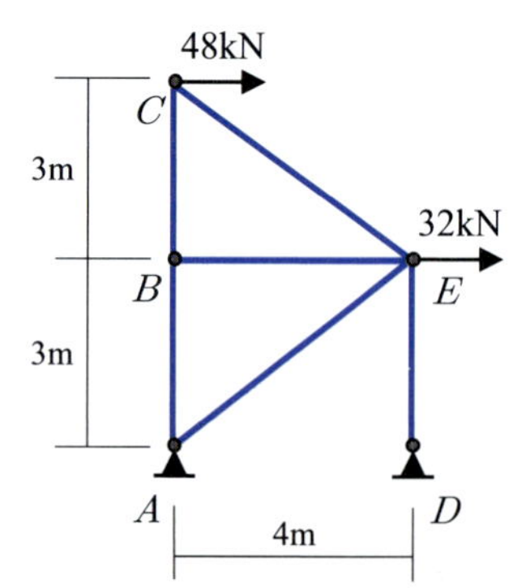

[답] $A_{BA} = 2.57 \times 10^{-4}\,\text{m}^2$, $A_{AE} = 7.14 \times 10^{-4}\,\text{m}^2$, $A_{ED} = 13.71 \times 10^{-4}\,\text{m}^2$

3-3 단면법을 사용하여 부재 *AB*, *BF*, *EF*의 부재력과 소요단면적을 구하시오. 허용 인장/압축 응력은 각각 150/75 MPa이다.

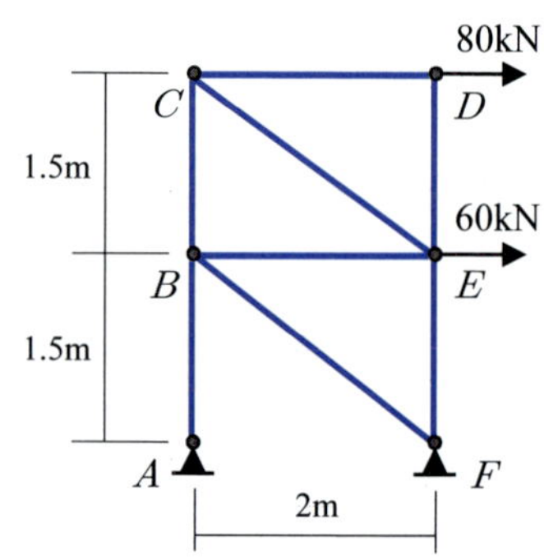

[답] $A_{BA} = 11.0 \times 10^{-4}\,\text{m}^2$, $A_{BF} = 23.3 \times 10^{-4}\,\text{m}^2$, $A_{EF} = 8.0 \times 10^{-4}\,\text{m}^2$

3-4 단면적이 각각 5 cm², 10 cm²인 강선 BC와 강봉 AB의 응력을 구하시오. 추의 무게 W는 60 kN이다.

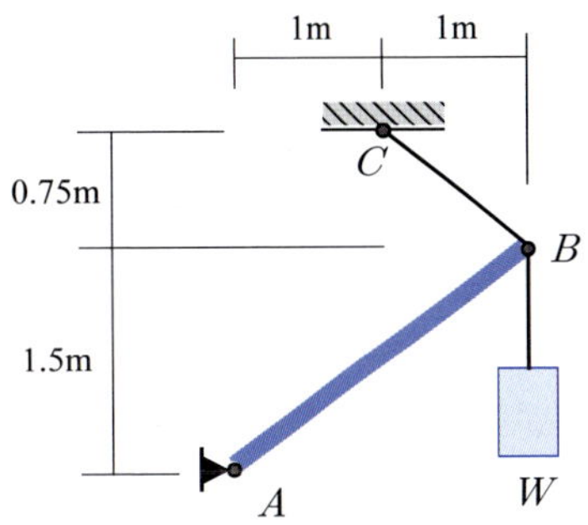

[답] σ_{BC}= 100 MPa, σ_{AB}= −50 MPa

3-5 강봉 AB의 응력과 변형률을 구하시오. 봉의 직경은 ϕ15 mm 이고 탄성계수는 E= 210 GPa이다.

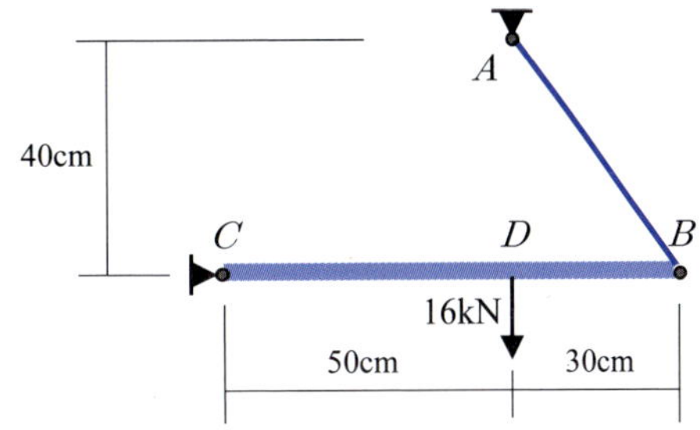

[답] σ_{AB}= 70.7 MPa, ϵ_{AB}= 0.337×10^{-3}

3-6 강봉 AB의 응력과 신장량을 구하시오. 봉의 직경은 ϕ15 mm 이고 탄성계수는 E= 210 GPa이다.

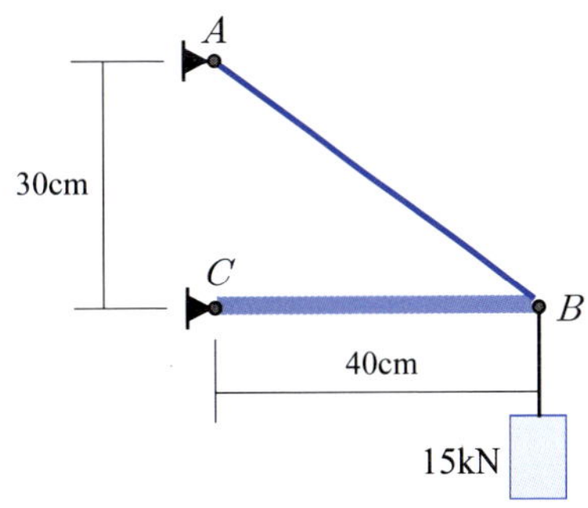

[답] σ_{AB}= 141.5 MPa, δ_{AB}= 0.337×10^{-3} m

3-7 지점반력을 구하고 강봉 CD의 응력과 변형률을 구하시오. 봉의 직경은 ϕ20mm이고 탄성계수는 $E=210\,\text{GPa}$ 이다.

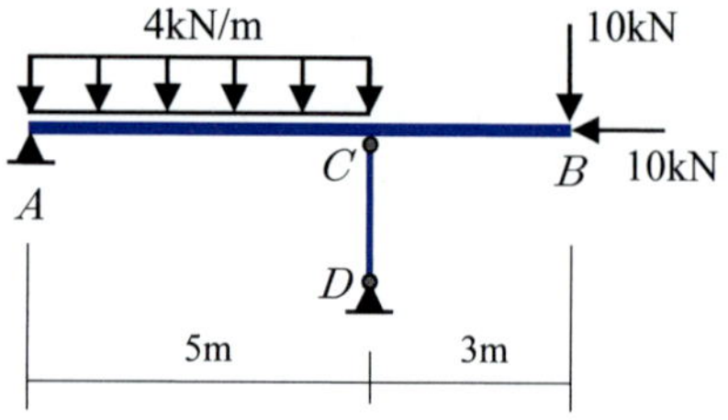

[답] $R_{A,x}=10\,\text{kN}\rightarrow$, $R_{A,y}=4\,\text{kN}\uparrow$, $R_{D,y}=26\,\text{kN}\uparrow$

$\sigma_{CD}=-82.8\,\text{MPa}$, $\epsilon_{CD}=-3.94\times10^{-4}$

3-8 원형 강봉으로 구성된 축방향 부재의 축방향력선도 및 각 구간의 응력과 전체 길이의 신장량을 구하시오. 탄성계수는 $E=210\,\text{GPa}$이고 항복응력은 $\sigma_y=250\,\text{MPa}$ 이다.

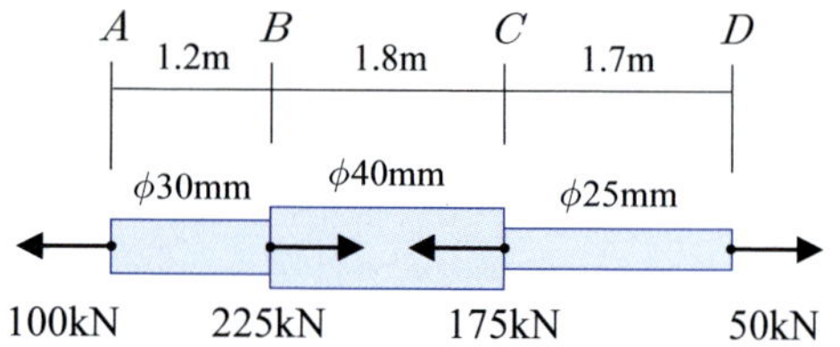

[답] $P_{AB}=100\,\text{kN}$, $P_{BC}=-125\,\text{kN}$, $P_{CD}=50\,\text{kN}$

$\sigma_{AB}=141.5\,\text{MPa}$, $\sigma_{BC}=-99.5\,\text{MPa}$, $\sigma_{CD}=101.9\,\text{MPa}$, $\delta=0.781\times10^{-3}\text{m}$

3-9 길이 20cm의 일정단면 강봉에 압축력 20kN이 작용하고 있다. 단면적 A가 1) $20\,\text{cm}^2$인 경우와 2) $10\,\text{cm}^2$인 경우 봉에 저장되는 에너지를 구하시오. 탄성계수는 $E=200\,\text{GPa}$이다.

[답] 1) 0.1N·m, 2) 0.2N·m

3-10 응력이 균일하게 분포한다고 가정하고 3개 봉에 저장되는 변형에너지를 구하시오. 탄성계수는 E다.

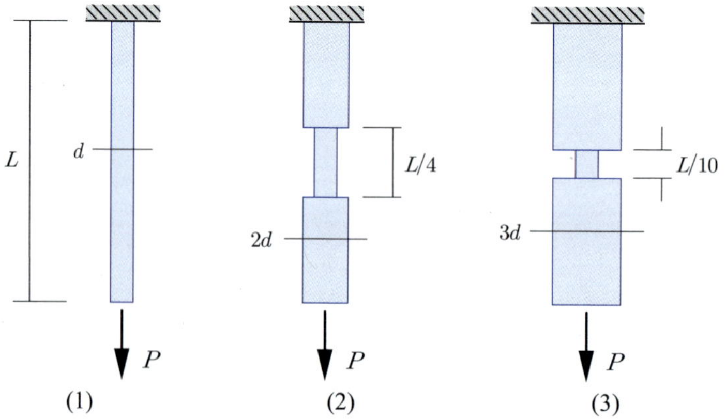

[답] $U_1=\dfrac{P^2L}{2AE}$, $U_2=\dfrac{7}{16}U_1$, $U_3=\dfrac{1}{5}U_1$

3-11 C점의 수평변위를 구하시오. EA는 일정하다.

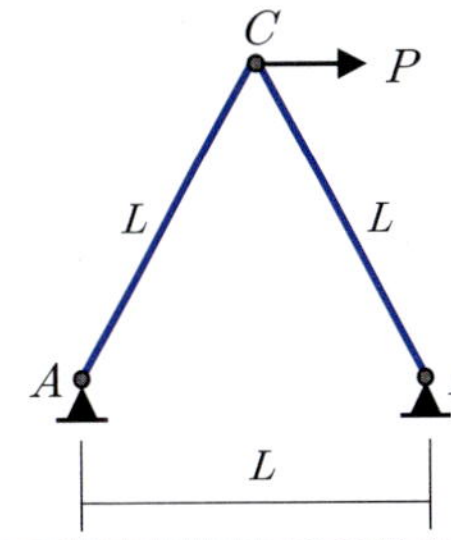

[답] $2PL/EA$

3-12 D점의 수직변위를 구하시오. EA는 일정하다.

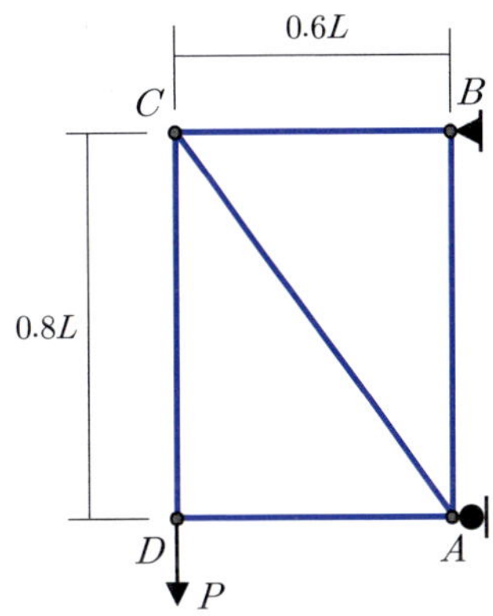

[답] $3.5PL/EA$

연습문제 3.2.2절 박판압력용기

3-13 반경 $r = 50\,\text{cm}$, 벽두께 $t = 40\,\text{mm}$의 박판 구형 압력용기가 지지할 수 있는 최대 허용 내부압을 구하시오. 허용 인장응력은 60 MPa이다.

[답] 9.6 MPa

3-14 반경 $r = 30\,\text{cm}$의 박판 원통형 압력용기에 내부압 $p = 3.5\,\text{MPa}$이 작용하는 경우 소요 벽두께를 구하시오. 허용 인장응력은 140 MPa이다.

[답] 7.5 mm

3-15 직경 $d = 60\,\text{cm}$, 두께 $t = 3\,\text{mm}$의 강재 중공원형관에 내압 $p = 1\,\text{MPa}$이 작용하는 경우 원주응력과 직경의 증가량을 구하시오. 탄성계수는 $E = 200\,\text{GPa}$이다.

[답] 100 MPa, $\Delta d = 0.03\,\text{cm}$

연습문제 3.3.1절 원형축의 비틂

3-16 강재 원형축에 발생하는 내적토크선도, 최대 전단응력 및 단면 D의 단면 A에 대한 상대적 비틂각을 구하시오. 전단탄성계수는 $G = 84\,\text{GPa}$이다.

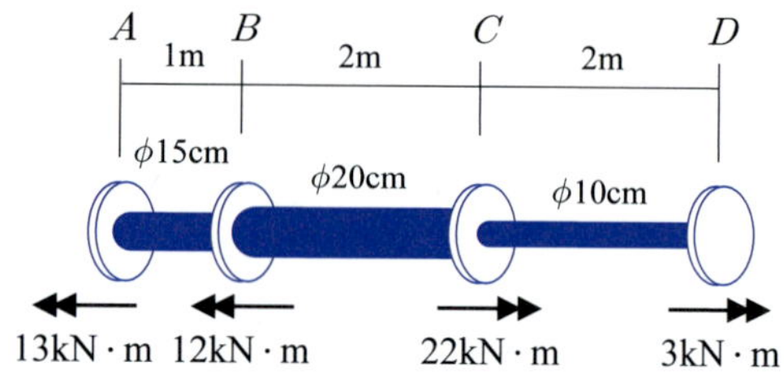

[답] $T_{AB} = 13\,\text{kN}\cdot\text{m}$, $T_{BC} = 25\,\text{kN}\cdot\text{m}$, $T_{CD} = 3\,\text{kN}\cdot\text{m}$

$\tau_{AB} = 19.6\,\text{MPa} = \tau_{\max}$, $\phi = 14.2\times10^{-3}\,\text{rad}$ 반시계방향

3-17 강재 원형축에 발생하는 내적토크선도, 최대 전단응력 및 우측단의 좌측단에 대한 상대적 비틂각을 구하시오. 전단탄성계수는 $G = 84\,\text{GPa}$이다.

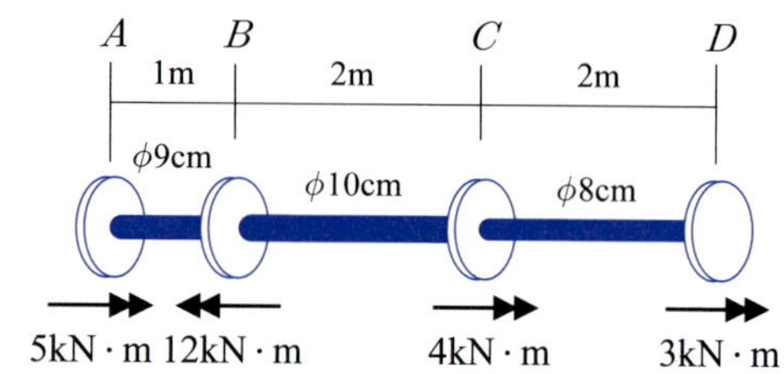

[답] $T_{AB} = -5\,\text{kN}\cdot\text{m}$, $T_{BC} = 7\,\text{kN}\cdot\text{m}$, $T_{CD} = 3\,\text{kN}\cdot\text{m}$

$\tau_{BC} = 35.6\,\text{MPa} = \tau_{\max}$, $\phi = 25.5\times10^{-3}\,\text{rad}$ 반시계방향

3-18 강재 원형축에 발생하는 내적토크선도, 최대 전단응력 및 자유단의 고정지점에 대한 상대적 비틂각을 구하시오. 전단탄성계수는 $G = 84\,\text{GPa}$ 이다.

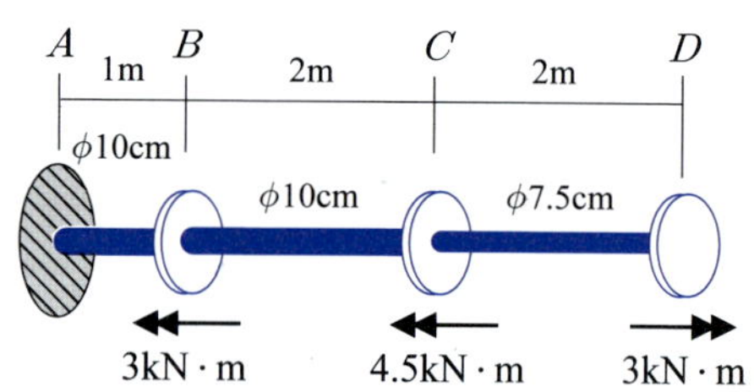

[답] $T_{AB} = -4.5\,\text{kN}\cdot\text{m}$, $T_{BC} = -1.5\,\text{kN}\cdot\text{m}$, $T_{CD} = 3\,\text{kN}\cdot\text{m}$

$\tau_{CD} = 36.2\,\text{MPa} = \tau_{\max}$, $\phi = 13.9\times10^{-3}\,\text{rad}$ 반시계방향

3-19 강재 원형축에 발생하는 내적토크선도, 최대 전단응력 및 단면 D의 고정지점에 대한 상대적 비틂각을 구하시오. 전단탄성계수는 $G = 84\,\text{GPa}$이다.

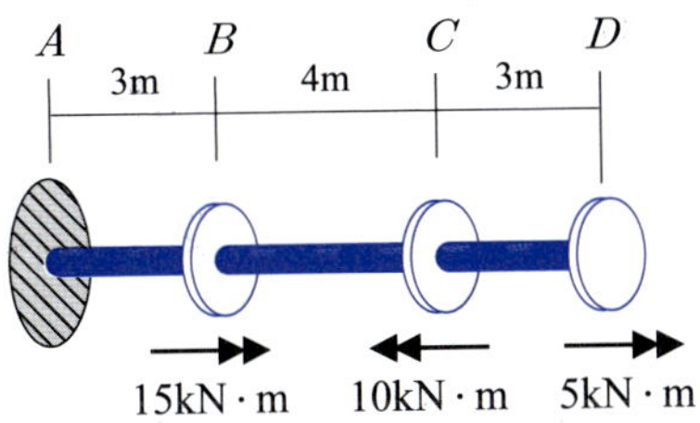

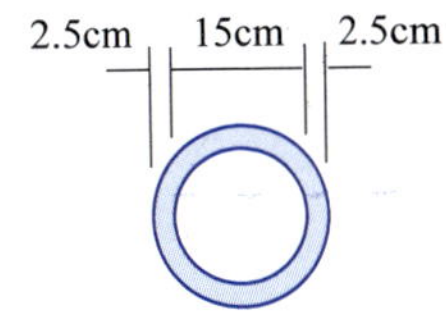

[답] $T_{AB} = 10\,\text{kN}\cdot\text{m}$, $T_{BC} = -5\,\text{kN}\cdot\text{m}$, $T_{CD} = 5\,\text{kN}\cdot\text{m}$

$\tau_{AB} = 9.31\,\text{MPa} = \tau_{max}$, $\phi = 2.77\times10^{-3}\,\text{rad}$ 반시계방향

3-20 강재 원형축에 발생하는 내적토크선도, 최대 전단응력 및 단면 D의 고정지점에 대한 상대적 비틂각을 구하시오. 원형축의 직경은 $\phi 10\,\text{cm}$이고 전단탄성계수는 $G = 84\,\text{GPa}$이다.

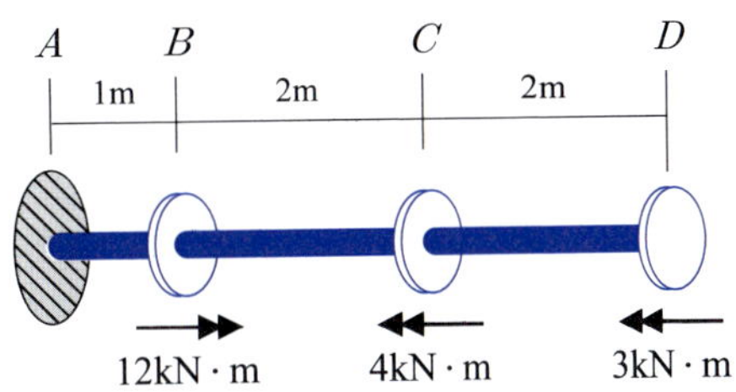

[답] $T_{AB} = 5\,\text{kN}\cdot\text{m}$, $T_{BC} = -7\,\text{kN}\cdot\text{m}$, $T_{CD} = -3\,\text{kN}\cdot\text{m}$

$\tau_{BC} = 35.7\,\text{MPa} = \tau_{max}$, $\phi = 0.182\times10^{-1}\,\text{rad}$ 시계방향

연습문제 3.4절 축방향 부정정문제

3-21 중실원형봉(길이 L, 단면적 A_1, 탄성계수 E_1)이 중공원형봉(길이 L, 단면적 A_2, 탄성계수 E_2)의 내부에 조립되어 있고 무한강성판을 통해 압축하중 P가 작용하는 경우 각 봉이 분담하는 압축력과 수축량을 구하시오.

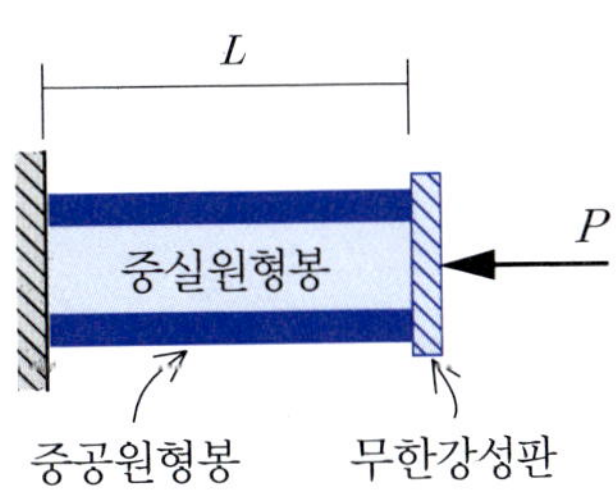

[답] $P_1 = \dfrac{A_1E_1P}{A_1E_1 + A_2E_2}$, $P_2 = \dfrac{A_2E_2P}{A_1E_1 + A_2E_2}$, $\delta_1 = \delta_2 = \dfrac{PL}{A_1E_1 + A_2E_2}$

3-22 강재 원통(안지름 $d = 15\,\text{cm}$, 벽두께 $t = 3\,\text{mm}$, 길이 $L = 30\,\text{cm}$) 내부에 콘크리트를 채우고 무한강성판을 통해 하중 $P = 450\,\text{kN}$으로 압축한다. $E_s = 200\,\text{GPa}$, $E_c = 20\,\text{GPa}$이고 후크의 법칙이 유효하다고 가정하여 강재와 콘크리트의 응력 및 원통의 수축량을 구하시오.

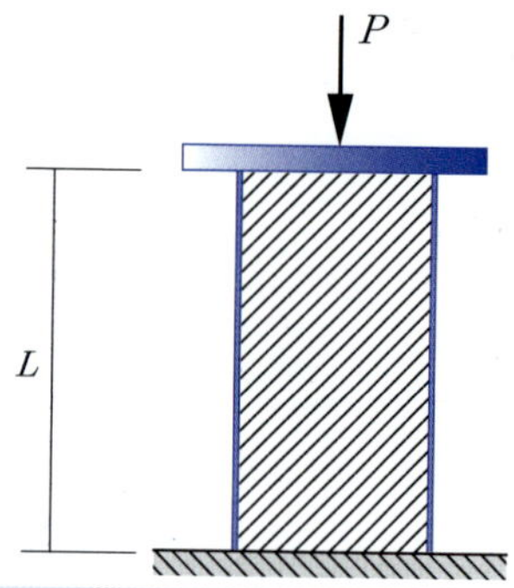

[답] $\sigma_s = 140\,\text{MPa}$, $\sigma_c = 14\,\text{MPa}$, $\delta_1 = \delta_2 = 0.21 \times 10^{-3}\,\text{m}$

3-23 양단고정으로 지지되어 있는 축방향 부재의 축방향력선도를 구하시오. AE는 일정하다.

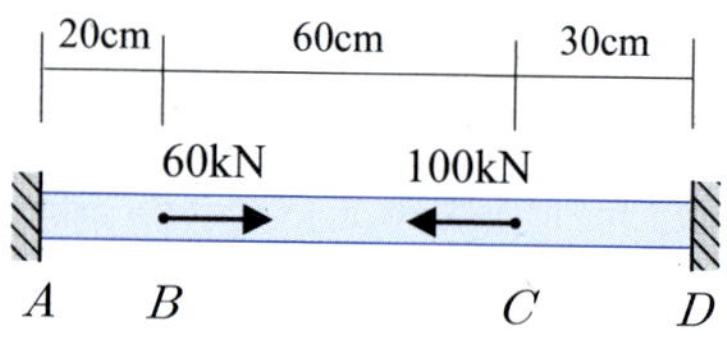

[답] $P_{AB} = 21.8\,\text{kN}$, $P_{BC} = -38.2\,\text{kN}$, $P_{CD} = 61.8\,\text{kN}$

3-24 단면적이 다른 봉 AC, CE가 양단고정으로 지지되어 있다. 구간 AB, BC, CD, DE의 응력과 축방향력선도를 구하시오. 탄성계수 E는 일정하다.

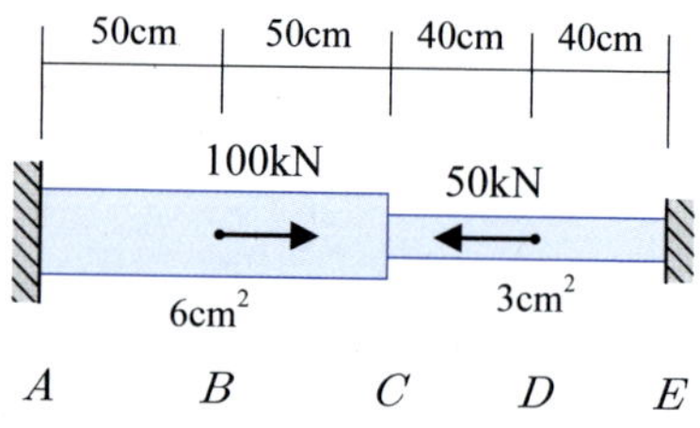

[답] $\sigma_{AB} = 109\,\text{MPa}$, $\sigma_{BC} = -57.7\,\text{MPa}$, $\sigma_{CD} = -115\,\text{MPa}$, $\sigma_{DE} = 51.3\,\text{MPa}$
$P_{AB} = 65.4\,\text{kN}$, $P_{BC} = P_{CD} = -34.6\,\text{kN}$, $P_{DE} = 15.4\,\text{kN}$

3-25 양단고정으로 지지되어 있는 봉 AC, BC의 응력을 구하시오. 탄성계수 E는 일정하다.

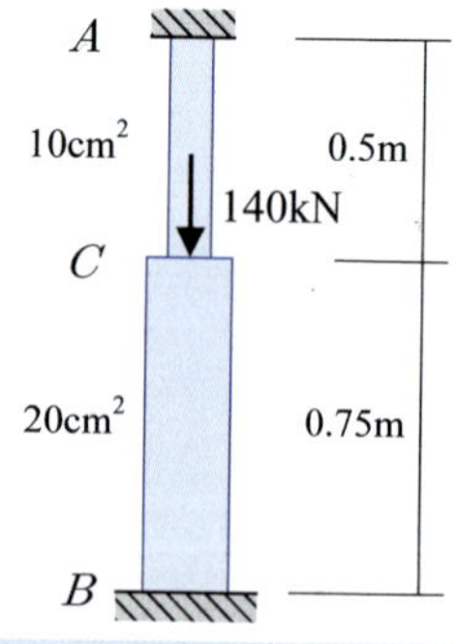

[답] $\sigma_{AC} = 60.0\,\text{MPa}$, $\sigma_{BC} = -40.0\,\text{MPa}$

3-26 부재 AC는 강, BC는 구리로 구성된 연결봉이 양단고정으로 지지되어 있다. 부재 AC와 BC의 응력과 변형률을 구하시오. 강과 구리의 탄성계수는 각각 $E_{st} = 210\,\text{GPa}$, $E_{cu} = 120\,\text{GPa}$이다.

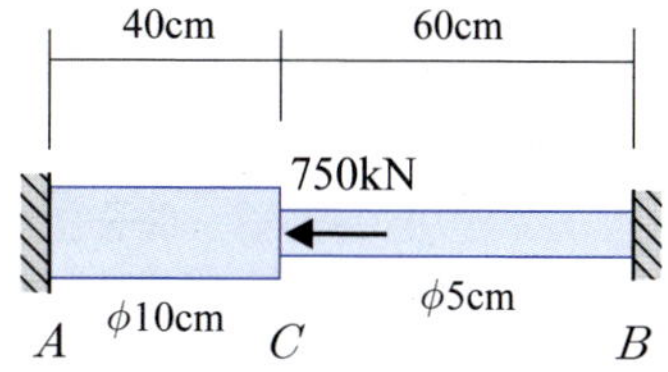

[답] $\sigma_{st} = -86.7\,\text{MPa}$, $\epsilon_{st} = -4.13 \times 10^{-4}$, $\sigma_{cu} = 34.3\,\text{MPa}$, $\epsilon_{cu} = 2.86 \times 10^{-4}$

3-27 구간 AC는 강, CD는 구리로 구성된 봉이 양단고정으로 지지되어 있다. 축방향력선도를 작성하고 구간 AB, BC, CD의 응력과 변형률을 구하시오. 단면적은 $2.5\,\text{cm}^2$이고 강과 구리의 탄성계수는 각각 $E_{AC} = 210\,\text{GPa}$, $E_{CD} = 105\,\text{GPa}$이다.

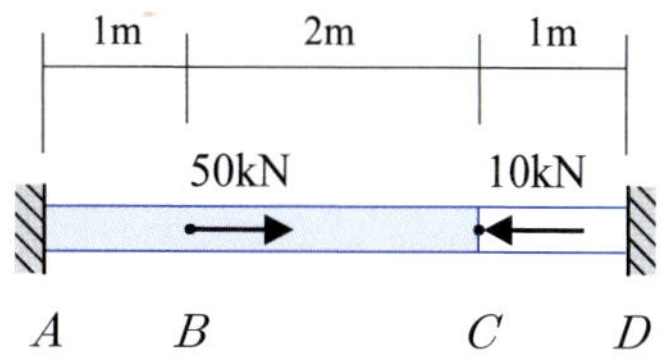

[답] $P_{AB} = 36\,\text{kN}$, $P_{BC} = -14\,\text{kN}$, $P_{CD} = -4\,\text{kN}$

$\sigma_{AB} = 144\,\text{MPa}$, $\sigma_{BC} = -56\,\text{MPa}$, $\sigma_{CD} = -16\,\text{MPa}$

$\epsilon_{AB} = 0.686 \times 10^{-3}$, $\epsilon_{BC} = -0.267 \times 10^{-3}$, $\epsilon_{CD} = -0.152 \times 10^{-3}$

3-28 무한강성의 보가 힌지지점 A와 2개의 강봉 BE, CF로 지지되어 있다. 강봉에 발생하는 부재력을 구하시오. AE는 일정하다.

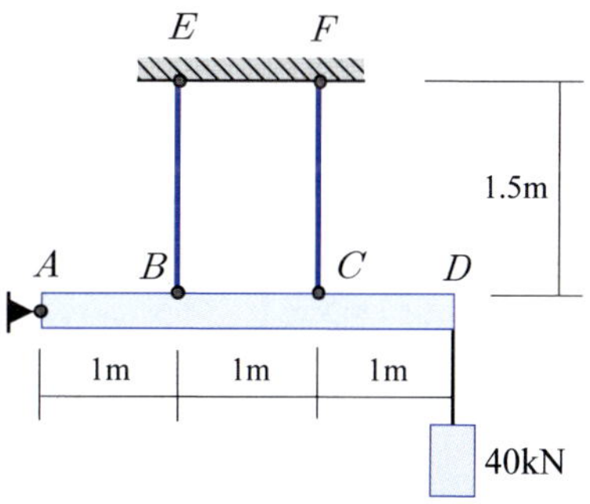

[답] $T_{BE} = 24\,\text{kN}$, $T_{CF} = 48\,\text{kN}$

3-29 무한강성의 보가 힌지지점 D와 2개의 강봉 BE, CF로 지지되어 있다. 강봉에 발생하는 부재력을 구하시오. AE는 일정하다.

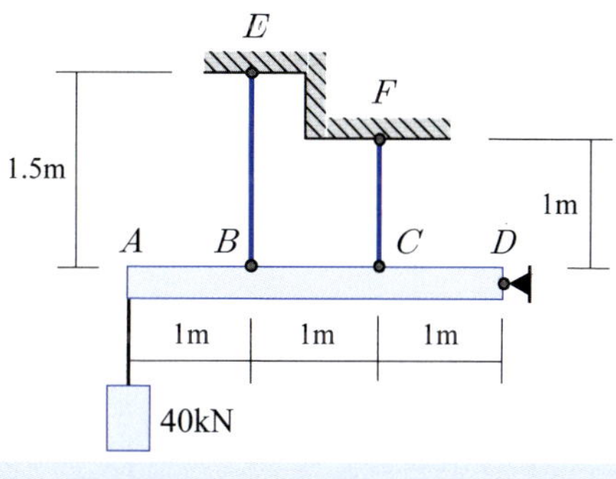

[답] $T_{BE} = 43.6\,\text{kN}$, $T_{CF} = 32.7\,\text{kN}$

3-30 무한강성의 보가 좌측과 중앙은 구리케이블, 우측은 강케이블로 지지되어 있다. 단면적이 동일한 경우 각 케이블이 분담하는 하중을 구하시오. 강과 구리의 탄성계수는 각각 $E_{st} = 210\,\text{GPa}$, $E_{cu} = 117\,\text{GPa}$이다.

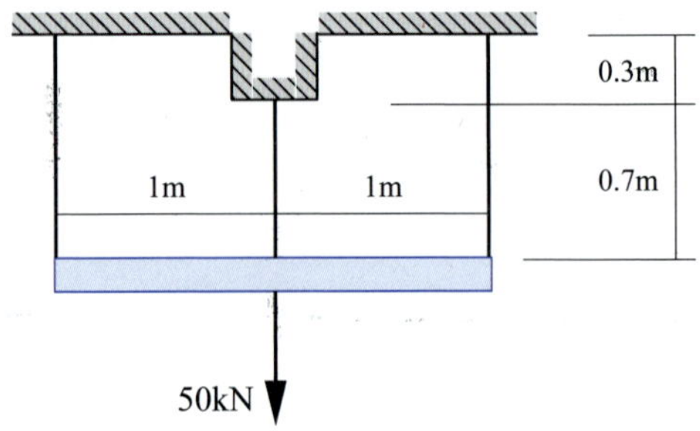

[답] $P_{cu} = 16.1\,\text{kN}$ (좌측), $P_{cu} = 17.8\,\text{kN}$ (중앙), $P_{st} = 16.1\,\text{kN}$

3-31 무한강성의 보가 좌측과 중앙은 구리케이블, 우측은 강케이블로 지지되어 있다. 단면적이 동일한 경우 각 케이블이 분담하는 하중을 구하시오. 강과 구리의 탄성계수는 각각 $E_{st} = 210\,\text{GPa}$, $E_{cu} = 105\,\text{GPa}$이다.

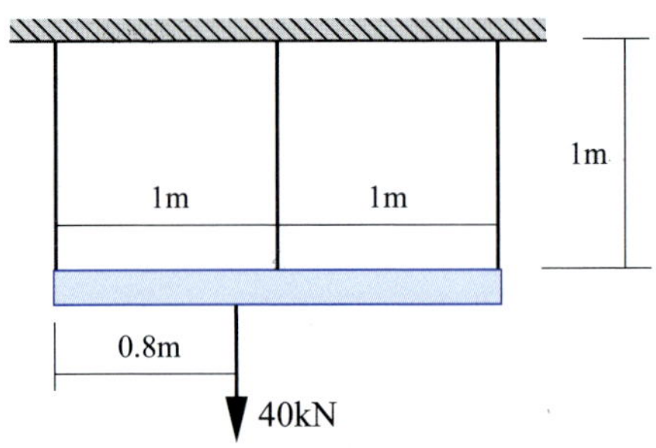

[답] $P_{cu} = 18.2\,\text{kN}$ (좌측), $P_{cu} = 11.6\,\text{kN}$ (중앙), $P_{st} = 10.2\,\text{kN}$

3-32 양단이 고정지점으로 지지되어 있는 이단 중실원형축의 연결부분 C에 비틂모멘트 T_0가 작용하는 경우 지점반력과 연결부분 C의 회전각 ϕ_0를 구하시오. 전단탄성계수 G는 일정하다.

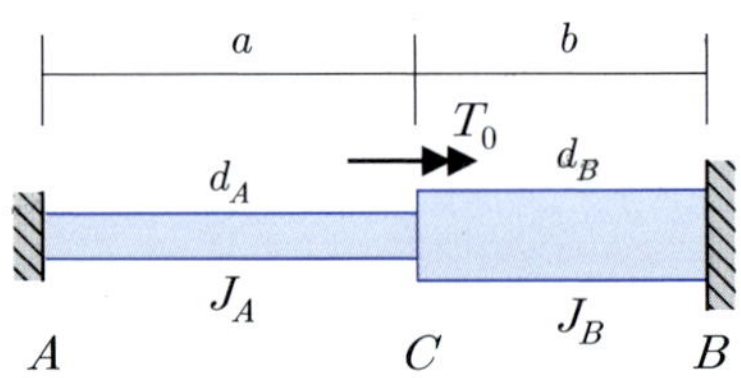

[답] $T_A = \dfrac{T_0}{1 + J_B a / J_A b}$, $T_B = \dfrac{T_0}{1 + J_A b / J_B a}$, $\phi_0 = \dfrac{T_0 ab}{G(J_A b + J_B a)}$

3-33 양단이 고정지점으로 지지되어 있는 이단 중실원형축의 연결부분 C에 비틂모멘트가 작용하는 경우 지점반력과 연결부분 C의 고정지점 A에 대한 회전각 ϕ_C를 구하시오. 전단탄성계수는 $G = 84\,\text{GPa}$이다.

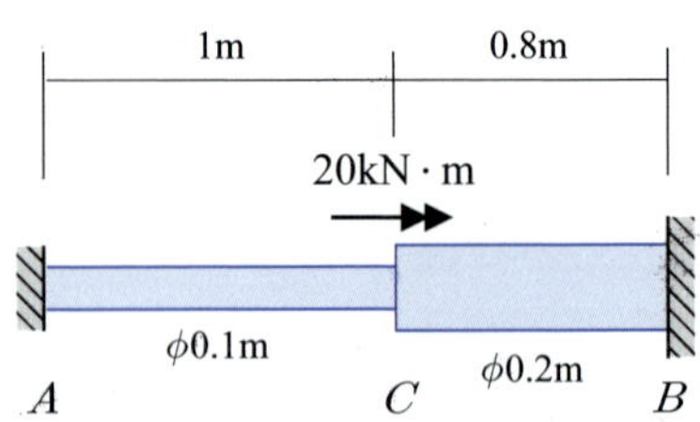

[답] $T_A = 0.95\,\text{kN}\cdot\text{m} \leftarrow$, $T_B = 19.05\,\text{kN}\cdot\text{m} \leftarrow$, $\phi_C = 1.15 \times 10^{-3}\,\text{rad}$ 반시계방향

3-34 청동과 강으로 구성된 연결봉이 무응력상태로 양단고정 지지되어 있다. 30℃의 온도하강이 발생하는 경우 각 봉에 발생하는 응력을 구하시오. 청동과 강의 탄성계수 E_{br}, E_{st}는 100GPa, 210GPa이고 열팽창계수 α_{br}, α_{st}는 19×10^{-6}/℃, 12×10^{-6}/℃이다.

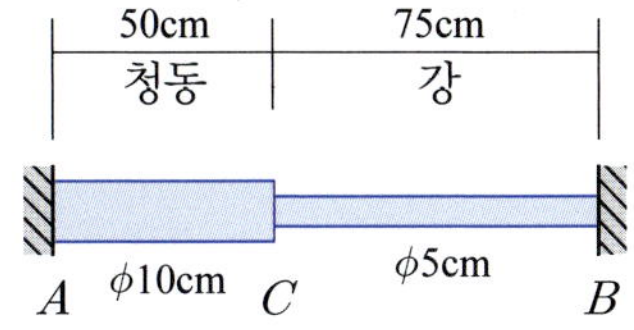

[답] $\sigma_{cu} = 28.8\,\text{MPa}$, $\sigma_{st} = 115.1\,\text{MPa}$

3-35 상부는 구리, 하부는 강으로 구성된 연결봉이 무응력상태로 양단고정 지지되어 있다. 20℃의 온도상승이 발생하는 경우 각 봉의 응력과 B점의 변위를 구하시오. 탄성계수는 $E_{cu} = 105\,\text{GPa}$, $E_{st} = 210\,\text{GPa}$이고 열팽창계수는 $\alpha_{br} = 19\times10^{-6}$/℃, $\alpha_{st} = 12\times10^{-6}$/℃이다.

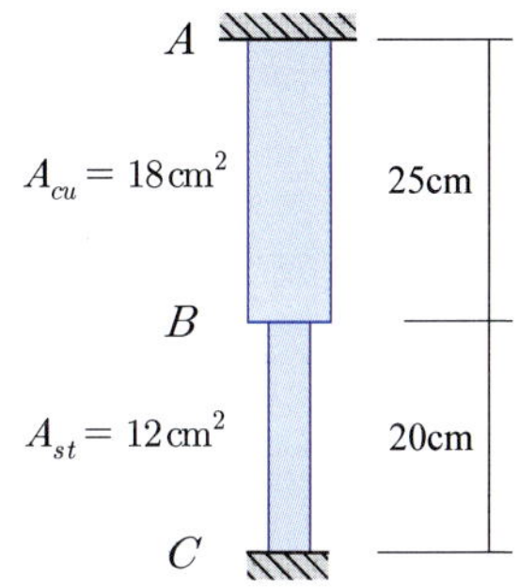

[답] $\sigma_{cu} = -37.5\,\text{MPa}$, $\sigma_{st} = -56.3\,\text{MPa}$, $0.562\times10^{-5}\,\text{m}\downarrow$

04

보의 응력

4.1 개요

재료역학에서 다루고자 하는 가장 중요한 부분은 4장에서 논의하는 보의 응력과 5장, 6장에서 소개하는 보의 처짐 및 부정정보의 해석 부분으로 보 구조물을 설계하기 위한 기본적인 과정이다. 정역학 과정에서 논의한 바와 같이 2차원 역계에서 거동하는 보에 발생하는 내력으로는 역계의 자유도인 수평력, 수직력 및 회전력에 해당하는 3개의 힘이 있다. 부재축이 수평력과 일치한다면 보의 단면에 발생하는 수평력, 수직력 및 회전력은 각각 축력, 전단력 및 휨모멘트다. 4장에서는 논의를 단순화하기 위해 직선보를 대상으로 하며 축력은 제외하고 휨모멘트와 전단력에 의해 발생하는 응력을 산정하는 방법만을 제시하도록 구성되어 있다. 곡선보 또는 축력을 포함하는 경우인 보-기둥 구조물은 구조역학의 후속과정에서 다루게 된다.

4장의 전반부는 휨모멘트에 의해 보 단면에 수직으로 발생하는 수직응력을 산정하기 위한 휨공식을 유도하고 적용하는 방법을 논의한다. 철근콘크리트와 같은 구조부재는 서로 다른 재료가 단면을 구성하는 합성단면이므로 균질한 단면에 적용하는 방법과는 다른 방법이 요구된다. 또한 전단력에 의해 보 단면에 수평으로 발생하는 전단응력을 산정하기 위한 전단공식을 유도하고 적용하는 방법을 논의한다. 일반적으로 구조부재에 사용되는 단면은 대칭단면으로 단면형상은 응력산정을 좌우하는 부재특성이다. 4장의 후반부는 대칭단면과 비대칭단면을 대상으로 응력을 산정하는 방법의 차이에 관한 논의와 함께 탄성해석과 소성해석의 차이점을 소개하는 부분으로 구성되어 있다.

4.2 휨응력

4.2.1 휨응력 공식

휨모멘트는 보를 휘어지게 하는 내력으로 휨모멘트에 의해 단면에 수직한 수직응력이 발생하는 것은 축력의 경우와 동일하나 인장응력과 압축응력이 같이 작용하여 단면의 한 부분은 신장되고 다른 부분은 수축되는 변형으로 부재의 휨이 발생한다. 휨모멘트에 의한 수직응력을 휨응력(flexural stress)이라고 하는 것은 내력과 연관한 용어다.

그림 4.2.1.1은 xy평면에서 거동하는 보가 휨모멘트에 의해 변형된 상태를 제시한 것으로 단면은 y축 대칭인 일정단면이고 휨모멘트는 z축 방향이다. 보의 길이방향 x축으로 도심 C를 관통하는 축이 부재축(beam axis)이며 하중이 재하되어 변형이 발생하기 전에 부재축

은 직선이고 모든 단면은 부재축에 직각이다. 보의 일정구간 $c-d$에 양의 휨모멘트 M만 내력으로 발생한 상태(순수휨 상태; pure bending state)의 변형에서 임의의 두 단면 $m-n$과 $p-q$는 상대적으로 약간 기울게 되나 단면은 평면이고 부재축에 수직을 유지한다고 가정하며 이와 같이 변형 전에 평면인 단면이 변형 후에도 평면을 유지한다는 가정 하의 보 이론을 Euler의 보 이론(Euler's beam theory)이라 한다. 반면 Timoshenko의 보 이론(Timoshenko's beam theory)에서는 변형 전에 평면이고 부재축에 수직인 단면이 변형 후에는 평면을 유지하지 못하고 부재축에 더 이상 수직이 되지 않는다고 가정하며 보의 높이가 큰 경우에 유효한 이론이다. 4장에서는 Euler의 보 이론에 기초한다.

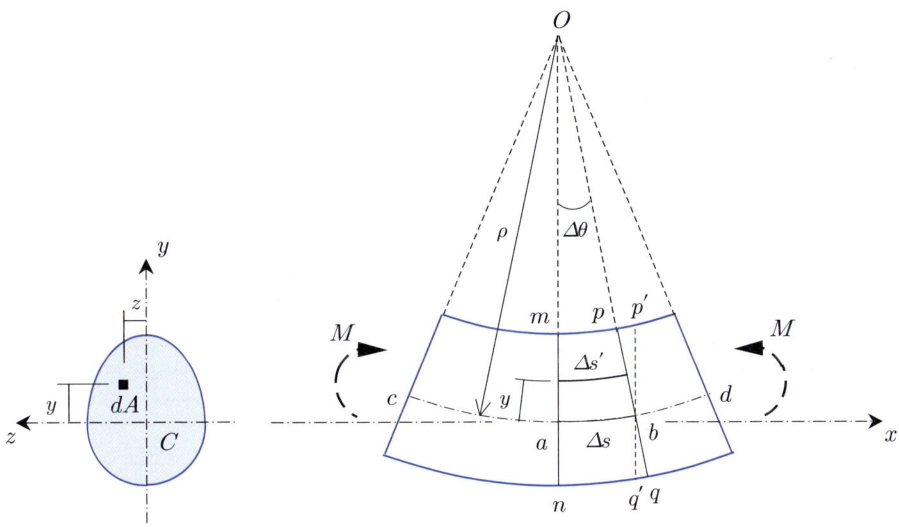

그림 4.2.1.1 순수휨

단면이 부재축 방향의 섬유로 구성되어 있다고 간주하면 휨 변형에 의해 $n-q$의 섬유는 신장되고(인장상태) $m-p$의 섬유는 수축된다(압축상태). 임의 위치의 섬유 $a-b$는 휨에 의해 길이가 변하지 않으며(무응력상태) 이와 같이 무응력상태인 섬유들이 형성하는 면을 중립면(neutral surface)이라 하고 중립면에서 xy평면에 수직인 z축을 중립축(neutral axis)이라 한다. 순수휨 상태에서 xy평면과 z축의 교점이 단면의 도심 C다. 그림 4.2.1.1에 표시한 바와 같이 중립면의 섬유 $a-b$의 길이를 Δs, 중립면에서 거리 y에 위치한 섬유길이를 $\Delta s'$라 하면 선형변형률(linear strain)은 다음과 같은 관계식을 구성하므로 섬유의 신장, 수축량은 중립면으로부터의 거리에 비례함을 알 수 있다.

$$\epsilon = \lim_{\Delta s \to 0} \frac{\Delta s' - \Delta s}{\Delta s} = \lim_{\Delta \theta \to 0} \frac{(\rho - y)\Delta\theta - \rho\Delta\theta}{\rho\Delta\theta} = -\frac{y}{\rho}$$

변형 전 모든 섬유길이는 동일하므로 휨에 의한 종방향 섬유의 선형변형률은 중립면에서 0이고 연단(extreme fiber)에서 최대가 된다.

$$\epsilon_t = -\frac{c_t}{\rho} \quad ; \quad \epsilon_b = \frac{c_b}{\rho}$$

대부분의 재료에서 인장 측과 압축 측의 탄성계수는 동일하므로 보의 탄성거동을 전제하고 후크의 법칙을 적용하면 단면의 휨응력 또한 선형변형률과 마찬가지로 중립축에서 0, 연단에서 최대가 된다. 그림 4.2.1.2와 같이 휨모멘트 M_z에 의한 휨응력은 중립축에서 0, 상연의 σ_t가 최대 압축응력($\sigma_{c,\max}$), 하연의 σ_b가 최대 인장응력($\sigma_{t,\max}$)이 되는 직선분포가 된다.

$$\epsilon = \left(\frac{y}{c_t}\right)\epsilon_t \quad , \quad \sigma = \left(\frac{y}{c_t}\right)\sigma_t \quad ; \quad \epsilon = -\left(\frac{y}{c_b}\right)\epsilon_b \quad , \quad \sigma = -\left(\frac{y}{c_b}\right)\sigma_b$$

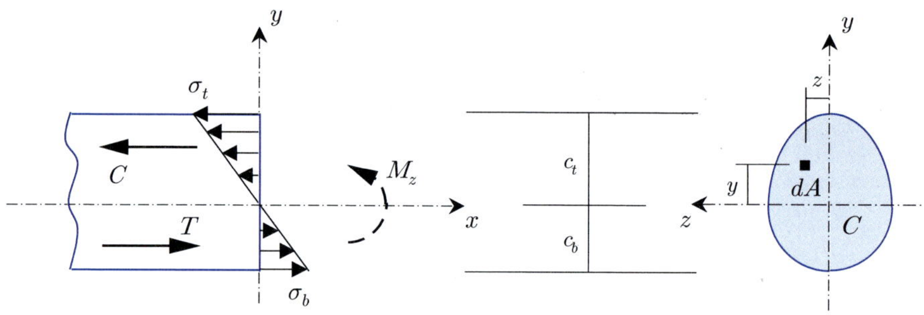

그림 4.2.1.2 휨응력 분포

그림 4.2.1.2는 순수휨 상태로 축력(인장 또는 압축)과 전단력은 단면에 작용하지 않은 상태에서 휨응력의 분포를 제시한 것이므로 휨응력 분포로부터 역으로 내력을 구하면 휨모멘트 M_z만 산정되어야 한다. 휨응력 분포에서 단면에 접선방향의 힘은 발생하지 않으므로 전단력은 0이다. 축력 또한 0이어야 하므로 인장응력의 합력(resultant)을 T, 압축응력의 합력을 C라 하면 T와 C는 크기가 같고 반대방향인 짝힘(우력; couple)을 형성해야 하고 짝힘에 의한 모멘트는 내력 M_z와 동일한 크기와 방향을 가져야 한다. 미소요소 dA에 작용하는 응력 σ에 의한 축력 σdA의 전체 단면에서의 합은 상연의 최대 압축응력 σ_t 또는 하연의 최대 인장응력 σ_b를 사용하면 다음과 같고 도심축에 대한 단면1차모멘트는 0이므로 두 경우 모두 축력은 0이라는 것을 확인할 수 있다.

$$\sum F_x = \int_A \sigma \, dA = \int_A \left(\frac{y}{c_t}\right)\sigma_t \, dA = \frac{\sigma_t}{c_t}\int_A y \, dA$$

$$\sum F_x = \int_A \sigma \, dA = \int_A -\left(\frac{y}{c_b}\right)\sigma_b \, dA = -\frac{\sigma_b}{c_b}\int_A y \, dA$$

휨모멘트 M_z는 $\sigma \, dA$의 도심축에 대한 모멘트를 전체 단면에서 합한 것이므로 다음과 같은 관계식이 구해진다. 상연의 최대 압축응력 σ_t 또는 하연의 최대 인장응력 σ_b를 사용하면 적분값은 중립축(z축)에 대한 단면2차모멘트이므로 I_z로 표기한 휨응력 공식 (4.2.1.1)을 구할 수 있다.

$$M_z = \int_A y\sigma \, dA = \int_A y\left\{\left(\frac{y}{c_t}\right)\sigma_t\right\}dA = \frac{\sigma_t}{c_t}\int_A y^2 \, dA$$

$$M_z = \int_A y\sigma \, dA = \int_A y\left\{-\left(\frac{y}{c_b}\right)\sigma_b\right\}dA = -\frac{\sigma_b}{c_b}\int_A y^2 \, dA$$

$$\sigma = -\frac{M_z y}{I_z} \tag{4.2.1.1}$$

휨응력 공식에 포함되는 부호는 공식을 유도하기 위해 설정한 y축의 방향(상향 또는 하향)에 의해 결정되는 것이므로 실제 해석에서는 보에 작용하는 휨모멘트의 방향에 의한 단면 연단의 인장, 압축 여부에 따라 응력의 부호를 결정한다. 휨응력 공식에서 응력은 휨모멘트에 비례하고 단면2차모멘트에 반비례하므로 단면2차모멘트는 휨모멘트에 대한 저항을 의미한다는 것을 알 수 있다. 단면계수(section modulus) $S(=I/c)$를 휨응력 공식에 사용하면 상, 하연의 응력을 다음과 같이 구할 수 있으므로 상, 하연의 연단거리가 같은 경우 단면계수를 사용하면 편리하다.

$$\sigma_t = -\frac{M_z c_t}{I_z} = -\frac{M_z}{S_{z,t}} \quad ; \quad \sigma_b = -\frac{M_z c_b}{I_z} = -\frac{M_z}{S_{z,b}}$$

폭 b, 높이 h인 직사각형 단면 및 직경 d인 원형 단면의 단면계수는 각각 다음과 같다. 강재 또는 목재를 구조부재로 제공하는 제작사는 실무자들이 사용할 수 있도록 보편적으로 사용되는 부재단면의 단면특성을 표로 작성하여 제공하고 있다.

$$S = \frac{I}{c} = \frac{bh^3/12}{h/2} = \frac{bh^2}{6} \quad ; \quad S = \frac{I}{c} = \frac{\pi d^4/64}{d/2} = \frac{\pi d^3}{32}$$

그림 4.2.1.3에 제시한 단면은 모두 수직 대칭축을 갖는 단면으로 수직 대칭축은 보가 대

칭축이 놓여 있는 평면에서 거동하도록 하는 전제조건이라는 것은 정역학에서 논의한 바 있다. 단면 (1), (2), (3)과 같이 수평 중립축에 대해서도 대칭인 2축대칭 단면의 경우는 최대 인장응력과 최대 압축응력의 크기가 동일하므로 휨모멘트선도에서 양의 최대값과 음의 최대값 중 큰 값을 최대 휨모멘트로 하여 연단에 발생하는 최대 휨응력을 결정한다. 그러나 단면 (4), (5), (6)과 같이 수평 중립축에 대해 비대칭인 1축대칭 단면은 상연, 하연에서 인장, 압축 응력의 크기가 다르게 산정되므로 휨모멘트선도에서 양의 최대값과 음의 최대값에 의해 발생하는 연단의 인장, 압축 응력을 각각 산정하여 큰 값을 최대 인장응력과 최대 압축응력으로 결정해야 한다.

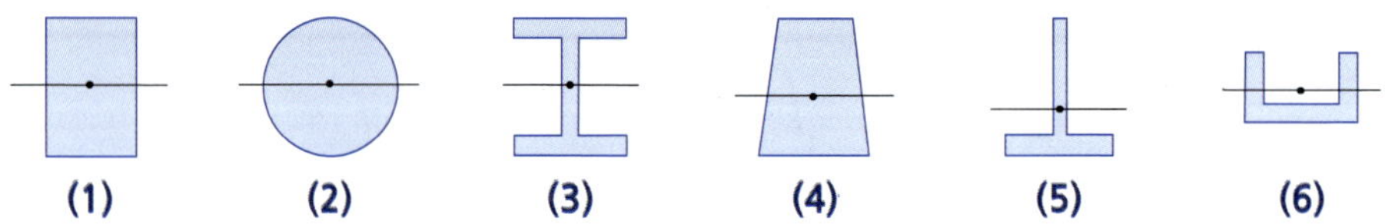

그림 4.2.1.3

예제 4.2.1.1

그림 예4.2.1.1과 같이 단순보에 등분포하중이 작용한다. 폭 $h/2$, 높이 h의 직사각형 단면의 경우 허용 휨응력 8MPa을 만족하는 h의 최소값을 구하시오.

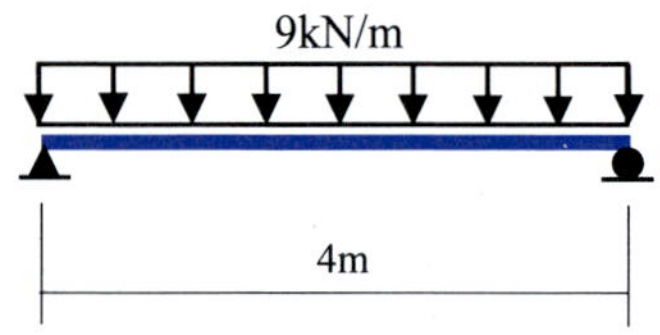

그림 예4.2.1.1

설명 단순보 중앙에 발생하는 최대 휨모멘트 및 폭 $h/2$, 높이 h의 직사각형 단면의 단면2차모멘트, 단면계수는 다음과 같다.

$$M_{\max} = \frac{wL^2}{8} = \frac{9 \times 4^2}{8} = 18\,(\mathrm{kN \cdot m})$$

$$I = \frac{(h/2) \times h^3}{12} = \frac{h^4}{24} \quad ; \quad S = \frac{h^4}{24} \times \frac{1}{h/2} = \frac{h^3}{12}$$

최대 휨응력 ≤ 허용응력을 만족하도록 높이 h의 최소값을 산정한다.

$$\sigma_{\max} = \frac{M}{S} = \frac{18 \times 10^3}{h^3/12} \leq 8 \times 10^6\,(\mathrm{Pa})$$

$$h^3 \geq \frac{18 \times 10^3 \times 12}{8 \times 10^6} = 27 \times 10^{-3}\,(\mathrm{m}^3) \quad \Rightarrow \quad h \geq 0.3\,\mathrm{m}$$

예제 4.2.1.2

단순보의 전단력선도, 휨모멘트선도를 작성하고 최대 휨응력을 구하시오.

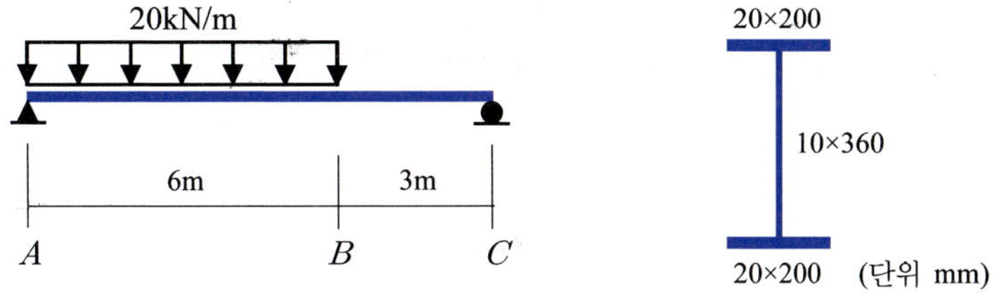

그림 예4.2.1.2(1)

설명 그림 예4.2.1.2(2)의 자유물체도에 평형방정식을 적용하여 반력을 구한다.

$$\sum^{A} M = 0 = 120 \times 3 - R_C \times 9 \quad ; \quad R_C = 40\,\text{kN}$$
$$\sum F_y = 0 = R_A - 120 + R_C \quad ; \quad R_A = 80\,\text{kN}$$

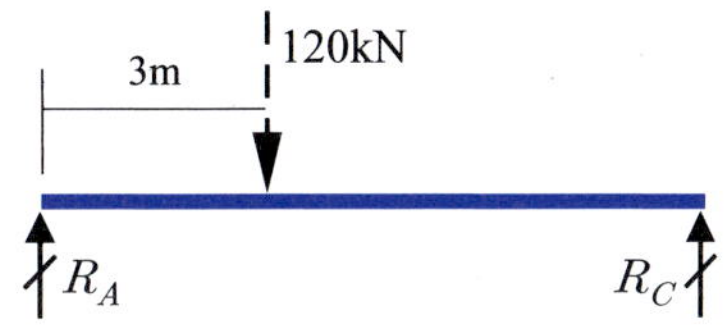

그림 예4.2.1.2(2)

그림 예4.2.1.2(3)의 전단력선도와 휨모멘트선도에서 각 제어점의 전단력과 휨모멘트는 다음과 같다.

$$\begin{aligned}
V_{A-} &= 0 \\
V_{A+} &= V_{A-} + 80 = 80\,(\text{kN}) \\
V_B &= V_{A+} - 20 \times 6 = -40\,(\text{kN}) = V_{C-} \\
V_{C+} &= V_{C-} + 40 = 0
\end{aligned}$$

$$\begin{aligned}
M_A &= 0 \\
M_D &= M_A + 80 \times 4 \times 0.5 = 160\,(\text{kN} \cdot \text{m}) \\
M_B &= M_D - 40 \times 2 \times 0.5 = 120\,(\text{kN} \cdot \text{m}) \\
M_C &= M_B - 40 \times 3 = 0
\end{aligned}$$

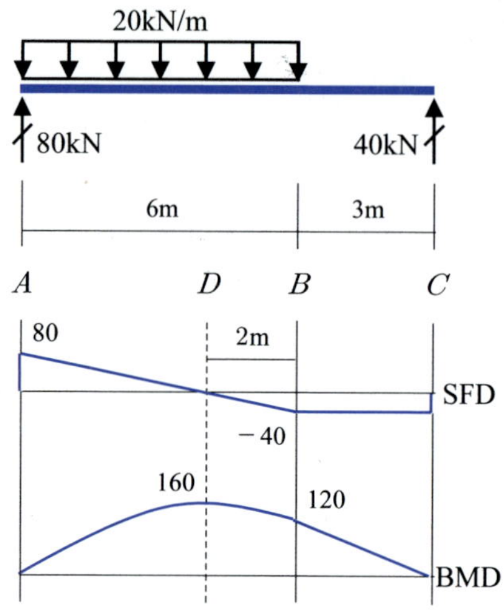

그림 예4.2.1.2(3)

단면2차모멘트를 산정하고 최대 휨모멘트 160 kN · m 를 적용하여 구한 최대 휨응력은 97.6 MPa이다.

$$I = \frac{20\times 40^3}{12} - 2\times\frac{9.5\times 36^3}{12} = 3.28\times 10^4\,(\text{cm}^4)$$

$$\sigma_{\max} = \frac{160\times 10^3\times 0.2}{3.28\times 10^{-4}}\times 10^{-6} = 97.6\,(\text{MPa})$$

예제 4.2.1.3 그림 예4.2.1.3(1)과 같이 1축대칭 단면을 갖는 외팔보의 전단력선도, 휨모멘트선도를 작성하고 최대 휨응력을 구하시오.

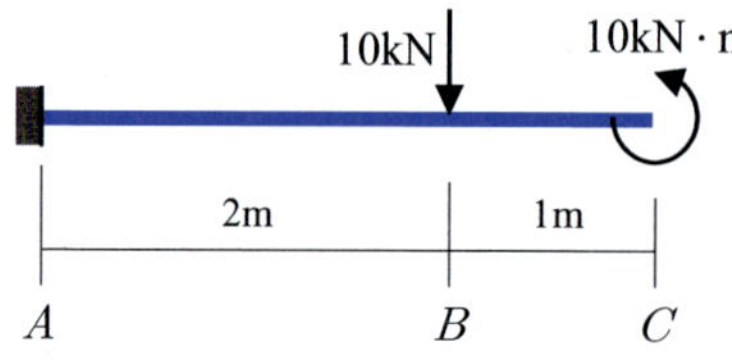

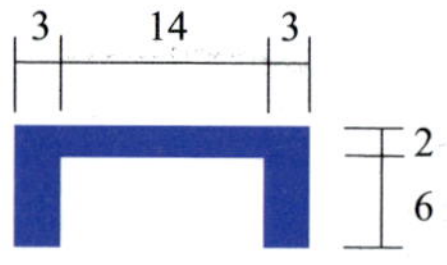

그림 예4.2.1.3(1)

설명 그림 예4.2.1.3(2)의 자유물체도에 평형방정식을 적용하여 반력을 구한다.

$$\sum F_y = 0 = R_A - 10 \quad ; \quad R_A = 10\,\text{kN}$$

$$\sum^{A} M = 0 = M_A - 10\times 2 + 10 \quad ; \quad M_A = 10\,\text{kN}\cdot\text{m}$$

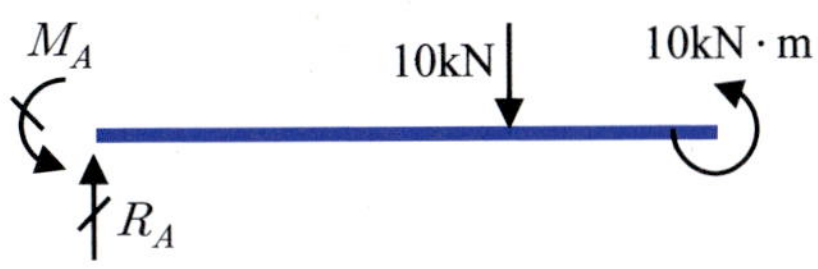

그림 예4.2.1.3(2)

수평 도심축 $\bar{x}$의 위치와 수평 도심축에 대한 단면2차모멘트를 산정하기 위해 단면을 그림 예4.2.1.3(3)과 같이 3개 직사각형의 합성단면으로 간주하고 하연에 기준축을 설정하여 표 예4.2.1.3을 작성한다.

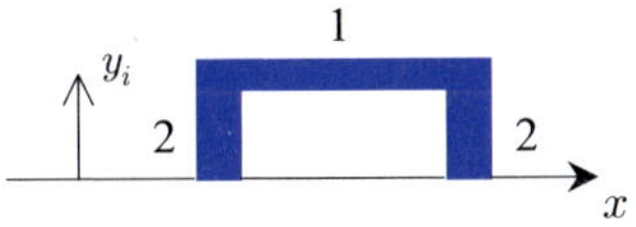

그림 예4.2.1.3(3)

기준축 x와 수평 도심축 $\bar{x}$ 간의 거리 $\bar{y}$를 단면1차모멘트로부터 구하면 평행축정리에 의한 항을 산정할 수 있다.

$$\bar{y} = \frac{\sum A_i y_i}{\sum A_i} = \frac{388}{76} = 5.11\,(\mathrm{cm})$$

각 직사각형의 자체 수평 도심축에 대한 단면2차모멘트를 구하고 평행축정리를 적용하면 수평 도심축 $\bar{x}$에 대한 단면2차모멘트는 다음과 같이 산정된다.

$$I_1 = \frac{20\times 2^3}{12} = 13.3\,(\mathrm{cm}^4) \quad ; \quad I_2 = \frac{3\times 6^3}{12} = 54\,(\mathrm{cm}^4)$$

$$I_{\bar{x}} = 303.2 + 121.3 = 424.5\,(\mathrm{cm}^4)$$

표 예4.2.1.3

구분	A_i	y_i	$A_i\,y_i$	$\bar{y}-y_i$	$A_i\left(\bar{y}-y_i\right)^2$	$I_{x,i}$
1	40	7	280	− 1.89	142.9	13.3
2	2×18	3	108	2.11	160.3	2×54
Σ	76		388		303.2	121.3

그림 예4.2.1.3(4)의 휨모멘트선도로부터 양의 최대값은 $B \sim C$ 구간 단면에서 10kN · m, 음의 최대값은 A 단면에서 −10kN · m이 결정된다. 양의 최대값에 대한 휨응력은 상연이 압축응력, 하연이 인장응력이고 음의 최대값에 대한 휨응력은 상연이 인장응력, 하연이 압축응력이므로 최대 인장응력은 $B \sim C$ 구간 단면에서 120.4MPa, 최대 압축응력은 A 단면에서 120.4MPa이다.

$$\sigma_{t,B/C} = \frac{10\times 10^3 \times 2.89\times 10^{-2}}{424.5\times 10^{-8}}\times 10^{-6} = 68.1\,(\mathrm{MPa}) \quad ; \quad 압축$$

$$\sigma_{b,B/C} = \frac{10\times 10^3 \times 5.11\times 10^{-2}}{424.5\times 10^{-8}}\times 10^{-6} = 120.4\,(\mathrm{MPa}) \quad ; \quad 인장$$

$$\sigma_{t,A} = \frac{10\times 10^3 \times 2.89\times 10^{-2}}{424.5\times 10^{-8}}\times 10^{-6} = 68.1\,(\mathrm{MPa}) \quad ; \quad 인장$$

$$\sigma_{b,A} = \frac{10\times 10^3 \times 5.11\times 10^{-2}}{424.5\times 10^{-8}}\times 10^{-6} = 120.4\,(\mathrm{MPa}) \quad ; \quad 압축$$

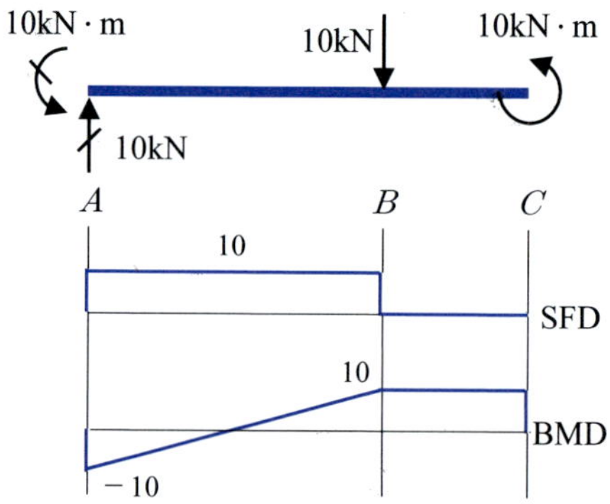

그림 예4.2.1.3(4)

예제 4.2.1.4

그림 예4.2.1.4(1)과 같이 역T형 1축대칭 단면을 갖는 내민보의 전단력선도, 휨모멘트선도를 작성하고 최대 휨응력을 구하시오.

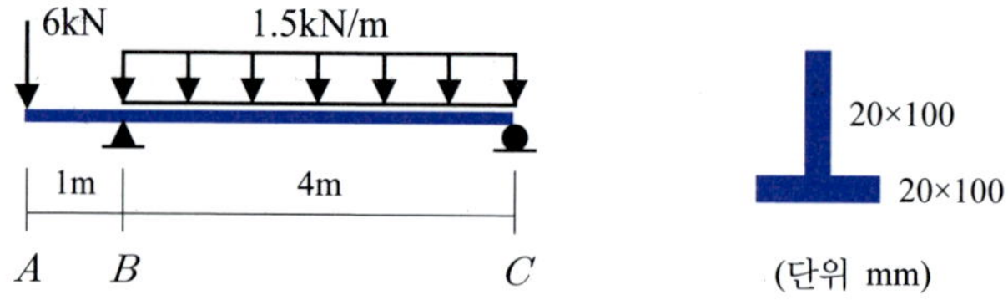

그림 예4.2.1.4(1)

설명 그림 예4.2.1.4(2)의 자유물체도에 평형방정식을 적용하여 반력을 구한다.

$$\sum^{C} M = 0 = 6\times 5 - R_B\times 4 + 6\times 2 \quad ; \quad R_B = 10.5\,\mathrm{kN}$$

$$\sum F_y = 0 = 6 - R_B + 6 - R_C \quad ; \quad R_C = 1.5\,\mathrm{kN}$$

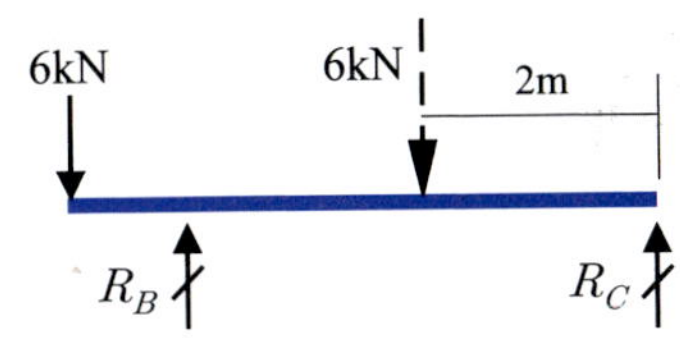

그림 예4.2.1.4(2)

수평 도심축 $\bar{x}$의 위치와 수평 도심축에 대한 단면2차모멘트를 산정하기 위해 단면을 그림 예4.2.1.4(3)과 같이 2개 직사각형의 합성단면으로 간주하고 하연에 기준축을 설정하여 표 예4.2.1.4를 작성한다.

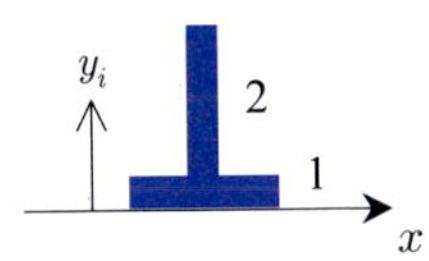

그림 예4.2.1.4(3)

기준축 x와 수평 도심축 $\bar{x}$ 간의 거리 $\bar{y}$는 $4\,\mathrm{cm}(=160/40)$이다. $I_{x,i}$를 구하고 평행축정리를 적용하면 수평 도심축 $\bar{x}$에 대한 단면2차모멘트는 다음과 같다.

$$I_1 = \frac{10\times 2^3}{12} = 6.67(\mathrm{cm}^4) \quad ; \quad I_2 = \frac{2\times 10^3}{12} = 166.67(\mathrm{cm}^4)$$

$$I_{\bar{x}} = 360 + 173.4 = 533.4(\mathrm{cm}^4)$$

표 예4.2.1.4

구분	A_i	y_i	$A_i\,y_i$	$\bar{y}-y_i$	$A_i\left(\bar{y}-y_i\right)^2$	$I_{x,i}$
1	20	1	20	−3	180	6.7
2	20	7	140	3	180	166.7
Σ	40		160		360	173.4

그림 예4.2.1.4(4)의 휨모멘트선도에서 양의 최대값은 $0.75\,\mathrm{kN}\cdot\mathrm{m}$($D$ 단면), 음의 최대값은 $-6\,\mathrm{kN}\cdot\mathrm{m}$($B$ 단면)이다. B 단면에서 최대 인장응력 90 MPa, 최대 압축응력 45 MPa이 산정된다.

$$\sigma_{t,D} = \frac{0.75\times 10^3\times 8\times 10^{-2}}{533.4\times 10^{-8}}\times 10^{-6} = 11.3(\mathrm{MPa}) \quad ; \quad \text{압축}$$

$$\sigma_{b,D} = \frac{0.75\times 10^3\times 4\times 10^{-2}}{533.4\times 10^{-8}}\times 10^{-6} = 5.6(\mathrm{MPa}) \quad ; \quad \text{인장}$$

$$\sigma_{t,B} = \frac{6\times 10^3\times 8\times 10^{-2}}{533.4\times 10^{-8}}\times 10^{-6} = 90.0(\mathrm{MPa}) \quad ; \quad \text{인장}$$

$$\sigma_{b,B} = \frac{6\times 10^3\times 4\times 10^{-2}}{533.4\times 10^{-8}}\times 10^{-6} = 45.0(\mathrm{MPa}) \quad ; \quad \text{압축}$$

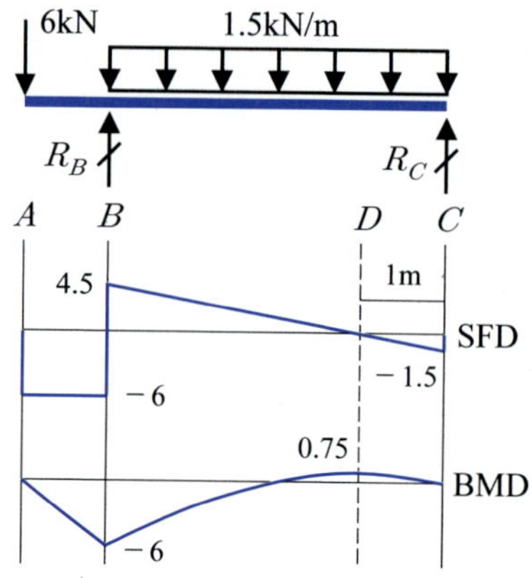

그림 예4.2.1.4(4)

4.2.2 합성단면의 응력

목재보를 구조부재로 사용하기 위해서는 강판으로 강도와 강성을 보강하는 경우가 있고 철근콘크리트 보는 콘크리트가 부담할 수 없는 인장력을 철근이 부담하도록 보강한 구조부재다. 이와 같이 서로 다른 재료로 구성된 보를 합성보(composite beam)라 하며 이 경우 서로 다른 재료는 경계면(interface)에서 내력에 의해 상대적인 변형이 발생하지 않도록 견고하게 부착되어야 한다. 그림 4.2.2.1(1)은 상, 하부가 다른 재료 1, 2(탄성계수 E_1, E_2)로 구성된 직사각형 단면이고 (2)는 휨모멘트에 의해 변형이 발생한 상태를 제시한 것이다. 4.2.1절의 휨응력 공식유도에서 적용한 변형에 대한 가정은 수직단면이 변형 전, 후에 평면을 유지하므로 종방향 섬유의 변형률은 중립축에서의 거리에 비례한다는 것이다. 재료 1, 2의 탄성계수가 $E_1 < E_2$인 경우 응력은 탄성계수에 비례하므로 (3)과 같이 재료 1, 2의 응력선도 기울기는 다른 직선을 갖게 된다.

$$\sigma_1 = E_1 \epsilon_x = -\frac{E_1}{\rho} y \quad ; \quad \sigma_2 = E_2 \epsilon_x = -\frac{E_2}{\rho} y$$

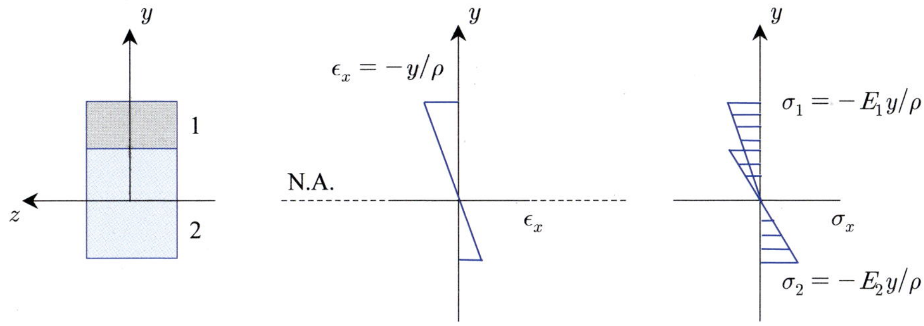

(1) 합성단면 **(2)** 휨변형 **(3)** 휨응력

그림 4.2.2.1

합성단면의 응력을 결정하는 방법은 그림 4.2.2.2에 제시한 바와 같이 단면을 환산하는 방법이다. 재료 1을 기준으로 한 탄성계수 비 $n(=E_2/E_1)$을 사용하여 재료 2의 폭을 n배로 환산하고 환산단면의 중립축에 대한 단면2차모멘트 I_1을 적용하여 휨응력 σ_x를 구하면 재료 1, 2의 실제응력 σ_{x1}, σ_{x2}는 다음과 같이 결정된다.

$$\sigma_x = -My/I_1 \quad ; \quad \sigma_{x,1} = -My/I_1 \quad ; \quad \sigma_{x,2} = -n(My/I_1)$$

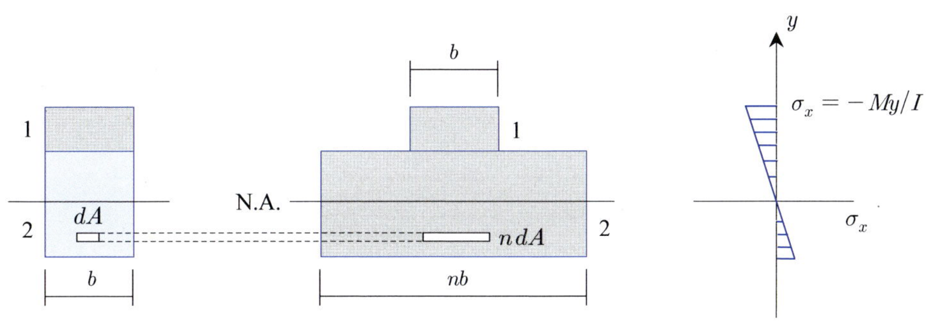

그림 4.2.2.2

반면 그림 4.2.2.3과 같이 재료 1의 폭을 $1/n$배로 환산하고 환산단면의 중립축에 대한 단면2차모멘트 I_2를 적용하여 휨응력 σ_x를 구하면 재료 1, 2의 실제응력 σ_{x1}, σ_{x2}는 다음과 같이 결정된다.

$$\sigma_x = -My/I_2 \quad ; \quad \sigma_{x,1} = -(1/n)(My/I_2) \quad ; \quad \sigma_{x,2} = -My/I_2$$

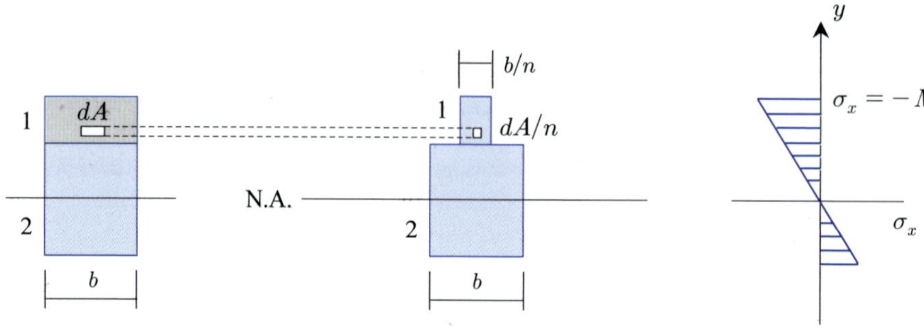

그림 4.2.2.3

예제 4.2.2.1

그림 예4.2.2.1(1)과 같이 목재 하부를 강판으로 보강한 합성단면의 구조부재에 양의 휨모멘트 6kN·m가 작용하는 경우 목재와 강재에 발생하는 최대 휨응력을 구하시오. 목재와 강재의 탄성계수 비는 $E_w/E_s = 1/20$이다.

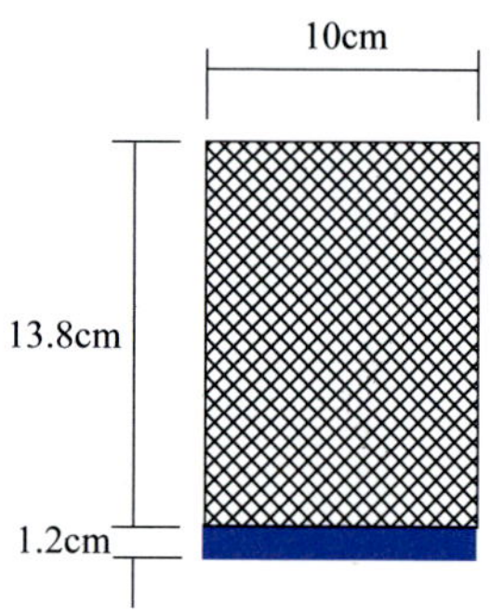

그림 예4.2.2.1(1)

설명 목재와 강재의 탄성계수 비 1/20을 적용하여 목재단면의 폭을 0.5cm로 변경한 환산단면은 그림 예4.2.2.1(2)와 같다. 수평 중립축 $\bar{x}$의 위치를 구하기 위해 환산단면의 하연에 기준축 x를 설정하여 구한 기준축과 수평 중립축 간 거리 $\bar{y}$ 및 환산단면의 단면 2차모멘트는 다음과 같다.

$$\bar{y} = \frac{\sum_i A_i y_i}{\sum_i A_i} = \frac{1.2 \times 10 \times 0.6 + 13.8 \times 0.5 \times (1.2 + 6.9)}{1.2 \times 10 + 13.8 \times 0.5} = 3.34\,(\text{cm})$$

$$I = \frac{10 \times 1.2^3}{12} + \frac{0.5 \times 13.8^3}{12} + 10 \times 1.2 \times (3.34 - 0.6)^2 + 0.5 \times 13.8 \times (1.2 + 6.9 - 3.34)^2$$

$$= 1.44 + 109.50 + 90.09 + 156.34 = 357.4\,(\text{cm}^4) = 3.574 \times 10^{-6}\,(\text{m}^4)$$

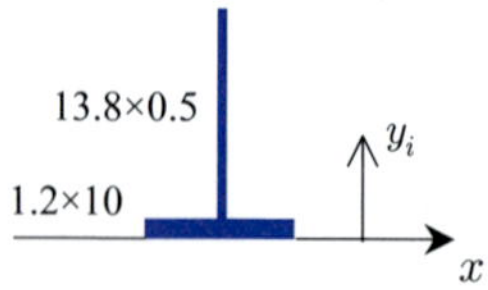

그림 예4.2.2.1(2)

강재에 발생하는 최대 인장응력은 하연의 연단거리 $y_s = 3.34\text{cm}$를 적용하고 목재에 발생하는 최대 압축응력은 상연의 연단거리가 y_w를 적용하여 산정한다.

$$\sigma_{s,\max} = \frac{My_s}{I} = \frac{6\times10^3\times3.34\times10^{-2}}{3.574\times10^{-6}}\times10^{-6} = 56.1\,(\text{MPa})$$

$$y_w = 13.8+1.2-3.34 = 11.66\,(\text{cm})$$

$$\sigma_{w.\max} = -n\frac{My_w}{I} = -\frac{1}{20}\times\frac{6\times10^3\times11.66\times10^{-2}}{3.574\times10^{-6}}\times10^{-6} = -9.8\,(\text{MPa})$$

철근콘크리트 보(reinforced concrete beam)는 철근이 인장력, 콘크리트가 압축력을 분담하도록 구성한 합성단면으로 인장력이 작용하는 콘크리트 부분을 배제한 환산단면을 구하기 위해서는 중립축의 위치를 구하는 문제가 포함된다. 중립축의 위치를 가정하면 중립축 위의 콘크리트 단면적이 압축력을 부담하고 철근 단면적이 인장력을 부담하므로 단면1차모멘트를 적용하여 중립축의 위치를 결정한다. 그림 4.2.2.4에 제시한 폭 b, 높이 d인 철근콘크리트 보에서 콘크리트와 철근의 탄성계수가 E_1, E_2이고 철근의 단면적이 A_s이면 탄성계수 비 $n(=E_2/E_1)$을 적용한 철근의 환산단면적은 nA_s이고 중립축에 대한 단면1차모멘트는 0이므로 다음 식이 성립한다.

$$(bx)\frac{x}{2} - nA_s(d-x) = 0$$

이로부터 x가 구해지면 환산단면의 단면2차모멘트 I는 nA_s의 자체 단면2차모멘트를 무시하고 평행축정리를 적용하여 산정하고 콘크리트의 최대 압축응력 $\sigma_{c,\max}$는 중립축에서 상연까지의 연단거리 $y_c(=x)$, 철근의 인장응력 σ_s는 중립축과 철근의 도심 간 거리 y_s $(=d-x)$를 적용하여 결정한다.

$$I = \frac{1}{3}bx^3 + nA_s(d-x)^2$$

$$\sigma_{c,\max} = -\frac{My_c}{I} \quad ; \quad \sigma_s = n\frac{My_s}{I}$$

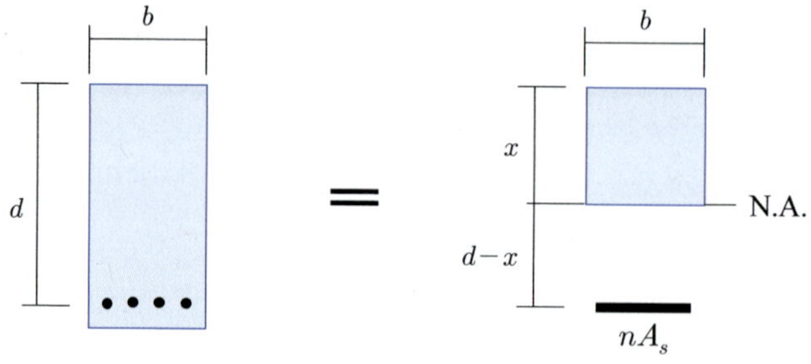

그림 4.2.2.4 철근콘크리트 보의 환산단면

예제 4.2.2.2

그림 예4.2.2.2(1)의 철근콘크리트 보에 휨모멘트 14kN·m가 작용하는 경우 철근에 발생하는 인장응력과 콘크리트에 발생하는 최대 압축응력을 구하시오. 철근단면적은 $A_s = 6.9\,\text{cm}^2$, 탄성계수 비는 $n = 15$다.

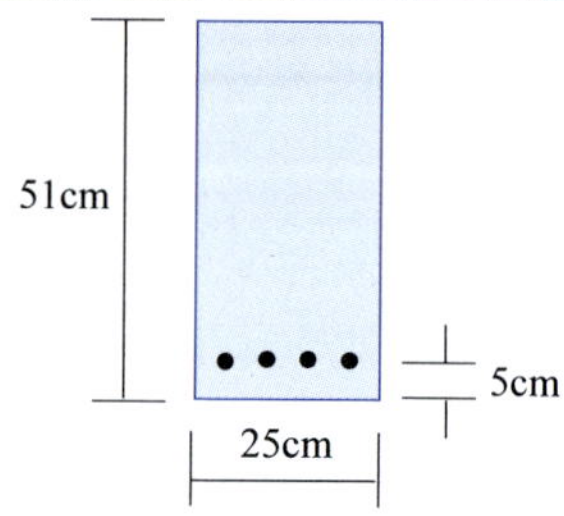

그림 예4.2.2.2(1)

설명 탄성계수 비로 철근의 환산단면적을 구하고 그림 예4.2.2.2(2)와 같이 콘크리트의 인장영역을 배제한 환산단면에 단면1차모멘트를 적용하면 $x = 15.8\,\text{cm}$가 결정되고 철근의 자체 단면2차모멘트를 무시한 단면2차모멘트는 다음과 같이 산정된다.

$$nA_s = 15 \times 6.9 = 103.5\,(\text{cm}^2) \quad ; \quad 25 \times x \times \frac{x}{2} - 103.5 \times (46 - x) = 0$$

$$I = \frac{1}{3} \times 25 \times x^3 + 103.5 \times (46 - x)^2 = 1.273 \times 10^5\,(\text{cm}^4) = 1.273 \times 10^{-3}\,(\text{m}^4)$$

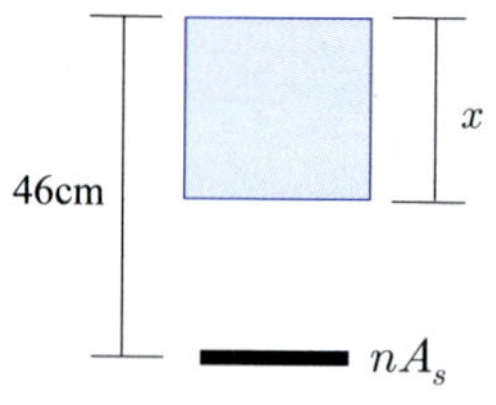

그림 예4.2.2.2(2)

철근에 발생하는 인장응력 σ_s는 중립축과 철근의 도심 간 거리 $y_s(30.2\,\text{cm} = 46 - x)$, 콘크리트의 최대 압축응력 $\sigma_{c,\max}$는 중립축에서 상연까지의 연단거리 $y_c = 15.8\,\text{cm}$를 적용하여 산정한다.

$$\sigma_s = n\frac{My_s}{I} = 15 \times \frac{14 \times 10^3 \times 30.2 \times 10^{-2}}{1.273 \times 10^{-3}} \times 10^{-6} = 49.8\,(\text{MPa})$$

$$\sigma_{c,\max} = -\frac{My_c}{I} = -\frac{14\times 10^3\times 15.8\times 10^{-2}}{1.273\times 10^{-3}}\times 10^{-6} = -1.74\,(\mathrm{MPa})$$

예제 4.2.2.3 철근과 콘크리트에 허용되는 인장응력과 압축응력이 각각 $\sigma_s = 120\,\mathrm{MPa}$, $\sigma_c = 4\,\mathrm{MPa}$인 경우 그림 예4.2.2.3(1)의 철근콘크리트 보가 지지할 수 있는 최대 휨모멘트를 구하시오. 철근단면적은 $A_s = 3.6\,\mathrm{cm}^2$, 탄성계수 비는 $n = 15$다.

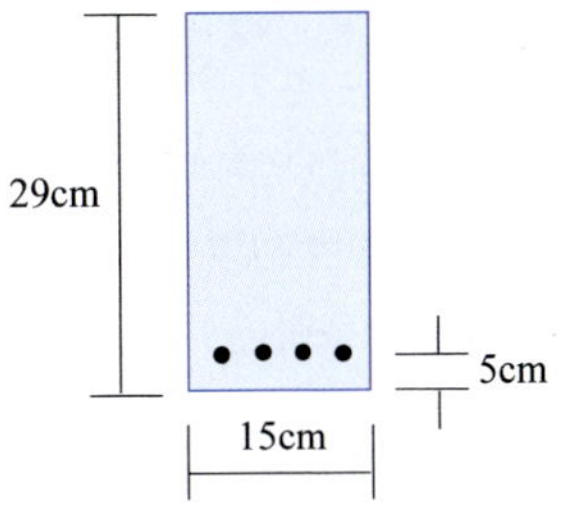

그림 예4.2.2.3(1)

설명 탄성계수 비를 적용하여 철근의 환산단면적을 구하고 그림 예4.2.2.3(2)의 환산단면에 단면1차모멘트를 적용하면 $x = 10.0\,\mathrm{cm}$가 결정되고 철근의 자체 단면2차모멘트를 무시한 단면2차모멘트는 다음과 같이 산정된다.

$$nA_s = 15\times 3.6 = 54\,(\mathrm{cm}^2) \quad ; \quad 15\times x\times \frac{x}{2} - 54\times(24-x) = 0$$

$$I = \frac{1}{3}\times 15\times x^3 + 54\times(24-x)^2 = 1.558\times 10^4\,(\mathrm{cm}^4) = 1.558\times 10^{-4}\,(\mathrm{m}^4)$$

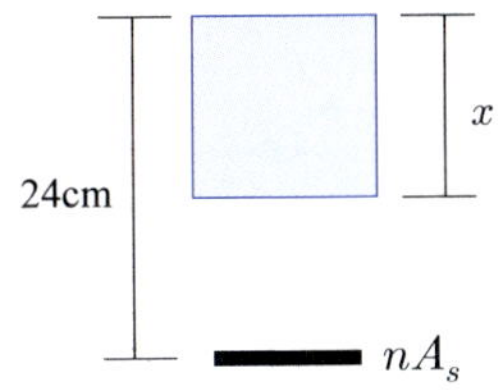

그림 예4.2.2.3(2)

중립축에서 상연까지의 연단거리는 $y_c = 10.0\,\mathrm{cm}$이고 콘크리트의 허용 압축응력을 적용하면 콘크리트가 지지할 수 있는 최대 휨모멘트는 $M = 6.23\,\mathrm{kN\cdot m}$이다.

$$\sigma_c = -\frac{My_c}{I} = -\frac{M\times 10^3\times 10.0\times 10^{-2}}{1.558\times 10^{-4}}\times 10^{-6} = -4\,(\mathrm{MPa})$$

중립축과 철근의 도심 간 거리는 $y_s = 24 - x = 14.0\,(\mathrm{cm})$이고 철근의 허용 인장응력을 적용하면 철근이 지지할 수 있는 최대 휨모멘트는 $M = 8.90\,\mathrm{kN\cdot m}$이다. 이로부터 철근콘크리트 보가 지지할 수 있는 최대 휨모멘트 $6.23\,\mathrm{kN\cdot m}$가 결정된다.

$$\sigma_s = n\frac{My_s}{I} = 15\times \frac{M\times 10^3\times 14.0\times 10^{-2}}{1.558\times 10^{-4}}\times 10^{-6} = 120\,(\mathrm{MPa})$$

4.3 전단응력

4.3.1 전단응력 공식

전단력은 보를 자르려고 하는 내력으로 수직단면에 평행한 응력을 유발하며 이를 전단응력(shear stress)이라 한다. 3.3.1절에서 논의한 바와 같이 수직단면의 전단응력과 부재축 방향의 전단응력이 동일한 크기를 갖는다는 것을 이용하여 전단응력을 결정하는 공식을 유도한다. 그림 4.3.1.1(1)은 보의 미소구간(길이 Δx) 좌, 우측 수직단면 $m-n$과 m_1-n_1에 휨모멘트 M과 $M+\Delta M$이 작용하여 발생한 휨응력 분포상태를 제시한 것이다. 휨모멘트의 차이 ΔM이 0이면 순수휨 상태이고 0이 아니면 이 차이는 모멘트하중이 작용하지 않는 경우 Δx 구간에 작용하는 전단력에 의한 차이라는 것은 전단력선도와 휨모멘트선도의 상관관계에서 알 수 있다. (2)는 위치 $m-n$에서의 y축 대칭 단면형상이다.

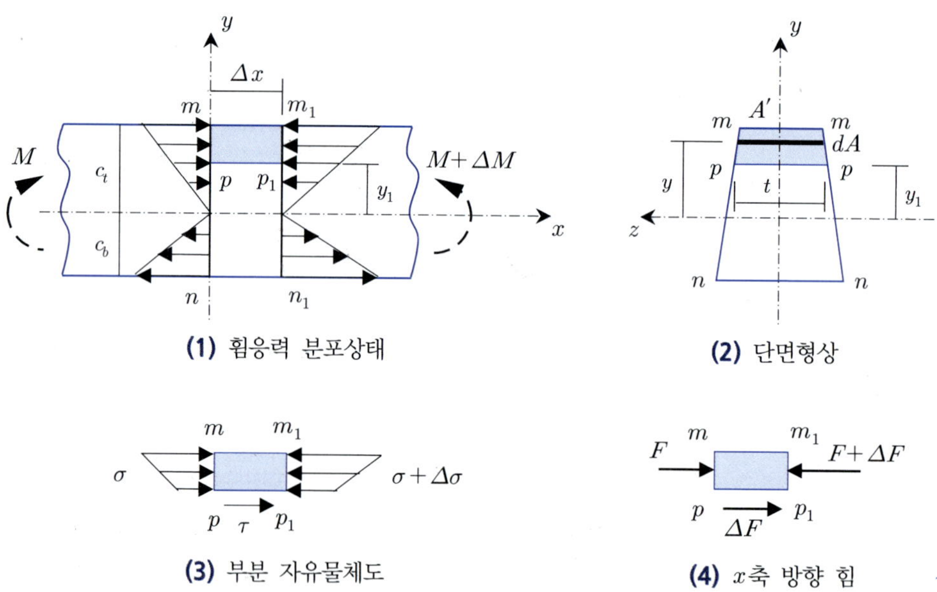

(1) 휨응력 분포상태 (2) 단면형상

(3) 부분 자유물체도 (4) x축 방향 힘

그림 4.3.1.1

평형상태의 보에서 그림 4.3.1.1(3)과 같이 음영부분 mpp_1m_1에 해당하는 부분 자유물체도를 구성하면 x축 방향의 힘은 (4)에 제시한 바와 같이 수직응력 σ, $\sigma+\Delta\sigma$의 좌, 우측 수직단면에서의 합력 F, $F+\Delta F$ 및 pp_1에 해당하는 밑면(전단응력을 산정하고자 하는 위치)에 접선방향으로 작용하는 전단응력 τ의 합력인 3개의 수평력이므로 x축 방향 평형조건에 의해 τ의 합력은 ΔF가 된다. 좌, 우측의 휨모멘트가 동일한 경우 ΔF는 0이고 순수휨 상태이므로 전단응력 τ는 0이다. 수직응력으로부터 F, $F+\Delta F$ 및 ΔF를 구하면 ΔF는 pp_1에 해당하는 밑면의 단면적 $t\Delta x$와 전단응력 τ와의 곱이므로 이로부터 τ를 결정할 수 있는 관계식이 구해진다.

$$F=\int_{y_1}^{c_t}\frac{My}{I}\,dA \quad ; \quad F+\Delta F=\int_{y_1}^{c_t}\frac{(M+\Delta M)y}{I}\,dA$$

$$\Delta F=\int_{y_1}^{c_t}\frac{(M+\Delta M)y}{I}\,dA-\int_{y_1}^{c_t}\frac{My}{I}\,dA=\frac{\Delta M}{I}\int_{y_1}^{c_t}y\,dA$$

$$\Delta F=\tau\,t\,\Delta x=\frac{\Delta M}{I}\int_{y_1}^{c_t}y\,dA \quad \Rightarrow \quad \tau=\frac{1}{It}\frac{\Delta M}{\Delta x}\int_{y_1}^{c_t}y\,dA$$

위 식의 단면1차모멘트를 Q로 표기하고 전단력과 휨모멘트의 관계를 적용하면 전단응력 공식 (4.3.1.1)이 성립한다.

$$\int_{y_1}^{c_t}y\,dA=Q \quad ; \quad \lim_{\Delta x\to 0}\frac{\Delta M}{\Delta x}=V$$

$$\tau=\frac{VQ}{It} \tag{4.3.1.1}$$

여기서 τ는 중립축으로부터 거리 y_1 위치의 전단응력, I는 해당 단면의 단면2차모멘트, t는 전단응력 산정위치의 단면 폭, V는 해당 단면에 작용하는 전단력, Q는 그림 4.3.1.1(2)에 표시한 음영부분(전단응력 산정위치를 기준으로 중립축 반대편의 면적)의 중립축에 대한 1차모멘트다. 그러므로 단면에 분포하는 전단응력은 t와 Q에 의해 결정된다는 것을 알 수 있다. 그림 4.3.1.2와 같은 직사각형 단면에서 음영부분의 Q는 다음과 같다.

$$Q=\bar{y}A'=\left\{y+\frac{1}{2}\left(\frac{h}{2}-y\right)\right\}\left\{b\left(\frac{h}{2}-y\right)\right\}=\frac{b}{2}\left(\frac{h^2}{4}-y^2\right)$$

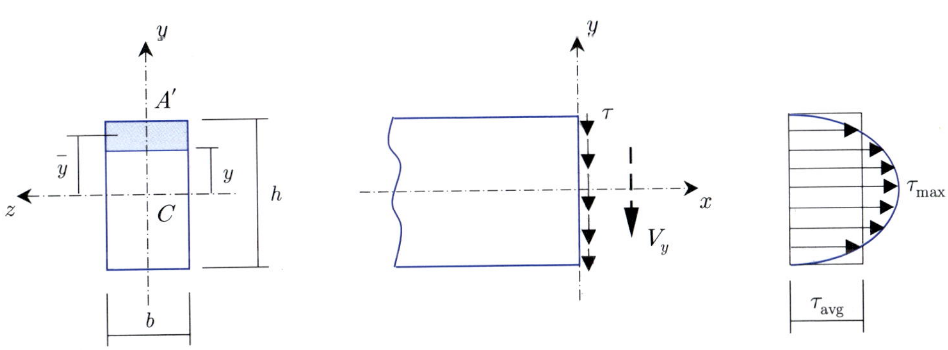

그림 4.3.1.2 직사각형 단면의 전단응력 분포

$t = b$, $I = bh^3/12$이므로 전단응력의 분포는 포물선이고 중립축 위치($y = 0$)의 전단응력이 최대이고 전단력을 단면적으로 나눈 평균 전단응력 $\tau_{avg}(= V/A)$의 1.5배가 산정된다.

$$\tau = \frac{VQ}{It} = \frac{6V}{bh^3}\left(\frac{h^2}{4} - y^2\right)$$

$$\tau_{max} = \frac{VQ}{It} = \frac{6V}{bh^3} \times \frac{h^2}{4} = 1.5\frac{V}{bh} = 1.5\frac{V}{A} = 1.5\,\tau_{avg}$$

직경 d인 원형 단면의 경우 또한 단면 폭이 최대인 중립축 위치에서 최대 전단응력이 산정되고 평균 전단응력 τ_{avg}의 4/3배다.

$$t = d \quad ; \quad I = \frac{\pi d^4}{64} \quad ; \quad Q = \left(\frac{\pi d^2}{8}\right)\left(\frac{2d}{3\pi}\right) = \frac{d^3}{12}$$

$$\tau_{max} = \frac{VQ}{It} = \frac{V(d^3/12)}{(\pi d^4/64)d} = \frac{16V}{12(\pi d^2/4)} = \frac{4V}{3A} = \frac{4}{3}\tau_{avg}$$

H형 단면의 경우 전단응력의 분포는 그림 4.3.1.3과 같이 복부판에 집중되어 있으므로 다음 식 (4.3.1.2)로 평균 복부전단응력(average web shear stress) τ_{avg}를 산정하여 설계검토를 수행할 수 있다.

$$\tau_{avg} = \frac{V_{max}}{dt_w} \tag{4.3.1.2}$$

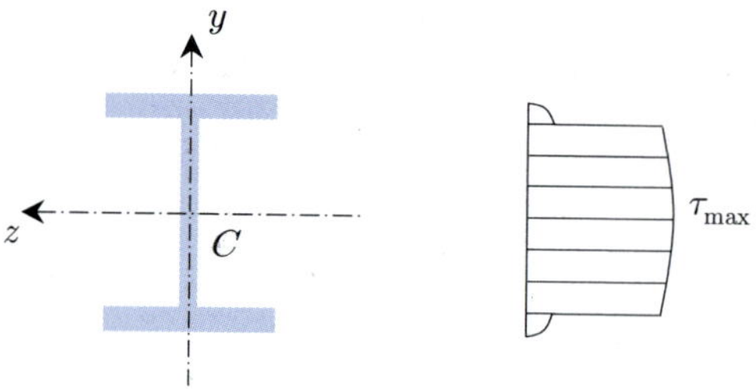

그림 4.3.1.3

여기서 V_{max}는 최대 전단력, d는 단면의 높이, t_w는 복부판의 두께다. 대부분의 보는 휨모멘트에 의해 설계가 좌우되고 전단응력은 허용 전단응력의 20~30% 수준이므로 최대 전단응력 τ_{max} 대신 τ_{avg}로 설계검토를 수행한다. 물론 τ_{avg}가 허용 전단응력의 70~80% 수준으로 산정되는 경우는 τ_{max}를 산정하여 설계검토를 수행해야 한다.

예제 4.3.1.1

변의 길이가 b인 정삼각형 단면 부재에 전단력 V가 작용하는 경우 수평 도심축 $\bar{x}$ 위치에 발생하는 전단응력을 구하시오. 수평 도심축에 대한 단면2차모멘트는 $I_{\bar{x}} = bh^3/36$이다.

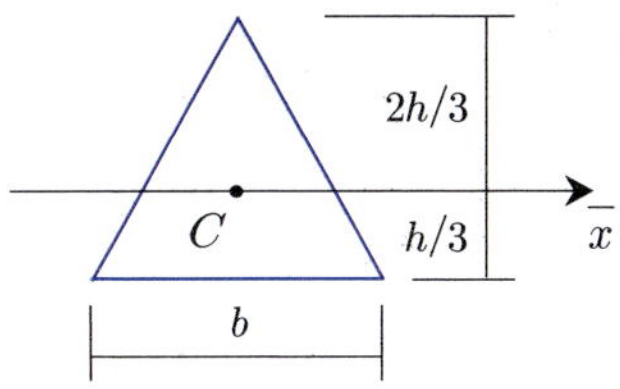

그림 예4.3.1.1

설명 $\bar{x}$ 위치의 전단응력을 구해야 하므로 밑변 $2b/3$, 높이 $2h/3$인 정삼각형의 $\bar{x}$에 대한 단면1차모멘트 Q를 구하고 $\bar{x}$ 위치의 단면 폭 $2b/3$를 적용하면 전단응력은 다음과 같이 산정된다.

$$Q = \left(\frac{2b}{3} \times \frac{2h}{3} \times \frac{1}{2}\right) \times \left(\frac{2h}{3} \times \frac{1}{3}\right) = \frac{4bh^2}{81}$$

$$\tau_{\max} = \frac{VQ}{It} = \frac{V \times 4bh^2/81}{(bh^3/36) \times (2b/3)} = \frac{8V}{3bh}$$

예제 4.3.1.2

예제 4.2.1.2의 단순보에 발생하는 최대 전단응력을 구하시오.

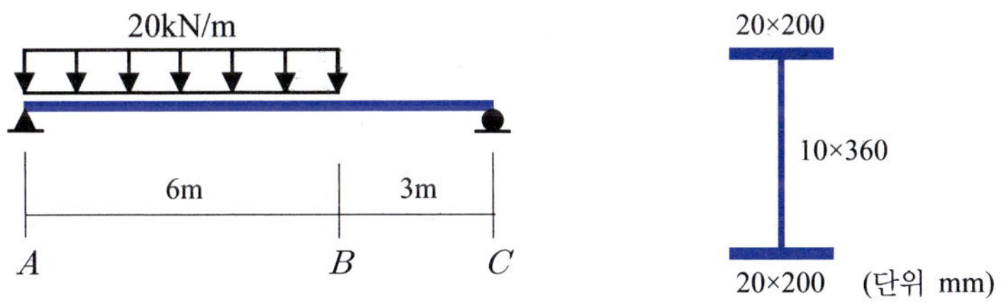

그림 예4.2.1.2(1)

설명 예제 4.2.1.2에서 구한 최대 전단력은 A점의 우측에서 $V_{\max} = V_{A+} = 80\,\text{kN}$이고 단면2차모멘트는 $I = 3.28 \times 10^4\,\text{cm}^4$이다. 최대 전단응력이 발생하는 중립축 위치의 단면1차모멘트 Q를 구하고 중립축 위치의 복부판 두께 $t = 10\,\text{mm}$를 적용하면 전단응력은 다음과 같이 산정된다.

$$Q = 1 \times 18 \times 9 + 2 \times 20 \times 19 = 9.22 \times 10^2\,(\text{cm}^3)$$

$$\tau_{\max} = \frac{VQ}{It} = \frac{(80 \times 10^3) \times (9.22 \times 10^{-4})}{3.28 \times 10^{-4} \times 0.01} \times 10^{-6} = 22.5\,(\text{MPa})$$

예제 4.3.1.3

예제 4.2.1.3의 외팔보에 발생하는 최대 전단응력을 구하시오.

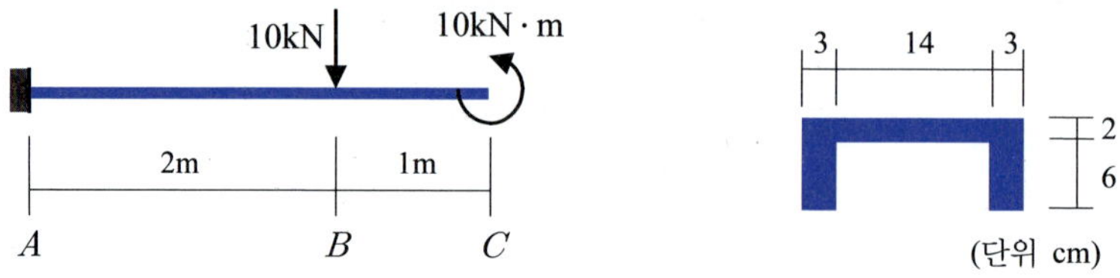

그림 예4.2.1.3(1)

설명 예제 4.2.1.3에서 구한 최대 전단력은 $A \sim B$ 구간에서 $V = 10\text{kN}$이고 수평 도심축은 하연에서 5.11 cm에 위치하며 수평 도심축에 대한 단면2차모멘트는 $I_{\bar{x}} = 424.5\text{cm}^4$이다. 최대 전단응력이 발생하는 중립축 위치의 단면1차모멘트 Q를 구하고 중립축 위치의 단면(복부판 2개) 두께 $t = 2 \times 3 = 6(\text{cm})$를 적용하면 전단응력은 다음과 같이 산정된다.

$$Q = 3 \times 5.11 \times \frac{5.11}{2} \times 2 = 78.34(\text{cm}^3)$$

$$\tau_{\max} = \frac{VQ}{It} = \frac{(10 \times 10^3) \times (78.34 \times 10^{-6})}{424.5 \times 10^{-8} \times (3 \times 10^{-2} \times 2)} \times 10^{-6} = 3.1(\text{MPa})$$

예제 4.3.1.4

예제 4.2.1.4의 내민보에 발생하는 최대 전단응력을 구하시오.

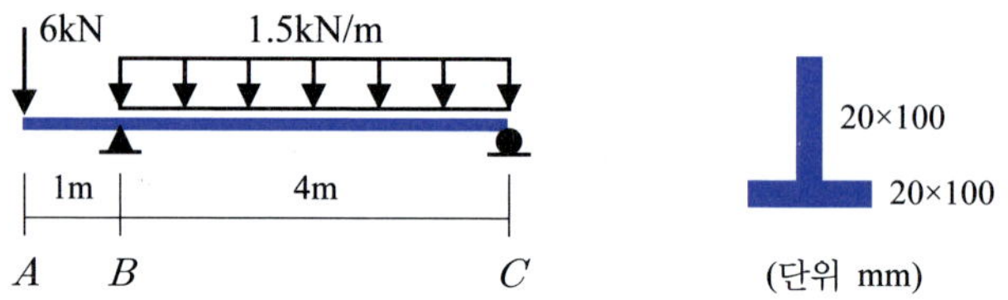

그림 예4.2.1.4(1)

설명 예제 4.2.1.4에서 구한 최대 전단력은 $A \sim B$ 구간에서 $V_{\min} = -6\text{kN}$ 이고 수평 도심축은 하연에서 4 cm에 위치하며 수평 도심축에 대한 단면2차모멘트는 $I_{\bar{x}} = 533.4\text{cm}^4$이다. 최대 전단응력이 발생하는 중립축 위치의 단면1차모멘트 Q를 구하고 중립축 위치의 복부판 두께 $t = 20\text{mm}$를 적용하면 전단응력은 다음과 같이 산정된다.

$$Q = 8 \times 2 \times 4 = 64(\text{cm}^3)$$

$$\tau_{\max} = \frac{VQ}{It} = \frac{6 \times 10^3 \times 64 \times 10^{-6}}{5.334 \times 10^{-6} \times 0.02} \times 10^{-6} = 3.60(\text{MPa})$$

4.3.2 전단류

전단응력 공식을 유도하기 위한 그림 4.3.1.1(3)의 부분 자유물체도(mpp_1m_1에 해당하는 사다리꼴 육면체)는 그림 4.3.2.1과 같이 임의의 경계면을 갖는 다면체로 선택할 수 있다. 식 4.3.1.1에서 정의한 바와 같이 단면1차모멘트 Q는 경계면을 기준으로 중립축 반대편 면적의 1차모멘트이므로 경계면에 작용하는 힘 ΔF를 부재축(x축) 방향의 미소길이 Δx에 작용하는 힘으로 제시하고 전단력과 휨모멘트의 관계를 적용하면 단위길이 당 힘이 구해지고 이를 전단류(shear flow)라 하며 식 (4.3.2.1)과 같이 q로 표기한다.

$$\Delta F = \int_{A'} \frac{(M+\Delta M)y}{I} dA - \int_{A'} \frac{My}{I} dA = \frac{\Delta M}{I} \int_{A'} y\, dA = \frac{\Delta M}{I} Q$$

$$\lim_{\Delta x \to 0} \frac{\Delta F}{\Delta x} = \lim_{\Delta x \to 0} \frac{\Delta M}{I} \frac{Q}{\Delta x} = \lim_{\Delta x \to 0} \frac{\Delta M}{\Delta x} \frac{Q}{I} = \frac{VQ}{I}$$

$$q = \frac{VQ}{I} \tag{4.3.2.1}$$

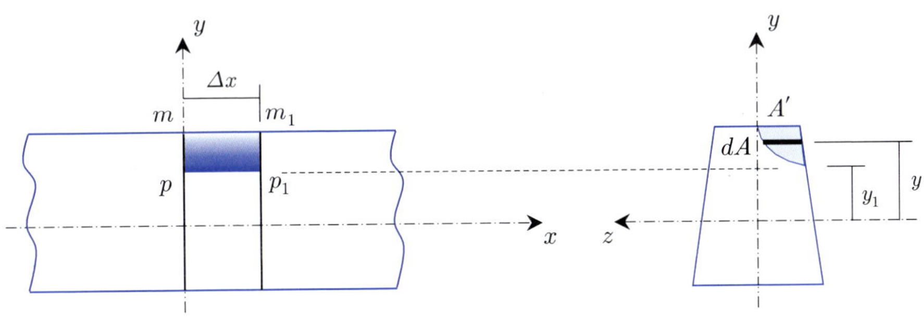

그림 4.3.2.1

박판부재 단면의 경우 그림 4.3.2.2와 같이 A' 위치에 경계면을 설정하면 부재축(x축) 방향 $A' \sim B'$ 면에서 구한 전단류와 전단응력의 관계는 A' 위치의 x축 방향 단면에서 구한 전단류 q가 수직단면의 A' 위치에도 동일하게 발생한다는 것을 제시한다.

$$\lim_{\Delta x \to 0} \frac{\Delta F}{\Delta x} = \frac{VQ}{I} = q = \frac{dF}{dx} \quad ; \quad \frac{q}{t} = \frac{dF}{t\, dx} = \tau_{zx} = \tau_{xz}$$

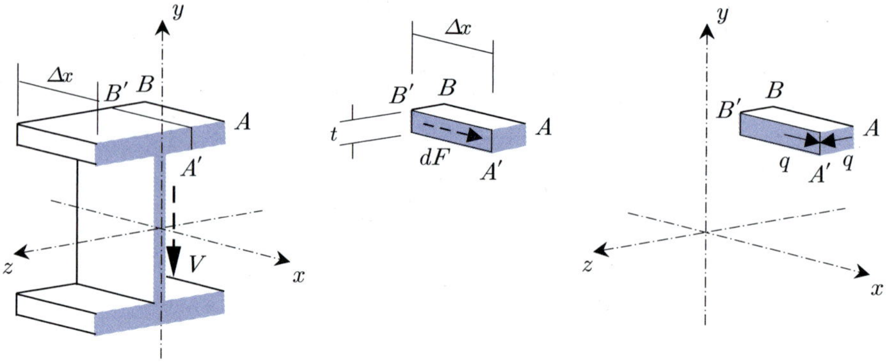

그림 4.3.2.2

박판부재의 단면 폭을 사용하여 산정한 그림 4.3.1.3의 전단응력과 그림 4.3.2.3과 같이 전단류의 분포로부터 산정한 전단응력은 플랜지 부분의 전단응력이 다르다는 것을 알 수 있다.

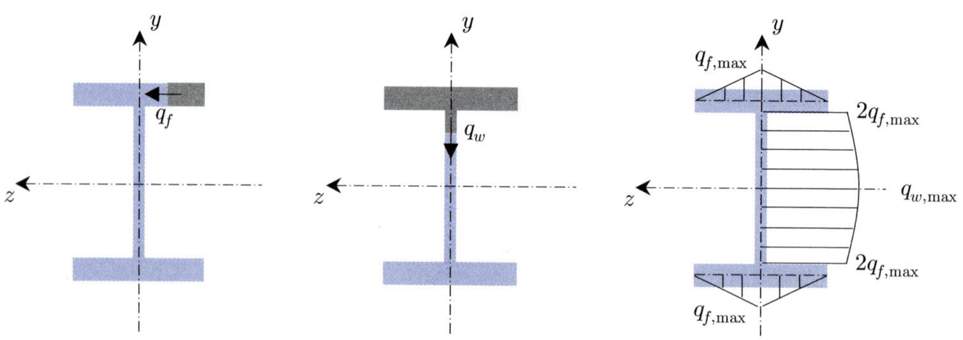

그림 4.3.2.3 박판부재의 전단응력

그림 4.3.2.4는 박판부재의 단면에 음의 y축 방향으로 전단력이 작용하는 경우의 전단류를 제시한 것이다. 전단류의 합력은 전단력과 크기와 방향이 동일한 등가이어야 하므로 수직성분의 합은 전단력과 같고 수평성분의 합은 0이 되도록 전단류의 크기와 방향이 결정된다.

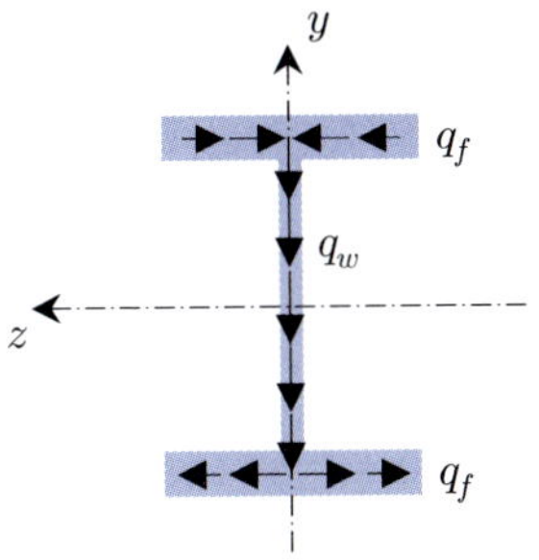

(1) H형 단면

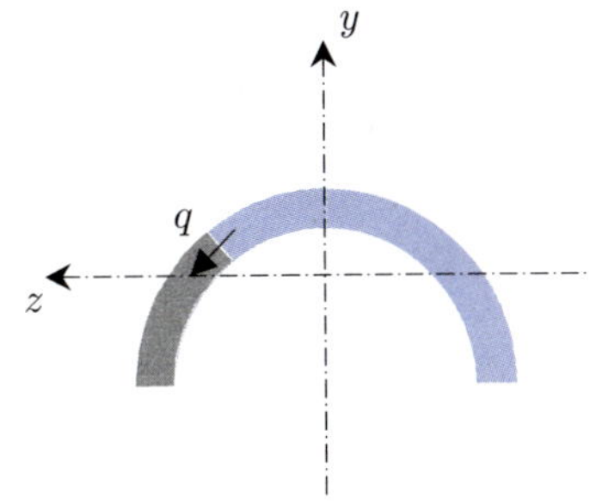

(2) 반원형 단면

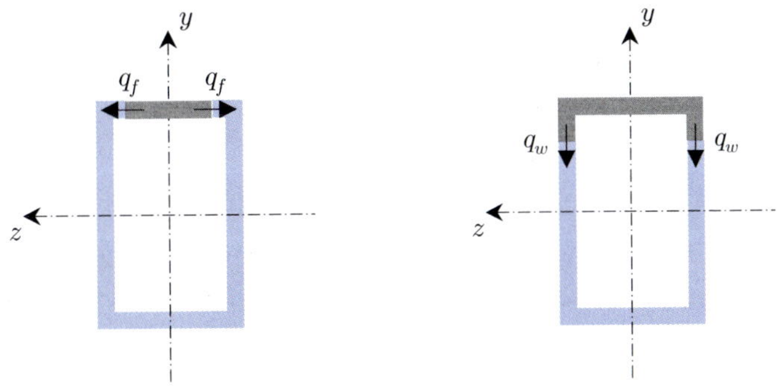

(3) 중공사각형 단면

그림 4.3.2.4 박판부재의 전단류

예제 4.3.2.1

그림 예4.3.2.1(1)과 같은 중공사각형 단면 부재에 전단력 10kN이 작용하는 경우 복부판에 발생하는 전단류의 분포를 구하시오. 단위는 cm다.

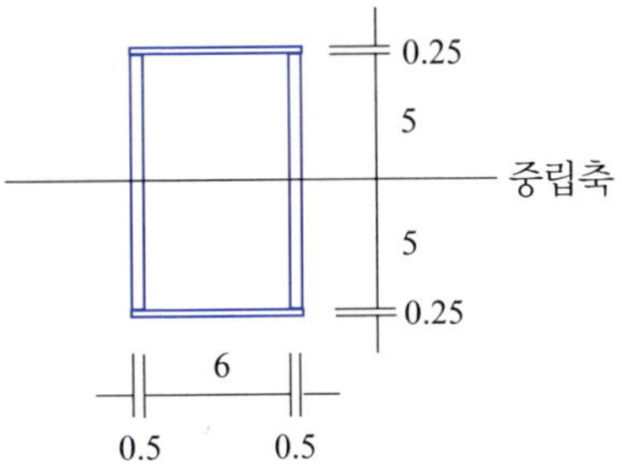

그림 예4.3.2.1(1)

설명 중공사각형 단면의 단면2차모멘트를 산정하고 그림 예4.3.2.1(2)와 같이 복부판 위치의 Q_y, 전단류 q_y를 y의 함수로 구한다.

$$I = \frac{7\times 10.5^3}{12} - \frac{6\times 10^3}{12} = 175.28\,(\text{cm}^4)$$

$$\begin{aligned} Q_y &= 3.5\times 0.25\times (5+0.125) + 0.5\times (5-y)\times\left(y+\frac{5-y}{2}\right) \\ &= 4.484+0.25\times (25-y^2)\,(\text{cm}^3) \end{aligned}$$

$$q_y = \frac{VQ}{I} = \frac{10 \times \{4.484 + 0.25 \times (25 - y^2)\}}{175.3} \text{(kN/cm)}$$

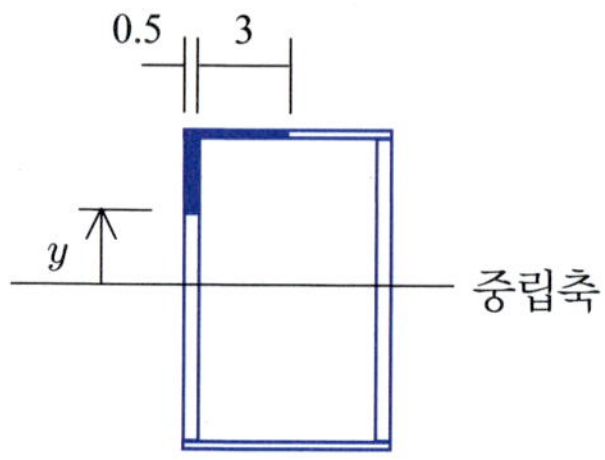

그림 예4.3.2.1(2)

플랜지와의 접합부 및 중립축 위치에서의 전단류는 다음과 같고 분포는 그림 예4.3.2.1(3)과 같다.

$$q_f = \frac{VQ_{y=5}}{I} = \frac{10 \times \{4.484 + 0.25 \times 0\}}{175.3} = 0.2558 \text{(kN/cm)} = 256 \text{(N/cm)}$$

$$q_{\max} = \frac{VQ_{y=0}}{I} = \frac{10 \times \{4.484 + 0.25 \times 25\}}{175.3} = 0.6123 \text{(kN/cm)} = 612 \text{(N/cm)}$$

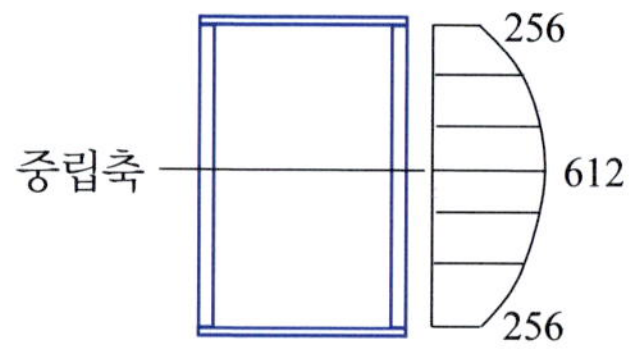

그림 예4.3.2.1(3)

예제 4.3.2.2

그림 예4.3.2.2와 같은 중공사각형 단면 부재에 전단력 15kN이 작용하는 경우 플랜지와 복부판의 접합부 및 중립축 위치에 발생하는 전단류를 구하시오. 단위는 cm다.

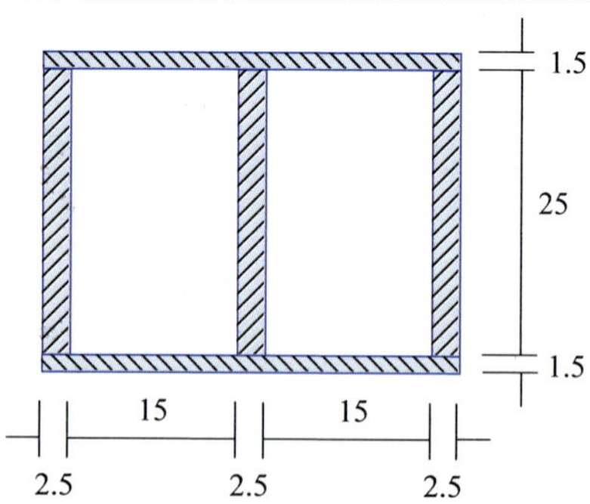

그림 예4.3.2.2

설명 중공사각형 단면의 단면2차모멘트 및 플랜지의 Q_f를 구하면 플랜지가 3개의 복부판과 접합되어 있으므로 플랜지와 복부판 접합부의 q_f는 다음과 같이 산정된다.

$$I = \frac{0.375 \times 0.28^3}{12} - 2 \times \frac{0.15 \times 0.25^3}{12} = 2.954 \times 10^{-4}(\mathrm{m}^4)$$

$$Q_f = 0.375 \times 0.015 \times (0.125 + 0.0075) = 0.745 \times 10^{-3}(\mathrm{m}^3)$$

$$q_f = \frac{1}{3} \times \frac{VQ}{I} = \frac{1}{3} \times \frac{15 \times 10^3 \times 0.745 \times 10^{-3}}{2.954 \times 10^{-4}} \times 10^{-3} = 12.61(\mathrm{kN/m})$$

중립축 위치의 복부판도 3개이므로 $Q_{\max}$와 $q_{\max}$는 다음과 같다.

$$\begin{aligned} Q_{\max} &= 0.375 \times 0.015 \times (0.125 + 0.0075) + 3 \times 0.125 \times 0.025 \times 0.0625 \\ &= 1.331 \times 10^{-3}(\mathrm{m}^3) \end{aligned}$$

$$q_{\max} = \frac{1}{3} \times \frac{VQ}{I} = \frac{1}{3} \times \frac{15 \times 10^3 \times 1.331 \times 10^{-3}}{2.954 \times 10^{-4}} \times 10^{-3} = 22.53(\mathrm{kN/m})$$

그림 4.3.2.5와 같은 조립부재의 연결재는 조립되는 부재 간에 발생하는 상대적 변형을 방지할 수 있도록 저항해야 하며 연결위치의 전단응력에 의해 부재축 방향 전단력이 작용하므로 전단연결재(shear connector)라 한다. 조립단면의 단면2차모멘트가 I, 해당 단면의 전단력이 V, 플랜지의 단면1차모멘트가 Q인 경우 연결부분의 전단응력과 전단류 q는 다음 관계식으로 구한다.

$$\tau_w = \frac{VQ}{It_w} = \frac{q}{t_w} \quad ; \quad q = \tau_w t_w$$

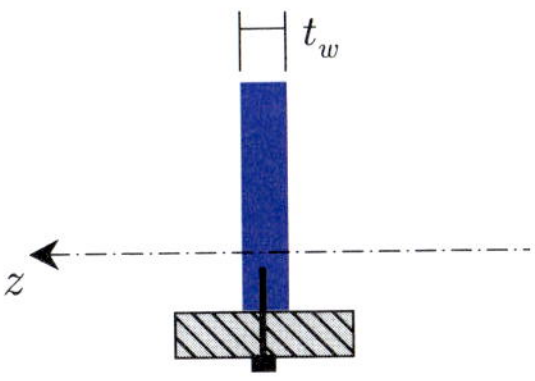

그림 4.3.2.5

전단류 q는 단위길이당 전단력이므로 q와 연결재의 설치간격 p(pitch)를 곱하면 연결재가 부담하는 전단력이 된다. 허용 전단력 F_{sa}가 주어진 경우 소요간격 p_{req}는 다음과 같이 결정한다.

$$F_{sa} = p_{req}\, q \quad \Rightarrow \quad p_{req} = \frac{F_{sa}}{q} = \frac{F_{sa} I}{VQ} > p$$

예제 4.3.2.3

그림 예4.3.2.3과 같은 중공사각형 단면 부재에 5 kN의 전단력이 작용하는 경우 전단연결재의 소요간격을 구하시오. 전단연결재의 허용 전단력은 1200 N이고 단위는 cm 다.

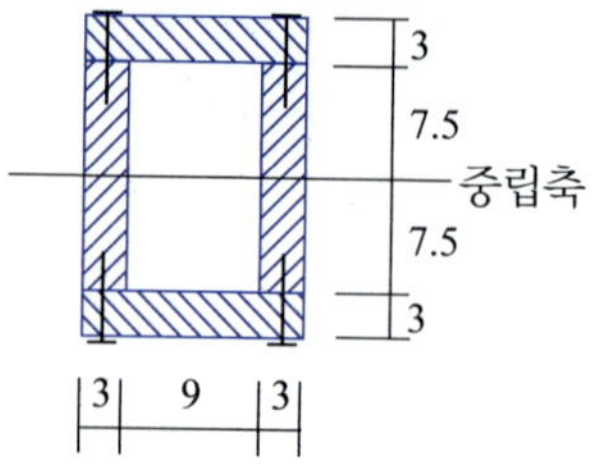

그림 예4.3.2.3

설명 중공사각형 단면의 단면2차모멘트 및 플랜지의 Q를 구한다.

$$I = 2\times\left\{\frac{3\times15^3}{12}+\frac{15\times3^3}{12}+15\times3\times(7.5+1.5)^2\right\} = 9045\,(\text{cm}^4)$$

$$Q = 15\times3\times(7.5+1.5) = 405\,(\text{cm}^3)$$

플랜지와 복부판(2개) 접합부의 전단응력 τ, 1개 전단연결재에 작용하는 q 및 전단연결재의 소요간격은 다음과 같이 산정된다.

$$\tau = \frac{VQ}{It} = \frac{5\times10^3\times405}{9045\times(3\times2)} = 37.3\,(\text{N/cm}^2)$$

$$q = \tau t_w = 37.3\times3 = 111.9\,(\text{N/cm})$$

$$p_{req} = \frac{F_{sa}}{q} = \frac{1200}{111.9} = 10.7\,(\text{cm})$$

4.3.3 전단중심

그림 4.3.3.1과 같은 1축대칭 단면의 경우 보가 2차원 거동을 하기 위해서는 하중 작용평면과 단면의 대칭면 또한 보의 평면과 일치해야 한다.

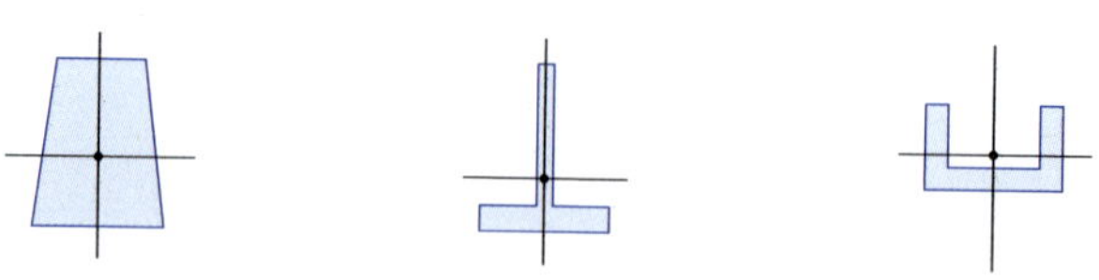

(1) 사다리꼴 **(2)** 역T형 **(3)** U형

그림 4.3.3.1 1축대칭 단면

그림 4.3.3.2와 같은 1축대칭 단면의 외팔보에서 보와 하중 작용평면은 xy평면이나 대칭면이 xz평면이므로 도심 C에 작용하는 하중 P에 의해 보는 비틀려지고 xy평면을 이탈한다. 이와 같은 경우는 보가 비틀리지 않고 2차원 거동을 하도록 하중 P의 작용점을 변경할

수 있으며 이러한 위치를 전단중심(shear center)이라 한다. 하중 P에 의해 U형 단면에 발생하는 전단력 또한 P이고 이에 의해 자유단 단면에 발생하는 전단류는 그림 4.3.3.3(1)과 같다. U형 단면의 플랜지와 복부판의 두께를 t, 중심선 길이를 각각 b, h라 하면 상부 플랜지의 위치 s에 발생하는 전단응력 τ_s는 길이 s의 함수이고 (2)에 제시한 바와 같이 상, 하 플랜지에는 크기는 같고 반대방향인 수평력 F_τ가 산정된다.

$$Q_s = \int_0^s \frac{h}{2} t\,ds = \frac{ht}{2} s \quad \Rightarrow \quad \tau_s = \frac{PQ_s}{I_z t} = \frac{Ph}{2I_z} s$$

$$F_\tau = \int_0^b \tau_s t\,ds = \int_0^b \frac{Phs}{2I_z} t\,ds = \frac{Pht}{4I_z} b^2$$

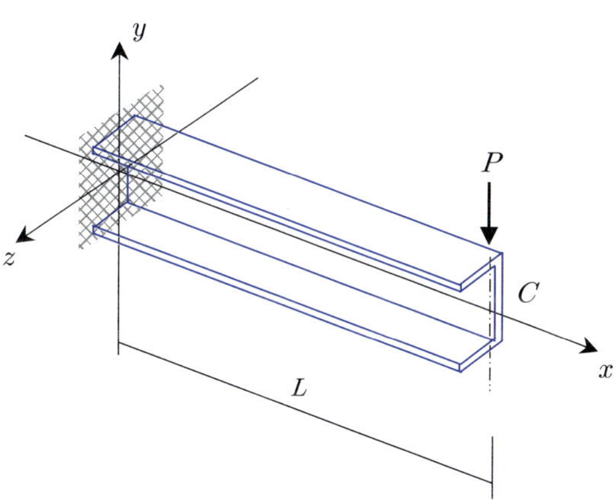

그림 4.3.3.2

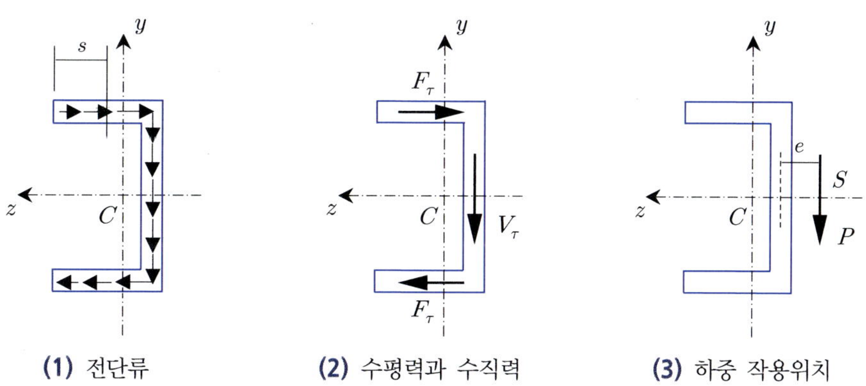

(1) 전단류 **(2)** 수평력과 수직력 **(3)** 하중 작용위치

그림 4.3.3.3 U형 단면의 도심과 전단중심

F_τ는 수직성분이 없으므로 수직방향 평형조건에 의해 복부판에는 하중 P와 크기와 방향이 같은 수직력 V_τ가 발생해야 한다. 그러므로 상, 하 플랜지의 F_τ와 복부판의 V_τ에 의해 복부판의 중심선에 작용하는 합력은 V_τ와 짝힘 F_τ에 의한 음의 x축 방향 회전력 $F_\tau h$이다. 단면에 발생하는 응력에 의한 역계와 단면에 작용하는 내력에 의한 역계는 등가역계이어야 하므로 하중 P에 의해 복부판의 중심선에서 동일한 합력이 발생하기 위해서는 그림 4.3.3.3(3)과 같이 P가 음의 x축 방향 회전력 $F_\tau h$를 발생시키는 모멘트의 팔 e를 가져야 한다. 이와 같이 구한 P의 z축 상 위치 S가 전단중심이고 P가 전단중심에 작용하면 부재는 비틀림 없이 2차원 거동을 한다.

$$F_\tau h = Pe \quad ; \quad \frac{Pht}{4I_z}b^2 \times h = Pe \quad \Rightarrow \quad e = \frac{b^2h^2t}{4I_z}$$

예제 4.3.3.1 그림 예2.3.2.4(1)에 제시한 단면의 전단중심 S의 위치를 구하시오. 단위는 cm 다.

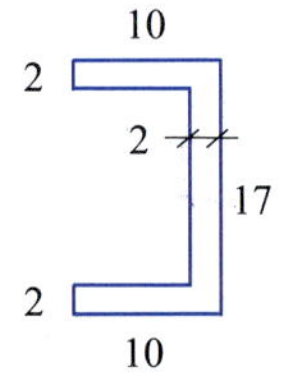

그림 예2.3.2.4(1)

설명 수평 도심축에 대한 단면2차모멘트(예제 2.3.2.4)는 $I_z = 2.63 \times 10^3 \text{cm}^4$이고 플랜지와 복부판 중심선 길이 b, h는 각각 9cm, 15cm이며 단면 두께 t는 2cm로 일정하다. 전단력을 P라 하면 플랜지에 작용하는 전단응력의 합력 F_τ는 다음과 같다.

$$F_\tau = \frac{Pht}{4I_z}b^2 = \frac{P \times 15 \times 2}{4 \times 2.63 \times 10^3} \times 9^2 = 0.231P$$

그림 예4.3.3.1과 같이 복부판의 중심선과 전단중심 S 간 거리를 e라 하면 상, 하 플랜지의 F_τ에 의한 회전력 $F_\tau h$와 전단중심 S에 작용하는 P에 의한 회전력이 동일하다는 조건($F_\tau h = Pe$)으로 전단중심의 위치를 산정한다.

$$e = \frac{F_\tau h}{P} = \frac{0.231P \times 15}{P} = 3.47\,\text{cm}$$

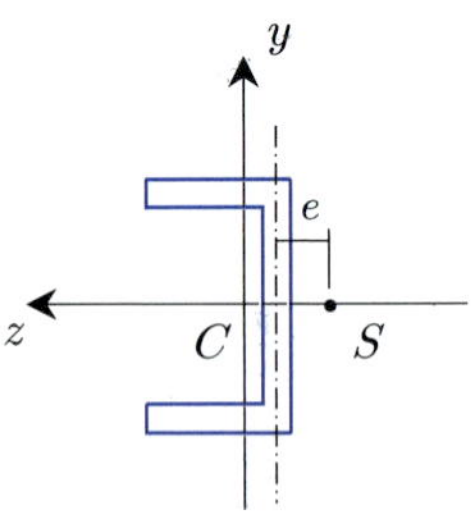

그림 예4.3.3.1

4.4 탄성해석 및 소성해석

4장에서 논의한 보의 해석방법은 재료의 탄성거동에 기초한 탄성해석이다. 허용응력설계(Allowable Stress Design)에서 응력공식으로 산정한 최대응력은 재료의 비례한도 이내에서 정의되는 허용응력을 초과하지 않도록 규정하고 있다. 반면 최근 재료의 역학적 특성에 대한 연구가 축적되고 재료의 소성거동을 반영한 해석방법이 개발됨에 따라 구조물의 안전성을 담보하면서 경제성을 제고할 수 있는 소성해석이 도입되어 적용되고 있다. 그러므로 서로 다른 해석방법을 적용하기 위해서는 각 해석방법의 토대가 되는 기본적인 원리를 이해해야 한다.

그림 1.2.2는 1.2절에서 논의한 연강의 응력－변형률선도이고 변형경화 구간 이후의 추가 하중재하 능력을 무시하면 그림 4.4.1과 같은 응력－변형률선도를 가정할 수 있다. 이를 탄소성거동(elastoplastic behavior)이라고 하고 연강(항복응력 450 MPa 이하)은 탄소성 재료로 간주하며 소성해석은 탄소성거동에 기초한다.

탄성해석으로 유도한 휨응력 공식 (4.2.1.1)에서 응력을 허용 휨응력 σ_a로 대체하면 허용 휨모멘트 M_a는 다음 식으로 결정한다.

$$M_a = -\frac{\sigma_a I}{y} \tag{4.4.1}$$

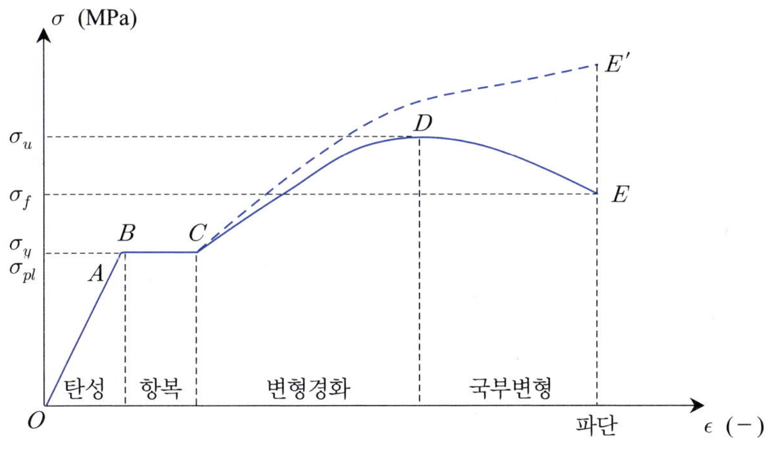

그림 1.2.2 구조용 연강의 응력－변형률선도

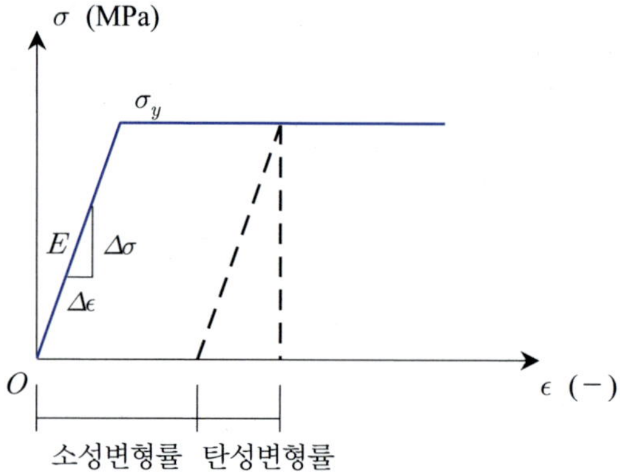

그림 4.4.1 구조용 연강의 탄소성거동

허용 휨응력은 구조부재에 사용되는 재료 별로 설계기준에서 규정하는 값이며 허용 휨모멘트는 보가 저항할 수 있는 최대 휨모멘트로 규정되는 값이다. 보가 균질한 재료로 구성되고 인장, 압축 측 허용 휨응력이 동일한 경우는 식 (4.4.1)의 y 대신 최대 연단거리 c를 적용한 단면계수 S를 도입하면 보다 간략한 식이 된다.

$$M_a = \frac{\sigma_a I}{c} = \sigma_a S \quad ; \quad \sigma_a = \frac{M_a}{S}$$

허용응력은 재료의 탄성한계에 안전계수를 적용하여 설정한다. 연강과 같은 연성재료(ductile material)에서 허용응력 σ_a는 항복응력 σ_y를 안전계수로 나눈 값이므로 허용하중 P_a는 최대 탄성하중(max. elastic load) P_y를 안전계수로 나누어 결정한다. 보 단면이 부재축 방향의 섬유로 구성되어 있다고 간주하면 P_y에 의해 발생하는 최대 탄성휨모멘트(max. elastic bending moment) M_y는 그림 4.4.2와 같이 연단거리가 가장 큰 섬유에 σ_y가 발생한 부재의 초기항복에 해당하는 휨모멘트로 탄성해석에서 설정하는 최대 휨모멘트이며 소성변형은 발생하지 않은 상태다.

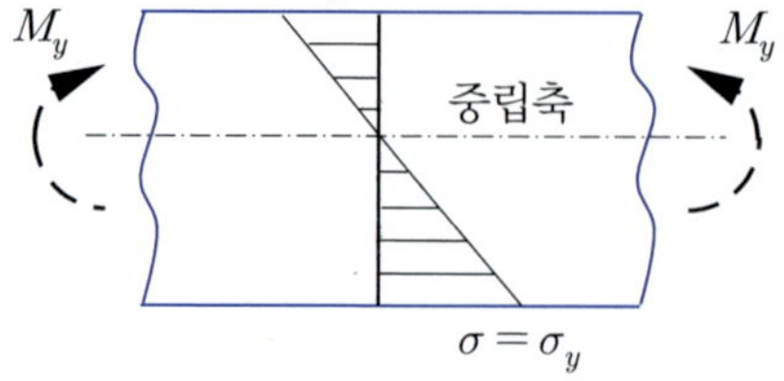

그림 4.4.2 최대 탄성휨모멘트 M_y

최대 탄성하중을 초과하는 하중이 재하되면 연성재료로 구성된 보는 그림 4.4.3(1)과 같이 연단에서 중립축 방향으로 내측 섬유들도 항복응력에 도달하는 소성화(plastification)가 진행되며 항복응력에 도달한 섬유는 소성거동(plastic behavior)을 시작한다. (2)와 같이 모든 섬유가 항복응력에 도달한 상태의 휨모멘트를 최대 소성휨모멘트(maximum plastic bending moment) M_p라 하며 이에 해당하는 하중을 최대 소성하중(maximum plastic load) P_p라 하고 M_p가 발생하면 단면이 힌지로 연결한 것과 같은 거동을 하여 회전력을 전달하지 못하므로 이를 소성힌지(plastic hinge)라 한다. 극한강도설계(Ultimate Strength Design)에서 P_p는 극한하중(ultimate load)이라 하며 P_a는 P_p를 규정된 하중계수(load factor)로 나누어 결정한다. 하중저항계수설계(Load and Resistance Factor Design)는 작용력 측면으로는 작용하중의 특성을 고려한 하중계수를 적용하고 반작용력 측면으로는 구조부재의 재료, 단면특성 등의 불확실성을 고려한 저항계수를 적용한다.

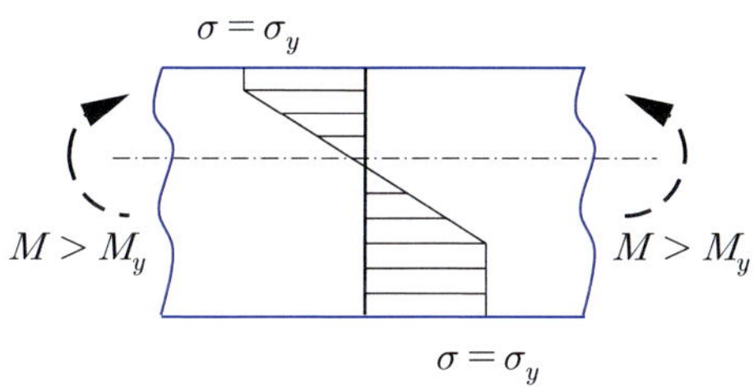

(1) 소성화

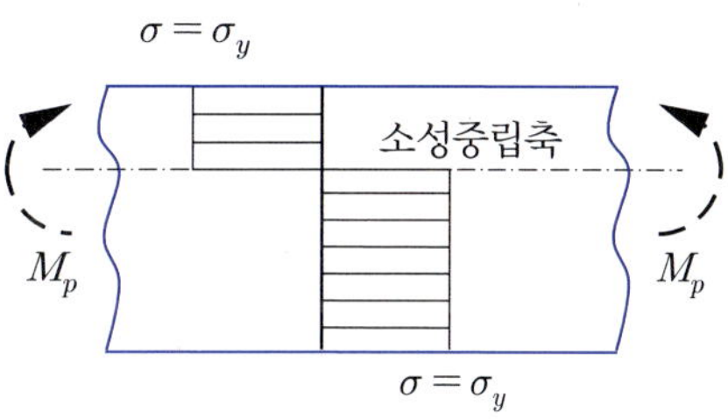

(2) 최대 소성휨모멘트 M_p

그림 4.4.3

그림 4.4.2와 4.4.3의 차이는 탄성해석에서 논의한 중립축의 위치, 단면계수 등의 단면특성을 소성해석에 적용할 수 없다는 것을 제시한다. 그림 4.4.4(1)과 같이 순수휨 상태의 완전 소성화된 단면에서 소성중립축(plastic neutral axis)의 상, 하부 면적 A_2, A_1에 (2)와 같이 항복응력 σ_y가 작용하면 응력의 합력은 휨모멘트 M_p와 등가이어야 하므로 T와 C는 다음과 같이 수평방향 평형조건에 의해 상쇄되어야 하고 소성중립축은 단면적을 이등분하는 위치라는 것을 알 수 있다.

$$\sum F_x = 0 = \sigma_y A_1 - \sigma_y A_2 \quad ; \quad A_1 = A_2 = \frac{A}{2}$$

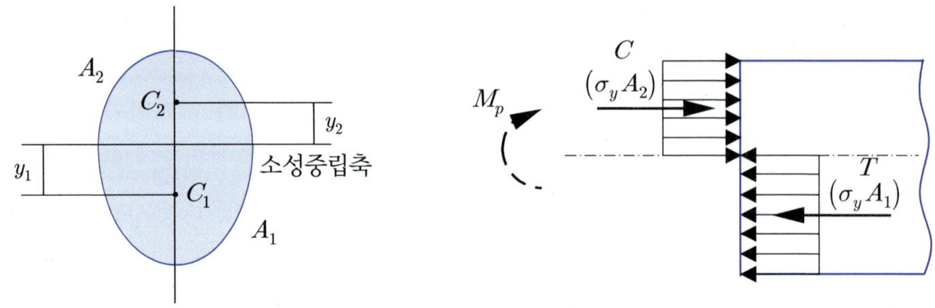

(1) 완전 소성화 단면 **(2)** 인장력과 압축력

그림 4.4.4

2축대칭 단면에서 중립축과 소성중립축의 위치는 동일하나 1축대칭 단면이나 비대칭 단면에서는 위치가 다르다. C_1, C_2가 A_1, A_2의 도심이고 소성중립축으로부터 거리를 y_1, y_2라 하면 T와 C에 의한 짝힘모멘트는 M_p와 동일해야 하므로 모멘트 평형조건을 적용하면 최대 소성휨모멘트 M_p는 식 (4.4.2)로 결정할 수 있다.

$$\sum M = 0 = \sigma_y A_1 y_1 + \sigma_y A_2 y_2 - M_p$$

$$M_p = \sigma_y Z \quad ; \quad Z = \frac{A(y_1 + y_2)}{2} \tag{4.4.2}$$

Z는 A_1, A_2의 소성중립축에 대한 단면1차모멘트의 절대합으로 소성단면계수(plastic section modulus)라 한다. 폭 b, 높이 h인 직사각형 단면 및 직경 d인 원형 단면의 소성단면계수 Z는 다음과 같다.

$$Z = \left(\frac{A}{2}\right)(y_1 + y_2) = \left(\frac{bh}{2}\right)\left(\frac{h}{4} + \frac{h}{4}\right) = \frac{bh^2}{4}$$

$$Z = \left(\frac{A}{2}\right)(y_1 + y_2) = \left(\frac{\pi d^2}{8}\right)\left(\frac{2d}{3\pi} + \frac{2d}{3\pi}\right) = \frac{d^3}{6}$$

최대 탄성휨모멘트 M_y에 대한 최대 소성휨모멘트 M_p의 비를 식 (4.4.3)과 같이 형상계수(shape factor) k로 정의하면 단면에 초기항복이 발생하는 하중의 k배 하중에 의해 완전 소성화가 발생한다는 것을 제시한다.

$$k = \frac{M_p}{M_y} \tag{4.4.3}$$

단면계수를 사용하여 다음과 같이 k를 구할 수 있으므로 직사각형 단면 및 원형 단면의 k

는 각각 1.5, 1.7이고 H형 단면의 경우 강축에 대한 k는 약 1.13이다.

$$M_y = S\sigma_y \quad ; \quad M_p = Z\sigma_y \quad \Rightarrow \quad k = \frac{M_p}{M_y} = \frac{Z}{S}$$

$$k = \frac{Z}{S} = \frac{bh^2/4}{bh^2/6} = 1.5 \quad ; \quad k = \frac{Z}{S} = \frac{d^3/6}{\pi d^3/32} = 1.7$$

예제 4.4.1

그림 예4.4.1(1)과 같은 등변 사다리꼴 단면의 소성단면계수를 구하시오.

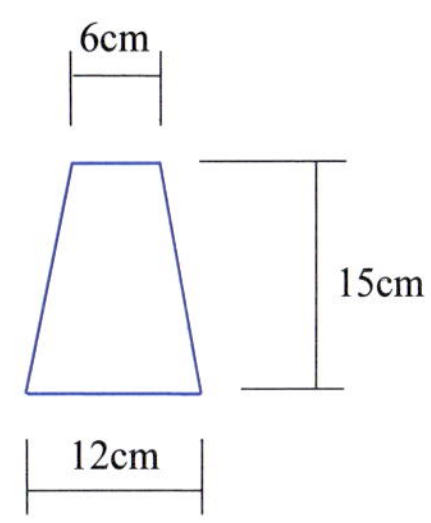

그림 예4.4.1(1)

설명 그림 예4.4.1(2)와 같이 소성중립축 $n-n$위치의 단면 폭을 $6+x$라 하면 비례식으로부터 x는 $0.4h_1$이 결정된다.

$$h_1 : x = 15 : 6 \quad \Rightarrow \quad x = 0.4h_1$$

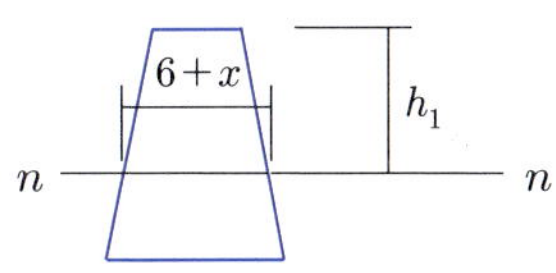

그림 예4.4.1(2)

소성중립축의 위치는 단면적을 2등분하는 위치이므로 상연과 소성중립축간 거리 h_1은 다음 식으로 구할 수 있다.

$$\frac{1}{2}\times h_1 \times \{6+(6+0.4h_1)\} - \frac{1}{2}\times(15-h_1)\times\{(6+0.4h_1)+12\}$$

$$0.4h_1^2 + 12h_1 - 135 = 0 \quad ; \quad h_1 = 8.72\,\text{cm}$$

사다리꼴을 그림 예4.4.1(3)과 같이 2개 삼각형의 합성단면으로 간주하여 표 예4.4.1과 같이 단면1차모멘트를 적용하면 사다리꼴 단면의 도심과 기준축 간 거리는 다음 식으로 결정할 수 있다.

$$\bar{y} = \frac{h}{3}\frac{(2b_1+b_2)}{(b_1+b_2)}$$

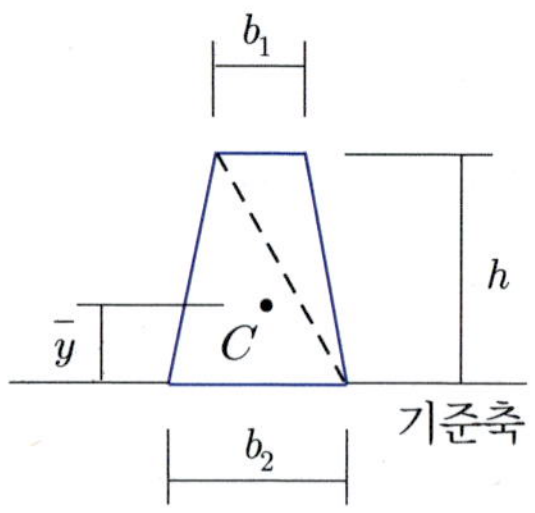

그림 예4.4.1(3)

표 예4.4.1

구분	A_i	y_i	$A_i\,y_i$
1	$b_1h/2$	$2h/3$	$b_1h^2/3$
2	$b_2h/2$	$h/3$	$b_2h^2/6$
Σ	$\frac{h}{2}(b_1+b_2)$		$\frac{h^2}{6}(2b_1+b_2)$

위 식을 사용하여 소성중립축 상부 사다리꼴($b_1 = 6\,\mathrm{cm}$, $b_2 = 9.49\,\mathrm{cm}$, $h = 8.72\,\mathrm{cm}$)과 하부 사다리꼴($b_1 = 12\,\mathrm{cm}$, $b_2 = 9.49\,\mathrm{cm}$, $h = 6.28\,\mathrm{cm}$)단면의 도심을 구하면 소성단면계수는 다음과 같이 산정된다.

$$\bar{y}_1 = \frac{h}{3}\frac{(2b_1+b_2)}{(b_1+b_2)} = \frac{8.72}{3}\times\frac{(2\times 6+9.49)}{(6+9.49)} = 4.03\,(\mathrm{cm})$$

$$\bar{y}_2 = \frac{h}{3}\frac{(2b_1+b_2)}{(b_1+b_2)} = \frac{6.28}{3}\times\frac{(2\times 12+9.49)}{(12+9.49)} = 3.26\,(\mathrm{cm})$$

$$Z = \frac{A}{2}(\bar{y}_1+\bar{y}_2) = \frac{(6+12)\times 15\times 0.5}{2}\times(4.03+3.26) = 492.1\,(\mathrm{cm}^3)$$

예제 4.4.2

그림 예4.4.2(1)에 제시한 H형 단면의 형상계수 k를 구하시오. 항복응력은 $\sigma_y = 280\,\mathrm{MPa}$이고 단위는 cm다.

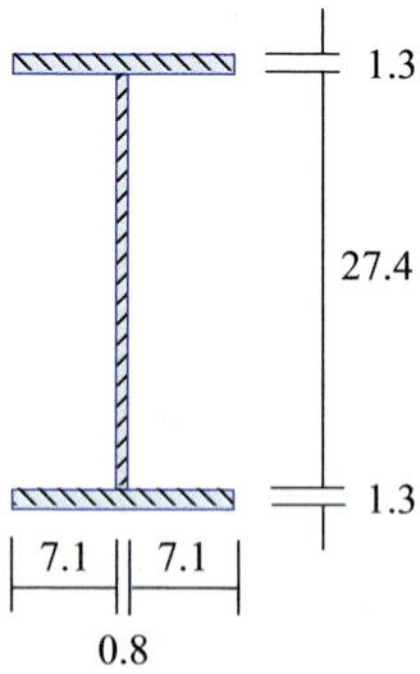

그림 예4.4.2(1)

설명 단면2차모멘트, 단면계수 및 최대 탄성휨모멘트는 다음과 같다.

$$I = \frac{15\times 30^3}{12} - 2\times \frac{7.1\times 27.4^3}{12} = 9408\,(\mathrm{cm}^4)$$

$$S = \frac{I}{c} = \frac{9408}{15} = 627.2\,(\mathrm{cm}^3)$$

$$M_y = \sigma_y S = 280\times 10^3 \times \frac{9408\times 10^{-8}}{15\times 10^{-2}} = 175.6\,(\mathrm{kN\cdot m})$$

2축대칭 단면이므로 소성중립축은 수평 도심축이고 그림 예4.4.2(2)의 소성중립축 상부 단면을 2개 직사각형의 합성단면으로 간주하여 표 예4.4.2를 작성한다.

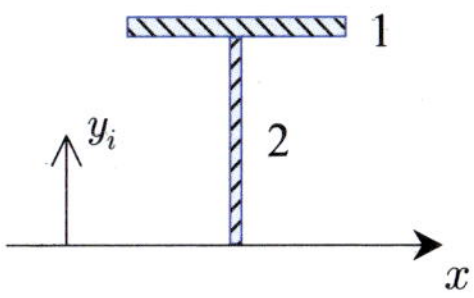

그림 예4.4.2(2)

표 예4.4.2

구분	A_i	y_i	$A_i\,y_i$
1	19.50	14.35	279.8
2	10.96	6.85	75.1
Σ	30.46		354.9

상부 단면의 도심과 소성중립축 간 거리 $\bar{y}$, 소성단면계수, 최대 소성휨모멘트 및 형상계수 k는 다음과 같이 산정된다.

$$\bar{y} = \frac{\sum A_i y_i}{\sum A_i} = \frac{354.9}{30.46} = 11.65\,(\mathrm{cm})$$

$$Z = \frac{A}{2}(2\bar{y}) = 30.46\times(2\times 11.65) = 710\,(\mathrm{cm}^3)$$

$$M_p = \sigma_y Z = 280\times 10^3 \times 710\times 10^{-6} = 198.8\,(\mathrm{kN\cdot m})$$

$$k = \frac{Z}{S} = \frac{710}{627.2} = 1.13$$

요점

휨응력 공식. 4장에서는 변형 전에 평면인 보의 단면이 변형 후에도 평면을 유지한다고 가정하는 Euler의 보 이론(Euler's beam theory)에 기초한다. 단면이 부재축 방향의 섬유로 구성되어 있다고 간주하면 휨변형에 의한 신장량(elongation) 또는 수축량(contraction)은 중립면으로부터의 거리에 비례하므로 휨모멘트 M_z에 의한 휨응력은 중립축에서 0, 상연의 σ_t가 최대 압축응력($\sigma_{c,\max}$), 하연의 σ_b가 최대 인장응력($\sigma_{t,\max}$)이 되는 직선분포가 된다. 휨응력 분포로부터 역으로 내력을 구하면 휨모멘트 M_z만 산정되어야 하므로 인장응력의 합력(resultant)과 압축응력의 합력은 크기가 같고 반대방향인 짝힘(우력: couple)을 형성해야 하고 짝힘에 의한 모멘트는 내력 M_z와 동일한 크기와 방향을 가져야 한다. 이러한 조건으로부터 구한 휨응력 공식은 다음 식 (4.2.1.1)과 같다.

$$\sigma = -\frac{M_z y}{I_z} \tag{4.2.1.1}$$

휨응력 공식에 포함되는 부호는 공식을 유도하기 위해 설정한 y축의 방향(상향 또는 하향)에 의해 결정되는 것이므로 실제 해석에서는 보에 작용하는 휨모멘트의 방향에 의한 단면 연단의 인장, 압축 여부에 따라 응력의 부호를 결정한다. 그림 4.2.1.3에 제시한 단면은 모두 수직 대칭축을 갖는 단면으로 수직 대칭축은 보가 대칭축이 놓여 있는 평면에서 거동하도록 하는 전제조건이다. 단면 (1), (2), (3)과 같이 2축대칭 단면의 경우는 최대 인장응력과 최대 압축응력의 크기가 동일하므로 휨모멘트선도에서 양의 최대값과 음의 최대값 중 큰 값을 최대 휨모멘트로 하여 연단에 발생하는 최대 휨응력을 결정한다. 이 경우 단면계수(section modulus) $S = I/c$를 사용하면 간편하게 휨응력을 산정할 수 있다. 그러나 단면 (4), (5), (6)과 같이 1축대칭 단면은 상연, 하연에서 인장, 압축 응력의 크기가 다르게 산정되므로 휨모멘트선도에서 양의 최대값과 음의 최대값에 의해 발생하는 연단의 인장, 압축 응력을 각각 산정하여 큰 값을 최대 인장응력과 최대 압축응력으로 결정해야 한다.

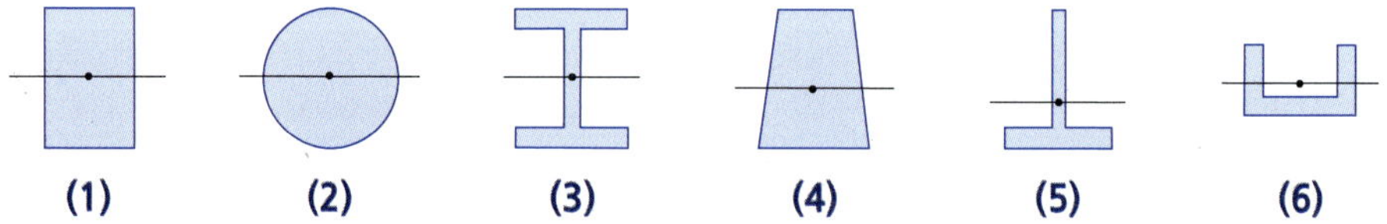

그림 4.2.1.3

합성단면의 응력. 서로 다른 재료로 구성된 보를 합성보(composite beam)라 하며 이 경우 서로 다른 재료는 경계면(interface)에서 내력에 의해 상대적인 변형이 발생하지 않도록 견고하게 부착되어야 한다. 합성단면의 응력은 단면을 환산하여 구하며 재료 1, 2로 구성된 합성단면에서 재료 1을 기준으로 하는 경우 탄성계수 비 $n(=E_2/E_1)$을 사용하여 재료 2의 폭을 n배로 환산하고 환산단면의 중립축에 대한 단면2차모멘트 I_1을 적용하여 휨응력 σ_x를 구하면 재료 1, 2의 실제응력 σ_{x1}, σ_{x2}는 다음과 같이 결정된다.

$$\sigma_x = -My/I_1 \quad ; \quad \sigma_{x,1} = -My/I_1 \quad ; \quad \sigma_{x,2} = -n(My/I_1)$$

철근콘크리트 보(reinforced concrete beam)의 경우 인장력이 작용하는 콘크리트 부분을 배제한 환산 단면을 구하기 위해서는 중립축의 위치를 가정하고 단면1차모멘트를 적용하여 중립축의 위치를 결정해야 하며 환산단면의 단면2차모멘트는 철근의 자체 단면2차모멘트를 무시하여 산정한다. 인장철근만 배근된 철근콘크리트 보의 경우 콘크리트의 최대 압축응력은 상연에 발생한다.

전단응력 공식. 전단력은 보를 자르려고 하는 내력으로 수직단면에 평행한 응력을 유발하며 이를 전단응력(shear stress)이라 한다. 3.3.1절에서 논의한 바와 같이 수직단면의 전단응력과 부재축 방향의 전단응력이 동일한 크기를 갖는다는 것을 이용하여 전단응력을 결정하는 공식을 유도한다. 보의 미소구간(길이 Δx) 좌, 우측 수직단면에 휨모멘트 M과 $M+\Delta M$이 작용하여 발생한 휨응력 분포상태로부터 단면상 임의의 위치(단면 폭 t)에서 부재축 방향으로 작용하는 축방향력을 산정하면 전단응력은 축방향력을 단면적 $t\Delta x$로 나누어 결정할 수 있다. 휨응력 공식, 휨모멘트와 전단력의 관계를 적용하여 구한 전단응력 공식은 다음과 같고 τ는 중립축으로부터 거리 y_1 위치의 전단응력, I는 해당 단면의 단면2차모멘트, t는 전단응력 산정위치의 단면 폭, V는 해당 단면에 작용하는 전단력, Q는 전단응력 산정위치를 기준으로 중립축 반대편의 면적의 중립축에 대한 1차모멘트다.

$$\tau = \frac{VQ}{It} \tag{4.3.1.1}$$

평균 전단응력. 직사각형 단면의 경우 중립축 위치($y=0$)의 전단응력이 최대이고 전단력을 단면적으로 나눈 평균 전단응력 $\tau_{avg}(=V/A)$의 1.5배이며 원형 단면의 경우 또한 단면 폭이 최대인 중립축 위치에서 최대 전단응력이 산정되고 평균 전단응력 τ_{avg}의 4/3배다. H형 단면의 경우 전단응력의 분포는 그림 4.3.1.3과 같이 복부판에 집중되어 있으므로 다음 식 (4.3.1.2)로 평균 복부전단응력(average web shear stress) τ_{avg}를 산정하여 설계검토를 수행할 수 있다.

$$\tau_{avg} = \frac{V_{max}}{dt_w} \tag{4.3.1.2}$$

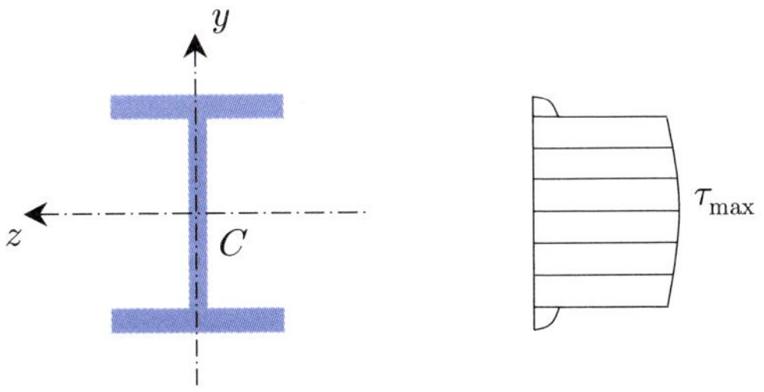

그림 4.3.1.3

여기서 V_{max}는 최대 전단력, d는 단면의 높이, t_w는 복부판의 두께다. 대부분의 보는 휨모멘트에 의해 설계가 좌우되고 전단응력은 허용 전단응력의 20~30% 수준이므로 최대 전단응력 τ_{max} 대신 τ_{avg}로 설계검토를 수행한다. 물론 τ_{avg}가 허용 전단응력의 70~80% 수준으로 산정되는 경우는 τ_{max}를 산정하여 설계검토를 수행해야 한다.

전단류. 그림 4.3.2.1과 같이 임의의 경계면을 갖는 다면체를 부분 자유물체도로 설정하여 구한 경계면에서 부재축(x축) 방향으로 발생하는 단위길이 당 힘을 전단류(shear flow)라 하고 식 (4.3.2.1)과 같이 q로 표기하며 단위는 kN/m이다.

$$q = \frac{VQ}{I} \tag{4.3.2.1}$$

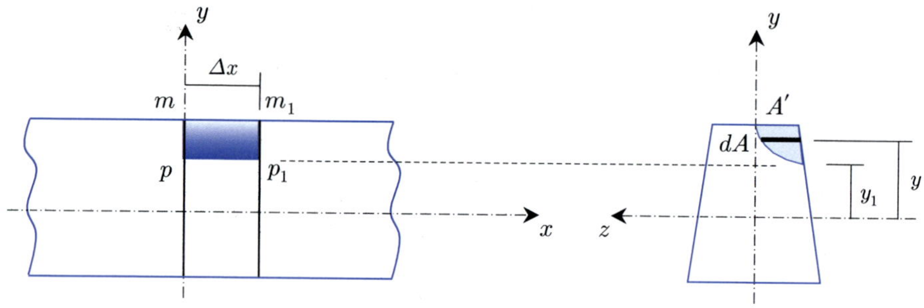

그림 4.3.2.1

박판부재 단면의 경우 부재축(x축) 방향의 전단류 q가 단면의 전단류 산정 위치에도 동일하게 발생한다. 박판부재의 단면 폭을 사용하여 산정한 그림 4.3.1.3의 전단응력과 그림 4.3.2.3과 같이 전단류의 분포로부터 산정한 전단응력은 플랜지 부분의 전단응력이 다르다는 것을 알 수 있다. 전단류의 합력은 전단력과 크기와 방향이 동일한 등가이어야 하므로 수직성분의 합은 전단력과 같고 수평성분의 합은 0이 되도록 전단류의 크기와 방향이 결정된다.

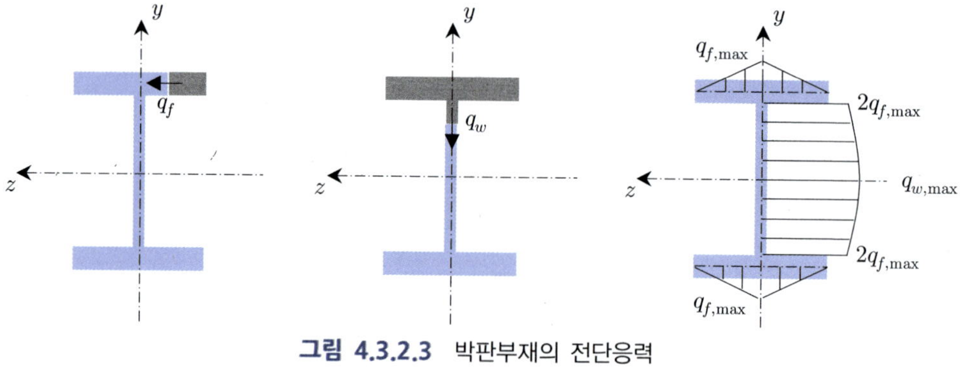

그림 4.3.2.3 박판부재의 전단응력

전단연결재. 조립부재의 연결재는 조립되는 부재 간에 발생하는 상대적 변형을 방지할 수 있도록 저항해야 하며 연결위치의 전단응력에 의해 부재축 방향 전단력이 작용하므로 전단연결재(shear connector)라 한다. 조립단면의 단면2차모멘트가 I, 해당 단면의 전단력이 V, 플랜지의 단면1차모멘트가 Q인 경우 연결부분의 전단응력과 전단류 q는 다음 관계식으로 구한다.

$$\tau_w = \frac{VQ}{It_w} = \frac{q}{t_w} \quad ; \quad q = \tau_w t_w$$

전단류 q는 단위길이 당 전단력이므로 q와 연결재의 설치간격 p(pitch)를 곱하면 연결재가 부담하는 전단력이 된다. 허용 전단력 F_{sa}이 주어진 경우 소요간격 p_{req}는 다음과 같이 결정한다.

$$F_{sa} = p_{req}\, q \quad \Rightarrow \quad p_{req} = \frac{F_{sa}}{q} = \frac{F_{sa} I}{VQ} > p$$

전단중심. 그림 4.4.3.3과 같이 1축대칭 U형 단면 보에서 보와 하중 작용평면은 xy평면이고 대칭면이 xz평면이면 전단류에 의해 (2)와 같이 복부판의 중심에서 y축 방향의 이동력과 x축 방향의 회전력이 발생한다. 단면에 발생하는 응력에 의한 역계와 단면에 작용하는 내력에 의한 역계는 등가역계이어야 하므로 하중 P에 의해 복부판의 중심선에서 동일한 합력이 발생하기 위해서는 (3)과 같이 P가 복부판의 중심선에 대해 모멘트의 팔 e를 가져야 한다. 이와 같이 구한 P의 z축 상 위치 S를 전단중심(shear center)이라 하고 P가 전단중심에 작용하면 부재는 비틀림 없이 2차원 거동을 한다.

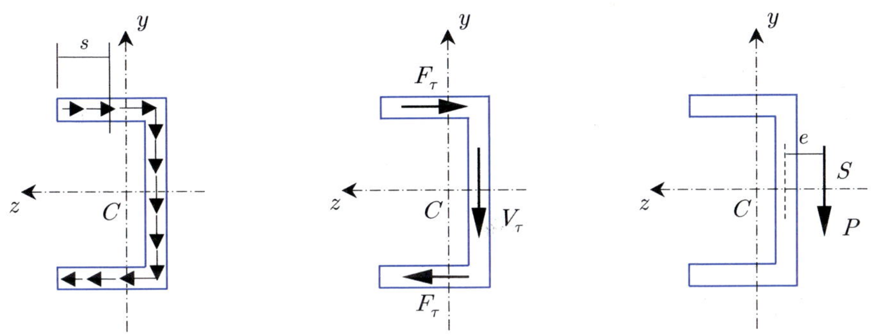

(1) 전단류 (2) 수평력과 수직력 (3) 하중 작용위치

그림 4.4.3.3 U형 단면의 도심과 전단중심

탄소성거동. 연강의 응력-변형률선도에서 변형경화 구간 이후의 추가 하중재하 능력을 무시하면 그림 4.5.1과 같은 응력-변형률선도를 가정할 수 있고 이를 탄소성거동(elastoplastic behavior)이라고 하며 소성해석은 탄소성거동에 기초한다.

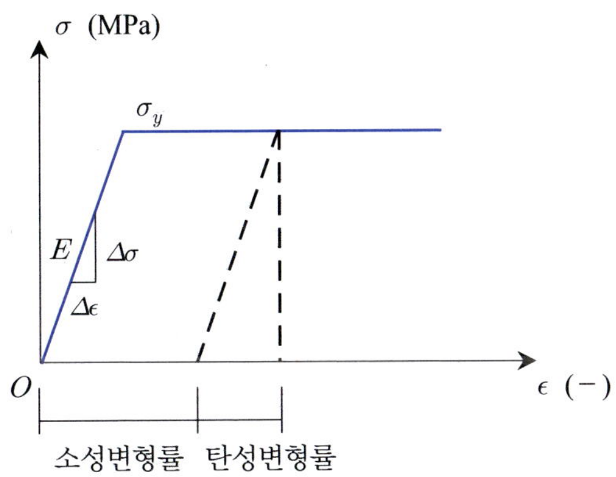

그림 4.5.1 구조용 연강의 탄소성거동

탄성해석. 탄성해석으로 유도한 휨응력 공식 (4.2.1.1)에서 응력을 허용 휨응력 σ_a로 대체하면 허용 휨모멘트 M_a는 다음 식으로 결정한다.

$$M_a = -\frac{\sigma_a I}{y} \tag{4.5.1}$$

허용 휨응력은 구조부재에 사용되는 재료 별로 설계기준에서 규정하는 값이며 허용 휨모멘트는 보가 저항할 수 있는 최대 휨모멘트로 규정되는 값이다. 허용응력은 재료의 탄성한계에 안전계수를 적용하여 설정한다. 연강과 같은 연성재료(ductile material)에서 허용응력 σ_a는 항복응력 σ_y를 안전계수로 나눈 값이므로 허용하중 P_a는 최대 탄성하중(max. elastic load) P_y를 안전계수로 나누어 결정한다. 보 단면이 부재축 방향의 섬유로 구성되어 있다고 간주하면 P_y에 의해 발생하는 최대 탄성휨모멘트(max. elastic bending moment) M_y는 연단거리가 가장 큰 섬유에 σ_y가 발생한 부재의 초기항복에 해당하는 휨모멘트로 탄성해석에서 설정하는 최대 휨모멘트이며 소성변형은 발생하지 않은 상태다.

소성해석. 최대 탄성하중을 초과하는 하중이 재하되면 연성재료로 구성된 보는 연단에서 중립축 방향으로 내측 섬유들도 항복응력에 도달하는 소성화(plastification)가 진행되며 항복응력에 도달한 섬유는 소성거동(plastic behavior)을 시작한다. 모든 섬유가 항복응력에 도달한 상태의 휨모멘트를 최대 소성휨모멘트(maximum plastic bending moment) M_p라 하며 이에 해당하는 하중을 최대 소성하중(maximum plastic load) P_p라 하고 M_p가 발생하면 단면이 힌지로 연결한 것과 같은 거동을 하여 회전력을 전달하지 못하므로 이를 소성힌지(plastic hinge)라 한다. 극한강도설계(Ultimate Strength Design)에서 P_p는 극한하중(ultimate load)이라 하며 P_a는 P_p를 규정된 하중계수(load factor)로 나누어 결정한다. 하중저항계수설계(Load and Resistance Factor Design)는 작용력 측면으로는 작용하중의 특성을 고려한 하중계수를 적용하고 반작용력 측면으로는 구조부재의 재료, 단면특성 등의 불확실성을 고려한 저항계수를 적용한다.

소성중립축. 탄성해석에서 논의한 중립축의 위치, 단면계수 등의 단면특성은 소성해석에 적용할 수 없다. 순수휨 상태의 완전 소성화된 단면에서 소성중립축(plastic neutral axis)의 상, 하부 면적에 항복응력 σ_y가 작용하면 응력의 합력은 휨모멘트 M_p와 등가이어야 하므로 소성중립축은 단면적을 이등분하는 위치라는 것을 알 수 있다. 2축대칭 단면에서 중립축과 소성중립축의 위치는 동일하나 1축대칭 단면이나 비대칭단면에서는 위치가 다르다. 최대 소성휨모멘트 M_p는 식 (4.5.2)로 산정할 수 있으며 Z는 소성단면계수(plastic section modulus)라 한다.

$$M_p = \sigma_y Z \quad ; \quad Z = \frac{A(y_1 + y_2)}{2} \tag{4.5.2}$$

형상계수. 최대 탄성휨모멘트 M_y에 대한 최대 소성휨모멘트 M_p의 비를 식 (4.5.3)과 같이 형상계수(shape factor) k로 정의하면 단면에 초기항복이 발생하는 하중의 k배 하중에 의해 완전소성화가 발생한다는 것을 제시한다.

$$k = \frac{M_p}{M_y} \tag{4.5.3}$$

연습문제

연습문제 4.2.1절 휨응력 공식

4-1 휨모멘트에 의해 높이가 h인 사다리꼴 단면 보의 상연에 허용 압축응력 56MPa, 하연에 허용 인장응력 35MPa이 발생하도록 c_1, c_2를 구하시오.

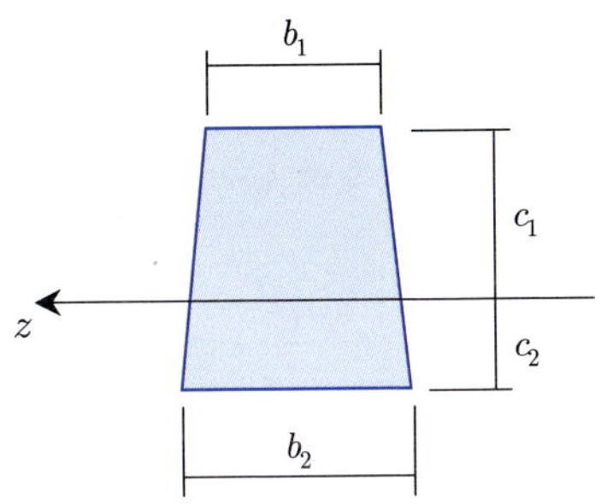

[답] $c_1 = 8h/13$, $c_2 = 5h/13$

4-2 강재 단순보에 발생하는 최대 휨응력과 최대 전단응력을 구하시오.

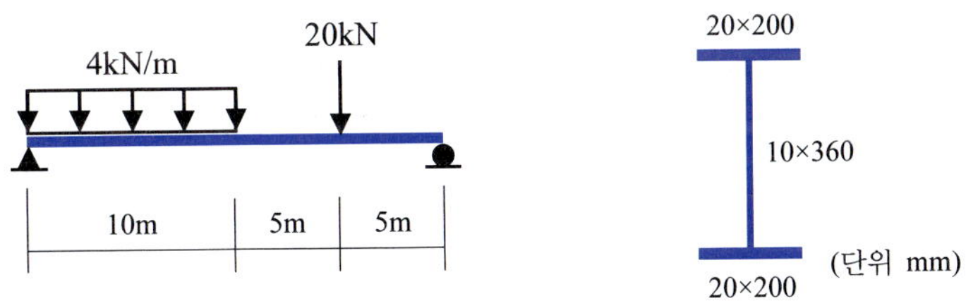

[답] $\sigma_{max} = 93.4\,\text{MPa}$, $\tau_{max} = 9.84\,\text{MPa}$

4-3 내민보에 발생하는 최대 휨응력과 최대 전단응력을 구하시오.

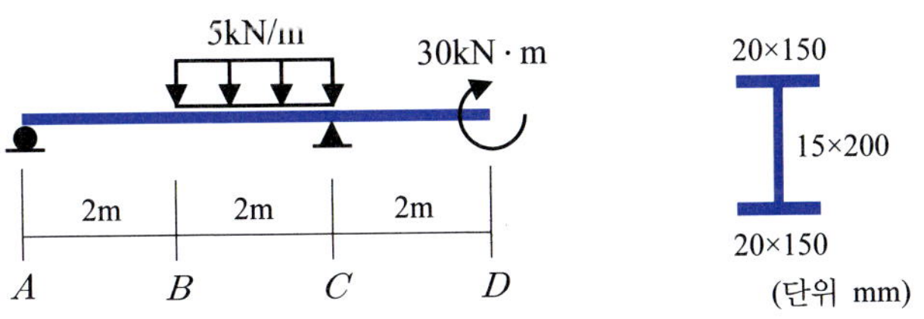

[답] $\sigma_{max} = 43.5\,\text{MPa}$, $\tau_{max} = 4.89\,\text{MPa}$

4-4 내민보에 발생하는 최대 휨응력과 최대 전단응력을 구하시오.

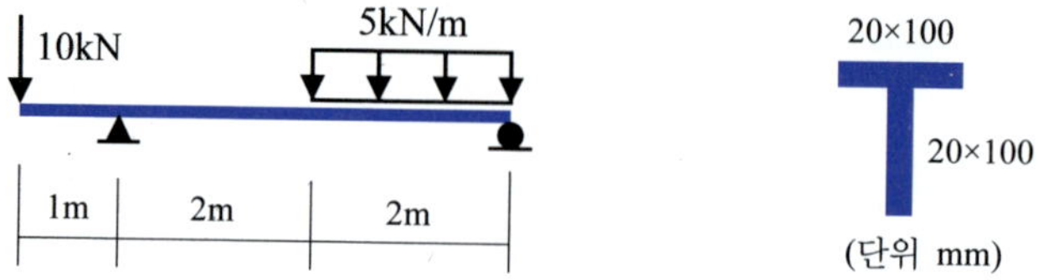

[답] $\sigma_{\max} = 75\,\text{MPa}$, $\sigma_{\min} = -150\,\text{MPa}$, $\tau_{\max} = 6\,\text{MPa}$

4-5 외팔보에 발생하는 최대 휨응력과 최대 전단응력을 구하시오.

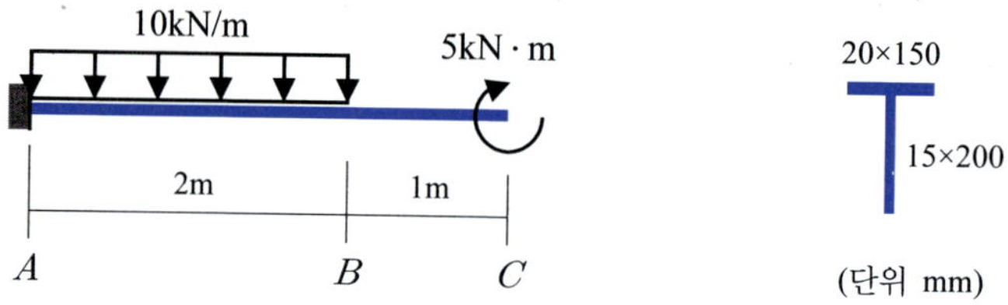

[답] $\sigma_{\max} = 57.5\,\text{MPa}$, $\sigma_{\min} = -137.2\,\text{MPa}$, $\tau_{\max} = 8.51\,\text{MPa}$

연습문제 4.2.2절 합성단면의 응력

4-6 강재와 목재로 구성된 합성단면에 휨모멘트 50 kN · m가 작용하는 경우 강재와 목재의 최대응력을 구하시오. 강재와 목재의 탄성계수는 $E_s = 200\,\text{GPa}$, $E_w = 12.5\,\text{GPa}$이다.

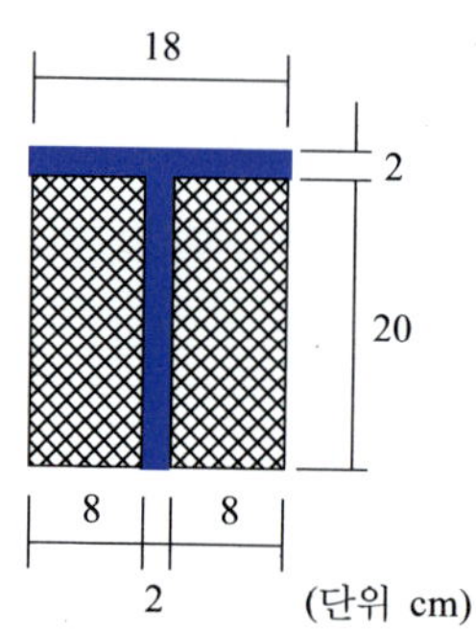

[답] $\sigma_{s,\max} = 149\,\text{MPa}$, $\sigma_{w,\max} = 9.33\,\text{MPa}$

4-7 휨모멘트 75 kN · m가 작용하는 철근콘크리트 보에서 철근(4@22 mm)의 응력과 콘크리트의 최대 압축응력을 구하시오. 콘크리트와 철근의 탄성계수는 $E_c = 25\,\text{GPa}$, $E_{rebar} = 200\,\text{GPa}$이다.

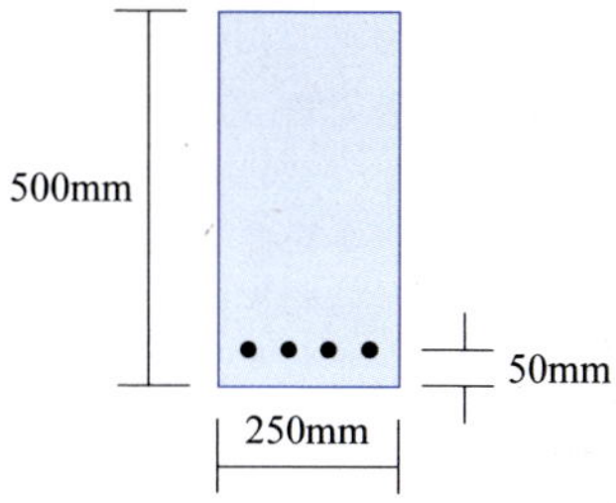

[답] $\sigma_{rebar} = 125\,\text{MPa}$, $\sigma_{c,\min} = -9.15\,\text{MPa}$

연습문제 4.3.1절 전단응력 공식

4-8 원형단면 보에 전단력 V가 발생한 경우 최대 전단응력을 구하시오.

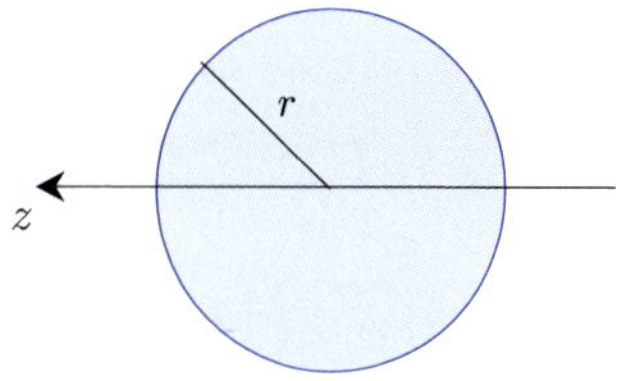

[답] $\tau_{\max} = 4V/3A$

4-9 50 kN의 전단력이 작용하는 강재단면(플랜지 20 × 150 mm, 복부판 15 × 200 mm)의 A점, C점(도심)의 전단응력을 구하시오.

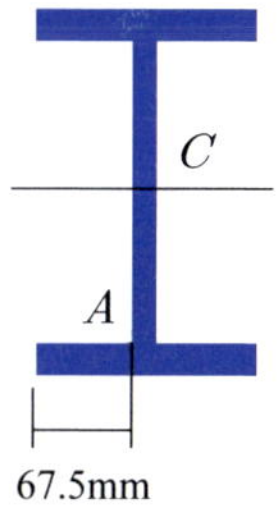

[답] $\tau_A = 4.48\,\text{MPa}$, $\tau_C = 16.3\,\text{MPa}$

4-10 그림과 같은 중공단면 부재에 전단력 25kN이 작용하는 경우 A, B에 발생하는 전단응력 및 수평 도심축 단면 위치 D, E에 발생하는 최대 전단응력을 구하시오. 단위는 cm이고 위치 C에서 플랜지와 복부판은 분리되어 있다.

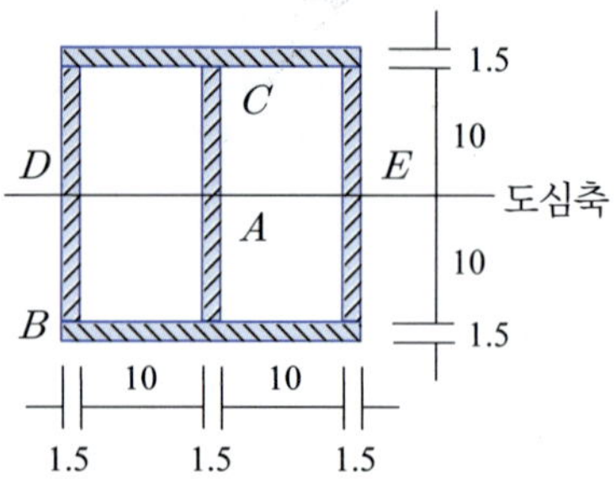

[답] $\tau_A = 1.09\,\text{MPa}$, $\tau_B = 1.91\,\text{MPa}$, $\tau_{max} = 3.95\,\text{MPa}$

4-11 직사각형 단면의 목재 단순보에 작용할 수 있는 허용하중을 구하시오. 인장/압축 허용응력은 $\sigma_a = 7\,\text{MPa}$이고 허용 전단응력은 $\tau_a = 1\,\text{MPa}$이다.

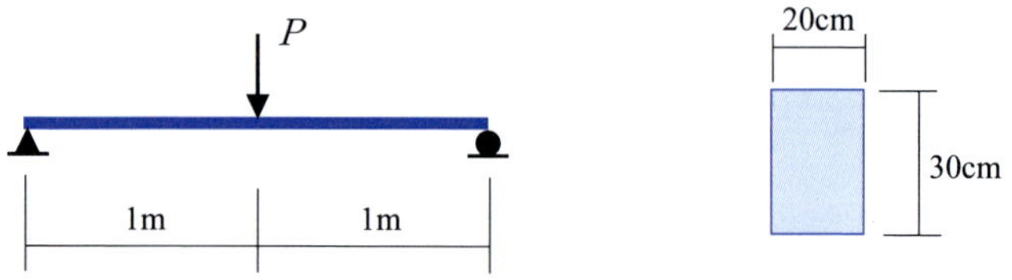

[답] $P = 42\,\text{kN}$

4-12 단순보에 발생하는 최대 전단응력을 구하시오.

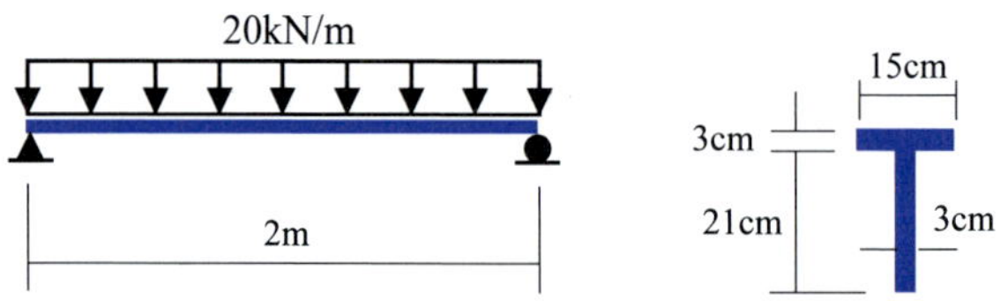

[답] $\tau_{max} = 3.92\,\text{MPa}$

4-13 외팔보에 발생하는 최대 휨응력을 구하고 최대 전단력 발생위치에서 플랜지와 복부판 연결 부분의 전단응력을 구하시오.

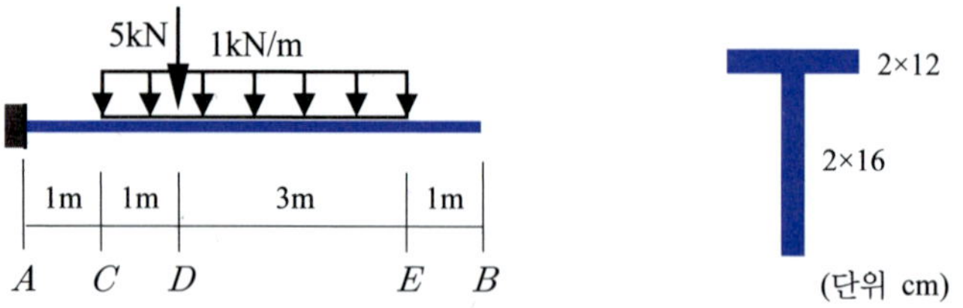

[답] $\sigma_{max} = 75\,\text{MPa}$, $\sigma_{min} = -144.8\,\text{MPa}$, $\tau_w = 3.1\,\text{MPa}$

4-14 외팔보에 발생하는 최대 휨/전단응력을 구하시오.

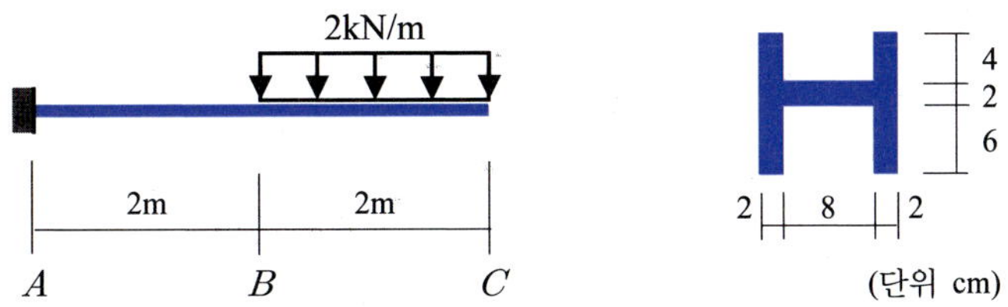

[답] $\sigma_{max} = 116.3\,\text{MPa}$, $\sigma_{min} = -126.4\,\text{MPa}$, $\tau_{max} = 3.9\,\text{MPa}$

4-15 내민보에 발생하는 최대 휨/전단응력을 구하시오.

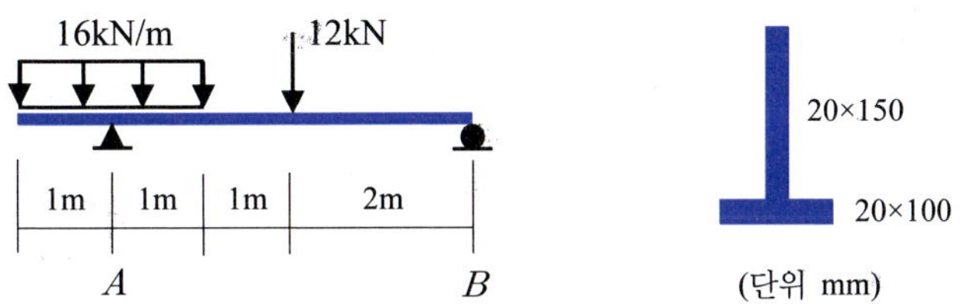

[답] $\sigma_{max} = 62.6\,\text{MPa}$, $\sigma_{min} = -93.9\,\text{MPa}$, $\tau_{max} = 9.7\,\text{MPa}$

연습문제 4.3.2절 전단류

4-16 단순보의 최대 전단력 발생구간에 소요되는 전단연결재의 최대 피치를 구하시오. 전단연결재의 허용 전단력 F_{sa}는 5kN이다.

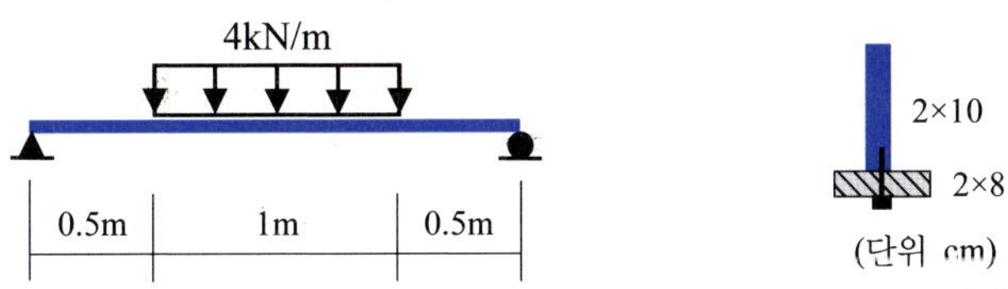

[답] $p_{max} = 23.1\,\text{cm}$

4-17 단순보의 최대 전단력 발생구간에 소요되는 전단연결재의 최대 피치를 구하시오. 전단연결재의 허용 전단력 F_{sa}는 30 kN이다.

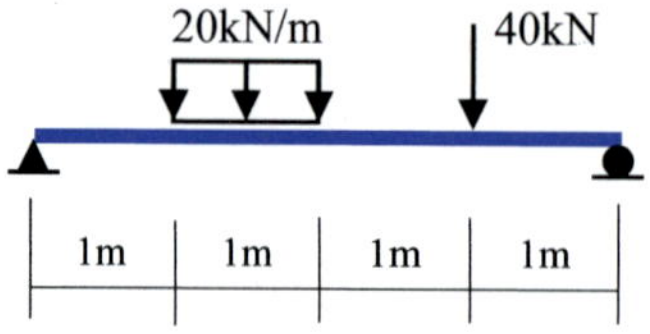

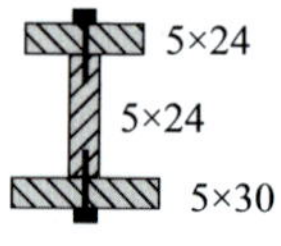

[답] $p_{max} = 24.9\,\text{cm}$

4-18 외팔보의 최대 전단력 발생구간에 소요되는 전단연결재의 최대 피치를 구하시오. 전단연결재의 허용 전단력 F_{sa}는 20 kN이다.

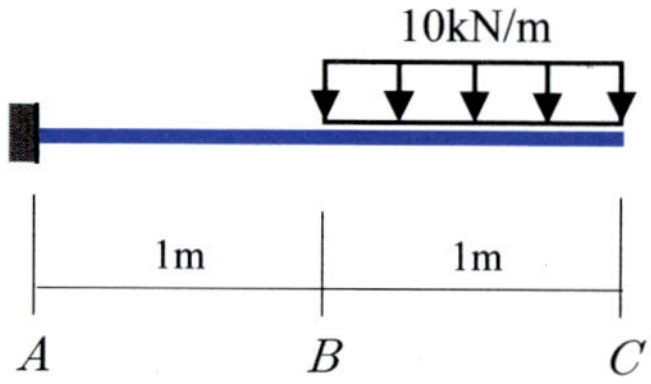

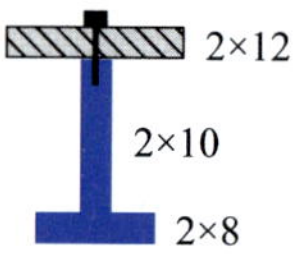

[답] $p_{max} = 25.3\,\text{cm}$

연습문제 4.5절 탄성해석 및 소성해석

4-19 상부 플랜지 12 cm × 3 cm, 복부판 3 cm × 12 cm, 하부 플랜지 8 cm × 3 cm 직사각형으로 구성된 단면의 소성단면계수를 구하시오.

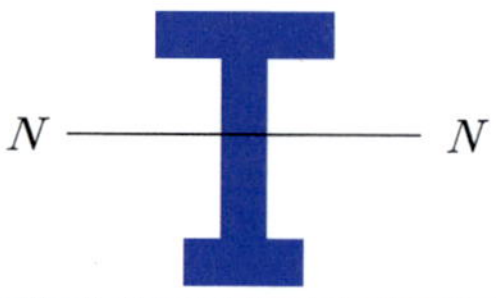

[답] $Z = 546\,\text{cm}^3$

4-20 직경이 다른 2개의 중실원형단면 부재로 구성된 외팔보의 자유단에 작용하는 집중하중 P에 의해 2개 부재에 소성힌지가 동시에 발생하도록 직경의 비 $d_1 : d_2$를 구하시오.

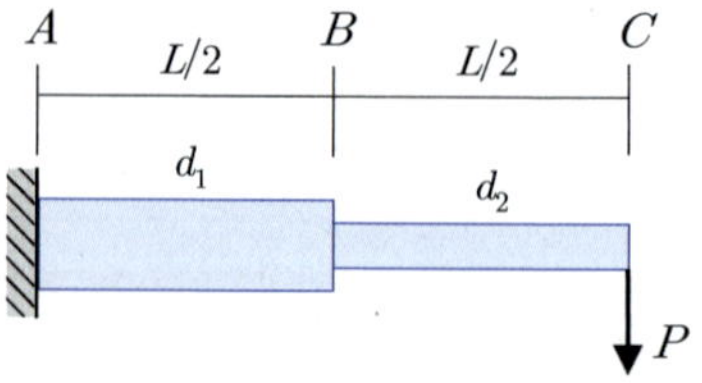

[답] $d_1 : d_2 = 1.26 : 1$

05

보의 처짐

5.1 개요

재료특성인 응력-변형률선도는 각각 구조부재의 강도(strength) 및 강성(stiffness)과 연관된다. 항복응력 또는 항복강도로 제시되는 강도는 재료가 응력에 저항하는 능력이고 탄성계수로 제시되는 강성은 재료가 변형에 저항하는 능력이다. 또한 단면특성인 단면적, 단면2차모멘트는 구조부재의 강도 및 강성 산정에 사용된다. 그러므로 구조물의 설계는 응력과 변형에 대한 해석을 수반하며 4장은 부재강도 측면에서 보의 응력 산정 및 검토방법을 제시한 것이고 5장에서는 부재강성 측면에서 보의 변형에 대한 해석방법을 논의한다.

축방향 부재의 경우 축방향 이동력에 의한 변형은 신장, 수축이고 축방향 회전력에 의한 변형은 비틂이며 보의 경우는 휨모멘트에 의한 변형으로 보의 처짐(deflection)이라 한다. 보에 하중이 작용하면 내력으로 작용하는 휨모멘트에 의해 보가 원래의 위치에서 부재축에 수직한 방향으로 이탈하는 처짐이 발생한다. 보에 과도한 처짐이 발생하면 사용성 문제를 초래하므로 설계기준은 사용성 측면에서 허용할 수 있는 처짐을 규정하여 구조부재가 충분한 강성을 보유하도록 요구하고 있다.

5장은 보에 발생하는 최대 휨응력이 탄성한계 이내인 경우에 해당하는 보의 탄성처짐에 대해 논의하며 해석을 단순화하여 보다 쉽게 이해하기 위해 단면이 일정하고 균질한 재료로 구성되는 보를 대상으로 하고 다음의 가정에 기초한다.

1) 인장, 압축 측 탄성계수는 동일하다.
2) 보는 평면에서 거동하며 단면은 변형 후에도 부재축에 수직이고 평면을 유지한다(Euler의 보 이론).
3) 보의 처짐과 처짐각의 크기는 미소하다. 처짐과 처짐각은 전단력과 휨모멘트에 의해 발생하나 상대적으로 미소한 전단력에 의한 변형은 무시한다.

대표적인 보의 형식에는 단순보(simple beam), 외팔보(cantilever beam) 및 내민보(overhanging beam)가 있다. 5장의 전반부는 탄성곡선식을 유도하여 보의 처짐을 산정하는 이론적인 방법을 제시하여 휨모멘트, 처짐각, 처짐의 연관성을 파악하도록 하고 실용적으로 적용할 수 있는 모멘트면적법에 대해 논의한다. 5장의 후반부에서 소개하는 중첩법은 편람 또는 핸드북에 수록되어 있는 표를 이용하는 방법으로 실무에서 사용하는 방법이나 표에 제시된 하중과 지점조건에만 적용할 수 있는 단점을 갖는다. 변형에너지법은 구조역학의 후속 과정에서 논의되는 방법이므로 기본개념과 적용방법을 파악하기 위해 보의 처짐을 변형에너지법으로 산정하는 방법에 대해 간략하게 설명한다.

5.2 탄성곡선식

그림 5.2.1과 같이 단순보에 수직하중이 작용하여 처짐 δ가 발생하고 이러한 처짐이 순수 휨 상태에 의한 것이면 보의 미소길이 dx는 직선에서 원호로 변형된다. 이러한 원호의 중심 O를 곡률중심(center of curvature)이라 하고 O와 중립축 간 거리를 곡률반경(radius of curvature) ρ라 한다.

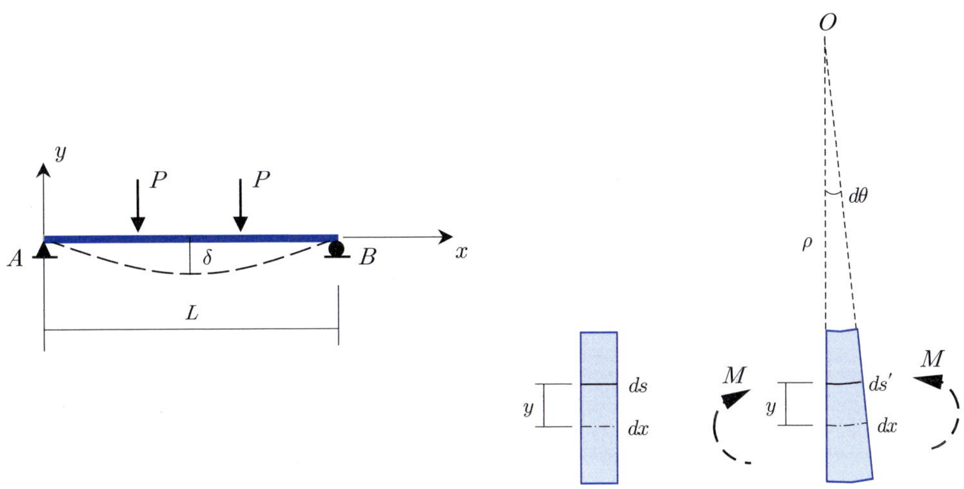

그림 5.2.1 순수휨 상태의 곡률중심과 곡률

중립축에서 거리 y에 위치한 섬유 ds의 휨변형에 의해 감소된 길이를 ds'라 하면 원주공식을 적용하여 섬유 ds의 축방향 변형률을 구하고 후크의 법칙과 휨응력 공식을 적용하면 곡률과 휨모멘트의 관계식 (5.2.1)이 구해진다.

$$ds = dx = \rho\, d\theta \quad ; \quad ds' = (\rho - y)\, d\theta$$

$$\epsilon = \frac{ds' - ds}{ds} = \frac{(\rho - y)\, d\theta - \rho\, d\theta}{\rho\, d\theta} = -\frac{y}{\rho} = \frac{\sigma}{E} = \frac{1}{E}\left(-\frac{My}{I}\right)$$

$$\frac{1}{\rho} = \frac{M}{EI} \tag{5.2.1}$$

휨모멘트 M이 0이면 곡률반경 ρ는 무한대이므로 보는 직선이고 처짐은 0이다. M이 증가할수록 ρ는 감소하므로 $\rho_{\min}$은 $M_{\max}$가 산정되는 위치에서 발생하고 M이 일정한 구간은 ρ도 일정하므로 곡선은 원호가 된다. 이와 같이 휨모멘트에 의해 부재축을 따라 발생한 변형상태를 탄성곡선(elastic curve)이라 하고 식으로 제시한 것을 탄성곡선식(elastic curve equation)

이라 한다. 그림 5.2.2와 같이 보가 변형된 상태를 xy평면의 탄성곡선식 y_x라 하면 곡률 $1/\rho_x$은 기울기 θ_x를 미분한 $d\theta_x/dx$이고 θ_x는 y_x를 미분한 것으로 $dy_x/dx = \tan\theta_x \simeq \theta_x$ 이므로 식 (5.2.1)과 같이 적용하면 탄성곡선식 y_x와 휨모멘트선도의 식 M_x의 관계식 (5.2.2)가 성립한다.

$$\frac{d^2 y_x}{dx^2} = \frac{M_x}{EI} \tag{5.2.2}$$

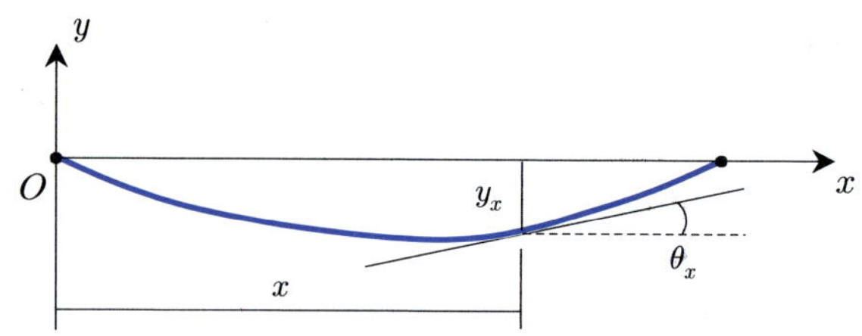

그림 5.2.2 탄성곡선식 y_x

EI는 휨강성(flexural rigidity)이라 하고 M_x를 적분하여 탄성곡선의 기울기 θ_x와 변위 y_x를 다음과 같이 산정하며 적분상수 C_1, C_2는 경계조건(기울기, 변위)으로부터 결정할 수 있다.

$$EI\frac{dy_x}{dx} = EI\theta_x = \int_0^x M_x\, dx + C_1$$

$$EIy_x = \int_0^x EI\theta_x\, dx = \int_0^x \left\{ \int_0^x M_x\, dx + C_1 \right\} dx + C_2$$

보의 전 구간에 작용하는 하중이 함수 w_x로 주어진 경우 정역학에서 논의한 하중－전단력－휨모멘트 간의 관계식을 적용하면 식 (5.2.3)이 성립하며 적분상수는 경계조건(전단력, 휨모멘트, 기울기, 변위)으로부터 결정할 수 있다.

$$\frac{dM_x}{dx} = V_x = \frac{d}{dx}\left(EI\frac{d^2 y_x}{dx^2} \right) = EI\frac{d^3 y_x}{dx^3}$$

$$\frac{dV_x}{dx} = -w_x = \frac{d}{dx}\left(EI\frac{d^3 y_x}{dx^3} \right) = EI\frac{d^4 y_x}{dx^4}$$

$$EI\frac{d^4 y_x}{dx^4} = -w_x \tag{5.2.3}$$

그림 5.2.3과 같이 휨강성 EI가 일정한 단순보의 전 구간에 등분포하중이 작용하는 경우 하중선도의 식은 $w_x = -w$이므로 전단력선도의 식 V_x, 휨모멘트선도의 식 M_x 및 탄성곡선의 기울기 θ_x와 변위 y_x를 산정할 수 있는 식 $EI\theta_x$, EIy_x는 표 5.2.1과 같이 결정된다.

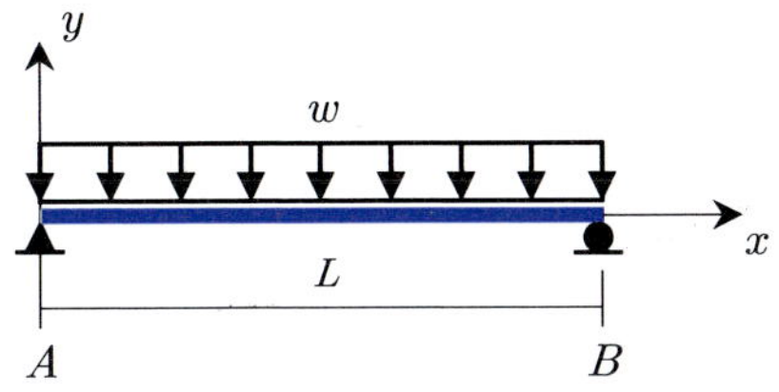

그림 5.2.3

표 5.2.1

구분	식	경계조건	적분상수
V_x	$-wx + C_1$	$V_{x=L/2} = 0$	$C_1 = wL/2$
M_x	$-\frac{w}{2}x^2 + \frac{wL}{2}x + C_2$	$M_{x=0} = 0$	$C_2 = 0$
$EI\theta_x$	$-\frac{w}{6}x^3 + \frac{wL}{4}x^2 + C_3$	$\theta_{x=L/2} = 0$	$C_3 = -\frac{wL^3}{24}$
EIy_x	$-\frac{w}{24}x^4 + \frac{wL}{12}x^3 - \frac{wL^3}{24}x + C_4$	$y_{x=0} = 0$	$C_4 = 0$

그림 5.2.2의 탄성곡선식을 유도하기 위해 설정한 xy평면의 좌표축에서 θ_x의 부호가 양이면 반시계방향, 음이면 시계방향 회전이고 y_x의 부호가 양이면 변위가 상향, 음이면 하향이다. 그러므로 A점의 θ_x 및 중앙점의 y_x는 다음과 같이 산정되고 A점의 처짐각은 $wL^3/24EI$ 시계방향, 중앙점의 처짐은 $5wL^4/384EI$ 하향이다.

$$EI\theta_{x=0} = -\frac{wL^3}{24}$$

$$EIy_{x=L/2} = -\frac{wL^3}{24}\times\frac{L}{2} + \frac{wL}{12}\times\left(\frac{L}{2}\right)^3 - \frac{w}{24}\times\left(\frac{L}{2}\right)^4 = -\frac{5wL^4}{384}$$

그림 5.2.4와 같이 좌표축을 설정하면 처짐곡선(deflection curve) δ_x의 식(처짐공식)은 다음과 같이 제시된다.

$$EI\delta_x = -EIy_x = \frac{wL^3}{24}x - \frac{wL}{12}x^3 + \frac{w}{24}x^4$$

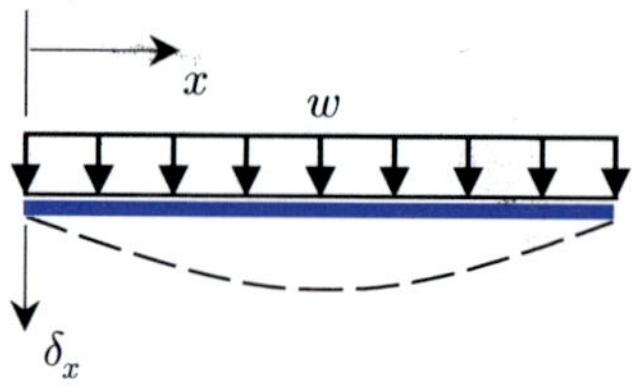

그림 5.2.4 처짐곡선

예제 5.2.1

그림 예5.2.1과 같이 외팔보의 전 구간에 등분포 하중이 작용하는 경우 탄성곡선식 및 자유단의 처짐각과 처짐을 구하시오. 휨강성 EI는 일정하다.

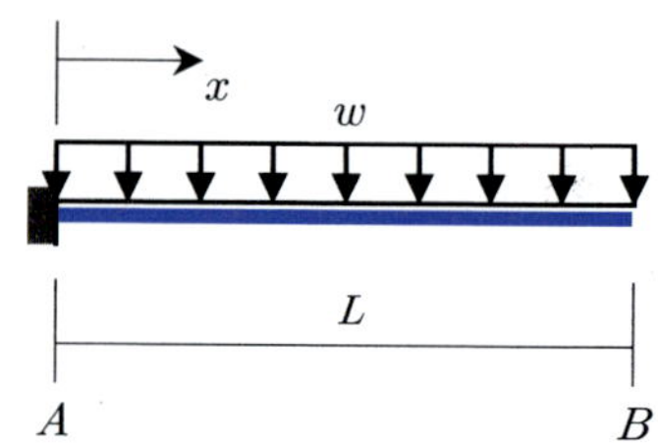

그림 예5.2.1

설명 하중선도의 식은 $w_x = -w$이므로 전단력선도의 식 V_x, 휨모멘트선도의 식 M_x 및 탄성곡선의 기울기 θ_x와 변위 y_x를 산정할 수 있는 식 $EI\theta_x$, EIy_x는 표 예5.2.1과 같이 결정된다.

표 예5.2.1

구분	식	경계조건	적분상수
V_x	$-wx + C_1$	$V_{x=L} = 0$	$C_1 = wL$
M_x	$-\frac{w}{2}x^2 + wLx + C_2$	$M_{x=L} = 0$	$C_2 = -wL^2/2$
$EI\theta_x$	$-\frac{w}{6}x^3 + \frac{wL}{2}x^2 - \frac{wL^2}{2}x + C_3$	$\theta_{x=0} = 0$	$C_3 = 0$
EIy_x	$-\frac{w}{24}x^4 + \frac{wL}{6}x^3 - \frac{wL^2}{4}x^2 + C_4$	$y_{x=0} = 0$	$C_4 = 0$

자유단의 기울기와 변위는 $x = L$을 대입하여 다음과 같이 산정되므로 처짐각과 처짐은 각각 $wL^3/6EI$ 시계방향, $wL^4/8EI$ 하향이다.

$$EI\theta_{x=L} = -\frac{wL^3}{6} + \frac{wL^3}{2} - \frac{wL^3}{2} = -\frac{wL^3}{6}$$

$$EIy_{x=L} = -\frac{wL^4}{24} + \frac{wL^4}{6} - \frac{wL^4}{4} = -\frac{wL^4}{8}$$

그림 5.2.5(1)과 같이 길이가 L이고 EI가 일정한 단순보에 집중하중이 작용하는 경우는 휨모멘트선도가 보의 구간 별로 식이 다르므로 각 구간의 식으로부터 기울기, 변위를 산정

하는 식을 구성하고 경계조건을 적용한다. 탄성곡선식을 구하기 위해서는 우선 지점반력을 산정하고 (2), (3)과 같이 각 구간에서 M_x를 구하여 θ_x와 y_x를 산정할 수 있는 식 $EI\theta_x$, EIy_x를 설정한다.

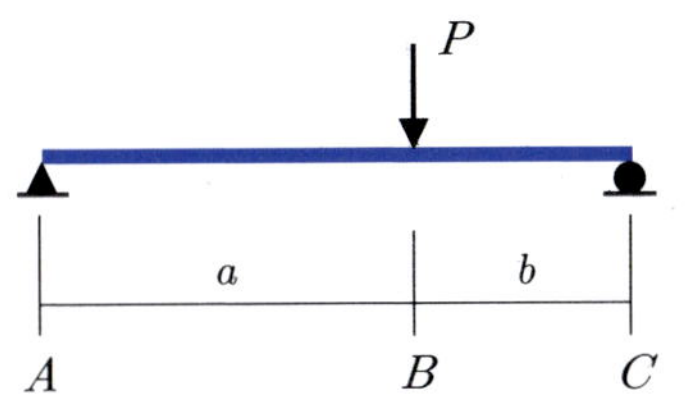

(1) 단순보

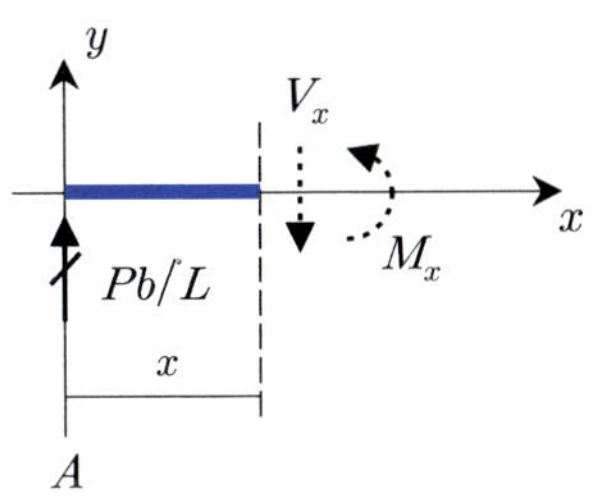

$$M_x = \frac{Pb}{L}x$$

$$EI\theta_x = \frac{Pb}{2L}x^2 + C_1$$

$$EIy_x = \frac{Pb}{6L}x^3 + C_1x + C_2$$

(2) 구간 AB

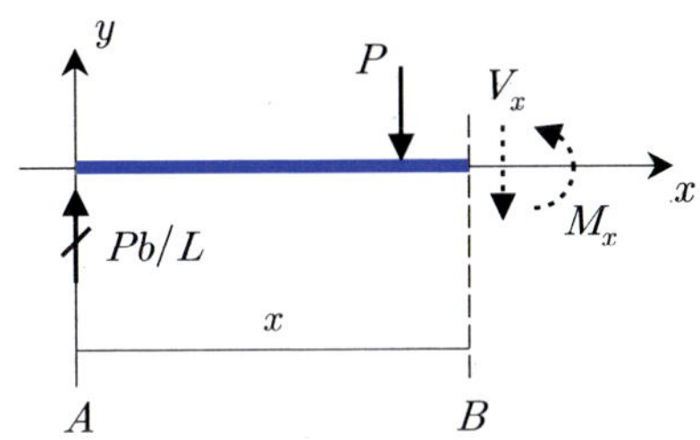

$$M_x = \frac{Pb}{L}x - P(x-a)$$

$$EI\theta_x = \frac{Pb}{2L}x^2 - \frac{P}{2}(x-a)^2 + C_3$$

$$EIy_x = \frac{Pb}{6L}x^3 - \frac{P}{6}(x-a)^3 + C_3x + C_4$$

(3) 구간 BC

그림 5.2.5

적분상수를 구하기 위한 경계조건을 적용하여 표 5.2.2와 같이 작성하면 지점 A의 변위가 0이므로 $C_2 = 0$이고 구간 AB와 BC에서 구한 $x = a$의 기울기와 변위는 동일해야 하므로 $C_1 = C_3$, $C_4 = 0$이며 C_3는 다음과 같이 산정된다.

$$\frac{Pa^3b}{6L} + C_1a = \frac{Pa^3b}{6L} + C_3a + C_4 \quad \Rightarrow \quad C_3 = -\frac{Pb}{6L}(L^2 - b^2)$$

표 5.2.2 경계조건

구간	x	$EI\theta_x$	EIy_x
AB	0		$C_2 = 0$
	a	$\dfrac{Pa^2b}{2L} + C_1$	$\dfrac{Pa^3b}{6L} + C_1 a$
BC		$\dfrac{Pa^2b}{2L} + C_3$	$\dfrac{Pa^3b}{6L} + C_3 a + C_4$
	L		$C_4 = -C_3 L - \dfrac{Pb}{6}(L^2 - b^2)$

이와 같이 구한 적분상수를 대입하면 구간 AB, BC의 θ_x와 y_x는 다음과 같이 결정된다.

$$EI\theta_{x,AB} = \frac{Pb}{2L}x^2 - \frac{Pb}{6L}(L^2 - b^2) = \frac{Pb}{6L}(3x^2 + b^2 - L^2)$$

$$EIy_{x,AB} = \frac{Pb}{6L}x^3 - \frac{Pb}{6L}(L^2 - b^2)x = \frac{Pbx}{6L}(x^2 + b^2 - L^2)$$

$$\begin{aligned} EI\theta_{x,BC} &= \frac{Pb}{2L}x^2 - \frac{P}{2}(x-a)^2 - \frac{Pb}{6L}(L^2 - b^2) \\ &= \frac{Pb}{6L}(3x^2 + b^2 - L^2) - \frac{P}{2}(x-a)^2 \end{aligned}$$

$$\begin{aligned} EIy_{x,BC} &= \frac{Pb}{6L}x^3 - \frac{P}{6}(x-a)^3 - \frac{Pb}{6L}(L^2 - b^2)x \\ &= \frac{Pbx}{6L}(x^2 + b^2 - L^2) - \frac{P}{6}(x-a)^3 \end{aligned}$$

예제 5.2.2

그림 예5.2.2(1)과 같이 단순보의 중앙에 집중하중이 작용하는 경우 탄성곡선식을 사용하여 A점의 처짐각과 B점의 처짐을 구하시오. 휨강성 EI는 일정하다.

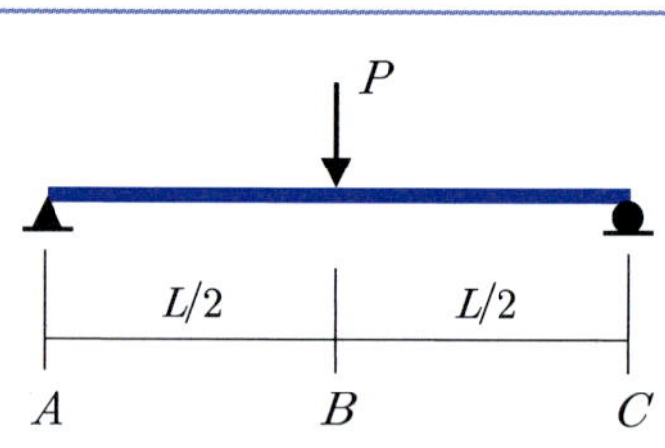

그림 예5.2.2(1)

설명 구조물과 하중이 대칭이므로 반력 또한 대칭이고 수직반력은 $L/2$이다. 그림 예5.2.2(2)에 제시한 구간 AB의 부분 자유물체도에 평형방정식을 적용하여 구한 M_x 및 θ_x와 y_x를 산정할 수 있는 식 $EI\theta_x$, EIy_x는 표 예5.2.2와 같이 결정된다.

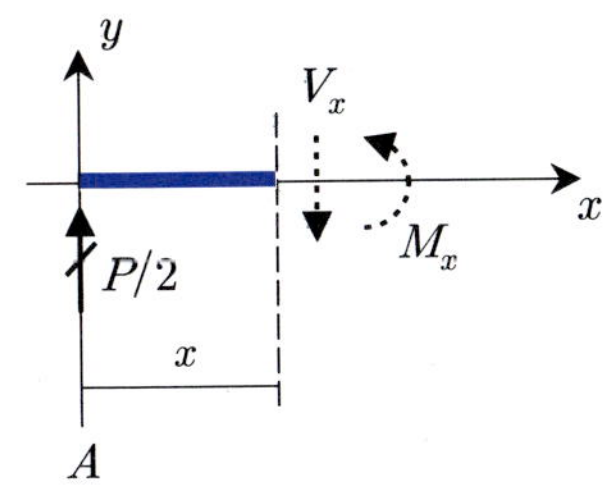

그림 예5.2.2(2)

표 예5.2.2

구분	식	경계조건	적분상수
M_x	$\dfrac{P}{2}x$		
$EI\theta_x$	$\dfrac{P}{4}x^2+C_1$	$\theta_{x=L/2}=0$	$C_1=-\dfrac{PL^2}{16}$
EIy_x	$\dfrac{P}{12}x^3-\dfrac{PL^2}{16}x+C_2$	$y_{x=0}=0$	$C_2=0$

A점의 기울기와 B점의 변위는 다음과 같이 산정되므로 A점의 처짐각 θ_A는 $PL^2/16EI$ 시계방향이고 B점의 처짐 δ_B는 $PL^3/48EI$ 하향이다.

$$EI\theta_{x=0}=0+C_1=-\frac{PL^2}{16} \quad ; \quad \theta_A=-\frac{PL^2}{16EI}$$

$$EIy_{x=L/2}=\frac{P}{12}\times\left(\frac{L}{2}\right)^3-\frac{PL^2}{16}\times\frac{L}{2}=-\frac{PL^3}{48} \quad ; \quad y_B=-\frac{PL^3}{48EI}$$

이 결과는 그림 5.2.5(1) 단순보의 θ_x와 y_x에 $a=b=L/2$을 적용하면 A점의 기울기는 $x=0$, $b=L/2$을 대입, B점의 변위는 $b=x=L/2$을 대입하여 동일한 결과를 확인할 수 있다.

$$EI\theta_A=\frac{Pb}{6L}(3x^2+b^2-L^2)=\frac{P}{12}\left(0+\frac{L^2}{4}-L^2\right)=-\frac{PL^2}{16}$$

$$EIy_B=\frac{Pbx}{6L}(x^2+b^2-L^2)=\frac{PL}{24}\times\left(\frac{L^2}{4}+\frac{L^2}{4}-L^2\right)=-\frac{PL^3}{48}$$

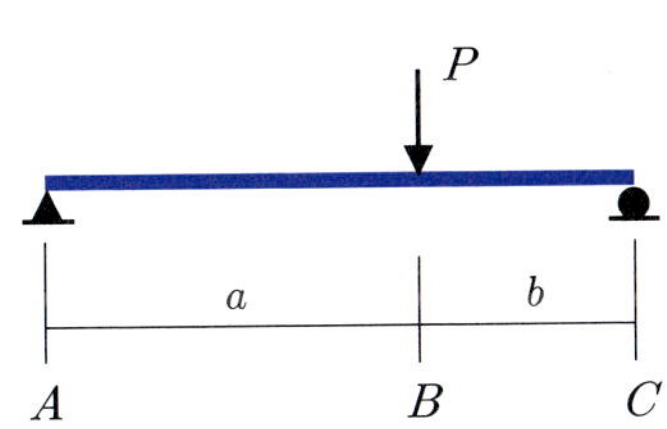

그림 5.2.5(1)

예제 5.2.3

그림 예5.2.3(1)에 제시한 외팔보의 탄성곡선식을 사용하여 B점과 C점의 처짐각과 처짐을 구하시오. 휨강성 EI는 일정하다.

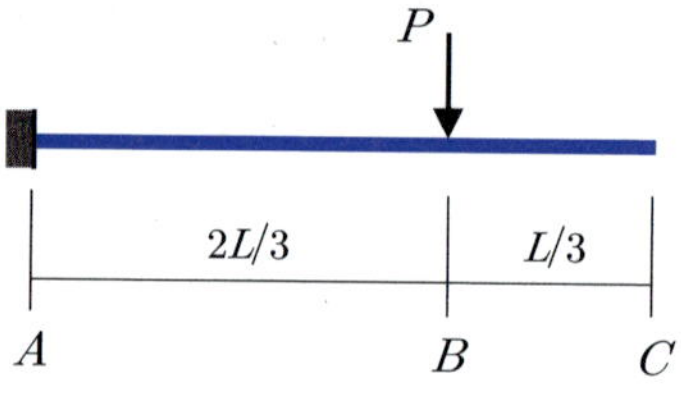

그림 예5.2.3(1)

설명 그림 예5.2.3(2)의 자유물체도에 평형방정식을 적용하여 반력을 산정한다.

$$\sum^{A} M = 0 = M_A - P \times \frac{2L}{3} \quad ; \quad M_A = \frac{2PL}{3}$$

$$\sum F_y = 0 = R_A - P \quad ; \quad R_A = P$$

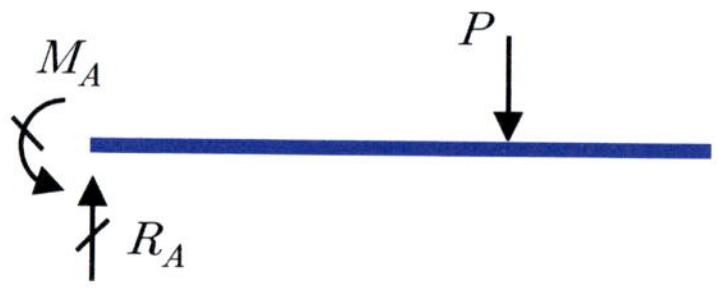

그림 예5.2.3(2)

그림 예5.2.3(3)에 제시한 구간 AB의 부분 자유물체도에 평형방정식을 적용하여 구한 M_x 및 θ_x와 y_x를 산정할 수 있는 식 $EI\theta_x$, EIy_x는 표 예5.2.3과 같이 결정된다.

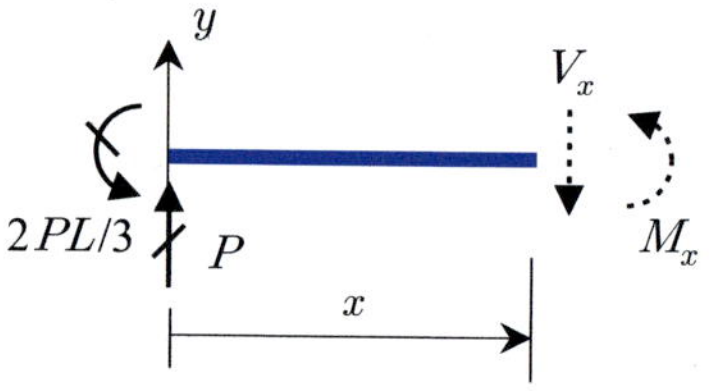

그림 예5.2.3(3)

표 예5.2.3

구분	식	경계조건	적분상수
M_x	$-\frac{2PL}{3} + Px$		
$EI\theta_x$	$-\frac{2PL}{3}x + \frac{P}{2}x^2 + C_1$	$\theta_{x=0} = 0$	$C_1 = 0$
EIy_x	$-\frac{PL}{3}x^2 + \frac{P}{6}x^3 + C_2$	$y_{x=0} = 0$	$C_2 = 0$

B점의 기울기와 변위는 $x=2L/3$을 대입하면 다음과 같이 산정되므로 B점의 처짐각 θ_B는 $2PL^2/9EI$ 시계방향, 처짐 δ_B는 $PL^3/48EI$ 하향이다.

$$EI\theta_{x=2L/3} = -\frac{4PL^2}{9} + P\times\frac{2L^2}{9} = -\frac{2PL^2}{9}$$

$$EIy_{x=2L/3} = -\frac{4PL^3}{27} + P\times\frac{4L^3}{81} = -\frac{8PL^3}{81}$$

BC 구간은 직선이므로 B점과 C점의 기울기는 같고 C점에서 발생하는 추가 처짐은 B점의 처짐각($2PL^2/9EI$)에 BC 구간의 길이($L/3$)를 곱하여 구할 수 있다. 그러므로 C점의 처짐 δ_C는 다음과 같이 산정된다.

$$EI\delta_C = EI\delta_B + \frac{2PL^2}{9}\times\frac{L}{3} = \frac{8PL^3}{81} + \frac{2PL^3}{27} = \frac{14PL^3}{81}$$

예제 5.2.4

그림 예5.2.4(1)에 제시한 내민보의 탄성곡선식을 사용하여 자유단의 처짐각과 처짐을 구하시오. 휨강성 EI는 일정하다.

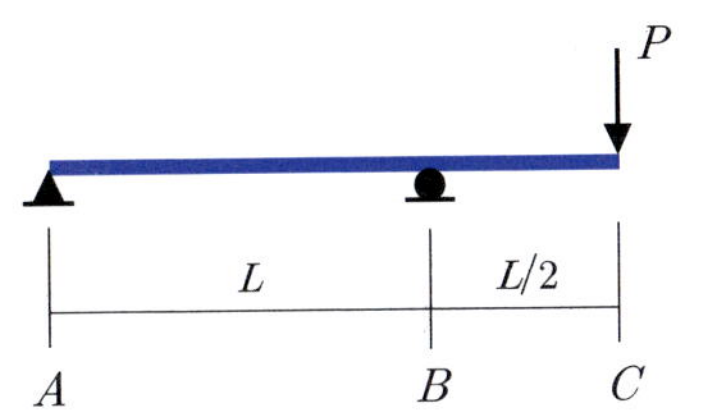

그림 예5.2.4(1)

설명 그림 예5.2.4(2)의 자유물체도에 평형방정식을 적용하여 반력을 산정한다.

$$\sum^{A} M = 0 = R_B\times L - P\times 1.5L \quad ; \quad R_B = 1.5P$$

$$\sum F_y = 0 = R_A + R_B - P \quad ; \quad R_A = -0.5P$$

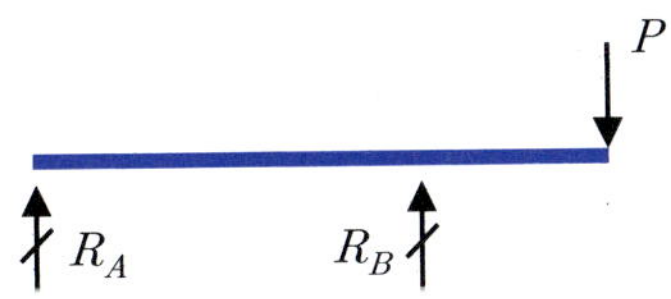

그림 예5.2.4(2)

그림 예5.2.4(3), (4)와 같이 각 구간의 부분 자유물체도에 모멘트 평형방정식을 적용하여 M_x를 구하고 θ_x와 y_x를 산정할 수 있는 식 $EI\theta_x$, EIy_x를 설정한다.

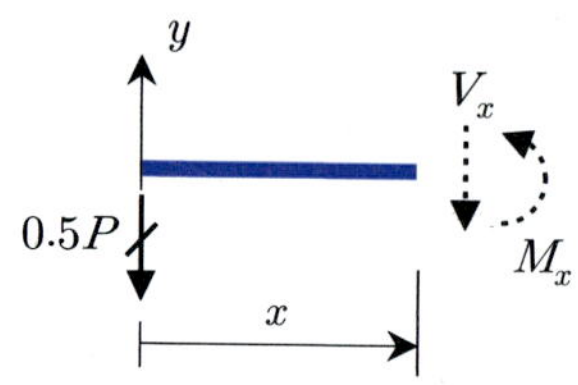

$$M_x = -\frac{P}{2}x$$

$$EI\theta_x = -\frac{P}{4}x^2 + C_1$$

$$EIy_x = -\frac{P}{12}x^3 + C_1x + C_2$$

(3) 구간 AB

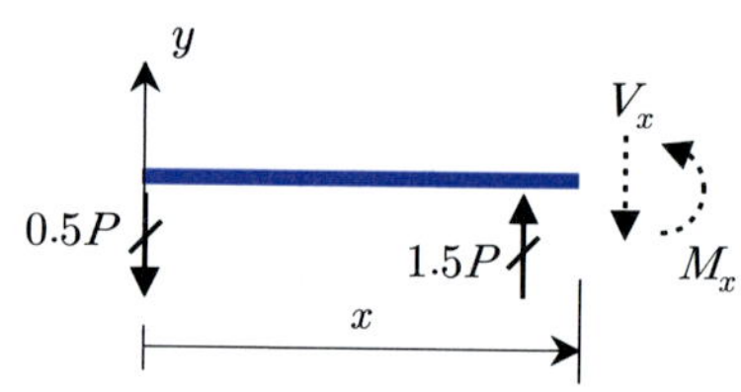

$$M_x = Px - \frac{3PL}{2}$$

$$EI\theta_x = \frac{P}{2}x^2 - \frac{3PL}{2}x + C_3$$

$$EIy_x = \frac{P}{6}x^3 - \frac{3PL}{4}x^2 + C_3x + C_4$$

(4) 구간 BC

그림 예5.2.4

적분상수를 구하기 위한 경계조건을 적용하여 표 예5.2.4와 같이 작성하면 구간 AB에서 지점 A, B의 처짐이 0이므로 $C_2 = 0$, $C_1 = \frac{PL^2}{12}$이고, 구간 AB와 BC에서 구한 $x = L$의 기울기는 동일해야 하므로 $C_3 = 5PL^2/6$이며, 구간 BC에서 지점 B의 처짐이 0이므로 $C_4 = -\frac{PL^3}{4}$가 산정된다.

표 예5.2.4 경계조건

구간	x	$EI\theta_x$	EIy_x
AB	0		$C_2 = 0$
	L	$-\frac{PL^2}{4} + \frac{PL^2}{12}$	$C_1 = \frac{PL^2}{12}$
BC		$\frac{PL^2}{2} - \frac{3PL^2}{2} + C_3$	$C_4 = -\frac{PL^3}{4}$

구간 BC의 θ_x와 y_x로부터 자유단의 기울기와 변위는 다음과 같이 산정되므로 처짐각과 처짐은 $7PL^2/24EI$ 시계방향, $PL^3/8EI$ 하향이다.

$$EI\theta_{x=1.5L} = \frac{P}{2}\times\left(\frac{3L}{2}\right)^2 - \frac{3PL}{2}\times\left(\frac{3L}{2}\right) + \frac{5PL^2}{6} = -\frac{7PL^2}{24}$$

$$EIy_{x=1.5L} = \frac{P}{6}\times\left(\frac{3L}{2}\right)^3 - \frac{3PL}{4}\times\left(\frac{3L}{2}\right)^2 + \frac{5PL^2}{6}\times\left(\frac{3L}{2}\right) - \frac{PL^3}{4} = -\frac{PL^3}{8}$$

5.3 모멘트면적법

5.3.1 모멘트면적 정리

모멘트면적법(moment area method)은 휨모멘트선도를 이용하여 처짐각과 처짐을 산정하는 방법으로 그림 5.3.1.1은 휨강성 EI가 일정한 보에서 휨모멘트에 의해 처짐이 발생한 구간 AB의 중립축 위치에서 처짐곡선을 표시한 것이다. 길이 Δx의 미소구간 pq는 원호로 간주할 수 있고 p와 q의 접선에 의한 교각과 원호의 중심각은 $\Delta\theta$로 동일하다. A와 B의 접선에 의한 교각 θ_{AB}는 전체 미소구간이 형성하는 교각들의 합이고 원주공식 및 곡률과 휨모멘트의 관계식 (5.2.1)을 적용하면 θ_{AB}와 휨모멘트 M_x 간에는 다음 관계식이 성립한다.

$$\theta_{AB} = \sum_A^B \Delta\theta \quad ; \quad \Delta\theta = \frac{\Delta x}{\rho} \quad ; \quad \frac{1}{\rho} = \frac{M}{EI} \quad ; \quad \theta_{AB} = \frac{1}{EI}\sum_A^B \Delta x M_x$$

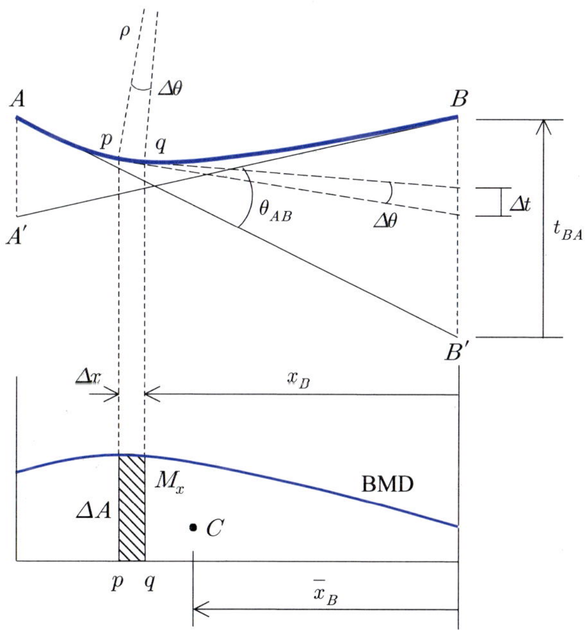

그림 5.3.1.1 휨모멘트에 의한 처짐곡선

미소구간 pq에서 위치 p, q의 M_x를 동일한 값으로 간주하면 미소구간의 면적 ΔA ($= \Delta x M_x$)는 휨모멘트선도에서 사선으로 표기한 직사각형 면적이고 AB 구간 휨모멘트선도의 면적은 미소구간 면적의 합이므로 이를 A_{AB}로 표기하면 식 (5.3.1.1)을 정의할 수 있다. 이 식을 모멘트면적 제1정리라 하며 처짐곡선 상 임의의 두 점 A와 B의 접선에 의한 교각 θ_{AB}는 AB 구간 휨모멘트선도의 면적 A_{AB}를 EI로 나눈 값과 같다는 것을 제시한다.

$$\sum_A^B \Delta x M_x = \sum_A^B \Delta A = A_{AB}$$

$$\theta_{AB} = \frac{1}{EI} A_{AB} \qquad (5.3.1.1)$$

그림 5.3.1에서 p, q의 접선이 수직선 BB'와의 교점에서 형성하는 길이 Δt는 $x_B \Delta\theta$이므로 A점의 접선에서 B점이 수직방향으로 이탈한 거리 t_{BA}는 다음 관계식으로 구할 수 있다.

$$t_{BA} = \sum_A^B \Delta t = \sum_A^B x_B \Delta\theta = \sum_A^B x_B \frac{\Delta A}{EI} = \frac{1}{EI}\sum_A^B x_B \Delta A$$

$x_B \Delta A$는 휨모멘트선도에서 사선으로 표기한 직사각형 면적 ΔA의 B점에 대한 1차모멘트이므로 $\sum_A^B x_B \Delta A$는 A_{AB}의 B점에 대한 1차모멘트이고 이는 B점에서 도심 C까지의 거리 $\bar{x}_B$와 A_{AB}의 곱 $\bar{x}_B A_{AB}$와 같으므로 t_{BA}를 산정할 수 있는 다음 식 (5.3.1.2)가 성립한다.

$$t_{BA} = \frac{1}{EI} \bar{x}_B A_{AB} \qquad (5.3.1.2)$$

t_{BA}는 접선상대거리(tangential deviation)라 하며 첨자의 순서를 정하여 표기한 것으로 B점은 이탈한 점, A점은 접선을 취한 점을 의미한다. 식 (5.3.1.2)를 모멘트면적 제2정리라 하며 처짐곡선 상 임의의 점 A의 접선에서 임의의 점 B가 수직방향으로 이탈한 접선상대거리는 AB 구간 휨모멘트선도의 면적 A_{AB}의 B점에 대한 1차모멘트를 EI로 나눈 값과 같다는 것을 제시한다.

처짐각과 처짐은 벡터량이므로 크기와 방향이 제시되어야 하며 방향은 처짐곡선에 표시한 방향이고 모멘트면적법으로 계산한 결과는 크기다. 모멘트면적법을 사용하기 위해서는 처짐곡선의 합리적인 작성이 요구되며 이는 휨모멘트선도와 지점조건을 고려하여 작성한다. 모든 지점에서 처짐은 0이고 이동, 회전 지점에서는 처짐각이 발생하나 고정지점에서는 처짐각이 0이다. 임의의 점에서 접선을 작성하면 임의 점 이후의 처짐곡선은 휨모멘트가 0인 경우 접선과 일치하고 양인 경우 접선으로부터 상향, 음인 경우 하향으로 이탈한다. 임의의 두 점 사이의 휨모멘트선도가 양과 음의 면적으로 변화하며 구성된 경우 그림 5.3.1.1과 같이 접선에서 상향으로 이탈하는 것을 가정하면 양의 휨모멘트면적에 양의 부호를 적용하여 접선상대거리를 산정하고 결과가 음이면 접선에서 하향으로 이탈한다.

그림 5.3.1.2(1)에 제시한 휨강성 EI가 일정한 단순보에서 지점의 처짐각과 중앙점의 처짐을 구하는 경우 우선 휨모멘트선도와 처짐곡선을 작성한다. 구조물과 하중이 대칭이므로 휨모멘트선도와 처짐곡선 또한 대칭이고 지점의 처짐은 0이므로 양의 휨모멘트에 의해 전 구간에 하향으로 처짐이 발생하는 형상이다. 그러므로 처짐각 θ_A, θ_C는 크기가 같고 방향이 반대이며 중앙점의 처짐 δ_B가 최대 처짐이고 A점(또는 C점)의 접선으로부터 양의 휨모멘트에 의해 접선상대거리는 상향으로 발생한다. 모멘트면적법은 θ_A, θ_C 및 δ_B를 직접 산정하는 방법이 아니라는 것을 유의해야 한다. 모멘트면적 제1정리와 제2정리에 의해 A점과 C점의 접선이 형성하는 교각 θ_{AC} 및 A점의 접선에서 B점, C점이 이탈한 접선상대거리 t_{BA}, t_{CA}를 구하면 θ_A, θ_C 및 δ_B는 다음 관계식으로부터 산정한다.

$$\theta_A = \theta_C = \frac{1}{2}\theta_{AC} \quad ; \quad \delta_B + t_{BA} = \frac{1}{2}t_{CA}$$

$EI\theta_{AC}$는 휨모멘트선도의 면적 A_{AC}, EIt_{BA}는 A_{AB}의 B점에 대한 1차모멘트 $x_B A_{AB}$, EIt_{CA}는 A_{AC}의 C점에 대한 1차모멘트 $x_C A_{AC}$이므로 θ_A, θ_C 및 δ_B의 크기는 위 관계식을 사용하여 다음과 같이 결정된다.

$$EI\theta_{AC} = A_{AC} = \frac{PL}{4} \times L \times 0.5 = \frac{PL^2}{8}$$

$$EIt_{BA} = x_B A_{AB} = \left(\frac{PL}{4} \times \frac{L}{2} \times 0.5\right) \times \left(\frac{L}{2} \times \frac{1}{3}\right) = \frac{PL^3}{96}$$

$$EIt_{CA} = x_C A_{AC} = \frac{PL^2}{8} \times \frac{L}{2} = \frac{PL^3}{16}$$

$$\theta_A = \theta_C = \frac{1}{2}\theta_{AC} = \frac{1}{2} \times \frac{PL^2}{8EI} = \frac{PL^2}{16EI}$$

$$\delta_B = \frac{1}{2}t_{CA} - t_{BA} = \frac{1}{2} \times \frac{PL^3}{16EI} - \frac{PL^3}{96EI} = \frac{PL^3}{48EI}$$

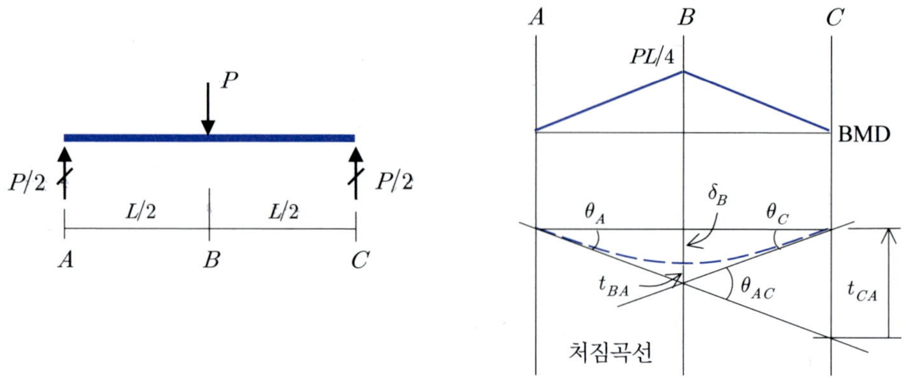

그림 5.3.1.2(1)

그림 5.3.1.2(1)에 제시한 단순보의 경우 처짐곡선이 대칭이므로 그림 5.3.1.2(2)에 표시한 바와 같이 보 중앙점인 B점에서 접선의 기울기는 0이다. B점과 C점의 접선을 이용하면 교각 θ_{BC}가 θ_C와 같고 접선상대거리 t_{CB}가 δ_B와 동일하므로 보다 간단하게 처짐각, 처짐을 구할 수 있다. 이와 같이 임의의 점에서 접선의 기울기가 0이면 처짐각과 처짐의 산정에 이 점에서의 수평접선을 이용할 수 있다. 외팔보는 고정지점에서 처짐각이 0이고 접선이 보의 원위치와 일치하는 수평접선이므로 고정지점의 접선을 이용한다.

$$EI\theta_A = \frac{PL}{4}\times\frac{L}{2}\times 0.5 = \frac{PL^2}{16} \quad ; \quad \theta_A = \frac{PL^2}{16EI}$$

$$EIt_{CB} = \frac{PL^2}{16}\times\left(\frac{L}{2}\times\frac{2}{3}\right) = \frac{PL^3}{48} = EI\delta_B \quad ; \quad \delta_B = \frac{PL^3}{48EI}$$

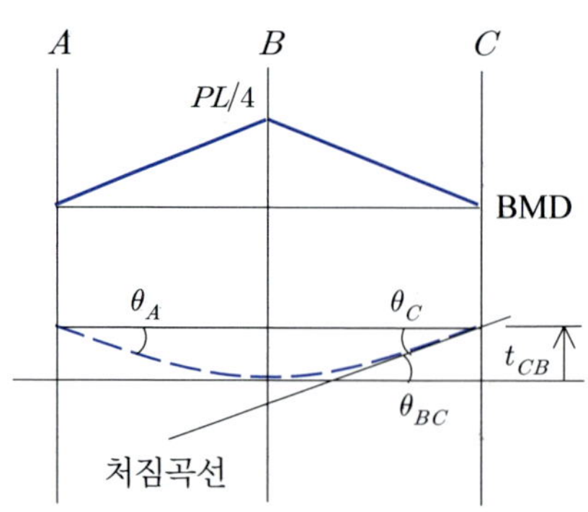

그림 5.3.1.2(2)

그림 2.2.5에 제시한 바와 같이 휨모멘트선도의 면적이 꼭지점 O를 포함하는 n차 곡선으로 구성된 경우 휨모멘트선도의 면적(A_1, A_2)과 도심(C_1, C_2)의 위치(x_1, x_2)는 공식을 적용하여 구한다.

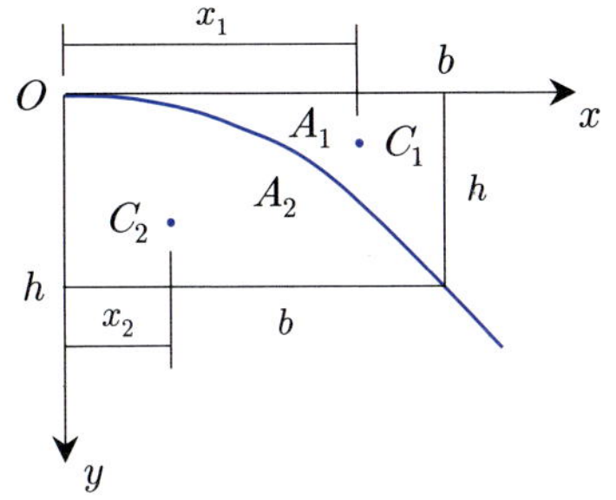

n차 곡선 : $y = \dfrac{h}{b^n} x^n$

면적과 도심 :

$$A_1 = \frac{1}{n+1} \times bh \quad ; \quad x_1 = b \times \left(\frac{n+1}{n+2}\right)$$

$$A_2 = \frac{n}{n+1} \times bh \quad ; \quad x_2 = \frac{b}{2} \times \left(\frac{n+1}{n+2}\right)$$

그림 2.2.5 n차 곡선(꼭지점 O 포함)으로 구성되는 단면의 면적과 도심

예제 5.3.1.1

그림 예5.3.1.1(1)의 단순보에서 모멘트면적법을 사용하여 양 지점의 처짐각, 하중 작용점의 처짐 및 최대 처짐을 구하시오. 보의 길이는 $L(=a+b)$이고 EI는 일정하다.

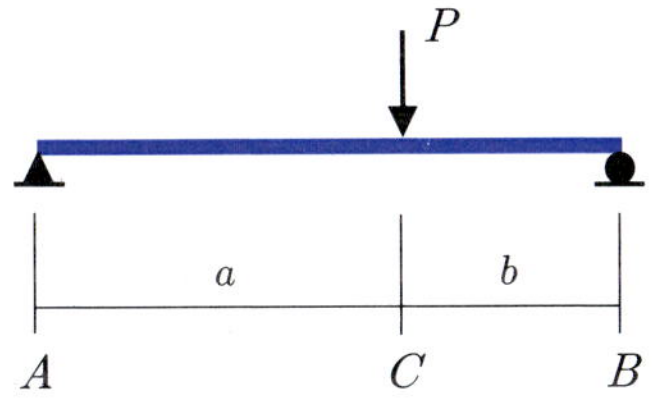

그림 예5.3.1.1(1)

설명 그림 예5.3.1.1(2)의 자유물체도에 평형방정식을 적용하여 반력을 산정한다.

$$\sum^{A} M = 0 = P \times a - R_B \times L \quad ; \quad R_B = \frac{Pa}{L}$$

$$\sum F_y = 0 = R_A - P + R_B \quad ; \quad R_A = \frac{Pb}{L}$$

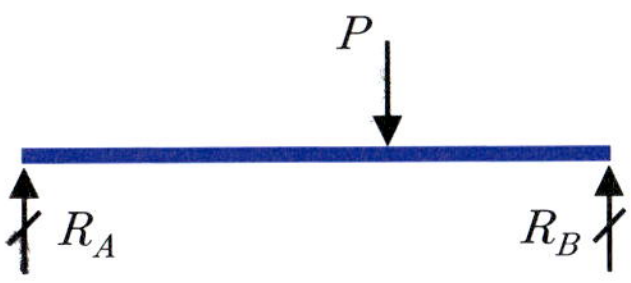

그림 예5.3.1.1(2)

전단력선도, 휨모멘트선도 및 B점에 접선을 표시한 처짐곡선은 그림 예5.3.1.1(3)과 같고 접선상대거리 t_{AB}, t_{CB}는 다음과 같다.

$$EIt_{AB} = \left(\frac{Pab}{L} \times a \times 0.5\right) \times \left(a \times \frac{2}{3}\right) + \frac{Pab^2}{2L} \times \left(a + b \times \frac{1}{3}\right) = \frac{Pab(L+a)}{6}$$

$$EIt_{CB} = \left(\frac{Pab}{L} \times b \times 0.5\right) \times \left(b \times \frac{1}{3}\right) = \frac{Pab^3}{6L}$$

삼각형의 비례관계로부터 처짐 δ_C는 $Pa^2b^2/3LEI$ 하향, 처짐각 θ_B는 t_{AB}로부터 $Pab(L+a)/6LEI$ 반시계방향으로 산정된다.

$$EI\delta_C = EIt_{AB} \times \frac{b}{L} - EIt_{CB} = \frac{Pab(L+a)}{6} \times \frac{b}{L} - \frac{Pab^3}{6L} = \frac{Pa^2b^2}{3L}$$

$$EI\theta_B = \frac{EIt_{AB}}{L} = \frac{Pab(L+a)}{6L}$$

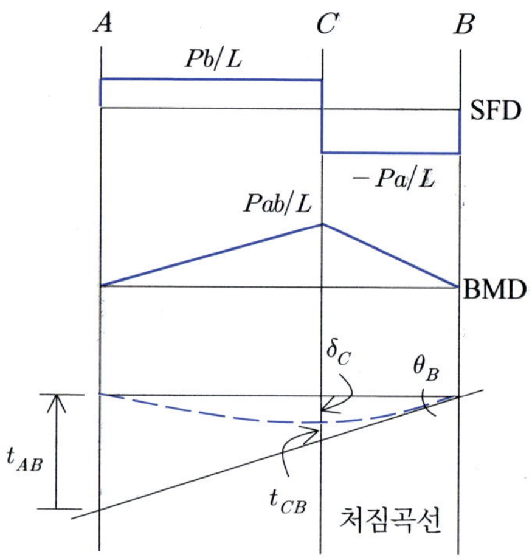

그림 예5.3.1.1(3)

A점의 처짐각과 최대 처짐을 구하기 위해 A점에 접선을 표시한 처짐곡선은 그림 예 5.3.1.1(4)와 같다. 접선상대거리 t_{BA}로부터 처짐각 θ_A를 구하면 $Pab(L+b)/6LEI$ 시계방향이다.

$$EIt_{BA} = \frac{Pa^2b}{2L} \times \left(b + a \times \frac{1}{3}\right) + \frac{Pab^2}{2L} \times \left(b \times \frac{2}{3}\right) = \frac{Pab(L+b)}{6}$$

$$EI\theta_A = \frac{EIt_{BA}}{L} = \frac{Pab(L+b)}{6L}$$

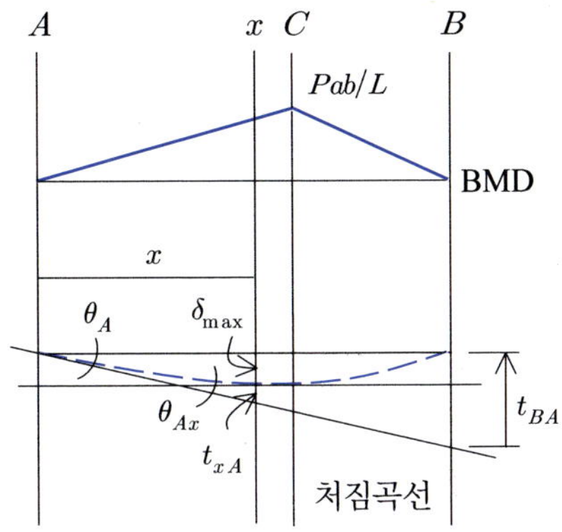

그림 예5.3.1.1(4)

최대 처짐 $\delta_{\max}$가 발생하는 위치 x에서 접선의 기울기는 0이므로 A점의 접선과의 교각 θ_{Ax}는 θ_A와 동일하다는 조건을 적용하면 x, t_{xA}가 결정되고 삼각형의 비례관계로부터 $\delta_{\max}$를 구하면 $Pbx(aL+ab-x^2)/6LEI$ 하향이다.

$$EI\theta_A = \frac{Pab(L+b)}{6L} = \frac{Pb}{L}x\times x\times 0.5 \quad ; \quad x = \sqrt{\frac{a(L+b)}{3}}$$

$$EIt_{xA} = \frac{Pbx^2}{2L}\times\left(x\times\frac{1}{3}\right) = \frac{Pb}{6L}x^3$$

$$\begin{aligned} EI\delta_{\max} &= EIt_{BA}\times\frac{x}{L} - EIt_{xA} \\ &= \frac{Pab(L+b)}{6}\times\frac{x}{L} - \frac{Pb}{6L}x^3 = \frac{Pbx}{6L}(aL+ab-x^2) \end{aligned}$$

예제 5.3.1.2

그림 예5.3.1.2(1)의 단순보에서 모멘트면적법을 사용하여 A점의 처짐각과 C점의 처짐을 구하시오. 휨강성 EI는 일정하다.

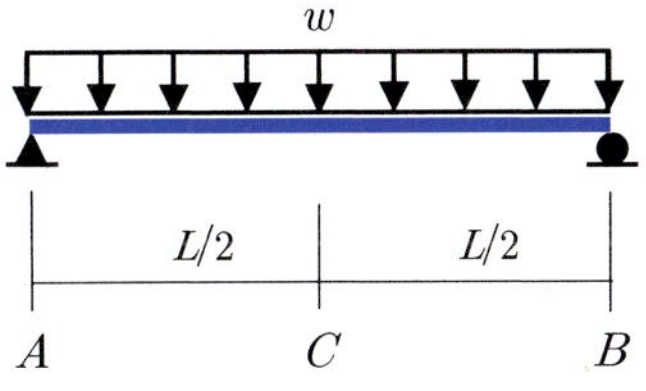

그림 예5.3.1.2(1)

설명 구조물과 하중이 대칭이므로 반력 또한 대칭이고 수직반력은 $wL/2$이다. 전단력선도, 휨모멘트선도 및 C점에 접선을 표시한 처짐곡선은 그림 예5.3.1.2(2)와 같다. 처짐각 θ_A는 θ_{AC}이므로 A점, C점 간 휨모멘트선도의 면적이고 C점의 처짐 δ_C는 t_{AC}이므로 θ_A는 $wL^3/24EI$ 시계방향, δ_C는 $5wL^4/384EI$ 하향이다.

$$EI\theta_A = EI\theta_{AC} = \frac{wL^2}{8} \times \frac{L}{2} \times \frac{2}{3} = \frac{wL^3}{24}$$

$$EIt_{AC} = \left(\frac{wL^2}{8} \times \frac{L}{2} \times \frac{2}{3}\right) \times \left(\frac{L}{2} \times \frac{5}{8}\right) = \frac{5wL^4}{384}$$

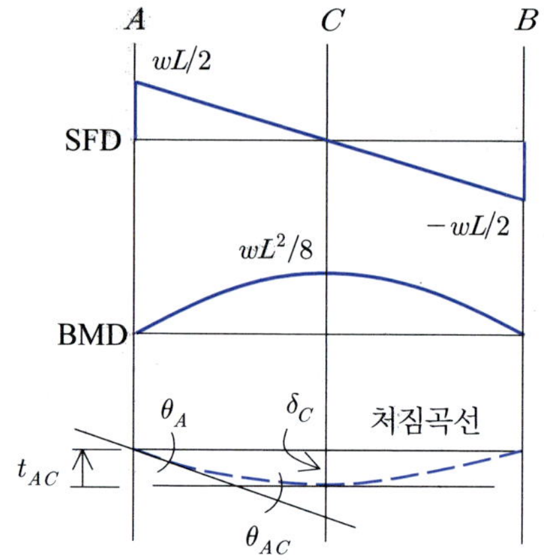

그림 예5.3.1.2(2)

예제 5.3.1.3 그림 예5.3.1.3(1)의 단순보에서 모멘트면적법을 사용하여 A점의 처짐각과 B점의 처짐을 구하시오. 보의 길이는 L이고, 휨강성 EI는 일정하다.

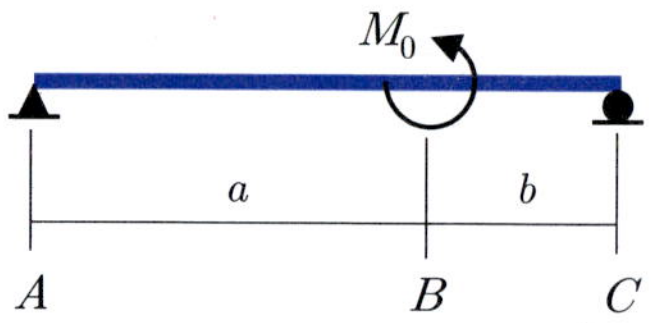

그림 예5.3.1.3(1)

설명 그림 예5.3.1.3(2)의 자유물체도에 평형방정식을 적용하여 반력을 산정한다.

$$\sum^{C} M = 0 = R_A \times L - M_0 \quad ; \quad R_A = \frac{M_0}{L}$$

$$\sum F_y = 0 = R_A + R_C \quad ; \quad R_C = -\frac{M_0}{L}$$

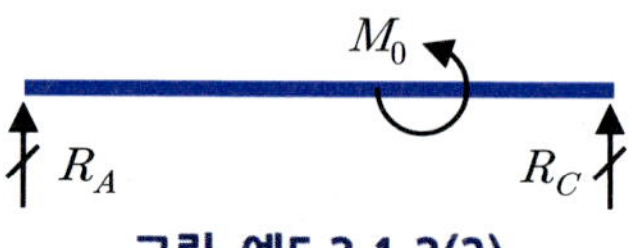

그림 예5.3.1.3(2)

전단력선도, 휨모멘트선도 및 A점에 접선을 표시한 처짐곡선은 그림 예5.3.1.3(3)과 같고 접선상대거리 t_{BA}, t_{CA}는 다음과 같다.

$$EIt_{BA} = \left(\frac{M_0 a}{L} \times a \times 0.5\right) \times \left(a \times \frac{1}{3}\right) = \frac{M_0 a^3}{6L}$$

$$EIt_{CA} = \frac{M_0 a^2}{2L} \times \left(b + a \times \frac{1}{3}\right) + \left(-\frac{M_0 b}{L} \times b \times 0.5\right) \times \left(b \times \frac{2}{3}\right)$$
$$= \frac{M_0}{6L}(a^3 + 3a^2 b - 2b^3)$$

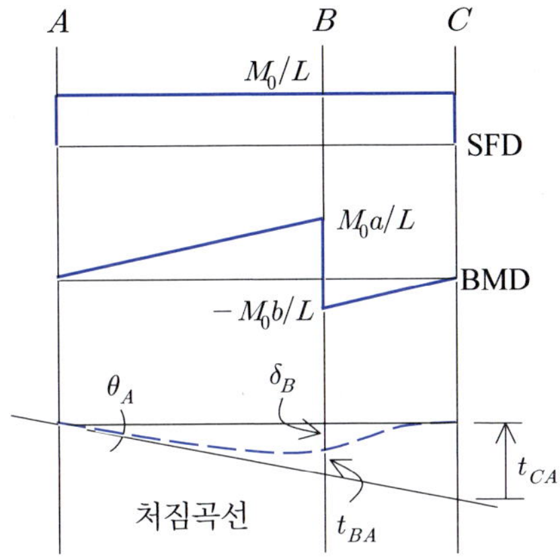

그림 예5.3.1.3(3)

삼각형의 비례관계로부터 구한 처짐 δ_B는 $M_0 ab(a-b)/3LEI$ 하향이고 처짐각 θ_A는 t_{CA}로부터 구하며 $M_0(a^3 + 3a^2 b - 2b^3)/6L^2 EI$ 시계방향이다.

$$EI\delta_B = EIt_{CA} \times \frac{a}{L} - EIt_{BA}$$
$$= \frac{M_0}{6L}(a^3 + 3a^2 b - 2b^3) \times \frac{a}{L} - \frac{M_0 a^3}{6L} = \frac{M_0 ab}{3L}(a-b)$$

$$EI\theta_A = \frac{EIt_{CA}}{L} = \frac{M_0}{6L^2}(a^3 + 3a^2 b - 2b^3)$$

예제 5.3.1.4

그림 예5.3.1.4(1)의 외팔보에서 모멘트면적법을 사용하여 B점과 C점의 처짐각 및 처짐을 구하시오. 보의 길이는 $L(=a+b)$이고 EI는 일정하다.

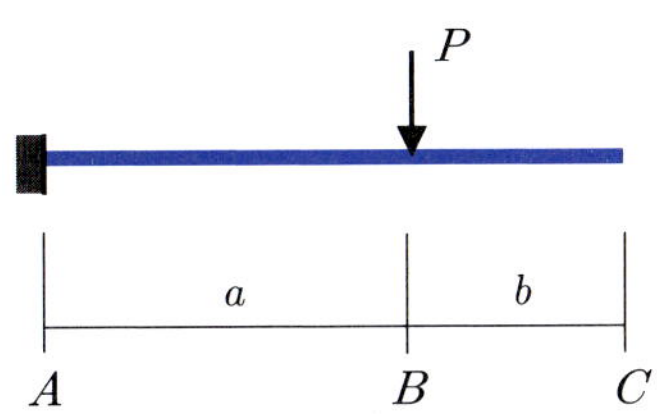

그림 예5.3.1.4(1)

설명 그림 예5.3.1.4(2)의 자유물체도에 평형방정식을 적용하여 반력을 산정한다.

$$\sum^{A} M = 0 = M_A - P \times a \quad ; \quad M_A = Pa$$
$$\sum F_y = 0 = R_A - P \quad ; \quad R_A = P$$

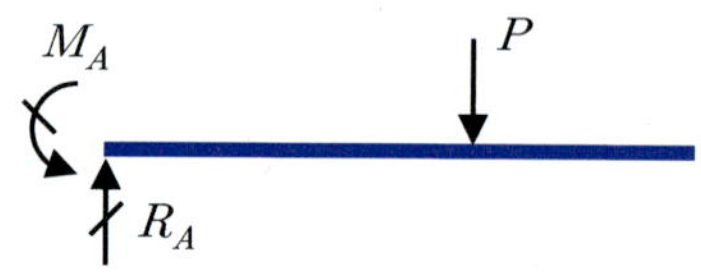

그림 예5.3.1.4(2)

휨모멘트선도 및 A점에 접선을 표시한 처짐곡선은 그림 예5.3.1.4(3)과 같다. 처짐각 θ_B, θ_C는 $\theta_{AC}(=\theta_{AB})$와 같고 A점, C점 간 휨모멘트선도의 면적이므로 $Pa^2/2EI$ 시계방향이다.

$$EI\theta_B = EI\theta_{AC} = Pa \times a \times 0.5 = \frac{Pa^2}{2} = EI\theta_C$$

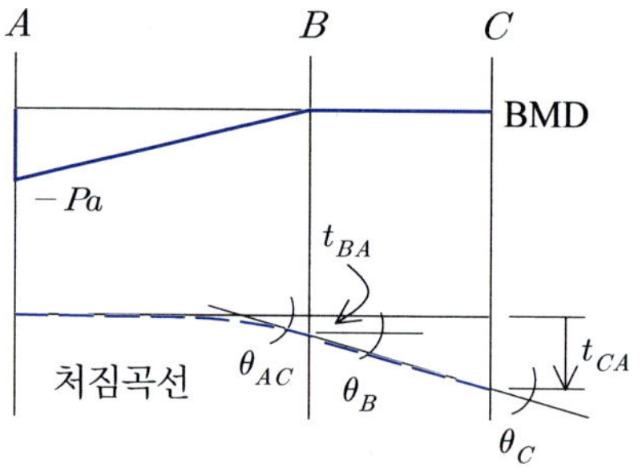

그림 예5.3.1.4(3)

접선상대거리 t_{BA}, t_{CA}가 δ_B, δ_C이고 각각 $Pa^3/3EI$, $Pa^2(2L+b)/6EI$ 하향이며 δ_C는 B점의 처짐과 처짐각을 사용하여 검토할 수 있다.

$$EI\delta_B = EIt_{BA} = \frac{Pa^2}{2} \times \left(a \times \frac{2}{3}\right) = \frac{Pa^3}{3}$$
$$EI\delta_C = EIt_{CA} = \frac{Pa^2}{2} \times \left(b + a \times \frac{2}{3}\right) = \frac{Pa^2}{6}(2L+b)$$
$$EI\delta_C = EIt_{BA} + EI\theta_B \times b = \frac{Pa^3}{3} + \frac{Pa^2}{2} \times b = \frac{Pa^2}{6}(2L+b)$$

예제 5.3.1.5

그림 예5.3.1.5(1)의 외팔보에서 모멘트면적법을 사용하여 A점과 B점의 처짐각 및 처짐을 구하시오. 보의 길이는 $L(=a+b)$이고 EI는 일정하다.

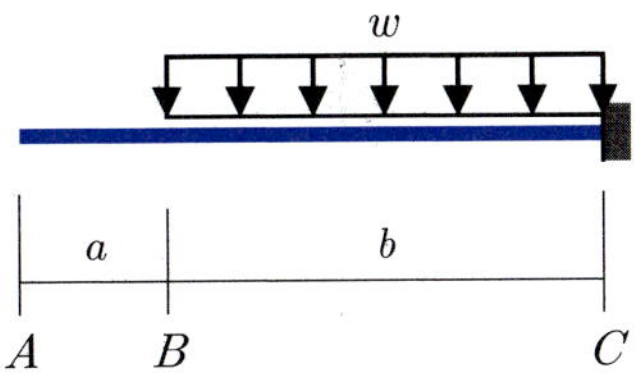

그림 예5.3.1.5(1)

설명 그림 예5.3.1.5(2)의 자유물체도에 평형방정식을 적용하여 반력을 산정한다.

$$\sum^{A} M = 0 = wb \times \frac{b}{2} - M_C \quad ; \quad M_C = \frac{wb^2}{2}$$

$$\sum F_y = 0 = R_C - w \times b \quad ; \quad R_C = wb$$

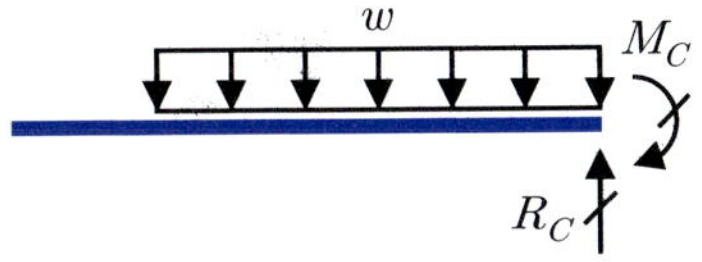

그림 예5.3.1.5(2)

전단력선도, 휨모멘트선도 및 C점에 접선을 표시한 처짐곡선은 그림 예5.3.1.5(3)과 같다. 처짐각 θ_A, θ_B는 $\theta_{AC}(=\theta_{BC})$와 같고 A점, C점 간 휨모멘트선도의 면적이므로 $wb^3/6EI$ 반시계방향이다.

$$EI\theta_A = EI\theta_{AC} = \frac{wb^2}{2} \times b \times \frac{1}{3} = \frac{wb^3}{6} = EI\theta_B$$

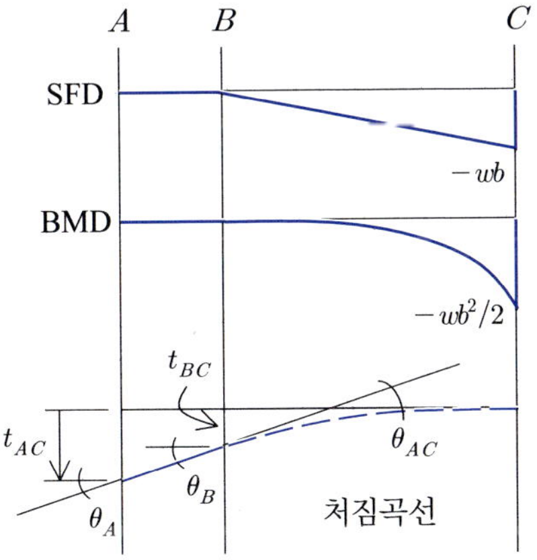

그림 예5.3.1.5(3)

접선상대거리 t_{AC}, t_{BC}가 δ_A, δ_B이고 각각 $wb^3(a+3L)/24EI$, $wb^4/8EI$ 하향이며 δ_A는 B점의 처짐과 처짐각을 사용하여 검토할 수 있다.

$$EI\delta_A = EIt_{AC} = \frac{wb^3}{6}\times\left(a+b\times\frac{3}{4}\right) = \frac{wb^3}{24}(a+3L)$$

$$EI\delta_B = EIt_{BC} = \frac{wb^3}{6}\times\left(b\times\frac{3}{4}\right) = \frac{wb^4}{8}$$

$$EI\delta_A = EIt_{BC} + EI\theta_B\times a = \frac{wb^4}{8} + \frac{wb^3}{6}\times a = \frac{wa^3}{24}(a+3L)$$

예제 5.3.1.6 그림 예5.3.1.6(1)의 외팔보에서 모멘트면적법을 사용하여 A점과 B점의 처짐각 및 처짐을 구하시오. 보의 길이는 $L(=a+b)$이고 EI는 일정하다.

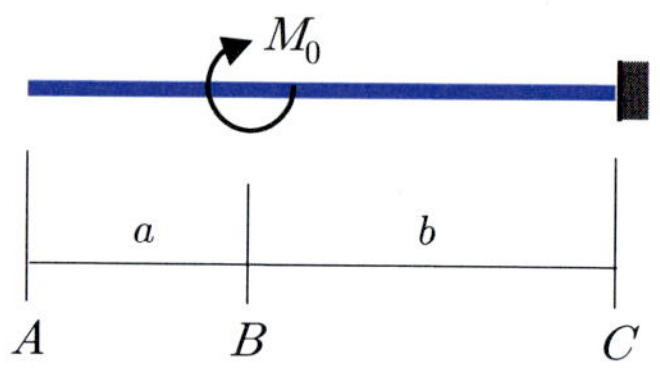

그림 예5.3.1.6(1)

설명 그림 예5.3.1.6(2)의 자유물체도에 평형방정식을 적용하여 반력을 산정한다.

$$\sum^{C} M = 0 = M_0 + M_C \quad ; \quad M_C = -M_0$$

$$\sum F_y = 0 = R_C \quad ; \quad R_C = 0$$

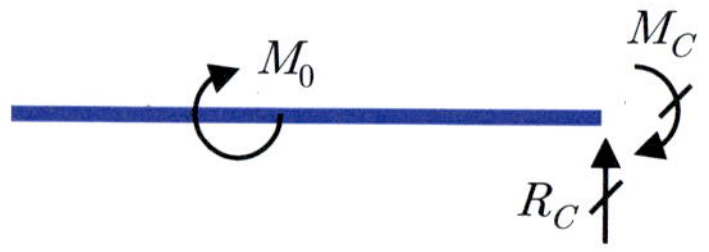

그림 예5.3.1.6(2)

휨모멘트선도 및 C점에 접선을 표시한 처짐곡선은 그림 예5.3.1.6(3)과 같다. 처짐각 θ_A, θ_B는 $\theta_{AC}(=\theta_{BC})$와 같고 A점, C점 간 휨모멘트선도의 면적이므로 M_0b/EI 시계 방향이다.

$$EI\theta_A = EI\theta_{AC} = M_0\times b = M_0b = EI\theta_B$$

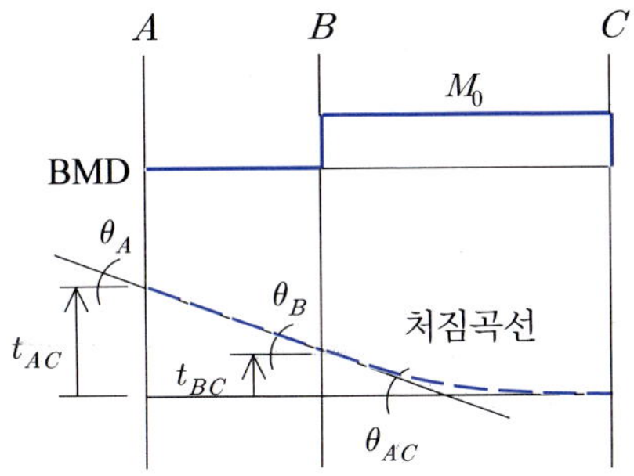

그림 예5.3.1.6(3)

접선상대거리 t_{AC}, t_{BC}가 δ_A, δ_B이고 각각 $M_0 b(L+a)/2EI$, $M_0 b^2/2EI$ 상향이며 δ_A는 B점의 처짐과 처짐각을 사용하여 검토할 수 있다.

$$EI\delta_A = EIt_{AC} = M_0 b \times \left(a + b \times \frac{1}{2}\right) = \frac{M_0 b}{2}(L+a)$$

$$EI\delta_B = EIt_{BC} = M_0 b \times \left(b \times \frac{1}{2}\right) = \frac{M_0 b^2}{2}$$

$$EI\delta_A = EIt_{BC} + EI\theta_B \times a = \frac{M_0 b^2}{2} + M_0 b \times a = \frac{M_0 b}{2}(L+a)$$

예제 5.3.1.7

그림 예5.3.1.7(1)의 내민보에서 모멘트면적법을 사용하여 C점의 처짐을 구하시오. 휨강성 EI는 일정하다.

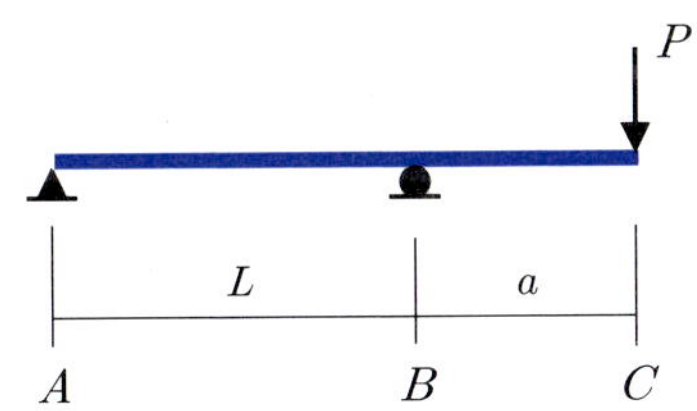

그림 예5.3.1.7(1)

설명 그림 예5.3.1.1(2)의 자유물체도에 평형방정식을 적용하여 반력을 산정한다.

$$\sum^{A} M = 0 = R_B \times L - P \times (L+a) \quad ; \quad R_B = \frac{P(L+a)}{L}$$

$$\sum F_y = 0 = R_A + \frac{P(L+a)}{L} - P \quad ; \quad R_A = -\frac{Pa}{L}$$

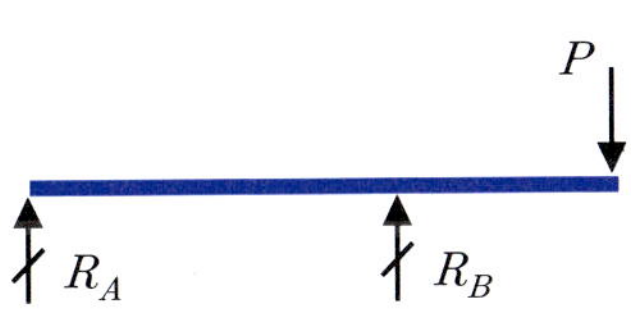

그림 예5.3.1.7(2)

전단력선도, 휨모멘트선도 및 A점에 접선을 표시한 처짐곡선은 그림 예5.3.1.7(3)과 같고 접선상대거리 t_{BA}, t_{CA}는 다음과 같다.

$$EIt_{BA} = (Pa \times L \times 0.5) \times \left(L \times \frac{1}{3}\right) = \frac{PaL^2}{6}$$

$$\begin{aligned} EIt_{CA} &= \frac{PaL}{2} \times \left(a + L \times \frac{1}{3}\right) + (Pa \times a \times 0.5) \times \left(a \times \frac{2}{3}\right) \\ &= \frac{Pa}{6}(L^2 + 3aL + 2a^2) \end{aligned}$$

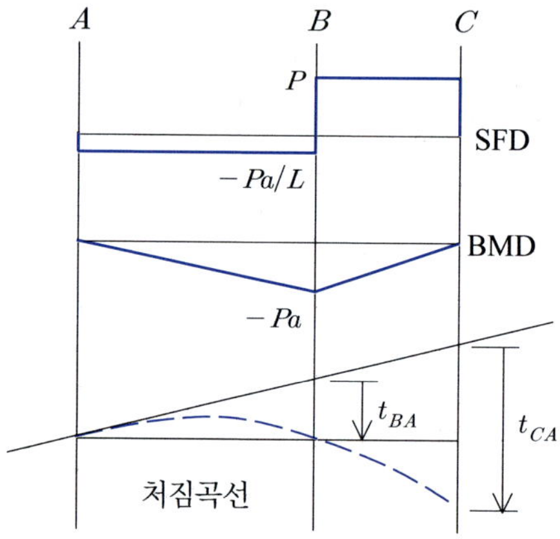

그림 예5.3.1.7(3)

삼각형의 비례관계로부터 구한 C점의 처짐은 $Pa^2(L+a)/3EI$ 하향이다.

$$\begin{aligned} EI\delta_C &= EIt_{CA} - EIt_{BA} \times \frac{L+a}{L} \\ &= \frac{Pa}{6}(L^2 + 3aL + 2a^2) - \frac{PaL^2}{6} \times \frac{L+a}{L} = \frac{Pa^2}{3}(L+a) \end{aligned}$$

예제 5.3.1.8 그림 예5.3.1.8(1)의 내민보에서 모멘트면적법을 사용하여 C점 및 D점의 처짐을 구하시오. 휨강성 EI는 10^3kN · m^{2}이다.

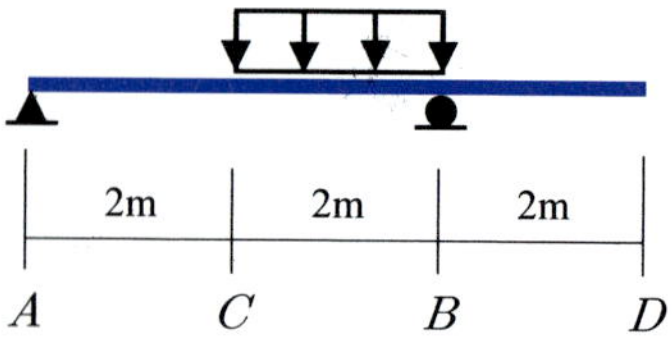

그림 예5.3.1.8(1)

설명 그림 예5.3.1.8(2)의 자유물체도에 평형방정식을 적용하여 반력을 산정한다.

$$\sum^{B} M = 0 = R_A \times 4 - 20 \times 1 \quad ; \quad R_A = 5\,\text{kN}$$
$$\sum F_y = 0 = R_A - 20 + R_B \quad ; \quad R_B = 15\,\text{kN}$$

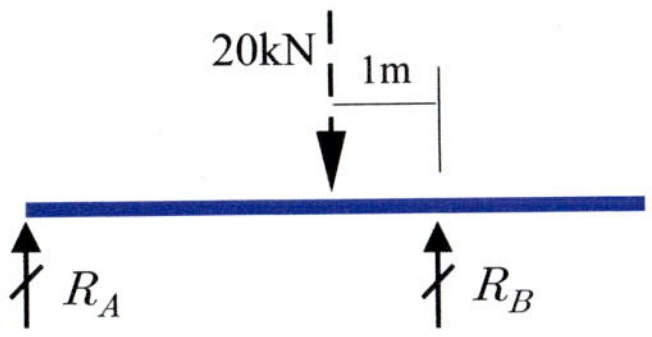

그림 예5.3.1.8(2)

전단력선도, 휨모멘트선도 및 A점에 접선을 표시한 처짐곡선은 그림 예5.3.1.8(3)과 같고 접선상대거리 t_{CA}, t_{BA}, t_{DA}는 다음과 같다.

$$EIt_{CA} = \left(10 \times 2 \times \frac{1}{2}\right) \times \left(2 \times \frac{1}{3}\right) = 6.67\,(\text{kN} \cdot \text{m}^3)$$

$$\begin{aligned} EIt_{BA} &= \left(10 \times 2 \times \frac{1}{2}\right) \times \left(2 + 2 \times \frac{1}{3}\right) + \left(1.25 \times 0.5 \times \frac{2}{3}\right) \times \left(1.5 + 0.5 \times \frac{3}{8}\right) \\ &\quad + 10 \times 0.5 \times (1.5 + 0.25) + \left(11.25 \times 1.5 \times \frac{2}{3}\right) \times \left(1.5 \times \frac{5}{8}\right) \\ &= 46.67\,(\text{kN} \cdot \text{m}^3) \end{aligned}$$

$$\begin{aligned} EIt_{DA} &= \left(10 \times 2 \times \frac{1}{2}\right) \times \left(4 + 2 \times \frac{1}{3}\right) + \left(1.25 \times 0.5 \times \frac{2}{3}\right) \times \left(3.5 + 1.5 \times \frac{3}{8}\right) \\ &\quad + 10 \times 0.5 \times (3.5 + 0.25) + \left(11.25 \times 1.5 \times \frac{2}{3}\right) \times \left(2 + 1.5 \times \frac{5}{8}\right) \\ &= 100.16\,(\text{kN} \cdot \text{m}^3) \end{aligned}$$

삼각형의 비례관계로부터 구한 C점의 처짐은 1.7cm 하향이고 D점의 처짐은 3.0cm 상향이다.

$$EI\delta_C = EIt_{BA} \times 0.5 - EIt_{CA} = 46.67 \times 0.5 - 6.67 = 16.7\,(\text{kN} \cdot \text{m}^3)$$

$$\delta_C = \frac{16.7}{1000} = 0.017\,(\text{m})$$

$$EI\delta_D = EIt_{DA} - EIt_{BA} \times 1.5 = 100.16 - 46.67 \times 1.5 = 30.16\,(\text{kN} \cdot \text{m}^3)$$

$$\delta_D = \frac{30.16}{1000} = 0.030\,(\text{m})$$

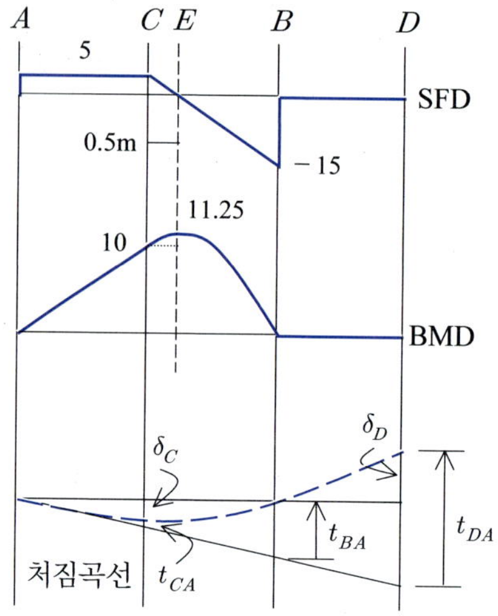

그림 예5.3.1.8(3)

5.3.2 개별휨모멘트선도

휨모멘트선도가 단순한 기하형상의 조합으로 구성되는 경우는 휨모멘트선도의 면적과 도심의 위치를 이용하는 모멘트면적법의 적용에 문제가 없으나 정역학에서 논의한 바와 같이 휨모멘트선도를 작성하면 휨모멘트선도의 면적과 도심의 위치를 구하는 것 자체가 문제가 될 수 있다. 이와 같은 경우에는 휨모멘트선도를 여러 개의 간단한 휨모멘트선도의 조합으로 작성하여 모멘트면적법을 적용할 수 있으며 이러한 휨모멘트선도를 개별휨모멘트선도(bending moment diagram by parts)라 한다. 그림 5.3.2.1과 같이 외팔보에 작용하는 집중하중, 모멘트하중, 등분포하중에 의한 휨모멘트선도는 면적과 도심의 위치를 알 수 있는 직사각형, 삼각형 및 포물선 형상이므로 개별휨모멘트선도는 이 형상들을 조합하여 작성한다.

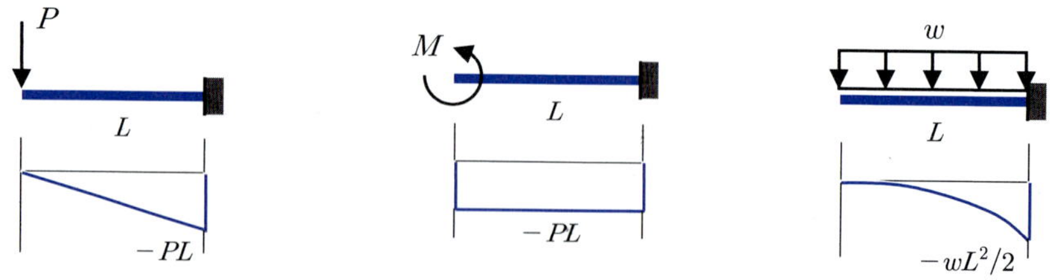

(1) 집중하중 **(2)** 모멘트하중 **(3)** 등분포하중

그림 5.3.2.1 외팔보의 휨모멘트선도

보의 반력을 구하여 하중선도를 구성하면 반력 또한 하중과 같이 취급할 수 있으므로 임의의 점을 고정지점으로 간주하여 좌, 우측 외팔보(보의 양단에서 고정지점으로 설정하는 경우는 1개의 외팔보)에 발생하는 각각의 하중에 대한 휨모멘트선도를 작성한다. 임의의 점을 고정지점으로 설정하는 것은 내력을 구하기 위해 부분 자유물체도를 작성하는 원리와 같다. 그림 5.3.2.2는 단순보의 경우 개별휨모멘트선도를 작성한 것으로 정역학에서 논의한 방법으로 작성한 휨모멘트선도 (1)과 중앙 C점을 고정지점으로 하는 좌, 우측 외팔보에서 각 하중에 대해 작성한 개별휨모멘트선도 (2)가 일치한다는 것을 각 제어점에서 확인할 수 있다.

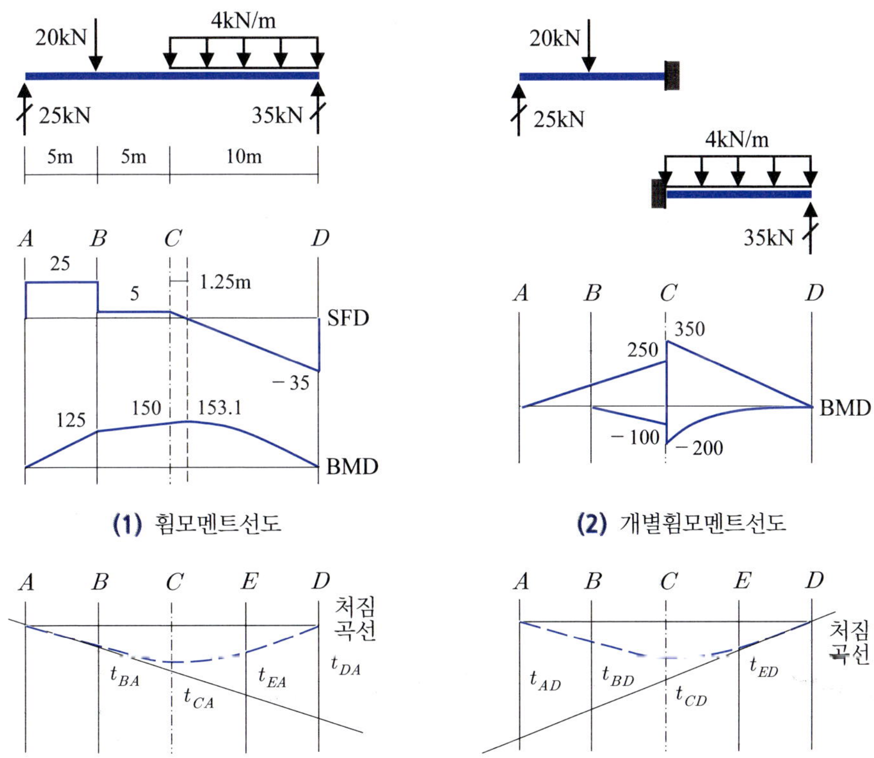

(1) 휨모멘트선도

(2) 개별휨모멘트선도

(3) A점의 접선

(4) D점의 접선

그림 5.3.2.2

그림 2.2.5의 면적공식은 꼭지점을 포함하는 n차 곡선으로 구성된 휨모멘트선도에만 적용할 수 있으므로 임의 점의 접선에서 접선상대거리를 표기하여 면적공식의 적용가능 여부를 확인하는 것이 필요하다. 그림 5.3.2.2(2)의 개별휨모멘트선도를 이용하여 접선상대거리를 구하기 위해서는 포물선 형상 휨모멘트선도의 꼭지점이 D점이라는 것을 고려해야 한다.

그림 5.3.2.2(3)과 같이 A점의 접선을 사용하면 t_{DA}의 계산에는 D점이 포함되므로 면적공식을 적용할 수 있으나 t_{EA}의 계산에 D점이 포함되지 않으므로 면적공식을 적용할 수 없다. 반면 (4)와 같이 D점의 접선을 사용하면 모든 접선상대거리의 계산에 D점이 포함되므로 면적공식을 적용할 수 있다.

예제 5.3.2.1 그림 예5.3.1.8(1)의 내민보에서 개별휨모멘트선도를 사용하여 C점 및 D점의 처짐을 구하시오. 휨강성 EI는 10^3kN · m^{2}이다.

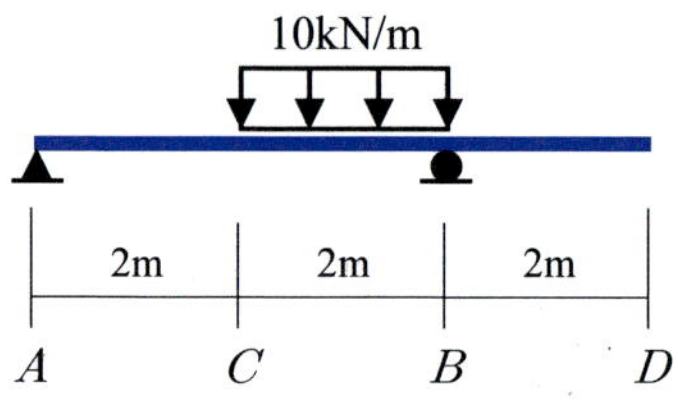

그림 예5.3.1.8(1)

설명 예제 5.3.1.8에서 구한 반력 $R_A = R_B = 15$kN을 하중으로 취급하여 표시한 하중선도, B점을 기준으로 작성한 개별휨모멘트선도 및 처짐곡선은 그림 예5.3.2.1과 같고 접선상대거리 t_{CA}, t_{BA}, t_{DA}는 다음과 같다.

$$EIt_{CA} = (10\times2\times0.5)\times\left(2\times\frac{1}{3}\right) = 6.7\,(\text{kN}\cdot\text{m}^3)$$

$$\begin{aligned} EIt_{BA} &= (20\times4\times0.5)\times\left(4\times\frac{1}{3}\right)-\left(20\times2\times\frac{1}{3}\right)\times\left(2\times\frac{1}{4}\right) \\ &= 46.7\,(\text{kN}\cdot\text{m}^3) \end{aligned}$$

$$\begin{aligned} EIt_{DA} &= (20\times4\times0.5)\times\left(2+4\times\frac{1}{3}\right)-\left(20\times2\times\frac{1}{3}\right)\times\left(2+2\times\frac{1}{4}\right) \\ &= 100.0\,(\text{kN}\cdot\text{m}^3) \end{aligned}$$

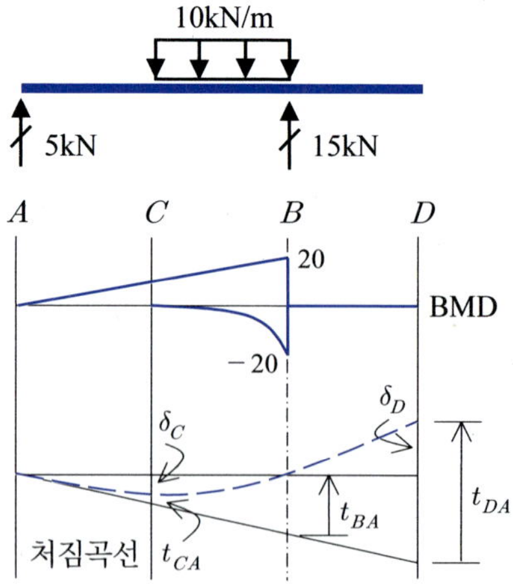

그림 예5.3.2.1

삼각형의 비례관계로부터 다음과 같이 C점의 처짐 1.7cm 하향, D점의 처짐 3.0cm 상향으로 동일한 결과가 구해진다.

$$EI\delta_C = EIt_{BA}\times 0.5 - EIt_{CA} = 46.7\times 0.5 - 6.7 = 16.7(\text{kN}\cdot\text{m}^3)$$
$$\delta_C = \frac{16.7}{1000} = 0.017(\text{m})$$
$$EI\delta_D = EIt_{DA} - EIt_{BA}\times 1.5 = 100.0 - 46.7\times 1.5 = 30(\text{kN}\cdot\text{m}^3)$$
$$\delta_D = \frac{30}{1000} = 0.030(\text{m})$$

예제 5.3.2.2 그림 예5.3.2.2(1)의 내민보에서 C점을 기준으로 개별휨모멘트선도를 작성하고 A점의 처짐을 구하시오. 휨강성 EI는 일정하다.

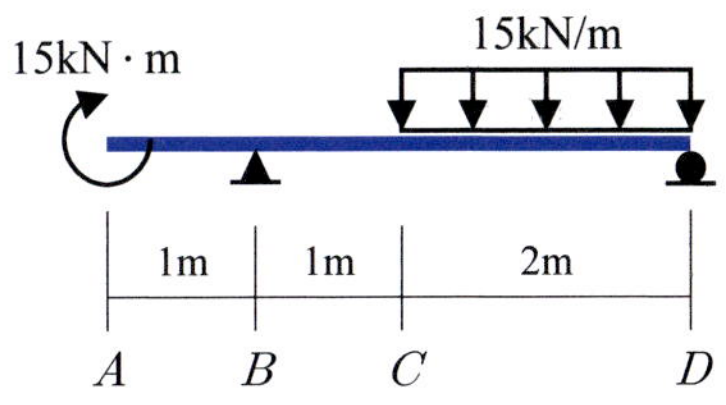

그림 예5.3.2.2(1)

설명 그림 예5.3.2.2(2)의 자유물체도에 평형방정식을 적용하여 반력을 산정한다.

$$\sum^{B} M = 0 = 15 + 30\times 2 - R_D\times 3 \quad ; \quad R_D = 25\,\text{kN}$$
$$\sum F_y = 0 = R_B - 30 + R_D \quad ; \quad R_B = 5\,\text{kN}$$

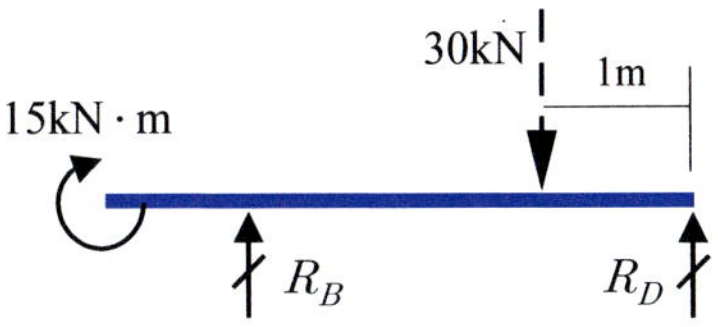

그림 예5.3.2.2(2)

하중선도, C점을 기준으로 작성한 개별휨모멘트선도 및 처짐곡선은 그림 예5.3.2.2(3)과 같고 접선상대거리 t_{BD}, t_{AD}는 다음과 같다.

$$EIt_{BD} = (50\times 2\times 0.5)\times\left(1+2\times\frac{1}{3}\right) - \left(30\times 2\times\frac{1}{3}\right)\times\left(1+2\times\frac{1}{4}\right) + (15\times 1)\times 0.5 + (5\times 1\times 0.5)\times\left(1\times\frac{2}{3}\right) = 62.5(\text{kN}\cdot\text{m}^3)$$

$$EIt_{AD} = (50\times 2\times 0.5)\times\left(2+2\times\frac{1}{3}\right) - \left(30\times 2\times\frac{1}{3}\right)\times\left(2+2\times\frac{1}{4}\right) + (15\times 2)\times 1 + (5\times 1\times 0.5)\times\left(1+1\times\frac{2}{3}\right) = 117.5(\text{kN}\cdot\text{m}^3)$$

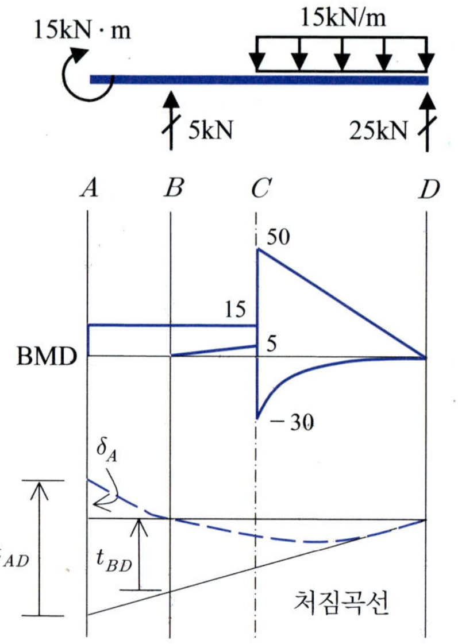

그림 예5.3.2.2(3)

삼각형의 비례관계로부터 구한 δ_A는 $34.17/EI$(m) 상향이다.

$$EI\delta_A = EIt_{AD} - EIt_{BD} \times \frac{4}{3} = 117.5 - 62.5 \times \frac{4}{3} = 34.17\,(\mathrm{kN \cdot m^3})$$

5.4 중첩법

일반적으로 보에 작용하는 하중은 기본적인 하중의 조합이라고 할 수 있고 이 경우 보의 처짐각과 처짐은 각각의 기본적인 하중에 의해 발생하는 처짐각과 처짐을 조합하여 산정할 수 있으며 이와 같은 방법을 중첩법(method of superposition)이라 한다. 표 5.4.1은 단순보와 외팔보에 작용하는 기본적인 하중에 의한 처짐각 및 처짐을 구하는 처짐공식으로 5.2절과 5.3절에서 논의한 방법에 의해 제시된 것이다. 그러므로 처짐공식을 사용하는 중첩법은 제시된 공식만을 적용할 수 있는 제한적인 방법이고 또한 탄성거동을 전제하므로 중첩법을 적용한 해석결과가 탄성영역 이내이어야 한다는 것을 유의해야 한다. 그림 5.4.1은 단순보의 중앙점에 집중하중이 작용하는 동시에 전 구간에 등분포하중이 작용하는 경우로 최대 처짐은 중앙점에 발생하며 각 하중에 의한 중앙점의 처짐은 표 5.4.1의 처짐공식을 사용하여 구한다.

$$\delta_{\max,P} = \frac{Pb(L^2-b^2)^{3/2}}{9\sqrt{3}\,EIL} = \frac{P\times(L/2)\times\{L^2-(L^2/4)\}^{3/2}}{9\sqrt{3}\,EIL} = \frac{PL^3}{48EI}$$

$$\delta_{\max,w} = \frac{5wL^4}{384EI}$$

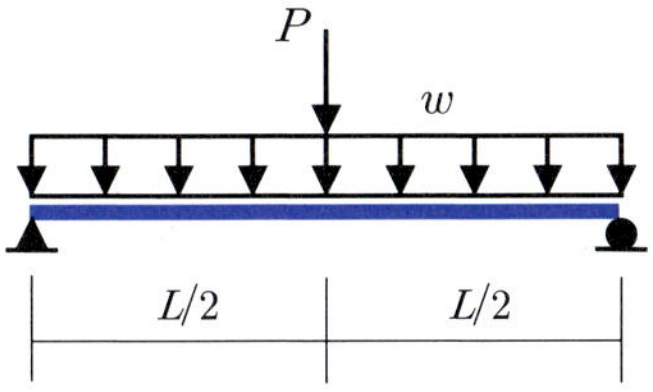

그림 5.4.1

그러므로 중앙점의 처짐은 각각의 처짐을 중첩하여 결정하며 $\delta_{\max,P}$와 $\delta_{\max,w}$가 각각 탄성영역 이내라 하더라도 $\delta_{\max}$ 또한 탄성영역 이내라는 것을 입증하는 경우에만 중첩의 결과는 유효하다.

$$\delta_{\max} = \frac{PL^3}{48EI} + \frac{5wL^4}{384EI}$$

표 5.4.1 단순보와 외팔보에 작용하는 기본적인 하중에 의한 처짐각 및 처짐

구분	θ_i	δ_x, δ_{max}
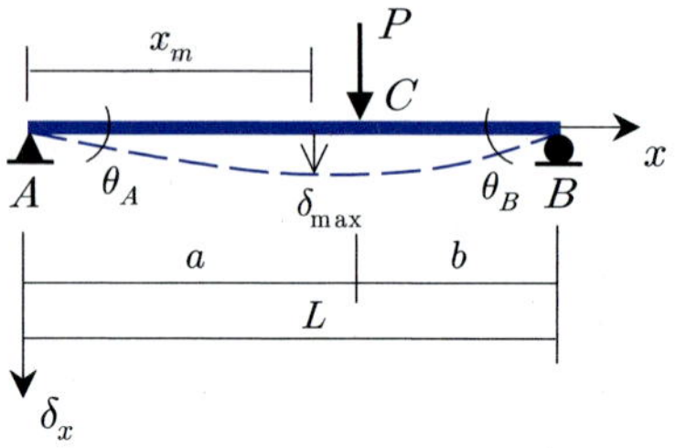	$\theta_A = \dfrac{Pb(L^2-b^2)}{6LEI}$ $\theta_B = \dfrac{Pa(L^2-a^2)}{6LEI}$	$\delta_{x,AC} = \dfrac{Pbx(L^2-b^2-x^2)}{6LEI}$ $\delta_{x,CB} = \dfrac{Pb}{6LEI}\left\{\dfrac{L}{b}(x-a)^3+(L^2-b^2)x-x^3\right\}$ $\delta_{max} = \dfrac{Pb(L^2-b^2)^{3/2}}{9\sqrt{3}\,LEI}$; $x_m = \sqrt{\dfrac{(L^2-b^2)}{3}}$
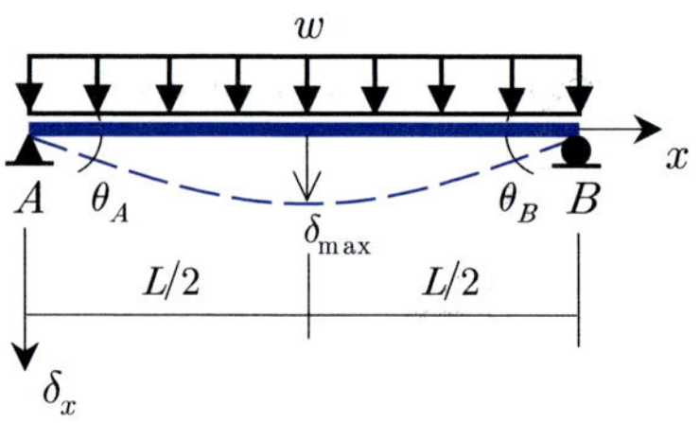	$\theta_A = \theta_B = \dfrac{wL^3}{24EI}$	$\delta_x = \dfrac{wx}{24EI}(L^3-2Lx^2+x^3)$ $\delta_{max} = \dfrac{5wL^4}{384EI}$
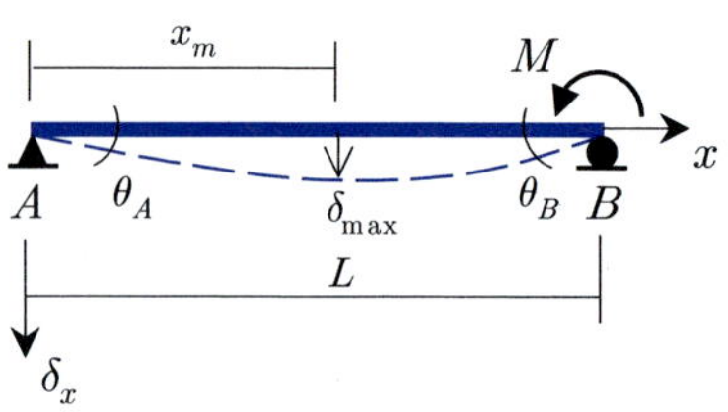	$\theta_A = \dfrac{ML}{6EI}$ $\theta_B = \dfrac{ML}{3EI}$	$\delta_x = \dfrac{Mx}{6LEI}(L^2-x^2)$ $\delta_{max} = \dfrac{ML^2}{9\sqrt{3}\,EI}$; $x_m = \dfrac{L}{\sqrt{3}}$
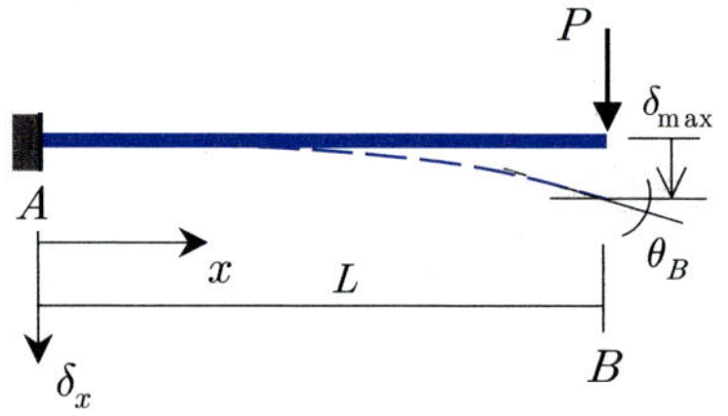	$\theta_B = \dfrac{PL^2}{2EI}$	$\delta_x = \dfrac{Px^2(3L-x)}{6EI}$ $\delta_{max} = \dfrac{PL^3}{3EI}$
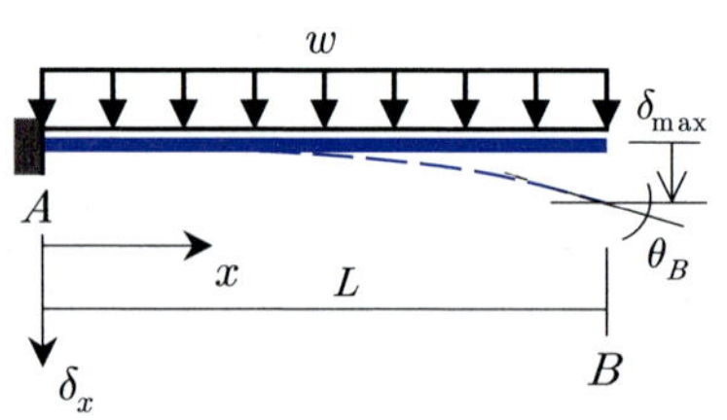	$\theta_B = \dfrac{wL^3}{6EI}$	$\delta_x = \dfrac{wx^2}{24EI}(6L^2-4Lx+x^2)$ $\delta_{max} = \dfrac{wL^4}{8EI}$
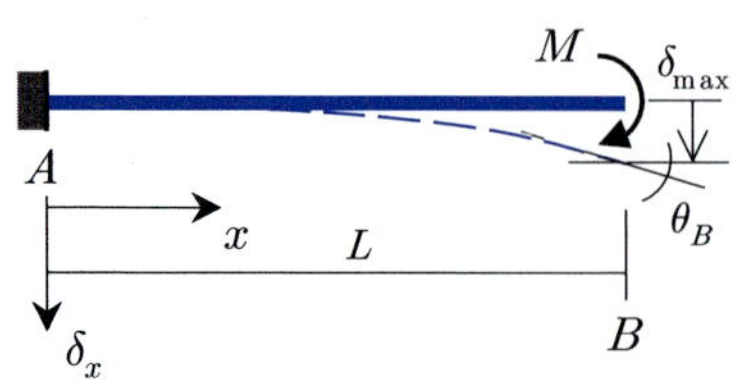	$\theta_B = \dfrac{ML}{EI}$	$\delta_x = \dfrac{Mx^2}{2EI}$ $\delta_{max} = \dfrac{ML^2}{2EI}$

예제 5.4.1

그림 예5.4.1과 같이 2개의 집중하중이 작용하는 외팔보에서 처짐공식을 사용하여 C점의 처짐각과 처짐을 구하시오. 휨강성 EI는 일정하다.

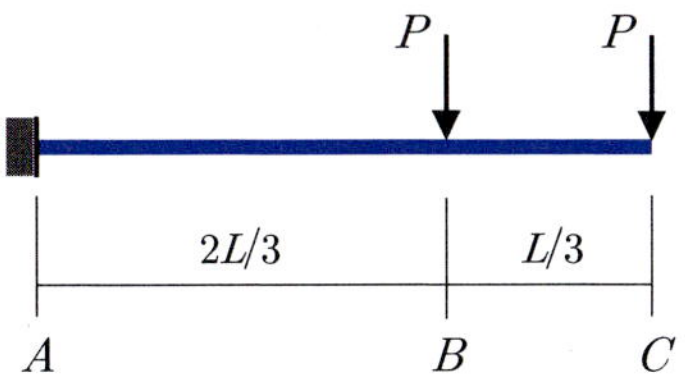

그림 예5.4.1

설명 B점에 작용하는 집중하중에 의한 B점의 처짐각 $\theta_{B,B}$, 처짐 $\delta_{B,B}$로부터 C점의 처짐각 $\theta_{C,B}$, 처짐 $\delta_{C,B}$는 다음과 같이 산정된다.

$$\theta_{B,B} = \frac{P(2L/3)^2}{2EI} = \frac{2PL^2}{9EI} \quad ; \quad \delta_{B,B} = \frac{P(2L/3)^3}{3EI} = \frac{8PL^3}{81EI}$$

$$\theta_{C,B} = \frac{2PL^2}{9EI} \quad ; \quad \delta_{C,B} = \frac{8PL^3}{81EI} + \frac{2PL^2}{9EI} \times \frac{L}{3} = \frac{14PL^3}{81EI}$$

C점에 작용하는 집중하중에 의한 C점의 처짐각 $\theta_{C,C}$, 처짐 $\delta_{C,C}$를 중첩하면 θ_C는 $13PL^2/18EI$ 시계방향이고 δ_C는 $41PL^3/81EI$ 하향이다.

$$\theta_{C,C} = \frac{PL^2}{2EI} \quad ; \quad \delta_{C,C} = \frac{PL^3}{3EI}$$

$$\theta_C = \theta_{C,B} + \theta_{C,C} = \frac{2PL^2}{9EI} + \frac{PL^2}{2EI} = \frac{13PL^2}{18EI}$$

$$\delta_C = \delta_{C,B} + \delta_{C,C} = \frac{14PL^3}{81EI} + \frac{PL^3}{3EI} = \frac{41PL^3}{81EI}$$

예제 5.4.2

그림 예5.4.2(1)과 같이 등분포하중이 작용하는 외팔보에서 처짐공식을 사용하여 B점의 처짐각과 처짐을 구하시오. 휨강성 EI는 일정하다.

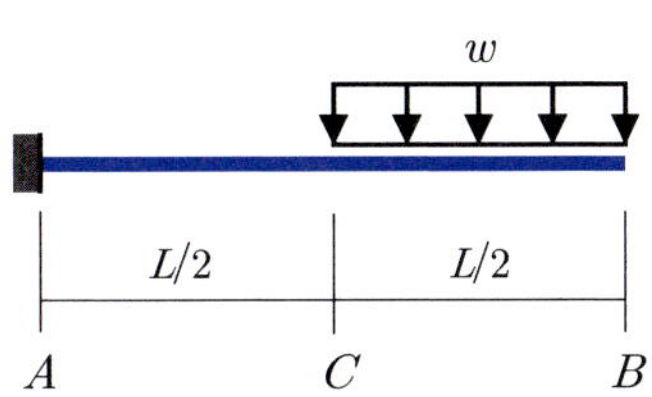

그림 예5.4.2(1)

설명 그림 예5.4.2(1)을 그림 예5.4.2(2)와 같이 2개 등분포하중의 중첩으로 하면 전 구간에 작용하는 하향 등분포하중에 의한 B점의 시계방향 처짐각, 하향 처짐은 다음과 같다.

$$\theta_{B,L} = \frac{wL^3}{6EI} \quad ; \quad \delta_{B,L} = \frac{wL^4}{8EI}$$

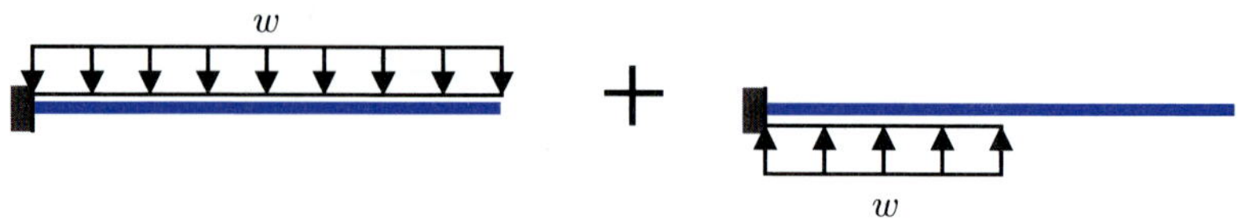

그림 예5.4.2(2)

AC 구간에 작용하는 상향 등분포하중에 의한 C점의 반시계방향 처짐각과 상향 처짐으로부터 B점에 발생하는 반시계방향 처짐각과 상향 처짐은 다음과 같이 산정된다.

$$\theta_{C,L/2} = \frac{w(L/2)^3}{6EI} = \frac{wL^3}{48EI} \quad ; \quad \delta_{C,L/2} = \frac{w(L/2)^4}{8EI} = \frac{wL^4}{128EI}$$

$$\theta_{B,L/2} = \frac{wL^3}{48EI} \quad ; \quad \delta_{B,L/2} = \frac{wL^4}{128EI} + \frac{wL^3}{48EI} \times \frac{L}{2} = \frac{7wL^4}{384EI}$$

그림 예5.4.2(1)과 같이 CB 구간에만 작용하는 하향 등분포하중에 의한 B점의 처짐각과 처짐은 중첩에 의해 각각 $7wL^3/48EI$ 시계방향, $41wL^4/384EI$ 하향이다.

$$\theta_B = \frac{wL^3}{6EI} - \frac{wL^3}{48EI} = \frac{7wL^3}{48EI} \quad ; \quad \delta_B = \frac{wL^4}{8EI} - \frac{7wL^4}{384EI} = \frac{41wL^4}{384EI}$$

5.5 변형에너지법

휨강성 EI가 일정한 보에 순수휨 상태의 휨모멘트 M이 발생한 미소구간 dx는 원호가 되고 원호의 중심각 $d\theta$는 곡률과 휨모멘트의 관계식 (5.2.1)로 구할 수 있으며 길이 l의 구간이 순수휨 상태이면 원호의 중심각 θ_l은 $\int_0^l d\theta$이므로 M과 θ_l의 관계는 식 (5.5.1)로 정의된다.

$$\frac{d\theta}{dx} = \frac{1}{\rho} = \frac{M}{EI} \quad \Rightarrow \quad d\theta = \frac{M}{EI}dx$$

$$\theta_l = \frac{Ml}{EI} \tag{5.5.1}$$

M과 θ가 그림 5.5.1과 같이 선형거동이면 휨모멘트가 0에서 M으로 증가하는 동안 한 일 W는 다음과 같다.

$$W = \int_0^\theta M d\theta = \int_0^\theta k\theta\, d\theta = \frac{k\theta^2}{2} = \frac{M\theta}{2}$$

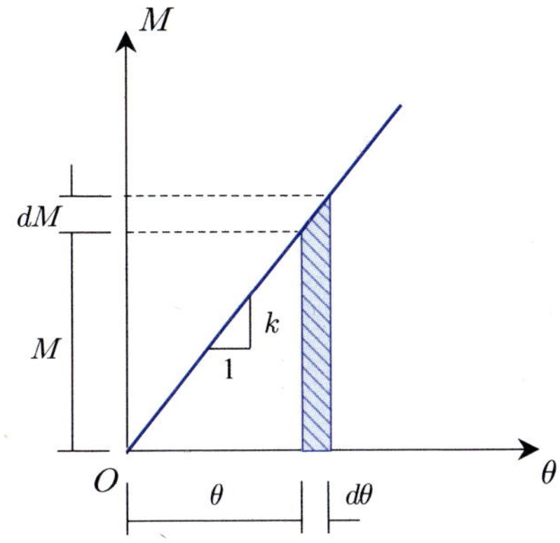

그림 5.5.1 $M-\theta$의 선형거동

길이 l의 구간에 저장된 변형에너지 U_l은 휨모멘트가 한 일 W_l과 동일하므로 식 (5.5.1)을 적용하면 U_l은 다음 식 (5.5.2)로 결정할 수 있다.

$$U_l = W_l = \frac{M\theta_l}{2} \quad ; \quad \theta_l = \frac{Ml}{EI}$$

$$U_l = \frac{M^2 l}{2EI} = \frac{EI\theta^2}{2l} \tag{5.5.2}$$

일반적인 휨상태는 전단력이 0이 아니므로 전단력에 의한 변형에너지를 포함하지만 이는 휨모멘트에 의한 변형에너지에 비해 미소하므로 보의 처짐산정에서 무시할 수 있다. 길이 L, 휨강성 EI의 보에서 휨모멘트선도의 식을 M_x라 하면 미소구간 dx는 순수휨 상태로 간주할 수 있으므로 M_x로부터 보에 저장되는 변형에너지 U_L을 구하는 식 (5.5.3)이 성립하고 M_x와 탄성곡선식 y_x의 관계식 $dy_x^2/dx^2 = M_x/EI$를 적용하면 y_x로부터 U_L을 구하는 식 (5.5.4)가 성립한다.

$$d\theta_x = \frac{M_x}{EI}dx \quad ; \quad U_{dx} = W_{dx} - \frac{M_x}{2}d\theta_x$$

$$U_L = \int_0^L \frac{M_x^2}{2EI}dx \tag{5.5.3}$$

$$U_L = \frac{EI}{2}\int_0^L \left(\frac{d^2y}{dx^2}\right)^2 dx \tag{5.5.4}$$

직사각형($b \times h$) 단면 보의 경우 휨모멘트 M에 의해 발생하는 최대 수직응력을 사용하면 길이 L의 보에 저장되는 순수휨 상태에 의한 변형에너지 $U_{L,M}$은 다음과 같이 산정되므로 식 (3.2.1.3)에서 정의한 축력 P에 의해 동일한 응력이 발생하는 길이 L의 봉에 저장되는 변형에너지 $U_{L,P}$는 휨모멘트 M에 의해 보에 저장되는 변형에너지의 3배임을 알 수 있다.

$$|\sigma_{\max}| = \frac{M}{S} = \frac{6M}{bh^2} \quad \Rightarrow \quad U_{L,M} = \frac{M^2 L}{2EI} = \frac{AL}{3}\frac{\sigma_{\max}^2}{2E}$$

$$U_{L,P} = \frac{P^2 L}{2AE} = \left(\frac{P^2}{A^2}\right)\left(\frac{AL}{2E}\right) = AL\frac{\sigma^2}{2E}$$

그림 5.5.2에 제시한 길이 L, 휨강성 EI의 외팔보에서 자유단에 작용하는 집중하중 P에 의한 M_x는 $-Px$이므로 식 (5.5.3)을 적용하면 U_L은 다음과 같다.

$$U_L = \int_0^L \frac{(-Px)^2 dx}{2EI} = \frac{P^2 L^3}{6EI}$$

직사각형($b \times h$) 단면이면 고정지점에 발생하는 최대 수직응력 및 U_L은 다음과 같이 산정되므로 최대 휨모멘트는 M으로 동일하나 삼각형 형상의 휨모멘트선도에 의해 보에 저장되는 변형에너지는 순수휨 상태(직사각형 형상의 휨모멘트선도)에 의해 보에 저장되는 변형에너지의 1/3배라는 것을 알 수 있다.

$$|\sigma_{\max}| = \frac{M}{S} = \frac{6PL}{bh^2} \quad \Rightarrow \quad U_L = \frac{P^2 L^3}{6EI} = \frac{AL}{9}\frac{\sigma_{\max}^2}{2E}$$

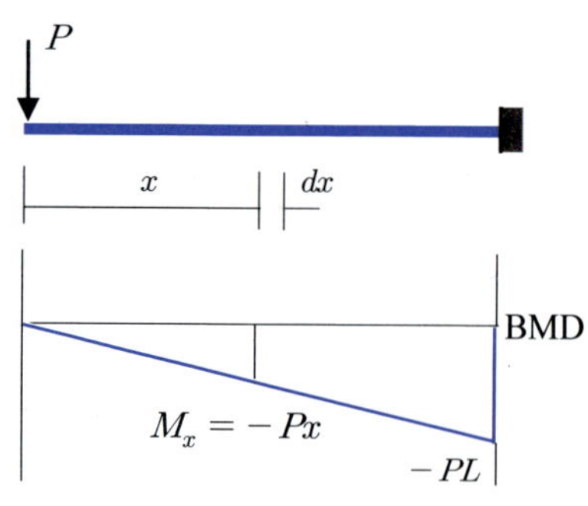

그림 5.5.2

그림 5.5.3과 같이 중앙점에 처짐 δ가 발생한 단순보의 탄성곡선식 y_x를 반사인파형(half sine wave form)인 $-\delta \sin(\pi x / L)$로 가정하면 보에 저장되는 변형에너지 U_L은 식 (5.5.4)를 적용하여 다음과 같이 산정된다.

$$U_L = \frac{EI}{2}\int_0^L \left(\frac{d^2y}{dx^2}\right)^2 dx = \frac{EI}{2}\int_0^L \frac{\pi^4\delta^2}{L^4}\sin^2\frac{\pi x}{L}\,dx = \frac{EI\pi^4\delta^2}{4L^3}$$

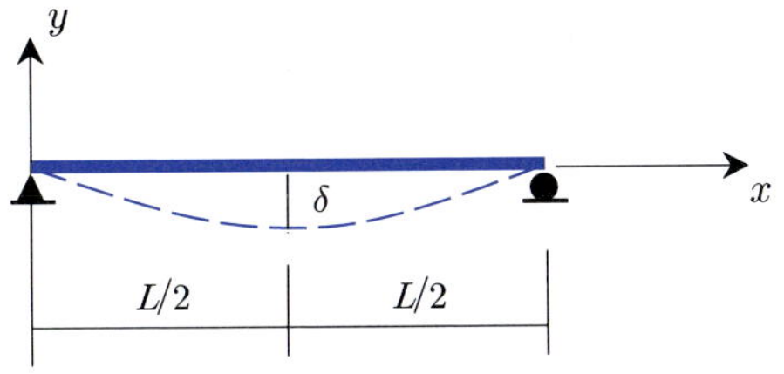

그림 5.5.3

예제 5.5.1 길이 L, 휨강성 EI의 단순보 중앙에 집중하중 P가 작용하는 경우 변형에너지를 이용하여 중앙점의 처짐 δ를 구하시오.

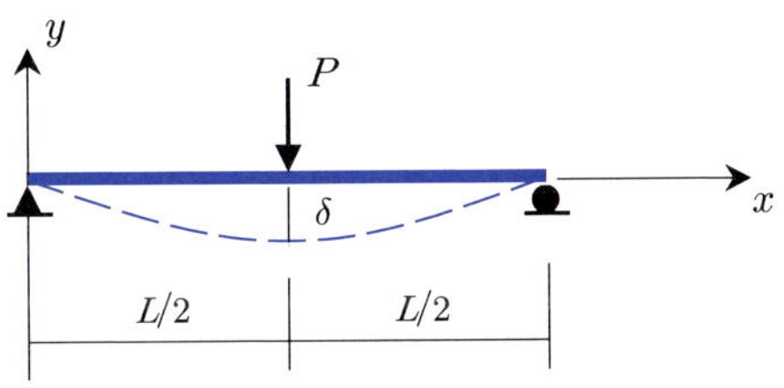

그림 예5.5.1

설명 대칭인 휨모멘트선도에서 좌측 지점~중앙점의 휨모멘트선도 식 $M_x = Px/2$와 식 (5.5.3)을 적용하여 보에 저장되는 변형에너지를 구하면 중앙점에 작용하는 하중 P에 의한 일은 $P\delta/2$이므로 δ는 다음과 같이 산정된다.

$$U = \int_0^L \frac{M_x^2}{2EI}dx = 2\int_0^{L/2}\frac{P^2x^2dx}{8EI} = \frac{P^2L^3}{96EI}$$

$$\frac{P\delta}{2} = \frac{P^2L^3}{96EI} \quad\Rightarrow\quad \delta = \frac{PL^3}{48EI}$$

탄성곡선식 y_x를 반사인파형인 $-\delta\sin(\pi x/L)$로 가정하고 식 (5.5.4)를 적용하여 구한 δ는 휨모멘트선도를 이용한 결과와 비교하면 1.5%의 오차가 발생한다.

$$\frac{P\delta}{2} = \frac{EI\pi^4\delta^2}{4L^3} \quad\Rightarrow\quad \delta = \frac{2PL^3}{\pi^4EI} = \frac{PL^3}{48.7EI}$$

요점

보의 처짐. 보의 탄성처짐에 대한 논의는 해석을 단순화하여 보다 쉽게 이해하기 위해 단면이 일정하고 균질한 재료로 구성되는 보를 대상으로 하고 다음의 가정에 기초한다.

1) 인장, 압축 측 탄성계수는 동일하다.
2) 보는 평면에서 거동하며 단면은 변형 후에도 부재축에 수직이고 평면을 유지한다(Euler의 보 이론).
3) 보의 처짐과 처짐각의 크기는 미소하다. 처짐과 처짐각은 전단력과 휨모멘트에 의해 발생하나 상대적으로 미소한 전단력에 의한 변형은 무시한다.

탄성곡선식. 그림 5.2.1과 같이 순수휨 상태 보의 미소길이 dx는 직선에서 원호로 변형된다. 이러한 원호의 중심 O를 곡률중심(center of curvature)이라 하고 O와 중립축 간 거리를 곡률반경(radius of curvature) ρ라 한다.

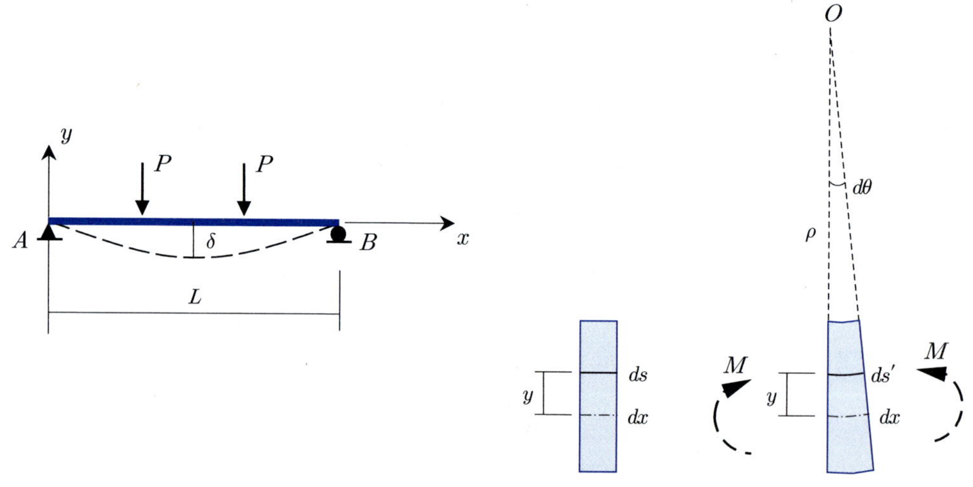

그림 5.2.1 순수휨 상태의 곡률중심과 곡률

축방향 변형률, 후크의 법칙 및 휨응력 공식으로부터 곡률과 휨모멘트의 관계식 (5.2.1)이 구해진다.

$$\frac{1}{\rho}=\frac{M}{EI} \tag{5.2.1}$$

휨모멘트에 의해 부재축을 따라 발생한 변형상태를 탄성곡선(elastic curve)이라 하고 식으로 제시한 것을 탄성곡선식(elastic curve equation)이라 한다. 그림 5.2.2와 같이 보가 변형된 상태를 xy평면의 탄성곡선식 y_x라 하면 y_x와 휨모멘트선도의 식 M_x의 관계식 (5.2.2)가 성립한다.

$$\frac{d^2y_x}{dx^2}=\frac{M_x}{EI} \tag{5.2.2}$$

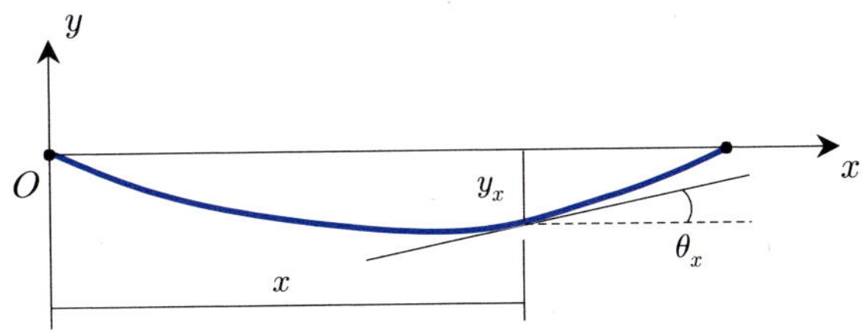

그림 5.2.2 탄성곡선식 y_x

여기서 EI를 휨강성(flexural rigidity)이라 하며 M_x를 적분하면 θ_x, y_x를 구할 수 있다는 것을 제시하고 적분상수는 경계조건(기울기, 변위)으로부터 결정할 수 있다. 보의 전 구간에 작용하는 하중이 함수 w_x로 주어진 경우 하중-전단력-휨모멘트 관계를 적용하면 식 (5.2.3)이 성립하며 적분상수는 경계조건(전단력, 휨모멘트, 기울기, 변위)으로부터 결정할 수 있다.

$$EI\frac{d^4y_x}{dx^4} = -w_x \tag{5.2.3}$$

그림 5.2.2의 탄성곡선식을 유도하기 위해 설정한 xy평면의 좌표축에서 θ_x의 부호가 양이면 반시계방향, 음이면 시계방향 회전이고 y_x의 부호가 양이면 변위가 상향, 음이면 하향이다. 휨모멘트선도가 구간 별로 식이 다른 경우는 각 구간의 식으로부터 기울기, 변위를 산정하는 식을 구성하고 경계조건을 적용하여 탄성곡선식을 결정하며 이로부터 임의 점의 처짐각, 처짐을 구할 수 있다.

모멘트면적 정리. 모멘트면적법(moment area method)은 휨모멘트선도를 이용하여 처짐각과 처짐을 산정하는 방법이다. 휨강성 EI가 일정한 보의 구간 AB에 그림 5.3.1.1과 같이 휨모멘트와 처짐이 발생하면 원주공식 및 곡률과 휨모멘트의 관계식 (5.2.1)로부터 θ_{AB}와 M_x의 다음 관계식이 성립한다.

$$\theta_{AB} = \frac{1}{EI}\sum_A^B \Delta x M_x$$

미소구간 pq에서 위치 p, q의 M_x를 동일한 값으로 간주하면 미소구간의 면적 $\Delta A(=\Delta x M_x)$는 휨모멘트선도에서 사선으로 표기한 직사각형 면적이고 AB 구간 휨모멘트선도의 면적은 미소구간 면적의 합이므로 이를 A_{AB}로 표기하면 위 관계식은 다음 식 (5.3.1.1)로 정의할 수 있다.

$$\theta_{AB} = \frac{1}{EI}A_{AB} \tag{5.3.1.1}$$

식 (5.3.1.1)을 모멘트면적 제1정리라 하며 처짐곡선 상 임의의 두 점 A와 B의 접선에 의한 교각 θ_{AB}는 AB 구간 휨모멘트선도의 면적 A_{AB}를 EI로 나눈 값과 같다는 것을 제시한다. A점의 접선에서 B점이 수직방향으로 이탈한 거리 t_{BA}는 다음 관계식으로 구할 수 있고

$$t_{BA} = \sum_A^B \Delta t = \sum_A^B x_B \Delta\theta = \sum_A^B x_B\frac{\Delta A}{EI} = \frac{1}{EI}\sum_A^B x_B \Delta A$$

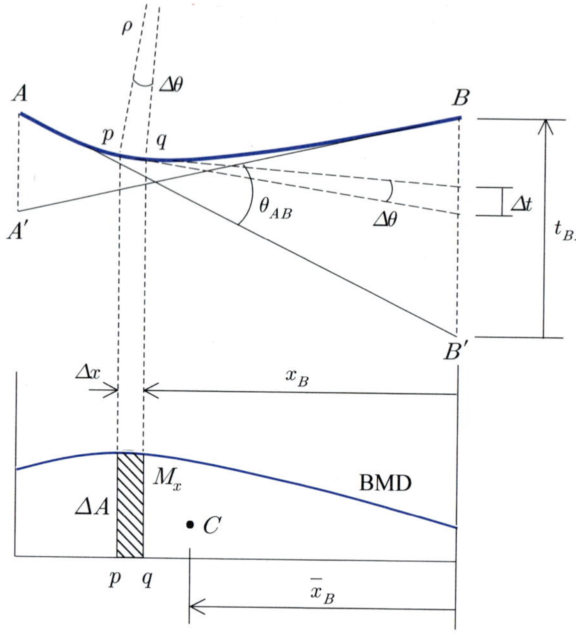

그림 5.3.1.1 휨모멘트에 의한 처짐곡선

$x_B \Delta A$는 휨모멘트선도에서 사선으로 표기한 직사각형 면적 ΔA의 B점에 대한 1차모멘트이므로 $\sum_A^B x_B \Delta A$는 A_{AB}의 B점에 대한 1차모멘트와 같고 이는 B점에서 도심 C까지의 거리 $\bar{x}_B$와 A_{AB}의 곱이므로 다음 식 (5.3.1.2)가 성립한다.

$$t_{BA} = \frac{1}{EI} \bar{x}_B A_{AB} \tag{5.3.1.2}$$

t_{BA}는 첨자의 순서를 정하여 표기한 것으로 B점이 A점의 접선에서 이탈한 거리를 의미하며 접선상대거리(tangential deviation)라 한다. 식 (5.3.1.2)를 모멘트면적 제2정리라 하며 처짐곡선 상 임의의 점 A의 접선에서 임의의 점 B가 수직방향으로 이탈한 접선상대거리는 AB 구간 휨모멘트선도의 면적 A_{AB}의 B점에 대한 1차모멘트를 EI로 나눈 값과 같다는 것을 제시한다.

처짐각과 처짐은 벡터량이므로 크기와 방향이 제시되어야 하며 방향은 처짐곡선에 표시한 방향이고 모멘트면적법으로 계산한 결과는 크기다. 모멘트면적법을 사용하기 위해서는 처짐곡선의 합리적인 작성이 요구되며 이는 휨모멘트선도와 지점조건을 고려하여 작성한다. 임의의 점에서 접선을 작성하면 임의 점 이후의 처짐곡선은 휨모멘트가 0인 경우 접선과 일치하고 양인 경우 접선으로부터 상향, 음인 경우 하향으로 이탈한다. 구조물과 하중이 대칭인 경우는 휨모멘트선도와 처짐곡선 또한 대칭이므로 중앙점에서 접선의 기울기가 0이라는 것을 이용하면 해석을 단순화할 수 있다. 외팔보는 고정지점에서 처짐각이 0이고 접선이 보의 원위치와 일치하는 수평접선이므로 고정지점의 접선을 이용한다.

개별휨모멘트선도. 정역학에서 논의한 바와 같이 휨모멘트선도를 작성하면 휨모멘트선도의 면적과 도심의 위치를 구하는 것 자체가 문제가 되는 경우에는 휨모멘트선도를 여러 개의 간단한 휨모멘트선도의 조합으로 작성하여 모멘트면적법을 적용할 수 있으며 이러한 휨모멘트선도를 개별휨모멘트선도(bending moment diagram by parts)라 한다. 그림 5.3.2.1과 같이 외팔보에 작용하는 집중하중, 모멘트하중, 등분포하중에 의한 휨모멘트선도는 면적과 도심의 위치를 알 수 있는 직사각형, 삼각형 및 포물선 형상이므로 개별휨모멘트선도는 이 형상들을 조합하여 작성한다. 보의 반력을 구하여 하중선도를 구성하면 반력 또한 하중과 같이 취급할 수 있으므로 임의의 점을 고정지점으로 설정하여 좌, 우측 외팔보(보의 양단에서 고정지점으로 설정하는 경우는 1개의 외팔보)에 발생하는 각각의 하중에 대한 휨모멘트선도를 작성한다.

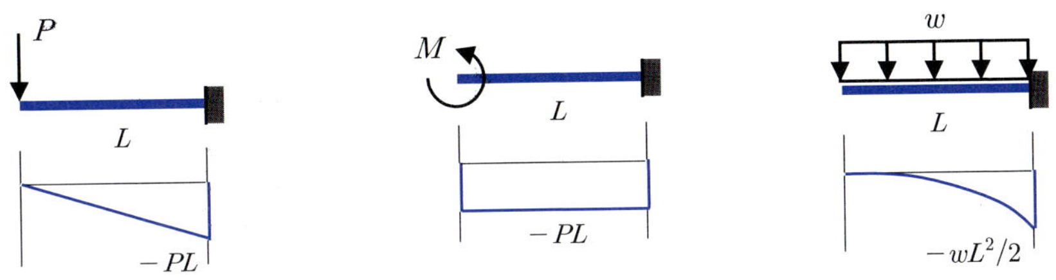

그림 5.3.2.1 외팔보의 휨모멘트선도

중첩법. 일반적으로 보에 작용하는 하중은 기본적인 하중의 조합이라고 할 수 있고 이 경우 보의 처짐각과 처짐은 각각의 기본적인 하중에 의해 발생하는 처짐각과 처짐을 조합하여 산정할 수 있으며 이와 같은 방법을 중첩법(method of superposition)이라 한다. 단순보와 외팔보에 작용하는 기본적인 하중에 의한 처짐각 및 처짐을 구하는 처짐공식을 사용하므로 제시된 공식만을 적용할 수 있는 제한적인 방법이고 또한 탄성거동을 전제하므로 중첩법을 적용한 해석결과가 탄성영역 이내이어야 한다는 것을 유의해야 한다.

변형에너지법. 휨강성 EI가 일정한 보에 순수휨 상태의 휨모멘트 M이 발생하여 원호로 변형된 길이 l의 구간에서 M과 회전각 θ(원호의 중심각)는 다음 관계식 (5.5.1)으로 정의된다.

$$\theta_l = \frac{Ml}{EI} \tag{5.5.1}$$

M과 θ가 그림 5.5.1과 같이 선형거동이면 휨모멘트가 0에서 M으로 증가하는 동안 휨모멘트가 한 일 W은 $M\theta/2$이다. 길이 l의 구간에 저장된 변형에너지 U_l은 휨모멘트가 한 일 $W_l(= M\theta_l/2)$과 같으므로 식 (5.5.1)을 적용하면 변형에너지 U_l은 다음 식 (5.5.2)로 결정할 수 있다.

$$U_l = \frac{M^2 l}{2\,EI} = \frac{EI\theta^2}{2l} \tag{5.5.2}$$

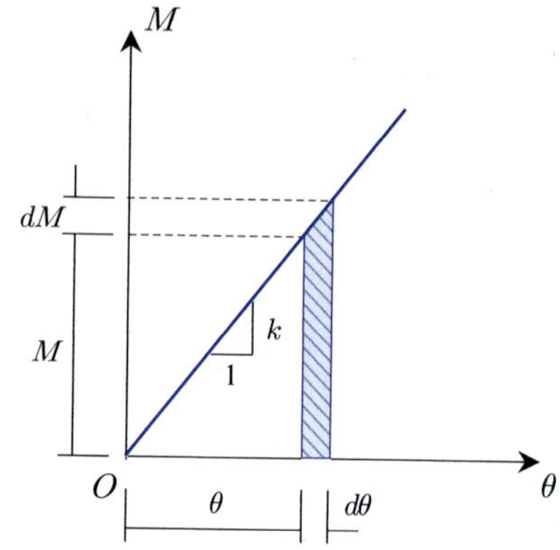

그림 5.5.1 $M-\theta$의 선형거동

일반적인 휨상태는 전단력이 0이 아니므로 전단력에 의한 변형에너지를 포함하지만 이는 휨모멘트에 의한 변형에너지에 비해 미소하므로 보의 처짐산정에서 무시할 수 있다. 길이가 L이고 휨강성 EI가 일정한 보에서 휨모멘트선도의 식을 M_x라 하면 미소구간 dx는 순수휨 상태로 간주할 수 있으므로 M_x로부터 보에 저장되는 변형에너지 U_L을 구하는 식 (5.5.3)이 성립하고 M_x와 탄성곡선식 y_x의 관계식 $dy_x^2/dx^2 = M_x/EI$를 적용하면 y_x로부터 U_L을 구하는 식 (5.5.4)가 성립한다.

$$U_L = \int_0^L \frac{M_x^2}{2EI} dx \tag{5.5.3}$$

$$U_L = \frac{EI}{2}\int_0^L \left(\frac{d^2y}{dx^2}\right)^2 dx \tag{5.5.4}$$

연습문제

연습문제 5.2절 탄성곡선식

5-1 외팔보의 전체 구간에 등분포하중이 작용하는 경우 탄성곡선식을 구하시오. EI는 일정하다.

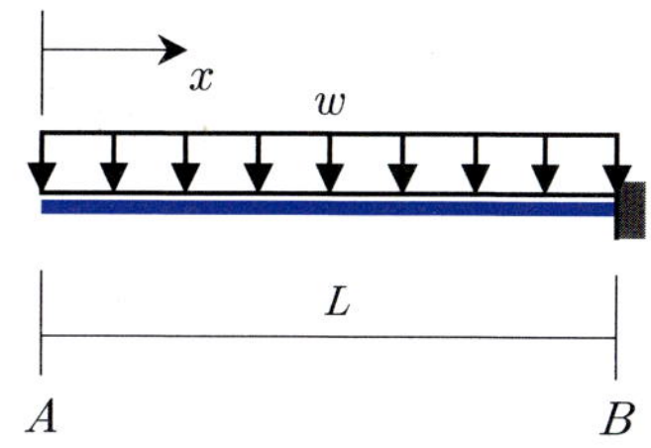

[답] $EI\theta_x = \frac{wL^3}{6} - \frac{w}{6}x^3$ 반시계방향, $EIy_x = -\frac{wL^4}{8} + \frac{wL^3}{6}x - \frac{w}{24}x^4$ 상향

5-2 휨강성 EI가 일정한 외팔보의 전체 구간에 삼각형 분포하중이 작용하는 경우 탄성곡선식을 구하시오.

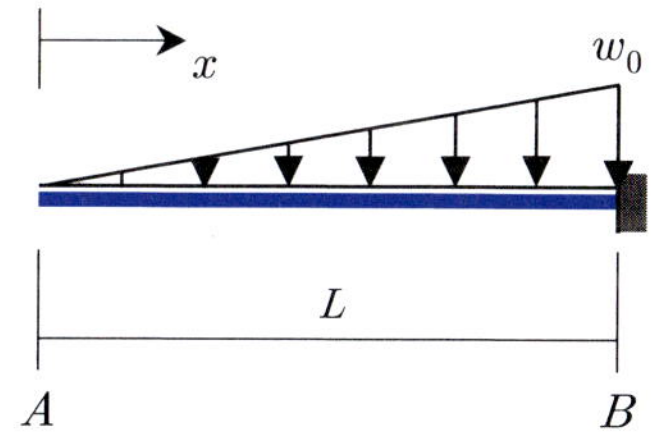

[답]

$$EI\theta_x = -\frac{w_0}{24L}x^4 + \frac{w_0L^3}{24} \text{ 반시계방향}$$

$$EIy_x = -\frac{w_0}{120L}x^5 + \frac{w_0L^3}{24}x - \frac{w_0L^4}{30} \text{ 상향}$$

5-3 휨강성 EI가 일정한 외팔보의 전체 구간에 삼각형 분포하중이 작용하는 경우 탄성곡선식을 구하시오.

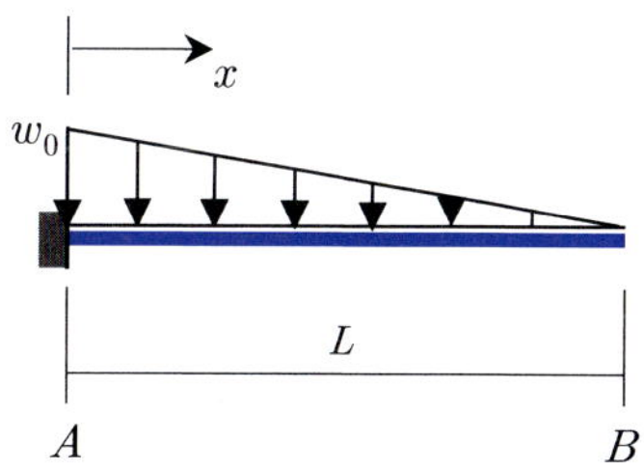

[답]

$$EI\theta_x = \frac{w_0}{24L}(L-x)^4 - \frac{w_0L^3}{24} \text{ 반시계방향}$$

$$EIy_x = -\frac{w_0}{120L}(L-x)^5 - \frac{w_0L^3}{24}x + \frac{w_0L^4}{120} \text{ 상향}$$

5-4 탄성곡선식을 사용하여 A점의 처짐각과 B점의 처짐을 구하시오. 휨강성은 $EI = 10^4 \text{kN} \cdot \text{m}^2$이다.

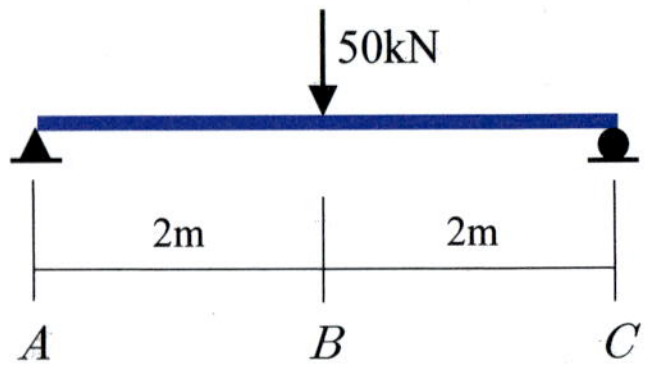

[답] A점의 처짐각 ; 5×10^{-3}rad 시계방향, B점의 처짐 ; 6.77×10^{-3}m 하향

5-5 탄성곡선식을 사용하여 A, B점의 기울기 및 C점의 변위를 구하시오. $a+b=L$이고 EI는 일정하다.

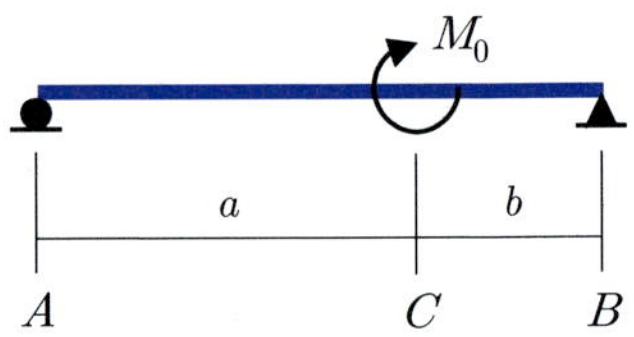

[답] $EI\theta_A = -\dfrac{M_0}{6L}(2L^2 - 6aL + 3a^2)$ 반시계방향, $EI\theta_B = \dfrac{M_0}{6L}(L^2 - 3a^2)$ 반시계방향

$EIy_C = \dfrac{M_0 ab}{3L}(a-b)$ 상향

5-6 탄성곡선식을 사용하여 A, B점의 기울기 및 최대 변위를 구하시오. EI는 일정하다.

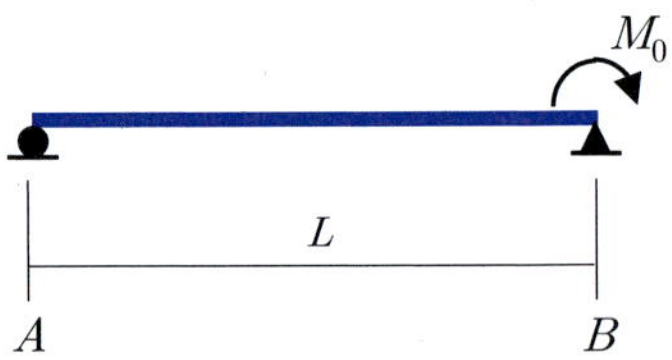

[답] $EI\theta_A = \dfrac{M_0 L}{6}$ 반시계방향, $EI\theta_B = -\dfrac{M_0 L}{6}$ 반시계방향

$EIy_{\max} = EIy_{x=L/\sqrt{3}} = \dfrac{M_0 L^2}{9\sqrt{3}}$ 상향

5-7 탄성곡선식을 사용하여 외팔보의 자유단에 발생하는 처짐각과 처짐을 구하시오. 휨강성은 $EI = 10^4 \text{kN} \cdot \text{m}^2$이다.

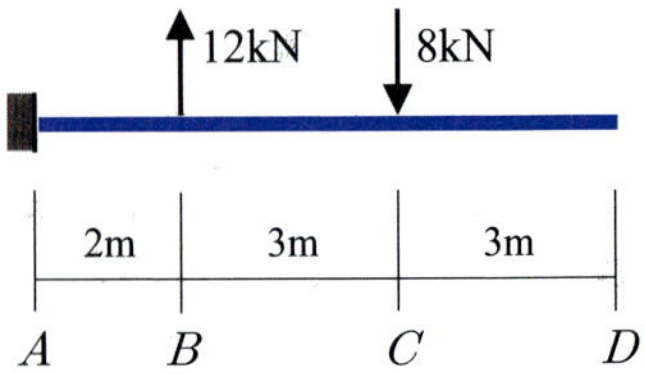

[답] 처짐각 ; 0.68×10^{-2}rad 시계방향, 처짐 ; 0.457×10^{-1}m 하향

5-8 탄성곡선식을 사용하여 자유단의 처짐각과 처짐을 구하시오. EI는 일정하다.

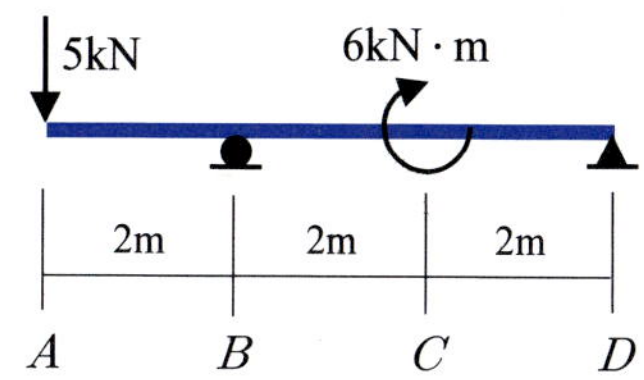

[답] 처짐각 ; $EI\theta_A = 24.33\,\text{kN}\cdot\text{m}^2$ 반시계방향, 처짐 ; $EI\delta_A = 42\,\text{kN}\cdot\text{m}^3$ 하향

연습문제 5.3.1절 모멘트면적 정리

5-9 모멘트면적법을 사용하여 A점의 처짐각과 B점의 처짐을 구하시오. 휨강성은 $EI = 10^4\,\text{kN}\cdot\text{m}^2$이다.

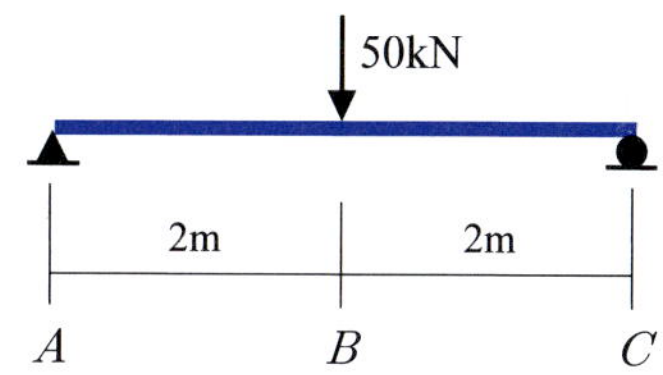

[답] $\theta_A = 0.005\,\text{rad}$ 시계방향, $\delta_B = 0.007\,\text{m}$ 하향

5-10 모멘트면적법을 사용하여 최대 처짐을 구하시오. 휨강성은 $EI = 5000\,\text{kN}\cdot\text{m}^2$이다.

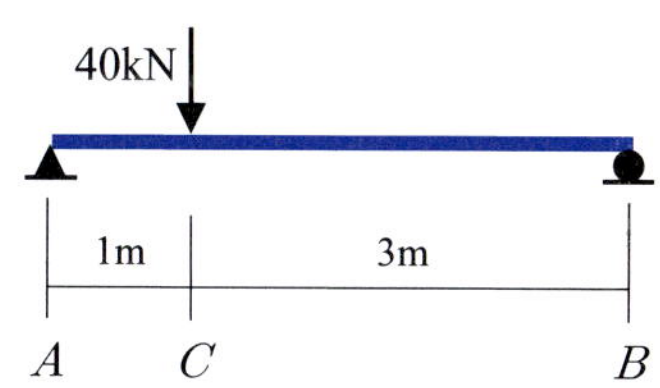

[답] $\delta_{max} = 0.75 \times 10^{-2}\,\text{m}$ 하향

5-11 모멘트면적법을 사용하여 C점의 처짐을 구하시오. 휨강성은 $EI = 5000\,\text{kN}\cdot\text{m}^2$이다.

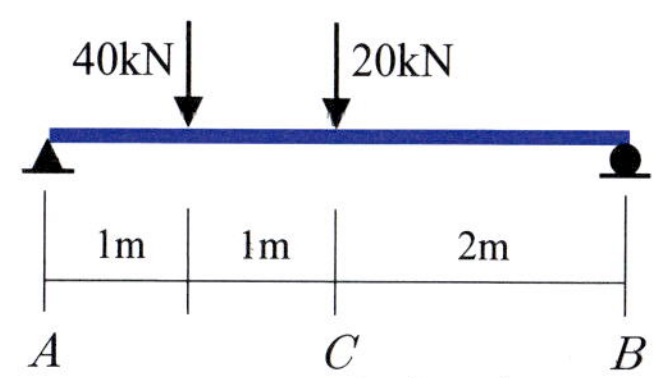

[답] $\delta_C = 1.27 \times 10^{-2}\,\text{m}$ 하향

5-12 모멘트면적법을 사용하여 집중하중 P가 작용하는 B점의 처짐을 구하시오. EI는 일정하다.

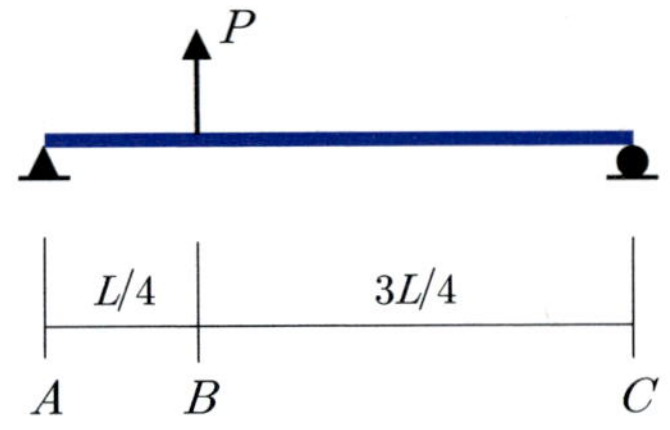

[답] $\delta_B = \dfrac{3PL^3}{256EI}$ 상향

5-13 모멘트면적법을 사용하여 D점의 처짐각과 처짐을 구하시오. 휨강성은 $EI = 10^3 \text{kN} \cdot \text{m}^2$이다.

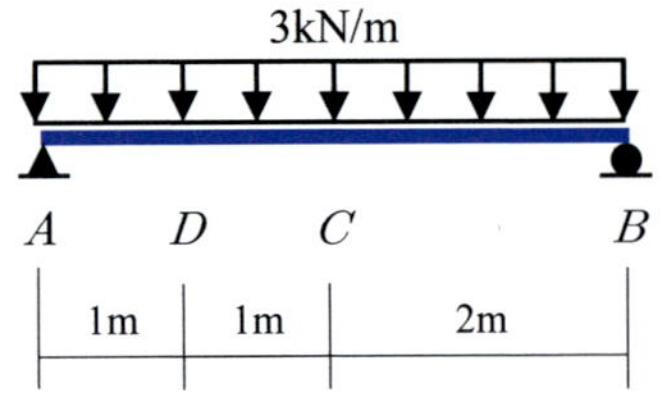

[답] $\delta_D = 7.13 \times 10^{-3}\text{m}$ 하향

5-14 모멘트면적법을 사용하여 A점의 처짐각과 C점의 처짐을 구하시오. EI는 일정하다.

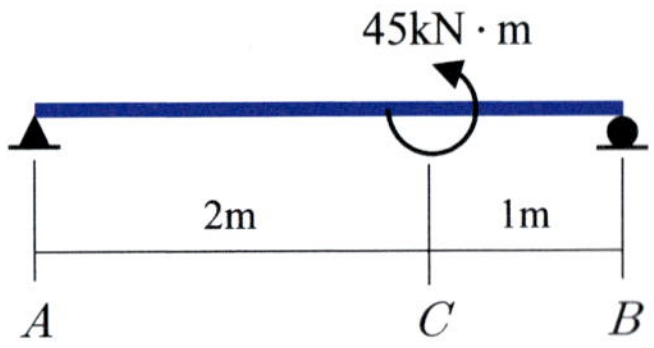

[답] $EI\theta_A = 15\text{kN} \cdot \text{m}^2$ 시계방향, $EI\delta_C = 10\text{kN} \cdot \text{m}^3$ 하향

5-15 모멘트면적법을 사용하여 A, B점의 처짐각, 중앙점의 처짐 및 최대 처짐을 구하시오. EI는 일정하다.

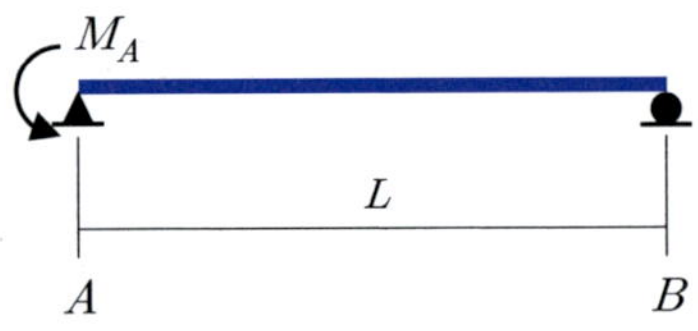

[답] $\theta_A = \dfrac{M_A L}{3EI}$ 반시계방향, $\theta_B = \dfrac{M_A L}{6EI}$ 시계방향

$\delta_{중앙} = \dfrac{M_A L^2}{16EI}$ 상향, $\delta_{\max} = \dfrac{\sqrt{3}\, M_A L^2}{27EI}$ 상향

5-16 모멘트면적법을 사용하여 중앙점의 처짐과 최대 처짐을 구하시오. 휨강성은 $EI = 7.6 \times 10^4 \text{kN} \cdot \text{m}^2$이다.

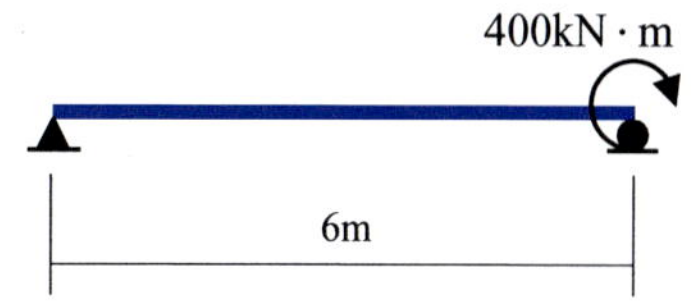

[답] $\delta_{중앙} = 11.8 \times 10^{-3}\text{m}$ 상향, $\delta_{max} = 12.2 \times 10^{-3}\text{m}$ 상향

5-17 모멘트면적법을 사용하여 C점의 처짐을 구하시오. EI는 일정하다.

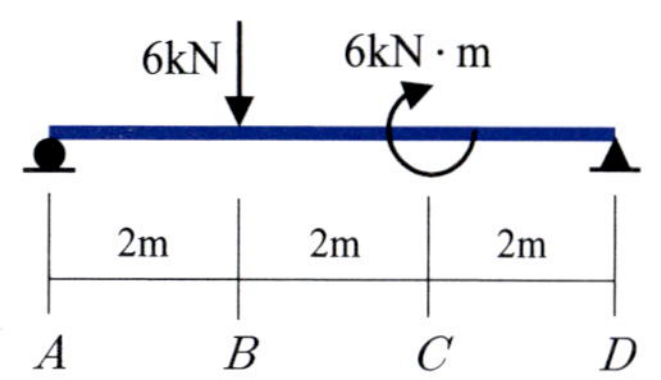

[답] $EI\delta_C = 13.3\,\text{kN} \cdot \text{m}^3$ 하향

5-18 모멘트면적법을 사용하여 자유단의 처짐각과 처짐을 구하시오. EI는 일정하다.

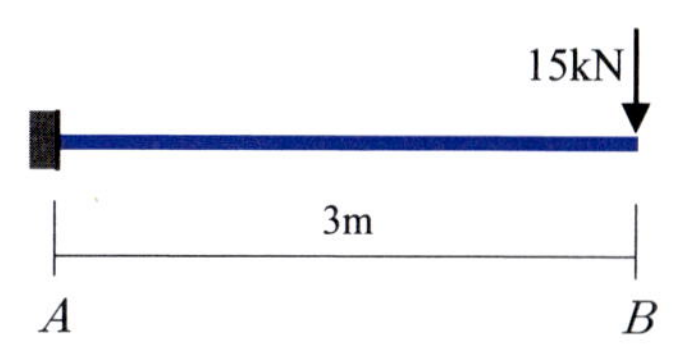

[답] $EI\theta_B = 67.5\,\text{kN} \cdot \text{m}^2$ 시계방향, $EI\delta_B = 135\,\text{kN} \cdot \text{m}^3$ 하향

5-19 모멘트면적법을 사용하여 B, C점의 처짐각과 처짐을 구하시오. EI는 일정하다.

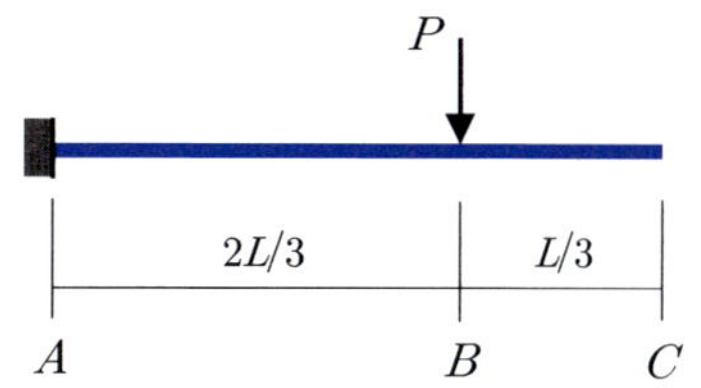

[답] $\theta_B = \dfrac{2PL^2}{9EI} = \theta_C$ 시계방향, $\delta_B = \dfrac{8PL^3}{81EI}$ 하향, $\delta_C = \dfrac{14PL^3}{81EI}$ 하향

5-20 모멘트면적법을 사용하여 B, C점의 처짐각과 처짐을 구하시오. EI는 일정하다.

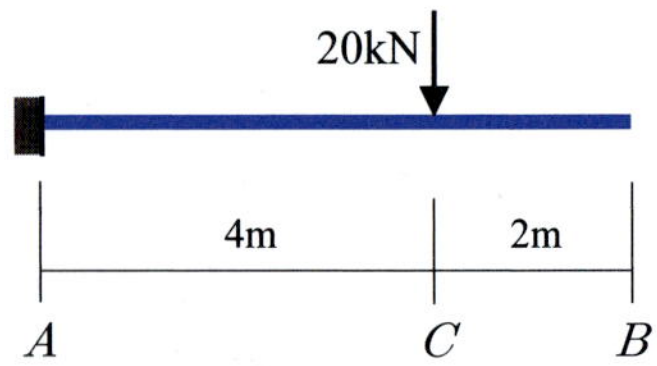

[답] $EI\theta_B = 160\,\text{kN}\cdot\text{m}^2 = EI\theta_C$ 시계방향
$EI\delta_B = 746.7\,\text{kN}\cdot\text{m}^3$ 하향, $EI\delta_C = 426.7\,\text{kN}\cdot\text{m}^3$ 하향

5-21 모멘트면적법을 사용하여 B, C점의 처짐각과 처짐을 구하시오. $a+b=L$ 이고 EI는 일정하다.

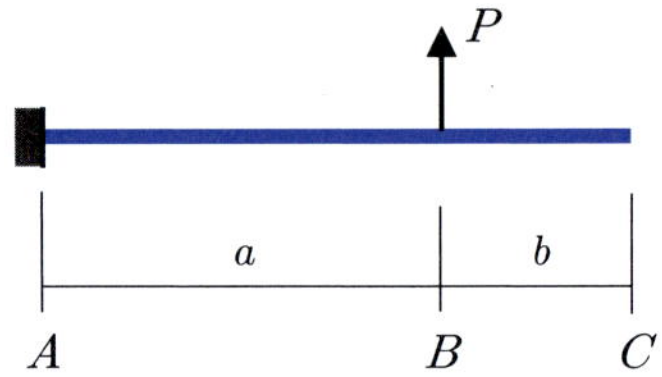

[답] $\theta_B = \dfrac{Pa^2}{2EI} = \theta_C$ 반시계방향, $\delta_B = \dfrac{Pa^3}{3EI}$ 상향, $\delta_C = \dfrac{Pa^2(2L+b)}{6EI}$ 상향

5-22 모멘트면적법을 사용하여 자유단의 처짐각과 처짐을 구하시오. EI는 일정하다.

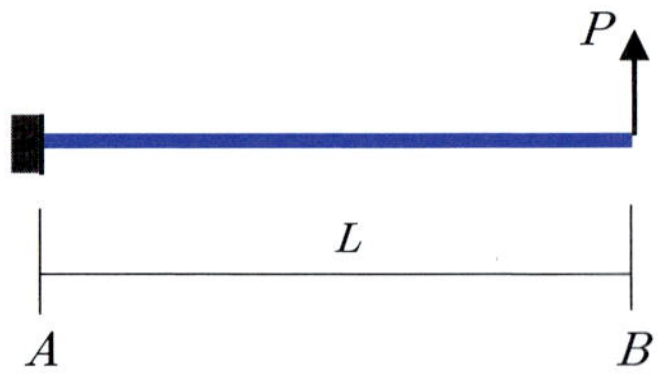

[답] $\theta_B = \dfrac{PL^2}{2EI}$ 반시계방향, $\delta_B = \dfrac{PL^3}{3EI}$ 상향

5-23 모멘트면적법을 사용하여 자유단의 처짐각과 처짐을 구하시오. EI는 일정하다.

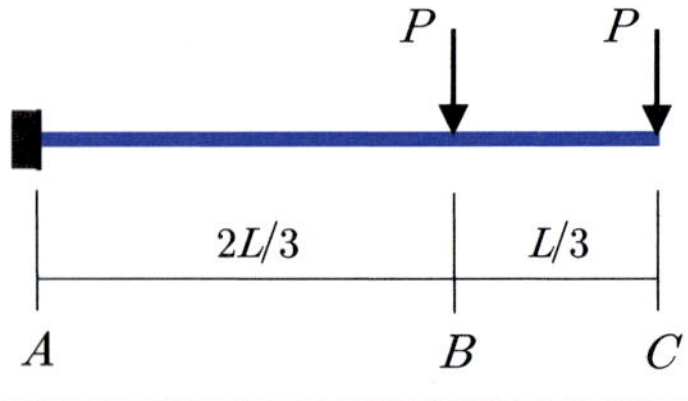

[답] $\theta_C = \dfrac{13PL^2}{18EI}$ 시계방향, $\delta_C = \dfrac{41PL^3}{81EI}$ 하향

5-24 모멘트면적법을 사용하여 자유단의 처짐각과 처짐을 구하시오. 휨강성은 $EI = 10^4 \text{kN} \cdot \text{m}^2$이다.

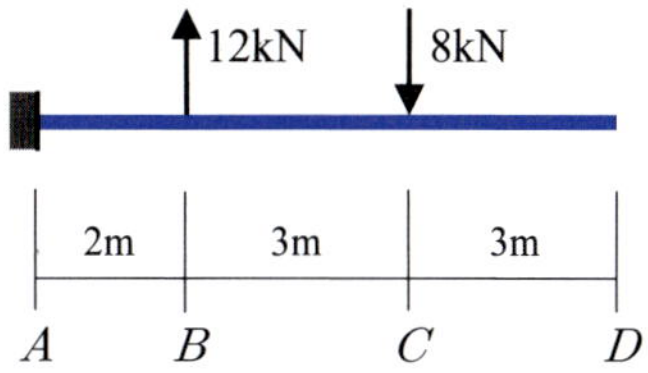

[답] 처짐각 ; 0.76×10^{-2}rad 시계방향, 처짐 ; 0.457×10^{-1}m 하향

5-25 모멘트면적법을 사용하여 자유단의 처짐각과 처짐을 구하시오. EI는 일정하다.

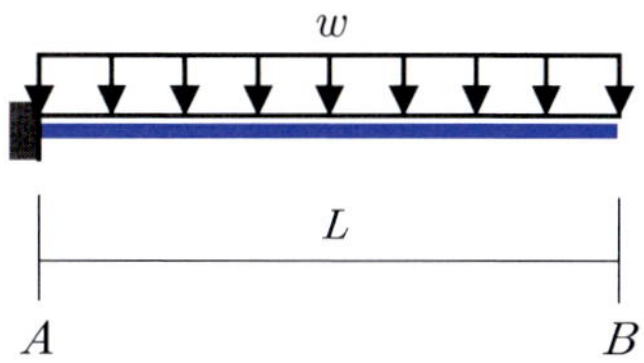

[답] $\theta_B = \dfrac{wL^3}{6EI}$ 시계방향, $\delta_B = \dfrac{wL^4}{8EI}$ 하향

5-26 모멘트면적법을 사용하여 B, C점의 처짐각과 처짐을 구하시오. $a+b=L$이고 EI는 일정하다.

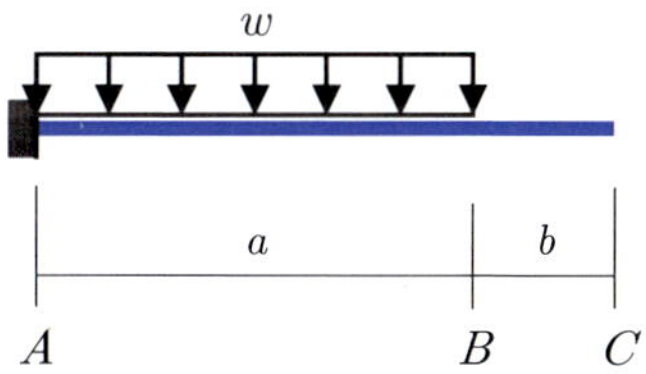

[답] $\theta_B = \dfrac{wa^3}{6EI} = \theta_C$ 시계방향, $\delta_B = \dfrac{wa^4}{8EI}$ 하향, $\delta_C = \dfrac{wa^3(3L+b)}{24EI}$ 하향

5-27 모멘트면적법을 사용하여 자유단의 처짐각과 처짐을 구하시오. EI는 일정하다.

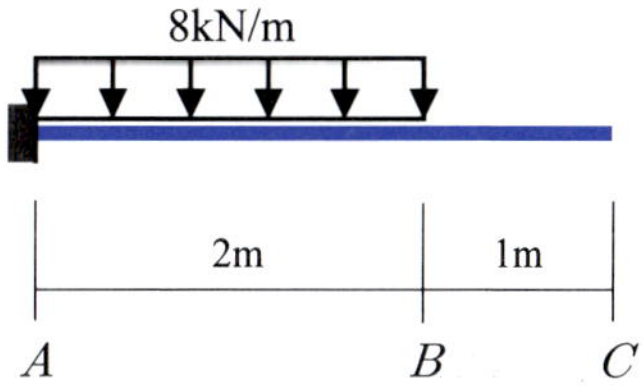

[답] $EI\theta_B = 10.67 \text{kN} \cdot \text{m}^2 = EI\theta_C$ 시계방향

$EI\delta_B = 16.0 \text{kN} \cdot \text{m}^3$ 하향, $EI\delta_C = 26.7 \text{kN} \cdot \text{m}^3$ 하향

5-28 모멘트면적법을 사용하여 B, C점의 처짐각과 처짐을 구하시오. $a+b=L$이고 EI는 일정하다.

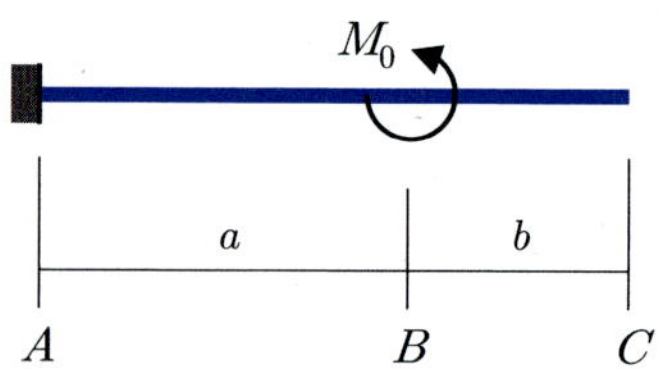

[답] $\theta_B = \dfrac{M_0 a}{EI} = \theta_C$ 반시계방향, $\delta_B = \dfrac{M_0 a^2}{2EI}$ 상향, $\delta_C = \dfrac{M_0 a(L+b)}{2EI}$ 상향

5-29 모멘트면적법을 사용하여 자유단의 처짐각과 처짐을 구하시오. 휨강성은 $EI = 10^3 \text{kN}\cdot\text{m}^2$ 이다.

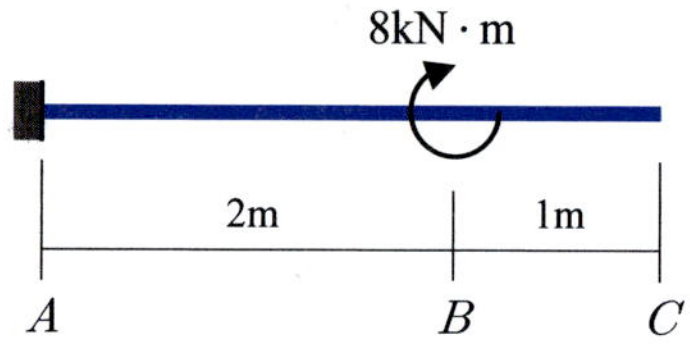

[답] 처짐각 ; 0.016 rad 시계방향, 처짐 ; 0.032 m 하향

5-30 모멘트면적법을 사용하여 자유단의 처짐각과 처짐을 구하시오. EI는 일정하다.

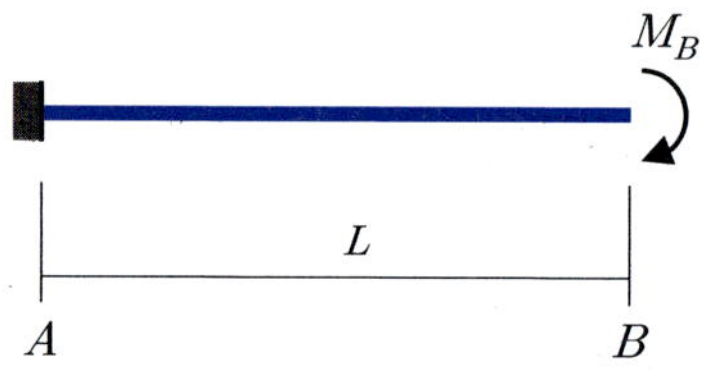

[답] $\theta_B = \dfrac{M_B L}{EI}$ 시계방향, $\delta_B = \dfrac{M_B L^2}{2EI}$ 하향

5-31 모멘트면적법을 사용하여 A, B점의 처짐각과 처짐을 구하시오. EI는 일정하다.

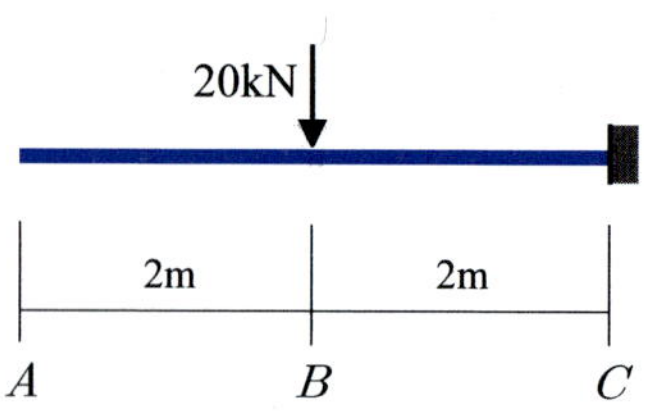

[답] $EI\theta_A = 40 \text{kN}\cdot\text{m}^2 = EI\theta_B$ 반시계방향

$EI\delta_A = 133.3 \text{kN}\cdot\text{m}^3$ 하향, $EI\delta_B = 53.33 \text{kN}\cdot\text{m}^3$ 하향

5-32 모멘트면적법을 사용하여 자유단의 처짐각과 처짐을 구하시오. EI는 일정하다.

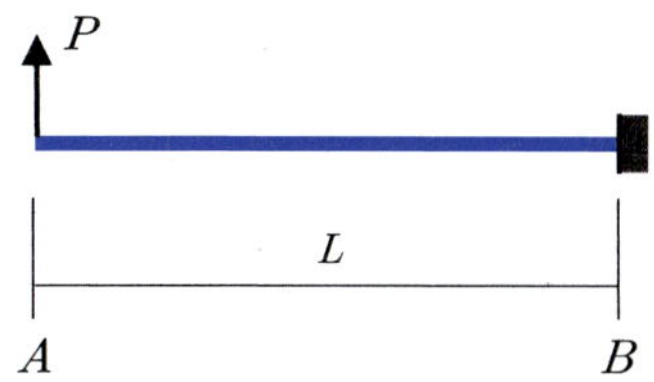

[답] $\theta_A = \dfrac{PL^2}{2EI}$ 시계방향, $\delta_A = \dfrac{PL^3}{3EI}$ 상향

5-33 모멘트면적법을 사용하여 A, B점의 처짐각과 처짐을 구하시오. $a+b=L$ 이고 EI는 일정하다.

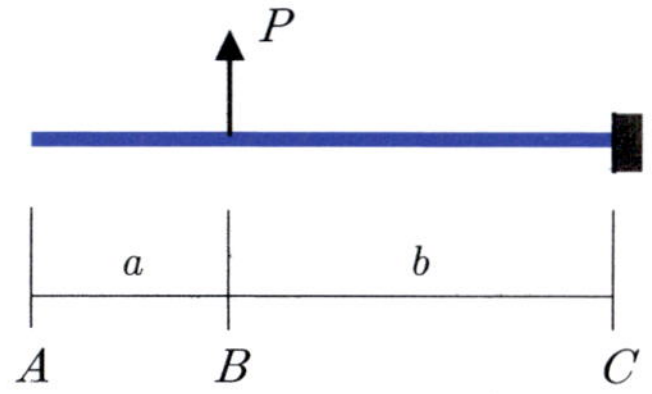

[답] $\theta_A = \dfrac{Pb^2}{2EI} = \theta_B$ 시계방향, $\delta_A = \dfrac{Pb^2(2L+a)}{6EI}$ 상향, $\delta_B = \dfrac{Pb^3}{3EI}$ 상향

5-34 모멘트면적법을 사용하여 A, B점의 처짐각과 처짐을 구하시오. EI는 일정하다.

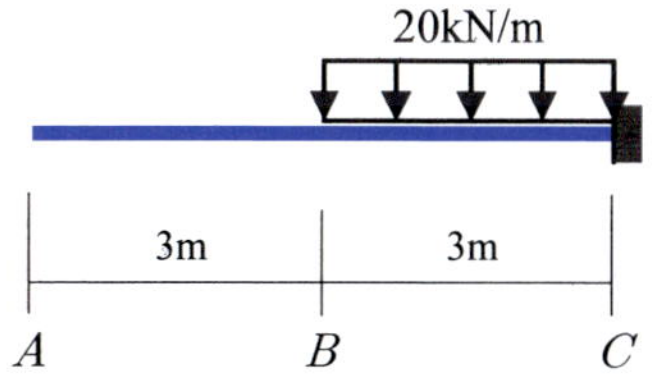

[답] $EI\theta_A = 90\,\text{kN}\cdot\text{m}^2 = EI\theta_B$ 반시계방향

$EI\delta_A = 472.5\,\text{kN}\cdot\text{m}^3$ 하향, $EI\delta_B = 202.5\,\text{kN}\cdot\text{m}^3$ 하향

5-35 모멘트면적법을 사용하여 A, B점의 처짐각과 처짐을 구하시오. EI는 일정하다.

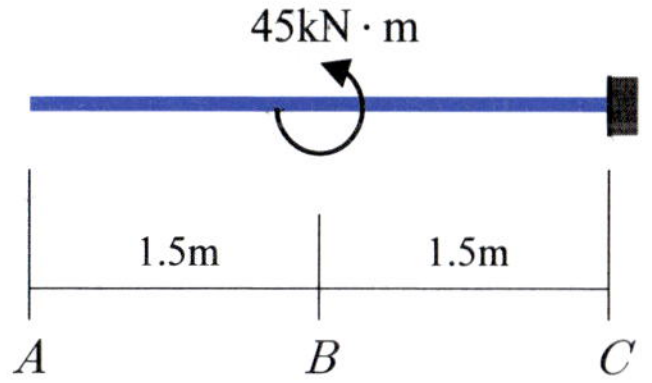

[답] $EI\theta_A = 67.5\,\text{kN}\cdot\text{m}^2 = EI\theta_B$ 반시계방향

$EI\delta_A = 151.9\,\text{kN}\cdot\text{m}^3$ 하향, $EI\delta_B = 50.6\,\text{kN}\cdot\text{m}^3$ 하향

5-36 모멘트면적법을 사용하여 자유단의 처짐각과 처짐을 구하시오. *EI*는 일정하다.

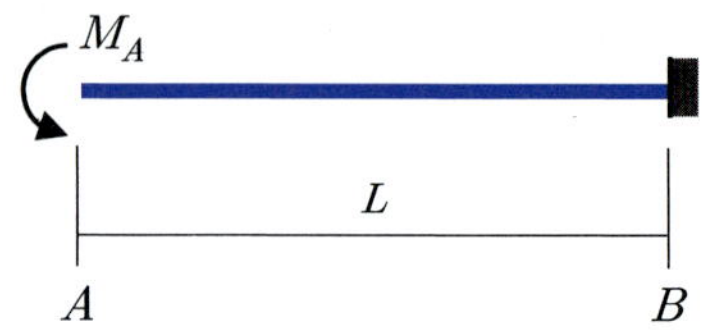

[답] $\theta_A = \dfrac{M_A L}{EI}$ 반시계방향, $\delta_A = \dfrac{M_A L^2}{2EI}$ 하향

5-37 모멘트면적법을 사용하여 자유단의 처짐각과 처짐을 구하시오. *EI*는 일정하다.

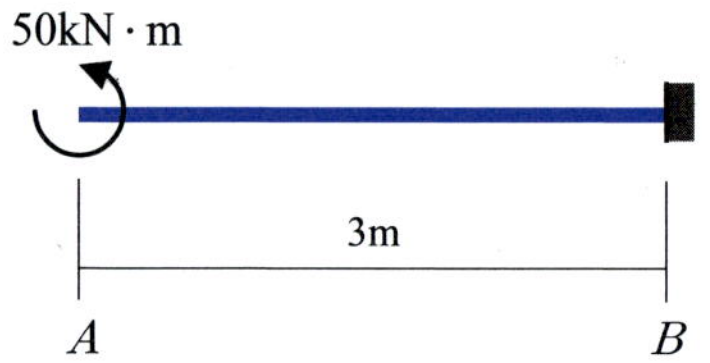

[답] $EI\theta_A = 150\,\text{kN} \cdot \text{m}^2$ 반시계방향, $EI\delta_A = 225\,\text{kN} \cdot \text{m}^3$ 하향

5-38 모멘트면적법을 사용하여 *A*, *B*점의 처짐각과 처짐을 구하시오. 휨강성은 $EI = 5500\,\text{kN} \cdot \text{m}^2$이다.

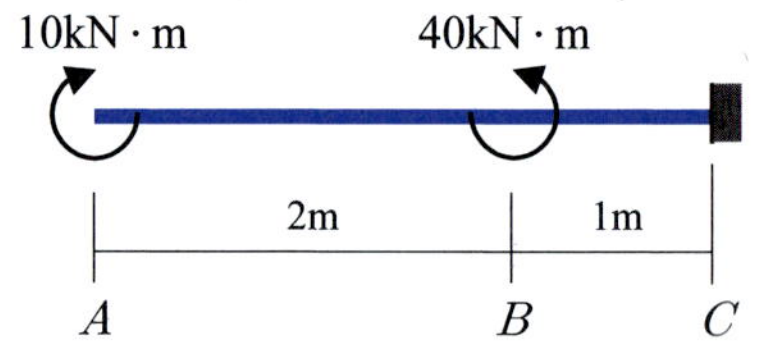

[답] $\theta_A = 1.82 \times 10^{-3}\text{rad}$ 반시계방향, $\theta_B = 5.45 \times 10^{-3}\text{rad}$ 반시계방향
$\delta_A = 0.01\,\text{m}$ 하향, $\delta_B = 2.73 \times 10^{-3}\text{m}$ 하향

5-39 모멘트면적법을 사용하여 *C*점의 처짐을 구하시오. *EI*는 일정하다.

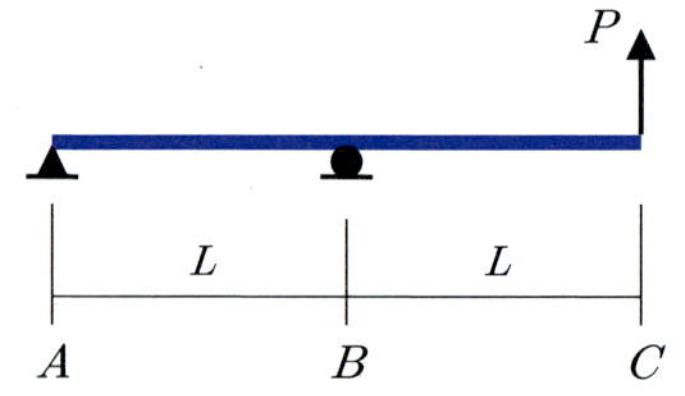

[답] $\delta_C = \dfrac{2PL^3}{3EI}$ 상향

5-40 모멘트면적법을 사용하여 지간 중앙점과 자유단의 처짐을 구하시오. 휨강성은 $EI = 10^3 \text{kN} \cdot \text{m}^2$이다.

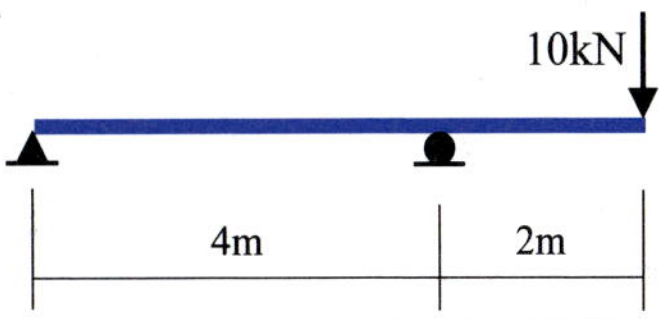

[답] 중앙점 ; 0.02 m 상향, 자유단 ; 0.08 m 하향

5-41 모멘트면적법을 사용하여 지간 중앙점과 자유단의 처짐을 구하시오. 휨강성은 $EI = 6 \times 10^3 \text{kN} \cdot \text{m}^2$이다.

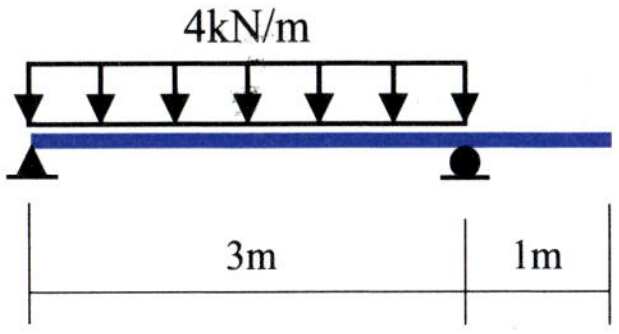

[답] 중앙점 ; 0.70×10^{-3}m 하향, 자유단 ; 0.75×10^{-3}m 상향

5-42 모멘트면적법을 사용하여 C점의 처짐각과 처짐을 구하시오. EI는 일정하다.

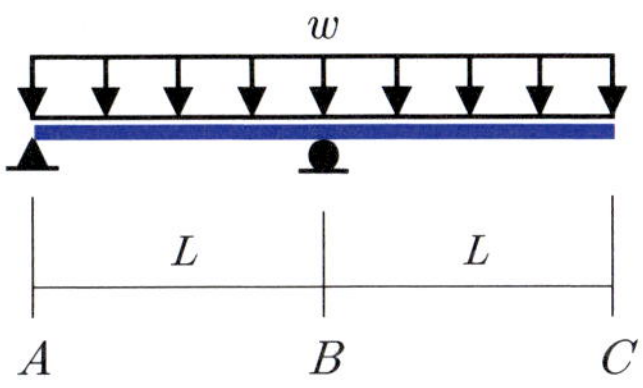

[답] $\theta_C = \dfrac{7wL^3}{24EI}$ 시계방향, $\delta_C = \dfrac{wL^4}{4EI}$ 하향

5-43 모멘트면적법을 사용하여 B점, D점의 처짐을 구하시오. 휨강성은 $EI = 1100 \text{kN} \cdot \text{m}^2$이다.

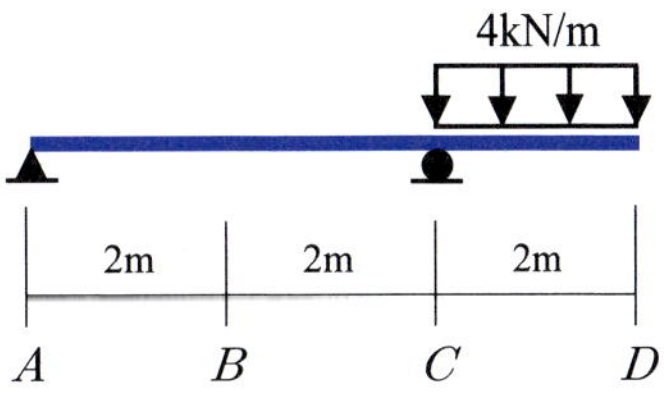

[답] $\delta_B = 0.007$m 상향, $\delta_D = 0.027$m 하향

5-44 모멘트면적법을 사용하여 자유단의 처짐을 구하시오. EI는 일정하다.

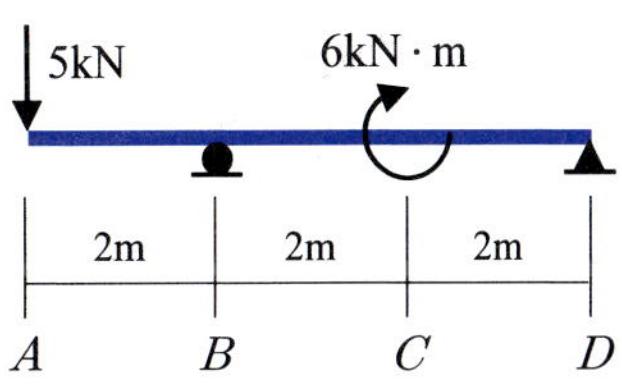

[답] $EI\delta_A = 42 \text{kN} \cdot \text{m}^3$ 하향

5-45 모멘트면적법을 사용하여 자유단의 처짐각과 처짐을 구하시오. 휨강성은 $EI = 10^4 \text{kN} \cdot \text{m}^2$이다.

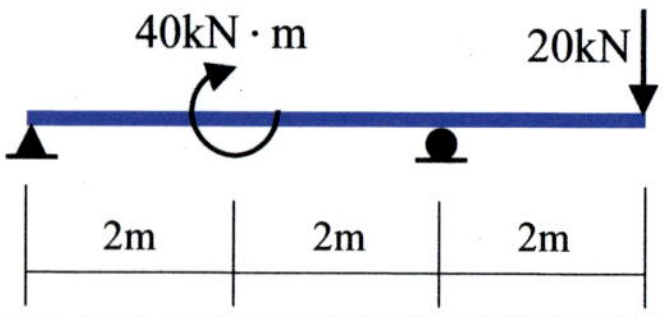

[답] 8.67×10^{-3}rad 시계방향, 0.015m 하향

연습문제 5.3.2절 개별휨모멘트선도

5-46 C점을 기준으로 개별휨모멘트선도를 구하시오.

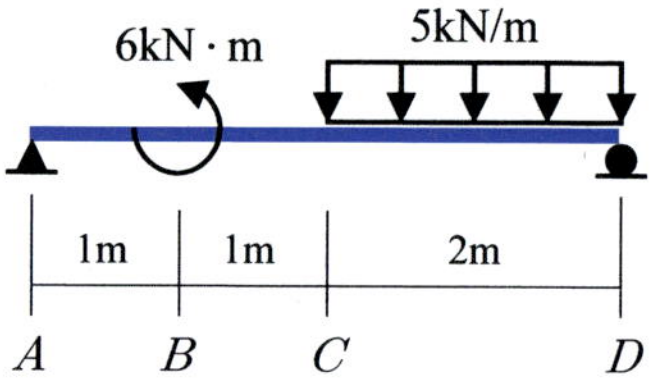

[답] $M_A = 0$, $M_{B-} = 4\text{kN} \cdot \text{m}$, $M_{B+} = -2\text{kN} \cdot \text{m}$, $M_C = 2\text{kN} \cdot \text{m}$, $M_D = 0$

5-47 D점을 기준으로 개별휨모멘트선도를 구하시오.

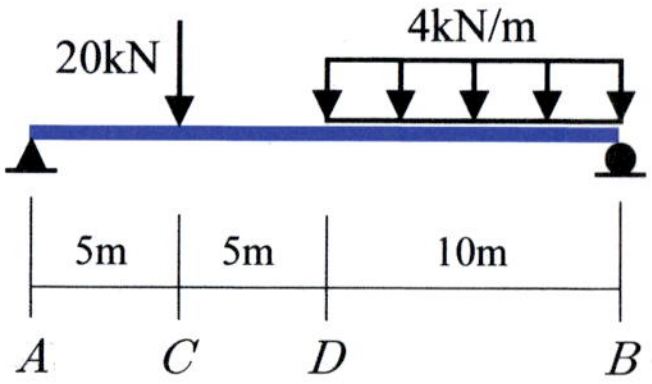

[답] $M_A = 0$, $M_C = 125\text{kN} \cdot \text{m}$, $M_D = 150\text{kN} \cdot \text{m}$, $M_B = 0$

5-48 내민보의 C점을 기준으로 개별휨모멘트선도를 구하시오.

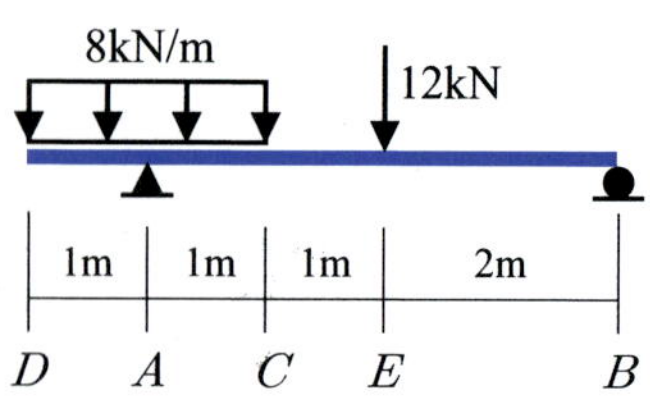

[답] $M_D = 0$, $M_A = -4\text{kN} \cdot \text{m}$, $M_C = 6\text{kN} \cdot \text{m}$, $M_E = 12\text{kN} \cdot \text{m}$, $M_B = 0$

5-49 C점을 기준으로 개별휨모멘트선도를 작성하고 C점의 처짐을 구하시오. EI는 일정하다.

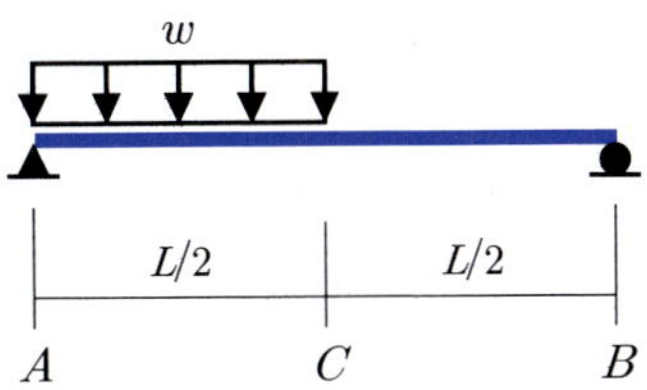

[답] $M_A = 0$, $M_C = wL^2/16$, $M_B = 0$, $\delta_C = \dfrac{5wL^4}{768EI}$ 하향

5-50 중앙점을 기준으로 개별휨모멘트선도를 작성하고 중앙점의 처짐을 구하시오.

휨강성은 $EI = 8.9 \times 10^3 \text{kN} \cdot \text{m}^2$이다.

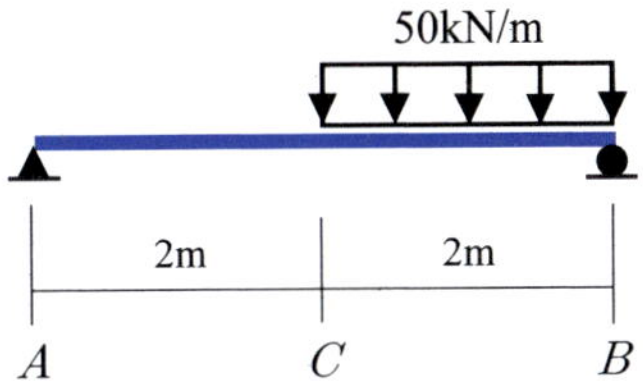

[답] $M_A = 0$, $M_C = 50\text{kN} \cdot \text{m}$, $M_B = 0$, $9.37 \times 10^{-3}\text{m}$ 하향

5-51 C점을 기준으로 개별휨모멘트선도를 작성하고 자유단의 처짐각과 처짐을 구하시오. EI는 일정하다.

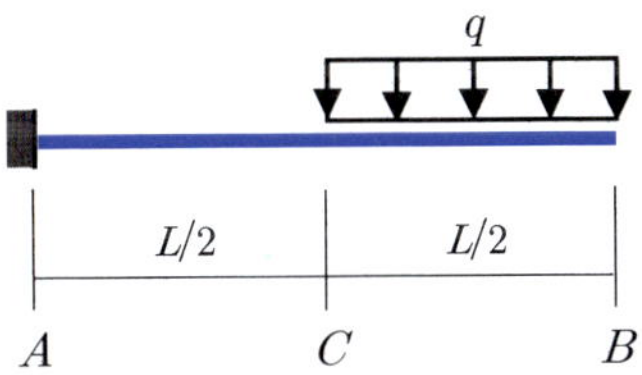

[답] $M_{A-} = 0$, $M_{A+} = -3qL^2/8$, $M_C = -qL^2/8$, $M_B = 0$

$\theta_B = \dfrac{7qL^3}{48EI}$ 시계방향, $\delta_B = \dfrac{41qL^4}{384EI}$ 하향

5-52 B점을 기준으로 개별휨모멘트선도를 작성하고 자유단의 처짐각과 처짐을 구하시오. EI는 일정하다.

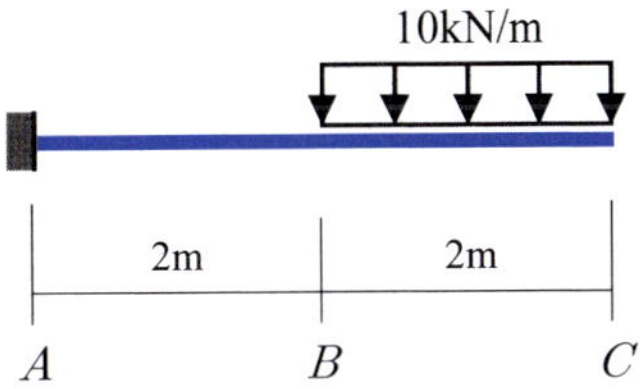

[답] $M_{A-} = 0$, $M_{A+} = -60\text{kN} \cdot \text{m}$, $M_B = -20\text{kN} \cdot \text{m}$, $M_C = 0$

$EI\theta_C = 93.33\text{kN} \cdot \text{m}^2$ 시계방향, $EI\delta_C = 273.3\text{kN} \cdot \text{m}^3$ 하향

5-53 개별휨모멘트선도를 사용하여 자유단의 처짐각과 처짐을 구하시오. 휨강성은 $EI = 10^3\,\text{kN}\cdot\text{m}^2$이다.

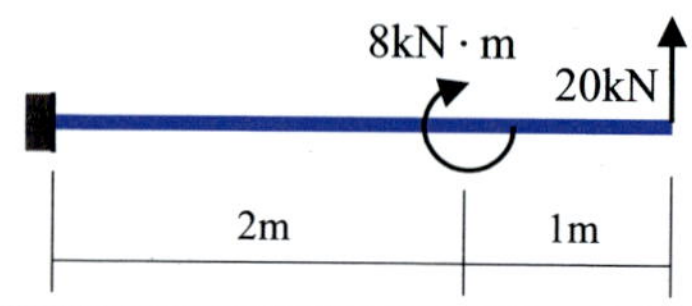

[답] 0.074 rad 반시계방향, 0.148 m 상향

5-54 개별휨모멘트선도를 사용하여 A점의 처짐을 구하시오. EI는 일정하다.

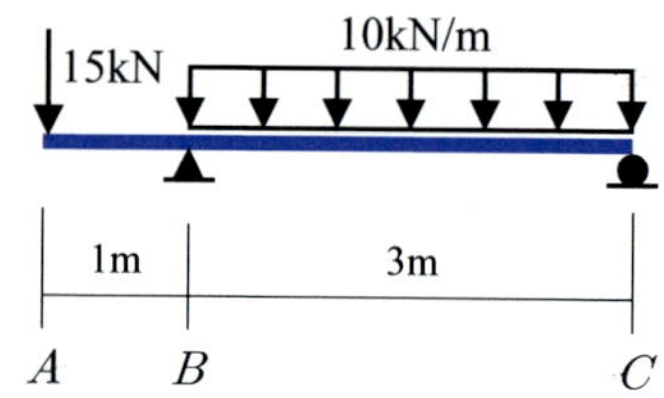

[답] $EI\delta_A = 8.75\,\text{kN}\cdot\text{m}^3$ 하향

5-55 B점을 기준으로 개별휨모멘트선도를 작성하고 D점의 처짐을 구하시오. 휨강성은 $15000\,\text{kN}\cdot\text{m}^2$이다.

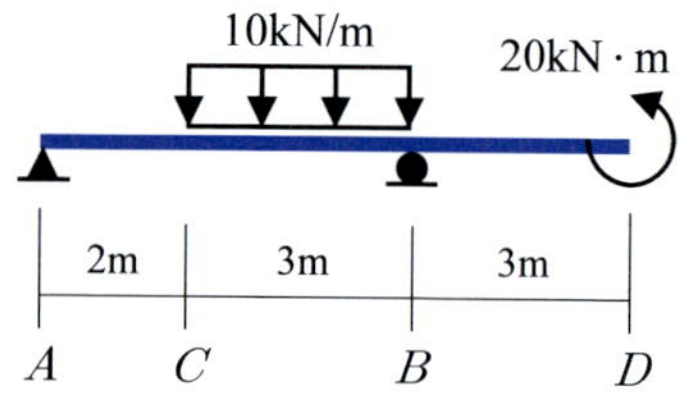

[답] $M_A = 0$, $M_C = 26\,\text{kN}\cdot\text{m}$, $M_B = 20\,\text{kN}\cdot\text{m} = M_D$, 0.020 m 상향

5-56 C점을 기준으로 개별휨모멘트선도를 작성하고 자유단의 처짐을 구하시오. EI는 일정하다.

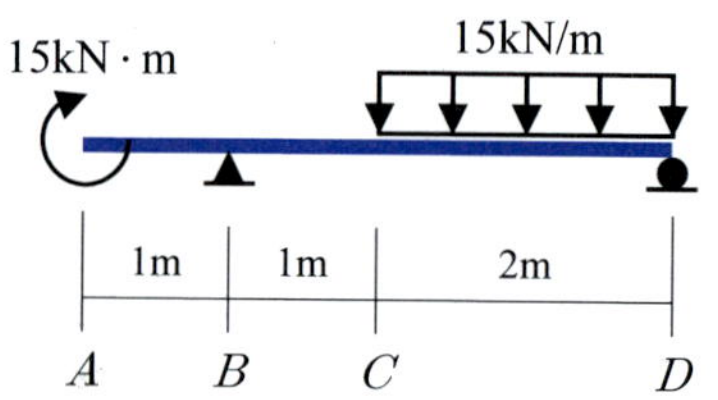

[답] $M_A = 15\,\text{kN}\cdot\text{m} = M_B$, $M_C = 20\,\text{kN}\cdot\text{m}$, $M_D = 0$
$EI\delta_A = 34.17\,\text{kN}\cdot\text{m}^3$ 상향

연습문제 5.4절 중첩법

5-57 처짐공식을 사용하여 C점의 처짐을 구하시오. 휨강성은 $EI = 5000\,\text{kN}\cdot\text{m}^2$이다.

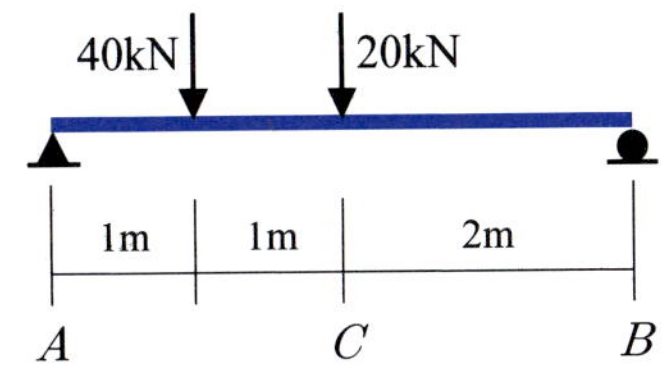

[답] $1.27\times10^{-2}\,\text{m}$ 하향

5-58 처짐공식을 사용하여 자유단의 처짐각과 처짐을 구하시오. EI는 일정하다.

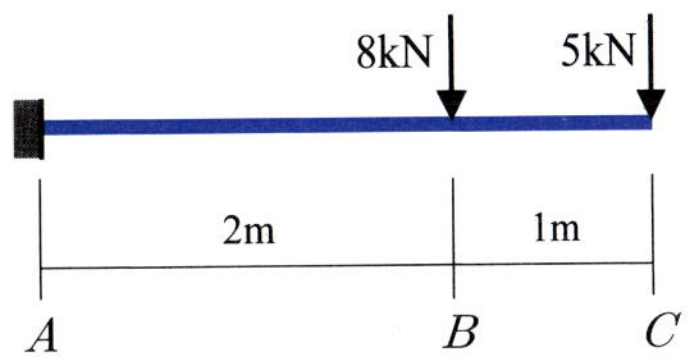

[답] $EI\theta_C = 38.5\,\text{kN}\cdot\text{m}^2$ 시계방향, $EI\delta_C = 82.3\,\text{kN}\cdot\text{m}^3$ 하향

5-59 처짐공식을 사용하여 자유단의 처짐각과 처짐을 구하시오. 휨강성은 $EI = 10^3\,\text{kN}\cdot\text{m}^2$이다.

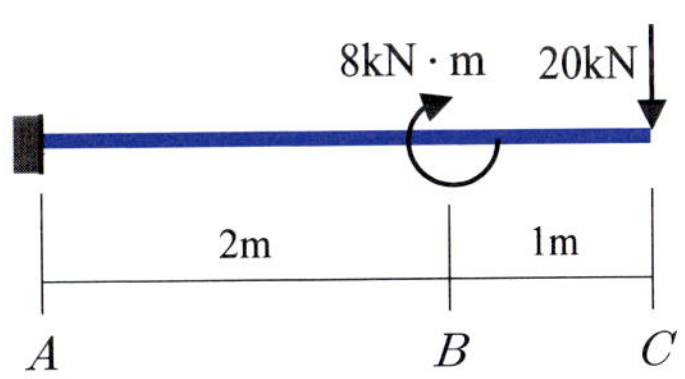

[답] 0.106 rad 시계방향, 0.212 m 하향

연습문제 5.5절 변형에너지법

5-60 직사각형(폭 6cm, 높이 2cm) 단면을 갖는 강재 단순보의 중앙에 집중하중 800N이 작용하는 경우 보에 저장되는 변형에너지를 구하시오. 탄성계수는 $E = 200\,\text{GPa}$이다.

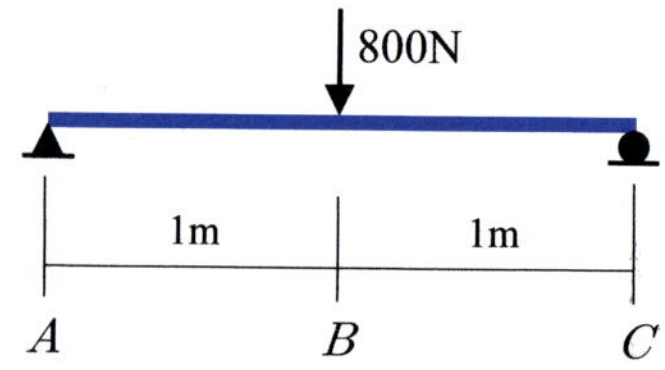

[답] 6.67N · m

5-61 직사각형(폭 6cm, 높이 2cm) 단면을 갖는 강재 단순보에 등분포하중 400N/m이 작용하는 경우 보에 저장되는 변형에너지를 구하시오. 탄성계수는 $E = 200\,\text{GPa}$이다.

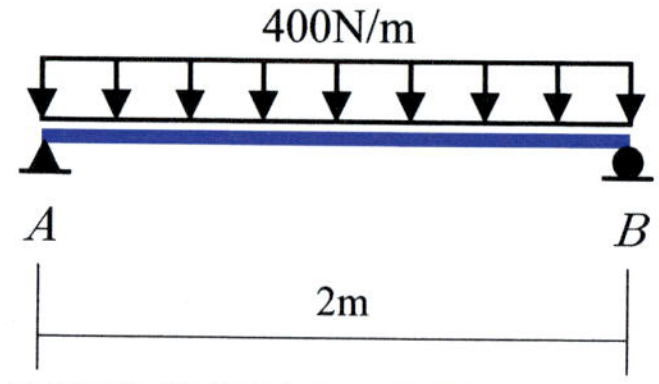

[답] 2.67N · m

5-62 외팔보에 등분포하중이 작용하는 경우 보에 저장되는 변형에너지 U를 구하시오. EI는 일정하다.

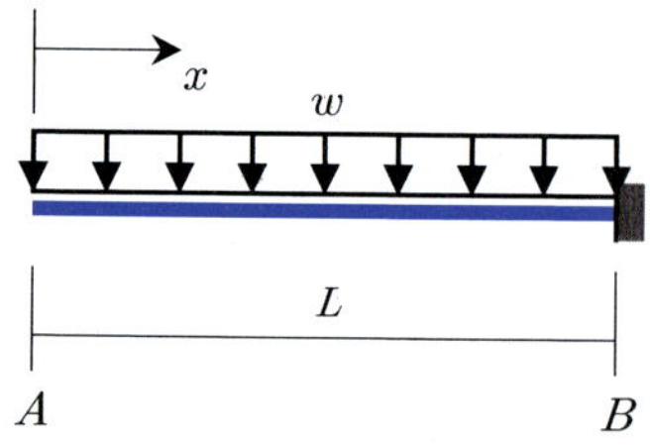

[답] $U = \dfrac{w^2 L^5}{40EI}$

5-63 외팔보에 집중하중이 작용하는 경우 보에 저장되는 변형에너지 U와 자유단의 처짐을 구하시오. EI는 일정하다.

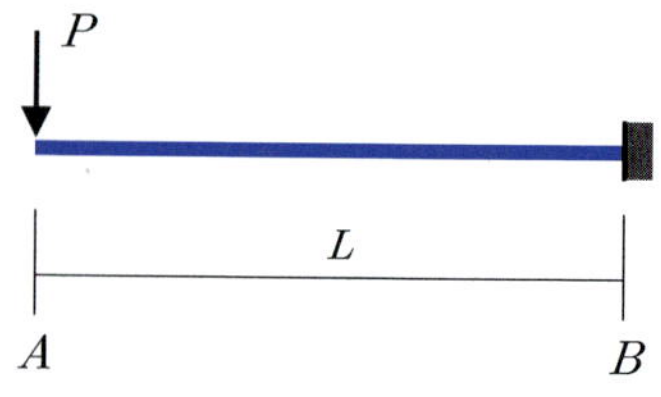

[답] $U = \dfrac{P^2 L^3}{6EI}$, $\dfrac{PL^3}{3EI}$ 하향

06

부정정보

6.1 개요

정정보 또는 부정정보는 정역학적 평형방정식으로 해를 구할 수 있는가의 여부를 의미하는 용어로 적용할 수 있는 평형방정식의 개수와 지점에 발생하는 반력(미지력)의 개수를 비교하여 구분한다. 평형방정식만으로 반력을 구할 수 있는 단순보, 외팔보, 내민보는 정정보이고 정정보에 추가로 지점이 설치되어 반력이 추가되고 이로 인해 변형이 구속되며 평형방정식만으로 반력을 구할 수 없는 보를 부정정보라 한다. 부정정보는 정정보에 비해 구조물을 구속하는 지점이 많아 보다 안전한 구조형식이므로 대부분의 구조물은 부정정구조물이다. 단순보로 설계하면 경간이 길고 보의 규모가 비경제적으로 커지는 교량의 경우 지점을 추가하여 연속보로 변경하면 경간의 길이 및 휨모멘트가 감소하므로 규모가 작은 보의 사용이 가능하다.

6장에서는 부정정보를 해석하는 방법을 논의하고자 하며 해석을 단순화하여 보다 쉽게 이해하기 위해 단면이 일정하고 균질한 재료로 구성되며 수평으로 설치되는 보를 대상으로 한다. 먼저 대표적인 부정정보인 연속보, 버팀캔틸레버보, 고정보의 구성을 설명하고 5장에서 적용한 탄성곡선식을 사용하여 부정정보의 반력을 구하는 이론적인 방법을 소개한다. 모멘트면적법을 적용하는 중첩법은 부정정보를 해석하는 기본적인 방법이므로 대표적인 형식의 부정정보에 적용하여 해석방법을 제시한다. 이러한 방법과 함께 3연모멘트식을 적용하여 연속보를 해석하는 방법 및 Castigliano의 제2정리를 적용하여 부정정보를 해석하는 변형에너지법을 논의하는 과정으로 구성되어 있다.

6.2 부정정보의 구성

보에 설치하는 지점의 종류와 개수 및 배치에 의해 그림 6.2.1에 제시한 바와 같이 보를 구분한다.

1) **단순보(simple beam)** : 보의 양단이 그림 6.2.1(1)과 같이 회전지점과 이동지점으로 지지되어 있다.
2) **외팔보(cantilever beam)** : 그림 6.2.1(2)와 같이 일단이 고정지점으로 지지되어 있다. 고정지점의 반대편 보의 끝을 자유단이라 한다.
3) **내민보(overhanging beam)** : 단순보의 일단 또는 양단에서 그림 6.2.1(3)과 같이 부재가 연속되는 연결부분이 있다.

4) **연속보(continuous beam)** : 한 개의 회전지점과 두 개 이상의 이동지점으로 구성된 보로 그림 6.2.1(4)와 같다.
5) **버팀캔틸레버보(propped cantilever beam)** : 그림 6.2.1(5)와 같이 외팔보에 지점이 추가되어 있는 보다.
6) **고정보(fixed beam)** : 보의 양단이 그림 6.2.1(6)과 같이 고정지점으로 지지되어 있다.

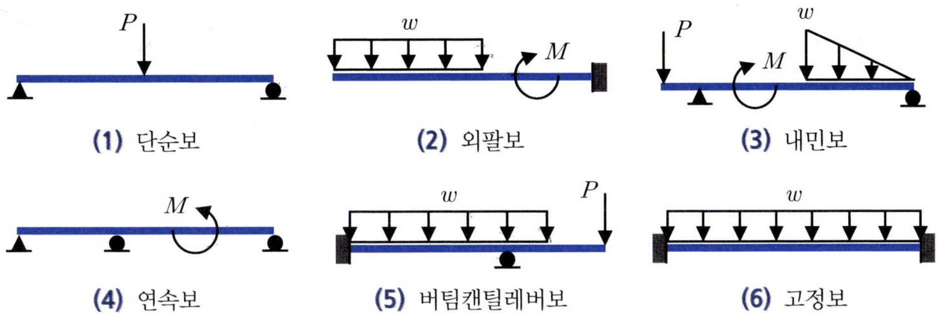

그림 6.2.1 보의 종류

그림 6.2.1에 제시한 각각 3가지 형식의 정정보와 부정정보는 비절점평면역계를 구성하므로 평형방정식은 3개를 적용할 수 있다. (1) 단순보, (2) 외팔보, (3) 내민보의 경우는 지점에서 발생하는 반력의 개수가 3개이므로 평형방정식으로 반력을 구할 수 있는 정정보(statically determinate beam)인 반면 단순보에 이동지점이 추가된 (4) 연속보, 외팔보에 이동지점이 추가된 (5) 버팀캔틸레버보 및 외팔보의 자유단에 고정지점이 추가된 (6) 고정보와 같이 지점에 발생하는 반력의 개수가 4개 이상인 경우는 평형방정식 3개로 반력을 구하기에 불충분한 부정정보(statically indeterminate beam)다. (4), (5), (6)의 부정정보는 각각 4개, 4개, 6개의 반력이 발생하고 평형방정식의 개수 3과의 차이를 부정정차수(degree of indeterminacy)라 하므로 연속보와 버팀캔틸레버보는 1차 부정정, 고정보는 3차 부정정이다.

지점은 역계의 자유도를 구속하는 역할을 하므로 그림 6.2.2에 제시한 공간역계에서 x축을 부재축으로 하는 보의 경우 지점반력(이동반력, 회전반력)과 상응하여 구속되는 변형(이동, 회전)은 표 6.2.1과 같고 평면역계에서 x축을 부재축으로 하는 보의 경우 수평, 수직, 회전 반력은 각각 상응하는 신장(또는 수축), 수직처짐, 처짐각을 구속한다. 그림 6.2.1(4)의 연속보를 단순보의 중간에 이동지점이 추가된 것으로 간주하면 추가된 이동지점은 수직처짐을 구속한다. (5)의 버팀캔틸레버보 또한 외팔보에 이동지점이 추가된 것으로 간주하면 추가된 이동지점이 수직처짐을 구속하며 (6)의 고정보를 외팔보의 자유단에 고정지점이 추가된 것으로 간주하면 추가된 고정지점이 자유단의 신장(또는 수축), 수직처짐 및 처짐각을 구속한다.

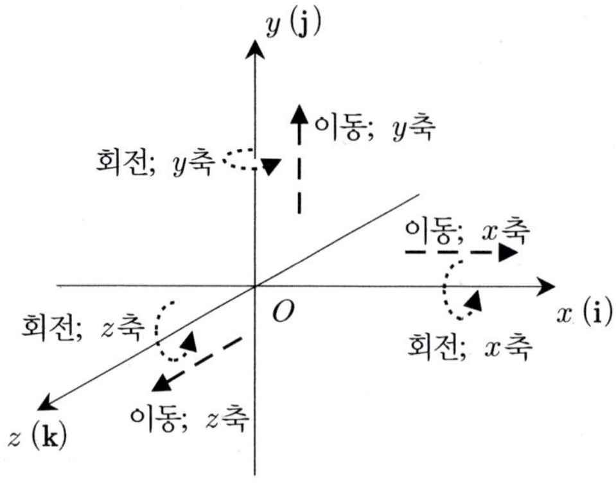

그림 6.2.2 공간역계의 자유도

표 6.2.1

자유도	축	부재축 x	변형
이동	x	이동반력	신장/수축
	y		수직처짐
	z		수평처짐
회전	x	회전반력	비틂각
	y		처짐각
	z		처짐각

6.3 부정정보의 해석

6.3.1 탄성곡선식

5장에서 보의 처짐을 산정하기 위해 유도한 탄성곡선식의 경우 정정보이므로 반력, 휨모멘트선도의 식을 먼저 구하고 적분하며 적분상수는 내력, 지점조건 등을 적용하여 결정한다. 그림 6.3.1.1(1)에 제시한 부정정보인 버팀캔틸레버보는 반력을 먼저 구할 수 없으므로 휨모멘트선도의 식에 반력을 미지수로 포함하여 탄성곡선식을 유도한다. 고정지점과 이동지점에 발생하는 미지반력을 표시한 전체 자유물체도(하중선도)는 (2)와 같고 휨모멘트선도의 식을 구하기 위해 단면법을 적용한 부분 자유물체도 (3)의 위치 x에 모멘트 평형방정식을 적용하면 미지반력 R_A, M_A를 포함한 휨모멘트선도의 식 M_x는 다음과 같고 탄성곡선의 기울기 θ_x와 변위 y_x는 M_x를 적분하여 구해진다.

$$M_x = R_A x - M_A \quad ; \quad 0 < x < L$$

$$EI\theta_x = \int_0^x M_x\, dx + C_1 = \int_0^x \{R_A x - M_A\}\, dx + C_1$$

$$= -M_A x + \frac{R_A}{2} x^2 + C_1$$

$$EIy_x = \int_0^x EI\theta_x\, dx = \int_0^x \left\{-M_A x + \frac{R_A}{2} x^2 + C_1\right\} dx + C_2$$

$$= -\frac{M_A}{2} x^2 + \frac{R_A}{6} x^3 + C_1 x + C_2$$

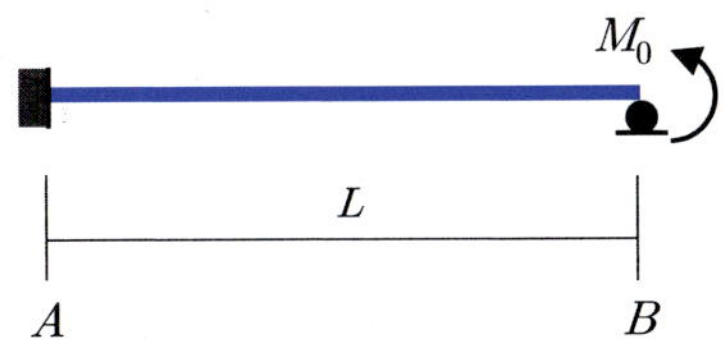

(1) 버팀캔틸레버보

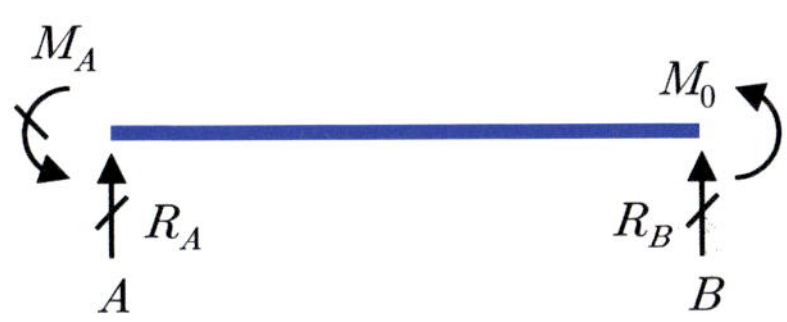

(2) 전체 자유물체도

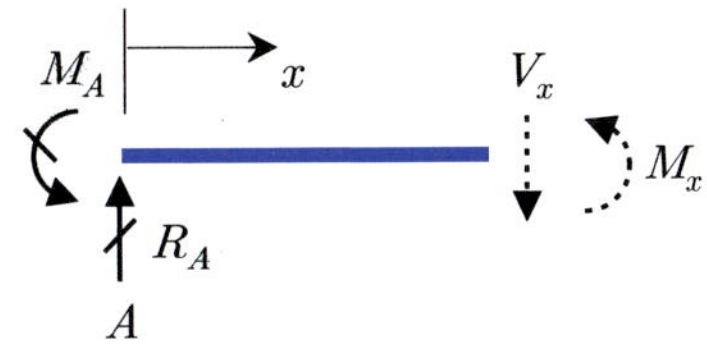

(3) 부분 자유물체도

그림 6.3.1.1

고정지점 A의 경계조건으로부터 처짐각이 $0(\theta_{x=0}=0)$이므로 $C_1=0$이고 처짐이 0 $(y_{x=0}=0)$이므로 $C_2=0$이다. 이로부터 고정지점의 미지반력 R_A, M_A를 포함한 θ_x와 y_x가 다음과 같이 결정된다.

$$EI\theta_x = -M_A x + \frac{R_A}{2}x^2 \quad ; \quad EIy_x = -\frac{M_A}{2}x^2 + \frac{R_A}{6}x^3$$

$\sum M=0$ 및 변위가 0인 회전지점 B의 경계조건을 적용하면 연립방정식이 구성되고 이로부터 R_A, M_A가 결정되며 R_B는 전체 자유물체도 (2)의 평형조건으로부터 산정된다.

$$\sum^{B} M = R_A L - M_A - M_0 = 0 \quad \cdots \; (1)$$

$$EIy_{x=L} = -\frac{M_A}{2}L^2 + \frac{R_A}{6}L^3 = 0 \quad \cdots \; (2)$$

$$R_A = \frac{3M_0}{2L} \quad ; \quad M_A = \frac{M_0}{2} \quad ; \quad R_B = -\frac{3M_0}{2L}$$

R_A, M_A를 대입하여 구한 탄성곡선식 y_x와 처짐공식 δ_x는 다음과 같다.

$$y_x = \frac{1}{EI}\left(-\frac{1}{2}\times\frac{M_0}{2}\times x^2 + \frac{1}{6}\times\frac{3M_0}{2L}\times x^3\right) = -\frac{M_0 x^2(L-x)}{4LEI}$$

$$\delta_x = \frac{M_0 x^2}{4LEI}(L-x)$$

예제 6.3.1.1

그림 예6.3.1.1(1)에 제시한 고정보의 탄성곡선식을 사용하여 반력을 구하시오. 휨강성 EI는 일정하다.

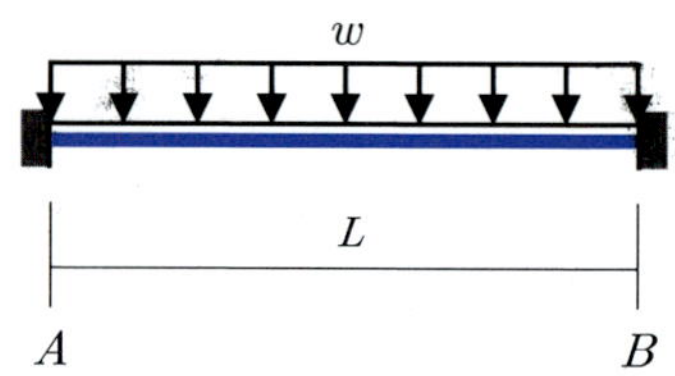

그림 예6.3.1.1(1)

설명 하중과 구조물이 대칭이므로 그림 예6.3.1.1(2)의 전체 자유물체도에 가정한 바와 같이 반력 또한 대칭이고 M은 미지하중이며 수직반력의 크기는 $wL/2$이다.

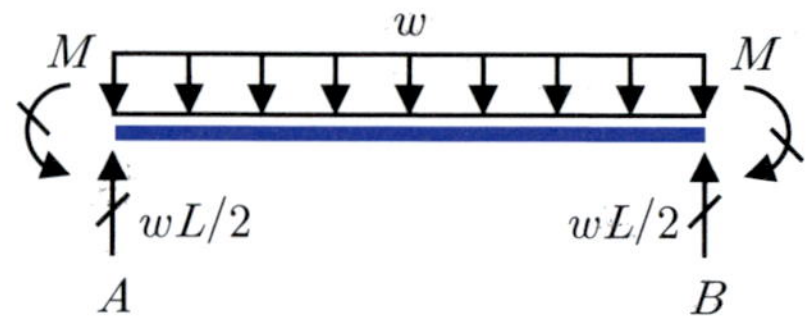

그림 예6.3.1.1(2)

단면법을 적용한 그림 예6.3.1.1(3)의 부분 자유물체도에 모멘트 평형방정식을 적용하면 구간 $0 < x < L$의 휨모멘트선도 식 M_x는 다음과 같고 탄성곡선의 기울기 θ_x와 변위 y_x는 M_x를 적분하여 구해진다.

$$M_x = \frac{wL}{2}x - M - \frac{w}{2}x^2$$

$$EI\theta_x = \int_0^x M_x\,dx + C_1 = \int_0^x \left\{\frac{wL}{2}x - M - \frac{w}{2}x^2\right\} dx + C_1$$

$$= -Mx + \frac{wL}{4}x^2 - \frac{w}{6}x^3 + C_1$$

$$EIy_x = \int_0^x EI\theta_x\,dx = \int_0^x \left\{-Mx + \frac{wL}{4}x^2 - \frac{w}{6}x^3 + C_1\right\} dx + C_2$$

$$= -\frac{M}{2}x^2 + \frac{wL}{12}x^3 - \frac{w}{24}x^4 + C_1x + C_2$$

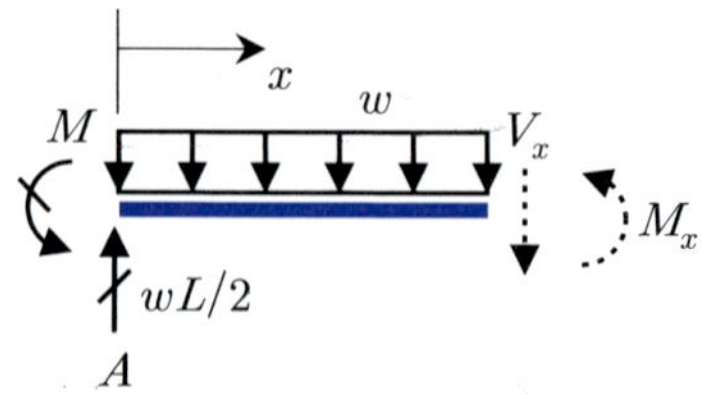

그림 예6.3.1.1(3)

고정지점 A의 처짐각이 $0(\theta_{x=0} = 0)$이므로 $C_1 = 0$이고 처짐이 $0(y_{x=0} = 0)$이므로 $C_2 = 0$이다. 이로부터 미지하중 M을 포함한 θ_x와 y_x는 다음과 같이 결정된다.

$$EI\theta_x = -Mx + \frac{wL}{4}x^2 - \frac{w}{6}x^3 \quad ; \quad EIy_x = -\frac{M}{2}x^2 + \frac{wL}{12}x^3 - \frac{w}{24}x^4$$

탄성곡선 또한 대칭이므로 $x = L/2$에서 기울기가 0이라는 조건을 적용하여 M을 구하고 이를 대입하면 탄성곡선식 y_x 및 처짐공식 δ_x는 다음과 같다.

$$EI\theta_{x=L/2} = -M\times\frac{L}{2} + \frac{wL}{4}\times\left(\frac{L}{2}\right)^2 - \frac{w}{6}\times\left(\frac{L}{2}\right)^3 = 0 \quad ; \quad M = \frac{wL^2}{12}$$

$$y_x = \frac{1}{EI}\left(-\frac{1}{2}\times\frac{wL^2}{12}\times x^2 + \frac{wL}{12}\times x^3 - \frac{w}{24}x^4\right) = -\frac{wx^2(L-x)^2}{24EI}$$

$$\delta_x = \frac{wx^2(L-x)^2}{24EI}$$

6.3.2 모멘트면적법

부정정보의 반력을 구하기 위해서는 부족한 개수만큼의 식을 구성하여야 하며 이러한 식은 부정정보 자체가 제공한다. 모멘트면적법을 적용하여 부정정보를 해석하기 위해서는 먼저 정정보가 되기 위해 필요, 충분한 지점을 선택하여 기본정정보(단순보, 외팔보, 내민보)를 구성한다. 기본정정보를 선택하는 기준은 보다 단순한 해석의 수행 여부다. 정정보를 구성하기에 필요, 충분한 지점 이외의 구속을 여분구속(redundant constraints)이라 하고 여분구속에서 발생하는 반력(이동반력 또는 회전반력)은 여분구속력이라 하며 기본정정보에 작용하는 미지하중으로 간주한다. 주어진 부정정보와 등가역계를 구성하기 위해서는 여분구속에 상응하는 움직임(이동 또는 회전)은 구속된다는 변형조건을 만족해야 하며 변형조건으로 작성한 식을 적합조건식(compatibility equation)이라 한다. 이와 같은 과정으로 미지력의 개수와 식(평형조건식 + 적합조건식)의 개수가 일치하게 되면 부정정보의 모든 반력을 산정할 수 있다.

그림 6.3.2.1(1)과 같이 1차 부정정인 버팀캔틸레버보에서 이동지점 A를 여분구속으로 간주하여 외팔보를 기본정정보로 구성하면 이동지점의 수직반력 R_A는 여분구속력으로 미지하중이 되고 버팀캔틸레버보와 등가역계가 되기 위한 적합조건은 여분구속력에 상응하는 처짐 δ_A가 구속된다는 것이다. 여러 개의 하중을 포함하여 기본정정보에서 A점의 처짐 δ_A를 산정하는 식은 복잡해지므로 그림 6.3.2.1(2)와 같이 하중 P에 의해 발생하는 A점의 처짐 $\delta_{A,P}$와 여분구속력 R_A에 의해 발생하는 A점의 처짐 δ_{A,R_A}를 각각 모멘트면적법으로 산정하고 중첩법을 적용하여 다음과 같이 적합조건식을 구성하며 각 항의 부호는 해당 하중에 의한 처짐곡선에서 결정한다.

$$\delta_A = 0 = \delta_{A,P} - \delta_{A,R_A}$$

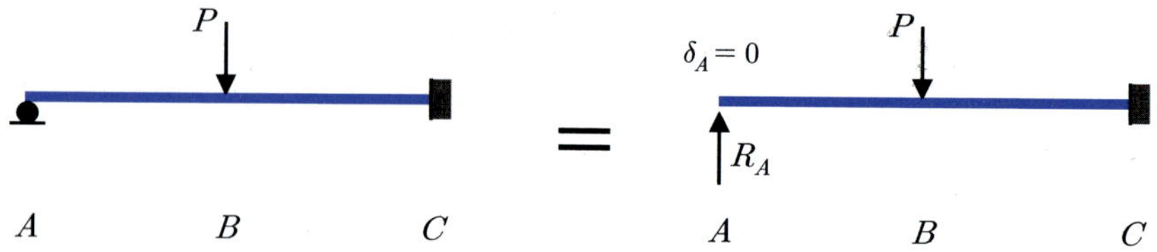

(1) 버팀캔틸레버보와 등가역계의 기본정정보(외팔보)

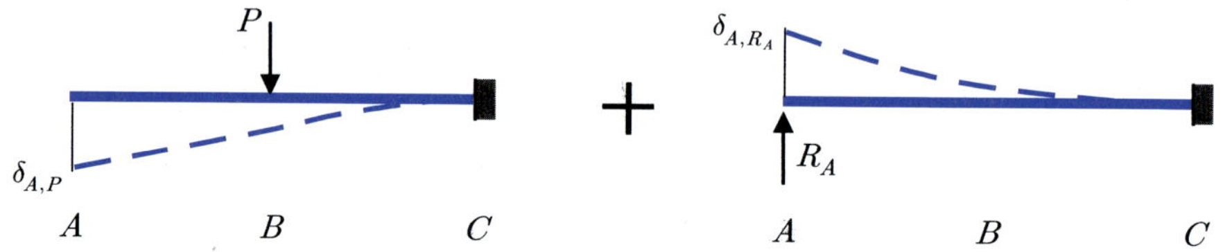

(2) 적합조건(처짐 ; $\delta_{A,P} = \delta_{A,R_A}$)

그림 6.3.2.1 버팀캔틸레버보

버팀캔틸레버보의 처짐곡선은 양 지점의 경계조건을 고려하면 그림 6.3.2.1(3)과 같고 C 점의 접선이 수평이므로 모멘트면적 제2정리에 의하면 C점의 접선으로부터 A점이 이탈한 접선상대거리 t_{AC}가 0이다. 그러므로 기본정정보에서 P와 R_A에 의한 휨모멘트선도(개별 휨모멘트선도)를 작성하고 모멘트면적 제2정리를 적용하면 동일한 적합조건식을 구성할 수 있다.

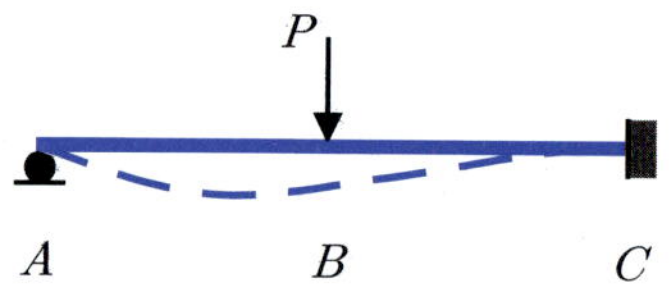

그림 6.3.2.1(3)

예제 6.3.2.1

그림 예6.3.2.1(1)에 제시한 버팀캔틸레버보에서 외팔보를 기본정정보로 하여 반력을 구하고 전단력선도와 휨모멘트선도를 작성하시오. 휨강성 EI는 일정하다.

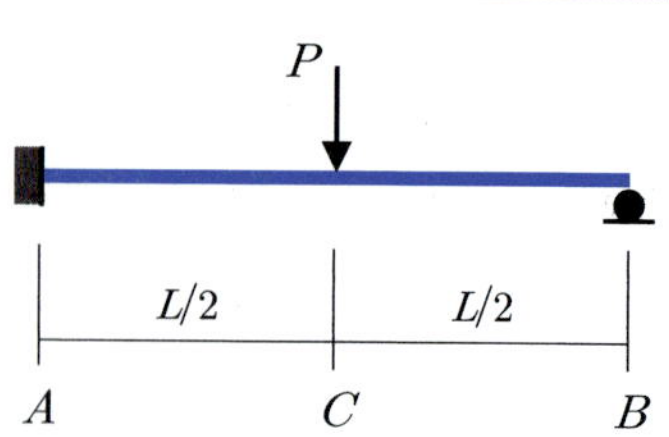

그림 예6.3.2.1(1)

설명 외팔보를 기본정정보로 선택하면 그림 예6.3.2.1(2)와 같이 B점의 수직반력은 여분구속력 R_B가 된다. R_B의 방향은 임의로 가정할 수 있으나 크기가 양의 값이 되도록 방향을 가정하는 것이 합리적이다.

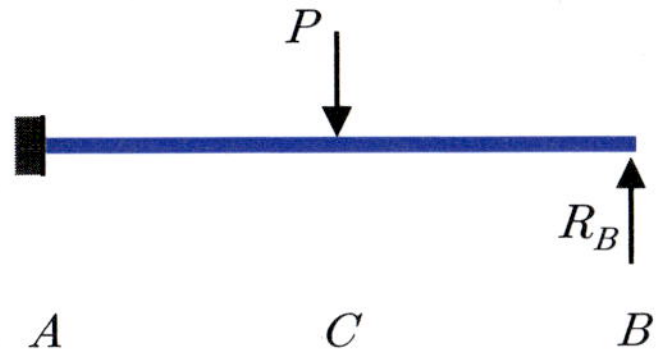

그림 예6.3.2.1(2)

하중 P에 의한 기본정정보의 반력, 휨모멘트선도 및 처짐곡선은 그림 예6.3.2.1(3)과 같고 여분구속력 R_B에 의한 기본정정보의 반력, 휨모멘트선도 및 처짐곡선은 그림 예6.3.2.1(4)와 같다.

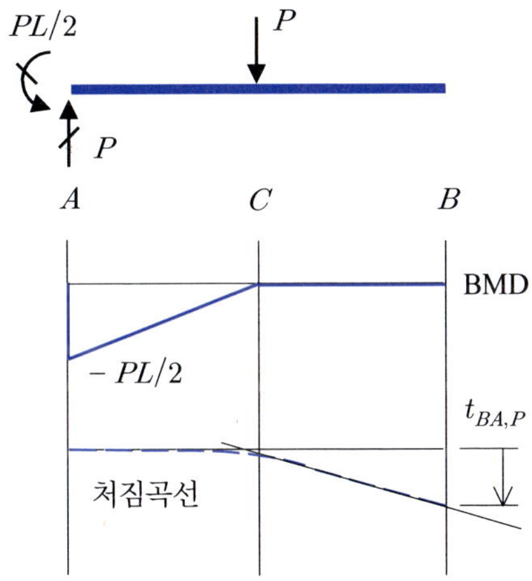

그림 예6.3.2.1(3)

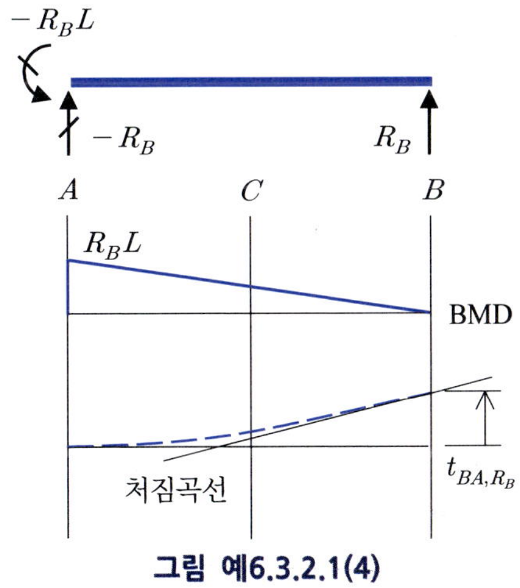

그림 예6.3.2.1(4)

적합조건은 기본정정보에서 P와 R_B로 각각 B점에서 구한 처짐의 합이 0이라는 것이다. 이로부터 여분구속력 R_B는 $5P/16$로 결정된다.

$$EI\delta_{B,R_B} = EIt_{BA,R_B} = (R_B L \times L \times 0.5) \times \left(L \times \frac{2}{3}\right) = \frac{R_B L^3}{3}$$

$$EI\delta_{B,P} = EIt_{BA,P} = \left(\frac{PL}{2} \times \frac{L}{2} \times 0.5\right) \times \left(\frac{L}{2} + \frac{L}{2} \times \frac{2}{3}\right) = \frac{5PL^3}{48}$$

$$\delta_B = 0 = \delta_{B,P} - \delta_{B,R_A} = \frac{5PL^3}{48} - \frac{R_B L^3}{3} \quad ; \quad R_B = \frac{5P}{16}$$

다른 풀이방법으로 그림 예6.3.2.1(5)와 같이 P와 R_B에 의한 개별휨모멘트선도 및 버팀캔틸레버보의 처짐곡선을 작성하고 A점의 접선으로부터 B점이 이탈한 접선상대거리 t_{BA}가 0이라는 모멘트면적 제2정리를 적용하면 R_B를 결정할 수 있다.

$$\begin{aligned} EIt_{BA} = 0 &= \left(\frac{PL}{2} \times \frac{L}{2} \times 0.5\right) \times \left(\frac{L}{2} + \frac{L}{2} \times \frac{2}{3}\right) \\ &\quad - (R_B L \times L \times 0.5) \times \left(L \times \frac{2}{3}\right) \\ &= \frac{5PL^3}{48} - \frac{R_B L^3}{3} \quad ; \quad R_B = \frac{5P}{16} \end{aligned}$$

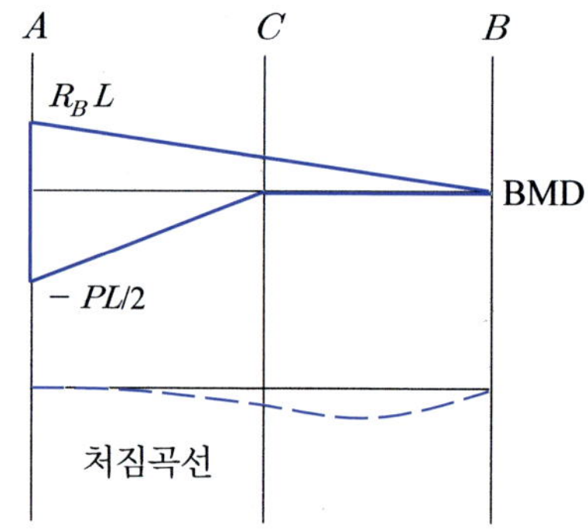

그림 예6.3.2.1(5)

P와 $R_B(=5P/16)$에 의한 반력을 중첩하면 A지점의 수직반력과 회전반력은 $11P/16$ 상향, $3PL/16$ 반시계방향이다. 버팀캔틸레버보의 하중선도, 전단력선도와 휨모멘트선도는 그림 예6.3.2.1(6)과 같다.

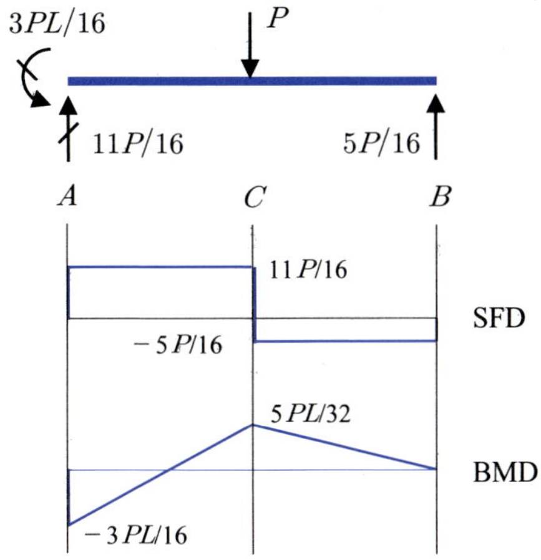

그림 예6.3.2.1(6)

해석을 단순화 할 수 있는 경우 버팀캔틸레버보는 고정지점을 회전지점으로 변경하여 단순보를 기본정정보로 선택할 수 있다. 그림 6.3.2.2(1)과 같이 버팀캔틸레버보에서 고정지점 C의 회전반력을 여분구속으로 간주하여 단순보를 기본정정보로 구성하면 고정지점의 회전반력 M_C는 여분구속력으로 미지하중이 되고 버팀캔틸레버보와 등가역계가 되기 위한 적합조건은 여분구속력에 상응하는 처짐각 θ_C가 구속된다는 것이다. (2)와 같이 기본정정보에서 P와 M_C에 의한 처짐각 $\theta_{C,P}$와 θ_{C,M_C}를 각각 모멘트면적법으로 산정하고 중첩법을 적용하여 적합조건식을 구성한다.

$$\theta_C = 0 = \theta_{C,P} - \theta_{C,M_C}$$

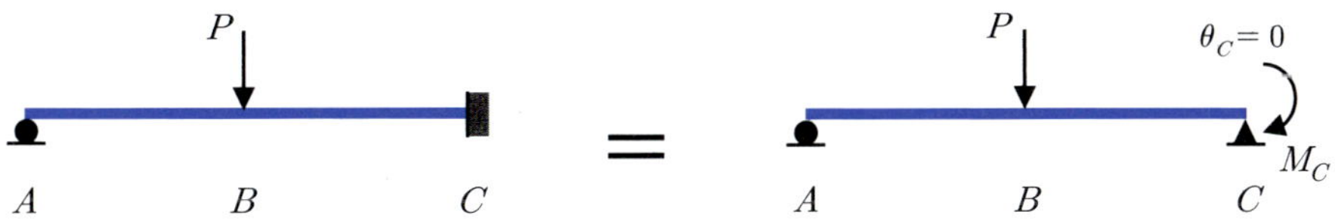

(1) 버팀캔틸레버보와 등가역계의 기본정정보(단순보)

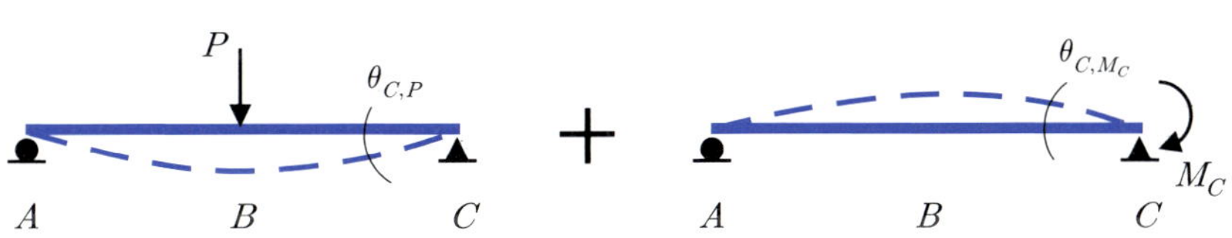

(2) 적합조건(처짐각 ; $\theta_{C,P} = \theta_{C,M_C}$)

그림 6.3.2.2 버팀캔틸레버보

예제 6.3.2.2 그림 예6.3.2.2(1)에 제시한 버팀캔틸레버보에서 단순보를 기본정정보로 하여 반력을 구하시오. 휨강성 EI는 일정하다.

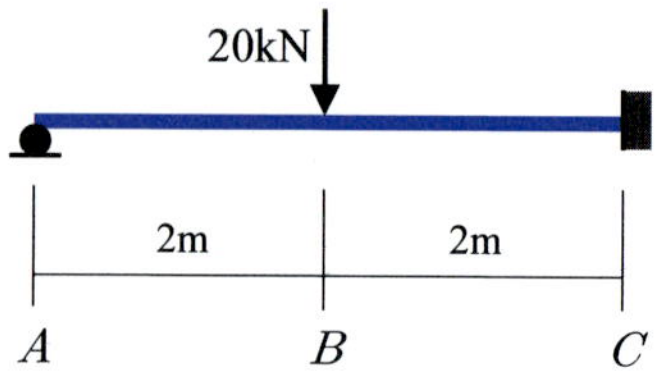

그림 예6.3.2.2(1)

설명 단순보를 기본정정보로 선택하면 그림 예6.3.2.2(2)와 같이 C점의 회전반력은 여분구속력 M_C가 된다. M_C의 방향은 임의로 가정할 수 있으나 크기가 양의 값이 되도록 방향을 가정하는 것이 합리적이다.

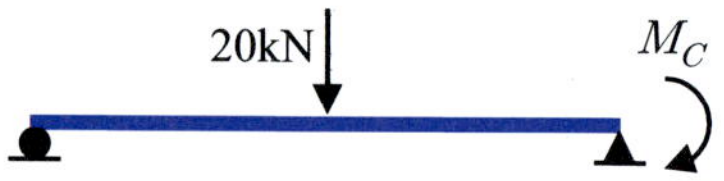

그림 예6.3.2.2(2)

하중 20 kN에 의한 기본정정보의 반력, 휨모멘트선도 및 처짐곡선은 그림 예6.3.2.2(3)과 같고 여분구속력 M_C에 의한 기본정정보의 반력, 휨모멘트선도 및 처짐곡선은 그림 예6.3.2.2(4)와 같다.

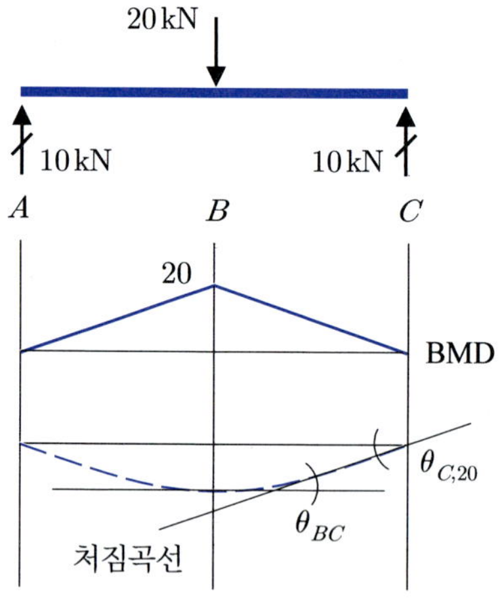

그림 예6.3.2.2(3)

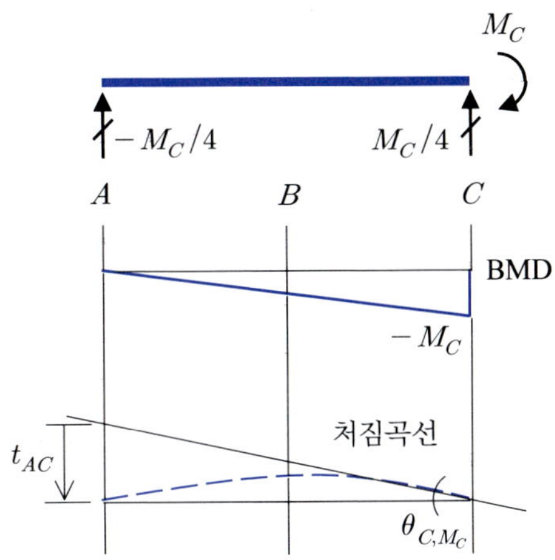

그림 예6.3.2.2(4)

적합조건은 기본정정보에서 20kN과 M_C로 각각 C점에서 산정한 처짐각의 합이 0이라는 것이다. 이로부터 여분구속력 M_C는 15kN·m로 결정된다.

$$EI\theta_{C,20} = EI\theta_{BC} = 20\times 2\times 0.5 = 10(\text{kN}\cdot\text{m}^2)$$

$$EI\theta_{C,M_C} = \frac{EIt_{AC}}{4} = \left\{M_C\times 4\times 0.5\times\left(4\times\frac{2}{3}\right)\right\}\times\frac{1}{4} = \frac{4}{3}M_C$$

$$\theta_C = 0 = \theta_{C,20} - \theta_{C,M_C} = 20 - \frac{4}{3}M_C \quad ; \quad M_C = 15\text{kN}\cdot\text{m}$$

다른 풀이방법으로 그림 예6.3.2.2(5)와 같이 20kN의 하중과 M_C에 의한 휨모멘트선도 및 버팀캔틸레버보의 처짐곡선을 작성하고 C점의 접선으로부터 A점이 이탈한 접선상대거리 t_{AC}가 0이라는 모멘트면적 제2정리를 적용하면 M_C를 결정할 수 있다.

$$EIt_{AC} = 0 = 20\times 4\times 0.5\times 2 - M_C\times 4\times 0.5\times(4\times 2/3)$$

$$; \quad M_C = 15\text{kN}\cdot\text{m}$$

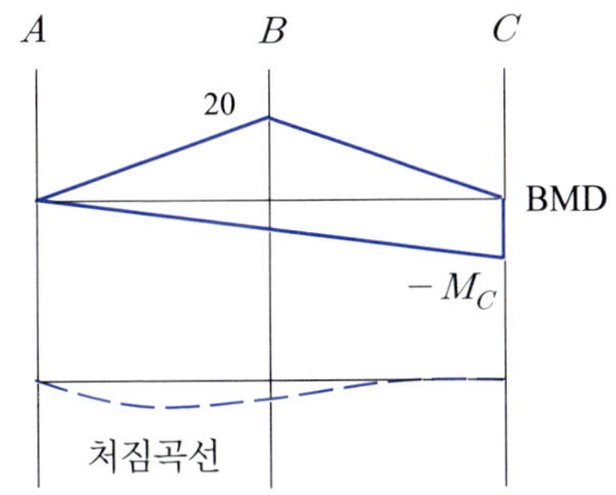

그림 예6.3.2.2(5)

20 kN과 $M_C(=15\,\mathrm{kN}\cdot\mathrm{m})$에 의한 반력을 중첩하면 A, C 지점의 수직반력은 각각 6.25 kN, 13.75 kN 상향이다.

고정보는 3차 부정정으로 좌, 우측 고정지점 중 하나를 여분구속으로 간주하면 기본정정보는 외팔보가 된다. 그림 6.3.2.3(1)과 같이 축방향력이 보에 작용하지 않는 경우는 수평방향 평형조건이 만족되는 상태이므로 수평반력은 발생하지 않는다. 여분구속력 R_B, M_B는 미지하중이 되고 고정보와 등가역계가 되기 위한 적합조건은 여분구속력에 상응하는 처짐 δ_B와 처짐각 θ_B가 구속된다는 것이다. (2)와 같이 기본정정보에서 기지하중 w와 여분구속력 R_B, M_B에 의해 발생하는 B점의 처짐각 $\theta_{B,w}$, θ_{B,R_B}, θ_{B,M_B} 및 처짐 $\delta_{B,w}$, δ_{B,R_B}, δ_{B,M_B}를 모멘트면적법으로 산정하고 중첩법을 적용하여 다음과 같이 적합조건식을 구성한다.

$$\theta_B = 0 = \theta_{B,w} - \theta_{B,R_B} + \theta_{B,M_B} \quad ; \quad \delta_B = 0 = \delta_{B,w} - \delta_{B,R_B} + \delta_{B,M_B}$$

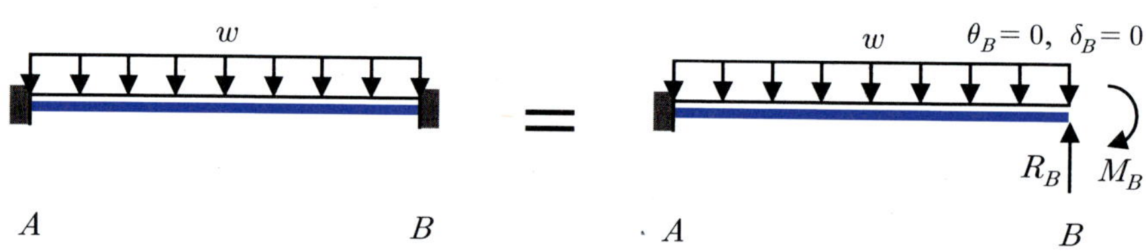

(1) 고정보와 등가역계의 기본정정보(외팔보)

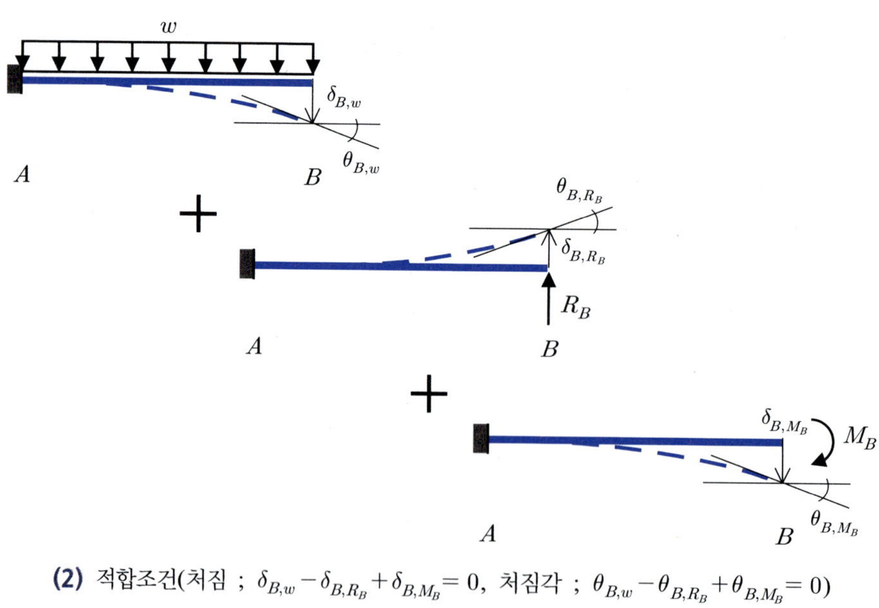

(2) 적합조건(처짐 ; $\delta_{B,w} - \delta_{B,R_B} + \delta_{B,M_B} = 0$, 처짐각 ; $\theta_{B,w} - \theta_{B,R_B} + \theta_{B,M_B} = 0$)

그림 6.3.2.3 고정보

고정보의 처짐곡선은 양 지점의 경계조건을 고려하면 그림 6.3.2.3(3)과 같이 작성되고 A점과 B점의 접선이 수평이므로 모멘트면적 제1정리에 의하면 A점과 B점 간 휨모멘트선도 면적의 합은 0이다. 또한 모멘트면적 제2정리를 적용하면 A점의 접선으로부터 B점이 이탈한 접선상대거리 t_{BA}가 0이다. 그러므로 기본정정보에서 w와 R_B, M_B에 의한 휨모멘트선도(개별휨모멘트선도)를 작성하고 모멘트면적 정리를 적용하면 동일한 적합조건식을 구성할 수 있다.

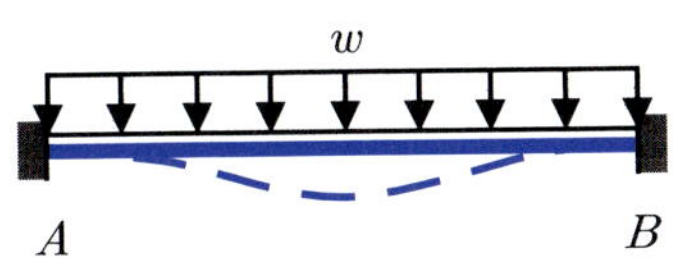

그림 6.3.2.3(3)

예제 6.3.2.3

그림 예6.3.2.3(1)에 제시한 고정보에서 B지점을 여분구속으로 하여 반력을 구하고 전단력선도와 휨모멘트선도를 작성하시오. 휨강성 EI는 일정하다.

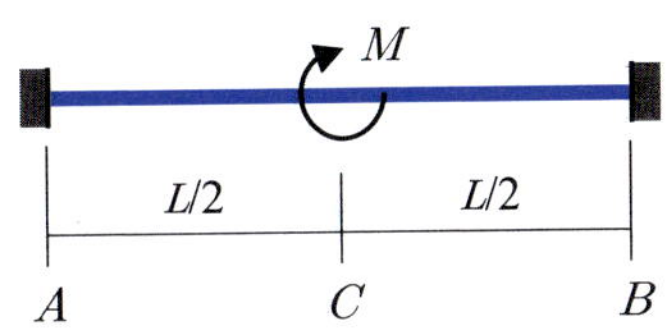

그림 예6.3.2.3(1)

설명 B지점을 여분구속으로 하면 그림 예6.3.2.3(2)와 같이 기본정정보는 외팔보가 되고 고정지점 B의 수직반력과 회전반력은 여분구속력 R_B, M_B가 된다.

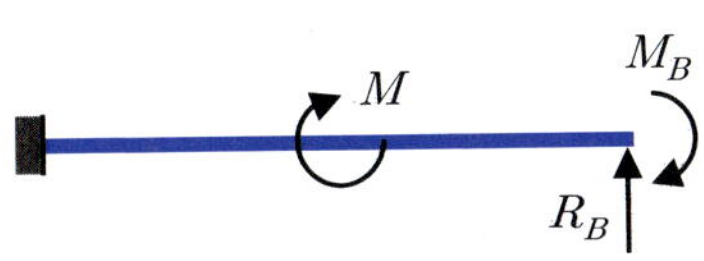

그림 예6.3.2.3(2)

하중 M에 의한 기본정정보의 반력, 휨모멘드선도 및 처짐곡선은 그림 예6.3.2.3(3), 여분구속력 M_B에 의한 기본정정보의 반력, 휨모멘트선도 및 처짐곡선은 그림 예6.3.2.3(4)와 같고 여분구속력 R_B에 의한 기본정정보의 반력, 휨모멘트선도 및 처짐곡선은 그림 예6.3.2.3(5)와 같다.

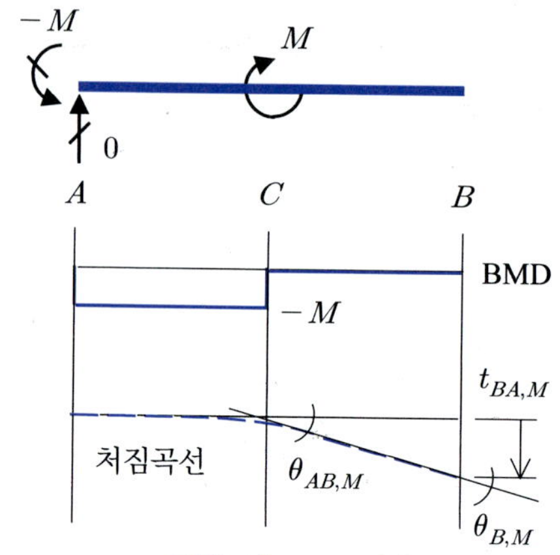

그림 예6.3.2.3(3)

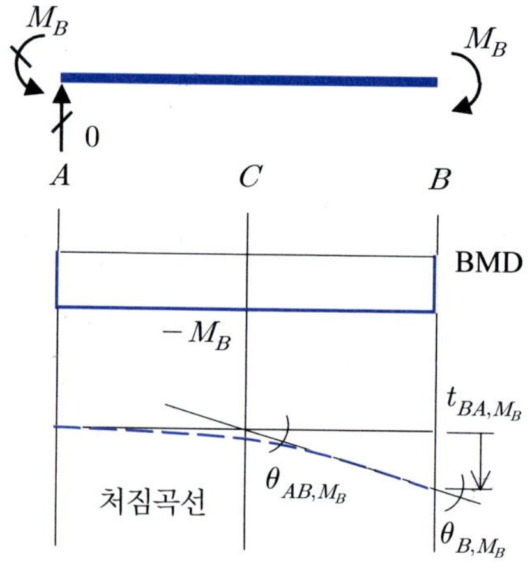

그림 예6.3.2.3(4)

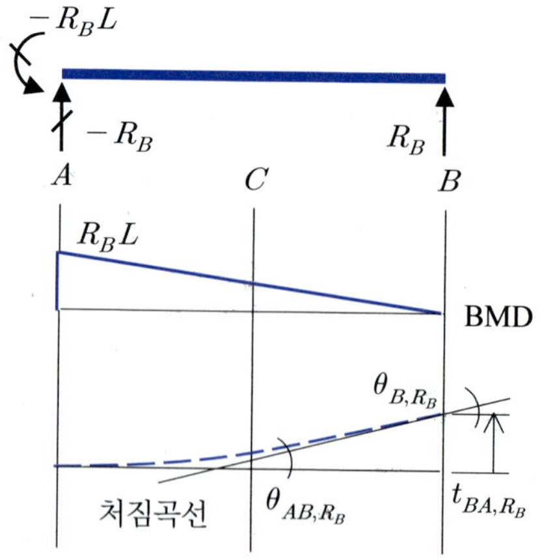

그림 예6.3.2.3(5)

적합조건은 기본정정보에서 M, R_B, M_B로 각각 산정한 B점의 처짐각의 합이 0 및 처짐의 합이 0이라는 것이다. 이로부터 다음과 같이 연립방정식 (1), (2)가 구성되고 R_B, M_B는 각각 $3M/2L$, $M/4$으로 결정된다.

$$EI\theta_{B,M} = EI\theta_{AB,M} = M\times\frac{L}{2} = \frac{ML}{2}$$

$$EI\theta_{B,M_B} = EI\theta_{AB,M_B} = M_B\times L = M_B L$$

$$EI\theta_{B,R_B} = EI\theta_{AB,R_B} = R_B L\times L\times 0.5 = \frac{R_B L^2}{2}$$

$$EI\theta_B = 0 = EI\theta_{B,M} + EI\theta_{B,M_B} - EI\theta_{B,R_B} = \frac{ML}{2} + M_B L - \frac{R_B L^2}{2} \qquad \cdots(1)$$

$$EI\delta_{B,M} = EIt_{BA,M} = \left(M\times\frac{L}{2}\right)\times\left(\frac{L}{2}+\frac{L}{4}\right) = \frac{3ML^2}{8}$$

$$EI\delta_{B,M_B} = EIt_{BA,M_B} = M_B\times L\times\frac{L}{2} = \frac{M_B L^2}{2}$$

$$EI\delta_{B,R_B} = EIt_{BA,R_B} = (R_B L\times L\times 0.5)\times\left(L\times\frac{2}{3}\right) = \frac{R_B L^3}{3}$$

$$EI\delta_B = 0 = EI\delta_{B,M} + EI\delta_{B,M_B} - EI\delta_{B,R_B} = \frac{3ML^2}{8} + \frac{M_B L^2}{2} - \frac{R_B L^3}{3} \qquad \cdots(2)$$

다른 풀이방법으로 그림 예6.3.2.3(6)과 같이 M, R_B, M_B에 의한 개별휨모멘트선도 및 고정보의 처짐곡선을 작성하고 A점과 B점의 접선이 형성하는 교각 θ_{AB}가 0이라는 모멘트면적 제1정리 및 A점의 접선으로부터 B점이 이탈한 접선상대거리 t_{BA}가 0이라는 모멘트면적 제2정리를 적용하면 다음과 같이 R_B, M_B를 미지수로 하는 동일한 연립방정식 (1), (2)를 구성할 수 있다.

$$\begin{aligned} EI\theta_{AB} = 0 &= M\times\frac{L}{2} - R_B L\times L\times 0.5 + M_B\times L \\ &= \frac{ML}{2} - \frac{R_B L^2}{2} + M_B L \qquad \cdots(1) \end{aligned}$$

$$\begin{aligned} EIt_{BA} = 0 &= \left(M\times\frac{L}{2}\right)\times\left(\frac{L}{2}+\frac{L}{4}\right) - (R_B L\times L\times 0.5)\times\left(L\times\frac{2}{3}\right) + M_B\times L\times\frac{L}{2} \\ &= \frac{3ML^2}{8} - \frac{R_B L^3}{3} + \frac{M_B L^2}{2} \qquad \cdots(2) \end{aligned}$$

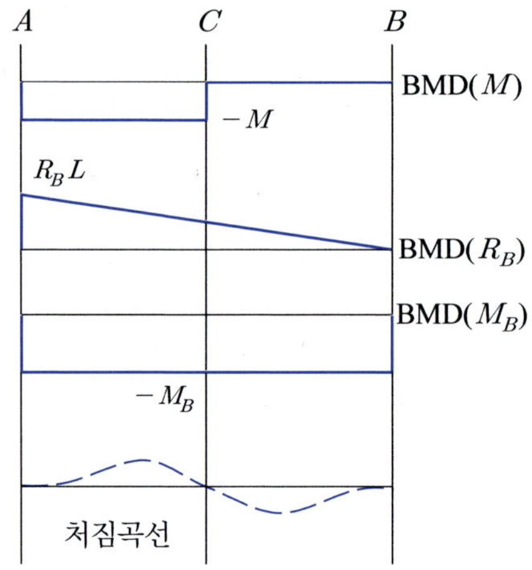

그림 예6.3.2.3(6)

A지점의 수직반력과 회전반력 R_A, M_A는 그림 예6.3.2.3(7)에서 M, R_B, M_B에 의한 반력을 중첩하여 구하며 고정보의 하중선도, 전단력선도 및 휨모멘트선도는 그림 예6.3.2.3(8)과 같다.

$$R_A = -\frac{3M}{2L}$$

$$M_A = M + \frac{M}{4} - \frac{3M}{2L} \times L = -\frac{M}{4}$$

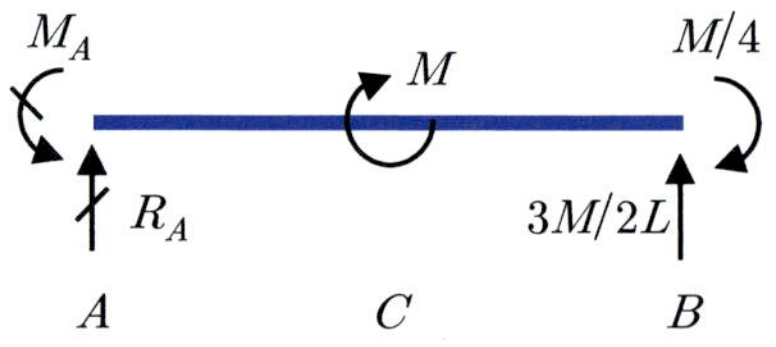

그림 예6.3.2.3(7)

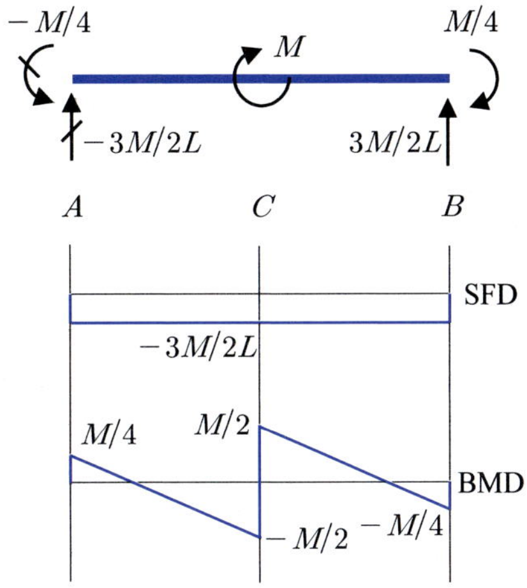

그림 예6.3.2.3(8)

예제 6.3.2.4 그림 예6.3.2.4(1)에 제시한 고정보에서 단순보를 기본정정보로 하여 반력을 구하시오. 휨강성 EI는 일정하다.

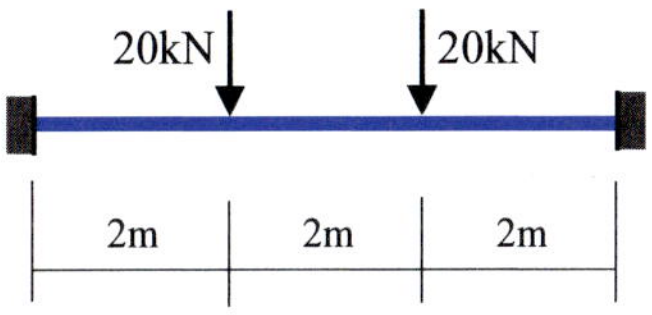

그림 예6.3.2.4(1)

설명 단순보를 기본정정보로 하면 그림 예6.3.2.4(2)와 같이 양 지점의 회전반력은 여분구속력이 되고 구조물과 하중이 대칭이므로 여분구속력의 크기는 M으로 동일하게 정할 수 있다.

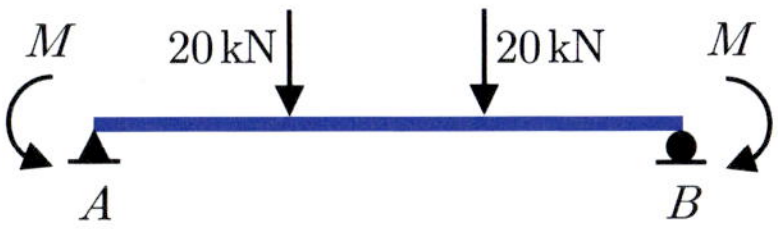

그림 예6.3.2.4(2)

2개 하중 20 kN에 의한 기본정정보의 반력, 휨모멘트선도 및 처짐곡선은 그림 예6.3.2.4(3)과 같고 2개 여분구속력 M에 의한 기본정정보의 반력, 휨모멘트선도 및 처짐곡선은 그림 예6.3.2.4(4)와 같다.

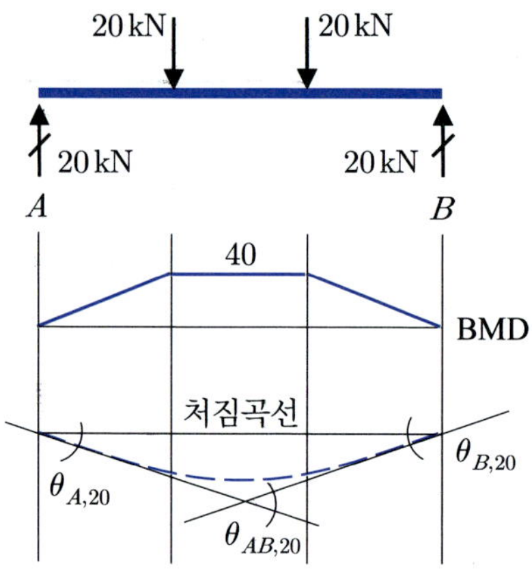

그림 예6.3.2.4(3)

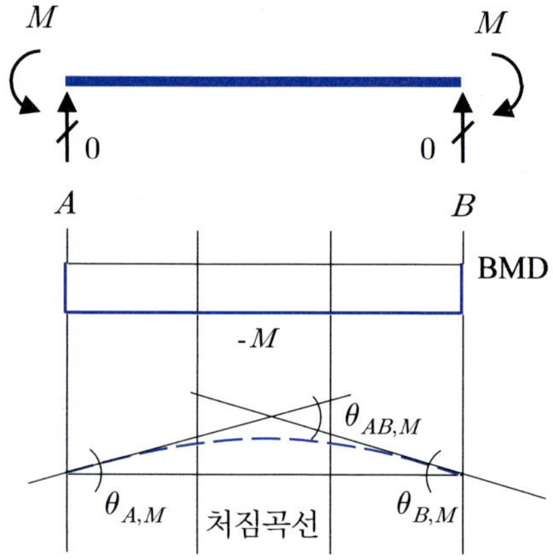

그림 예6.3.2.4(4)

적합조건은 기본정정보에서 2개 20kN 및 2개 M으로 A점에서 산정한 처짐각의 합이 0 및 B점에서 산정한 처짐각의 합이 0이라는 것이며 구조물과 하중이 대칭이므로 다음과 같이 결정할 수 있다.

$$EI\theta_{A,20} = EI\theta_{B,20} = \frac{EI\theta_{AB,20}}{2} = 40 \times 2 \times 0.5 + 40 \times 1 = 80$$

$$EI\theta_{A,M} = EI\theta_{B,M} = \frac{EI\theta_{AB,M}}{2} = M \times 3 = 3M$$

$$EI\theta_{A} = EI\theta_{A,20} - EI\theta_{A,M} = 80 - 3M \quad ; \quad M = 26.7\,\mathrm{kN \cdot m}$$

2개 20kN 및 2개 M (= 26.7kN · m)에 의한 반력을 중첩하면 수직반력과 회전반력은 A 지점에서 20kN 상향, 26.7kN · m 반시계방향이고 B 지점에서 20kN 상향, 26.7kN · m 시계방향이다.

다른 풀이방법으로 그림 예6.3.2.4(5)와 같이 2개 20kN 및 2개 M에 의한 휨모멘트선도 및 고정보의 처짐곡선을 작성하고 A점과 B점의 접선이 형성하는 교각이 0이라는 모멘트면적 제1정리를 적용하면 M을 결정할 수 있다.

$$EI\theta_{AB} = 0 = 2\times(40\times2\times0.5)+40\times2-M\times6 \quad ; \quad M = 26.7\,\text{kN}\cdot\text{m}$$

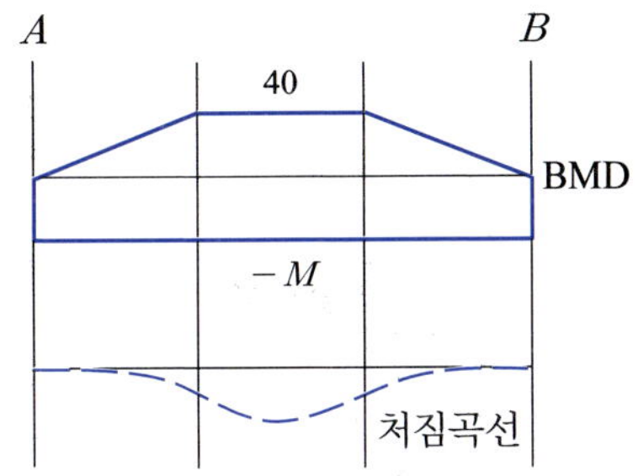

그림 예6.3.2.4(5)

그림 6.3.2.4(1)은 1차 부정정인 연속보로 이동지점 B를 여분구속으로 간주하면 기본정정보는 단순보 AD가 되고 이동지점의 수직반력 R_B는 여분구속력으로 미지하중이 되며 적합조건은 여분구속력에 상응하는 처짐 δ_B가 구속된다는 것이다. (2)와 같이 기본정정보에서 $45\,\text{kN}\cdot\text{m}$와 R_B에 의해 B점에 발생하는 처짐 $\delta_{B,45}$, δ_{B,R_B}를 모멘트면적법으로 산정하고 중첩법을 적용하여 적합조건식을 구성한다.

$$\delta_B = 0 = \delta_{B,45} - \delta_{B,R_B}$$

(1) 연속보와 등가역계의 기본정정보(단순보)

(2) 적합조건(처짐 ; $\delta_{B,45} = \delta_{B,R_B}$)

그림 6.3.2.4 연속보

예제 6.3.2.5

그림 예6.3.2.5(1)에 제시한 연속보에서 C 지점을 여분구속으로 하여 반력을 구하시오. 휨강성 EI는 일정하다.

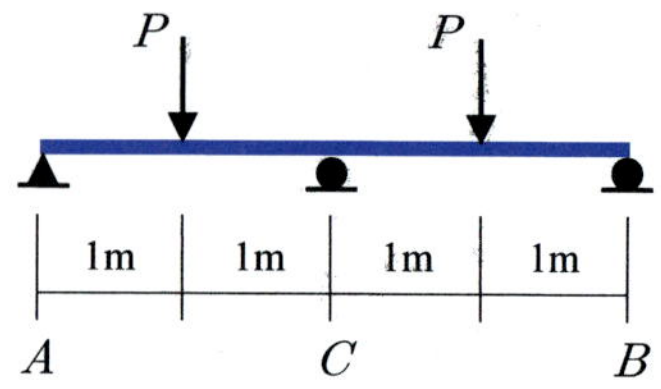

그림 예6.3.2.5(1)

설명 C 지점을 여분구속으로 하면 그림 예6.3.2.5(2)와 같이 기본정정보는 단순보가 되고 C 지점의 수직반력은 여분구속력 R_C가 된다.

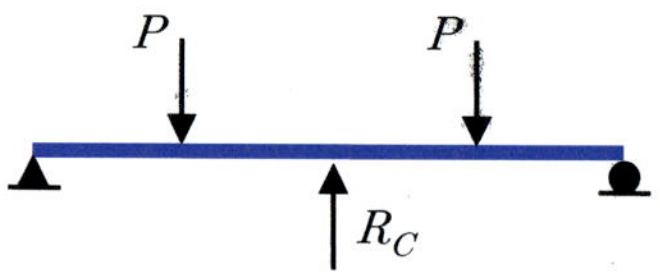

그림 예6.3.2.5(2)

2개 하중 P에 의한 기본정정보의 반력, 휨모멘트선도 및 처짐곡선은 그림 예6.3.2.5(3)과 같고 여분구속력 R_C에 의한 기본정정보의 반력, 휨모멘트선도 및 처짐곡선은 그림 예6.3.2.5(4)와 같다.

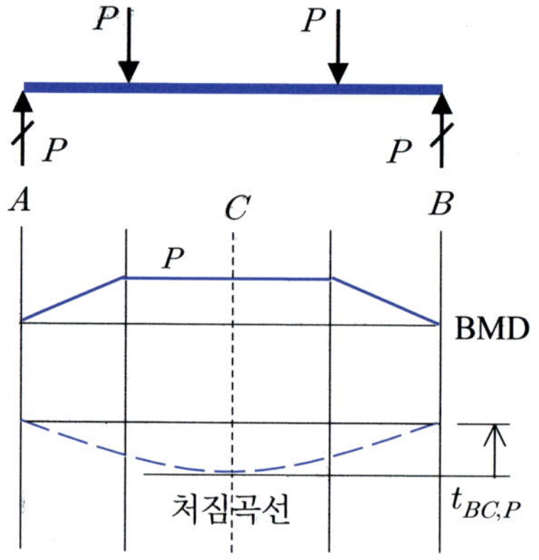

그림 예6.3.2.5(3)

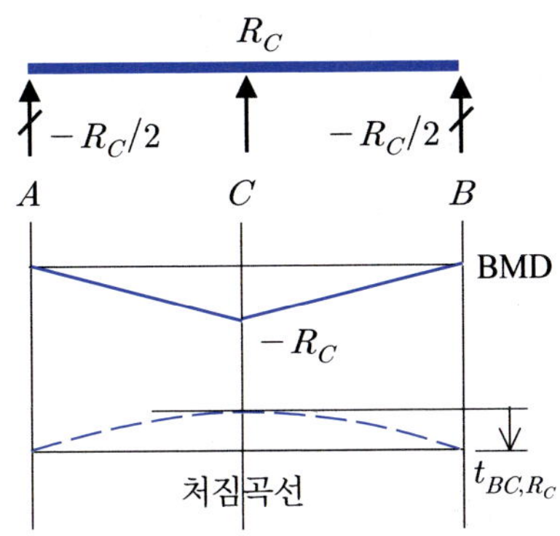

그림 예6.3.2.5(4)

적합조건은 기본정정보에서 2개 P 및 R_C로 각각 C점에서 산정한 처짐의 합이 0이라는 것이다. 2개 P 및 $R_C(=11P/8)$에 의한 반력을 중첩하면 A, B 지점의 수직반력은 $5P/16$ 상향이다.

$$EI\delta_{C,P} = EIt_{BC,P} = P\times 1\times 1.5 + P\times 1\times 0.5\times\left(1\times\frac{2}{3}\right) = \frac{11}{6}P$$

$$EI\delta_{C,R_C} = EIt_{BC,R_C} = R_C\times 2\times 0.5\times\left(2\times\frac{2}{3}\right) = \frac{4}{3}R_C$$

$$EI\delta_C = 0 = EI\delta_{C,P} - EI\delta_{C,R_C} = \frac{11}{6}P - \frac{4}{3}R_C \quad ; \quad R_C = \frac{11}{8}P$$

다른 풀이방법으로 2개 P 및 R_C에 의한 휨모멘트선도 및 연속보의 처짐곡선을 그림 예6.3.2.5(5)와 같이 작성하면 모두 대칭이므로 C점에서 접선의 기울기는 0이고 C점의 접선으로부터 B점이 이탈한 접선상대거리 t_{BC}가 0이라는 모멘트면적 제2정리를 적용하면 R_C는 다음과 같이 결정된다.

$$\begin{aligned} EIt_{BC} = 0 &= P\times 1\times 1.5 + P\times 1\times 0.5\times\left(1\times\frac{2}{3}\right) - (R_C\times 2\times 0.5)\times\left(2\times\frac{2}{3}\right) \\ &= 1.5P + \frac{P}{3} - \frac{4R_C}{3} \quad ; \quad R_C = \frac{11P}{8} \end{aligned}$$

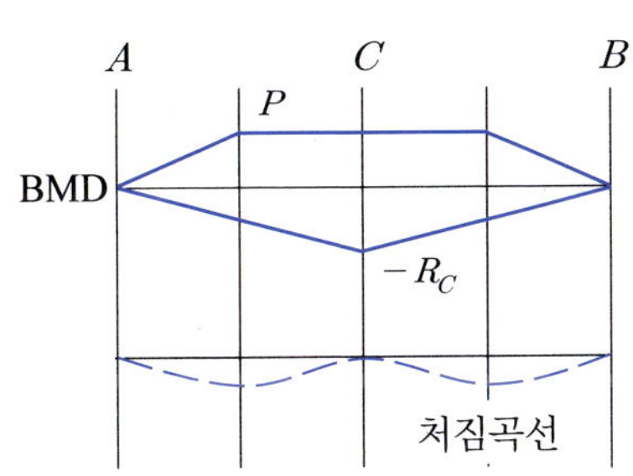

그림 예6.3.2.5(5)

예제 6.3.2.6 그림 예6.3.2.6(1)에 제시한 연속보에서 C 지점을 여분구속으로 하여 반력을 구하시오. 휨강성 EI는 일정하다.

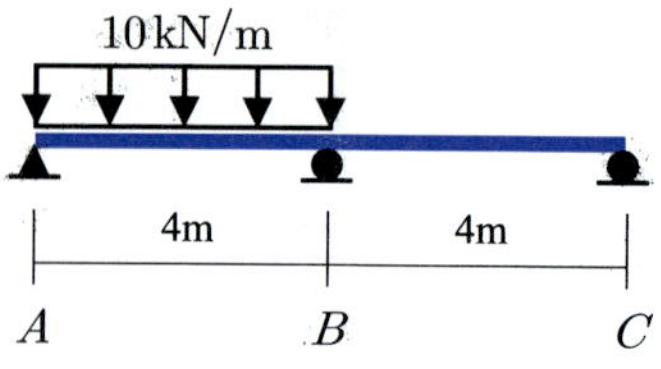

그림 예6.3.2.6(1)

설명 C 지점을 여분구속으로 하면 그림 예6.3.2.6(2)와 같이 기본정정보는 내민보가 되고 C 지점의 수직반력은 여분구속력 R_C가 된다.

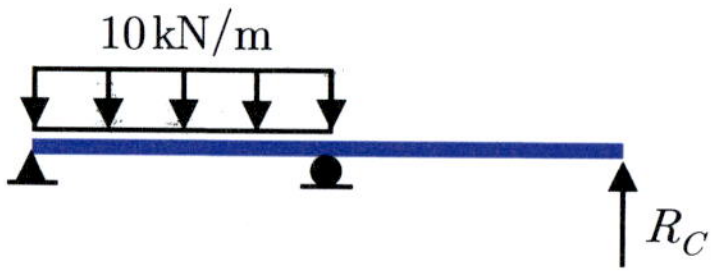

그림 예6.3.2.6(2)

그림 예6.3.2.6(3)과 같이 10kN/m가 작용하는 내민보의 수직반력 $R_{A,10}$, $R_{B,10}$은 20kN (= 10×4/2)이고 BC 구간에는 하중이나 반력이 작용하지 않으므로 직선 상태로만 연결된다. 그러므로 처짐곡선은 지간 AB의 중앙점 D에서 접선의 기울기가 0이 되고 C점의 처짐 $\delta_{C,10}$은 다음과 같이 산정된다.

$$\begin{aligned} EI\delta_{C,10} &= EIt_{CD} - EIt_{AD} \\ &= \left(20\times 2\times \frac{2}{3}\right)\times\left(4+2\times\frac{5}{8}\right) - \left(20\times 2\times\frac{2}{3}\right)\times\left(2\times\frac{5}{8}\right) \\ &= 106.6\,(\text{kN}\cdot\text{m}^3) \end{aligned}$$

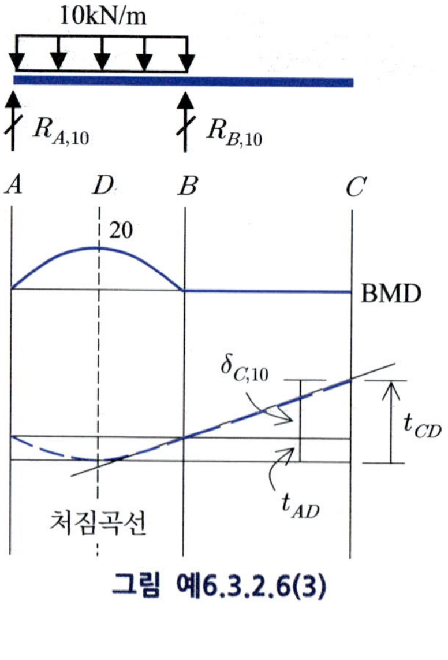

그림 예6.3.2.6(3)

R_C에 의한 수직반력을 그림 예6.3.2.6(4)와 같이 가정하면 R_{A,R_C}는 R_C, R_{B,R_C}는 $-2R_C$가 된다. 처짐곡선에서 기울기가 0이 되는 위치를 알 수 없으므로 A점의 접선에서 이탈한 접선상대거리 t_{BA}, t_{CA}를 구하면 삼각형의 비례관계로부터 δ_{C,R_C}는 다음과 같이 산정된다.

$$\begin{aligned} EI\delta_{C,R_C} &= EIt_{CA} - 2\times EIt_{BA} \\ &= (4R_C\times 2)\times\left(4+4\times\frac{1}{3}\right)+(4R_C\times 2)\times\left(4\times\frac{2}{3}\right) \\ &\quad -2\times\left\{(4R_C\times 2)\times\left(4\times\frac{1}{3}\right)\right\} \\ &= 64R_C - 2\times 10.67R_C = 42.66R_C(\mathrm{m}^3) \end{aligned}$$

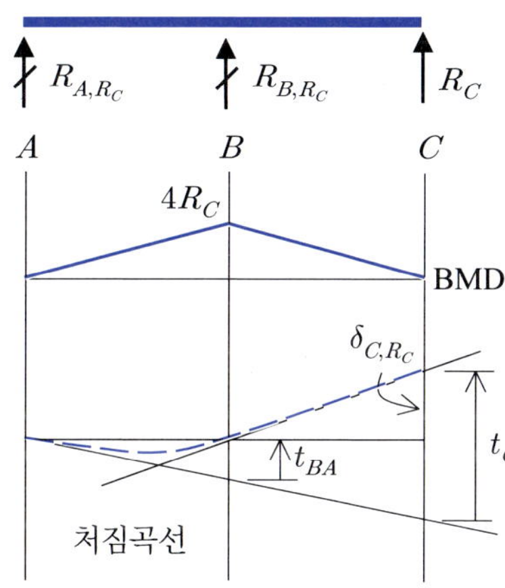

그림 예6.3.2.6(4)

기본정정보에 작용하는 $10\,\mathrm{kN/m}$와 R_C에 의해 각각 C점에서 산정한 처짐의 합이 0이라는 적합조건을 적용하면 C 지점의 수직반력은 $2.5\,\mathrm{kN}$ 하향이고 $10\,\mathrm{kN/m}$ 및 R_C $(=-2.5\,\mathrm{kN})$에 의한 반력을 중첩하면 A, B 지점의 수직반력은 각각 $17.5\,\mathrm{kN}$ 상향, $25\,\mathrm{kN}$ 상향이다.

$$\delta_C = 0 = \delta_{C,10} + \delta_{C,R_C} = 106.6 + 42.66R_C \quad ; \quad R_C = -2.5\,\mathrm{kN}$$

예제 6.3.2.7

그림 예6.3.2.7(1)에 제시한 연속보에서 B, C 지점을 여분구속으로 하여 반력을 구하고 전단력선도와 휨모멘트선도를 작성하시오. 휨강성 EI는 일정하다.

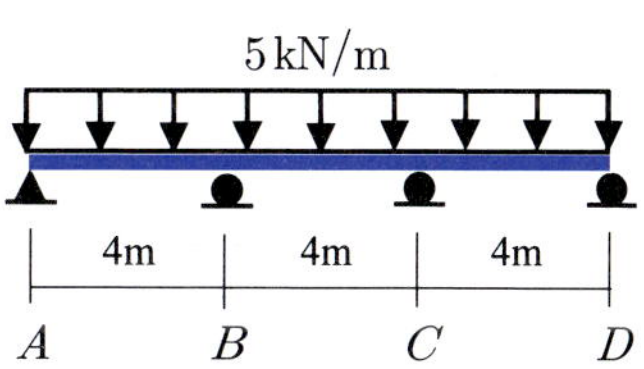

그림 예6.3.2.7(1)

설명 B, C 지점을 여분구속으로 하면 그림 예6.3.2.7(2)와 같이 기본정정보는 단순보가 되고 구조물과 하중이 대칭이므로 B, C 지점의 수직반력 R_B, R_C는 여분구속력 R이 된다.
다른 풀이방법으로

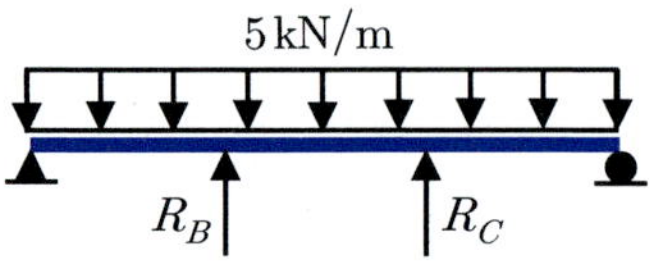

그림 예6.3.2.7(2)

$5\,\mathrm{kN/m}$에 의한 기본정정보의 반력, 휨모멘트선도 및 처짐곡선은 그림 예6.3.2.7(3)과 같고 여분구속력 2개 R에 의한 기본정정보의 반력, 휨모멘트선도 및 처짐곡선은 그림 예6.3.2.7(4)와 같다.

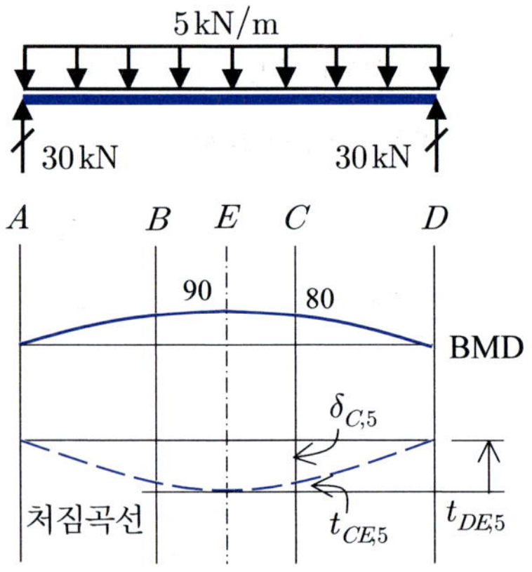

그림 예6.3.2.7(3)

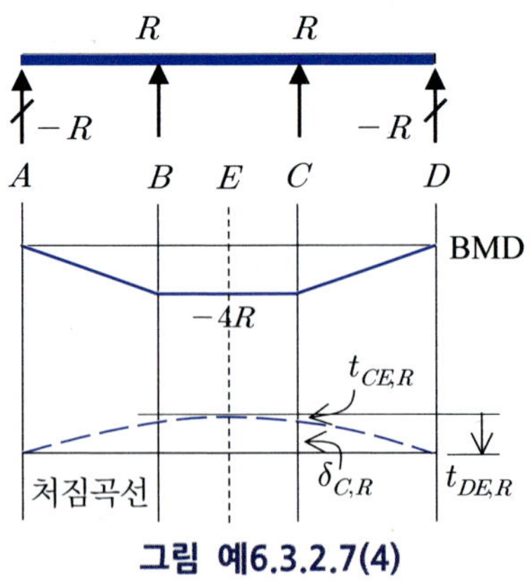

그림 예6.3.2.7(4)

적합조건은 기본정정보에서 5kN/m 및 2개 R에 의해 B점에서 산정한 처짐의 합이 0 및 C점에서 산정한 처짐의 합이 0이라는 것이다. 이로부터 $R(=R_B,\ R_C)$은 22kN으로 결정된다.

$$\begin{aligned} EI\delta_{C,5} &= EIt_{DE,5} - EIt_{CE,5} \\ &= \left(90\times6\times\frac{2}{3}\right)\times\left(6\times\frac{5}{8}\right)-\left(10\times2\times\frac{2}{3}\right)\times\left(2\times\frac{5}{8}\right)-80\times2\times1 \\ &= 1350-\frac{50}{3}-160=\frac{3520}{3} \end{aligned}$$

$$\begin{aligned} EI\delta_{C,R} &= EIt_{DE,R} - EIt_{CE,R} \\ &= (4R\times2)\times(4+1)+(4R\times4\times0.5)\times\left(4\times\frac{2}{3}\right)-4R\times2\times1 \\ &= 40R+\frac{64}{3}R-8R=\frac{160}{3}R \end{aligned}$$

$$EI\delta_C = 0 = EI\delta_{C,5} - EI\delta_{C,R} = \frac{3520}{3}-\frac{160}{3}R \quad ; \quad R = 22\,\text{kN}$$

다른 풀이방법으로 5kN/m 및 R_B, R_C에 의한 휨모멘트선도와 연속보의 처짐곡선은 그림 예6.3.2.7(5)와 같고 중앙점(E점)에서 접선의 기울기가 0이므로 E점의 접선으로부터 A점이 이탈한 접선상대거리 t_{AE}와 B점이 이탈한 접선상대거리 t_{BE}가 동일하다는 모멘트면적 제2정리를 적용하면 B, C 지점의 수직반력을 결정할 수 있다.

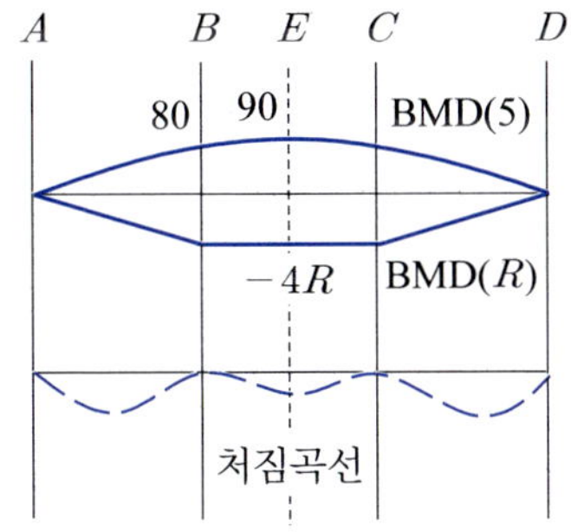

그림 예6.3.2.7(5)

$$\begin{aligned} EIt_{AE} &= \left(90\times6\times\frac{2}{3}\right)\times\left(6\times\frac{5}{8}\right) \\ &\quad -(4R\times4\times0.5)\times\left(4\times\frac{2}{3}\right)-(4R\times2)\times(4+1) \\ &= 1350-\frac{64R}{3}-40R \end{aligned}$$

$$\begin{aligned} EIt_{BE} &= \left(10\times2\times\frac{2}{3}\right)\times\left(2\times\frac{5}{8}\right)+80\times2\times1-4R\times2\times1 \\ &= \frac{50}{3}+160-8R \end{aligned}$$

5kN/m 및 R_B, R_C에 의한 반력을 중첩하면 A, D 지점의 수직반력은 8kN 상향이고 연속보의 하중선도, 전단력선도 및 휨모멘트선도는 그림 예6.3.2.7(6)과 같다.

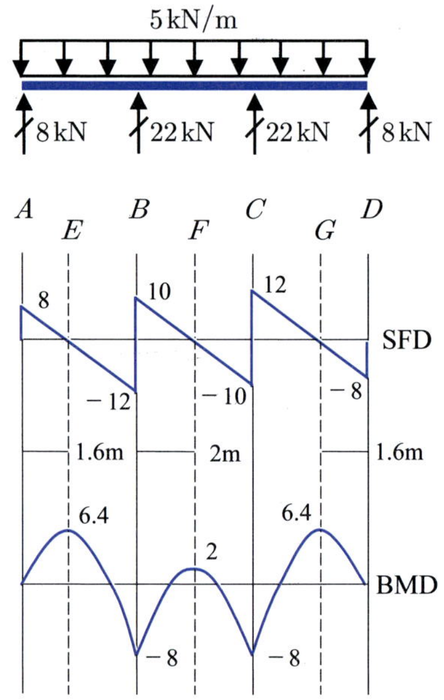

그림 예6.3.2.7(6)

6.3.3 3연모멘트식

3연모멘트식(three moments equation)은 그림 6.3.3.1(1)과 같이 연속보에 집중하중 또는 지간길이의 등분포하중이 작용하는 경우 연속된 2개 지간의 3개 지점 단면에서 전달되는 내력인 휨모멘트의 관계를 식으로 구성한 것이다. 휨강성 EI가 일정하고 2개 지간에 등분포하중 w_1, w_2 및 집중하중 P_1, P_2가 작용하는 경우 단면법을 적용하여 (2)와 같이 지간 AB, BC의 자유물체도를 작성하면 주어진 하중과 함께 휨모멘트 M_A, M_B, M_C가 작용하는 2개의 단순보가 구성된다. 축방향 하중이 없으므로 단면법에 의해 전단력과 휨모멘트가 내력으로 표시되어야 하나 지점에 작용하는 전단력은 구하고자 하는 처짐각 θ_{B1}, θ_{B2}와 무관하므로 생략한 것이다.

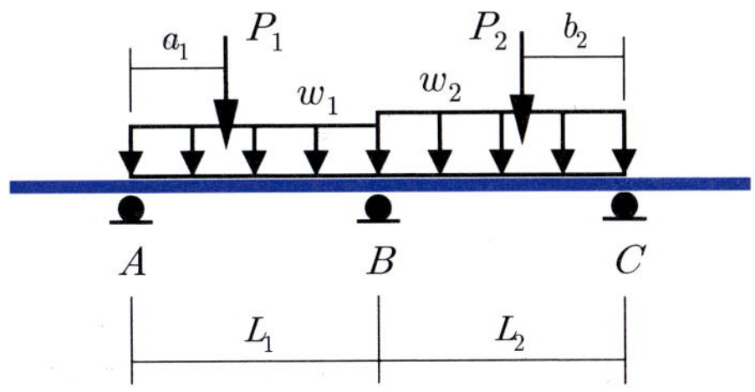

(1) 연속보의 연속된 2개 지간

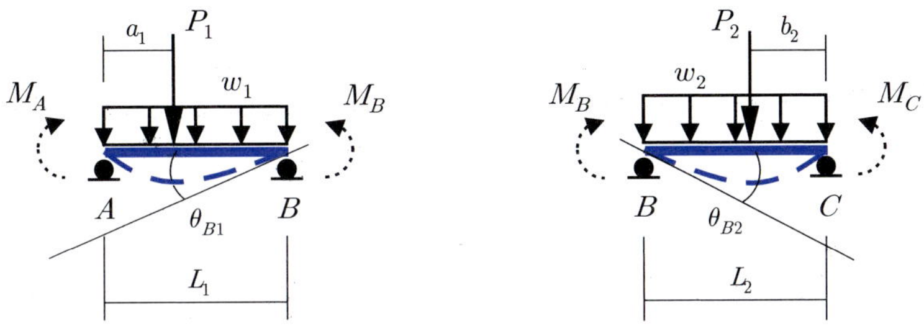

(2) 지간 AB, BC의 자유물체도

그림 6.3.3.1

M_A, M_B, w_1, P_1에 의해 발생하는 지간 AB의 처짐각 θ_{B1} 및 M_B, M_C, w_2, P_2에 의해 발생하는 지간 BC의 처짐각 θ_{B2}는 처짐공식을 사용하여 다음과 같이 결정한다.

$$
\begin{aligned}
\theta_{B1} &= (\theta_{B1})_{M_A} + (\theta_{B1})_{M_B} + (\theta_{B1})_{w_1} + (\theta_{B1})_{P_1} \\
&= \frac{M_A L_1}{6EI} + \frac{M_B L_1}{3EI} + \frac{w_1 L_1^3}{24EI} + \frac{P_1 a_1 \left(L_1^2 - a_1^2\right)}{6EIL_1}
\end{aligned}
$$

$$
\begin{aligned}
\theta_{B2} &= (\theta_{B2})_{M_B} + (\theta_{B2})_{M_C} + (\theta_{B2})_{w_2} + (\theta_{B2})_{P_2} \\
&= \frac{M_B L_2}{3EI} + \frac{M_C L_2}{6EI} + \frac{w_2 L_2^3}{24EI} + \frac{P_2 b_2 \left(L_2^2 - b_2^2\right)}{6EIL_2}
\end{aligned}
$$

연속보에서 B점의 좌, 우측 처짐각은 동일해야 하므로 $\theta_{B1} = -\theta_{B2}$의 조건식으로부터 3연모멘트식은 다음 식 (6.3.3.1)과 같이 구성된다. 고정지점을 포함하는 보의 경우 길이가 0인 보조지간을 도입하고 3연모멘트식을 구성하여 해석할 수 있다.

$$
\begin{aligned}
&M_A L_1 + 2M_B (L_1 + L_2) + M_C L_2 \\
&= -\frac{w_1 L_1^3}{4} - \frac{w_2 L_2^3}{4} - \frac{P_1 a_1 \left(L_1^2 - a_1^2\right)}{L_1} - \frac{P_2 b_2 \left(L_2^2 - b_2^2\right)}{L_2} \qquad (6.3.3.1)
\end{aligned}
$$

예제 6.3.3.1 그림 예6.3.2.7(1)에 제시한 연속보에 3연모멘트식을 적용하여 반력을 구하시오. 휨강성 EI는 일정하다.

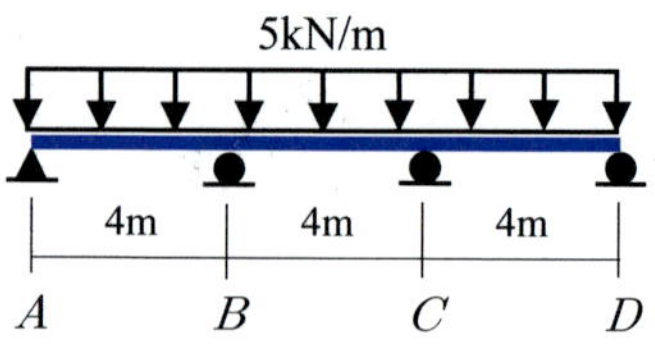

그림 예6.3.2.7(1)

설명 연속된 2개 지간 $A-C$에서 $M_A=0$이므로 지간 AB, BC의 자유물체도는 그림 예6.3.3.1(1)과 같고 3연모멘트식은 다음과 같이 구성된다.

$$0\times L+2M_B\times(4+4)+M_C\times 4=-\frac{5\times 4^3}{4}\times 2$$

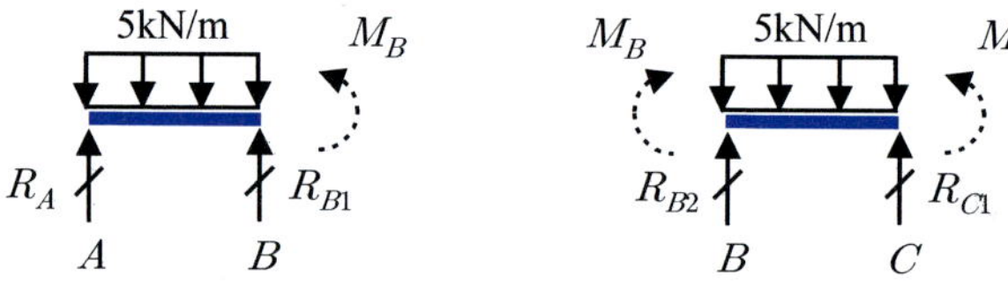

그림 예6.3.3.1(1)

구조물과 하중이 대칭이므로 $M_B=M_C$이고 $-8\text{kN}\cdot\text{m}$가 결정된다. 지점반력은 지간 AB, BC의 자유물체도에 평형방정식을 적용하면 R_A가 8kN이므로 R_D는 8kN 상향이고 R_B, R_C는 22kN 상향이다.

$$\sum^{A} M=0=R_{B1}\times 4-5\times 4\times 2+(-8)\quad ;\quad R_{B1}=12\text{kN}$$
$$\sum F_y=0=R_A-5\times 4+R_{B1}\quad ;\quad R_A=8\text{kN}$$
$$\sum^{C} M=0=R_{B2}\times 4+(-8)-5\times 4\times 2-(-8)\quad ;\quad R_{B2}=10\text{kN}$$
$$R_B=R_{B1}+R_{B2}=12+10=22\,(\text{kN})=R_C$$

예제 6.3.3.2 그림 예6.3.3.2(1)에 제시한 연속보에 3연모멘트식을 적용하여 반력을 구하시오. 휨강성 EI는 일정하다.

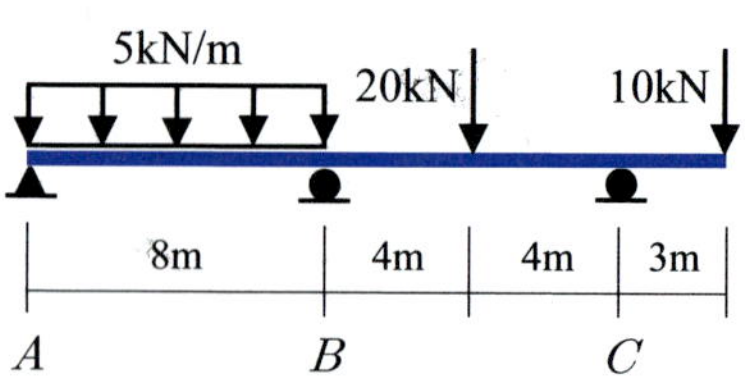

그림 예6.3.3.2(1)

설명 자유단에 작용하는 하중 10kN에 의해 C 지점에는 $30\text{kN}\cdot\text{m}$ 시계방향의 모멘트가 작용하므로 연속된 2개 지간 $A-C$에 작용하는 하중은 그림 예6.3.3.2(2)와 같고

$M_A = 0$, $M_C = -30\,\text{kN}\cdot\text{m}$이므로 3연모멘트식은 다음과 같이 구성된다.

$$2M_B \times (8+8) + (-30)\times 8 = -\frac{5\times 8^3}{4} - \frac{20\times 4\times(8^2-4^2)}{8}$$

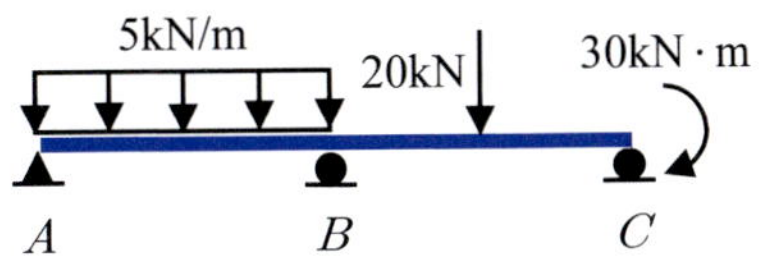

그림 예6.3.3.2(2)

M_B는 $-27.5\,\text{kN}\cdot\text{m}$가 결정되고 반력을 구하기 위한 자유물체도는 그림 예6.3.3.2(3)과 같이 내민보 부분을 포함하여 작성한다.

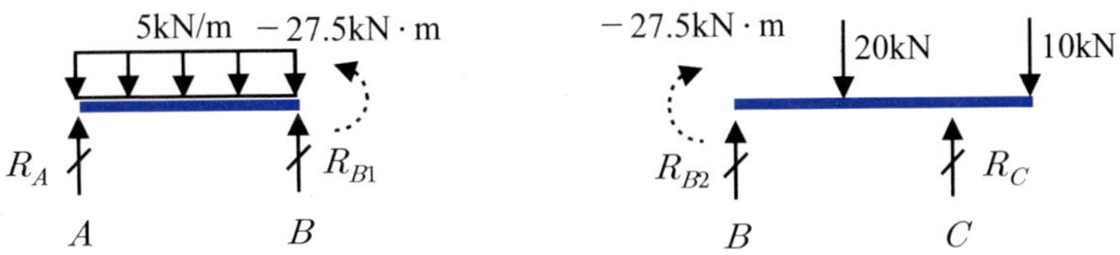

그림 예6.3.3.2(3)

지간 AB, BC의 자유물체도에 평형방정식을 적용하면 R_A, R_C는 각각 16.56kN, 20.31kN이고 R_B는 33.13kN이다.

$$\begin{aligned}
\sum^{A} M &= 0 = R_{B1}\times 8 - 5\times 8\times 4 + (-27.5) \quad ; \quad R_{B1} = 23.44\,\text{kN}\\
\sum F_y &= 0 = R_A - 5\times 8 + R_{B1} \quad ; \quad R_A = 16.56\,\text{kN}\\
\sum^{B} M &= 0 = 10\times 11 - R_C\times 8 + 20\times 4 + (-27.5) \quad ; \quad R_C = 20.31\,\text{kN}\\
\sum F_y &= 0 = R_{B2} - 20 + R_C - 10 \quad ; \quad R_{B2} = 9.69\,\text{kN}\\
R_B &= R_{B1} + R_{B2} = 23.44 + 9.69 = 33.13\,(\text{kN})
\end{aligned}$$

예제 6.3.3.3

그림 예6.3.2.1(1)의 버팀캔틸레버보에 3연모멘트식을 적용하여 반력을 구하시오. 휨강성 EI는 일정하다.

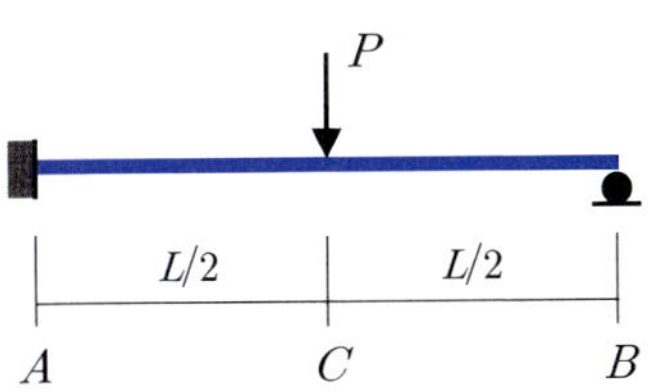

그림 예6.3.2.1(1)

 **설명**

그림 예6.3.3.1(1)과 같이 고정지점을 길이가 0인 보조지간으로 대체하고 $M_B = 0$이므로 3연모멘트식은 다음과 같이 구성된다.

$$M_D \times 0 + 2M_A \times (0+L) + 0 \times L = -\frac{P \times (L/2) \times \{L^2 - (L/2)^2\}}{L}$$

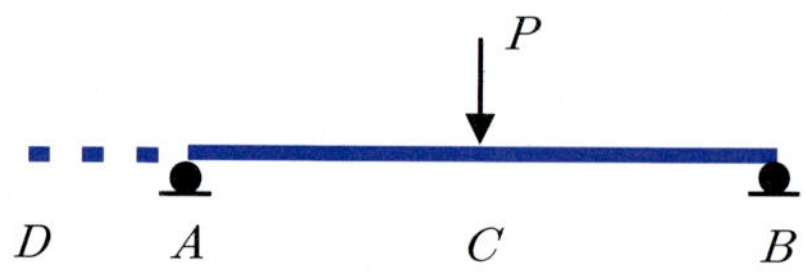

그림 예6.3.3.3(1)

M_A는 $-3PL/16$이 결정되므로 그림 예6.3.3.1(2)와 같이 버팀캔틸레버보의 자유물체도에서 A 지점의 회전반력은 $3PL/16$ 반시계방향이고 평형방정식을 적용하면 수직반력은 다음과 같이 산정된다.

$$\sum^{A} M = 0 = \left(-\frac{3PL}{16}\right) + P \times \frac{L}{2} - R_B \times L \quad ; \quad R_B = \frac{5P}{16}$$
$$\sum F_y = 0 = R_A - P + \frac{5P}{16} \quad ; \quad R_A = \frac{11P}{16}$$

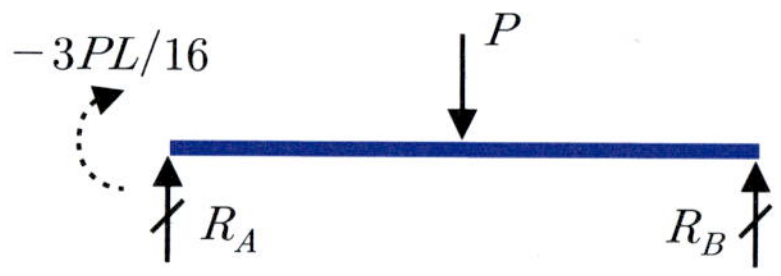

그림 예6.3.3.3(2)

예제 6.3.3.4

그림 예6.3.1.1(1)의 고정보에 3연모멘트식을 적용하여 반력을 구하시오. 휨강성 EI는 일정하다.

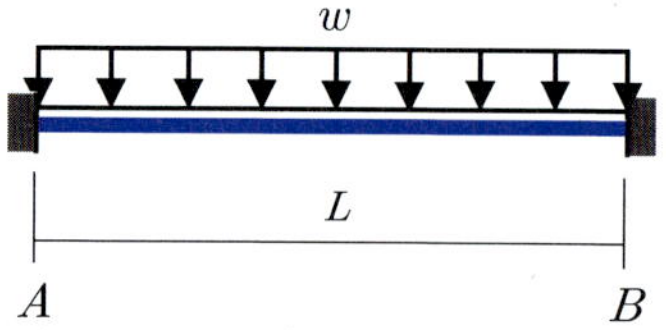

그림 예6.3.1.1(1)

설명 그림 예6.3.3.4(1)과 같이 고정지점을 길이가 0인 보조지간으로 대체하고 3연모멘트식을 구성한다.

$$M_C \times 0 + 2M_A \times (0+L) + M_B \times L = -\frac{wL^3}{4}$$

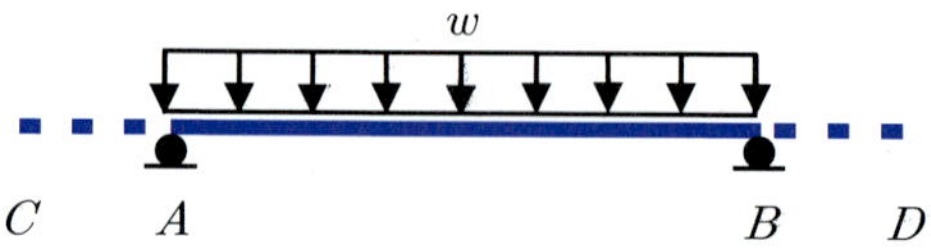

그림 예6.3.3.4(1)

구조물과 하중이 대칭이므로 양 지점의 수직반력은 $wL/2$ 상향으로 동일하고 3연모멘트식에 $M_A = M_B$를 대입하면 $-wL^2/12$이 결정되므로 A, B 지점의 회전반력은 각각 $wL^2/12$ 반시계방향, $wL^2/12$ 시계방향이다.

예제 6.3.3.5

그림 예6.3.3.5(1)에 제시한 보에 3연모멘트식을 적용하여 반력을 구하시오. 휨강성 EI는 일정하다.

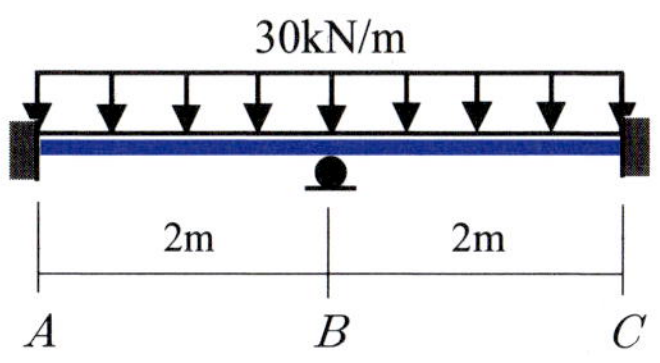

그림 예6.3.3.5(1)

설명 그림 예6.3.3.5(2)와 같이 고정지점을 길이가 0인 보조지간으로 대체하면 연속된 2개 지간 $D-B$ 및 $A-C$에서 3연모멘트식은 다음과 같이 구성된다.

$$M_D \times 0 + 2M_A \times (0+2) + M_B \times 2 = -\frac{30 \times 2^3}{4}$$

$$2M_A + M_B = -30 \quad \cdots \ (1)$$

$$M_A \times 2 + 2M_B \times (2+2) + M_C \times 2 = -2 \times \frac{30 \times 2^3}{4}$$

$$M_A + 4M_B + M_C = -60 \quad \cdots \ (2)$$

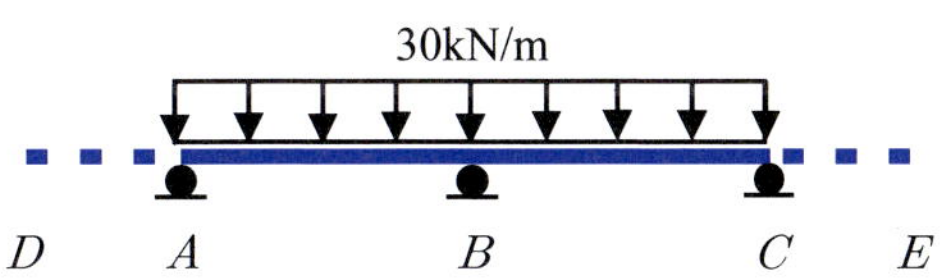

그림 예6.3.3.5(2)

구조물과 하중이 대칭이므로 $M_A = M_C$이고 이를 식 (2)에 적용하면 식 (3)과 같고 식 (1), (3)을 연립하면 M_A, M_B, M_C 모두 $-10\text{kN}\cdot\text{m}$으로 결정되므로 고정지점 A, C의 회전반력은 각각 $10\text{kN}\cdot\text{m}$ 반시계방향, $10\text{kN}\cdot\text{m}$ 시계방향이다.

$$M_A + 2M_B = -30 \quad \cdots \ (3)$$

수직반력을 산정하기 위해 그림 예6.3.3.5(3)과 같이 지간 AB, BC의 자유물체도를 구성하면 구조물과 하중이 대칭이므로 R_A, R_{B1}, R_{B2}, R_C 모두 $30\text{kN}(=30 \times 2/2)$이고 R_B는 60kN이다.

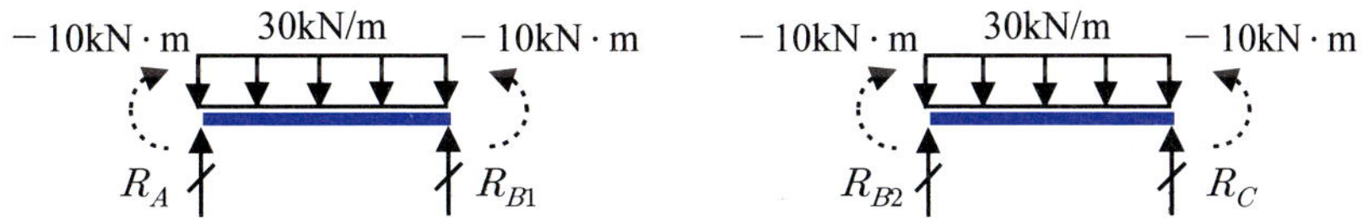

그림 예6.3.3.5(3)

6.3.4 변형에너지법

변형에너지법은 구조물의 선형거동에 의해 저장되는 변형에너지로부터 변형을 구하는 방법으로 3.2절에서 논의한 바와 같이 축방향 하중 P에 의해 길이 L, 단면적 A, 탄성계수 E의 봉에 저장된 변형에너지 U는 식 (3.2.1.3)으로 결정하며 U를 P에 관해 미분한 식(U의 P에 관한 도함수)은 P의 작용방향으로 상응하여 발생하는 신축량 δ라는 것을 알 수 있다.

$$U = \frac{P^2 L}{2AE} = \frac{AE\delta^2}{2L} \qquad (3.2.1.3)$$

$$\frac{dU}{dP} = \frac{PL}{AE} = \delta$$

3.3절에서 논의한 바와 같이 비틂모멘트 T에 의해 길이 L, 비틂강성 GJ의 중실원형축에 저장되는 변형에너지 U는 식 (3.3.2.5)로 결정하며 U를 T에 관해 미분한 식(U의 T에 관한 도함수)은 T의 작용방향으로 상응하여 발생하는 비틂각 ϕ라는 것을 알 수 있다.

$$U = \frac{T^2 L}{2GJ} \qquad (3.3.2.5)$$

$$\frac{dU}{dT} = \frac{TL}{GJ} = \phi$$

5.5절에서 논의한 바와 같이 길이 L, 휨강성 EI의 보에서 휨모멘트선도의 식을 M_x라 하면 보에 저장되는 변형에너지 U_L은 식 (5.5.3)으로 결정한다.

$$U_L = \int_0^L \frac{M_x^2}{2EI} dx \qquad (5.5.3)$$

그림 5.5.2에 제시한 길이 L, 휨강성 EI의 외팔보에서 자유단에 작용하는 하중 P에 의해 발생하는 M_x는 $-Px$이므로 식 (5.5.3)을 적용하여 U_L을 산정하고 U_L을 P에 관해 미분하면 U_L의 P에 관한 도함수는 P의 작용방향으로 상응하여 발생하는 처짐 δ가 된다.

$$U_L = \int_0^L \frac{(-Px)^2 dx}{2EI} = \frac{P^2 L^3}{6EI} \quad ; \quad \frac{dU_L}{dP} = \frac{PL^3}{3EI} = \delta$$

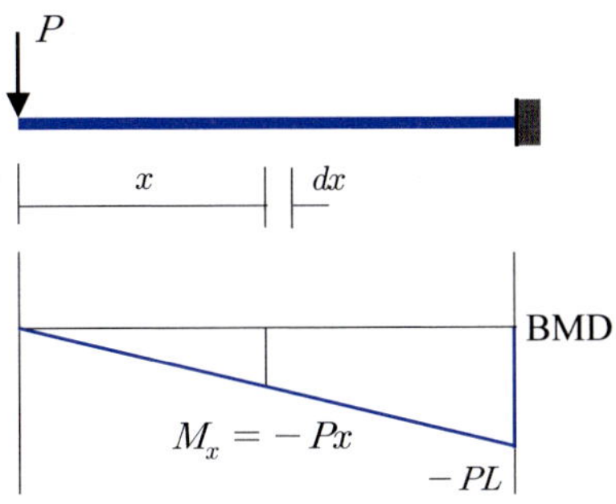

그림 5.5.2

이러한 결과를 일반적인 관계식으로 입증하기 위해 그림 6.3.4.1과 같이 구조물의 선형거동에서 서로 독립적인 n개의 하중 P_1, P_2, P_3, …, P_n이 작용하여 상응하는 변형 δ_1, δ_2, δ_3, …, δ_n이 발생하는 경우 구조물에 저장되는 변형에너지 U는 하중이 한 일 W와 동일하므로 다음 관계식이 구성되며 P_i와 δ_i가 선형관계(1차 함수)이므로 U는 P_i 또는 δ_i의 2차 함수 $f(P_i)$ 또는 $f(\delta_i)$가 된다.

$$U = W = \frac{1}{2}(P_1\delta_1 + P_2\delta_2 + P_3\delta_3 + \cdots + P_n\delta_n) = \frac{1}{2}\sum_1^n P_i\delta_i$$

U가 $f(P_i)$로 정의되고 서로 독립적인 $P_1 \sim P_n$의 작용 하에 $\delta_1 \sim \delta_n$이 발생한 상태에서 타하중은 변하지 않고 임의의 하중 P_i에만 dP_i의 증가가 발생하면 U의 증가량 dU는 P_i에 의한 U의 증가율 $\partial U/\partial P_i$와 dP_i의 곱으로 결정된다.

$$dU = \frac{\partial U}{\partial P_i} dP_i$$

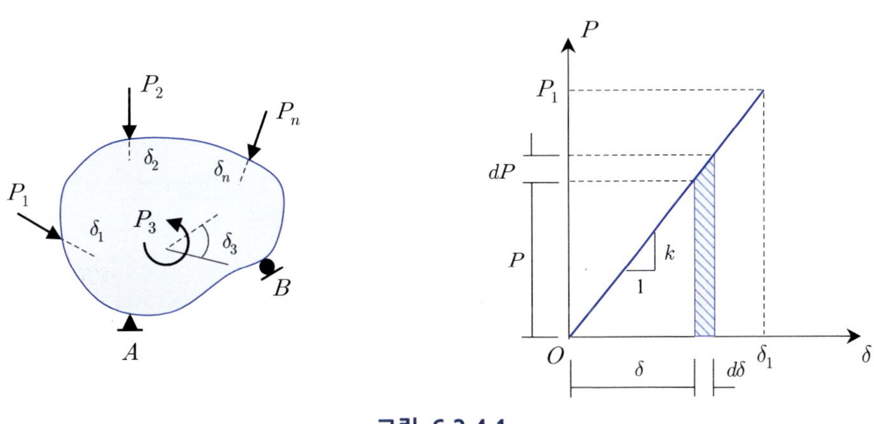

그림 6.3.4.1

최종 변형에너지 $U+dU$는 하중의 작용순서를 변경해도 동일해야 한다. dP_i가 먼저 작용하면 미소하중 dP_i에 의한 변형은 하중의 2차 함수가 되므로 무시할 수 있고 이 상태에서 $P_1 \sim P_n$이 작용하여 $\delta_1 \sim \delta_n$이 발생한다면 dP_i에 의한 일 dW는 $\delta_i dP_i$이므로 dU가 dW와 동일하다는 조건식을 구성하면 U로부터 δ_i를 결정할 수 있는 식 (6.3.4.1)을 정의할 수 있다. 이 식을 Castigliano의 제2정리라 하며 선형거동을 하는 구조물의 변형에너지 U를 하중 P_i의 함수로 구하면 임의의 하중 P_i에 대한 U의 편도함수 $\partial U/\partial P_i$는 P_i에 상응하는 변형 δ_i가 된다는 것이다.

$$\frac{\partial U}{\partial P_i} dP_i = \delta_i dP_i$$

$$\delta_i = \frac{\partial U}{\partial P_i} \tag{6.3.4.1}$$

예제 6.3.4.1

그림 예6.3.4.1(1)에 제시한 내민보에 Castigliano의 제2정리를 적용하여 자유단의 처짐을 구하시오. 휨강성 EI는 일정하다.

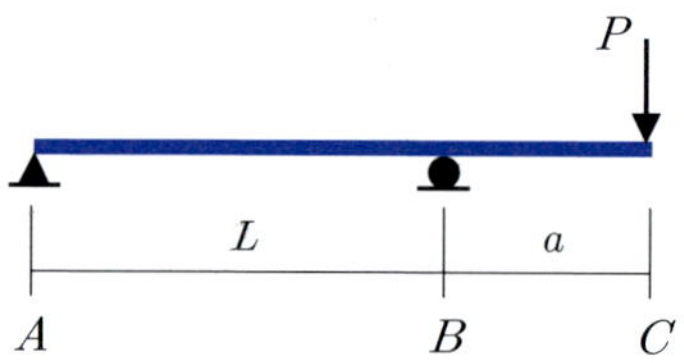

그림 예6.3.4.1(1)

설명 그림 예6.3.4.1(2)의 자유물체도에 평형방정식을 적용하여 반력을 산정한다.

$$\sum^{A} M = 0 = R_B \times L - P \times (L+a) \quad ; \quad R_B = P\left(1+\frac{a}{L}\right)$$

$$\sum F_y = 0 = R_A + R_B - P \quad ; \quad R_A = -\frac{Pa}{L}$$

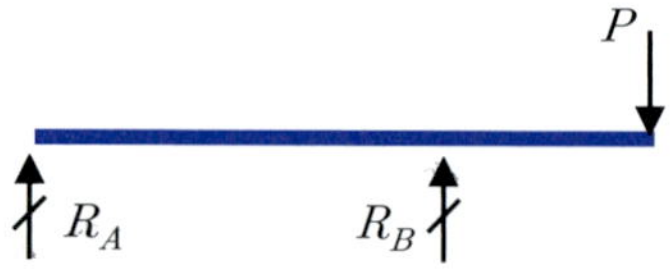

그림 예6.3.4.1(2)

휨모멘트선도는 그림 예6.3.4.1(3)과 같이 작성되므로 AB 구간은 A점, BC 구간은 C점을 원점으로 x좌표를 설정한 휨모멘트선도의 식은 다음과 같다.

$$\text{구간 } AB \; ; \; M_x = -\frac{Pa}{L}x \quad , \quad \text{구간 } BC \; ; \; M_x = -Px$$

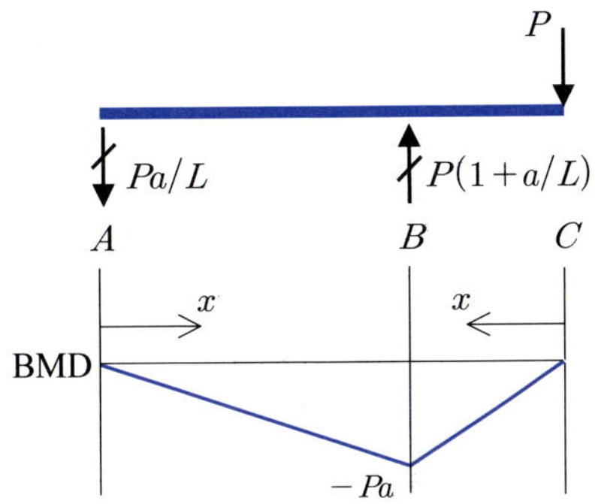

그림 예6.3.4.1(3)

내민보에 저장되는 변형에너지 U를 산정하고 Castigliano의 제2정리를 적용하면 P에 상응하는 처짐을 결정할 수 있다.

$$U = \int_0^L \frac{(-Pax/L)^2 dx}{2EI} + \int_0^a \frac{(-Px)^2 dx}{2EI}$$
$$= \frac{1}{2EI}\left\{\frac{P^2a^2}{L^2}\left[\frac{x^3}{3}\right]_0^L + P^2\left[\frac{x^3}{3}\right]_0^a\right\} = \frac{P^2a^2}{6EI}(L+a)$$

$$\delta_C = \frac{\partial U}{\partial P} = \frac{\partial}{\partial P}\left\{\frac{P^2a^2}{6EI}(L+a)\right\} = \frac{Pa^2}{3EI}(L+a)$$

그림 6.3.4.2와 같이 길이 L, 휨강성 EI의 단순보에 등분포하중 w가 작용하는 경우 중앙점의 처짐을 구하기 위해서는 처짐에 상응하는 가상의 집중하중 P를 사용한다. 구간 $0 < x < L/2$에서 w와 P에 의한 휨모멘트선도의 식 M_x 및 변형에너지 U를 구하고 Castigliano의 제2정리를 적용하면 중앙점의 처짐 δ_C는 P의 함수로 제시되므로 P에 0을 대입하면 δ_C를 결정할 수 있다.

$$M_x = \left(\frac{wL}{2} + \frac{P}{2}\right)x - \frac{w}{2}x^2 \quad ; \quad U = 2\int_0^{L/2} \frac{M_x^2 dx}{2EI}$$

$$\delta_C = \frac{\partial U}{\partial P} = \frac{\partial}{\partial P}\left\{2\int_0^{L/2} \frac{M_x^2}{2EI} dx\right\} = \frac{1}{EI}\int_0^{L/2} 2M_x \frac{\partial M_x}{\partial P} dx$$
$$= \frac{2}{EI}\int_0^{L/2}\left\{\left(\frac{wL}{2} + \frac{P}{2}\right)x - \frac{w}{2}x^2\right\}\left(\frac{x}{2}\right)dx$$
$$= \frac{1}{2EI}\int_0^{L/2}\{(wL+P)x^2 - wx^3\}dx = \frac{1}{2EI}\left[\frac{(wL+P)}{3}x^3 - \frac{w}{4}x^4\right]_0^{L/2}$$
$$= \frac{1}{2EI}\times\left\{\frac{(wL+0)L^3}{24} - \frac{wL^4}{64}\right\} = \frac{1}{2EI}\times\frac{5wL^4}{192} = \frac{5wL^4}{384EI}$$

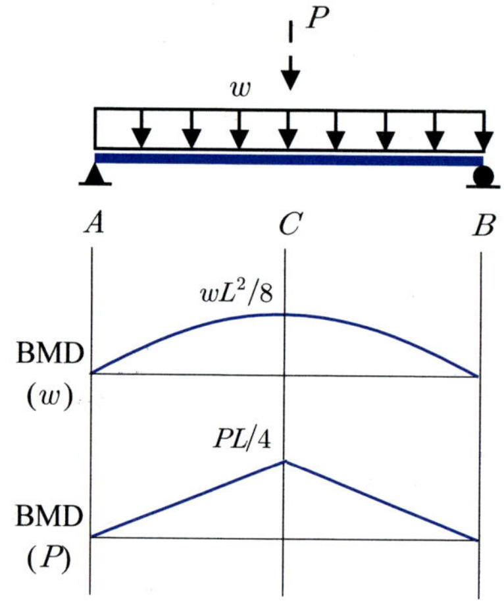

그림 6.3.4.2

예제 6.3.4.2

그림 예6.3.4.2(1)에 제시한 단순보에 Castigliano의 제2정리를 적용하여 A점의 처짐각을 구하시오. 휨강성 EI는 일정하다.

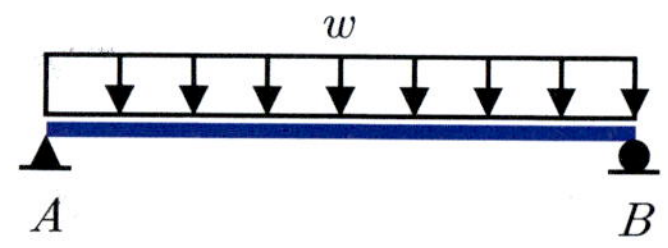

그림 예6.3.4.2(1)

설명 A점의 처짐각 θ_A를 구하기 위해 그림 예6.3.4.2(2)와 같이 가상의 모멘트하중 M을 사용하면 구간 $0 < x < L$에서 등분포하중 w와 모멘트하중 M에 의한 휨모멘트선도의 식 M_x는 다음과 같다.

$$M_x = \frac{w}{2}x(L-x) + \frac{M}{L}(x-L) = (L-x)\left(\frac{wx}{2} - \frac{M}{L}\right)$$

Castigliano의 제2정리를 적용하고 $\partial M_x / \partial M = (x-L)/L$, $M = 0$을 대입하면 θ_A는 가상의 모멘트하중 M을 작용한 방향과 반대방향인 시계방향으로 $wL^3/24EI$가 결정된다.

$$\begin{aligned}
\theta_A = \frac{\partial U}{\partial M} &= \frac{\partial}{\partial M}\left\{\int_0^L \frac{M_x^2}{2EI}dx\right\} = \frac{1}{EI}\int_0^L M_x \frac{\partial M_x}{\partial M}dx \\
&= \frac{1}{EI}\int_0^L \left\{(L-x)\left(\frac{wx}{2} - \frac{0}{L}\right)\right\}\left(\frac{x-L}{L}\right)dx \\
&= \frac{-1}{EIL}\int_0^L (L-x)^2\left(\frac{wx}{2}\right)dx \\
&= \frac{-w}{2EIL}\left[\frac{L^2}{2}x^2 - \frac{2L}{3}x^3 + \frac{x^4}{4}\right]_0^L = -\frac{wL^3}{24EI}
\end{aligned}$$

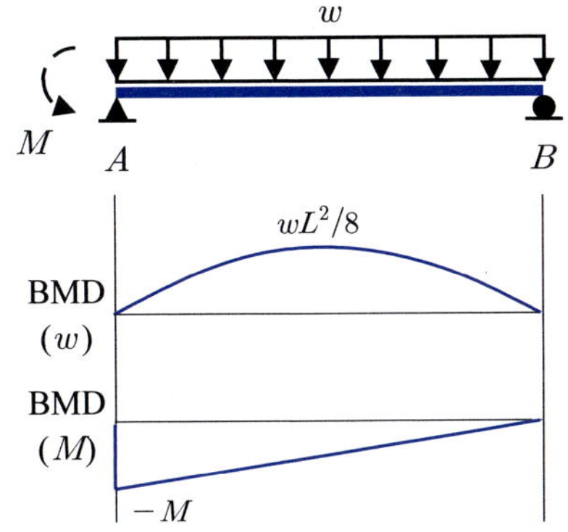

그림 예6.3.4.2(2)

Castigliano의 제2정리는 부정정보의 해석에 매우 유용하게 적용된다. 여분구속력을 X, Y, Z, ⋯라 하고 변형에너지를 X, Y, Z, ⋯의 함수로 구하면 여분구속력에 상응하는 변형 $\partial U/\partial X$, $\partial U/\partial Y$, $\partial U/\partial Z$, ⋯는 모두 0이 되어야 하므로 여분구속의 개수에 해당하는 연립방정식을 구성하여 여분구속력을 산정할 수 있다. 그림 6.3.4.3과 같은 버팀캔틸레버보에서 이동지점 B를 여분구속으로 설정하면 여분구속력 R_B는 미지하중으로 작용하고 적합조건은 여분구속력에 상응하는 변형 δ_B가 0이라는 것이다.

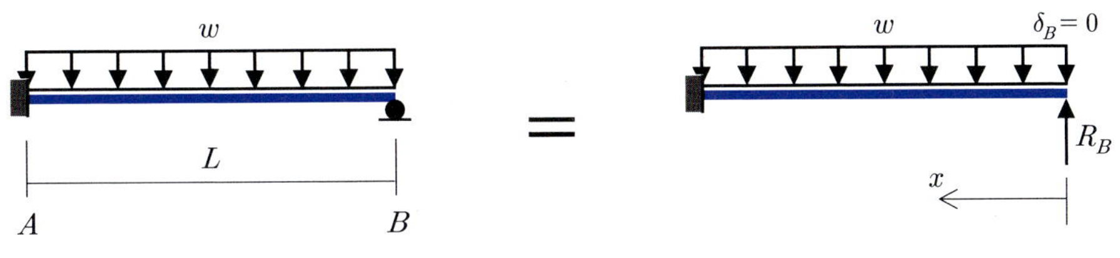

그림 6.3.4.3

B점을 기준으로 휨모멘트선도의 식 M_x를 반력 R_B의 함수로 구하면 보에 저장되는 변형에너지 U는 식 (5.5.3)으로 결정된다.

$$M_x = xR_B - \frac{wx^2}{2} \quad ; \quad U = \int_0^L \frac{M_x^2}{2EI} dx$$

Castigliano의 제2정리에 의한 적합조건식을 구성하고 M_x 및 $\partial M_x / \partial R_B = x$를 대입하여 R_B를 결정하면 평형조건에 의해 A 지점의 수직반력은 $5wL/8$ 상향, 회전반력은 $wL^2/8$ 반시계방향으로 산정된다.

$$\frac{\partial U}{\partial R_B} = 0 = \int_0^L \frac{M_x(\partial M_x/\partial R_B)}{EI}\,dx = \frac{1}{EI}\int_0^L\left(xR_B - \frac{wx^2}{2}\right)x\,dx$$

$$\frac{R_B L^3}{3} - \frac{wL^4}{8} = 0 \quad \Rightarrow \quad R_B = \frac{3wL}{8}$$

예제 6.3.4.3

그림 예6.3.4.3(1)에 제시한 버팀캔틸레버보에서 기본정정보를 단순보로 선택하고 Castigliano의 제2정리를 적용하여 반력을 구하시오. 휨강성 EI는 일정하다.

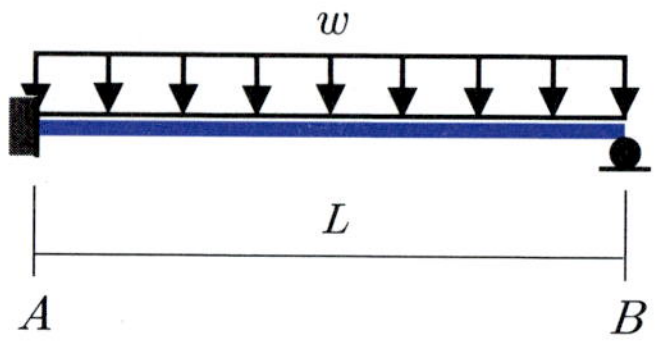

그림 예6.3.4.3(1)

설명 고정지점의 회전반력을 여분구속력으로 설정하면 그림 예6.3.4.3(2)와 같이 미지하중 M_A를 가정하고 상응하는 처짐각이 0이라는 것이 적합조건이다.

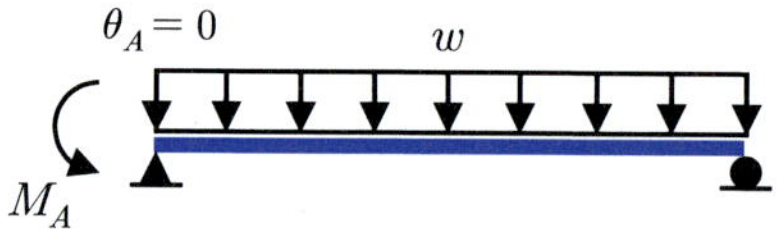

그림 예6.3.4.3(2)

그림 예6.3.4.3(3)에 제시한 기본정정보의 자유물체도에 평형방정식을 적용하여 R_B의 식을 구하고 B점을 기준으로 M_x를 M_A의 함수로 제시하면 다음과 같다.

$$\sum^{A} M = 0 = M_A - wL \times \frac{L}{2} + R_B \times L \quad ; \quad R_B = \frac{wL}{2} - \frac{M_A}{L}$$

$$M_x = R_B x - \frac{wx^2}{2} = \left(\frac{wL}{2} - \frac{M_A}{L}\right)x - \frac{wx^2}{2}$$

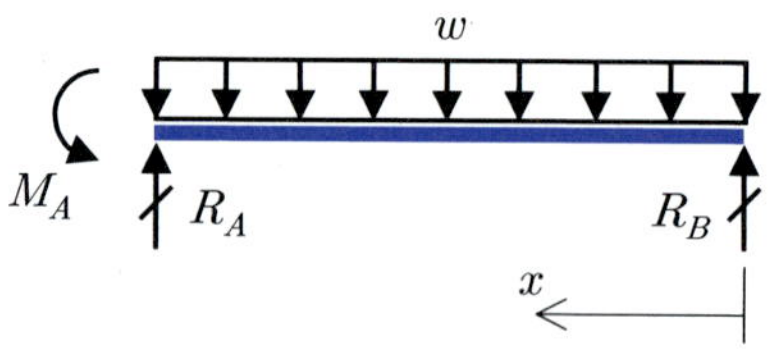

그림 예6.3.4.3(3)

Castigliano의 제2정리에 의한 적합조건식을 구성하고 M_x와 $\partial M_x/\partial M_A = -x/L$를 대입하면 M_A는 $wL^2/8$이 결정되므로 위 평형방정식으로부터 R_B는 $3wL/8$이고 R_A는 $5wL/8$이다.

$$\frac{\partial U}{\partial M_A} = 0 = \int_0^L \frac{M_x(\partial M_x/\partial M_A)}{EI}\,dx$$

$$= \frac{1}{EI}\int_0^L \left\{\left(\frac{wL}{2} - \frac{M_A}{L}\right)x - \frac{wx^2}{2}\right\}\left(-\frac{x}{L}\right)dx$$

$$0 = -\left(\frac{wL}{2} - \frac{M_A}{L}\right)\frac{L^2}{3} + \frac{wL^3}{8} \quad ; \quad M_A = \frac{wL^2}{8}$$

예제 6.3.4.4 그림 예6.3.4.4(1)의 고정보에서 기본정정보를 단순보로 선택하고 Castigliano의 제2정리를 적용하여 반력을 구하시오. 휨강성 EI는 일정하다.

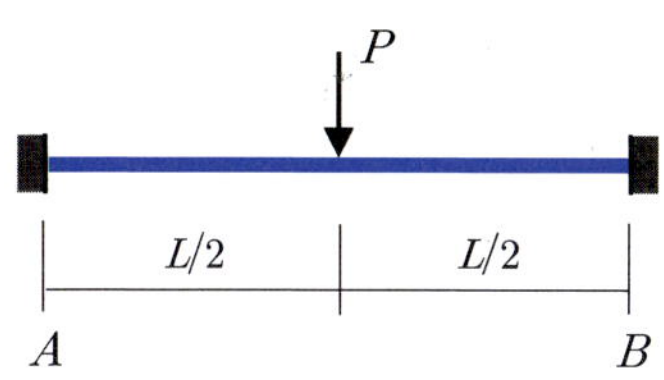

그림 예6.3.4.4(1)

설명 고정지점의 회전반력을 여분구속력으로 설정하면 구조물과 하중이 대칭이므로 그림 예6.3.4.4(2)와 같이 미지하중 M은 동일한 크기로 가정할 수 있으며 상응하는 처짐각이 0이라는 것이 적합조건이다.

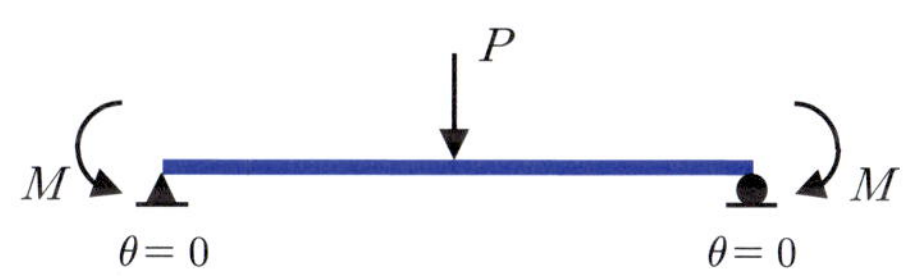

그림 예6.3.4.4(2)

양 지점의 수직반력은 $P/2$ 상향이므로 구간 $0 < x < L/2$의 M_x 및 Castigliano의 제2정리에 의한 적합조건식을 구성하고 M_x와 $\partial M_x/\partial M = -1$을 대입하면 $M = PL/8$이 결정되므로 A 지점의 회전반력은 $PL/8$ 반시계방향, B 지점의 회전반력은 $PL/8$ 시계방향이다.

$$M_x = \frac{P}{2}x - M \quad ; \quad \frac{\partial U}{\partial M} = 0 = \frac{2}{EI}\int_0^{L/2} M_x\left(\frac{\partial M_x}{\partial M}\right)dx$$

$$0 = \int_0^{L/2}\left(\frac{P}{2}x - M\right)(-1)\,dx = \left[-\frac{P}{2}\times\frac{x^2}{2} + Mx\right]_0^{L/2} = -\frac{PL^2}{16} + \frac{ML}{2}$$

예제 6.3.4.5 그림 예6.3.4.5(1)의 연속보에서 기본정정보를 단순보로 선택하고 Castigliano의 제2정리를 적용하여 반력을 구하시오. 휨강성 EI는 일정하다.

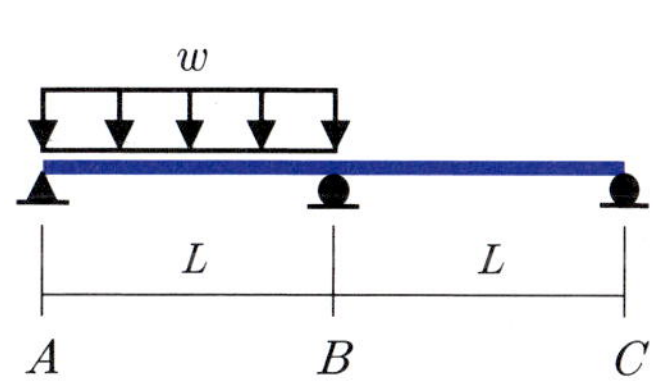

그림 예6.3.4.5(1)

설명 B 지점의 수직반력을 여분구속력으로 설정하면 그림 예6.3.4.5(2)와 같이 미지하중으로 R_B를 가정하고 상응하는 처짐이 0이라는 것이 적합조건이다. 구간 AB 대신 구간 BC에 동일한 등분포하중이 재하된 경우에도 동일한 여분구속력 R_B가 발생하므로 그림 예6.3.4.5(3)과 같이 두 경우를 중첩하면 구조물과 하중의 대칭성을 이용하여 용이하게 R_B를 결정할 수 있다.

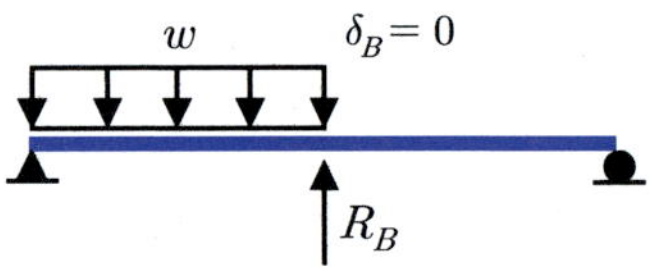

그림 예6.3.4.5(2)

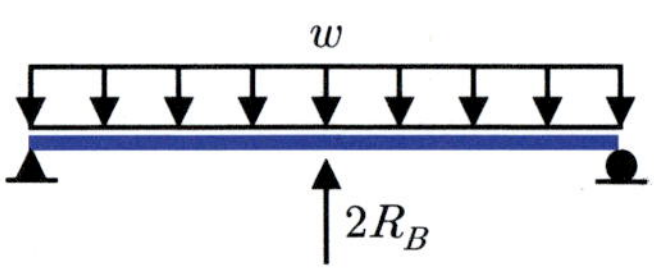

그림 예6.3.4.5(3)

A, C 지점의 수직반력은 $wL-R_B$이므로 구간 $0<x<L$의 M_x 및 Castigliano의 제2정리에 의한 적합조건식을 구성하고 M_x와 $\partial M_x/\partial(2R_B)=-x/2$를 대입하면 R_B는 $5wL/8$이 결정된다.

$$M_x = (wL-R_B)x - \frac{wx^2}{2} \quad ; \quad \frac{\partial U}{\partial(2R_B)} = 0 = \frac{2}{EI}\int_0^L M_x\left\{\frac{\partial M_x}{\partial(2R_B)}\right\}dx$$

$$0 = \int_0^L \left\{(wL-R_B)x - \frac{wx^2}{2}\right\}\left(-\frac{x}{2}\right)dx$$

$$= \left[-\frac{wL-R_B}{2}\times\frac{x^3}{3}+\frac{w}{4}\times\frac{x^4}{4}\right]_0^L = -\frac{(wL-R_B)L^3}{6}+\frac{wL^4}{16}$$

A, C 지점의 수직반력은 그림 예6.3.4.5(4)의 전체 자유물체도에 평형방정식을 적용하여 산정한다.

$$\sum^A M = 0 = wL\times\frac{L}{2}-\frac{5wL}{8}\times L - R_C\times(2L) \quad ; \quad R_C = -\frac{wL}{16}$$

$$\sum F_y = 0 = R_A - wL + \frac{5wL}{8} - \frac{wL}{16} \quad ; \quad R_A = \frac{7wL}{16}$$

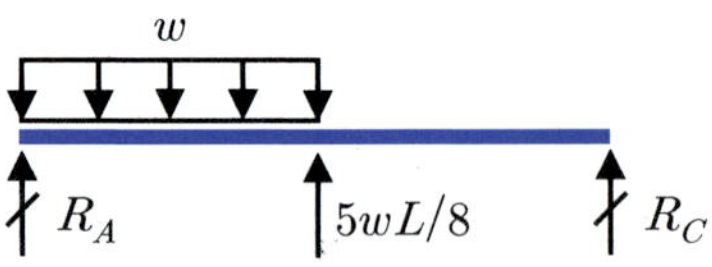

그림 예6.3.4.5(4)

요점

부정정보의 구성. 보에 설치하는 지점의 종류와 개수 및 배치에 의해 그림 6.2.1에 제시한 바와 같이 보를 구분한다.

1) 단순보(simple beam) : 보의 양단이 그림 6.2.1(1)과 같이 회전지점과 이동지점으로 지지되어 있다.
2) 외팔보(cantilever beam) : 그림 6.2.1(2)와 같이 일단이 고정지점으로 지지되어 있다. 고정지점의 반대편 보의 끝을 자유단이라 한다.
3) 내민보(overhanging beam) : 단순보의 일단 또는 양단에서 그림 6.2.1(3)과 같이 부재가 연속되는 연결부분이 있다.
4) 연속보(continuous beam) : 한 개의 회전지점과 두 개 이상의 이동지점으로 구성된 보로 그림 6.2.1(4)와 같다.
5) 버팀캔틸레버보(propped cantilever beam) : 그림 6.2.1(5)와 같이 외팔보에 지점이 추가되어 있는 보다.
6) 고정보(fixed beam) : 보의 양단이 그림 6.2.1(6)과 같이 고정지점으로 지지되어 있다.

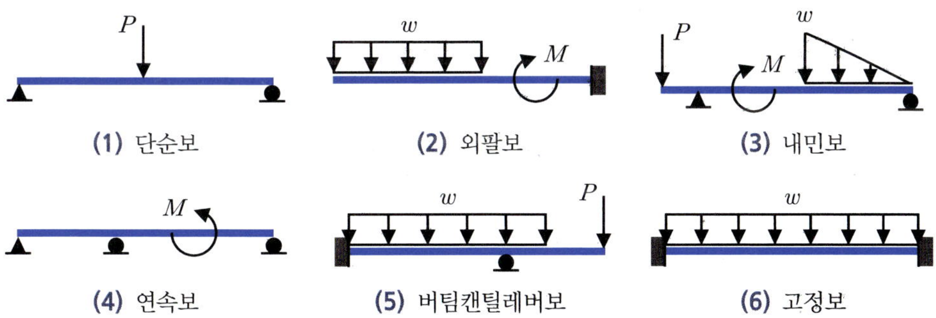

그림 6.2.1 보의 종류

그림 6.2.1(4), (5), (6)의 부정정보는 각각 4개, 4개, 6개의 반력이 발생하고 평형방정식의 개수 3과의 차이를 부정정차수(degree of indeterminacy)라 하므로 연속보와 버팀캔틸레버보는 1차 부정정, 고정보는 3차 부정정이다. 지점은 역계의 자유도를 구속하는 역할을 하므로 그림 6.2.2에 제시한 공간역계에서 x축을 부재축으로 하는 보의 경우 지점반력(이동반력, 회전반력)과 상응하여 구속되는 변형(이동, 회전)은 표 6.2.1과 같고 평면역계에서 x축을 부재축으로 하는 보의 경우 수평, 수직, 회전 반력은 각각 상응하는 신장(또는 수축), 수직처짐, 처짐각을 구속한다.

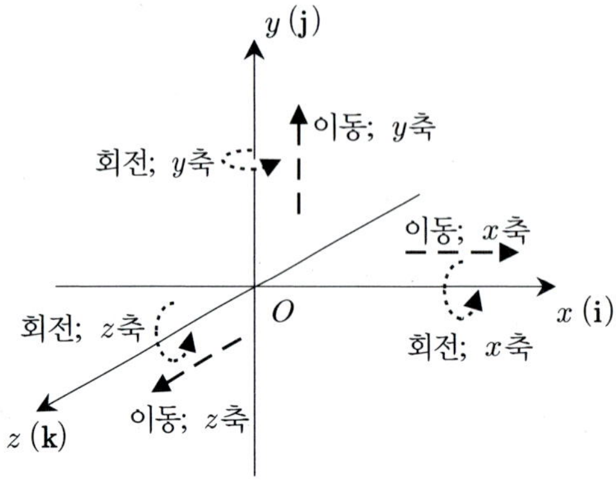

그림 6.2.2 공간역계의 자유도

표 6.2.1

자유도	축	부재축 x	변형
이동	x	이동반력	신장/수축
	y		수직처짐
	z		수평처짐
회전	x	회전반력	비틂각
	y		처짐각
	z		처짐각

탄성곡선식. 정정보의 경우 탄성곡선식은 휨모멘트선도의 식을 적분하여 구성하고 적분상수는 내력, 지점조건 등을 적용하여 결정한다. 부정정보의 경우는 반력을 먼저 구할 수 없으므로 휨모멘트선도의 식에 반력을 미지수로 포함하여 탄성곡선식을 구성하고 반력은 경계조건을 적용하여 결정한다.

모멘트면적법. 부정정보의 반력을 구하기 위해서는 부족한 개수만큼의 식을 구성하여야 하며 이러한 식은 부정정보 자체가 제공한다. 모멘트면적법을 적용하여 부정정보를 해석하기 위해서는 먼저 정정보가 되기 위해 필요, 충분한 지점을 선택하여 기본정정보(단순보, 외팔보, 내민보)를 구성한다. 기본정정보를 선택하는 기준은 보다 단순한 해석의 수행 여부다. 정정보를 구성하기에 필요, 충분한 지점 이외의 구속을 여분구속(redundant constraints)이라 하고 여분구속에서 발생하는 반력(이동반력 또는 회전반력)은 여분구속력이라 하며 기본정정보에 작용하는 미지하중으로 간주한다. 주어진 부정정보와 등가역계를 구성하기 위해서는 여분구속에 상응하는 움직임(이동 또는 회전)은 구속된다는 변형조건을 만족해야 하며 변형조건으로 작성한 식을 적합조건식(compatibility equation)이라 한다. 이와 같은 과정으로 미지력의 개수와 식(평형조건식+적합조건식)의 개수가 일치하게 되면 부정정보의 모든 반력을 산정할 수 있다.

일반적으로 버팀캔틸레버보는 이동지점을 여분구속으로 간주하여 외팔보를 기본정정보로 구성하면 이동지점의 수직반력은 여분구속력으로 미지하중이 되고 버팀캔틸레버보와 등가역계가 되기 위한 적합조건은 여분구속력에 상응하는 움직임이 구속된다는 것이다. 해석을 단순화 할 수 있는 경우 버팀캔틸레버보는 고정지점을 회전지점으로 변경하여 단순보를 기본정정보로 선택할 수 있다. 버팀캔틸레버보에서 고정지점의 회전반력을 여분구속으로 간주하여 단순보를 기본정정보로 구성하면 고정지점의 회전반력은 여분구속력으로 미지하중이 되고 버팀캔틸레버보와 등가역계가 되기 위한 적합조건은 여분구속력에 상응하는 처짐각이 구속된다는 것이다. 버팀캔틸레버보의 경우 양 지점의 경계조건을 고려하면 그림 6.3.2.1(3)과 같이 처짐곡선이 작성되고 C점의 접선이 수평이므로 모멘트면적 제2정리에 의하면 C점의 접선으로부터 A점이 이탈한 접선상대거리가 0이다. 그러므로 기본정정보에서 하중과 여분구속력에 의한 휨모멘트선도(개별휨모멘트선도)를 작성하고 모멘트면적 제2정리를 적용하면 동일한 적합조건식을 구성할 수 있다.

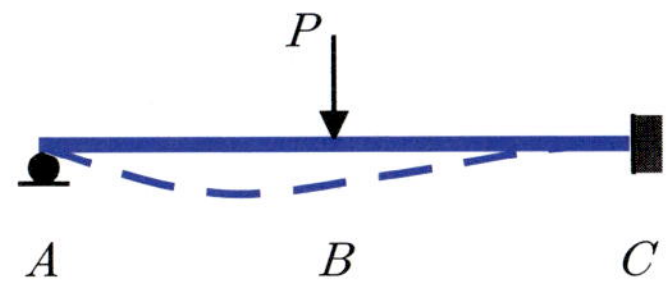

그림 6.3.2.1(3)

고정보는 좌, 우측 고정지점 중 하나를 여분구속으로 하여 기본정정보를 외팔보로 선택하거나 양 고정지점의 회전반력을 여분구속으로 하여 기본정정보를 단순보로 선택할 수 있다. 기본정정보를 외팔보로 선택하는 경우 여분구속력은 자유단에 미지하중으로 작용하는 수직반력과 회전반력이고 고정보와 등가역계가 되기 위한 적합조건은 여분구속력에 상응하는 움직임(자유단의 수직방향 이동과 회전)이 구속된다는 것이다. 기본정정보를 단순보로 선택하는 경우 여분구속력은 양 지점에 미지하중으로 작용하는 회전반력이고 고정보와 등가역계가 되기 위한 적합조건은 여분구속력에 상응하는 양 지점의 회전이 구속된다는 것이다. 고정보의 경우 양 지점의 경계조건을 고려하면 그림 6.3.2.3(3)과 같이 처짐곡선이 작성되고 A점과 B점의 접선이 수평이므로 모멘트면적 제1정리에 의하면 A점과 B점 간 휨모멘트선도 면적의 합은 0이다. 또한 모멘트면적 제2정리를 적용하면 A점의 접선으로부터 B점이 이탈한 접선상대거리가 0이다. 그러므로 기본정정보에서 하중과 여분구속력에 의한 휨모멘트선도(개별휨모멘트선도)를 작성하고 모멘트면적 정리를 적용하면 동일한 적합조건식을 구성할 수 있다.

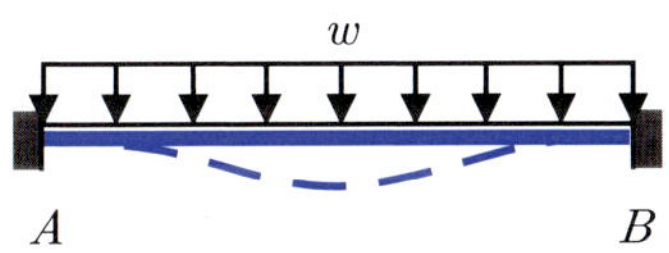

그림 6.3.2.3(3)

연속보는 지점 중 하나를 여분구속으로 하여 기본정정보를 단순보 또는 내민보로 선택할 수 있다. 여분구속으로 간주한 지점의 반력은 미지하중으로 작용하는 여분구속력이 되고 연속보와 등가역계가 되기 위한 적합조건은 여분구속력에 상응하는 움직임이 구속된다는 것이다.

3연모멘트식. 3연모멘트식(three moments equation)은 연속보에 집중하중 또는 지간길이의 등분포하중이 작용하는 경우 연속된 2개 지간의 3개 지점 단면에서 전달되는 내력인 휨모멘트의 관계를 식으로 구성한 것이다. 그림 6.3.3.1(1)과 같이 휨강성 EI가 일정하고 2개 지간에 등분포하중 w_1, w_2 및 집중하중 P_1, P_2가 작용하는 경우 단면법을 적용하여 그림 6.3.3.1(2)와 같이 지간 AB, BC의 자유물체도를 작성하면 주어진 하중과 함께 휨모멘트 M_A, M_B, M_C가 작용하는 2개의 단순보가 구성된다.

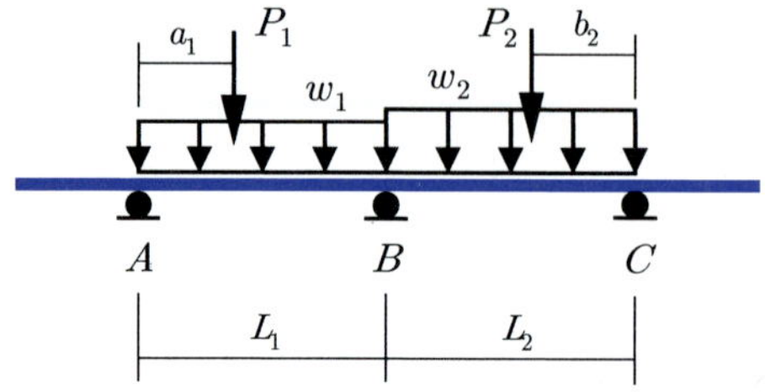

(1) 연속보의 연속된 2개 지간

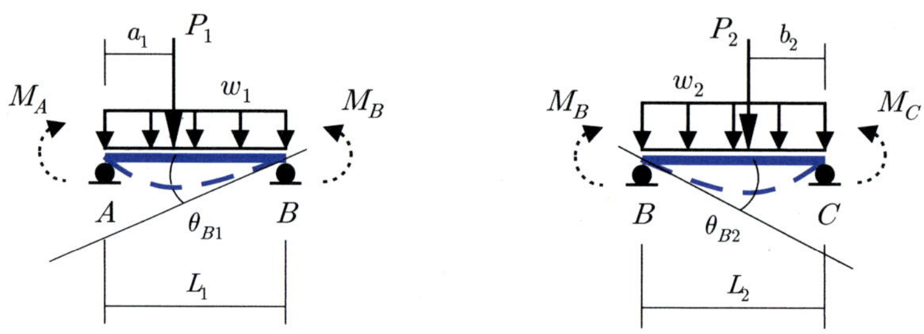

(2) 지간 AB, BC의 자유물체도

그림 6.3.3.1

처짐공식을 사용하여 지간 AB의 처짐각과 지간 BC의 처짐각을 산정하면 연속보에서 B점의 좌, 우측 처짐각은 동일해야 하므로 다음 식 (6.3.3.1)과 같이 3연모멘트식이 구성된다. 보가 고정지점을 포함하는 경우 길이가 0인 보조지간을 도입하고 3연모멘트식을 구성하여 해석할 수 있다.

$$M_A L_1 + 2M_B(L_1 + L_2) + M_C L_2$$
$$= -\frac{w_1 L_1^3}{4} - \frac{w_2 L_2^3}{4} - \frac{P_1 a_1 (L_1^2 - a_1^2)}{L_1} - \frac{P_2 b_2 (L_2^2 - b_2^2)}{L_2} \tag{6.3.3.1}$$

변형에너지법. 변형에너지법은 구조물의 선형거동에 의해 저장되는 변형에너지로부터 변형을 구하는 방법이다. 그림 6.3.4.1과 같이 구조물의 선형거동에서 서로 독립적인 n개의 하중 P_1, P_2, P_3, $\cdots$, P_n이 작용하여 상응하는 변형 δ_1, δ_2, δ_3, $\cdots$, δ_n이 발생하는 경우 구조물에 저장되는 변형에너지 U는 하중이 한 일 W와 동일하므로 다음 관계식이 구성된다.

$$U = W = \frac{1}{2}(P_1\delta_1 + P_2\delta_2 + P_3\delta_3 + \cdots + P_n\delta_n) = \frac{1}{2}\sum_1^n P_i\delta_i$$

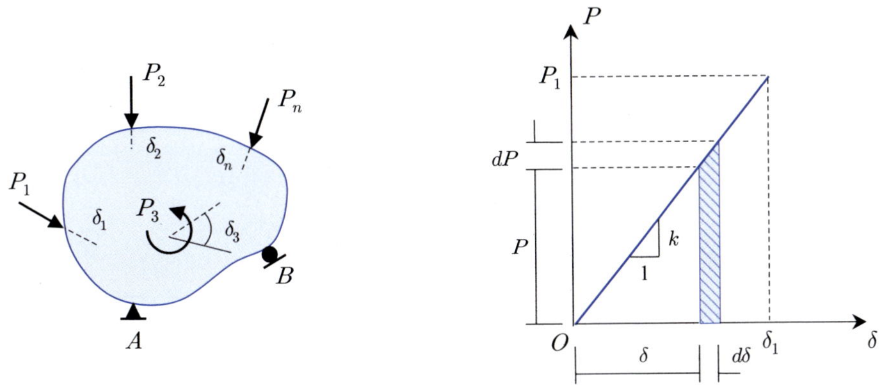

그림 6.3.4.1

U가 하중의 2차 함수 $f(P_i)$로 정의되고 서로 독립적인 $P_1 \sim P_n$의 작용 하에 $\delta_1 \sim \delta_n$이 발생한 상태에서 타하중은 변하지 않고 임의의 하중 P_i에만 dP_i의 증가가 발생하면 U의 증가량 dU는 P_i에 의한 U의 증가율 $\partial U/\partial P_i$와 dP_i의 곱으로 결정된다.

$$dU = \frac{\partial U}{\partial P_i} dP_i$$

최종 변형에너지 $U + dU$는 하중의 작용순서를 변경해도 동일해야 한다. dP_i가 먼저 작용하면 미소하중 dP_i에 의한 변형은 하중의 2차 함수가 되므로 무시할 수 있고 이 상태에서 $P_1 \sim P_n$이 작용하여 $\delta_1 \sim \delta_n$이 발생한다면 dP_i에 의한 일 dW는 $\delta_i dP_i$이므로 dU가 dW와 동일하다는 조건식을 구성하면 U로부터 δ_i를 결정할 수 있는 식 (6.3.4.1)을 정의할 수 있다. 이 식을 Castigliano의 제2정리라 하며 선형거동을 하는 구조물의 변형에너지 U를 하중 P_i의 함수로 구하면 임의의 하중 P_i에 대한 U의 편도함수 $\partial U/\partial P_i$는 P_i에 상응하는 변형 δ_i가 된다는 것이다.

$$\frac{\partial U}{\partial P_i} dP_i = \delta_i dP_i$$

$$\delta_i = \frac{\partial U}{\partial P_i} \qquad (6.3.4.1)$$

Castigliano의 제2정리는 부정정보의 해석에 매우 유용하게 적용된다. 여분구속력을 $X,\ Y,\ Z,\ \cdots$라 하고 변형에너지를 $X,\ Y,\ Z,\ \cdots$의 함수로 구하면 여분구속력에 상응하는 변형 $\partial U/\partial X$, $\partial U/\partial Y$, $\partial U/\partial Z$, $\cdots$는 모두 0이 되어야 한다. 그러므로 여분구속의 개수에 해당하는 연립방정식을 구성하여 여분구속력을 산정할 수 있다.

연습문제

연습문제 6.3.1절 탄성곡선식

6-1 탄성곡선식을 사용하여 버팀캔틸레버보의 반력을 구하시오. EI는 일정하다.

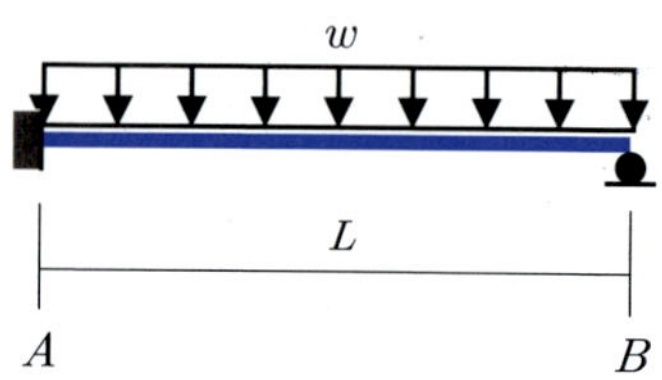

[답] $R_A = \dfrac{5wL}{8}\uparrow$, $M_A = \dfrac{wL^2}{8}$ 반시계방향, $R_B = \dfrac{3wL}{8}\uparrow$

6-2 탄성곡선식을 사용하여 고정보의 반력을 구하시오. EI는 일정하다.

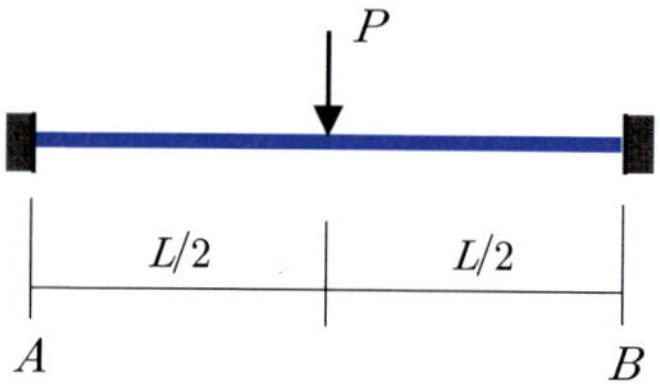

[답] $R_A = \dfrac{P}{2}\uparrow = R_B$, $M_A = \dfrac{PL}{8}$ 반시계방향, $M_B = \dfrac{PL}{8}$ 시계방향

연습문제 6.3.2절 모멘트면적법

6-3 외팔보를 기본정정보로 하여 버팀캔틸레버보의 반력을 구하고 이동지점의 처짐각이 0이 되는 모멘트 하중의 위치 a_1 및 고정지점의 모멘트 반력이 0이 되는 모멘트 하중의 위치 a_2를 구하시오. $a+b=L$이고 EI는 일정하다.

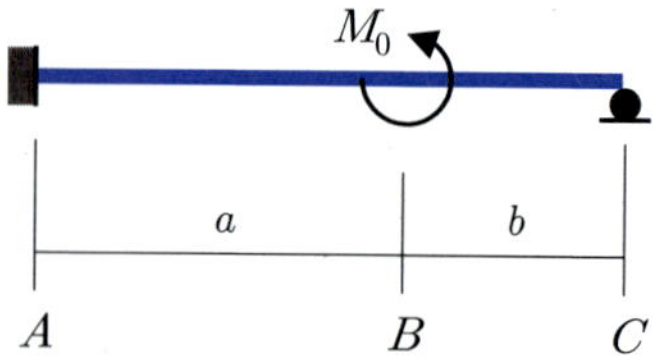

[답] $R_A = \dfrac{3M_0(L^2-b^2)}{2L^3}\uparrow$, $M_A = \dfrac{M_0(L^2-3b^2)}{2L^2}$ 반시계방향

$R_C = \dfrac{3M_0(L^2-b^2)}{2L^3}\downarrow$, $a_1 = \dfrac{2L}{3}$, $a_2 = \dfrac{(3-\sqrt{3})L}{3}$

6-4 외팔보를 기본정정보로 하여 버팀캔틸레버보의 반력을 구하시오. EI는 일정하다.

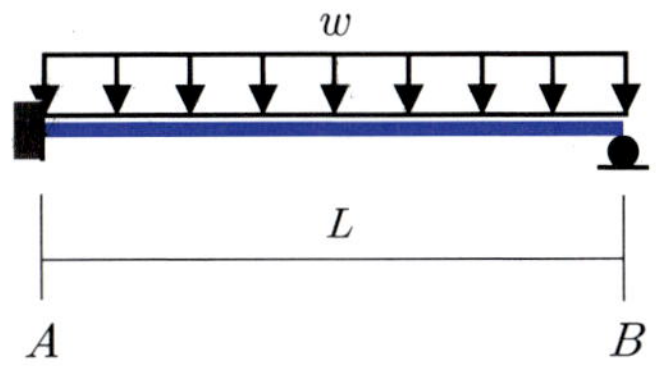

[답] $R_A=\dfrac{5wL}{8}\uparrow$, $R_B=\dfrac{3wL}{8}\uparrow$, $M_A=\dfrac{wL^2}{8}$ 반시계방향

6-5 외팔보를 기본정정보로 하여 버팀캔틸레버보의 반력을 구하시오. EI는 일정하다.

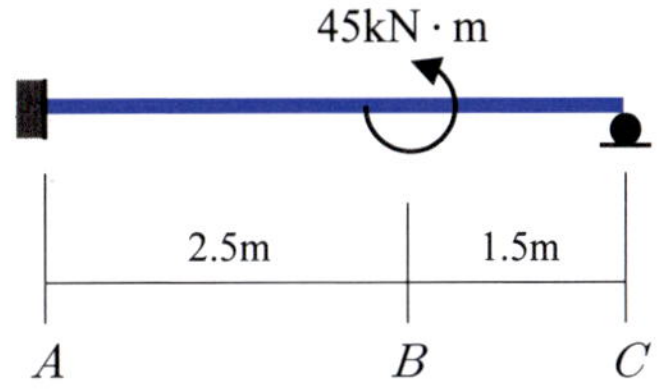

[답] $R_A=14.51\,\text{kN}\uparrow$, $R_C=14.51\,\text{kN}\downarrow$, $M_A=13.04\,\text{kN}\cdot\text{m}$ 반시계방향

6-6 외팔보를 기본정정보로 하여 버팀캔틸레버보의 반력을 구하시오. EI는 일정하다.

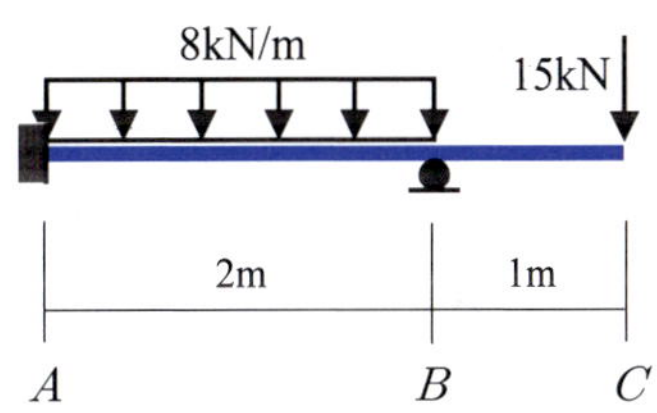

[답] $R_A=1.25\,\text{kN}\downarrow$, $R_B=32.25\,\text{kN}\uparrow$, $M_A=3.5\,\text{kN}\cdot\text{m}$ 시계방향

6-7 단순보를 기본정정보로 하여 버팀캔틸레버보의 반력을 구하시오. $a+b=L$이고 EI는 일정하다.

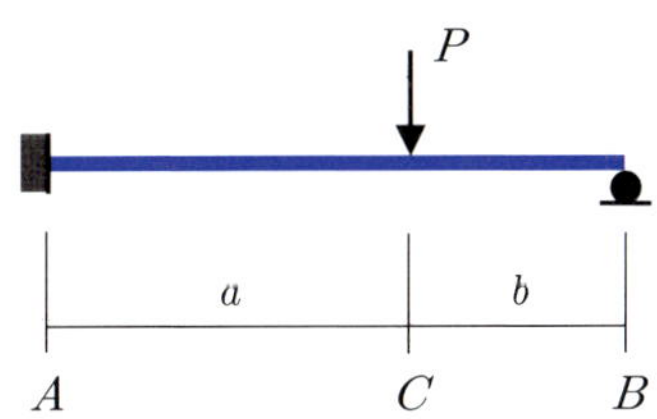

[답] $R_A=\dfrac{Pb(3L^2-b^2)}{2L^3}\uparrow$, $M_A=\dfrac{Pab(L+b)}{2L^2}$ 반시계방향, $R_B=\dfrac{Pa^2(3L-a)}{2L^3}\uparrow$

6-8 외팔보를 기본정정보로 하여 버팀캔틸레버보의 반력을 구하시오. EI는 일정하다.

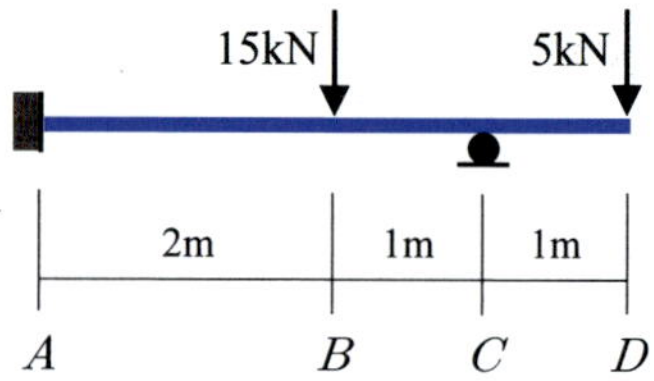

[답] $R_A = 4.72\,\mathrm{kN}\uparrow$, $M_A = 4.16\,\mathrm{kN\cdot m}$ 반시계방향, $R_C = 15.28\,\mathrm{kN}\uparrow$

6-9 단순보를 기본정정보로 하여 버팀캔틸레버보의 반력을 구하시오. EI는 일정하다.

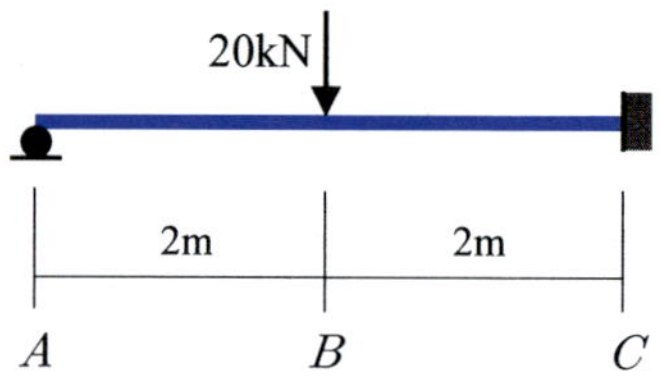

[답] $R_A = 6.25\,\mathrm{kN}\uparrow$, $R_C = 13.75\,\mathrm{kN}\uparrow$, $M_A = 15.0\,\mathrm{kN\cdot m}$ 시계방향

6-10 외팔보를 기본정정보로 하여 버팀캔틸레버보의 반력을 구하시오. $a+b=L$이고 EI는 일정하다.

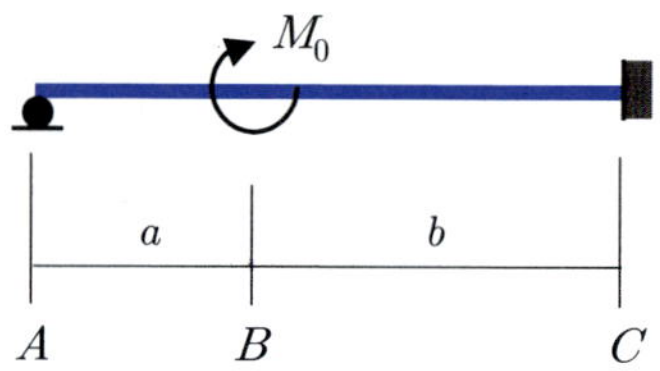

[답] $R_A = \dfrac{3M_0(L^2-a^2)}{2L^3}\downarrow$, $R_C = \dfrac{3M_0(L^2-a^2)}{2L^3}\uparrow$, $M_C = \dfrac{M_0(L^2-3a^2)}{2L^2}$ 시계방향

6-11 외팔보를 기본정정보로 하여 버팀캔틸레버보의 반력을 구하시오. EI는 일정하다.

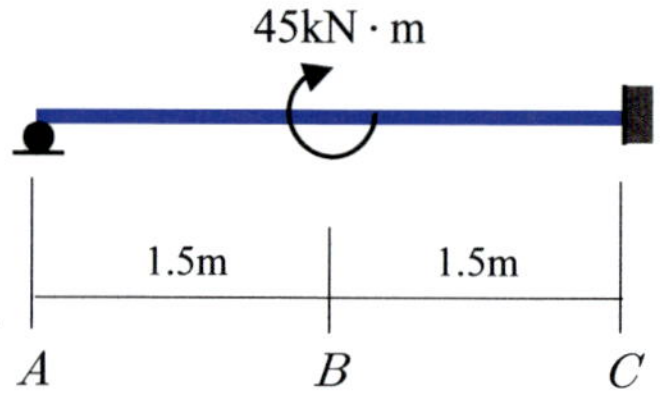

[답] $R_A = 16.88\,\mathrm{kN}\downarrow$, $R_C = 16.88\,\mathrm{kN}\uparrow$, $M_C = 5.64\,\mathrm{kN\cdot m}$ 시계방향

6-12 단순보를 기본정정보로 하여 버팀캔틸레버보의 반력을 구하시오. EI는 일정하다.

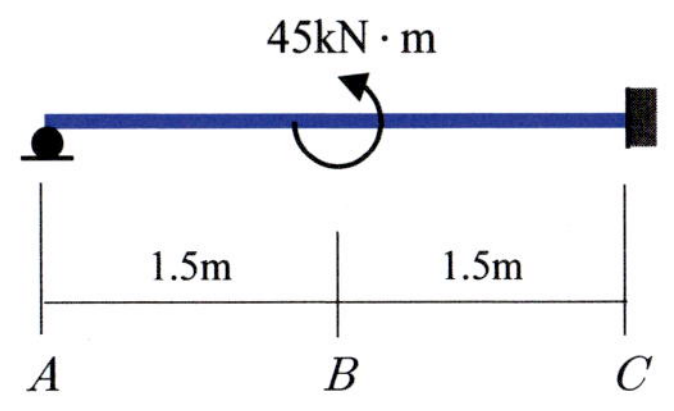

[답] $R_A = 16.9\,\text{kN} \uparrow$, $R_C = 16.9\,\text{kN} \downarrow$, $M_C = 5.63\,\text{kN} \cdot \text{m}$ 반시계방향

6-13 외팔보를 기본정정보로 하여 버팀캔틸레버보의 반력을 구하시오. EI는 일정하다.

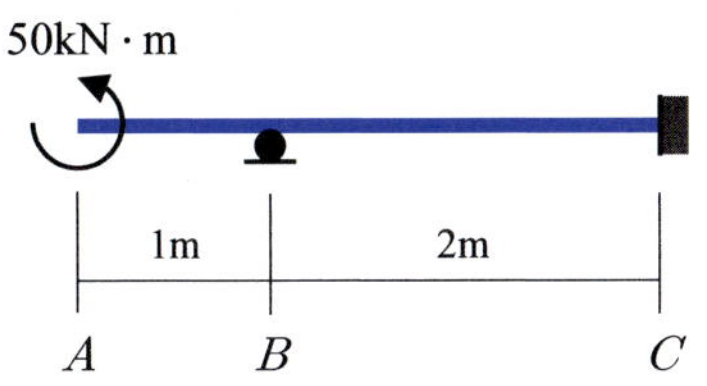

[답] $R_B = 37.5\,\text{kN} \uparrow$, $R_C = 37.5\,\text{kN} \downarrow$, $M_C = 25\,\text{kN} \cdot \text{m}$ 반시계방향

6-14 B지점을 여분구속으로 하여 고정보의 반력 및 하중 작용점의 처짐을 구하시오. $a+b=L$이고 EI는 일정하다.

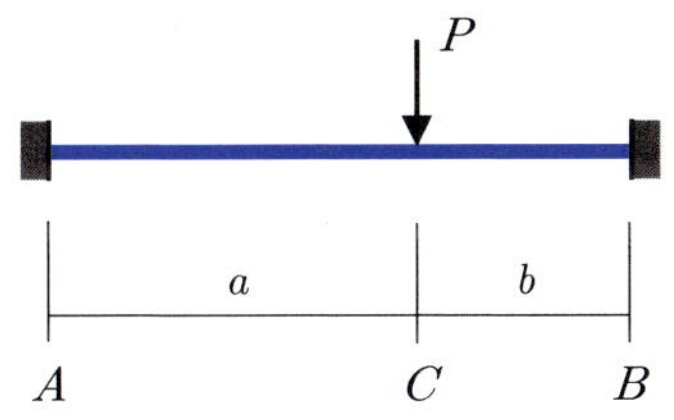

[답]

$$R_A = \frac{Pb^2(L+2a)}{L^3} \uparrow, \quad M_A = \frac{Pab^2}{L^2} \text{ 반시계방향}$$

$$R_B = \frac{Pa^2(L+2b)}{L^3} \uparrow, \quad M_B = \frac{Pa^2b}{L^2} \text{ 시계방향}, \quad \delta_C = \frac{Pa^3b^3}{3L^3EI} \text{ 하향}$$

6-15 B지점을 여분구속으로 하여 고정보의 반력을 구하시오. EI는 일정하다.

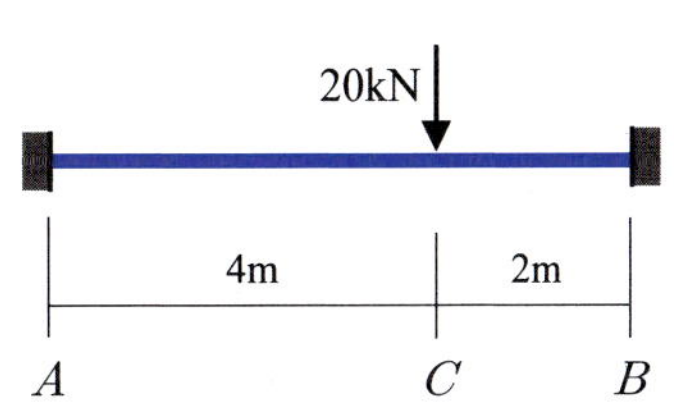

[답] $R_A = 5.18\,\text{kN} \uparrow$, $R_B = 14.82\,\text{kN} \uparrow$

$M_A = 8.86\,\text{kN} \cdot \text{m}$ 반시계방향, $M_B = 17.78\,\text{kN} \cdot \text{m}$ 시계방향

6-16 B지점을 여분구속으로 하여 고정보의 반력을 구하시오. $a+b=L$이고 EI는 일정하다.

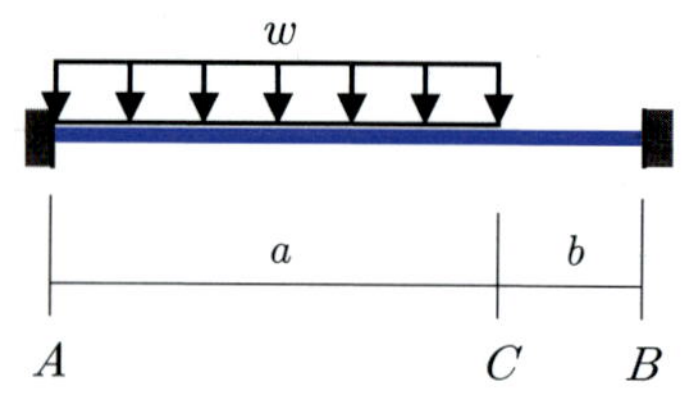

[답] $R_A = \dfrac{wa}{2L^3}(a^3+4a^2b+6ab^2+2b^3)$ ↑, $M_A = \dfrac{wa^2}{12L^2}(a^2+4ab+6b^2)$ 반시계방향

$R_B = \dfrac{wa^3(a+2b)}{2L^3}$ ↑, $M_B = \dfrac{wa^3(a+4b)}{12L^2}$ 시계방향

6-17 B지점을 여분구속으로 하여 고정보의 반력을 구하시오. EI는 일정하다.

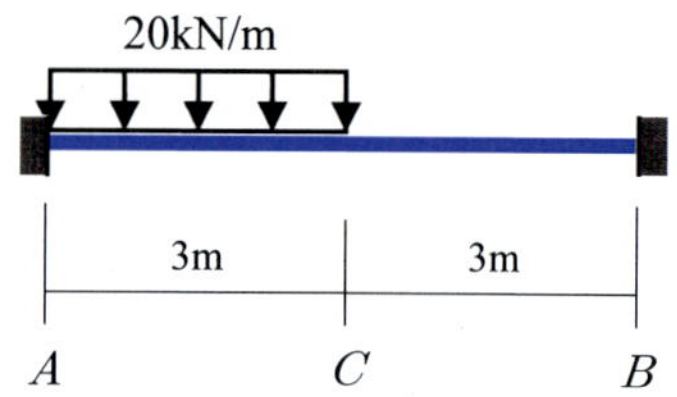

[답] $R_A = 48.75\,\text{kN}$ ↑, $M_A = 41.25\,\text{kN}\cdot\text{m}$ 반시계방향

$R_B = 11.25\,\text{kN}$ ↑, $M_B = 18.75\,\text{kN}\cdot\text{m}$ 시계방향

6-18 A지점을 여분구속으로 하여 고정보의 반력을 구하시오. EI는 일정하다.

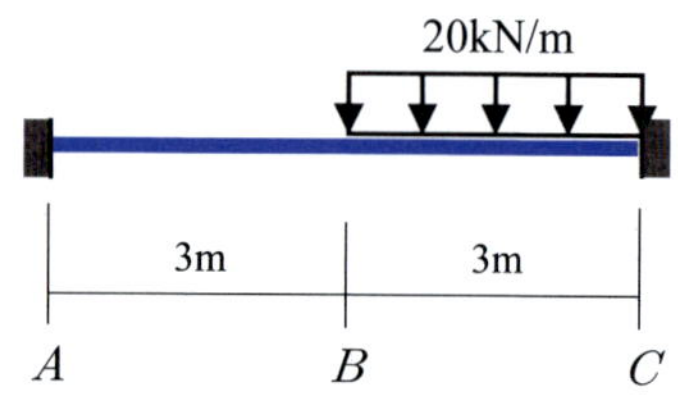

[답] $R_A = 11.25\,\text{kN}$ ↑, $M_A = 18.75\,\text{kN}\cdot\text{m}$ 반시계방향

$R_C = 48.75\,\text{kN}$ ↑, $M_C = 41.25\,\text{kN}\cdot\text{m}$ 시계방향

6-19 B지점을 여분구속으로 하여 고정보의 반력을 구하시오. $a+b=L$이고 EI는 일정하다.

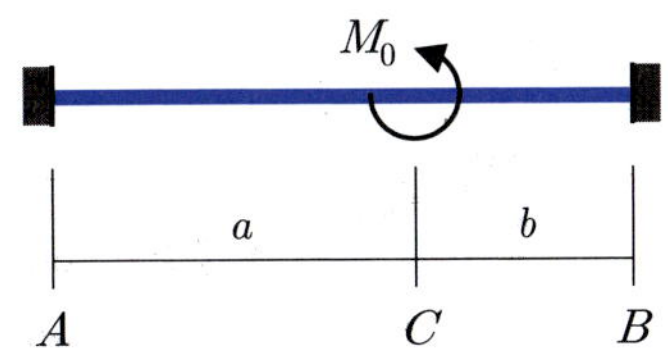

[답] $R_A = \dfrac{6M_0ab}{L^3}\uparrow$, $M_A = \dfrac{M_0b(2a-b)}{L^2}$ 반시계방향

$R_B = \dfrac{6M_0ab}{L^3}\downarrow$, $M_B = \dfrac{M_0a(a-2b)}{L^2}$ 시계방향

6-20 고정보의 B지점에 처짐 Δ가 발생한 경우 B지점을 여분구속으로 하여 고정보의 반력을 구하시오. EI는 일정하다.

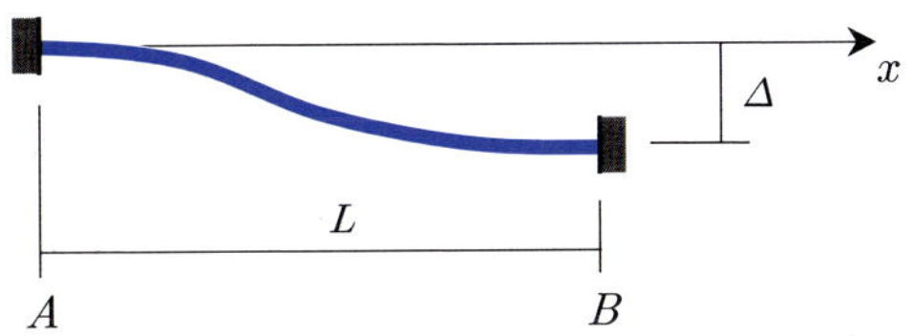

[답] $R_A = \dfrac{12EI}{L^3}\Delta\uparrow$, $M_A = \dfrac{6EI}{L^2}\Delta$ 반시계방향

$R_B = \dfrac{12EI}{L^3}\Delta\downarrow$, $M_B = \dfrac{6EI}{L^2}\Delta$ 반시계방향

6-21 B지점을 여분구속으로 하여 연속보의 반력을 구하시오. EI는 일정하다.

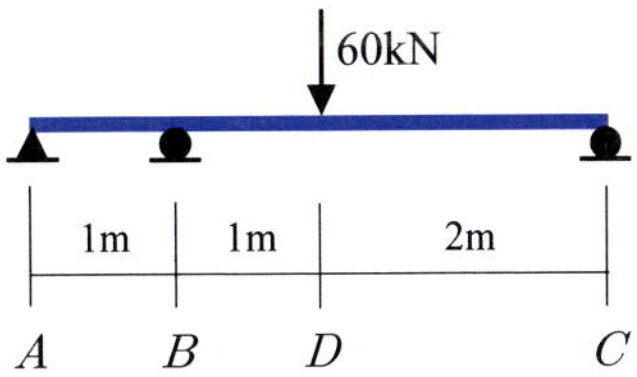

[답] $R_A = 25\,\text{kN}\downarrow$, $R_B = 73.33\,\text{kN}\uparrow$, $R_C = 11.67\,\text{kN}\uparrow$

6-22 B지점을 여분구속으로 하여 연속보의 반력을 구하시오. EI는 일정하다.

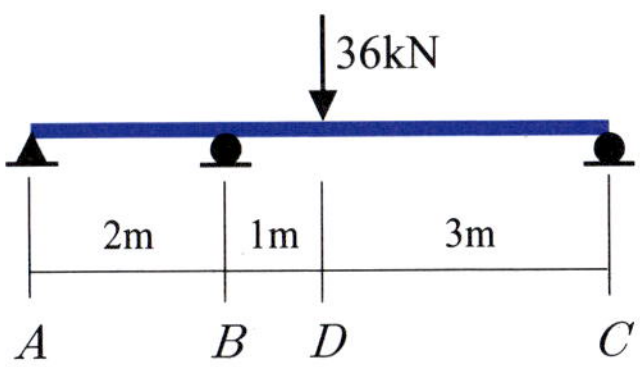

[답] $R_A = 7.87\,\text{kN}\downarrow$, $R_B = 38.81\,\text{kN}\uparrow$, $R_C = 5.06\,\text{kN}\uparrow$

6-23 B지점을 여분구속으로 하여 연속보의 반력을 구하시오. EI는 일정하다.

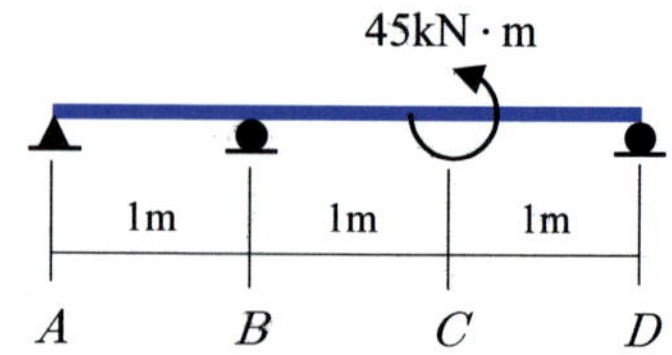

[답] $R_A = 3.75\,\text{kN}\downarrow$, $R_B = 28.13\,\text{kN}\uparrow$, $R_D = 24.38\,\text{kN}\downarrow$

6-24 C지점을 여분구속으로 하여 연속보의 반력을 구하시오. EI는 일정하다.

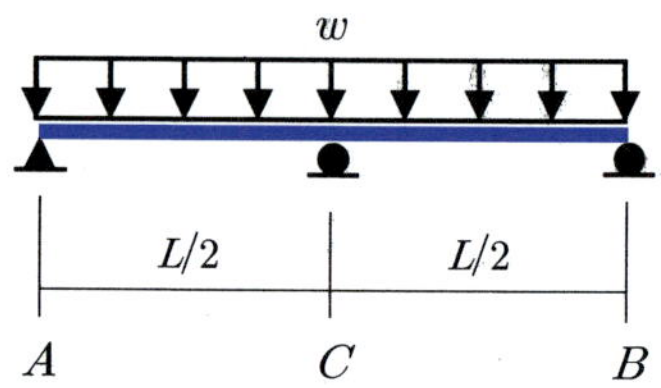

[답] $R_A = \dfrac{3wL}{16}\uparrow = R_B$, $R_C = \dfrac{5wL}{8}\uparrow$

6-25 내민보의 자유단이 케이블 CD로 지지되어 있고 하중이 작용하기 전에 케이블은 무응력 상태다. 등분포하중 w에 의해 케이블에 발생하는 내력을 구하시오. EI는 일정하다.

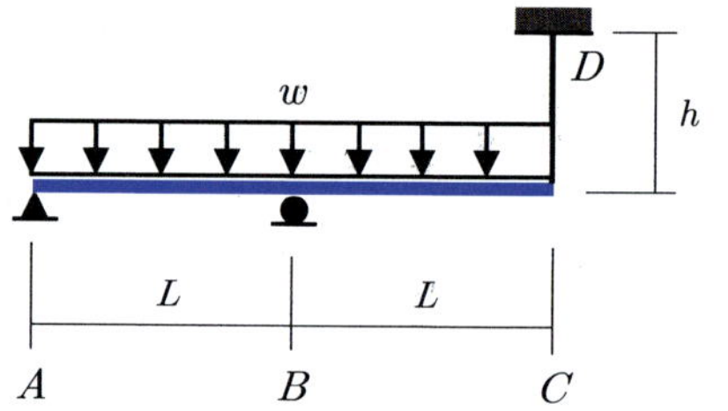

[답] $T = \dfrac{3wAL^4}{8AL^3 + 12hI}$

6-26 C지점을 여분구속으로 하여 연속보의 반력을 구하시오. EI는 일정하다.

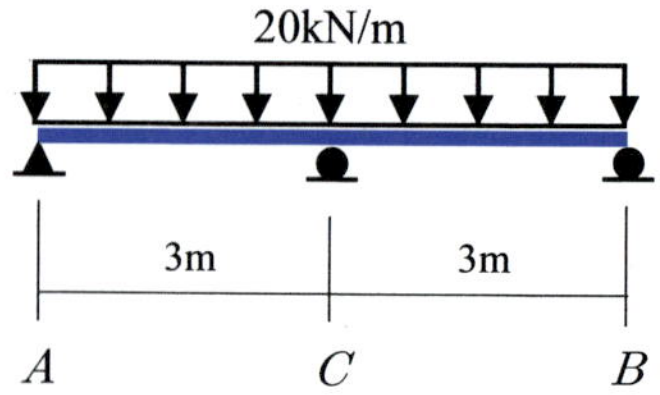

[답] $R_A = R_B = 22.5\,\text{kN}\uparrow$, $R_C = 75\,\text{kN}\uparrow$

6-27 C지점을 여분구속으로 하여 연속보의 반력을 구하시오. EI는 일정하다.

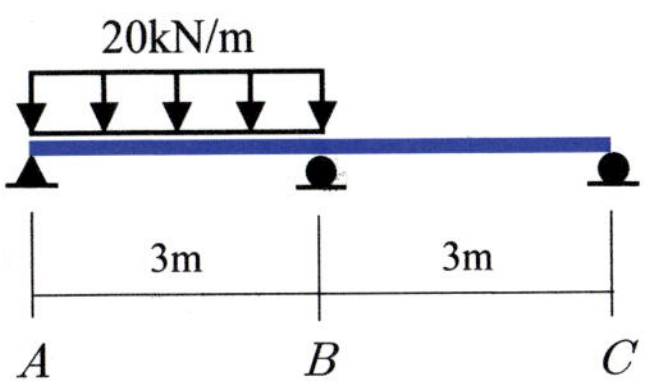

[답] $R_A = 26.25\,\text{kN}\uparrow$, $R_B = 37.5\,\text{kN}\uparrow$, $R_C = 3.75\,\text{kN}\downarrow$

6-28 B지점을 여분구속으로 하여 연속보의 반력을 구하시오. EI는 일정하다.

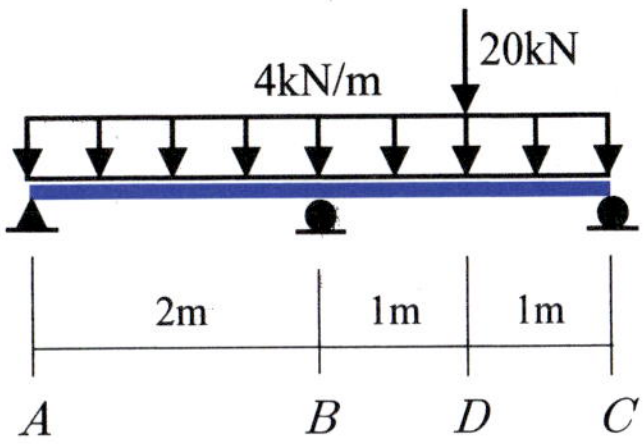

[답] $R_A = 1.125\,\text{kN}\uparrow$, $R_B = 23.75\,\text{kN}\uparrow$, $R_C = 11.125\,\text{kN}\uparrow$

연습문제 6.3.3절 3연모멘트식

6-29 3연모멘트식을 사용하여 연속보의 반력을 구하시오. EI는 일정하다.

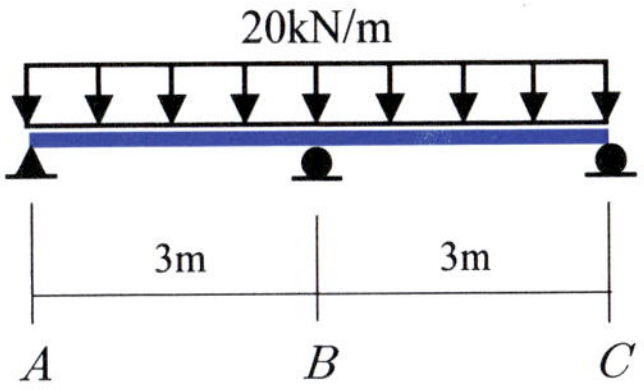

[답] $R_A = 22.5\,\text{kN}\uparrow = R_C$, $R_B = 75\,\text{kN}\uparrow$

6-30 3연모멘트식을 사용하여 연속보의 반력을 구하시오. EI는 일정하다.

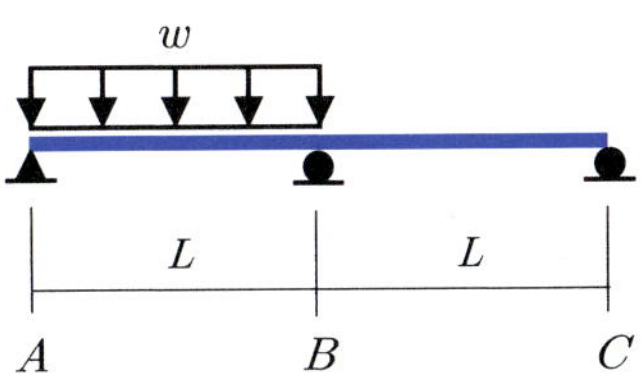

[답] $R_A = 7wL/16\uparrow$, $R_B = 5wL/8\uparrow$, $R_C = wL/16\downarrow$

6-31 3연모멘트식을 사용하여 연속보의 반력을 구하시오. EI는 일정하다.

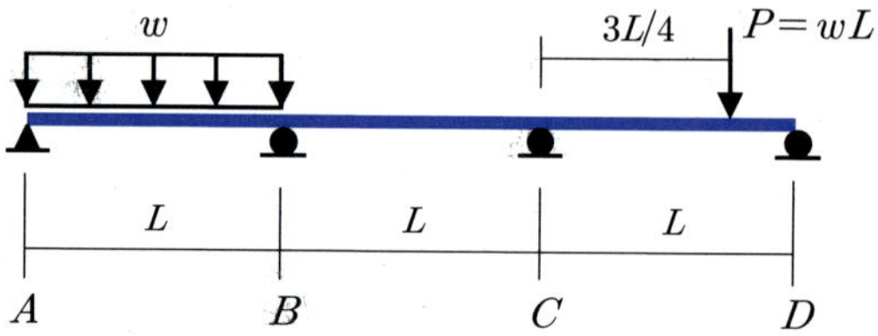

[답] $R_A = \dfrac{431wL}{960}\uparrow$, $R_B = \dfrac{89wL}{160}\uparrow$, $R_C = \dfrac{93wL}{320}\uparrow$, $R_D = \dfrac{169wL}{240}\uparrow$

6-32 3연모멘트식을 사용하여 버팀캔틸레버보의 반력을 구하시오. EI는 일정하다.

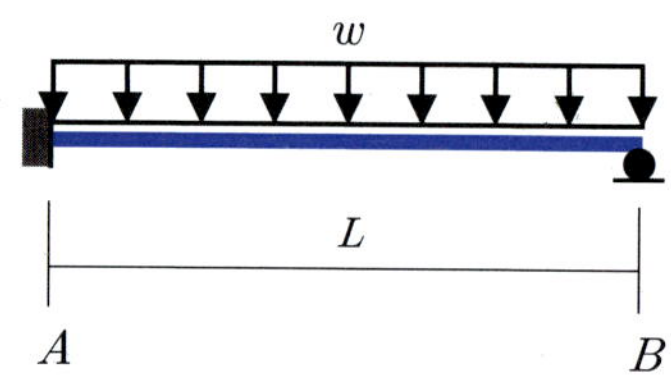

[답] $R_A = \dfrac{5wL}{8}\uparrow$, $M_A = \dfrac{wL^2}{8}$ 반시계방향, $R_B = \dfrac{3wL}{8}\uparrow$

6-33 3연모멘트식을 사용하여 부정정보의 반력을 구하시오. EI는 일정하다.

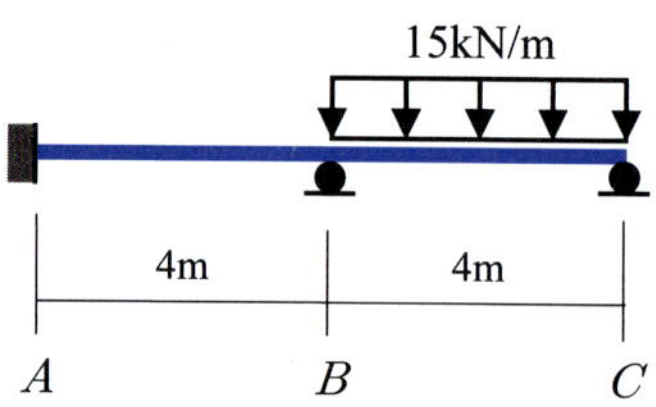

[답] $R_A = 6.43\,\text{kN}\downarrow$, $M_A = 8.57\,\text{kN}\cdot\text{m}$ 시계방향
$R_B = 40.71\,\text{kN}\uparrow$, $R_C = 25.72\,\text{kN}\uparrow$

6-34 3연모멘트식을 사용하여 고정보의 반력을 구하시오. $a+b=L$이고 EI는 일정하다.

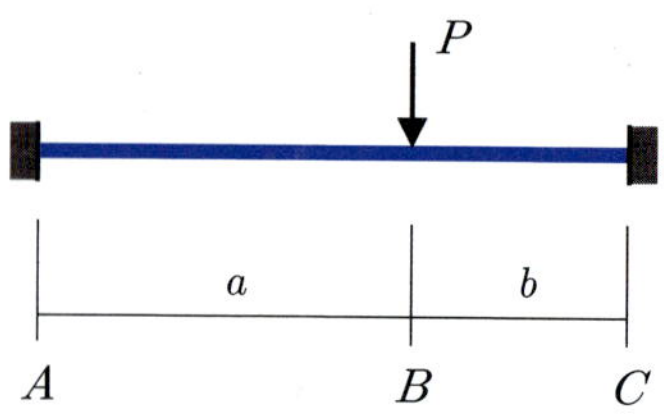

[답] $R_A = \dfrac{Pb^2(L+2a)}{L^3}\uparrow$, $M_A = \dfrac{Pab^2}{L^2}$ 반시계방향

$R_C = \dfrac{Pa^2(L+2b)}{L^3}\uparrow$, $M_C = \dfrac{Pa^2b}{L^2}$ 시계방향

연습문제 6.3.4절 변형에너지법

6-35 Castigliano의 제2정리를 적용하여 중앙점의 처짐을 구하시오. 휨강성 EI는 일정하다.

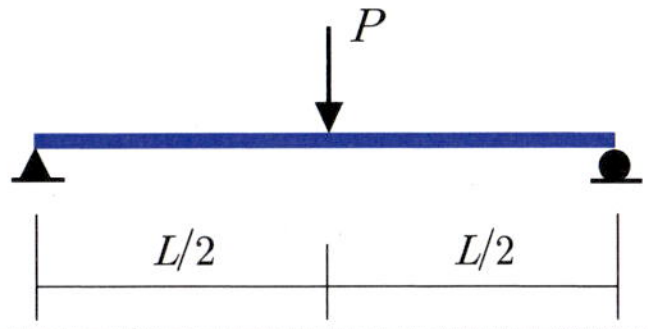

[답] $PL^3/48EI$ 하향

6-36 Castigliano의 제2정리를 적용하여 B점의 처짐각을 구하시오. 휨강성 EI는 일정하다.

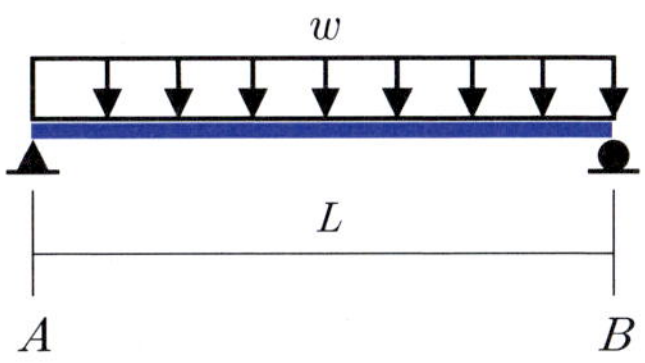

[답] $wL^3/24EI$ 반시계방향

6-37 Castigliano의 제2정리를 적용하여 자유단의 처짐각과 처짐을 구하시오. 휨강성 EI는 일정하다.

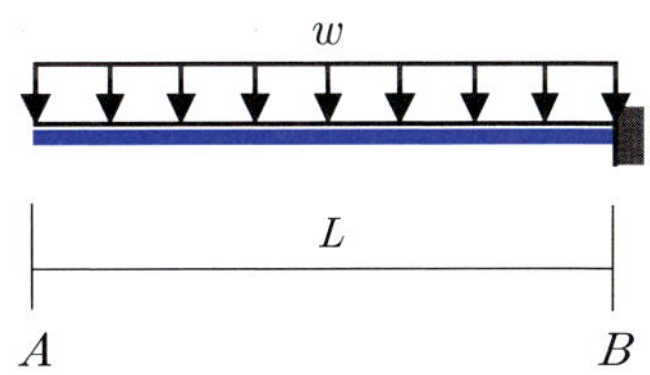

[답] 처짐각 ; $wL^3/6EI$ 반시계방향, 처짐 ; $wL^4/8EI$ 하향

6-38 Castigliano의 제2정리를 적용하여 자유단의 처짐을 구하시오. 휨강성 EI는 일정하다.

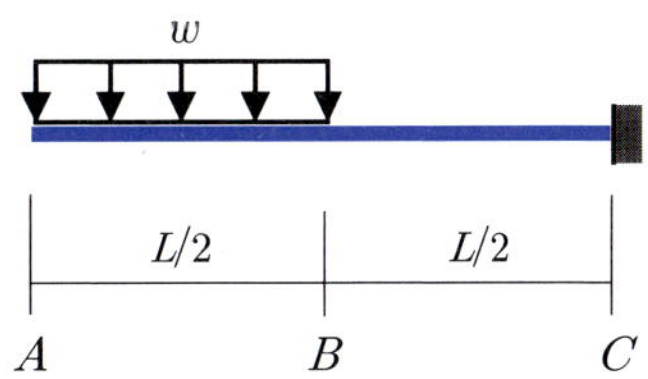

[답] 처짐 ; $41wL^4/384EI$ 하향

6-39 Castigliano의 제2정리를 적용하여 버팀캔틸레버보의 이동지점에 발생하는 반력을 구하시오. 휨강성 EI는 일정하다.

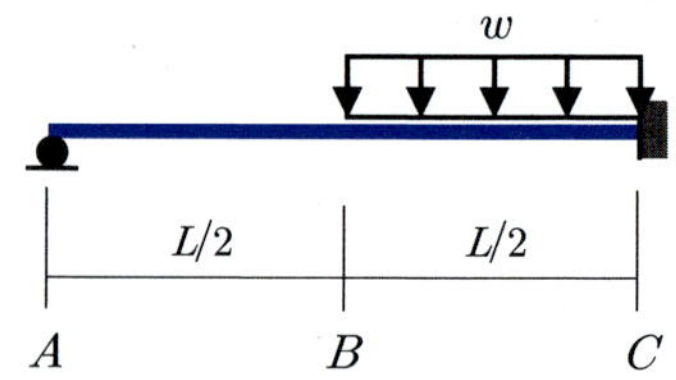

[답] $7wL/128$ ↑

6-40 Castigliano의 제2정리를 적용하여 고정보의 반력을 구하시오. 휨강성 EI는 일정하다.

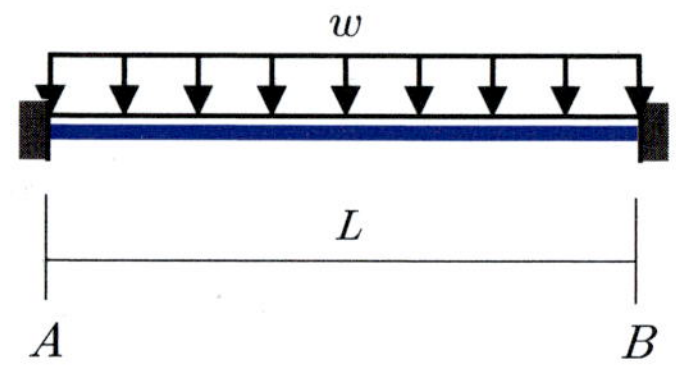

[답] $R_A = R_B = \dfrac{wL}{2}$ ↑, $M_A = \dfrac{wL^2}{12}$ 반시계방향, $M_B = \dfrac{wL^2}{12}$ 시계방향

6-41 Castigliano의 제2정리를 적용하여 B점의 내력 M_B를 구하시오. 휨강성 EI는 일정하다.

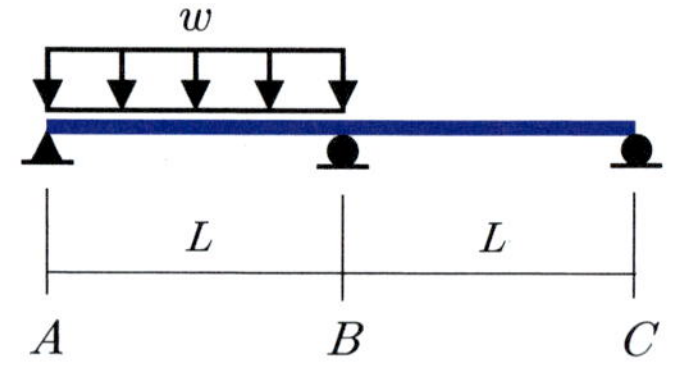

[답] $M_B = -wL^2/16$

07

기둥

7.1 개요

3.2절의 축방향 이동력이 작용하는 부재 중 압축부재는 축방향력이 단면의 도심에 작용하고 작은 세장비를 갖는 단주로 축하중에 의해 압축파괴가 발생하는 경우를 논의한 것이다. 단주에 편심 축하중이 작용하면 도심에는 회전력이 발생하고 이는 인장응력을 유발하므로 인장력에 저항할 수 없는 재료를 기둥에 사용하는 경우는 이에 대한 검토가 요구된다. 또한 기둥의 길이가 증가하면 축하중에 의해 항복응력이 발생하기 이전에 기둥이 파괴된다. 이러한 현상을 좌굴이라고 하며 기둥의 해석에서 가장 중요한 안정성 문제가 된다.

7장의 전반부는 단주에 편심 축하중이 작용하는 경우 전 단면에 압축응력이 발생하도록 축하중의 작용위치를 구하는 방법을 논의한다. 후반부에서는 먼저 기둥의 안정성을 확보하기 위해 이론적으로 좌굴하중을 결정하는 오일러공식을 유도하고 이를 적용하는 방법에 대해 논의하며 이론적으로 유도한 오일러공식과 실험에 의해 좌굴하중을 제시한 실험공식을 접목하여 모든 형상의 기둥에 적용할 수 있는 기둥공식 및 안전계수를 포함한 설계공식을 제시한다.

7.2 편심 축하중

그림 7.2.1에 제시한 2축대칭 단면의 단주(short column)에 xy평면의 축하중 P가 도심 O로부터 y축 방향 편심 e 위치에 작용하면 도심 O에는 편심 축하중에 의한 모멘트하중 Pe가 작용한다. 이러한 경우의 응력은 그림 7.2.2와 같이 축하중 P와 모멘트하중 Pe에 의한 수직응력을 중첩하여 산정해야 한다. 기둥에 국한하여 압축응력의 부호를 양으로 하면 단면적 A, 단면2차모멘트 I_z의 기둥에 발생하는 수직응력 σ는 식 (7.2.1)로 결정하며 회전반경 $r_z(=\sqrt{I_z/A})$와 연단거리 c_1, c_2를 사용하여 최대, 최소 압축응력 $\sigma_{\max}$, $\sigma_{\min}$을 산정할 수 있다.

$$\sigma = \frac{P}{A} \pm \frac{Pey}{I_z} = \frac{P}{A}\left(1 \pm \frac{Aey}{I_z}\right) \tag{7.2.1}$$

$$\sigma_{\max} = \frac{P}{A}\left(1 + \frac{ec_1}{r_z^2}\right) \quad ; \quad \sigma_{\min} = \frac{P}{A}\left(1 - \frac{ec_2}{r_z^2}\right)$$

콘크리트와 같이 인장력에 저항할 수 없는 재료를 사용한 기둥에 편심 축하중이 작용해도 전 단면에 압축응력이 발생하면 최대 압축응력 $\sigma_{\max}$에 대한 검토로 충분하다. 그러나 편심이 증가하면 $\sigma_{\min}$이 음의 값인 인장응력이 발생하게 되므로 이러한 경우를 배제하기 위한 허용편심을 결정하여야 한다. 그림 7.2.1의 단면이 직사각형($b \times h$) 단면이고 $c_1 = c_2 = h/2$이면 r_z는 $\sqrt{I_z/A} = h^2/12$이므로 식 (7.2.1)을 적용하면 다음과 같이 y축 상의 허용편심을 결정할 수 있다.

$$\sigma_{\min} = \frac{P}{A}\left(1 - \frac{ec_2}{r^2}\right) > 0 \quad \Rightarrow \quad -\frac{h}{6} < e < \frac{h}{6}$$

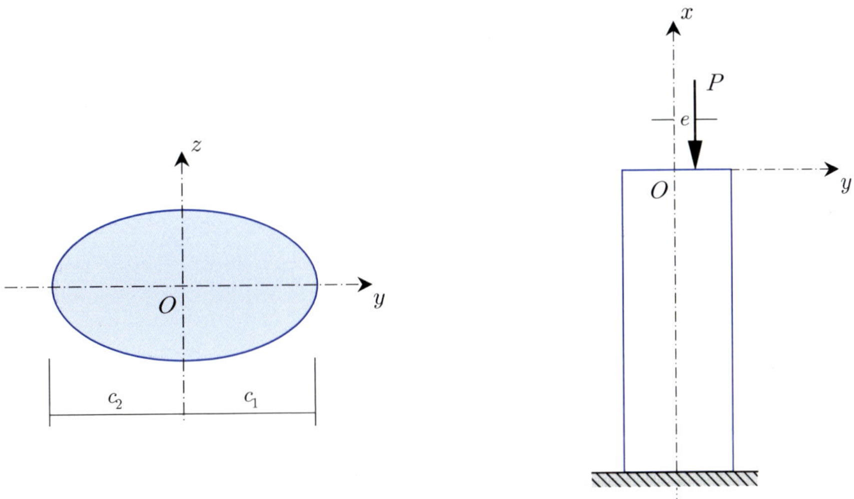

그림 7.2.1 편심 축하중이 작용하는 단주

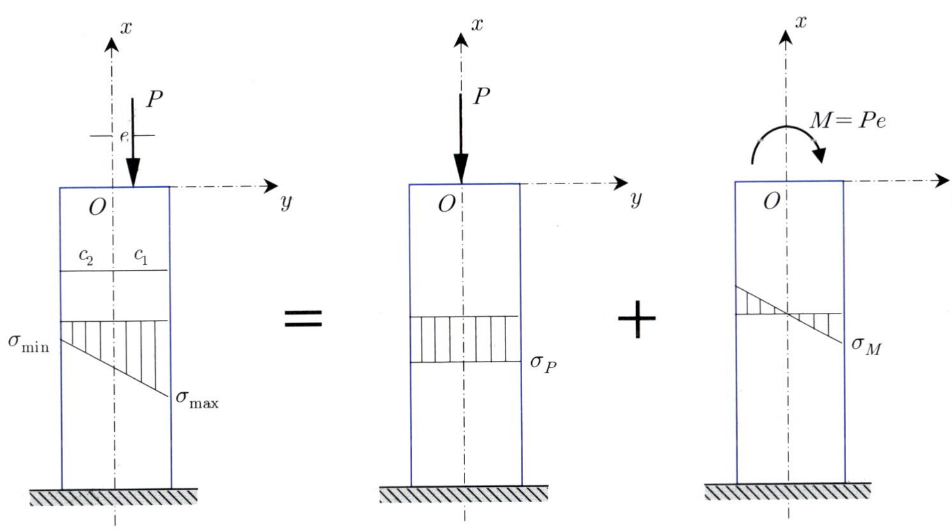

그림 7.2.2 편심 축하중에 의한 응력중첩

예제 7.2.1

정사각형 단면의 단주가 그림 예7.2.1(1)과 같이 기둥 중간에 단면이 1/2로 감소되어 있는 경우 $m-m$ 단면에 발생하는 최대 압축응력을 구하시오.

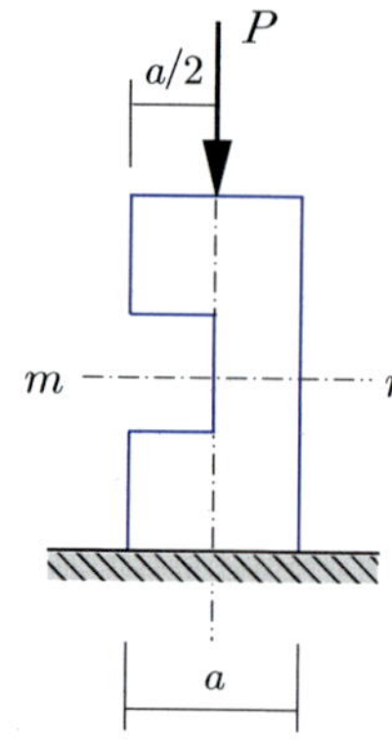

그림 예7.2.1(1)

설명 1/2로 감소된 $m-m$ 단면의 도심 C와 축하중 P의 위치는 그림 예7.2.1(2)와 같다.

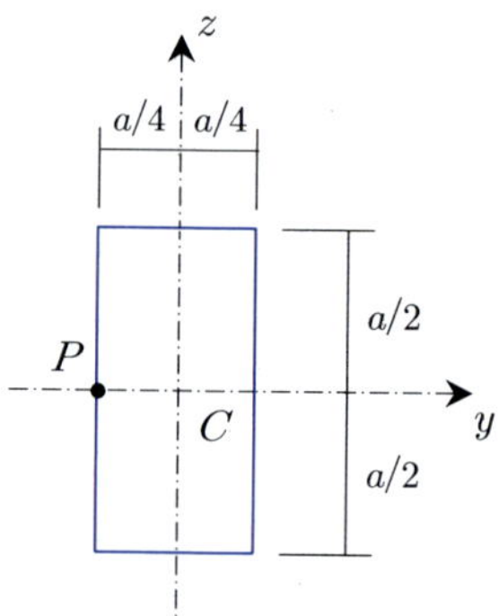

그림 예7.2.1(2)

z축에 대한 단면2차모멘트 및 편심 e와 연단거리 $y(=c=a/4)$를 사용하여 구한 최대 압축응력은 다음과 같고 이 결과는 회전반경 r_z를 사용하여 검토할 수 있다.

$$I_z = \frac{a\times(a/2)^3}{12} = \frac{a^4}{96}$$

$$\sigma_{\max} = \frac{P}{A} + \frac{Pe\,y}{I_z} = \frac{P}{a^2/2}\left\{1 + \frac{(a^2/2)\times(a/4)\times(a/4)}{a^4/96}\right\} = \frac{8P}{a^2}$$

$$r_z^2 = \frac{I_z}{A} = \frac{a^4/96}{a^2/2} = \frac{a^2}{48}$$

$$\sigma_{\max} = \frac{P}{A}\left(1 + \frac{ec_1}{r_z^2}\right) = \frac{P}{a^2/2}\left\{1 + \frac{(a/4)^2}{a^2/48}\right\} = \frac{8P}{a^2}$$

단면에서 편심의 허용영역을 결정하기 위해 그림 7.2.3과 같이 축하중 P가 재하점 (m, n)에 작용하는 경우를 가정하면 임의의 위치 (y, z)에 발생하는 압축응력은 z축, y축 방향

모멘트에 의한 응력을 추가한 다음 식 (7.2.2)로 결정할 수 있다.

$$\sigma = \frac{P}{A}\left(1 + \frac{my}{r_z^2} + \frac{nz}{r_y^2}\right) \tag{7.2.2}$$

그림 7.2.3에 표시한 점선이 압축, 인장응력의 경계선(영응력선)이라면 영응력선의 절편 u, v는 다음과 같이 구할 수 있으므로 P의 위치에 따라 인장응력의 발생여부를 확인할 수 있다.

$$\sigma = \frac{P}{A}\left(1 + \frac{my}{r_z^2} + \frac{nz}{r_y^2}\right) = 0 \quad \Rightarrow \quad u = -\frac{r_z^2}{m} \quad ; \quad v = -\frac{r_y^2}{n}$$

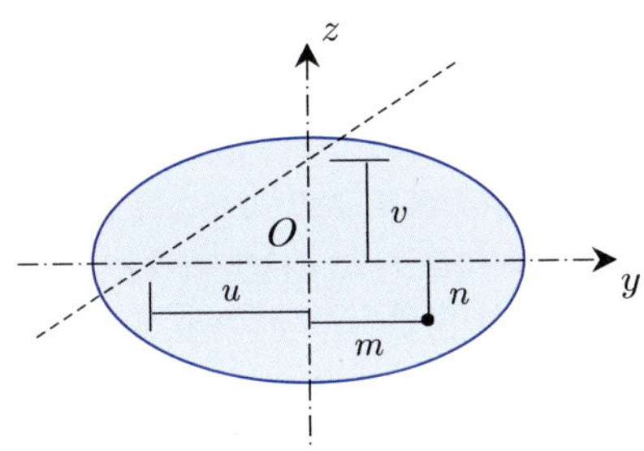

그림 7.2.3

그림 7.2.4(1)에 제시한 직사각형 단면의 4사분면에 재하되는 축하중에 의해 전 단면에 압축응력이 발생하기 위해서는 영응력선이 2사분면의 꼭지점을 통과해야 한다. 영응력선 식에 꼭지점 좌표 $(-h/2,\ b/2)$ 및 $r_z = h^2/12$, $r_y = b^2/12$를 대입하고 정리하면 (2)에 표기한 절편 $(h/6,\ 0)$, $(0,\ -b/6)$을 갖는 점선의 식이므로 4사분면에서 도심과 절편으로 구성되는 삼각형이 축하중의 허용영역이 된다.

$$1 + \frac{my}{r_z^2} + \frac{nz}{r_y^2} = 1 + \frac{m(-h/2)}{h^2/12} + \frac{n(b/2)}{b^2/12} = 1 - \frac{6}{h}m + \frac{6}{b}n = 0$$

각 사분면에서 산정되는 압축하중의 허용영역으로 구성되는 마름모를 핵심영역(core area)이라 하고 전 단면에 인장응력이 발생하지 않는 축하중의 재하영역이 된다.

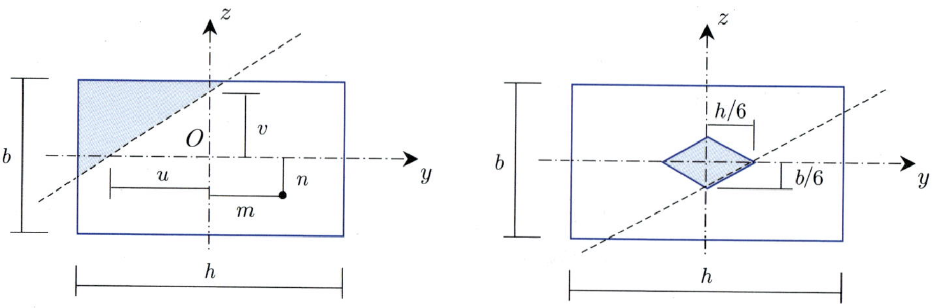

(1) 영응력선　　**(2)** 핵심영역

그림 7.2.4 직사각형 단면

예제 7.2.2 원형 단면(직경 d)의 단주에서 전 단면에 인장응력이 발생하지 않도록 축하중을 재하할 수 있는 핵심영역을 구하시오.

설명 그림 예7.2.2(1)과 같이 축하중 P의 재하위치 좌표가 $(m,\ n)$이면 영응력선은 X점을 통과해야 한다. 도심과 좌표 $(m,\ n)$ 간 거리를 ρ, 좌표 $(m,\ n)$과 X점의 연결선이 y축과 형성하는 각을 θ라 하면 $m=\rho\cos\theta$, $n=-\rho\sin\theta$이므로 X점의 좌표 $(y,\ z)$는 다음과 같다.

$$y=-(d/2)\cos\theta,\ \ z=(d/2)\sin\theta$$

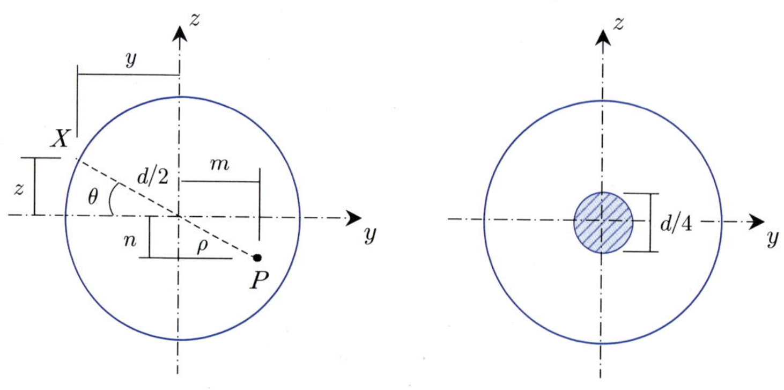

(1)　　**(2)**

그림 예7.2.2

위 좌표값과 원형 단면(직경 d)의 회전반경을 영응력선 식에 대입하면 ρ가 결정되므로 그림 예7.2.2(2)와 같이 반경 $d/8$의 동심원이 핵심영역의 경계가 된다.

$$r_y^2=r_z^2=\frac{I_z}{A}=\frac{\pi d^4/64}{\pi d^2/4}=\frac{d^2}{16}$$

$$1+\frac{my}{r_z^2}+\frac{nz}{r_y^2} = 1+\frac{\rho\cos\theta}{d^2/16}\{-(d/2)\cos\theta\}+\frac{-\rho\sin\theta}{d^2/16}\{(d/2)\sin\theta\}$$
$$= 1-\frac{\rho}{d/8}\cos^2\theta-\frac{\rho}{d/8}\sin^2\theta = 0 \quad ; \quad \rho=\frac{d}{8}$$

7.3 기둥의 해석 및 설계

7.3.1 Euler 공식

단주와 달리 장주(long column)는 축하중이 증가하면 압축응력이 항복응력을 초과하지 않더라도 기둥이 원상태를 유지하는 안정평형(stable equilibrium) 상태에서 불안정(unstable)한 상태로 변하며 기둥의 결함 또는 횡방향 하중의 증가와 같은 미세한 교란에 의해 갑작스런 붕괴가 발생한다. 이러한 현상을 좌굴(buckling)이라 하고 이를 유발하는 하중을 좌굴하중(buckling load)이라 한다. 좌굴하중을 결정하기 위해 그림 7.3.1.1(1)과 같이 휨강성 EI가 일정하고 양단은 회전지점(상단은 축방향 변위 가능)으로 지지된 장주에 축하중 P가 재하된 경우를 설정한다. (2)는 축하중 증가와 함께 횡방향 처짐이 발생한 불안정상태를 제시한 것이고 단면법을 적용한 부분 자유물체도는 (3)과 같다. y는 횡방향 처짐으로 불안정상태의 탄성곡선식을 제시하며 처짐의 방향은 단면2차모멘트가 최소가 되는 축에 직각방향이다.

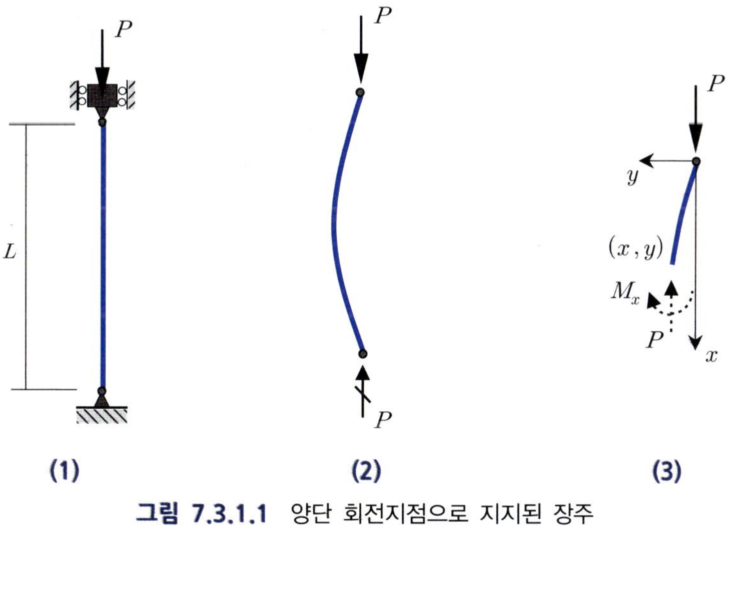

그림 7.3.1.1 양단 회전지점으로 지지된 장주

평형방정식으로부터 휨모멘트선도의 식 M_x를 구하고 5.2절에서 논의한 휨모멘트와 곡률의 관계식 (5.2.2)를 적용하면 탄성곡선식 y에 대한 미분방정식 및 해 y는 다음과 같고 여기서 I는 기둥의 최소 단면2차모멘트, p는 $\sqrt{P/EI}$다.

$$\sum^x M = 0 = M_x + P \times y \quad ; \quad M_x = -Py$$

$$\frac{d^2y}{dx^2} = \frac{M_x}{EI} = -\frac{P}{EI}y \quad ; \quad \frac{d^2y}{dx^2} + p^2 y = 0 \quad ; \quad y = A\sin px + B\cos px$$

경계조건 $y(0) = 0$, $y(L) = 0$을 적용하면 $B = 0$, $A\sin pL = 0$이고 해가 성립하기 위해서는 $\sin pL = 0$을 만족해야 하므로 $pL = n\pi$로부터 P와 y를 구하면 좌굴하중 P_{cr}과 좌굴형상 y는 $n = 1$을 적용하여 결정한다.

$$P = \frac{n^2\pi^2 EI}{L^2} \quad ; \quad y = A\sin\frac{n\pi x}{L} \qquad (n = 1, 2, 3, \cdots)$$

$$P_{cr} = \frac{\pi^2 EI}{L^2} \tag{7.3.1.1}$$

$$y = A\sin\frac{\pi x}{L} \tag{7.3.1.2}$$

식 (7.3.1.1)을 오일러공식(Euler formula)이라 하고 장주의 탄성거동에 근거하므로 오일러공식에 의한 좌굴하중은 탄성좌굴하중이며 오일러하중 또는 임계하중(critical load)이라 한다. P_{cr}을 기둥의 단면적 A로 나누고 회전반경 r을 사용하면 임계응력(critical stress) σ_{cr}을 결정하는 식 (7.3.1.3)이 구성되며 L/r을 세장비(slenderness ratio)라 한다.

$$\sigma_{cr} = \frac{\pi^2 E}{(L/r)^2} \tag{7.3.1.3}$$

임계응력은 재료의 탄성계수와 세장비에 의해 결정되고 기둥의 강도와 무관하므로 탄성계수와 세장비가 동일하다면 고강도 강재의 기둥과 일반 강재의 기둥은 임계응력이 동일하다.

예제 7.3.1.1

그림 예7.3.1.1과 같이 구성된 구조물에서 오일러공식을 사용하여 AB 부재($I_{min} = 50\,\text{cm}^4$)의 임계하중 및 안전계수(F.S. = 2)를 사용한 허용하중을 결정하고 이에 상응하는 허용 축하중 P를 구하시오. 탄성계수는 $E = 200\,\text{GPa}$이다.

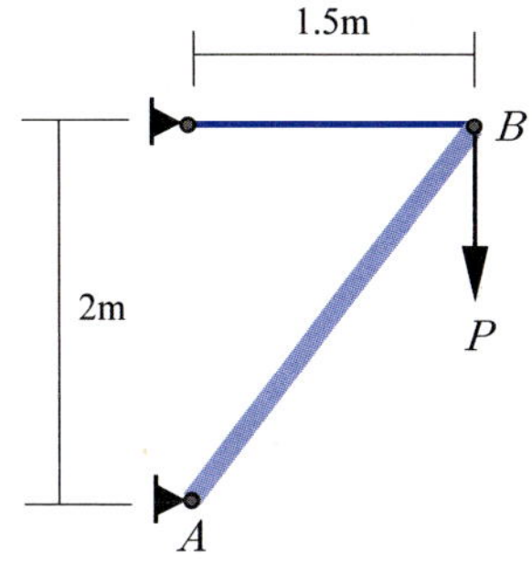

그림 예7.3.1.1(1)

설명 절점역계를 구성하는 절점 B의 자유물체도는 그림 예7.3.1.1(2)와 같고 평형방정식을 적용하여 부재력 F_{AB}를 구한다.

$$\sum F_y = 0 = F_{AB} \times 0.8 - P \quad ; \quad F_{AB} = 1.25P$$

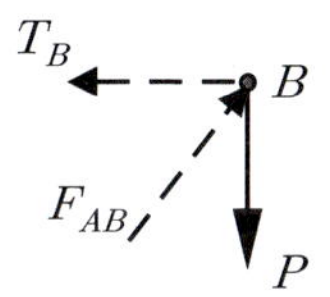

그림 예7.3.1.1(2)

양단이 핀으로 회전지지 되어 있는 부재 AB의 임계하중은 $I_{min} = 50\,\text{cm}^4$, $L = 2.5\,\text{m}$를 적용하여 산정하고 안전계수를 적용한 허용하중으로부터 허용 축하중 P를 결정한다.

$$P_{cr} = \frac{\pi^2 E I_{min}}{L^2} = \frac{\pi^2 \times 200 \times 10^9 \times 50 \times 10^{-8}}{2.5^2} \times 10^{-3} = 157.9\,(\text{kN})$$

$$\frac{P_{cr}}{\text{F.S.}} = \frac{157.9}{2} = 79.0\,(\text{kN}) = 1.25P \quad ; \quad P = 63.2\,\text{kN}$$

그림 7.3.1.2(1)과 같이 일단이 고정지점으로 지지된 장주에 축하중 P가 재하된 경우 (2)는 횡방향 처짐이 발생한 불안정상태이고 단면법을 적용한 부분 자유물체도는 (3)과 같다. 평형방정식으로부터 휨모멘트선도의 식 M_x를 구하고 휨모멘트와 곡률의 관계식 (5.2.2)를 적용하면 탄성곡선식 y에 대한 미분방정식 및 해 y, y'는 다음과 같다.

$$\sum^{x} M = 0 = M_x - P \times (\delta - y) \quad ; \quad M_x = P(\delta - y)$$

$$\frac{d^2y}{dx^2} = \frac{M_x}{EI} = \frac{P(\delta - y)}{EI} \quad ; \quad P/EI = p^2 \quad \Rightarrow \quad \frac{d^2y}{dx^2} + p^2 y = p^2 \delta$$

$$y = A\sin px + B\cos px + \delta \quad ; \quad y' = Ap\cos px - Bp\sin px$$

경계조건 $y(0) = 0$을 적용하면 $B = -\delta$이고 경계조건 $y'(0) = 0$을 적용하면 $A = 0$이다. 이로부터 탄성곡선식은 $y = \delta(1 - \cos px)$이고 경계조건 $y(L) = \delta$를 적용하면 $\delta\cos pL = 0$이므로 해가 성립하기 위해서는 $\cos pL = 0$을 만족해야 한다. $pL = n\pi/2$로부터 P와 y를 구하고 좌굴하중 P_{cr}과 좌굴형상 y는 $n = 1$을 적용하여 결정한다.

$$P = \frac{n^2\pi^2 EI}{4L^2} \quad ; \quad y = \delta\left(1 - \cos\frac{n\pi x}{2L}\right) \qquad (n = 1, 3, 5, \cdots)$$

$$P_{cr} = \frac{\pi^2 EI}{4L^2} \quad ; \quad y = \delta\left(1 - \cos\frac{\pi x}{2L}\right)$$

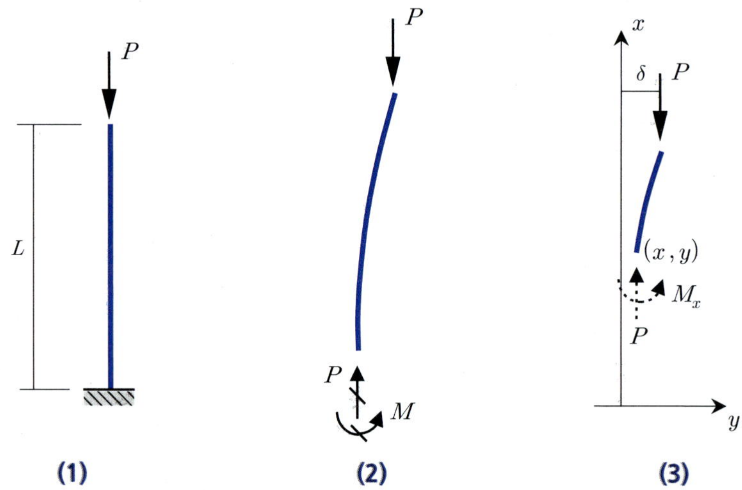

그림 7.3.1.2 일단 고정지점으로 지지된 장주

예제 7.3.1.2 회전지점과 고정지점으로 지지되어 있는 기둥의 임계하중 P_{cr}을 구하시오. 휨강성 EI는 일정하다.

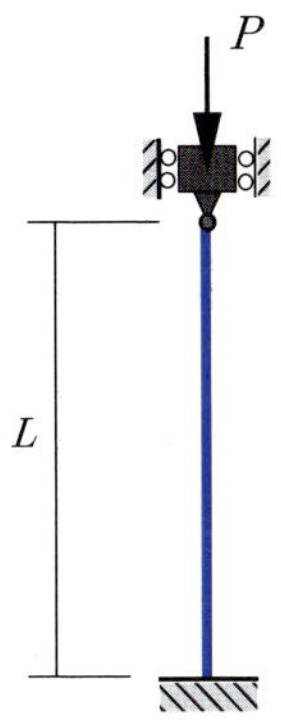

그림 예7.3.1.2(1)

설명 횡방향 처짐이 발생한 불안정상태에서 회전지점에는 수평반력이 발생하므로 그림 예 7.3.1.2(2)와 같이 부분 자유물체도를 작성하고 평형방정식을 적용하여 휨모멘트선도의 식 M_x를 구성한다.

$$\sum M = 0 = Py - Rx + M_x \quad ; \quad M_x = -Py + Rx$$

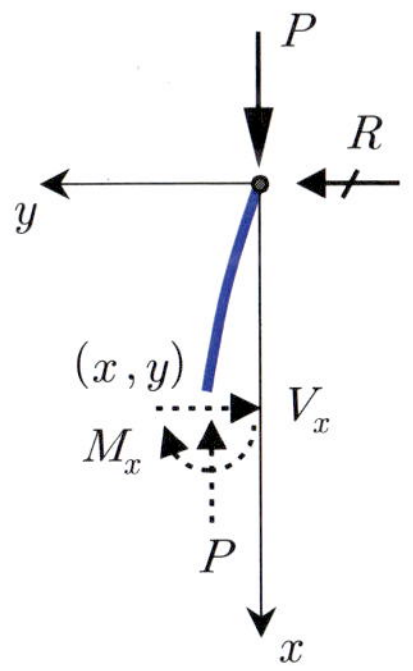

그림 예7.3.1.2(2)

휨모멘트와 곡률 간의 관계식을 적용하고 $P/EI = p^2$으로 치환하여 구한 미분방정식 및 탄성곡선의 변위 y와 기울기 y'는 다음과 같다.

$$\frac{d^2y}{dx^2} = \frac{M}{EI} = -\frac{P}{EI}y + \frac{R}{EI}x \quad ; \quad \frac{d^2y}{dx^2} + p^2 y = \frac{R}{EI}x$$

$$y = A\sin px + B\cos px + \frac{R}{P}x \quad ; \quad y' = Ap\cos px - Bp\sin px + \frac{R}{P}$$

경계조건 $y(0) = 0$을 적용하면 $B = 0$이고 $y(L) = 0$, $y'(L) = 0$을 적용하면 $\tan pL = pL$의 관계식이 구해지며 이를 만족하는 최소값 $pL = 4.4934$로부터 임계하중은 다음과 같이 결정된다.

$$0 = A\sin pL + \frac{R}{P}L \quad ; \quad 0 = Ap\cos pL + \frac{R}{P} \quad \Rightarrow \quad \tan pL = pL$$

$$P_{cr} = \frac{20.2EI}{L^2} = \frac{\pi^2 EI}{(0.7L)^2}$$

양단이 회전지점으로 지지된 기둥에서 유도한 오일러공식 (7.3.1.1)을 기본식으로 하면 그림 7.3.1.3에 제시한 바와 같이 양단의 지지조건이 다른 경우에도 기본식의 길이 L을 유효길이(effective length) L_e로 대체하여 임계하중을 구할 수 있다. 기둥의 탄성곡선에서 휨모멘트가 0인 변곡점은 회전지점과 동일한 역할을 하므로 변곡점 간 거리가 유효길이 L_e가 된다. 임계하중과 임계응력은 유효길이계수 K를 사용하여 다음과 같이 결정한다. 다른 조건이 동일하다면 기둥 (2), (4)의 임계하중은 각각 기둥 (1) 임계하중의 0.25배, 4배가 된다. 기둥의 지지조건이 견고할수록 좌굴하중이 증가하는 것은 당연하다.

$$P_{cr} = \frac{\pi^2 EI}{L_e^2} \quad ; \quad \sigma_{cr} = \frac{\pi^2 E}{(L_e/r)^2} \quad ; \quad L_e = KL$$

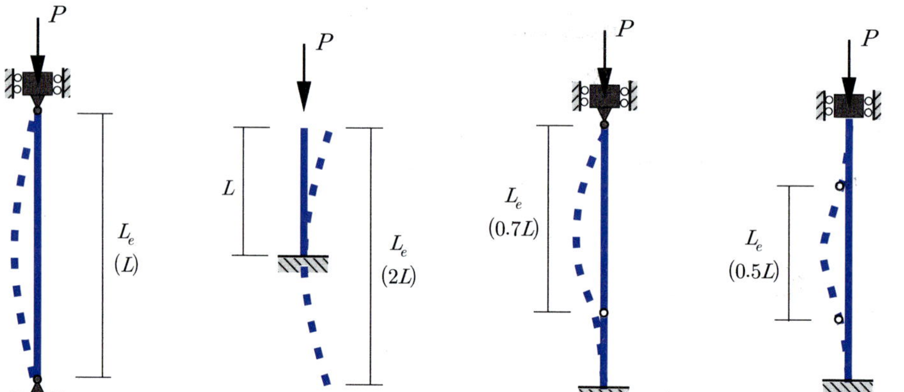

(1) 1.0 (회전 - 회전) **(2)** 2.0 (고정 - 자유) **(3)** 0.7 (고정 - 회전) **(4)** 0.5 (고정 - 고정)

그림 7.3.1.3 유효길이 L_e와 유효길이계수 K

그림 7.3.1.4와 같이 횡지지(lateral bracing)를 사용하면 유효길이를 조정하여 기둥에 재하할 수 있는 축하중(내하력)을 증가할 수 있다. 양단 회전지지된 기둥이 중앙점에서 횡지지되면 유효길이는 $L/2$(유효길이계수 $K = 1/2$)이 되고 3등분점에서 횡지지되면 유효길이는 $L/3$(유효길이계수 $K = 1/3$)이 된다. 이와 같이 횡지지를 설치하여 기둥의 약축(weak axis) 방향 내하력을 증가하는 경우는 강축, 약축 모두에 대한 좌굴하중을 검토해야 한다.

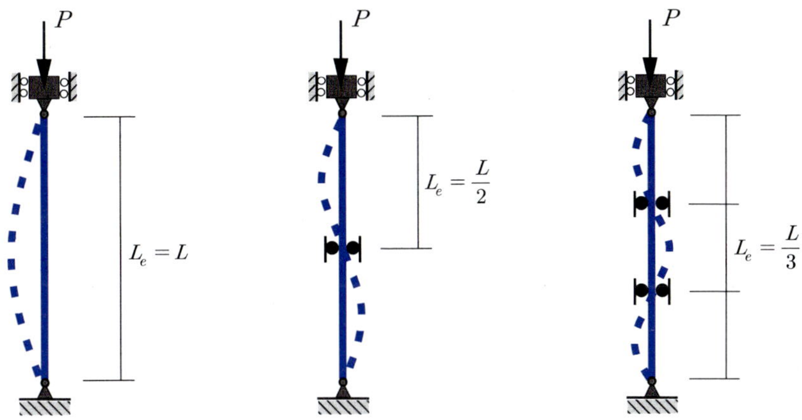

그림 7.3.1.4 횡지지

예제 7.3.1.3

O점에 고정지지된 중공사각형 단면 기둥(길이 3m)의 허용 축하중을 오일러공식으로 구하시오. 탄성계수 $E = 200\,\text{GPa}$, 안전계수 F.S. = 2를 사용한다.

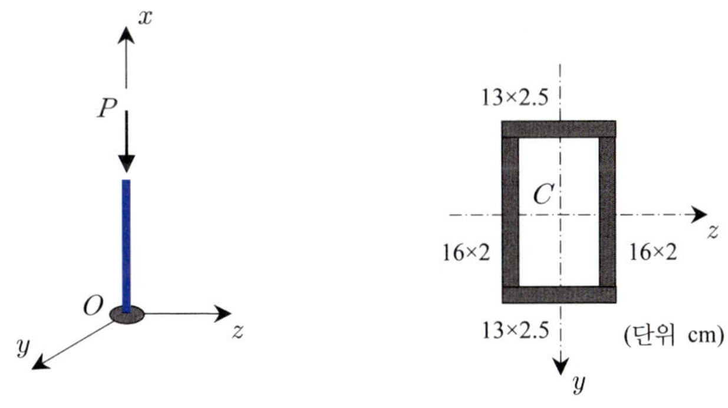

그림 예7.3.1.3

설명 최소 단면2차모멘트인 y축에 대한 단면2차모멘트 및 유효길이 L_e (유효길이계수 $K=2.0$)를 사용한 임계하중을 산정하고 안전계수를 적용하여 허용 축하중을 결정한다.

$$I_{\min} = I_y = \frac{21 \times 13^3}{12} - \frac{16 \times 9^3}{12} = 2873\,(\text{cm}^4)$$

$$P_{cr} = \frac{\pi^2 E I_{\min}}{L_e^2} = \frac{\pi^2 \times 200 \times 10^9 \times 2873 \times 10^{-8}}{(2 \times 3)^2} \times 10^{-3} = 1575\,(\text{kN})$$

$$P_a = \frac{P_{cr}}{\text{F.S.}} = \frac{1575}{2} = 787\,(\text{kN})$$

예제 7.3.1.4 mm 단위로 제시한 단면은 그림 예7.3.1.4와 같고 양단 회전지점으로 지지된 기둥(길이 10m)의 임계하중 P_{cr}과 허용하중 P_a를 구하시오. 기둥의 약축 방향은 중간에 횡지지되어 있다. 탄성계수는 $E = 200\,\mathrm{GPa}$이며 안전계수는 F.S. = 2를 사용한다.

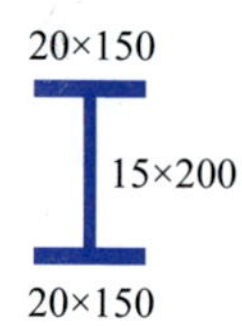

그림 예7.3.1.4

설명 강축에 대한 단면2차모멘트와 유효길이 10m를 적용하여 임계하중을 구한다.

$$I_{max} = \frac{15\times 24^3}{12} - 2\times\frac{6.75\times 20^3}{12} = 8280\,(\mathrm{cm}^4)$$

$$P_{cr} = \frac{\pi^2 E I_{max}}{L^2} = \frac{\pi^2\times 200\times 10^9\times 0.828\times 10^{-4}}{10^2}\times 10^{-3} = 1634\,(\mathrm{kN})$$

약축에 대한 단면2차모멘트와 약축 방향의 유효길이 5m(중간 횡지지)를 적용하여 임계하중을 산정하면 기둥의 임계하중은 893kN으로 결정되고 허용하중은 안전계수를 적용하여 구한다.

$$I_{min} = \frac{15^3\times 24}{12} - 2\times\left[\frac{6.75^3\times 20}{12} + 6.75\times 20\times\{(6.75+1.5)\times 0.5\}^2\right]$$

$$= 1131\,(\mathrm{cm}^4)$$

$$P_{cr} = \frac{\pi^2 E I_{max}}{L_e^2} = \frac{\pi^2\times 200\times 10^9\times 0.1131\times 10^{-4}}{5^2}\times 10^{-3} = 893\,(\mathrm{kN})$$

$$P_a = \frac{P_{cr}}{\mathrm{F.S.}} = \frac{893}{2} = 446\,(\mathrm{kN})$$

오일러공식은 재료의 탄성거동에 근거하여 유도되었으므로 임계응력 σ_{cr}은 비례한도 σ_{pl}을 초과할 수 없다. 그림 7.3.1.5와 같이 가로축을 세장비, 세로축을 임계응력으로 하여 오일러공식을 표시한 곡선 AC는 σ_{pl} 이하의 부분 BC 구간만 유효하므로 이 구간의 세장비를 갖는 기둥을 장주로 구분하고 σ_{pl}을 안정도한계라 한다. 7.2절에서 논의한 단주는 강도한계인 σ_{max}에서 압축파괴가 발생하고 안정도한계와 강도한계 사이의 압축응력에서 발생하는 기둥의 좌굴은 비탄성거동에 의해 발생하므로 비탄성좌굴(inelastic buckling)이라 하며 중간주로 구분한다. 중간주의 좌굴은 실험결과로부터 제시한 것이며 DE 구간의 세장비를 갖는 기둥이 단주, EB 구간의 세장비를 갖는 기둥이 중간주가 된다.

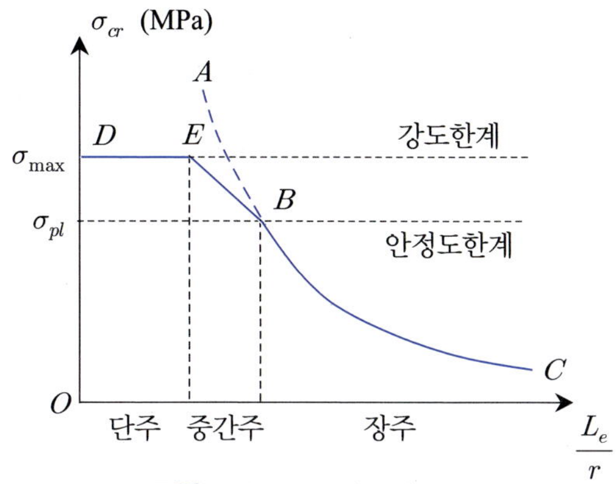

그림 7.3.1.5 기둥의 구분

$E = 200\,\text{GPa}$, $\sigma_{pl} = 200\,\text{MPa}$, $\sigma_{max} = 270\,\text{MPa}$의 재료특성을 갖는 강재로 기둥을 설계하면 그림 7.3.1.6과 같이 기둥이 구분되므로 오일러공식을 적용할 수 있는 최소 세장비는 다음과 같이 산정된다. 이 경우 장주, 중간주, 단주를 구분하는 세장비 값은 60과 100이 되고 이러한 세장비를 천이세장비(transition slenderness ratio)라 하며 재료특성(탄성계수, 비례한도)에 의해 결정된다.

$$\sigma_{cr} = \frac{\pi^2 E}{(L_e/r)^2} \quad ; \quad L_e/r \geq \sqrt{\frac{\pi^2 E}{\sigma_{pl}}} = \sqrt{\frac{\pi^2 \times 200 \times 10^3}{200}} = 99.3$$

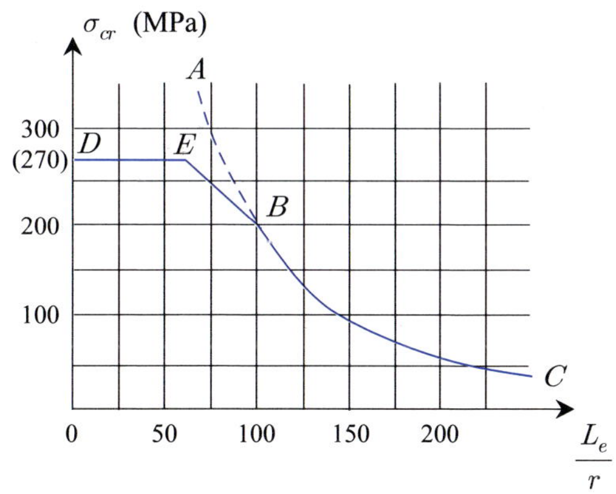

그림 7.3.1.6

예제 7.3.1.5 직사각형($2\,\mathrm{cm} \times 4\,\mathrm{cm}$) 단면의 강봉을 양단이 회전지지된 기둥으로 사용하고자 하는 경우 오일러공식을 적용할 수 있는 기둥의 최소길이를 구하시오. 탄성계수는 $E = 200\,\mathrm{GPa}$이고 비례한도는 $\sigma_{pl} = 200\,\mathrm{MPa}$이다.

설명 단면적 $A = 8\,\mathrm{cm}^2$, 최소 단면2차모멘트, 회전반경을 구하고 유효길이계수 $K = 1.0$을 사용하면 오일러공식을 적용할 수 있는 기둥의 최소길이는 다음과 같이 산정된다.

$$I_{\min} = \frac{4 \times 2^3}{12} = 2.67\,(\mathrm{cm}^4) \quad ; \quad r = \sqrt{\frac{I_{\min}}{A}} = \sqrt{\frac{2.67}{8}} = 0.578\,(\mathrm{cm})$$

$$L = L_e = r\sqrt{\frac{\pi^2 E}{\sigma_{pl}}} = 0.578 \times \sqrt{\frac{\pi^2 \times 200 \times 10^3}{200}} = 57.4\,(\mathrm{cm})$$

7.3.2 기둥의 설계공식

기둥을 설계하기 위해 제안된 공식들은 장주에 적용하는 오일러공식과 단주와 중간주의 비탄성거동에 적용하는 실험공식으로 구성된다. 오일러공식은 이론식이므로 일반적인 적용이 가능하나 실험공식은 실험에 사용된 시험체의 범주(특정 재료 및 세장비)에 의해 제한된다. SSRC(Structural Stability Research Council)는 구조용 강재기둥에 적용할 수 있는 기둥공식을 다음과 같이 제안하고 있다. 오일러공식을 적용하는 σ_{pl} 이내에서 장주의 임계응력 σ_{cr}은 다음 식 (7.3.2.1)로 결정한다.

$$\sigma_{cr} = \frac{P_{cr}}{A} = \frac{\pi^2 E}{(L_e/r)^2} \tag{7.3.2.1}$$

구조용 강재의 경우 일반적으로 비례한도 σ_{pl}과 항복응력 σ_y는 동일한 값으로 간주하나 SSRC는 압연형강의 경우 잔류응력의 영향을 고려하여 그림 7.3.2.1과 같이 σ_{pl}을 $0.5\sigma_y$로 가정하고 오일러공식을 적용하는 최소 세장비인 천이세장비를 다음과 같이 제시한다.

$$\sigma_{cr} = \frac{\sigma_y}{2} = \frac{\pi^2 E}{(L_e/r)^2} \quad \Rightarrow \quad \left(\frac{L_e}{r}\right)_c = \sqrt{\frac{2\pi^2 E}{\sigma_y}}$$

세장비가 천이세장비 이하인 중간주와 단주의 임계응력 σ_{cr}을 구하는 기둥공식은 σ_y를 꼭지점으로 하고 천이세장비에서 오일러공식과 접선을 공유하도록 구성한 포물선 식 (7.3.2.2)다.

$$\sigma_{cr} = \frac{P_{cr}}{A} = \left\{1 - \frac{(L_e/r)^2}{2(L_e/r)_c^2}\right\}\sigma_y \tag{7.3.2.2}$$

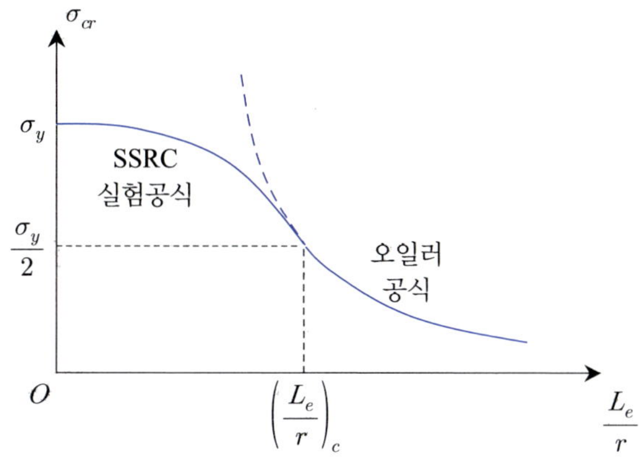

그림 7.3.2.1 SSRC 기둥공식

설계기준은 하중편심 또는 초기곡률과 같은 기둥의 결함을 고려하여 임계하중에 안전계수를 적용한 허용하중을 제시하고 있다. 하중편심과 초기곡률의 영향은 세장비의 증가와 더불어 커지므로 안전계수는 세장비를 고려하여 결정되어야 하고 불확실한 조건이 추가되면 보다 큰 안전계수를 적용해야 한다. SSRC의 기둥공식을 채택한 AISC(American Institute of Steel Construction)는 천이세장비 $(L_e/r)_c$를 C_c로 표기하고 단주와 중간주($L_e/r < C_c$) 및 장주($C_c < L_{e/r}$)에 적용하는 안전계수를 다음과 같이 규정하고 있다.

$$\text{F.S.} = \frac{5}{3} + \frac{3(L_e/r)}{8C_c} - \frac{(L_e/r)^3}{8C_c^3} \quad ; \quad \left(\frac{L_e}{r}\right) \le C_c$$

$$\text{F.S.} = \frac{23}{12} \cong 1.92 \quad ; \quad \left(\frac{L_e}{r}\right) \ge C_c$$

세장비가 0이면 안전계수는 5/3(=1.67)이고 C_c에서 23/12(=1.92)이므로 단주와 중간주의 경우는 세장비가 증가하면 안전계수가 증가하며 장주의 경우는 세장비와 무관하게 안전계수 1.92를 적용한다. 세장비가 200보다 큰 경우는 기둥의 결함에 매우 민감하여 이론적 좌굴하중에 도달하기 전에 좌굴이 발생하게 되므로 AISC 설계편람은 세장비가 200보다 큰 기둥은 허용하지 않는다. 표 7.3.2.1은 강재기둥의 각 지지조건에 적용하는 유효길이계수 K의 이론값과 AISC 추천값이다. AISC 추천값은 실험에 의해 고정지점이 기둥을 실제로 완벽하게 고정하지는 못한다는 사실을 반영한 것이다.

표 7.3.2.1 유효길이계수 K

지지조건		회전-회전	자유-고정	회전-고정	고정-고정
K	이론값	1.0	2.0	0.7	0.5
	AISC 추천값	1.0	2.10	0.8	0.65

설계 축하중, 양단 지지조건(유효길이계수) 및 단면 유형이 설계조건으로 주어지더라도 설계공식에 사용되는 세장비는 기둥단면이 결정되어야만 알 수 있으므로 기둥을 설계하는 과정에는 세장비를 구하기 위해 회전반경을 가정하고 검토해야 하는 시행착오법(trial and error method)을 수행하여야 한다. 가정한 세장비로부터 허용 압축응력 및 소요 단면적을 산정하고 이들 값에 대응하는 후보단면을 선택하여 적정여부를 검토하고 가장 경제적인 단면을 선택한다.

예제 7.3.2.1

길이 9m, 단면적 $21.2\times10^{-3}\mathrm{m}^2$의 H형강을 회전-고정 지지된 기둥으로 사용하고자 하는 경우 SSRC 기둥공식으로 임계하중을 구하시오. H형강의 최소 단면2차모멘트는 $I_{\min}=98.2\times10^{-6}\mathrm{m}^4$, 탄성계수는 $E=200\,\mathrm{GPa}$, 항복응력은 $\sigma_y=250\,\mathrm{MPa}$이다.

설명 재료특성으로 결정되는 천이세장비와 유효길이계수 $K(=0.7)$를 적용하여 기둥의 세장비를 구하고 단주와 중간주에 적용하는 SSRC의 포물선 식을 적용하면 임계하중과 임계응력은 다음과 같이 산정된다.

$$C_c=\sqrt{\frac{2\pi^2E}{\sigma_y}}=\sqrt{\frac{2\times\pi^2\times200\times10^3}{250}}=125.7$$

$$\frac{L_e}{r}=\frac{KL}{\sqrt{I_{\min}/A}}=\frac{0.7\times9}{\sqrt{98.2\times10^{-3}/21.2}}=92.6$$

$$\sigma_{cr}=\left\{1-\frac{(L_e/r)^2}{2C_c^2}\right\}\sigma_y=\left\{1-\frac{92.6^2}{2\times125.7^2}\right\}\times250=182.2\,(\mathrm{MPa})$$

$$P_{cr}=A\sigma_{cr}=21.2\times10^{-3}\times182.2=3.863\,(\mathrm{MN})$$

예제 7.3.2.2

예제 7.3.2.1의 기둥에 AISC의 유효길이계수 추천값 및 안전계수를 적용한 허용하중을 구하시오.

설명 유효길이계수 $K(=0.8)$를 적용하여 세장비를 구하면 천이세장비는 $C_c=125.7$이므로 단주와 중간주에 사용하는 기둥공식을 적용하고 임계응력, 임계하중 및 허용하중은 다음과 같이 산정한다.

$$\frac{L_e}{r}=\frac{KL}{\sqrt{I_{\min}/A}}=\frac{0.8\times9}{\sqrt{98.2\times10^{-3}/21.2}}=105.8$$

$$\sigma_{cr} = \left\{1 - \frac{(L_e/r)^2}{2C_c^2}\right\}\sigma_y = \left\{1 - \frac{105.8^2}{2\times 125.7^2}\right\}\times 250 = 161.4\,(\text{MPa})$$

$$P_{cr} = A\sigma_{cr} = 21.2\times 10^{-3}\times 161.4 = 3.422\,(\text{MN})$$

$$\text{F.S.} = \frac{5}{3} + \frac{3(L_e/r)}{8C_c} - \frac{(L_e/r)^3}{8C_c^3} = \frac{5}{3} + \frac{3\times 105.8}{8\times 125.7} - \frac{105.8^3}{8\times 125.7^3} = 1.908$$

$$P_a = \frac{P_{cr}}{\text{F.S.}} = \frac{3.422}{1.908} = 1.79\,(\text{MN})$$

예제 7.3.2.3 400 kN의 축하중이 작용하는 기둥을 강파이프 단면으로 설계하시오. 기둥의 길이는 4 m, 양단은 회전지지, 탄성계수는 $E = 200\,\text{GPa}$, 항복응력은 $\sigma_y = 250\,\text{MPa}$이고 AISC 설계공식을 적용한다.

설명 재료특성으로부터 결정되는 천이세장비 및 회전반경을 0.05 m로 가정하고 유효길이계수 $K(=1.0)$를 적용한 세장비는 다음과 같다.

$$C_c = \sqrt{\frac{2\pi^2 E}{\sigma_y}} = \sqrt{\frac{2\times\pi^2\times 200\times 10^3}{250}} = 125.7$$

$$\frac{L_e}{r} = \frac{1.0\times 4}{0.05} = 80$$

단주와 중간주에 사용하는 기둥공식을 적용하여 임계응력, 안전계수 및 소요 단면적을 구하고 표 예7.3.2.3과 같이 후보단면을 선정한다.

$$\sigma_{cr} = \left\{1 - \frac{(L_e/r)^2}{2C_c^2}\right\}\sigma_y = \left\{1 - \frac{80^2}{2\times 125.7^2}\right\}\times 250 = 199.4\,(\text{MPa})$$

$$\text{F.S.} = \frac{5}{3} + \frac{3(L_e/r)}{8C_c} - \frac{(L_e/r)^3}{8C_c^3} = \frac{5}{3} + \frac{3\times 80}{8\times 125.7} - \frac{80^3}{8\times 125.7^3} = 1.873$$

$$A_{req} = \frac{P_a(\text{F.S.})}{\sigma_{cr}} = \frac{400\times 1.873}{199.4\times 10^3} = 3.757\times 10^{-3}\,(\text{m}^2)$$

표 예7.3.2.3

외경(mm)	A (cm^2)	r (cm)
165.2	34.79	5.60
190.7	34.82	6.53
	40.40	6.50
216.3	39.61	7.44

가장 경제적인 단면(최소 단면적)인 ϕ165.2 mm를 먼저 검토한다. 세장비, 임계응력, 안전계수로부터 산정한 허용하중은 설계하중 400 kN보다 작으므로 배제한다.

$$\frac{L_e}{r}=\frac{1.0\times 4}{0.056}=71.43$$

$$\sigma_{cr}=\left\{1-\frac{(L_e/r)^2}{2C_c^2}\right\}\sigma_y=\left\{1-\frac{71.43^2}{2\times 125.7^2}\right\}\times 250=209.6\,(\text{MPa})$$

$$\text{F.S.}=\frac{5}{3}+\frac{3(L_e/r)}{8C_c}-\frac{(L_e/r)^3}{8C_c^3}=\frac{5}{3}+\frac{3\times 71.43}{8\times 125.7}-\frac{71.43^3}{8\times 125.7^3}=1.857$$

$$P_a=\frac{P_{cr}}{\text{F.S.}}=\frac{A\sigma_{cr}}{\text{F.S.}}=\frac{34.79\times 209.6}{1.857}\times 10^{-1}=392.7\,(\text{kN})\qquad (\text{N.G.})$$

다음으로 단면적이 작은 ϕ190.7mm 단면을 검토한다. 세장비, 임계응력, 안전계수로부터 산정한 허용하중은 설계하중 400kN보다 크므로 기둥단면으로 결정한다.

$$\frac{L_e}{r}=\frac{1.0\times 4}{0.0653}=61.26$$

$$\sigma_{cr}=\left\{1-\frac{(L_e/r)^2}{2C_c^2}\right\}\sigma_y=\left\{1-\frac{61.26^2}{2\times 125.7^2}\right\}\times 250=220.3\,(\text{MPa})$$

$$\text{F.S.}=\frac{5}{3}+\frac{3(L_e/r)}{8C_c}-\frac{(L_e/r)^3}{8C_c^3}=\frac{5}{3}+\frac{3\times 61.26}{8\times 125.7}-\frac{61.26^3}{8\times 125.7^3}=1.835$$

$$P_a=\frac{P_{cr}}{\text{F.S.}}=\frac{A\sigma_{cr}}{\text{F.S.}}=\frac{34.82\times 220.3}{1.835}\times 10^{-1}=418.0\,(\text{kN})\qquad (\text{O.K.})$$

요점

편심 축하중. 2축대칭 단면(yz평면)의 단주(short column)에 xy평면의 축하중 P가 도심 O로부터 y축 방향 편심 e 위치에 작용하면 도심 O에는 편심 축하중에 의한 모멘트하중이 작용한다. 이러한 경우의 응력은 그림 7.2.2와 같이 축하중 P에 의한 수직응력과 모멘트하중 Pe에 의한 수직응력을 중첩하여 산정해야 한다. 기둥에 국한하여 압축응력의 부호를 양으로 하면 단면적 A, 단면2차모멘트 I_z의 기둥에 발생하는 수직응력 σ는 식 (7.2.1)로 결정하며 회전반경 $r_z(=\sqrt{I_z/A})$와 연단거리 c_1, c_2를 사용하여 최대, 최소 압축응력 $\sigma_{\max}$, $\sigma_{\min}$을 산정할 수 있다.

$$\sigma = \frac{P}{A} \pm \frac{Pey}{I_z} = \frac{P}{A}\left(1 \pm \frac{Aey}{I_z}\right) \tag{7.2.1}$$

$$\sigma_{\max} = \frac{P}{A}\left(1 + \frac{ec_1}{r_z^2}\right) \quad ; \quad \sigma_{\min} = \frac{P}{A}\left(1 - \frac{ec_2}{r_z^2}\right)$$

단면에서 편심의 허용영역을 결정하기 위해 그림 7.2.3과 같이 축하중 P가 재하점 $(m,\ n)$에 작용하는 경우를 가정하면 임의의 위치 $(y,\ z)$에 발생하는 압축응력은 z축, y축 방향 모멘트에 의한 응력을 추가한 다음 식 (7.2.2)로 결정할 수 있다.

$$\sigma = \frac{P}{A}\left(1 + \frac{my}{r_z^2} + \frac{nz}{r_y^2}\right) \tag{7.2.2}$$

그림 7.2.3에 표시한 점선이 압축, 인장응력의 경계선(영응력선)이라면 영응력선의 절편 u, v는 다음과 같이 구할 수 있으므로 P의 위치에 따라 인장응력의 발생여부를 확인할 수 있다.

$$\sigma = \frac{P}{A}\left(1 + \frac{my}{r_z^2} + \frac{nz}{r_y^2}\right) = 0 \quad \Rightarrow \quad u = -\frac{r_z^2}{m} \quad ; \quad v = -\frac{r_y^2}{n}$$

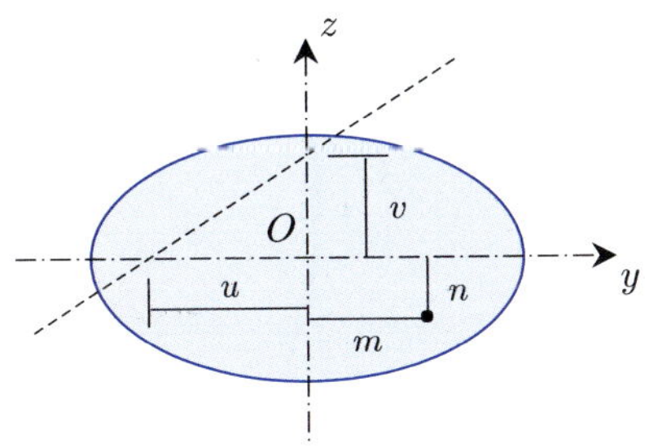

그림 7.2.3

그림 7.2.4(1)에 제시한 직사각형 단면의 4사분면에 재하되는 축하중에 의해 전 단면에 압축응력이 발생하기 위해서는 영응력선이 2사분면의 꼭지점을 통과해야 한다. 이를 만족하는 재하위치는 (2)에 표기한 점선이므로 4사분면에서 도심과 절편으로 구성되는 삼각형이 축하중의 허용영역이 된다. 각 사분면에서 산정되는 압축하중의 허용영역으로 구성되는 마름모를 핵심영역(core area)이라 하고 전 단면에 인장응력이 발생하지 않는 축하중의 재하영역이 된다.

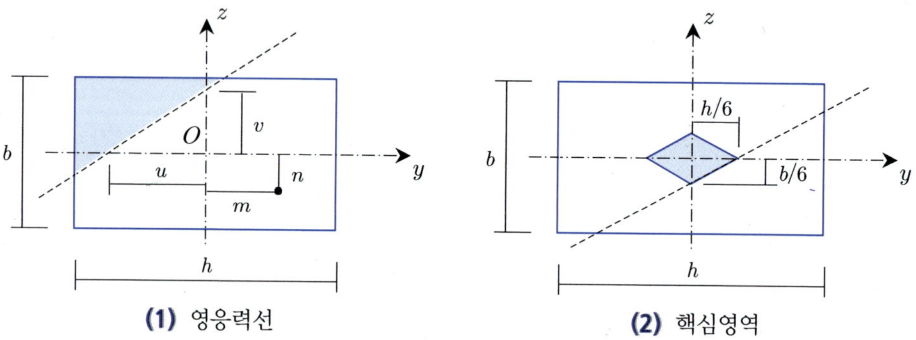

그림 7.2.4 직사각형 단면

Euler 공식. 장주(long column)의 경우 축하중이 증가하면 압축응력이 항복응력을 초과하지 않더라도 기둥이 원상태를 유지하는 안정평형(stable equilibrium) 상태에서 불안정(unstable)한 상태로 변하며 기둥의 결함 또는 횡방향 하중의 증가와 같은 미세한 교란에 의해 갑작스런 붕괴가 발생한다. 이러한 현상을 좌굴(buckling)이라 하고 이를 유발하는 하중을 좌굴하중(buckling load)이라 한다. 그림 7.3.1.1(1)과 같이 휨강성 EI가 일정하고 양단은 회전지점(상단은 축방향 변위 가능)으로 지지된 장주의 경우 좌굴하중 P_{cr}과 좌굴형상 y는 식 (7.3.1.1), (7.3.1.2)를 적용하여 결정하며 I는 기둥의 최소 단면2차모멘트를 사용한다.

$$P_{cr} = \frac{\pi^2 EI}{L^2} \tag{7.3.1.1}$$

$$y = A\sin\frac{\pi x}{L} \tag{7.3.1.2}$$

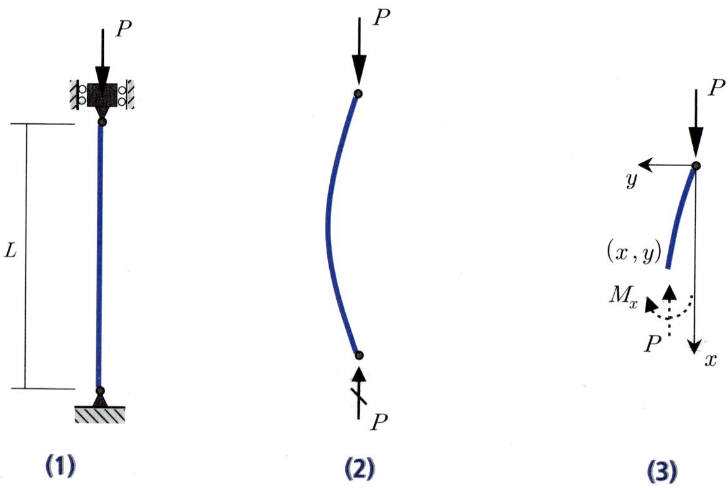

그림 7.3.1.1 양단 회전지점으로 지지된 장주

식 (7.3.1.1)을 오일러공식(Euler formula)이라 하고 장주의 탄성거동에 근거하므로 오일러공식에 의한 좌굴하중은 탄성좌굴하중이며 오일러하중 또는 임계하중(critical load)이라 한다. P_{cr}을 기둥의 단면

적 A로 나누고 회전반경 r을 사용하면 임계응력(critical stress) σ_{cr}을 결정하는 식 (7.3.1.3)이 구성되며 L/r을 세장비(slenderness ratio)라 하고 임계응력은 재료의 탄성계수와 세장비에 의해 결정되고 기둥의 강도와 무관하다는 것을 알 수 있다.

$$\sigma_{cr} = \frac{\pi^2 E}{(L/r)^2} \tag{7.3.1.3}$$

유효길이. 오일러공식 (7.3.1.1)을 기본식으로 하면 그림 7.3.1.3에 제시한 바와 같이 양단의 지지조건이 다른 경우 기본식의 길이 L을 유효길이(effective length) L_e로 대체하여 임계하중을 구할 수 있다. 임계하중과 임계응력은 유효길이계수 K를 사용하여 다음과 같이 산정한다.

$$P_{cr} = \frac{\pi^2 EI}{L_e^2} \quad ; \quad \sigma_{cr} = \frac{\pi^2 E}{(L_e/r)^2} \quad ; \quad L_e = KL$$

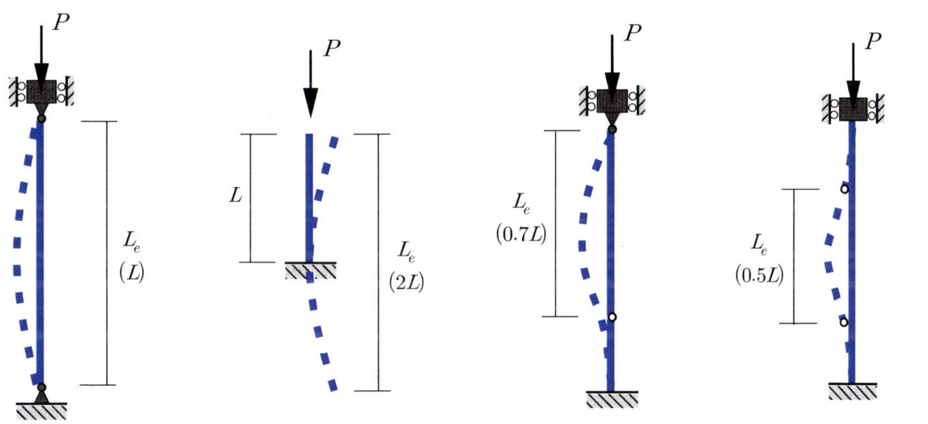

(1) 1.0 (회전 - 회전) **(2)** 2.0 (고정 - 자유) **(3)** 0.7 (고정 - 회전) **(4)** 0.5 (고정 - 고정)

그림 7.3.1.3 유효길이 L_e와 유효길이계수 K

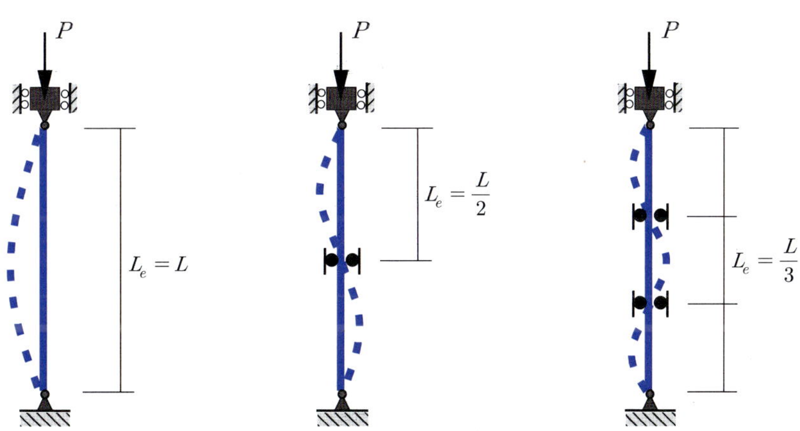

그림 7.3.1.4 횡지지

그림 7.3.1.4와 같이 횡지지(lateral bracing)를 사용하면 유효길이를 조정하여 기둥에 재하할 수 있는 축하중(내하력)을 증가할 수 있다. 이와 같이 횡지지를 설치하여 기둥의 약축(weak axis) 방향 내하력을 증가하는 경우는 강축, 약축 모두에 대한 좌굴하중을 검토해야 한다.

기둥의 구분. 그림 7.3.1.5와 같이 가로축을 세장비, 세로축을 임계응력으로 하여 오일러공식을 표시한 곡선 AC는 σ_{pl} 이하의 부분 BC 구간만 유효하므로 이 구간의 세장비를 갖는 기둥을 장주로 구분하고 σ_{pl}을 안정도한계라 한다. 7.2절에서 논의한 단주는 강도한계인 $\sigma_{\max}$에서 압축파괴가 발생하고 안정도한계와 강도한계 사이의 압축응력에서 발생하는 기둥의 좌굴은 비탄성거동에 의해 발생하므로 비탄성좌굴(inelastic buckling)이라 하며 중간주로 구분한다. 중간주의 좌굴은 실험결과로부터 제시한 것이며 DE 구간의 세장비를 갖는 기둥이 단주, EB 구간의 세장비를 갖는 기둥이 중간주가 된다. 장주, 중간주, 단주를 구분하는 세장비를 천이세장비(transition slenderness ratio)라 하며 재료특성(탄성계수, 비례한도)에 의해 결정된다.

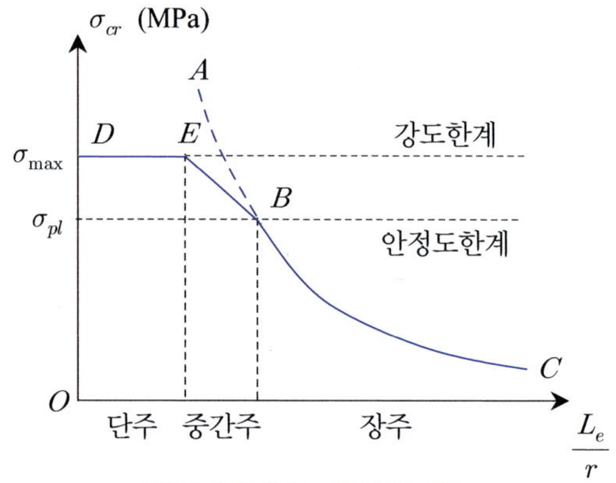

그림 7.3.1.5 기둥의 구분

기둥의 설계공식. SSRC(Structural Stability Research Council)는 구조용 강재기둥에 적용할 수 있는 기둥공식을 다음과 같이 제안하고 있다. 오일러공식을 적용하는 σ_{pl} 이내에서 장주의 임계응력 σ_{cr}은 다음 식 (7.3.2.1)로 결정한다.

$$\sigma_{cr} = \frac{P_{cr}}{A} = \frac{\pi^2 E}{(L_e/r)^2} \tag{7.3.2.1}$$

SSRC는 압연형강의 경우 잔류응력의 영향을 고려하여 그림 7.3.2.1과 같이 σ_{pl}을 $0.5\sigma_y$로 가정하고 오일러공식을 적용하는 최소 세장비인 천이세장비를 다음과 같이 제시한다.

$$\sigma_{cr} = \frac{\sigma_y}{2} = \frac{\pi^2 E}{(L_e/r)^2} \quad \Rightarrow \quad \left(\frac{L_e}{r}\right)_c = \sqrt{\frac{2\pi^2 E}{\sigma_y}}$$

세장비가 천이세장비 이하인 중간주와 단주의 임계응력 σ_{cr}을 구하는 기둥공식은 σ_y를 꼭지점으로 하고 천이세장비에서 오일러공식과 접선을 공유하도록 구성한 포물선 식 (7.3.2.2)다.

$$\sigma_{cr} = \frac{P_{cr}}{A} = \left\{1 - \frac{(L_e/r)^2}{2(L_e/r)_c^2}\right\}\sigma_y \tag{7.3.2.2}$$

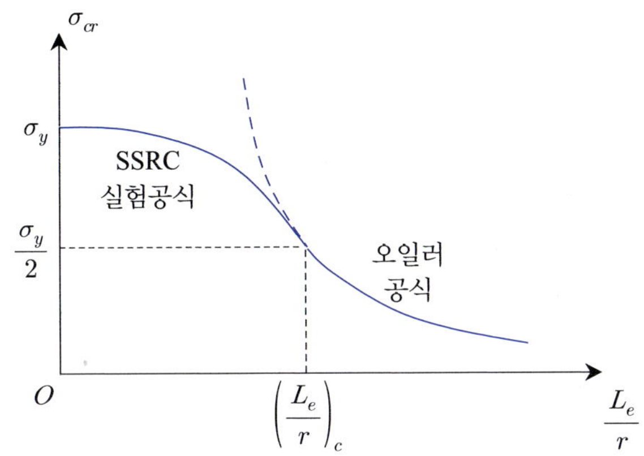

그림 7.3.2.1 SSRC 기둥공식

기둥의 설계기준. AISC(American Institute of Steel Construction)는 천이세장비 $(L_e/r)_c$를 C_c로 표기하고 단주와 중간주($L_e/r < C_c$) 및 장주($C_c < L_{e/r}$)에 적용하는 안전계수를 다음과 같이 규정하고 있다.

$$\text{F.S.} = \frac{5}{3} + \frac{3(L_e/r)}{8C_c} - \frac{(L_e/r)^3}{8C_c^3} \quad ; \quad \left(\frac{L_e}{r}\right) \le C_c$$

$$\text{F.S.} = \frac{23}{12} \cong 1.92 \quad ; \quad \left(\frac{L_e}{r}\right) \ge C_c$$

세장비가 200보다 큰 경우는 기둥의 결함에 매우 민감하여 이론적 좌굴하중에 도달하기 전에 좌굴이 발생하게 되므로 AISC 설계편람은 세장비가 200보다 큰 기둥은 허용하지 않는다. 표 7.3.2.1은 강재 기둥의 각 지지조건에 적용하는 유효길이계수 K의 이론값과 AISC 추천값이다. AISC 추천값은 실험에 의해 고정지점이 기둥을 실제로 완벽하게 고정하지는 못한다는 사실을 반영한 것이다.

표 7.3.2.1 유효길이계수 K

지지조건		회전-회전	자유-고정	회전-고정	고정-고정
K	이론값	1.0	2.0	0.7	0.5
	AISC 추천값	1.0	2.10	0.8	0.65

기둥의 설계. 설계공식에 사용되는 세장비는 기둥단면이 결정되어야만 알 수 있으므로 기둥을 설계하는 과정에는 세장비를 구하기 위해 회전반경을 가정하고 검토해야 하는 시행착오법(trial and error method)을 수행하여야 한다. 가정한 세장비로부터 허용 압축응력 및 소요 단면적을 산정하고 이들 값에 대응하는 후보단면을 선택하여 적정여부를 검토하고 가장 경제적인 단면을 선택한다.

연습문제

연습문제 7.2절 편심 축하중

7-1 직사각형(50 cm × 70 cm) 단면의 단주에 편심 축하중 $P = 1800\,\mathrm{kN}$이 작용하는 경우 최대 압축응력 및 최대 인장응력을 구하시오.

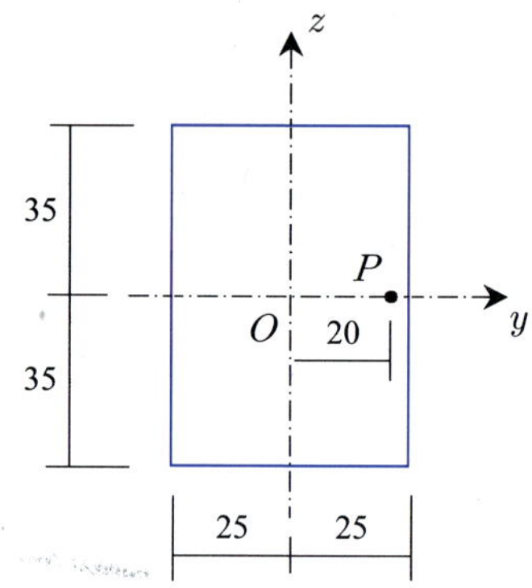

[답] 최대 압축응력 17.5 MPa, 최대 인장응력 7.20 MPa

7-2 직사각형(50 cm × 70 cm) 단면의 단주에 편심 축하중 $P = 400\,\mathrm{kN}$이 작용하는 경우 단면 위치 A, B, C, D의 응력을 구하시오.

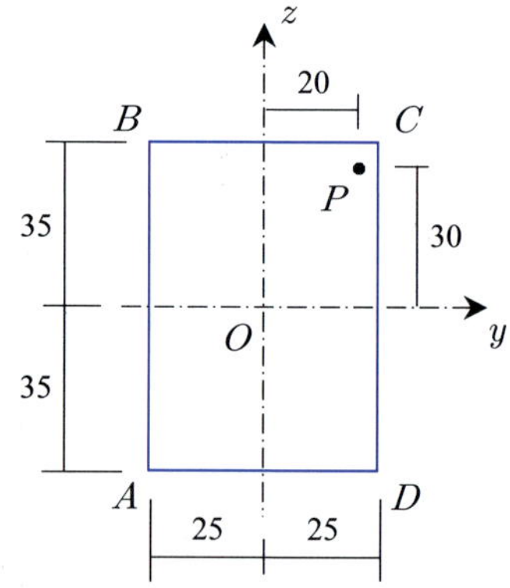

[답] A ; 4.54 MPa 인장, B ; 1.34 MPa 압축, C ; 6.83 MPa 압축, D ; 0.95 MPa 압축

7-3 직사각형(70 cm × 40 cm) 단면의 단주에 편심 축하중 P가 작용하는 경우 영응력선을 구하시오.

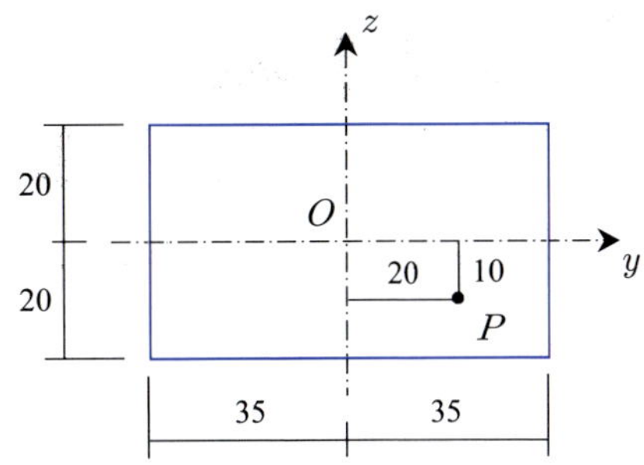

[답] 절편 (−20.4 , 0), (0 , 13.3)을 갖는 직선

7-4 직사각형(70 cm × 40 cm) 단면의 단주에 편심 축하중 P가 작용하는 경우 핵심영역을 구하시오.

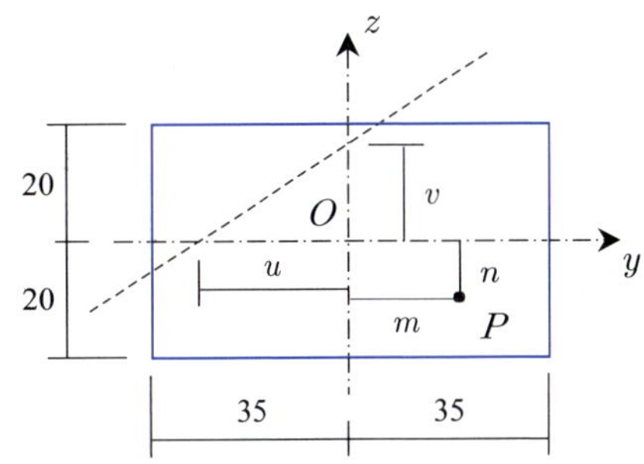

[답] 절편 (70/6 , 0), (−70/6 , 0), (0 , 40/6), (0 , −40/6)으로 구성되는 마름모

연습문제 7.3.1절 Euler 공식

7-5 오일러공식을 사용하여 부재 AB에 요구되는 최소 단면2차모멘트를 구하시오. 안전계수는 F.S. = 3이고 탄성계수는 E = 200 GPa이다.

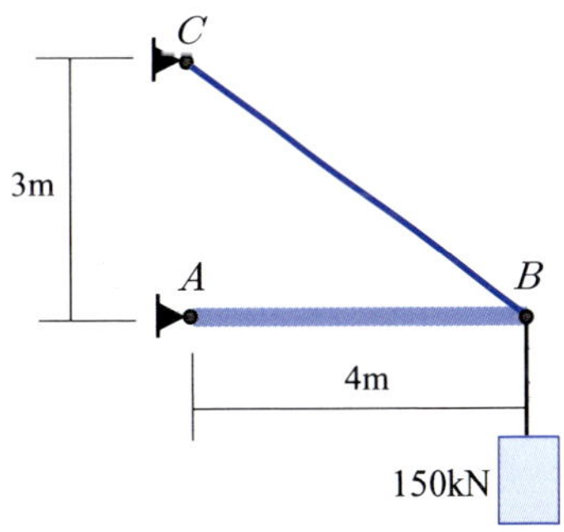

[답] $4.863 \times 10^{-6}\,\mathrm{m}^4$

7-6 동일한 단면과 휨강성을 갖는 부재 AC, BC로 구성된 트러스에서 하중 P의 임계치가 최대가 되는 경사각 θ를 오일러공식을 적용하여 구하시오.

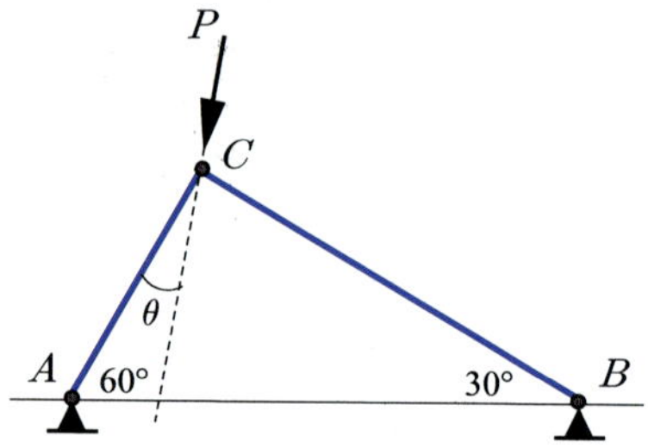

[답] 18.4°

7-7 양단이 고정지지된 기둥(길이 L)에 축하중 P가 작용하는 경우 탄성곡선식으로부터 좌굴하중을 구하시오. EI는 일정하다.

[답] $P_{cr} = \dfrac{4\pi^2 EI}{L^2} = \dfrac{\pi^2 EI}{(0.5L)^2}$

7-8 양단이 회전지지된 기둥에 축하중 P가 단면의 도심에서 편심 e를 갖는 위치에 작용하는 경우 좌굴하중을 결정하기 위한 탄성곡선식을 구하시오. EI는 일정하다.

[답] $y = e\left(\tan\dfrac{pL}{2}\sin px + \cos px - 1\right)$

7-9 중공직사각형(34 cm × 42 cm, 두께 16 mm) 단면의 기둥(길이 10 m)이 고정지점으로 지지되어 있다. 강재 기둥의 강종은 SM400, 탄성계수는 $E = 200\,\text{GPa}$, 항복응력은 $\sigma_y = 235\,\text{MPa}$인 경우 임계하중과 임계응력을 구하시오.

[답] 임계하중 34022 kN, 임계응력 146 MPa

7-10 중공원형(외경 100 mm) 단면의 기둥(길이 4.2 m)이 고정지점과 회전지점으로 지지되어 있는 경우 90 kN의 축하중을 지지할 수 있는 최소 두께를 구하시오. 탄성계수는 $E = 72\,\text{GPa}$, 비례한도는 $\sigma_{pl} = 200\,\text{MPa}$이다.

[답] $t > 3.06\,\text{mm}$

7-11 직사각형(30 cm × 20 cm) 단면의 기둥(길이 10 m)이 고정지점과 회전지점으로 지지되어 있다. 강재 기둥의 탄성계수는 $E = 210\,\text{GPa}$, 항복응력은 $\sigma_y = 280\,\text{MPa}$이다. 안전계수 F.S. = 2를 사용하여 허용하중 P_a를 구하시오.

[답] 허용하중 4230 kN, 임계응력 141 MPa

7-12 알루미늄 기둥(길이 5m, 단면적 $A = 7.5\times10^{-3}\mathrm{m}^4$)이 하단은 고정지점, 상단은 강축방향이 자유단이고 약축방향은 회전지점으로 지지되어 있다. 강축, 약축방향의 단면2차모멘트는 각각 $I_x = 61.3\times10^{-6}\mathrm{m}^4$, $I_y = 23.2\times10^{-6}\mathrm{m}^4$이고 탄성계수는 $E = 70\,\mathrm{GPa}$, 비례한도는 $\sigma_{pl} = 215\,\mathrm{MPa}$이다. 안전계수 F.S. = 3을 사용하여 허용하중 P_a를 구하시오.

[답] $P_a = 141\,\mathrm{kN}$

7-13 양단이 회전지점으로 지지된 직사각형($b\times h$, $b < h$) 단면의 기둥이 약축방향은 중간에 횡지지되어 있다. 강축, 약축방향의 좌굴하중이 동일하도록 h/b를 구하시오.

[답] $h/b = 2$

7-14 양단이 회전지점으로 지지되어 있는 직사각형(60mm×100mm) 단면의 기둥에 오일러공식을 적용할 수 있는 최소길이를 구하시오. 탄성계수는 $E = 200\,\mathrm{GPa}$이고 비례한도는 $\sigma_{pl} = 250\,\mathrm{MPa}$이다.

[답] 1.54m

7-15 양단이 고정지점으로 지지되어 있는 길이 L, 원형(직경 d) 단면의 강재기둥에 오일러공식을 적용할 수 있는 L/d의 최소값을 구하시오. 탄성계수는 $E = 210\,\mathrm{GPa}$이고 항복응력은 $\sigma_y = 200\,\mathrm{MPa}$이다.

[답] $L/d > 50.9$

7-16 중공원형(내경 110mm, 외경 120mm) 단면의 기둥을 다음 4가지 조건으로 지지하는 경우 오일러공식을 적용할 수 있는 기둥의 최소길이를 구하시오. 탄성계수는 $E = 200\,\mathrm{GPa}$이고 비례한도는 $\sigma_{pl} = 200\,\mathrm{MPa}$이다.

1) 수평이동 구속, 회전 허용
2) 수평이동 구속, 회전 구속
3) 수평이동 허용, 회전 허용
4) 수평이동 허용, 회전 구속

[답] 1) 5.77m, 2) 8.07m, 3) 2.02m, 4) 4.03m

부록

가. 변형률의 변환

xy좌표축에서 평면응력요소의 변형상태는 그림 가.1과 같이 축방향 변형률 ϵ_x, ϵ_y와 전단변형률 γ_{xy}로 정의하며 ϵ_x, ϵ_y의 경우 신장이 양이고 γ_{xy}의 경우 직각인 $\angle AOB$가 감소하는 각변형이 양의 부호를 갖는다.

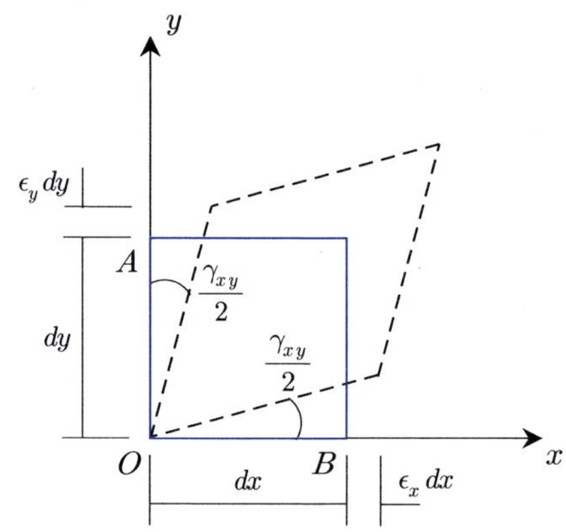

그림 가.1 평면응력요소의 변형상태

일반적인 변형상태를 파악하기 위해서는 xy좌표축의 평면응력요소에서 산정한 ϵ_x, ϵ_y 및 γ_{xy}로부터 xy좌표축과 임의의 반시계방향 회전각 θ를 갖는 $x'y'$좌표축에서 평면응력요소가 갖게 되는 $\epsilon_{x'}$, $\epsilon_{y'}$ 및 $\gamma_{x'y'}$를 산정하는 방법이 요구된다. 그림 가.2는 xy좌표축의 평면응력요소($dx \times dy$)에 ϵ_x, ϵ_y, γ_{xy}가 각각 발생한 경우 평면응력요소의 대각선을 x'축으로 하는 $x'y'$좌표축에서 평면응력요소의 변형상태를 도시한 것이다. 길이 dx'의 신장량 $\delta_{x'}$는 (1), (2), (3)의 선분 $\overline{A''A'}$에 해당하는 $\epsilon_x dx\cos\theta$, $\epsilon_y dy\sin\theta$, $\gamma_{xy} dy\cos\theta$의 합이고 $\epsilon_{x'}$는 $\delta_{x'}$를 길이 dx'로 나누어 다음과 같이 산정되며 $dx = dx'\cos\theta$, $dy = dx'\sin\theta$를 이용하면 $\epsilon_{x'}$와 ϵ_x, ϵ_y, γ_{xy}의 관계식 (가.1)이 구성된다.

$$\delta_{x'} = \epsilon_x dx\cos\theta + \epsilon_y dy\sin\theta + \gamma_{xy} dy\cos\theta$$

$$\epsilon_{x'} = \frac{\delta_{x'}}{dx'} = \epsilon_x \frac{dx}{dx'}\cos\theta + \epsilon_y \frac{dy}{dx'}\sin\theta + \gamma_{xy}\frac{dy}{dx'}\cos\theta$$

$$\epsilon_{x'} = \epsilon_x\cos^2\theta + \epsilon_y\sin^2\theta + \gamma_{xy}\sin\theta\cos\theta \tag{가.1}$$

ϵ_x, ϵ_y 및 γ_{xy}에 의해 발생하는 $\epsilon_{y'}$는 식 (가.1)의 θ를 $\theta + \pi/2$로 대체하여 구한 식 (가.2)

로 결정할 수 있다.

$$\epsilon_{y'} = \epsilon_x \sin^2\theta + \epsilon_y \cos^2\theta - \gamma_{xy} \sin\theta \cos\theta \qquad (\text{가}.2)$$

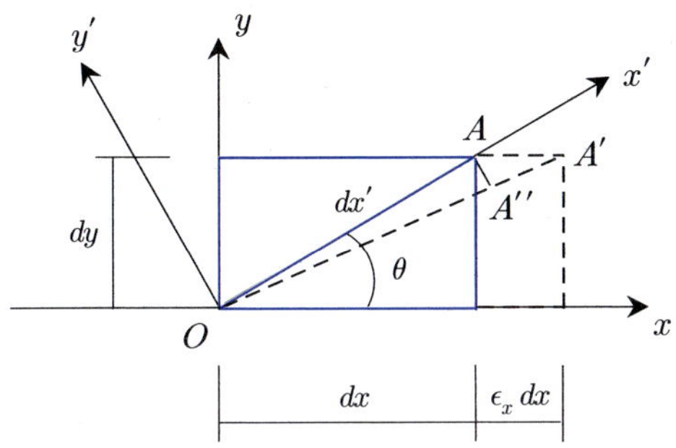

(1) 축방향 변형 ϵ_x

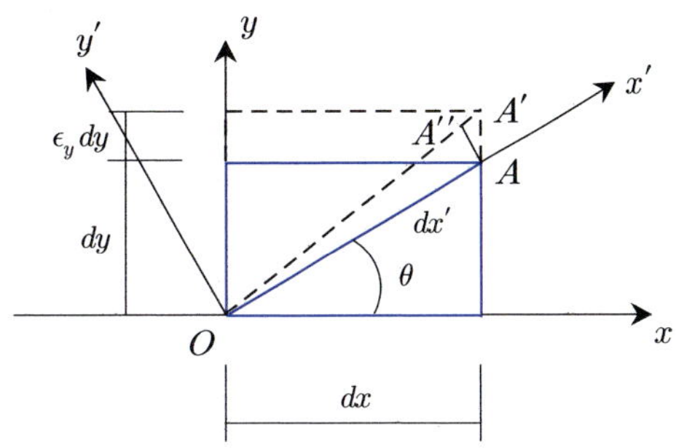

(2) 축방향 변형 ϵ_y

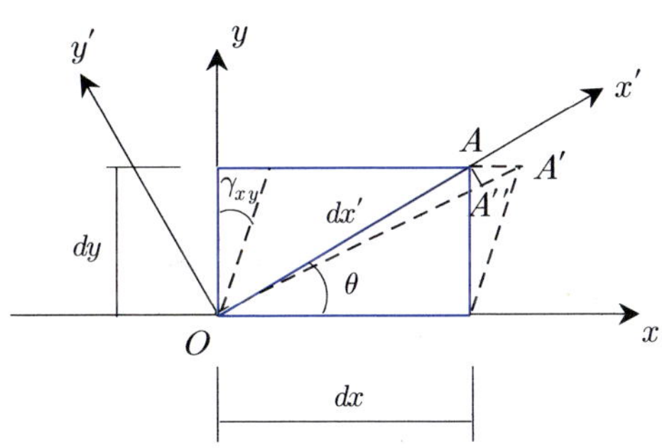

(3) 각변형 γ_{xy}

그림 가.2 xy좌표축에서 평면응력요소의 변형상태

$x'y'$좌표축에서 $\gamma_{x'y'}$는 그림 가.3에 제시한 바와 같이 α와 β의 합이다. 그림 가.2에서 ϵ_x, ϵ_y 및 γ_{xy}에 의해 x'축에서 발생한 회전각의 크기는 $\overline{AA''}$에 해당하는 $\epsilon_x dx \sin\theta$, $\epsilon_y dy \cos\theta$, $\gamma_{xy} dy \sin\theta$를 길이 dx'로 나누어 구하고 회전각의 부호는 α가 반시계방향 회전각이므로 ϵ_x, γ_{xy}에 의한 회전각은 음이고 ϵ_y에 의한 회전각은 양이다. 부호를 고려하여 합하면 α는 다음과 같이 산정된다.

$$\begin{aligned}
\alpha &= -\epsilon_x \frac{dx}{dx'} \sin\theta + \epsilon_y \frac{dy}{dx'} \cos\theta - \gamma_{xy} \frac{dy}{dx'} \sin\theta \\
&= -\epsilon_x \sin\theta\cos\theta + \epsilon_y \sin\theta\cos\theta - \gamma_{xy} \sin^2\theta \\
&= -(\epsilon_x - \epsilon_y)\sin\theta\cos\theta - \gamma_{xy}\sin^2\theta
\end{aligned}$$

y'축에서 ϵ_x, ϵ_y 및 γ_{xy}에 의해 발생한 회전각 β는 α를 산정하는 식에서 θ를 $\theta+\pi/2$로 대체하고 시계방향 회전각이므로 ϵ_x, γ_{xy}에 의한 회전각은 양이고 ϵ_y에 의한 회전각은 음으로 하여 산정하며 이로부터 $\gamma_{x'y'}$와 ϵ_x, ϵ_y, γ_{xy}의 관계식 (가.3)이 구성된다.

$$\begin{aligned} \beta = \; & \epsilon_x \sin\left(\theta+\frac{\pi}{2}\right)\cos\left(\theta+\frac{\pi}{2}\right) - \epsilon_y \sin\left(\theta+\frac{\pi}{2}\right)\cos\left(\theta+\frac{\pi}{2}\right) \\ & + \gamma_{xy}\sin^2\left(\theta+\frac{\pi}{2}\right) \\ = & -(\epsilon_x-\epsilon_y)\sin\theta\cos\theta + \gamma_{xy}\cos^2\theta \end{aligned}$$

$$\gamma_{x'y'} = -2(\epsilon_x-\epsilon_y)\sin\theta\cos\theta + \gamma_{xy}(\cos^2\theta - \sin^2\theta) \quad \text{(가.3)}$$

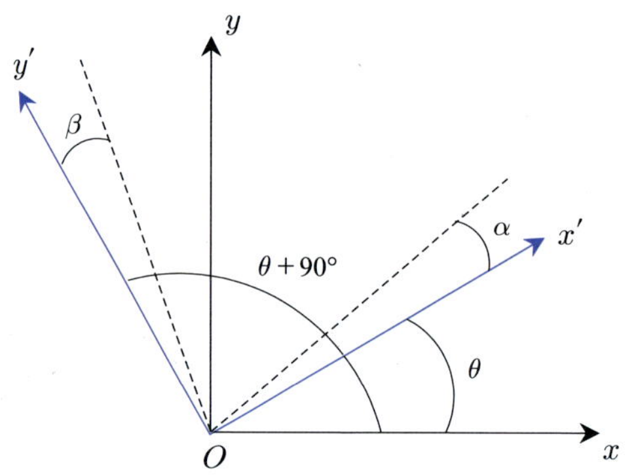

그림 가.3 $x'y'$ 좌표축의 각변형 $\gamma_{x'y'}$

식 (가.1~3)은 다음 식 (가.4)와 같이 변경할 수 있으며 이를 평면변형률에 대한 변환식이라 한다.

$$\begin{aligned} \epsilon_{x'} &= \frac{\epsilon_x+\epsilon_y}{2} + \frac{\epsilon_x-\epsilon_y}{2}\cos 2\theta + \frac{\gamma_{xy}}{2}\sin 2\theta \\ \epsilon_{y'} &= \frac{\epsilon_x+\epsilon_y}{2} - \frac{\epsilon_x-\epsilon_y}{2}\cos 2\theta - \frac{\gamma_{xy}}{2}\sin 2\theta \\ \frac{\gamma_{x'y'}}{2} &= -\frac{\epsilon_x-\epsilon_y}{2}\sin 2\theta + \frac{\gamma_{xy}}{2}\cos 2\theta \end{aligned} \quad \text{(가.4)}$$

예제 가.1

평면변형률이 $\epsilon_x = -400(10^{-6})$, $\epsilon_y = 860(10^{-6})$, $\gamma_{xy} = 375(10^{-6})$인 경우 반시계방향으로 30° 회전한 좌표축에서 평면변형률을 구하시오.

설명 식 (가.4)에 ϵ_x, ϵ_y, γ_{xy}를 대입하면 $\epsilon_{x'}$, $\epsilon_{y'}$ 및 $\frac{\gamma_{x'y'}}{2}$는 다음과 같이 산정되며 전단변형률은 $\gamma_{x'y'} = 1279(10^{-6})$이다.

$$\begin{aligned}
\epsilon_{x'} &= \frac{\epsilon_x + \epsilon_y}{2} + \frac{\epsilon_x - \epsilon_y}{2}\cos 2\theta + \frac{\gamma_{xy}}{2}\sin 2\theta \\
&= \frac{-400(10^{-6}) + 860(10^{-6})}{2} + \frac{-400(10^{-6}) - 860(10^{-6})}{2}\cos 60° \\
&\quad + \frac{375(10^{-6})}{2}\sin 60° \\
&= 230(10^{-6}) - 630(10^{-6})\left(\frac{1}{2}\right) + 187.5(10^{-6})\left(\frac{\sqrt{3}}{2}\right) = 77.38(10^{-6})
\end{aligned}$$

$$\begin{aligned}
\epsilon_{y'} &= \frac{\epsilon_x + \epsilon_y}{2} - \frac{\epsilon_x - \epsilon_y}{2}\cos 2\theta - \frac{\gamma_{xy}}{2}\sin 2\theta \\
&= \frac{-400(10^{-6}) + 860(10^{-6})}{2} - \frac{-400(10^{-6}) - 860(10^{-6})}{2}\cos 60° \\
&\quad - \frac{375(10^{-6})}{2}\sin 60° \\
&= 230(10^{-6}) + 630(10^{-6})\left(\frac{1}{2}\right) - 187.5(10^{-6})\left(\frac{\sqrt{3}}{2}\right) = 382.6(10^{-6})
\end{aligned}$$

$$\begin{aligned}
\frac{\gamma_{x'y'}}{2} &= -\frac{\epsilon_x - \epsilon_y}{2}\sin 2\theta + \frac{\gamma_{xy}}{2}\cos 2\theta \\
&= -\frac{-400(10^{-6}) - 860(10^{-6})}{2}\sin 60° + \frac{375(10^{-6})}{2}\cos 60° \\
&= 630(10^{-6})\left(\frac{\sqrt{3}}{2}\right) + 187.5(10^{-6})\left(\frac{1}{2}\right) = 639.3(10^{-6})
\end{aligned}$$

평면변형률에 대한 변환식 (가.4)와 평면응력에 대한 변환식간의 유사성은 평면변형률을 구하기 위해 모어원을 사용할 수 있다는 것을 의미한다. 식 (가.4)로부터 평면변형률에 대한 모어원 식을 구하면 $\epsilon_{x'}$, $\gamma_{x'y'}/2$를 좌표축으로 하는 원의 식이 구성된다.

$$\left(\epsilon_{x'} - \frac{\epsilon_x + \epsilon_y}{2}\right)^2 + \left(\frac{\gamma_{x'y'}}{2}\right)^2 = \left(\frac{\epsilon_x - \epsilon_y}{2}\right)^2 + \left(\frac{\gamma_{xy}}{2}\right)^2$$

원 중심의 좌표를 $(\epsilon_{avg}, 0)$, 반경을 R로 표기하고 식 (가.5)와 같이 제시한 원을 평면변형률에 대한 모어원이라 한다.

$$\epsilon_{avg} = \frac{\epsilon_x + \epsilon_y}{2} \quad ; \quad R = \sqrt{\left(\frac{\epsilon_x - \epsilon_y}{2}\right)^2 + \left(\frac{\gamma_{xy}}{2}\right)^2}$$

$$(\epsilon_{x'} - \epsilon_{avg})^2 + \left(\frac{\gamma_{x'y'}}{2}\right)^2 = R^2 \tag{가.5}$$

모어원을 작도하는 평면은 그림 가.4와 같이 우측을 양으로 하여 $\epsilon_{x'}$를 가로축에 표기하고 하향을 양으로 하여 $\gamma_{x'y'}/2$를 세로축에 표기한다. 모어원의 중심 $(\epsilon_{\text{avg}},\ 0)$을 C점, $(\epsilon_x,\ \gamma_{xy}/2)$를 X점으로 하여 선분 $\overline{CX}$의 길이를 산정하고 이를 반경으로 하는 모어원을 작도하면 모어원 상의 각 점에 해당하는 좌표축은 다음과 같다.

A점 : 최대 축방향 변형률이 발생하고 전단변형률은 0이 되는 좌표축
B점 : 최소 축방향 변형률이 발생하고 전단변형률은 0이 되는 좌표축
D점 : 축방향 변형률은 ϵ_{avg}이고 전단변형률이 최대가 되는 좌표축
E점 : 축방향 변형률은 ϵ_{avg}이고 전단변형률이 최소가 되는 좌표축

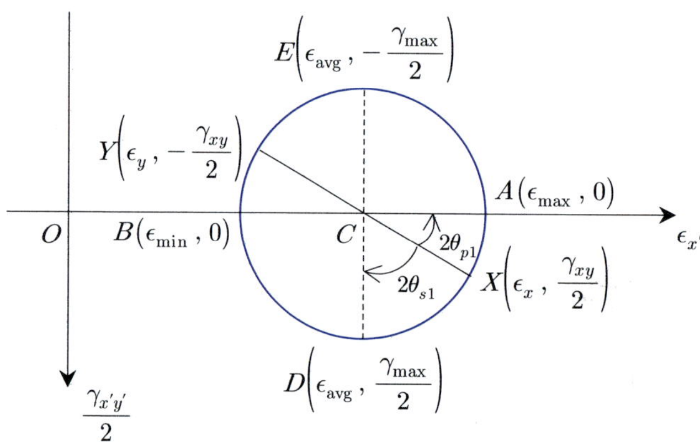

그림 가.4 평면변형률에 대한 모어원

최대, 최소 축방향 변형률을 주변형률이라 하고 해당 좌표축의 회전각 θ_p는 식 (가.4)에서 $\gamma_{x'y'}/2$를 0으로 하여 결정할 수 있다.

$$\tan 2\theta_p = \frac{\gamma_{xy}}{\epsilon_x - \epsilon_y} \tag{가.6}$$

이로부터 2개의 θ_p를 산정할 수 있으며 A, B점에 해당하는 θ_{p1}, θ_{p2}는 모어원에서 확인할 수 있다. 모어원에서의 회전각은 좌표축 회전각의 2배이므로 xy좌표축의 평면변형률 $(\epsilon_x,\ \gamma_{xy}/2)$를 제시하는 X점에서 반시계방향으로 $180°$ 회전한 Y점은 xy좌표축을 반시계방향으로 $90°$ 회전한 좌표축의 평면변형률 $(\epsilon_y,\ -\gamma_{xy}/2)$를 제시한다. 최대, 최소 전단변형률이 발생하는 좌표축의 회전각 θ_s는 식 (가.4)에서 $\epsilon_{x'}$를 ϵ_{avg}로 하여 결정할 수 있다. 이로부터 2개의 θ_s를 산정할 수 있으며 D, E점에 해당하는 θ_{s1}, θ_{s2}는 모어원에서 확인할 수 있다.

$$\tan 2\theta_s = -\frac{\epsilon_x - \epsilon_y}{\gamma_{xy}} \tag{가.7}$$

그림 가.4에서 주변형률 및 최대 전단변형률이 발생하는 좌표축은 그림 가.5와 같다. 모어원 상 X점에서 주변형률이 발생하는 A점으로의 회전각은 반시계방향 $2\theta_{p1}$이므로 주변형률이 발생하는 x'축은 x축에서 반시계방향으로 θ_{p1} 회전한 축이고 변형형상은 (1)과 같다. 최대 전단변형률이 발생하는 D점으로의 회전각은 시계방향 $2\theta_{s1}$이므로 최대 전단변형률이 발생하는 x'축은 x축에서 시계방향으로 θ_{s1} 회전한 축이고 변형형상은 (2)와 같다.

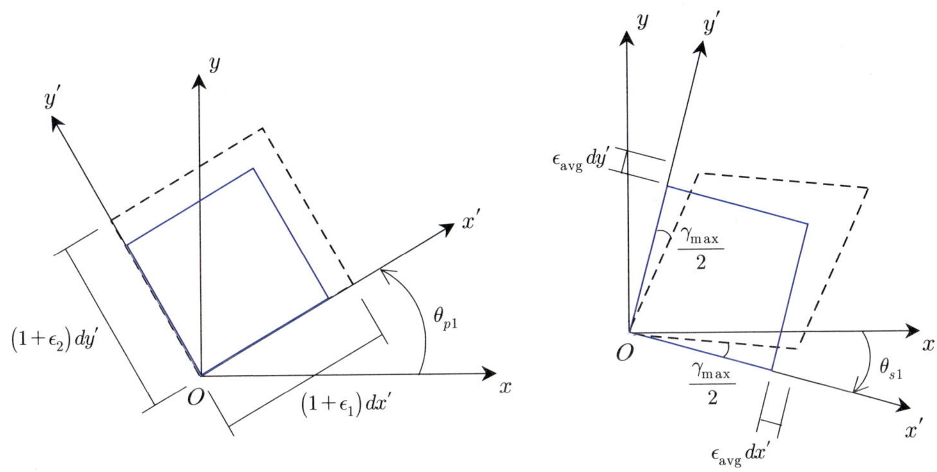

(1) 주변형률 발생 좌표축 **(2)** 최대 전단변형률 발생 좌표축

그림 가.5

예제 가.2

> 예제 가.1이 평면응력요소$\{\epsilon_x = -400(10^{-6}),\ \epsilon_y = 860(10^{-6}),\ \gamma_{xy} = 375(10^{-6})\}$에서 주변형률과 최대 전단변형률 및 해당 좌표축의 회전각을 모어원으로 구하시오.

설명 모어원의 중심 C점의 $\epsilon_{x'}$ 좌표로부터 중심의 좌표는 $C\{230(10^{-6}),\ 0\}$이므로 반경 R을 구하고 모어원을 작도하면 그림 예.가.2(1)과 같다.

$$\epsilon_{avg} = \frac{\epsilon_x + \epsilon_y}{2} = \frac{-400(10^{-6}) + 860(10^{-6})}{2} = 230(10^{-6})$$

$$R = \sqrt{\left(\frac{\epsilon_x - \epsilon_y}{2}\right)^2 + \left(\frac{\gamma_{xy}}{2}\right)^2}$$

$$= \sqrt{\left(\frac{-400-860}{2}\right)^2 + \left(\frac{375}{2}\right)^2} \times (10^{-6}) = 657.3(10^{-6}) = \frac{\gamma_{max}}{2}$$

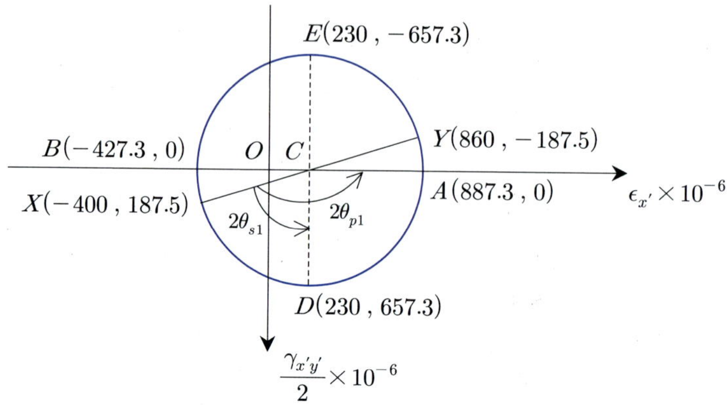

그림 예.가.2(1)

주변형률 ϵ_1, ϵ_2 및 해당 좌표축의 모어원 상 회전각 $2\theta_{p1}$을 산정하면 주변형률 발생 좌표축은 반시계방향으로 81.7° 회전한 좌표축이고 변형상태는 그림 예.가.2(2)와 같다.

$$\epsilon_1 = \frac{\epsilon_x + \epsilon_y}{2} + R = 230(10^{-6}) + 657.3(10^{-6}) = 887.3(10^{-6})$$

$$\epsilon_2 = \frac{\epsilon_x + \epsilon_y}{2} - R = 230(10^{-6}) - 657.3(10^{-6}) = -427.3(10^{-6})$$

$$2\theta_{p1} = 180° - \tan^{-1}\left(\frac{187.5}{860-230}\right) = 163.4° \quad ; \quad \theta_{p1} = 81.7°$$

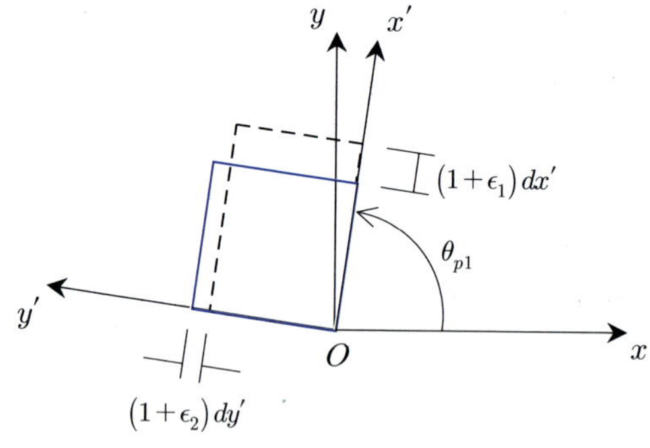

그림 예.가.2(2)

최대 전단변형률과 반경의 관계식 및 해당 좌표축의 모어원 상 회전각을 산정하면 최대 전단변형률 γ_{max}는 $1315(10^{-6})$이고 해당 좌표축은 반시계방향으로 36.7° 회전한 좌표축이며 변형상태는 그림 예.가.2(3)과 같다.

$$\frac{\gamma_{max}}{2} = R = 657.3(10^{-6})$$

$$2\theta_{s1} = 90° - \tan^{-1}\left(\frac{187.5}{860-230}\right) = 73.4° \quad ; \quad \theta_{s1} = 36.7°$$

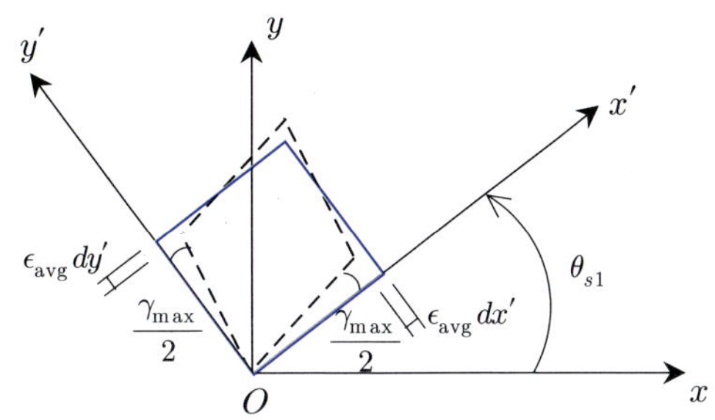

그림 예.가.2(3)

예제 가.3

예제 가.1에서 공식으로 구한 결과를 예제 가.2에서 사용한 모어원을 이용하여 구하시오.

설명 반시계방향으로 30° 회전한 평면응력요소의 평면변형률은 그림 예.가.3(1)에 제시한 바와 같이 X점으로부터 반시계방향으로 60° 회전한 X'점의 좌표이므로 $\angle BCX'$를 다음과 같이 구하면 모어원에서 산정한 $\epsilon_{x'}$, $\epsilon_{y'}$, $\gamma_{x'y'}$는 다음과 같고 변형상태는 그림 예.가.3(2)와 같다.

$$\angle BCX = 180° - 163.4° = 16.6°$$

$$\angle BCX' = 16.6° + 60° = 76.6°$$

$$\begin{aligned}\epsilon_{x'} &= 230(10^{-6}) - R\cos 76.6° \\ &= 230(10^{-6}) - 657.3(10^{-6}) \times 0.232 = 77.51(10^{-6})\end{aligned}$$

$$\begin{aligned}\epsilon_{y'} &= 230(10^{-6}) + R\cos 76.6° \\ &= 230(10^{-6}) + 657.3(10^{-6}) \times 0.232 = 382.5(10^{-6})\end{aligned}$$

$$\begin{aligned}\frac{\gamma_{x'y'}}{2} &= R\sin 76.6° \\ &= 657.3(10^{-6}) \times 0.973 = 639.6(10^{-6}) \quad ; \quad \gamma_{x'y'} = 1279(10^{-6})\end{aligned}$$

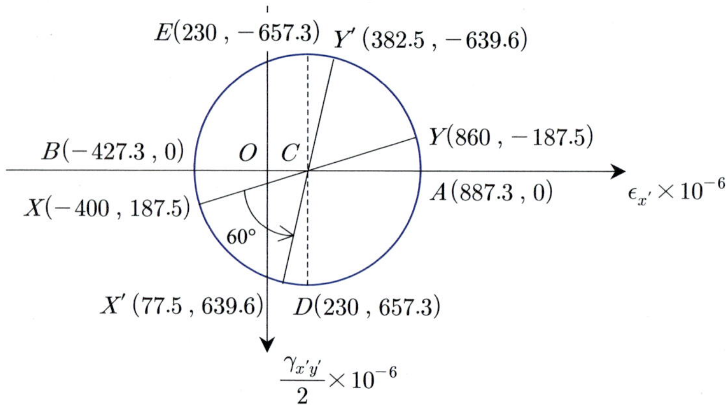

그림 예.가.3(1)

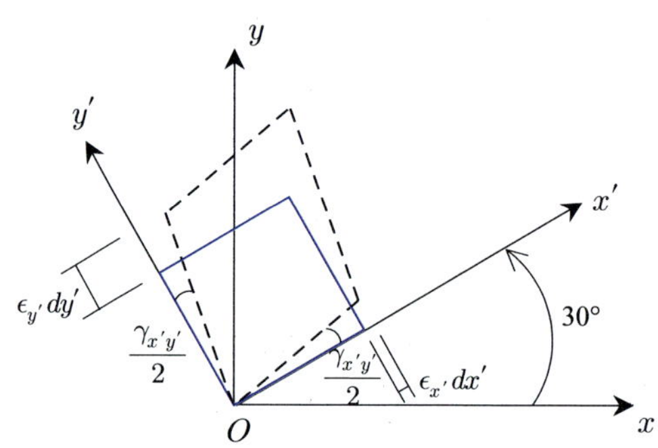

그림 예.가.3(2)

나. 최대, 최소 단면2차모멘트

나.1 단면상승모멘트

단면2차모멘트는 축의 위치에 따라 다르게 산정되므로 최대, 최소 단면2차모멘트를 갖는 축의 위치를 알아야 구조부재를 효율적으로 사용할 수 있다. 평행축정리로부터 도심축에 대한 단면2차모멘트가 도심축과 평행한 임의의 축에 대한 단면2차모멘트보다 작다는 것을 확인하였다. 또한 단면에 설정한 임의의 축에 대한 단면2차모멘트는 단면의 축 주위 분포상태에 따라 다르다는 것을 파악하였으므로 도심을 통과하는 임의의 축 중 최대, 최소 단면2차모멘트를 갖는 축을 결정하는 과정이 요구된다. 이와 같은 축의 위치를 산정하기 위해서는 그림 나.1.1과 같은 임의단면에서 x축, y축에 대한 단면2차모멘트와 함께 xy좌표축에 대한 단면상승모멘트(product of inertia)를 정의해야 한다.

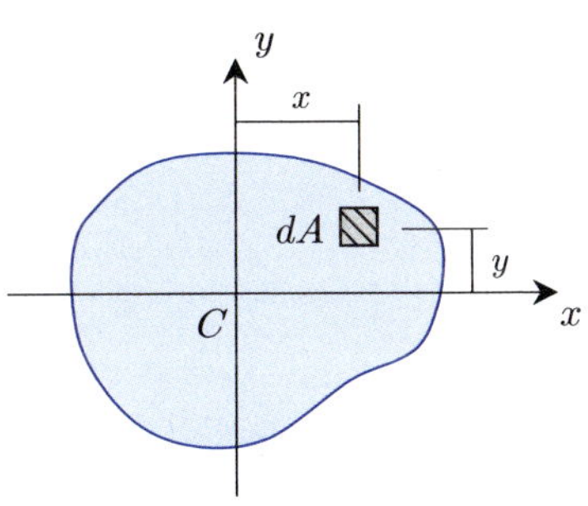

그림 나.1.1

그림 나.1에서 미소요소 ΔA에 xy좌표축의 좌표 x와 y를 곱한 $xy\Delta A$를 ΔA의 xy좌표축에 대한 단면상승모멘트라 하고 단면 A의 xy좌표축에 대한 단면상승모멘트는 다음 식 (나.1.1)로 정의한다.

$$I_{xy} = \int_A xy\, dA \qquad \text{(나.1.1)}$$

그림 나.1.2와 같이 대칭축이 있는 단면은 미소요소 ΔA가 y축에 대칭으로 존재하고 부호가 다른 x좌표에 의해 ΔA의 단면상승모멘트가 상쇄되므로 xy좌표축에 대한 단면상승모멘트 I_{xy}가 0이라는 것을 쉽게 알 수 있고 대칭축이 없는 일반적 형상의 단면에서 단면상승모멘트가 0이 되는 좌표축이 존재한다는 것은 다음과 같이 입증할 수 있다. 그림 나.1.3과 같이 xy좌표축을 반시계방향으로 $90°$ 회전한 $x'y'$좌표축의 경우 x', y'좌표는 각각

$x' = y$, $y' = -x$가 되므로 $x'y'$좌표축에 대한 단면상승모멘트 $I_{x'y'}$는 다음과 같이 산정되고 이는 xy좌표축이 회전하는 과정에 단면상승모멘트가 0이 되는 좌표축이 존재한다는 것을 의미한다.

$$I_{x'y'} = \int_A x'y'\,dA = \int_A y(-x)\,dA = -I_{xy}$$

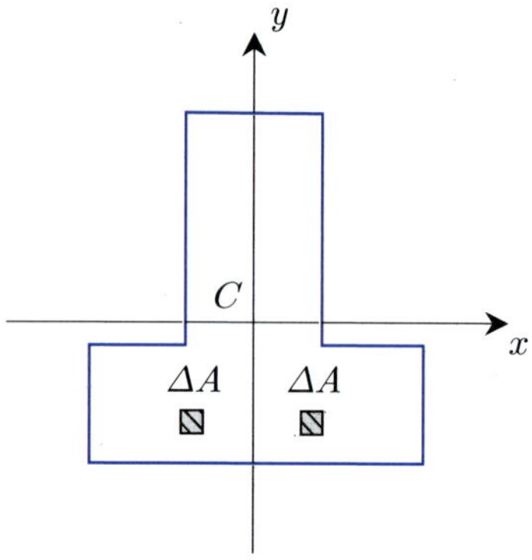

그림 나.1.2

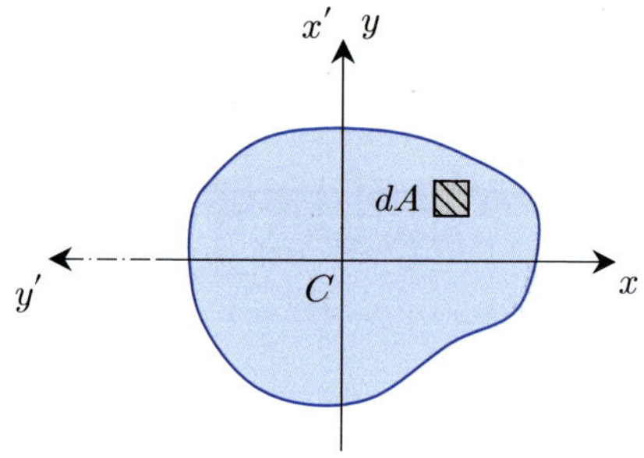

그림 나.1.3

단면상승모멘트의 경우 평행축정리는 다음과 같다. 그림 나.1.4에서 도심 C에 설정한 xy좌표축에서 미소요소 ΔA의 좌표는 (x, y)이고 평행이동한 $x'y'$좌표축에서의 좌표는 $x' = x + a$, $y' = y + b$이므로 $x'y'$좌표축에 대한 단면상승모멘트 $I_{x'y'}$는 다음과 같이 산정된다.

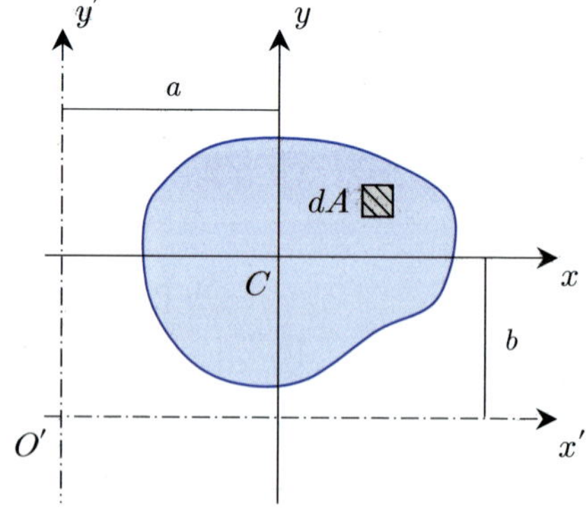

그림 나.1.4

$$I_{x'y'} = \int_A x'y'\, dA = \int_A (x+a)(y+b)\, dA$$
$$= \int_A xy\, dA + b\int_A x\, dA + a\int_A y\, dA + ab\int_A dA$$

위 식에서 우변의 1항은 xy좌표축에 대한 단면상승모멘트이고 2항, 3항의 적분은 도심축에 대한 단면1차모멘트이므로 0이며 4항의 적분은 단면적이므로 평행축정리는 다음 식 (나.1.2)로 정의된다.

$$I_{x'y'} = I_{xy} + Aab \qquad (나.1.2)$$

예제 나.1.1 그림 예.나.1.1(1)의 삼각형 단면에서 $x'y'$좌표축에 대한 단면상승모멘트와 도심을 통과하는 xy좌표축에 대한 단면상승모멘트를 구하시오.

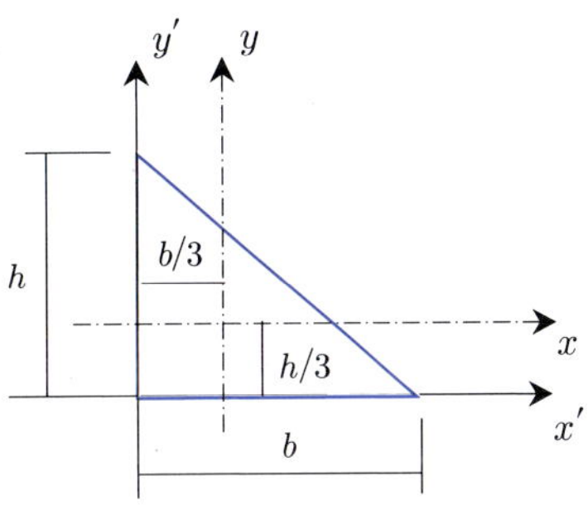

그림 예.나.1.1(1)

설명 그림 예.나.1.1(2)와 같이 미소요소를 설정하고 폭 x', 면적 dA 및 $x'y'$좌표축에 대한 단면상승모멘트 $I_{x'y'}$를 구하면 평행축정리를 적용하여 도심을 통과하는 xy좌표축에 대한 단면상승모멘트 I_{xy}를 산정할 수 있다.

$$x' : (h-y') = b : h \quad ; \quad x' = \frac{b(h-y')}{h}$$

$$dA = x'\, dy' = \frac{b}{h}(h-y')\, dy'$$

$$I_{x'y'} = \int_A \left(\frac{x'}{2}\right) y'\, dA = \int_0^h \left\{\frac{b}{2h}(h-y') \times y' \times \frac{b}{h}(h-y')\right\} dy'$$
$$= \frac{b^2}{2h^2}\int_0^h \{y' \times (h-y')^2\}\, dy'$$
$$= \frac{b^2}{2h^2}\left[\frac{h^2}{2}y'^2 - \frac{2h}{3}y'^3 + \frac{1}{4}y'^4\right]_0^h = \frac{b^2h^2}{24}$$

$$I_{x'y'} = I_{xy} + \frac{bh}{2} \times \frac{b}{3} \times \frac{h}{3} = \frac{b^2h^2}{24} \quad ; \quad I_{xy} = -\frac{b^2h^2}{72}$$

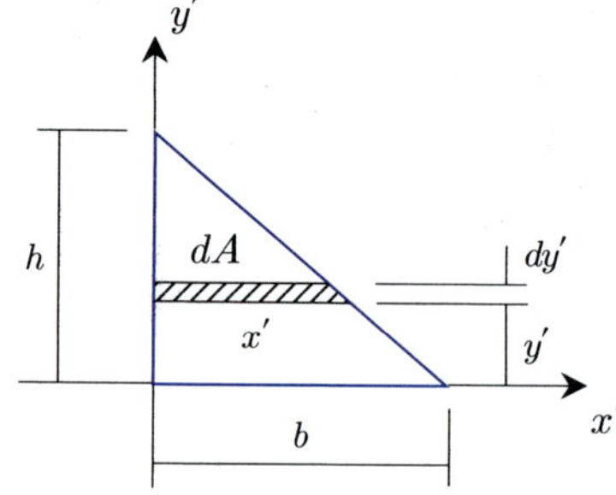

그림 예.나.1.1(2)

예제 나.1.2

그림 예.나.1.2(1)의 단면에서 도심 C를 원점으로 하는 xy좌표축에 대한 단면상승모멘트를 구하시오. 단위는 cm다.

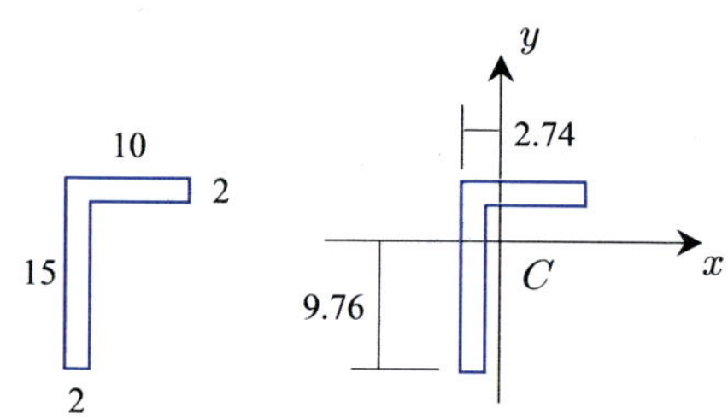

그림 예.나.1.2(1)

설명 그림 예.나.1.2(2)와 같이 2개 직사각형의 합성단면으로 간주하면 각 직사각형의 자체 도심축(대칭축)에 대한 단면상승모멘트는 0이므로 xy좌표축에 대한 단면상승모멘트 I_{xy}는 평행축정리를 적용하여 다음과 같이 산정된다.

$$\begin{aligned} I_{xy} &= \left(I_{xy}\right)_1 + \left(I_{xy}\right)_2 \\ &= A_1 a_1 b_1 + A_2 a_2 b_2 \\ &= 20 \times 2.26 \times 4.24 + 26 \times (-1.74) \times (-3.26) = 339.1\,(\text{cm}^4) \end{aligned}$$

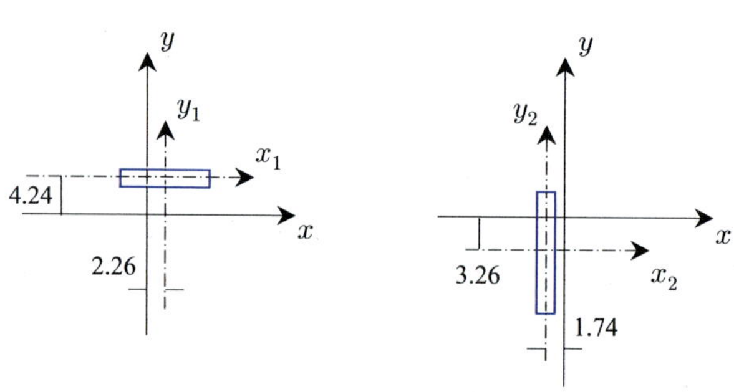

그림 예.나.1.2(2)

나.2 경사축에 대한 단면특성

그림 나.2.1의 단면에서 xy좌표축에 대한 단면2차모멘트 I_x, I_y 및 단면상승모멘트 I_{xy}가 주어진 경우 반시계방향으로 θ의 회전각을 갖는 $x'y'$좌표축에 대한 단면특성은 다음과 같이 구할 수 있다. xy평면에서 미소요소 ΔA의 좌표가 (x, y)이면 $x'y'$좌표축에서 ΔA의 좌표 (x', y')는 각각 $x\cos\theta + y\sin\theta$, $y\cos\theta - x\sin\theta$가 되므로 x'축에 대한 단면2차모멘트는 다음과 같이 구해진다.

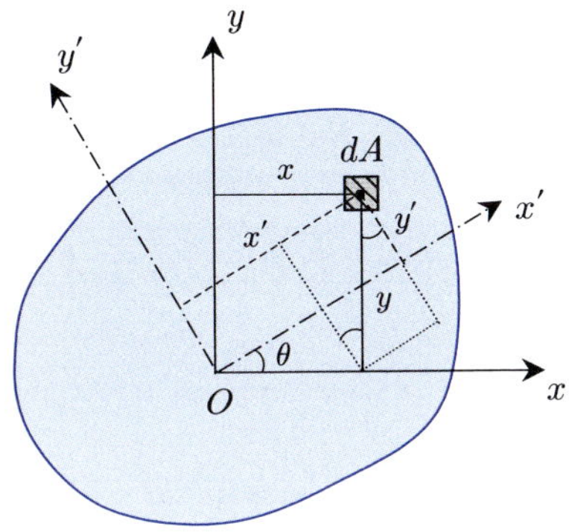

그림 나.2.1

$$\begin{aligned} I_{x'} &= \int_A y'^2\, dA = \int_A (y\cos\theta - x\sin\theta)^2\, dA \\ &= \cos^2\theta \int_A y^2\, dA + \sin^2\theta \int_A x^2\, dA - 2\cos\theta\sin\theta \int_A xy\, dA \\ &= I_x \cos^2\theta + I_y \sin^2\theta - I_{xy}\sin 2\theta \end{aligned}$$

동일한 방식으로 I_x, I_y, I_{xy}로부터 구한 y'축에 대한 단면2차모멘트 및 $x'y'$좌표축에 대한 단면상승모멘트는 다음과 같다.

$$I_{y'} = \int_A x'^2\, dA = I_x \sin^2\theta + I_y \cos^2\theta + I_{xy}\sin 2\theta$$

$$\begin{aligned} I_{x'y'} &= \int_A x'y'\, dA = \int_A (x\cos\theta + y\sin\theta)(y\cos\theta - x\sin\theta)\, dA \\ &= (\cos^2\theta - \sin^2\theta)\int_A xy\, dA - \cos\theta\sin\theta \int_A (x^2 - y^2)\, dA \end{aligned}$$

위 관계식은 다음 식과 같이 정리되며 식 (나.2.3)으로부터 그림 나.1.3으로 설명한 바 있는 $\theta = 90°$의 경우 $I_{x'y'} = -I_{xy}$임을 확인할 수 있다.

$$I_{x'} = \frac{I_x + I_y}{2} + \frac{I_x - I_y}{2}\cos 2\theta - I_{xy}\sin 2\theta \quad \text{(나.2.1)}$$

$$I_{y'} = \frac{I_x + I_y}{2} - \frac{I_x - I_y}{2}\cos 2\theta + I_{xy}\sin 2\theta \quad \text{(나.2.2)}$$

$$I_{x'y'} = I_{xy}\cos 2\theta + \frac{I_x - I_y}{2}\sin 2\theta \quad \text{(나.2.3)}$$

나.3 주축과 주단면2차모멘트

경사축에 대한 단면특성을 제시한 식 (나.2.1)과 (나.2.3)으로부터 다음과 같이 양변을 제곱하고 2개 식을 합하면 $I_{x'}$, $I_{x'y'}$를 좌표축으로 하는 원의 식이 구성된다.

$$\left(I_{x'} - \frac{I_x + I_y}{2}\right)^2 = \left(\frac{I_x - I_y}{2}\right)^2 \cos^2 2\theta - 2\left(\frac{I_x - I_y}{2}\right) I_{xy}\cos 2\theta \sin 2\theta + I_{xy}^2 \sin^2 2\theta$$

$$I_{x'y'}^2 = \left(\frac{I_x - I_y}{2}\right)^2 \sin^2 2\theta + 2\left(\frac{I_x - I_y}{2}\right) I_{xy}\sin 2\theta \cos 2\theta + I_{xy}^2 \cos^2 2\theta$$

$$\left(I_{x'} - \frac{I_x + I_y}{2}\right)^2 + I_{x'y'}^2 = \left(\frac{I_x - I_y}{2}\right)^2 + I_{xy}^2$$

원 중심의 좌표를 $(I_{\text{avg}},\ 0)$, 반경을 R로 표기하고 식 (나.3.1)과 같이 제시한 원을 모어원이라 한다.

$$\frac{I_x + I_y}{2} = I_{\text{avg}} \quad ; \quad R = \sqrt{\left(\frac{I_x - I_y}{2}\right)^2 + I_{xy}^2}$$

$$(I_{x'} - I_{\text{avg}})^2 + I_{x'y'}^2 = R^2 \quad \text{(나.3.1)}$$

xy좌표축에 대한 단면2차모멘트 I_x, I_y 및 단면상승모멘트 I_{xy}가 주어진 경우 모어원을 작도하는 방법은 다음과 같다. 그림 나.3.1과 같이 $I_{x'}$는 우측을 양으로 하여 가로축에 표기하고 $I_{x'y'}$는 상향을 양으로 하여 세로축에 표기한다. 모어원의 중심 $(I_{\text{avg}},\ 0)$을 C점, $(I_x,\ I_{xy})$를 X점으로 하여 선분 $\overline{CX}$의 길이를 산정하고 이를 반경으로 하는 모어원을 작도하면 모어원의 원주 상 각 점에 해당하는 좌표축은 다음과 같다.

A점 : 최대 단면2차모멘트가 산정되고 단면상승모멘트가 0이 되는 좌표축

B점 : 최소 단면2차모멘트가 산정되고 단면상승모멘트가 0이 되는 좌표축

D점 : 단면2차모멘트는 I_{avg}이고 단면상승모멘트가 최대가 되는 좌표축

E점 : 단면2차모멘트는 I_{avg}이고 단면상승모멘트가 최소가 되는 좌표축

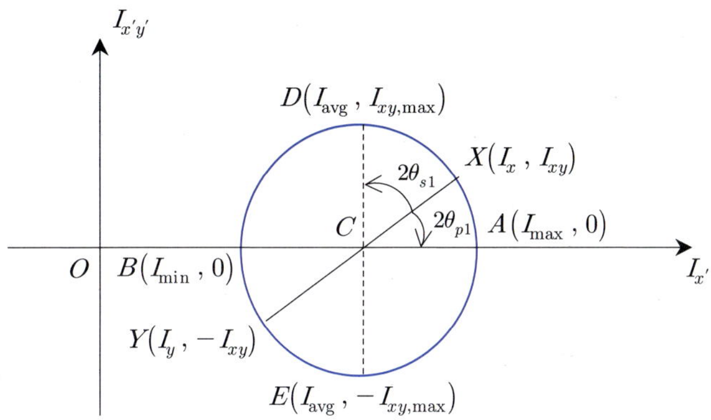

그림 나.3.1 모어원의 작도

최대, 최소 단면2차모멘트를 주단면2차모멘트(principal second moment of area) 또는 주관성모멘트(principal moment of inertia)라 하고 해당 좌표축을 주축(principal axis)이라 한다. 주축의 위치를 제시하는 회전각 θ_p는 식 (나.2.3)에서 $I_{x'y'}$를 0으로 하여 2개의 θ_p를 결정할 수 있으며 A, B점에 해당하는 θ_{p1}, θ_{p2}는 모어원에서 확인할 수 있다.

$$\tan 2\theta_p = -\frac{2I_{xy}}{I_x - I_y} \quad (\text{나}.3.2)$$

식 (나.3.2)로부터 모어원에서의 회전각이 좌표축 회전각의 2배가 된다는 것을 알 수 있으므로 xy좌표축을 제시하는 X점에서 반시계방향으로 180° 회전한 Y점의 좌표 ($I_{x'}$, $I_{x'y'}$)는 xy좌표축을 반시계방향으로 90° 회전한 좌표축에 대한 단면2차모멘트와 단면상승모멘트를 제시하는 (I_y, $-I_{xy}$)라는 것을 알 수 있다. 최대, 최소 단면상승모멘트가 산정되는 좌표축의 회전각 θ_s는 식 (나.2.1)에서 $I_{x'}$를 I_{avg}로 하여 2개의 θ_s를 결정할 수 있으며 D, E점에 해당하는 θ_{s1}, θ_{s2}는 모어원에서 확인할 수 있다.

$$\tan 2\theta_s = \frac{I_x - I_y}{2I_{xy}} \quad (\text{나}.3.3)$$

예제 나.3.1

그림 예.나.3.1(1)에 제시한 직사각형 단면의 꼭지점 O를 원점으로 하는 주축의 방향을 구하시오.

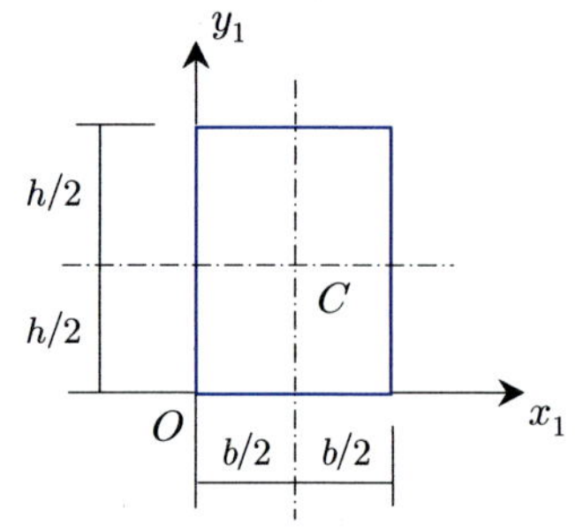

그림 예.나..3.1(1)

설명 x_1축, y_1축에 대한 단면2차모멘트는 각각 $I_{x_1} = bh^3/3$, $I_{y_1} = hb^3/3$이다. 직사각형의 도심 C를 원점으로 하는 수평, 수직 도심축(대칭축)에 대한 단면상승모멘트는 0이므로 꼭지점 O을 원점으로 하는 x_1y_1좌표축에 대한 단면상승모멘트는 평행축정리를 적용하여 다음과 같이 산정한다.

$$I_{x_1y_1} = I_{xy} + bh \times \frac{b}{2} \times \frac{h}{2} = 0 + \frac{b^2h^2}{4} = \frac{b^2h^2}{4}$$

단면2차모멘트가 최대, 최소가 되는 주축의 x_1y_1좌표축으로부터의 회전각 θ_p는 다음과 같다.

$$\tan 2\theta_p = -\frac{2I_{x_1y_1}}{I_{x_1} - I_{y_1}} = -\frac{2(b^2h^2/4)}{(bh^3/3)-(b^3h/3)} = \frac{3bh}{2(b^2-h^2)}$$

정사각형($b=h$)인 경우 x_1축, y_1축에 대한 단면2차모멘트는 $I_{x_1} = I_{y_1} = b^4/3$이고 x_1y_1좌표축에 대한 단면상승모멘트는 $I_{x_1y_1} = b^4/4$이다. 그러므로 모어원의 X점 좌표는 $(b^4/3,\ b^4/4)$이고 중심 C점의 좌표는 $(b^4/3,\ 0)$이며 반경 R은 $b^4/4$이므로 모어원을 작도하면 그림 예.나.3.1(2)와 같다. 주축은 그림 예.나.3.1(3)과 같이 x_1y_1좌표축으로부터 $-45°$, $45°$의 회전각을 갖는다.

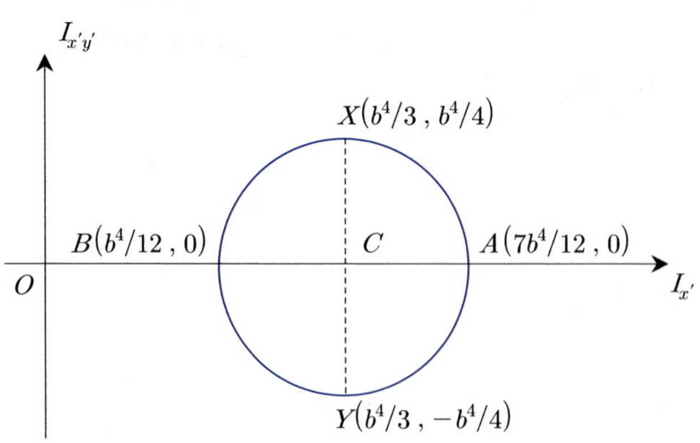

그림 예.나.3.1(2)

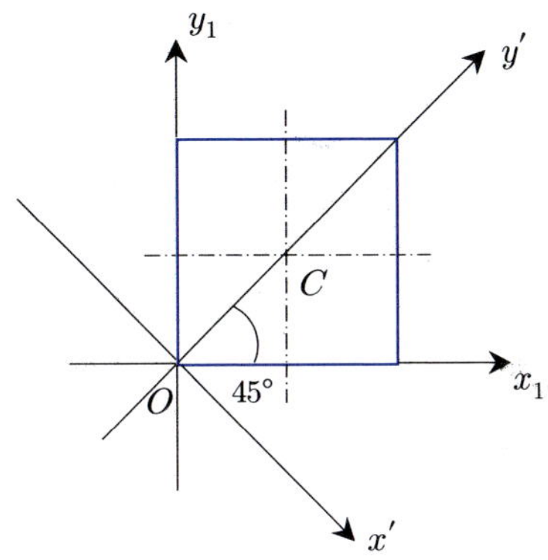

그림 예.나3..1(3)

예제 나.3.2

그림 예.나.3.2(1)의 단면에서 x축, y축에 대한 단면2차모멘트는 각각 $2.63\times10^3\text{cm}^4$, 594.3cm^4이다. 도심 C를 원점으로 하는 좌표축 중 단면상승모멘트가 최대가 되는 좌표축을 모어원을 사용하여 구하시오. 단위는 cm다.

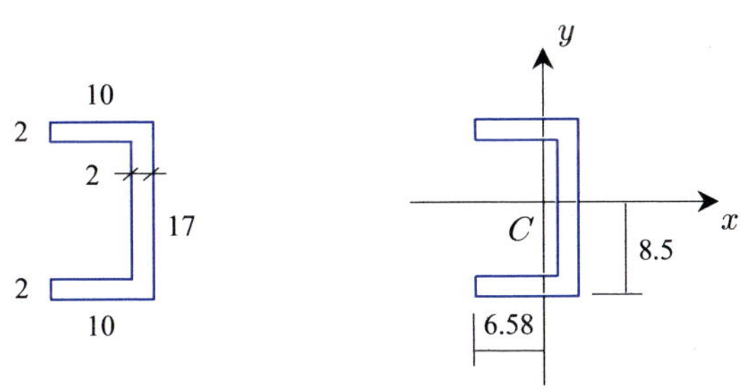

그림 예.나.3.2(1)

설명 x축 대칭단면이므로 $I_{xy}=0$이고 X점 좌표는 $(2630, 0)$이다. 모어원의 중심 C점과 반경 R을 구하고 모어원을 작도하면 그림 예.나.3.2(2)와 같다.

$$\frac{I_x+I_y}{2}=\frac{2630+594.3}{2}=1612(\text{cm}^4) \quad ; \quad C(1612, 0)$$

$$R=\sqrt{\left(\frac{I_x-I_y}{2}\right)^2+I_{xy}^2}=\sqrt{\left(\frac{2630-594.3}{2}\right)^2+0}=1018(\text{cm}^4)$$

모어원에서 x축, y축이 주축이고 단면상승모멘트가 최대가 되는 D점은 X점으로부터 반시계방향으로 90° 회전한 점이므로 이에 상응하는 좌표축은 xy좌표축으로부터 반시계방향으로 45° 회전한 좌표축이다.

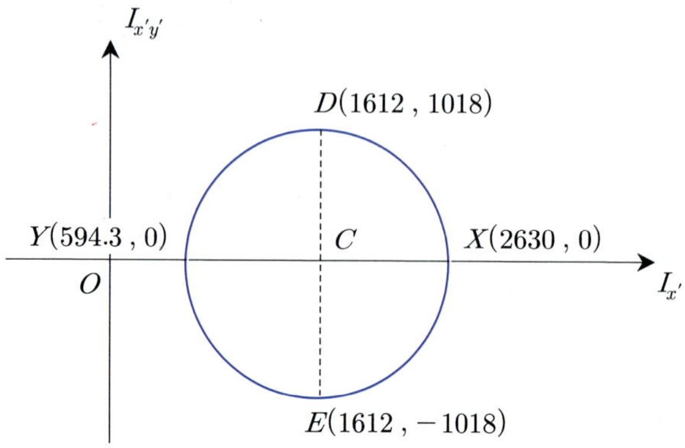

그림 예.나.3.2(2)

예제 나.3.3

그림 예.나.1.2(1)의 단면에서 x축, y축에 대한 단면2차모멘트는 $I_x = 1008.8\,\text{cm}^4$, $I_y = 356.3\,\text{cm}^4$이며 예제 2.4.1.2에서 산정한 xy좌표축에 대한 단면상승모멘트는 $I_{xy} = 339.1\,\text{cm}^4$이다. 모어원을 사용하여 주단면2차모멘트 및 최대 단면상승모멘트를 구하시오. 단위는 cm 다.

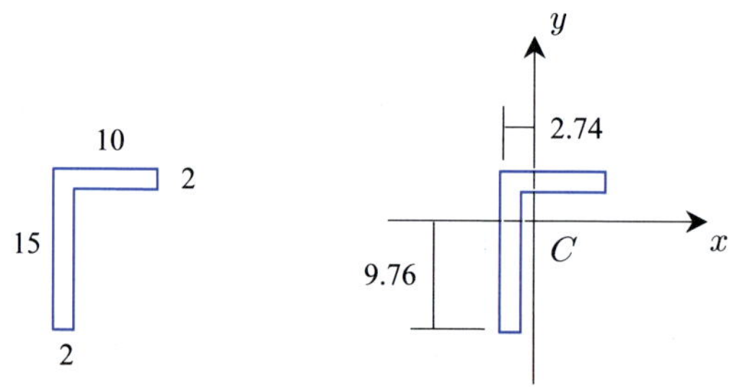

그림 예.나.1.2(1)

설명

X점 좌표는 $(1008.8\,,\,339.1)$이며 모어원의 중심 C점과 반경 R을 구하고 모어원을 작도하면 그림 예.나.3.3(1)과 같다.

$$\frac{I_x + I_y}{2} = \frac{1008.8 + 356.3}{2} = 682.6\,(\text{cm}^4) \quad ; \quad C\,(682.6\,,\,0)$$

$$R = \sqrt{\left(\frac{I_x - I_y}{2}\right)^2 + I_{xy}^2} = \sqrt{\left(\frac{1008.8 - 356.3}{2}\right)^2 + 339.1^2} = 470.6\,(\text{cm}^4)$$

주단면2차모멘트 $I_{\max}$, $I_{\min}$은 각각 A, B점의 x'좌표이고 최대 단면상승모멘트 $I_{xy,\max}$는 D점의 y'좌표로 $470.6\,\text{cm}^4$이다.

$$I_{\max} = 682.6 + 470.6 = 1153\,\text{cm}^4 \quad ; \quad I_{\min} = 682.6 - 470.6 = 212\,\text{cm}^4$$

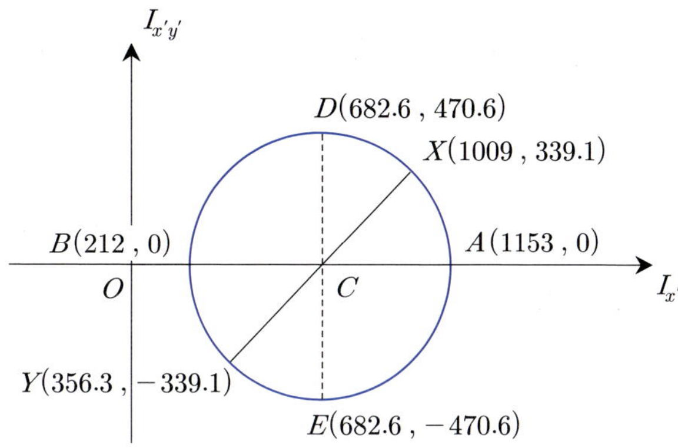

그림 예.나.3.3(1)

예제 나.3.4

그림 예.나.3.4(1)에 제시한 단면의 단면2차모멘트 I_x, I_y는 각각 $508\,\mathrm{cm}^4$, $184\,\mathrm{cm}^4$이다. 주축과 주단면2차모멘트 및 최대 단면상승모멘트를 구하시오. 단위는 cm다.

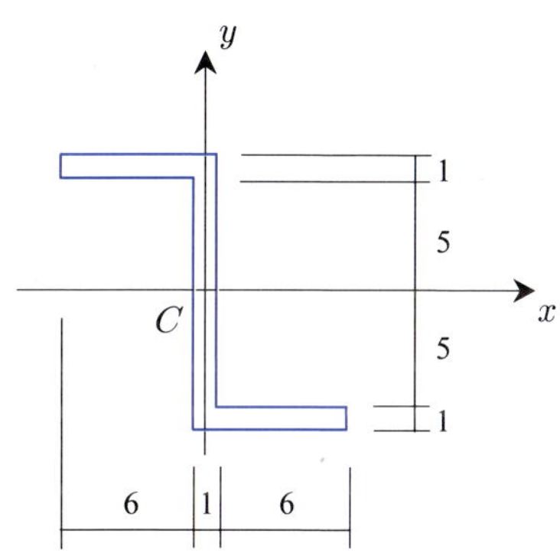

그림 예.나.3.4(1)

설명 그림 예.나.3.4(2)와 같이 3개 직사각형 1, 2, 3의 합성단면으로 간주하여 평행축정리를 적용하면 단면상승모멘트 I_{xy}는 다음과 같다.

$$I_{xy} = \sum_i A_i a_i b_i = 6\times(-3.5)\times 5.5 + 0 + 6\times 3.5\times(-5.5) = -231\,(\mathrm{cm}^4)$$

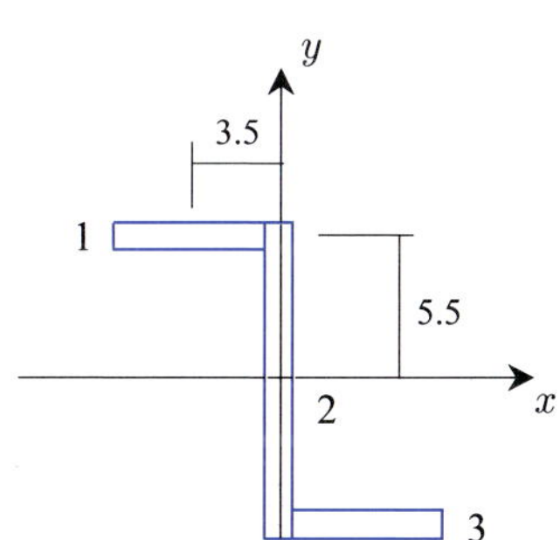

그림 예.나.3.4(2)

X점 좌표는 $(508\,,-231)$이며 모어원의 중심 C점과 반경 R을 구하고 모어원을 작도하면 그림 예.나.3.4(3)과 같다.

$$\frac{I_x+I_y}{2} = \frac{508+184}{2} = 346\,(\mathrm{cm}^4) \quad ; \quad C(346\,,0)$$

$$R = \sqrt{\left(\frac{I_x-I_y}{2}\right)^2 + I_{xy}^2} = \sqrt{\left(\frac{508-184}{2}\right)^2 + (-231)^2} = 282.1\,(\mathrm{cm}^4)$$

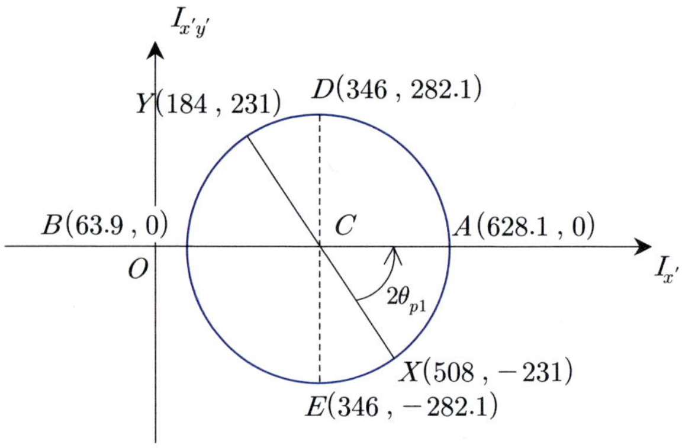

그림 예.나.3.4(3)

주단면2차모멘트 $I_{\max}$, $I_{\min}$은 각각 A, B점의 x'좌표이고 최대 단면상승모멘트 $I_{xy,\max}$는 D점의 y'좌표로 $282.1\,\mathrm{cm}^4$가 산정된다.

$$I_{\max} = 346+282.1 = 628.1\,\mathrm{cm}^4 \quad ; \quad I_{\min} = 346-282.1 = 63.9\,\mathrm{cm}^4$$

주단면2차모멘트가 산정되는 A점과 X점이 형성하는 회전각 $2\theta_{p1}$으로부터 θ_{p1}은 $27.5°$이므로 그림 예.나.3.4(4)와 같이 xy좌표축으로부터 반시계방향으로 $27.5°$ 회전한 $x'y'$좌표축이 주축이다.

$$\tan 2\theta_{p1} = \frac{231}{508-346} = 1.426 \quad \Rightarrow \quad \theta_{p1} = 27.5°$$

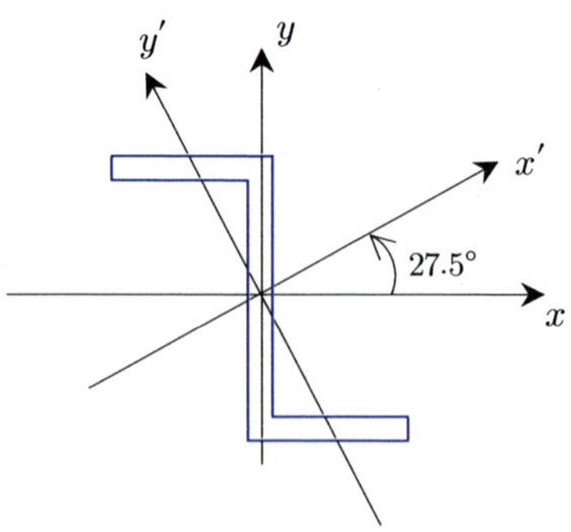

그림 예.나.3.4(4)

xy좌표축으로부터 임의의 방향으로 회전각 θ를 갖는 좌표축에 대한 단면특성은 모어원의 X점에서 동일한 방향으로 회전각 2θ에 해당하는 원주 상의 좌표 $(I_{x'},\ I_{x'y'})$로 구한다. 그림 나.3.2는 반시계방향으로 회전각 θ를 갖는 좌표축의 경우다.

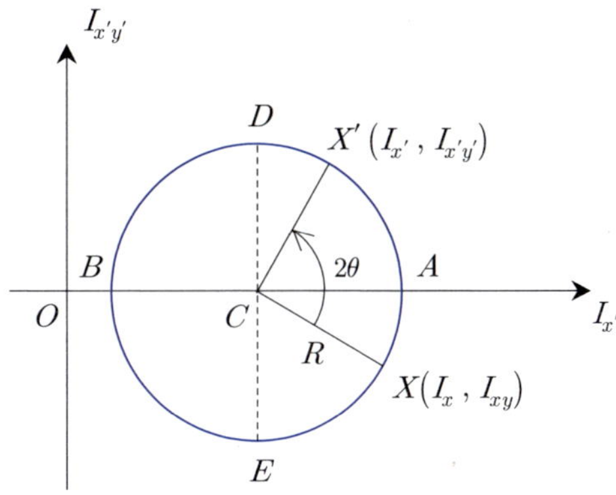

그림 나.3.2

예제 나.3.5

그림 예.나.3.5(1)의 사각형 단면에서 xy 좌표축으로부터 반시계방향으로 60° 회전한 $x'y'$좌표축에 대한 $I_{x'}$, $I_{y'}$, $I_{x'y'}$를 구하시오. 단위는 cm 다.

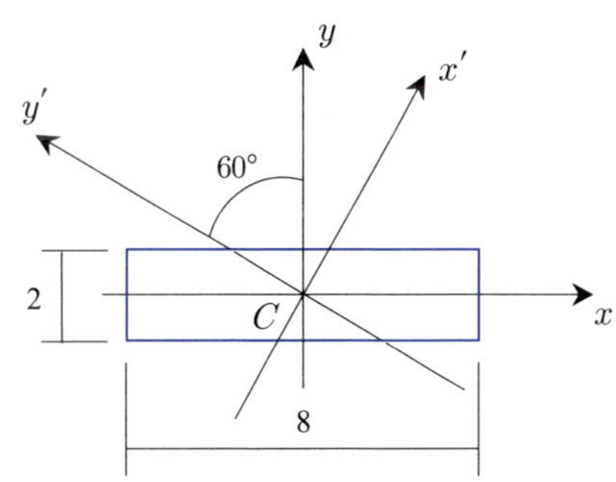

그림 예.나.3.5(1)

설명 대칭단면이므로 $I_{xy} = 0$이고 x축, y축의 단면2차모멘트는 다음과 같다.

$$I_x = \frac{bh^3}{12} = \frac{8\times 2^3}{12} = 5.333\,(\text{cm}^4)$$

$$I_y = \frac{hb^3}{12} = \frac{2\times 8^3}{12} = 85.333\,(\text{cm}^4)$$

X점 좌표는 $(5.333\,,\,0)$이며 모어원의 중심 C점과 반경 R을 구하고 모어원을 작도하면 그림 예.나.3.5(2)와 같다.

$$\frac{I_x + I_y}{2} = \frac{5.33+85.33}{2} = 45.33\,(\text{cm}^4) \quad ; \quad C\,(45.33\,,\,0)$$

$$R = \sqrt{\left(\frac{I_x - I_y}{2}\right)^2 + I_{xy}^2} = \sqrt{\left(\frac{5.33 - 85.33}{2}\right)^2 + 0^2} = 40\,(\mathrm{cm}^4)$$

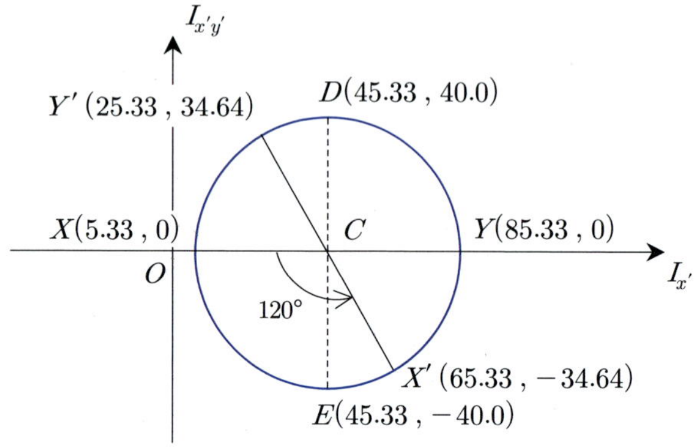

그림 예.나.3.5(2)

$I_{x'}$와 $I_{x'y'}$는 X점으로부터 반시계방향으로 120°회전한 원주 상 X'점의 좌표이고 $I_{y'}$는 Y'점의 $I_{x'}$ 좌표로 다음과 같이 산정된다.

$$I_{x'} = 45.33 + R\sin 30° = 45.33 + 40\sin 30° = 65.33\,(\mathrm{cm}^4)$$

$$I_{x'y'} = -R\cos 30° = -40\cos 30° = -34.64\,(\mathrm{cm}^4)$$

$$I_{y'} = 45.33 - R\sin 30° = 45.33 - 40\sin 30° = 25.33\,(\mathrm{cm}^4)$$

다. 박판부재의 비틂

그림 다.1(1)에 제시한 박판 중공원형축에 비틂하중이 작용하면 평면응력요소 A는 순수 전단 상태이고 모어원은 (2)와 같다. 평면응력요소 A와 45° 회전각을 갖는 평면응력요소 B에 작용하는 응력은 모어원 상 A, B점의 응력으로 크기가 τ_{xy}인 인장, 압축응력이며 이로 인한 좌굴이 발생할 수 있으므로 박판부재 단면의 두께/평균반경(t/r) 비는 $1/60$로 제한하고 있다. 평균반경 r에 비해 두께 t가 미소하여 외경과 내경의 차이를 무시할 수 있는 박판 중공원형축의 경우 단면의 극관성모멘트는 다음 식으로 구할 수 있다.

$$J = \int_A \rho^2 \, dA = r^2 \int_A dA = 2\pi r^3 t$$

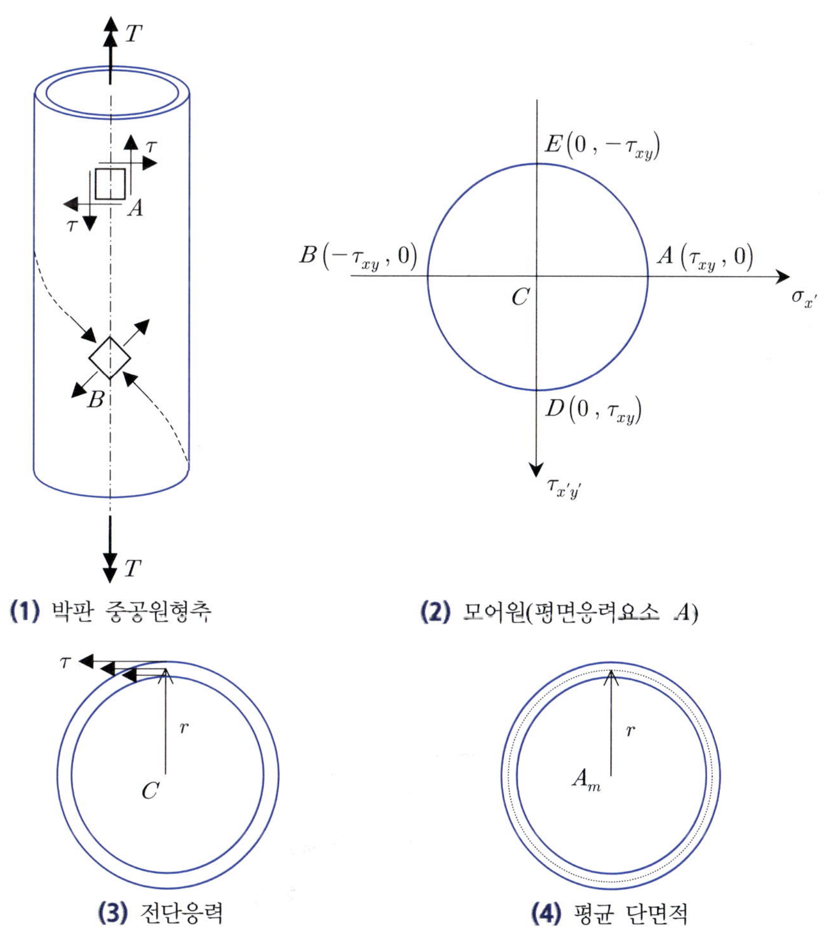

(1) 박판 중공원형축 **(2)** 모어원(평면응력요소 A)

(3) 전단응력 **(4)** 평균 단면적

그림 다.1

(3), (4)와 같이 단면 두께에 분포하는 전단응력은 평균반경 r의 위치에 발생하는 전단응력으로 대체할 수 있으며 이러한 전단응력에 의해 길이 L의 박판 중공원형축 양단에 상대적으로 발생하는 비틂각은 다음 식으로 결정할 수 있다.

$$\tau = \frac{T\rho}{J} = \frac{Tr}{2\pi r^3 t} = \frac{T}{2\pi r^2 t} \quad ; \quad \phi = \frac{TL}{GJ} = \frac{TL}{2\pi r^3 t\, G}$$

점선으로 표시한 평균반경 r의 원 단면적 $A_m = \pi r^2$, 평균 원주길이 $s = 2\pi r$을 사용하면 다음과 같다.

$$\tau = \frac{T}{2\pi r^2 t} = \frac{T}{2A_m t}$$

$$\phi = \frac{TL}{2\pi r^3 t\, G} = \frac{\tau \times 2A_m t \times L}{2A_m \times rt\, G} = \frac{\tau L}{2A_m G} \times \frac{2A_m}{r} = \frac{\tau s L}{2A_m G}$$

박판 중공원형축을 대상으로 유도한 위 식은 그림 다.2(1)과 같이 일반적 단면형상을 갖는 박판부재에서 순수비틀림에 의한 전단응력과 비틂각을 산정하기 위해 적용할 수 있다. 순수비틀림 상태는 비틂모멘트에 의해 상대적인 각변형과 전단응력이 발생하나 단면의 크기, 형상 및 인접단면과의 거리는 변하지 않는 상태를 의미한다.

박판부재의 조건을 만족하는 일반적 단면형상에서 두께는 일정하지 않을 수 있으며 (2)와 같이 x축 방향으로 길이 dx의 부분 자유물체도를 작성하면 T에 의해 발생하는 전단응력이 상, 하 단면에서 크기는 같고 방향은 반대인 분포를 가져야 한다는 것은 다음과 같이 확인할 수 있다. (2)의 부분 자유물체도에서 길이방향 요소 $aa'b'b$를 다시 (3)과 같이 부분 자유물체도로 선택하고 위치 a와 b에 서로 다른 전단응력 τ_a와 τ_b를 표기하면 평면응력요소의 순수전단 상태에 의해 위치 a와 b의 x축 방향 단면 aa'와 bb'의 전단응력은 τ_a와 τ_b로 일정하다. 전단응력에 의해 상, 하 단면 ab와 $a'b'$에 발생하는 yz평면상의 힘은 x축 방향 성분이 없으므로 단면 aa'와 bb'에 발생하는 x축 방향 이동력은 수직방향 평형조건을 만족해야 하고 위치 a와 b의 두께를 t_a와 t_b라 하면 다음 관계식이 성립한다.

$$\sum F_x = 0 = \tau_a t_a dx - \tau_b t_b dx \quad \Rightarrow \quad \tau_a t_a = \tau_b t_b (f_a = f_b = f)$$

그러므로 f는 단면상의 위치와 무관하게 일정한 값이고 전단류(shear flow)라 하며 단위는 단위길이 당 힘이다. 이 식으로부터 전단응력은 상, 하 단면에서 크기는 같고 방향은 반대인 분포를 가지며 두께가 가장 작은 위치에서 최대 전단응력이 발생한다는 것을 알 수 있다. (4)에 제시한 바와 같이 박판부재 단면의 중심선을 따라 길이 ds에 작용하는 전단력 $f\,ds$에 의해 도심 C에 발생하는 비틂모멘트 dT는 $f\,ds \times r$이고 전체 중심선 길이 s에 작용하는

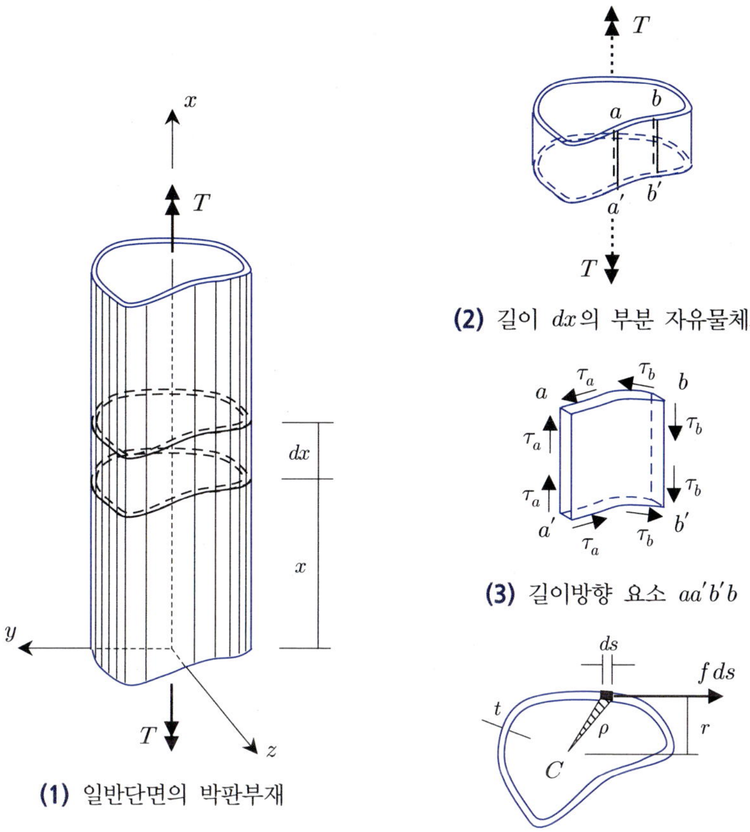

(1) 일반단면의 박판부재

(2) 길이 dx의 부분 자유물체도

(3) 길이방향 요소 $aa'b'b$

(4) 비틂모멘트 dT

그림 다.2

전단력에 의한 비틂모멘트는 단면에 작용하는 내적토크 T와 동일하므로 다음 식이 성립해야 한다.

$$T = \int dT = f\int_0^s r\,ds$$

$r\,ds$는 밑변 ds, 높이 r의 삼각형으로 표시된 면적의 2배이고 중심선을 따라 적분한 값은 중심선에 의해 결정되는 면적 A_m의 2배이므로 전단류 f는 다음 식 (다.1)로 결정할 수 있고 $f = \tau t$이므로 t가 일정한 경우 박판 중공원형축의 전단응력을 구하는 식과 동일하다는 것을 확인할 수 있다.

$$\int_0^s r\,ds = 2A_m$$

$$f = \frac{T}{2A_m} \tag{다.1}$$

비틂각 공식은 탄성영역에서의 변형에너지로부터 유도할 수 있다. (3)의 a 또는 b와 같이 단면상 임의의 위치에서 부재축 방향으로 발생하는 전단응력 τ_s와 각변형 γ_s는 일정하므로 이에 의해 두께 t_s, 폭 ds, 높이 dx의 직육면체에 저장되는 변형에너지 dU를 단위체적 당 변형에너지 $u = \tau\gamma/2$를 적용하여 구하고 후크의 법칙 $\tau_s = G\gamma_s$ 및 전단류 $f_s = \tau_s t_s$를 대입하여 정리하면 길이 L, 단면 중심선 길이 s인 박판부재에 저장되는 변형에너지 U를 산정할 수 있는 식이 구해진다.

$$dU = \frac{1}{2}\tau_s\gamma_s \times t_s\,ds\,dx = \frac{\tau_s^2}{2G} \times t_s\,ds\,dx = \frac{f^2}{2G} \times \frac{ds\,dx}{t_s}$$

$$U = \int dU = \frac{f^2}{2G}\int_0^L dx \int_0^s \frac{ds}{t_s} = \frac{f^2 L}{2G}\int_0^s \frac{ds}{t_s}$$

비틂하중 T가 작용하여 비틂각 ϕ가 발생하면 T가 한 일은 $T\phi/2$이고 이는 변형에너지와 동일해야 하므로 이로부터 비틂각 ϕ를 결정할 수 있는 식 (다.2)가 구성된다. t가 일정한 경우 전단류는 $f = \tau t$이고 적분값은 s/t이므로 박판 중공원형축의 비틂각을 구하는 식과 동일하다는 것을 확인할 수 있다.

$$U = \frac{f^2 L}{2G}\int_0^s \frac{ds}{t_s} = \frac{T\phi}{2}$$

$$\phi = \frac{f^2 L}{TG}\int_0^s \frac{ds}{t_s} = \frac{fL}{2A_m G}\int_0^s \frac{ds}{t_s} \tag{다.2}$$

식 (다.2)에 식 (다.1)을 대입하여 다음과 같이 식을 변경하고 원형축의 비틂각을 구하는 식($\phi = TL/GJ$)과 비교하면 극관성모멘트 J에 상응하는 값은 다음 식 (다.3)과 같고 이를 박판부재의 비틂상수(torsional constant)라 한다.

$$\phi = \frac{fL}{2A_m G}\int_0^s \frac{ds}{t_s} = \frac{TL}{4A_m^2 G}\int_0^s \frac{ds}{t_s} = \frac{TL}{G}\left(\frac{1}{4A_m^2}\int_0^s \frac{ds}{t_s}\right)$$

$$\frac{4A_m^2}{\displaystyle\int_0^s \frac{ds}{t_s}} \tag{다.3}$$

예제 다.1

바깥치수 25 mm의 정사각형 관상단면에 비틂모멘트 $T = 68\,\mathrm{N \cdot m}$가 작용하는 경우 소요두께 t_{req}를 구하고 전단응력과 단위길이 당 비틂각 θ를 구하시오. 전단탄성계수는 $G = 27\,\mathrm{GPa}$, 허용 전단응력은 $\tau_a = 41\,\mathrm{MPa}$이다.

설명 식 (다.1)에서 f를 $\tau_a t_{req}$로 치환하여 소요두께 t_{req}의 식을 구성한다.

$$t_{req} = \frac{T}{2A_m \tau_a} = \frac{T}{2(2.5 - t_{req})^2 \tau_a} \quad \Rightarrow \quad t_{req}(2.5 - t_{req})^2 = \frac{T}{2\tau_a}$$

T와 τ_a를 대입하면 t_{req}에 대한 3차식이므로 표 예.다.1과 같이 시행착오법을 적용하면 $t_{req} = 0.16\,\mathrm{cm} = 1.6\,\mathrm{mm}$가 결정된다.

$$t_{req}(2.5 - t_{req})^2 = \frac{T}{2\tau_a} = \frac{68 \times 10^2}{2 \times 41 \times 10^2} = 0.8293\,(\mathrm{cm}^3)$$

표 예.다.1

시도	t_{req}	$t_{req}(2.5 - t_{req})^2$
1	0.20	1.058
2	0.10	0.576
3	0.15	0.828
4	0.16	0.876

두께가 일정한 경우 식 (다.2)의 적분값은 s/t이므로 단위길이 당 비틂각 θ는 다음 식으로 결정할 수 있다.

$$\theta = \frac{\phi}{L} = \frac{\tau s}{2A_m G}$$

단면 중심선 길이 s, 평균 단면적 A_m 및 전단응력 τ를 구하여 대입하면 θ는 다음과 같이 산정된다.

$$s = 4 \times (2.5 - 0.16) = 9.36\,(\mathrm{cm})$$

$$A_m = (2.5 - 0.16)^2 = 5.4756\,(\mathrm{cm}^2)$$

$$\tau = \frac{T}{2A_m t} = \frac{68 \times 10^2}{2 \times 5.4756 \times 0.16} = 38.81 \times 10^2\,(\mathrm{N/cm^2}) = 38.81\,(\mathrm{MPa})$$

$$\theta = \frac{\tau s}{2A_m G} = \frac{(38.81 \times 10^2) \times 9.36}{2 \times 5.4756 \times (27 \times 10^5)} = 1.23 \times 10^{-3}\,(\mathrm{rad/cm})$$

라. 비대칭 휨

라.1 비대칭 하중

휨응력 공식은 보가 평면에서 2차원 거동을 한다는 것을 전제로 유도한 것이며 이러한 거동은 보가 거동하는 평면과 단면의 대칭면 및 하중 작용평면이 일치하는 경우에 가능하다. 그림 라.1.1에 제시한 예와 같은 2축대칭 단면에서 하중 작용평면이 수직 또는 수평 대칭축을 포함하는 평면과 일치하면 보는 해당 평면에서 2차원 거동을 하고 이 경우 대칭축은 주축이 된다.

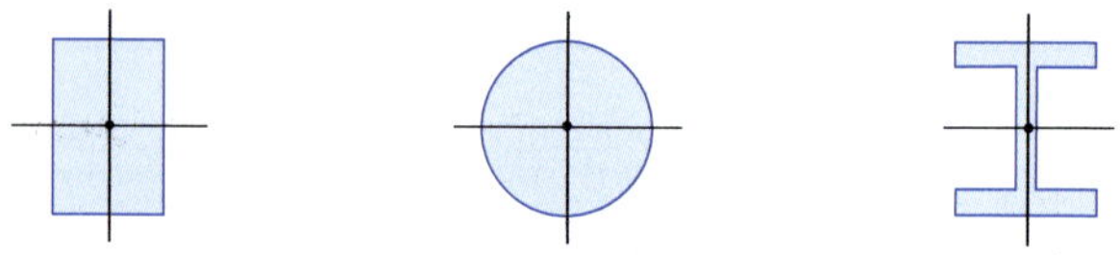
(1) 사각형 (2) 원형 (3) H형

그림 라.1.1 2축대칭 단면

하중 작용평면이 단면의 대칭면과 일치하지 않는 경우(비대칭 하중) 보는 평면에서 이탈하게 되나 이와 같은 경우에도 2축대칭 단면이고 보가 탄성영역 이내에서 거동한다면 작용하중의 각 대칭축 방향 분력을 구하여 휨응력 공식을 적용하고 중첩하면 응력을 산정할 수 있다. 그림 라.1.2의 예와 같이 2축대칭 사각형 단면에 양의 z축과 경사각 θ를 갖는 휨모멘트 M이 작용하는 경우 M을 2개 대칭축 방향 분력 M_z, M_y로 나누면 각각의 분력에 대해 보는 xy평면과 xz평면에서 2차원 거동을 한다.

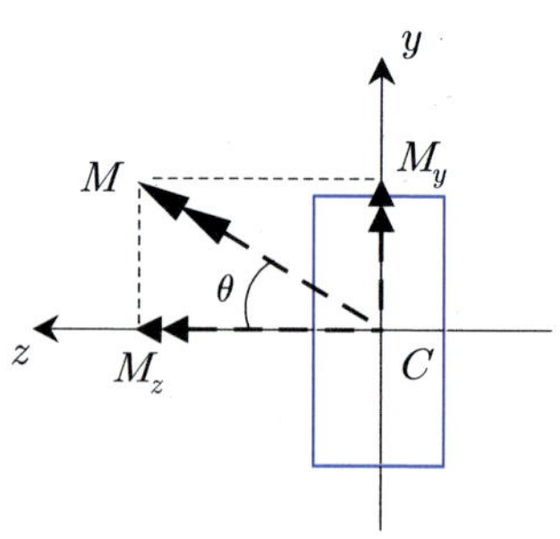

그림 라.1.2

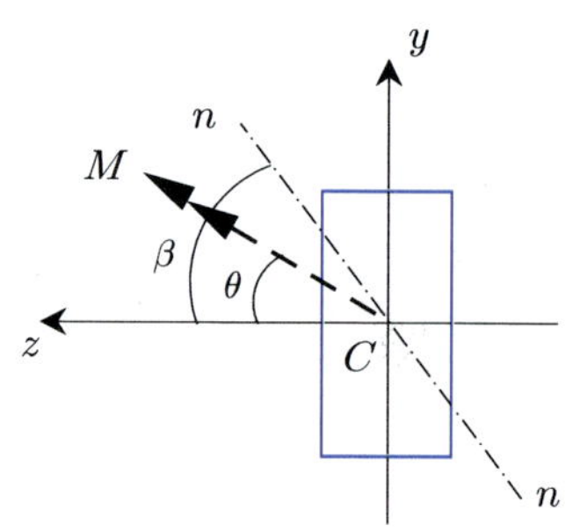

그림 라.1.3

M_z는 xy평면에서 양의 휨모멘트, M_y는 xz평면에서 음의 휨모멘트이므로 수직응력은 다

음 식으로 결정한다.

$$\sigma_x = -\frac{M_z y}{I_z} - \frac{(-M_y)z}{I_y}$$

그림 라.1.3에 제시한 수직응력이 0인 중립축 $n-n$의 식은 다음과 같이 도심을 통과하는 1차식이고 영응력선이 z축과 이루는 경사각 β는 식 (라.1.1)로 결정하며 $I_z > I_y$이면 $\beta > \theta$, $I_z < I_y$이면 $\beta < \theta$이므로 중립축은 M의 작용선과 최소 단면2차모멘트를 갖는 대칭축 사이에 위치한다는 것을 알 수 있다.

$$\sigma_x = -\frac{M_z y}{I_z} - \frac{(-M_y)z}{I_y} = 0 \quad \Rightarrow \quad y = \frac{M_y I_z}{M_z I_y} z = \tan\theta \frac{I_z}{I_y} z$$

$$\tan\beta = \tan\theta \frac{I_z}{I_y} \qquad (라.1.1)$$

예제 라.1.1

그림 예.라.1.1(1)과 같은 직사각형 단면에 $M = 12\,\mathrm{kN \cdot m}$의 휨모멘트가 작용하는 경우 단면의 각 모서리 A, B, C, D에 발생하는 휨응력 및 중립축의 방향을 구하시오.

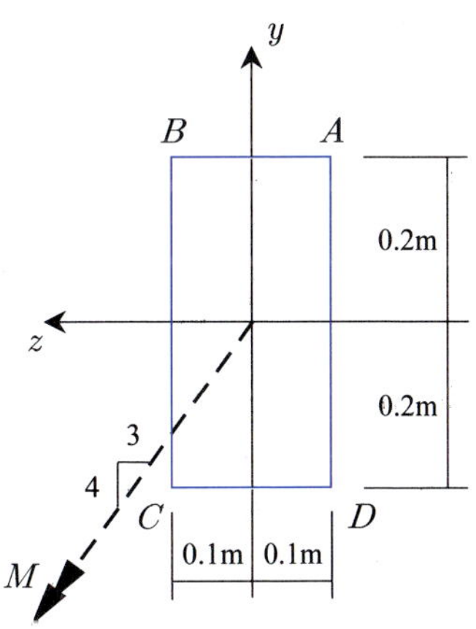

그림 예.라.1.1(1)

설명 xy평면과 xz평면의 2차원 거동으로 응력을 산정하기 위해 그림 예.라.1.1(2)와 같이 휨모멘트의 직각분력 및 각 대칭축에 대한 단면2차모멘트를 구한다.

$$M_y = 12 \times \frac{4}{5} = 9.6\,(\mathrm{kN \cdot m}) \quad ; \quad M_z = 12 \times \frac{3}{5} = 7.2\,(\mathrm{kN \cdot m})$$

$$I_y = \frac{0.4 \times 0.2^3}{12} = 2.67 \times 10^{-4}\,(\mathrm{m}^4)$$

$$I_z = \frac{0.2 \times 0.4^3}{12} = 10.67 \times 10^{-4}\,(\mathrm{m}^4)$$

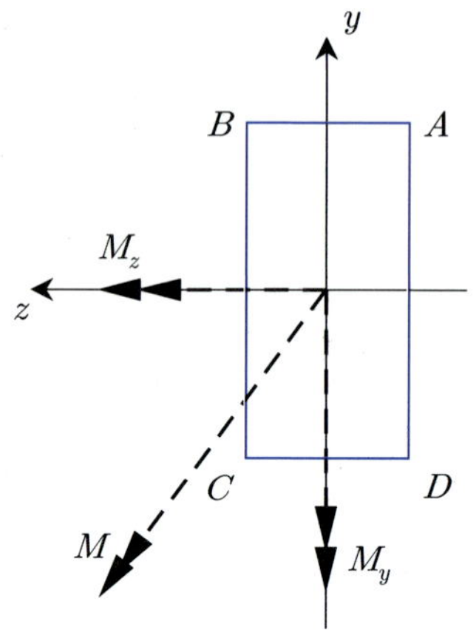

그림 예.라.1.1(2)

M_y, M_z에 의해 A점은 인장/압축, B점은 압축/압축, C점은 압축/인장, D점은 인장/인장이므로 휨응력은 다음과 같이 산정된다.

$$\sigma_A = \frac{M_y z_A}{I_y} - \frac{M_z y_A}{I_z} = \left\{\frac{9.6\times10^3\times0.1}{2.67\times10^{-4}} - \frac{7.2\times10^3\times0.2}{10.67\times10^{-4}}\right\}\times10^{-6}$$
$$= (0.360-0.135)\times10 = 2.25\,(\text{MPa})$$
$$\sigma_B = -\frac{M_y z_B}{I_y} - \frac{M_z y_B}{I_z} = \left\{-\frac{9.6\times10^3\times0.1}{2.67\times10^{-4}} - \frac{7.2\times10^3\times0.2}{10.67\times10^{-4}}\right\}\times10^{-6}$$
$$= (-0.360-0.135)\times10 = -4.95\,(\text{MPa})$$
$$\sigma_C = -\frac{M_y z_C}{I_y} + \frac{M_z y_C}{I_z} = \left\{-\frac{9.6\times10^3\times0.1}{2.67\times10^{-4}} + \frac{7.2\times10^3\times0.2}{10.67\times10^{-4}}\right\}\times10^{-6}$$
$$= (-0.360+0.135)\times10 = -2.25\,(\text{MPa})$$
$$\sigma_D = \frac{M_y z_D}{I_y} + \frac{M_z y_D}{I_z} = \left\{\frac{9.6\times10^3\times0.1}{2.67\times10^{-4}} + \frac{7.2\times10^3\times0.2}{10.67\times10^{-4}}\right\}\times10^{-6}$$
$$= (0.360+0.135)\times10 = 4.95\,(\text{MPa})$$

휨모멘트 M과 z축의 사잇각 θ 및 영응력선과 z축과의 경사각 β는 다음과 같이 산정되므로 영응력선인 중립축은 그림 예.라.1.1(3)에 표시한 $n-n$과 같다.

$$\tan\theta = \frac{M_y}{M_z} = \frac{12.8}{9.6} \quad ; \quad \theta = 53.1°$$

$$\tan\beta = \frac{I_z}{I_y}\tan\theta = \frac{10.67}{2.67}\tan 53.1° = 5.323 \quad ; \quad \beta = 79.4°$$

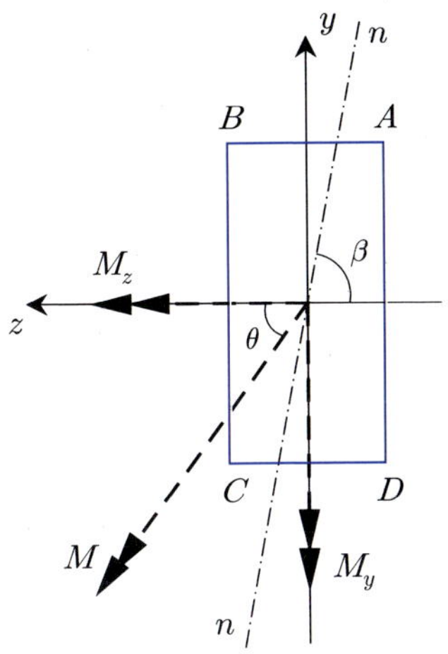

그림 예.라.1.1(3)

라.2 비대칭 단면

그림 라.2.1과 같이 xy평면에 위치한 비대칭 단면 보에 순수휨 상태의 휨모멘트 M_z가 발생하는 구간을 가정하면 상, 하 플랜지에 발생하는 수직응력의 합력인 압축력 C_f와 인장력 T_f에 의한 회전력은 y축 방향의 분력을 갖게 되고 보는 xy평면에서 이탈하게 되므로 2차원 거동단면에 적용하는 휨응력 공식은 적용할 수 없다.

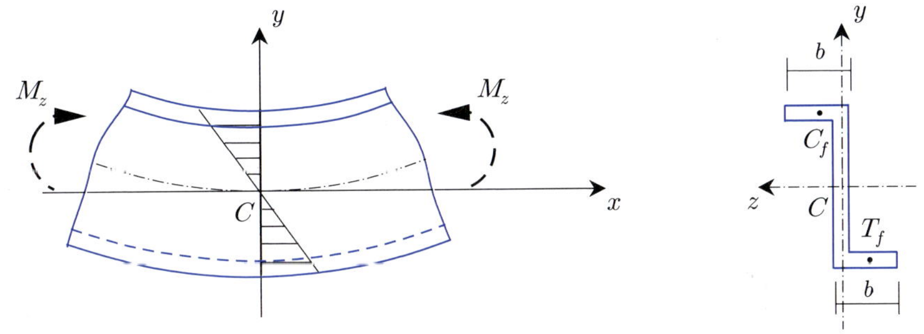

그림 라.2.1 비대칭 단면

그림 라.2.2와 같이 대칭축이 없는 일반적 형상의 단면에서 Euler의 보 이론에 기초하여 휨모멘트 M_z에 의한 응력을 산정하는 공식은 다음과 같이 유도할 수 있다. 단면의 중립축 $n-n$ 및 중립축과 M_z가 작용하는 xy평면과의 교점을 원점 O로 하는 xyz좌표축을 설정하면 미소요소 dA의 축방향 변형률과 수직응력은 다음과 같고 여기서 ρ_z와 ρ_y는 각각 xy 평면과 xz평면의 곡률반경이다.

$$\epsilon = -\frac{y}{\rho_z} - \frac{z}{\rho_y} \quad ; \quad \sigma = -\frac{Ey}{\rho_z} - \frac{Ez}{\rho_y}$$

휨모멘트 M_z에 의한 순수휨 상태이면 수직응력에 의한 축방향력과 M_y는 0이어야 하고 단면2차모멘트 I_z, I_y와 단면상승모멘트 I_{yz}로 표기하면 다음 관계식이 성립해야 한다.

$$\int_A \sigma\, dA = -\frac{E}{\rho_z} A\, y_C - \frac{E}{\rho_y} A\, z_C = 0$$

$$\int_A (-\sigma y)\, dA = \frac{E}{\rho_z} I_z + \frac{E}{\rho_y} I_{yz} = M_z$$

$$\int_A (-\sigma z)\, dA = \frac{E}{\rho_z} I_{yz} + \frac{E}{\rho_y} I_y = 0$$

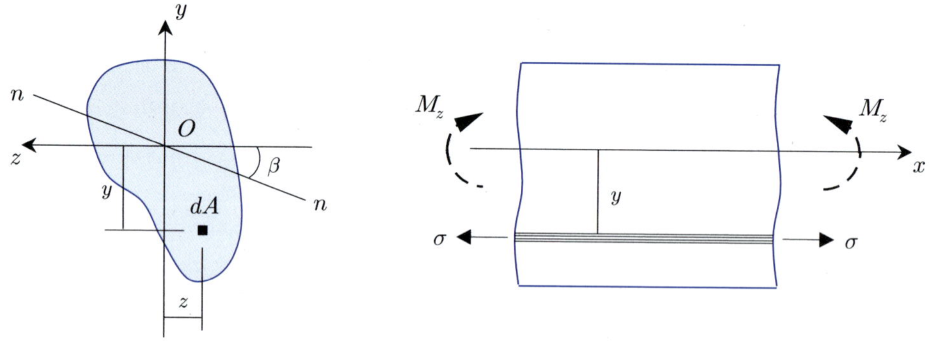

그림 라.2.2

첫 번째 관계식에서 y_C와 z_C는 도심의 좌표이고 식이 성립하기 위해서는 y_C와 z_C 모두 0 이어야 하므로 원점 O가 단면의 도심 C라는 것을 알 수 있다. 두 번째와 세 번째 관계식을 연립하여 곡률에 대한 식으로 정리하고 응력과 곡률반경의 관계식에 대입하면 휨응력을 결정할 수 있는 식 (라.2.1)이 구성된다.

$$\frac{1}{\rho_z} = \frac{M_z I_y}{E\left(I_y I_z - I_{yz}^2\right)} \quad ; \quad \frac{1}{\rho_y} = \frac{M_z I_{yz}}{E\left(I_{yz}^2 - I_y I_z\right)}$$

$$\sigma = -\frac{M_z\left(I_y y - I_{yz} z\right)}{I_y I_z - I_{yz}^2} \qquad \text{(라.2.1)}$$

중립축 $n-n$의 위치를 구하기 위해 휨응력이 0이 되는 관계식을 구하면 중립축은 식 (라.2.2)와 같이 $\tan\beta$가 기울기인 1차식이다.

$$\sigma = -\frac{M_z(I_y y - I_{yz} z)}{I_y I_z - I_{yz}^2} = 0 \quad \Rightarrow \quad I_y y - I_{yz} z = 0$$

$$y = \frac{I_{yz}}{I_y} z \quad ; \quad \tan\beta = \frac{I_{yz}}{I_y} \qquad (라.2.2)$$

단면이 xy평면에 대해 대칭이면 y축이 수직대칭축인 1축대칭 단면이고 $I_{yz}=0$이므로 2차원 거동과 동일하다는 것을 확인할 수 있다.

$$\frac{1}{\rho_z} = \frac{M_z}{EI_z} \quad ; \quad \frac{1}{\rho_y} = 0 \quad \Rightarrow \quad \sigma = -\frac{M_z y}{I_z}$$

예제 라.2.1

그림 예.라.2.1(1)과 같은 단면에 휨모멘트 $M_z = 10.8\,\text{kN}\cdot\text{m}$가 작용하는 경우 a, b, c점에 발생하는 응력과 중립축의 위치를 구하시오. 수평, 수직 도심축에 대한 단면2차모멘트 및 단면상승모멘트는 $I_z = 1008.8\,\text{cm}^4$, $I_y = 356.3\,\text{cm}^4$, $I_{yz} = -339.1\,\text{cm}^4$이다.

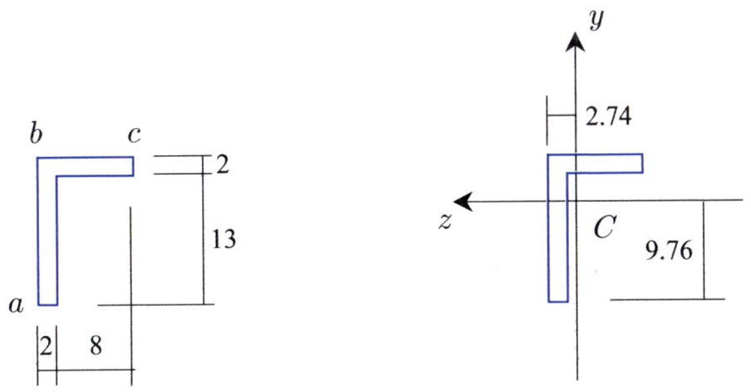

그림 예.라.2.1(1)

설명 a, b, c점의 좌표는 각각 $(-9.76,\ 2.74)$, $(5.24,\ 2.74)$, $(5.24,\ -7.26)$이므로 수직응력은 다음과 같이 산정된다.

$$\begin{aligned}\sigma_a &= -\frac{M_z(I_y y - I_{yz} z)}{I_y I_z - I_{yz}^2} \\ &= -\frac{10800\times\{356.3\times(-9.76)-(-339.1)\times 2.74\}\times 10^{-10}}{\{356.3\times 1008.8-(-339.1)^2\}\times 10^{-16}}\times 10^{-6} \\ &= 112.6\,(\text{MPa})\end{aligned}$$

$$\sigma_b = -\frac{M_z(I_y y - I_{yz} z)}{I_y I_z - I_{yz}^2}$$
$$= -\frac{10800 \times \{356.3 \times (5.24) - (-339.1) \times 2.74\} \times 10^{-10}}{\{356.3 \times 1008.8 - (-339.1)^2\} \times 10^{-16}} \times 10^{-6}$$
$$= -123.5\,(\mathrm{MPa})$$

$$\sigma_c = -\frac{M_z(I_y y - I_{yz} z)}{I_y I_z - I_{yz}^2}$$
$$= -\frac{10800 \times \{356.3 \times (5.24) - (-339.1) \times (-7.26)\} \times 10^{-10}}{\{356.3 \times 1008.8 - (-339.1)^2\} \times 10^{-16}} \times 10^{-6}$$
$$= 26.3\,(\mathrm{MPa})$$

중립축 $n-n$의 기울기 $\tan\beta$로부터 z축과의 경사각은 $\beta = -43.6°$이므로 중립축 $n-n$의 위치는 그림 예.라.2.1(2)에 표시한 것과 같다.

$$\tan\beta = \frac{I_{yz}}{I_y} = \frac{-339.1}{356.3} = -0.952$$

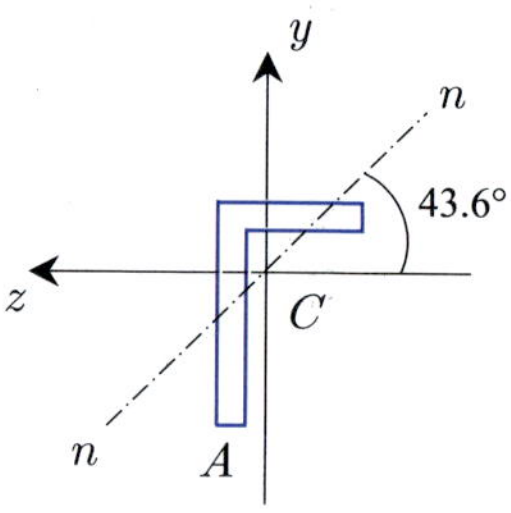

그림 예.라.2.1(2)

예제 라.2.2

그림 예.라.2.2(1)과 같은 단면에 휨모멘트 $M_z = -20\,\mathrm{kN \cdot m}$가 작용하는 경우 A, B점의 응력과 중립축의 위치를 구하시오. 수평, 수직 도심축에 대한 단면2차모멘트 및 단면상승모멘트는 $I_z = 508\,\mathrm{cm}^4$, $I_y = 184\,\mathrm{cm}^4$, $I_{yz} = 231\,\mathrm{cm}^4$이다.

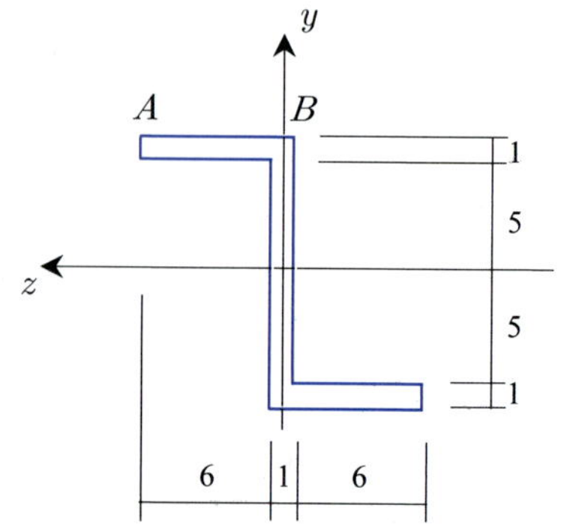

그림 예.라.2.2(1)

설명 A, B점의 좌표는 각각 (6, 6.5), (6, −0.5)이므로 수직응력은 다음과 같이 산정된다.

$$\sigma_A = -\frac{M_z(I_y y - I_{yz} z)}{I_y I_z - I_{yz}^2}$$
$$= -\frac{-20000 \times \{184 \times 6 - 231 \times 6.5\} \times 10^{-10}}{\{184 \times 508 - 231^2\} \times 10^{-16}} \times 10^{-6} = 198.2\,(\text{MPa})$$

$$\sigma_B = -\frac{M_z(I_y y - I_{yz} z)}{I_y I_z - I_{yz}^2}$$
$$= -\frac{-20000 \times \{184 \times 6 - 231 \times (-0.5)\} \times 10^{-10}}{\{184 \times 508 - 231^2\} \times 10^{-16}} \times 10^{-6}$$
$$= -608.1\,(\text{MPa})$$

중립축 $n-n$의 기울기 $\tan\beta$로부터 z축과의 경사각은 $\beta = 51.5°$이므로 $n-n$의 위치는 그림 예.라.2.2(2)에 표시한 것과 같다.

$$\tan\beta = \frac{I_{yz}}{I_y} = \frac{231}{184} = 1.2554$$

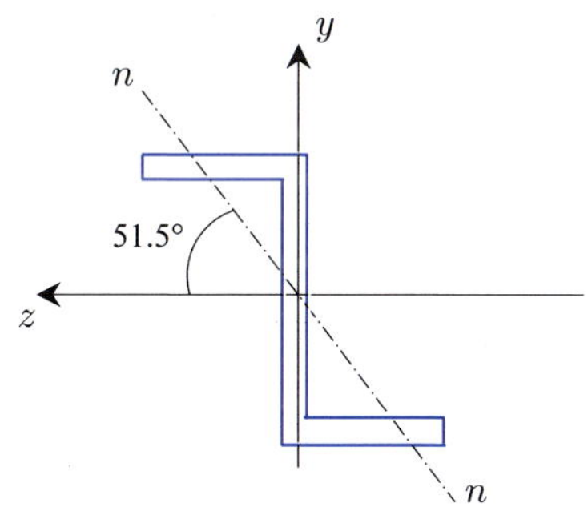

그림 예.라.2.2(2)

찾아보기

자

차

카

타

파

하

기타

저 자 : **국 승 규**

- 서울대학교 토목공학과 공학석사
- 독일 Aachen University of Technology 토목공학 공학박사
- 부경대학교 토목공학과 명예교수

정역학과 재료역학 | 재료역학편 | 정가 42,000원

발 행 2023년 3월 10일 초판 1쇄
저 자 국승규
발행인 정우용
발행처 도서출판 동화기술
경기도 파주시 광인사길 201(문발동, 파주출판도시)
Tel (031)955-4211~6 donghwapub@nate.com
Fax (031)955-4217 www.donghwapub.co.kr
(등록) 1977년 12월 19일/9-16호

Printed in Korea

ISBN 978-89-425-9466-5
978-89-425-9464-1(세트)